动物营养研究进展

2016

呙于明　主编

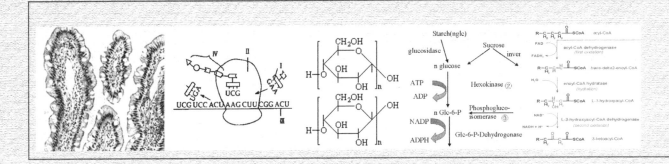

中国农业大学出版社
CHINA AGRICULTURAL UNIVERSITY PRESS

内容简介

本书包含动物营养与饲料科学的基础研究和前沿研究综述性论文40篇，涉及猪、禽、牛、羊、水产、特种经济动物、实验动物、饲料资源利用、添加剂研发应用、饲料安全和饲料检测技术等内容，包括不同动物的营养需要研究进展、畜禽能量代谢调控、肠道健康与功能、温室气体的减排、营养与优质畜产品的关系、促进畜禽"生态＋安全"养殖的营养措施、饲料资源的合理利用、新型饲料添加剂研发技术、饲料营养价值评定等在过去5年期间的主要研究进展。

图书在版编目(CIP)数据

动物营养研究进展2016/呙于明主编.—北京：中国农业大学出版社，2016.10
ISBN 978-7-5655-1712-9

Ⅰ.①动… Ⅱ.①呙… Ⅲ.①动物营养-研究 Ⅳ.①S816

中国版本图书馆CIP数据核字(2016)第232203号

书　名	动物营养研究进展2016		
作　者	呙于明　主编		
策划编辑	田树君	责任编辑	田树君
封面设计	郑　川	责任校对	王晓凤
出版发行	中国农业大学出版社		
社　址	北京市海淀区圆明园西路2号	邮政编码	100193
电　话	发行部 010-62731190，2620	读者服务部	010-62732336
	编辑部 010-62732617，2618	出　版　部	010-62733440
网　址	http://www.cau.edu.cn/caup	E-mail	cbsszs@cau.edu.cn
经　销	新华书店		
印　刷	涿州市星河印刷有限公司		
版　次	2016年10月第1版　2016年10月第1次印刷		
规　格	889×1194　16开本　21印张　600千字		
定　价	120.00元		

图书如有质量问题本社发行部负责调换

编写人员

主　编　呙于明

副主编　（按姓氏笔画排序）

王　恬　印遇龙　汪以真　张宏福　陈代文　蒋宗勇　蔡辉益

撰稿者　（按姓氏笔画排序）

刁其玉	马　涛	马　曦	马现永	马秋刚	王　丽	王　炳
王　恬	王　雪	王　蕾	王长康	王世琼	王志祥	王秀英
王若瑾	王茂飞	王金荣	王定发	王彦芦	王康宁	毛胜勇
卞晓毅	尹达菲	龙国徽	田　刚	白明昧	冯定远	吕艳涛
朱　翠	朱伟云	伍国耀	伍爱民	刘　磊	刘玉兰	刘光芒
刘军花	齐智利	闫素梅	孙泽威	孙菲菲	苏兰利	李　茂
李玉龙	李光玉	李胜利	李培丽	李福昌	李德发	杨　欣
杨　亭	杨小军	杨红建	杨福合	吴　东	吴振宇	余凯凡
邹彩霞	张　杰	张　琳	张　蓉	张亚格	张克英	张宏福
张炳坤	张振威	张彩云	张瑞阳	陈　文	陈　庄	陈　芳
陈　亮	陈小玲	陈丽园	武振龙	范秋丽	林　波	林　海
易　丹	罗海玲	金立志	周小秋	周汉林	赵　华	赵向辉
赵宇琼	赵银丽	赵景鹏	胡凤明	钟　翔	钟儒清	侯永清
姚军虎	秦贵信	袁建敏	贾　刚	夏伦志	高玉云	高秀华
高理想	郭长征	黄　锋	黄义强	梁海威	屠　焰	董元洋
蒋林树	蒋宗勇	韩　萌	赖长华	鲍　坤	蔡景义	管武太
樊　倩	戴兆来	魏筱诗	瞿明仁			

中国畜牧兽医学会动物营养学分会
第十届全国代表大会暨十二届学术研讨会

大会主办单位：中国畜牧兽医学会动物营养学分会
大会承办单位：武汉轻工大学（牵头单位）
　　　　　　　华中农业大学动物科技学院
　　　　　　　动物营养学国家重点实验室
　　　　　　　动物营养与饲料安全湖北省协同创新中心

前　言

在中国畜牧兽医学会动物营养学分会第十届全国代表大会暨十二届学术研讨会即将召开之际，我们编撰了《动物营养研究进展 2016》，本书包含综述性文章 40 篇，涉及动物营养与饲料科学领域的最新研究进展，包括猪、禽、牛、羊、水产、特种经济动物、实验动物，饲料资源利用，添加剂研发应用，饲料安全和饲料检测技术等内容。文章针对不同动物的营养需要、畜禽能量代谢、肠道健康与功能、温室气体减排、营养与畜产品品质、饲料资源的合理利用、新型饲料添加剂研发技术、饲料营养价值的评定和饲料检测技术等做了详尽综述。

中国畜牧兽医学会动物营养学分会 1980 年 10 月于武汉成立，36 年来，在中国科协和中国畜牧兽医学会的领导下，在老一辈科学家的支持下，开展各种形式的学术交流活动，多次受到中国畜牧兽医学会的表彰。《动物营养研究进展》自 1986 年开始每隔 4 年编撰出版，得到我国广大动物营养科技工作者的积极响应和支持。在本书的编辑出版中，同样得到各位作者的密切配合和动物营养学分会秘书处、中国农业大学出版社的支持，在此表示衷心的感谢。

"抚今追昔，来之不易；展望未来，任重道远"，相信中国畜牧兽医学会动物营养学分会仍将以开展学术活动，普及科学知识，传播先进技术，编辑出版学术刊物为己任，"不忘初心，继续前进"，促进我国动物营养与饲料科学不断繁荣发展。

中国畜牧兽医学会
动物营养学分会理事长　呙于明
2016 年 9 月于北京

目　录

猪营养与饲料科学

猪肠道微生物代谢与思考……………………………………马曦　韩萌　李德发(3)
猪利用氮营养素的机制及营养调控研究进展…………………………朱伟云　余凯凡(15)
仔猪的氨基酸营养研究进展……………………梁海威　伍国耀　戴兆来　武振龙(22)
中国猪饲料原料氨基酸消化率的评定………………………………李培丽　赖长华(27)
饲粮非淀粉多糖特性及猪饲粮非淀粉多糖酶谱优化方法研究进展……………………
………………………………………………张宏福　高理想　陈亮　钟儒清(35)
基于猪肠道功能靶标的饲料添加剂研究进展……………………王蕾　易丹　侯永清(47)
紧密连接蛋白及其对断奶仔猪肠道健康的影响………………蒋宗勇　朱翠　陈庄　王丽(56)
母猪乳腺发育及乳脂合成与分泌的分子路径研究进展…………管武太　吕艳涛　陈芳(65)
猪免疫应激及其营养调控………………………………………………刘玉兰　王秀英(74)

家禽营养与饲料科学

家禽净能体系的构建与应用研究进展……………………………………………………
……………………杨亭　贾刚　赵华　陈小玲　刘光芒　田刚　蔡景义　王康宁(83)
家禽卵黄脂肪酸结构调控研究进展……………………………夏伦志　陈丽园　吴东(91)
家禽肠道健康营养调控研究进展…………………………………李玉龙　杨欣　杨小军(100)
热应激对家禽生产的影响及机制……………………………………………赵景鹏　林海(109)
水禽分子营养研究进展…………………………………………………………齐智利(117)

反刍动物、特产经济动物、水产营养与饲料科学

后备牛"三初"营养体系研究进展………………………………屠焰　张蓉　胡凤明(127)
围产期奶牛能量负平衡及其管理和营养调控研究进展…………姚军虎　魏筱诗　孙菲菲(139)
亚急性瘤胃酸中毒诱发奶牛瘤胃异常代谢及其影响乳品质的研究进展…………………
………………………………………毛胜勇　郭长征　刘军花　张瑞阳　朱伟云(147)
植物提取物茶皂素在奶牛生产中的应用研究进展…………………………王炳　蒋林树(154)
我国水牛消化代谢调控与营养需要量研究进展…………………林波　邹彩霞　黄锋(161)
我国肉用绵羊营养需要量研究进展…………………………………………刁其玉　马涛(168)
羊肉品质营养调控研究进展……………………………………………………罗海玲(175)
南方热带地区山羊粗饲料资源开发利用研究进展………周汉林　李茂　张亚格　王定发(180)
硝基化合物抑制瘤胃发酵甲烷生成研究进展……………………………………………
…………………………………张振威　王彦芦　赵宇琼　杨红建　李胜利(186)

家兔饲料营养研究进展……………………………………………李福昌　刘磊　吴振宇(195)
特种动物营养研究进展……………………………………李光玉　鲍坤　高秀华　杨福合(200)
营养与鱼类肌肉品质调控研究进展…………………………………………………周小秋(209)

动物营养调控与饲料科学

大豆素调控动物脂代谢研究进展……………………………………………瞿明仁　赵向辉(219)
动物肠道物理屏障功能及乳酸杆菌的调控作用……………………王志祥　王世琼　陈文(227)
生物钟与营养生理代谢研究进展……………………………………………………钟翔　王恬(234)
短链脂肪酸对畜禽生理功能和生长性能影响研究进展………………………范秋丽　马现永(242)
饲料安全快速检测技术研究进展…………………………王金荣　苏兰利　赵银丽　张彩云(246)
饲料理化性质、分子结构与其营养特性关系研究进展………………………………………
　　　　　　　　　　　　　　　　　　……秦贵信　孙泽威　龙国徽　张琳　白明昧(252)
玉米的理化特性及影响因素研究进展………………袁建敏　尹达菲　王茂飞　卞晓毅(261)
微量元素锌的营养免疫作用研究进展………………………………………伍爱民　张克英(268)
维生素A对动物脂类代谢的调节作用与机制………………………………闫素梅　王雪(276)
类胡萝卜素的生物学功能研究进展………………高玉云　张杰　樊倩　黄义强　王长康(284)
葡萄糖氧化酶在日粮中替代抗生素的机理和应用价值……………………………冯定远(291)
植物源天然抗氧化剂在畜禽养殖中的研究现状……………………………董元洋　张炳坤(297)
植物提取物添加剂抗氧化特性及其在无抗饲料中的应用…………………金立志　王若瑾(305)
降解霉菌毒素的益生菌资源利用及新型微生态制剂开发研究进展………………………马秋刚(313)

猪营养与饲料科学

猪肠道微生物代谢与思考

马曦　韩萌　李德发*

(动物营养学国家重点实验室,农业部饲料工业中心,
中国农业大学动物科学技术学院,北京　100193)

摘　要:肠道微生物及其代谢对动物机体健康与疾病的发挥着关键性影响和调控作用。哺乳动物的肠道不仅是进行消化和吸收营养物质的主要部位,肠道中有大量复杂多样的微生物通过或者定殖,对维持胃肠系统的生理动态平衡发挥着至关重要的作用。随着研究的不断深入,日粮和营养食谱中的"fiber gap",肠道微生物的"bowel cleansing"功能,"traveling microbiome"的调节作用,"live probiotics"的干预方式等,成为最新研究热点。从营养学的角度看,肠道微生物既影响着动物机体对营养物质的吸收和代谢,又调控着宿主日常的生理功能、疾病免疫等方面。肠道菌群已被证实能够通过微生物-脑-肠轴与机体进行相互调控,从而达到改变宿主的机体代谢和肠道屏障功能以及免疫系统稳态的效果,且肠道微生物的代谢可能是通过微生物-脑-肠轴来调节宿主的生理机能和健康状况。本文概述了以猪为代表的肠道微生物区系及其代谢产物对宿主肠道健康的影响,并且阐述了肠道微生物和机体整体代谢之间的互作关系,并对未来的研究热点进行了展望。

关键词:肠道微生物;代谢产物;微生物-脑-肠轴;宿主健康

在人和动物的体内存在着大量的微生物,这些微生物能够帮助宿主建立和维持健康,其中90%的微生物居住在胃肠道[1]。数量庞大复杂多样的微生物菌群代谢产生丰富多样的代谢产物,从而使肠道成为体内一个重要的代谢部位。肠道微生物既影响着营养物质的消化、吸收和能量供应,又调控着宿主正常生理功能及疾病的发生与发展,肠道微生态系统对机体正常功能的运行有着至关重要的影响。例如在肠道黏膜表面存在着一层由肠道菌群组成的生物屏障,能够有效抑制病原菌增殖[2]。而近年来,日益增多的研究开始转向肠道菌群与大脑之间的联系,已有结果表明,肠道菌群通过神经、内分泌、代谢和免疫的途径参与了肠道和中枢神经系统的双向调节。肠道菌群可以通过自身或代谢产物影响机体,机体也可以通过神经、免疫和内分泌等途径影响肠道菌群的变化,以维持微生态的平衡,该双向调节系统被称为微生物-脑-肠轴[3]。

脑-肠轴包括中枢神经系统和胃肠系统之间的传入和传出的神经,是将机体的内分泌和免疫学的信号综合在一起的神经轴[4]。然而由于肠道微生物对机体健康的重要性,微生物-脑-肠轴的概念又被广泛地提及和研究,肠道菌群和脑-肠轴不仅分别对胃肠道具有调节作用,两者亦相互作用,协同发挥调节作用。此轴能够双向作用,但是每个方向的作用机制又有所不同。

单胃动物的消化道内存在多种类型的微生物,包括细菌、古菌、真菌、病毒和寄生虫等,这些微生物及其代谢产物在营养、免疫等方面对宿主的健康有重要的意义[5]。研究表明,整个消化道内均存在微生物,且不同肠段微生物组成存在差异。在胃和小肠内,主要以梭菌IX群、链球菌和乳杆菌等为优势菌群,

---

* 通讯作者:李德发,E-mail:defali@cau.edu.cn

每克消化道内容物内细菌的数量为 $10^5 \sim 10^7$；盲肠微生物多样性较高，以厚壁菌门中的梭菌Ⅳ群、梭菌ⅩⅣ群和拟杆菌门为最优势菌群，细菌数量为 $10^{12} \sim 10^{13}$/g 内容物；自结肠到直肠，微生物的优势菌群仍为拟杆菌门和厚壁菌门[6]。此外，研究表明肠道微生物菌群受到许多因素的影响，包括亲缘关系、日粮组成、日龄、生活环境和应激等。Lay 等研究表明，不同国籍的人其消化道微生物菌群存在较大差异[7]。Spor 等通过对比发现同卵双胞胎之间微生物的相似性高于异卵双胞胎[8]。Xu 等研究发现纤维类物质可对微生物菌群产生一定影响[9]。

因此，本文概述了肠道微生物研究方面的最新进展，包括纤维缺口、肠道清洁、旅行微生物组和活性益生菌等，以及如何通过微生物-脑-肠轴的作用保持动态平衡，调节宿主的代谢与营养物质的吸收，从而调节整个机体的代谢，以及肠道对微生物代谢产物的感应以及微生物与宿主的互相作用。

1 肠道微生物及其代谢产物

在生物体漫长的进化过程中，肠道微生物与其宿主相互选择并形成了一个相互依赖、相互制约、互惠共生的生态系统，并作为肠道生态系统的一部分存在，构成一个统一体。然而，肠道微生物区系的建立是一个非常复杂的过程，尽管许多微生物可以在肠道内定殖，但更多的微生物不能生长，定居下来的微生物经过与宿主长期的相互适应和选择，逐渐形成正常的胃肠道微生物区系。但是由于消化道各部位组织结构和生理特性不同，寄居在各部位的微生物菌落的数量、组成有所差异。

肠道微生物的发酵功能对于猪的肠道健康有着至关重要的作用。中短链脂肪酸（short-chain fatty acids，SCFAs）是肠道微生物中最重要的代谢产物之一，宿主肠道中代谢产物的种类主要由进入肠道的日粮中的碳水化合物的种类以及微生物菌群的结构共同决定。单胃动物肠道中乙酸、丙酸和丁酸含量最高，其含量和比例间接反映肠道微生物菌群状况。微生物发酵即微生物的活性对于宿主的肠道健康也起到重要作用，主要包括刺激肠道蠕动、提高能量产量、维生素合成及肠道免疫刺激等方面。

与 GF 小鼠比较，具有正常肠道微生物环境的小鼠摄取能量的能力更强，由此可以看出，肠道内的微生物有助于肠道消化碳水化合物等营养物质[10]。有实验证明[11]，GF 小鼠相比于正常小鼠肠道中的 SCFAs 的含量明显下降，同时，粪便中的卡路里含量增加 87%。此外有针对肥胖小鼠和人类的肠道微生物进行测序，结果发现肠道微生物的确能够增加营养物质的代谢水平，从而提高能量和营养物质的获取[12]。

2 日粮营养对肠道微生物的调控和干预

研究表明，生活方式诱发的肠道微生物组消耗对健康有深远的影响。高等动物已经发展了其与定殖胃肠道微生物的不可或缺的交互作用，比如通过复杂的微生物菌群结构提供动物肠道免疫系统的发育信号。基于动物模型的研究证据表明某一宿主肠道共生的微生物菌群结构的破坏，将导致慢性非传染性疾病，如肥胖、心血管病、结肠癌、过敏的增加等免疫系统介导的病状，以及其他特应性疾病（包括哮喘）、自闭症和自体免疫疾病[13]。在非传染性疾病的肠道微生物的作用是难以在人类中检测的，但疾病风险流行病学显示，在生命早期扰乱建立肠道菌群的做法（例如剖腹产、抗生素、配方喂养），经常和病状与异常微生物相关联。重要的是，大多数非传染性疾病在过去 10 年内大幅增加，这表明现代生活方式可能导致细菌共生的保护作用损失。事实上，通过比较美国和欧洲社区等发达国家，与南美、非洲和巴布亚新几内亚农村人力社区（通常非传染性疾病的发病率较低）肠道菌群的比较，结果提供了令人信服的证据，工业化导致肠道微生物多样性大幅下降[14]。

2.1 纤维缺口（fiber gap）

研究证实，一种低纤维饮食是微生物组消耗的关键驱动因素[15]。现代社会的低纤维饮食的可能因素包括膳食结构、抗生素、饮食习惯、卫生习惯等,这些日粮营养影响因素的组合已经造成肠道微生物多样性的下降。然而,实验证明其中最重要的因素是微生物菌群必需的碳水化合物(MACS),主要是不可消化的膳食碳水化合物,即日粮纤维,成为提供给动物前肠道的定殖微生物的主要原料。研究显示,在猪日粮中添加低水平的不可消化纤维基本上可以持续的造成几代子代动物肠道菌群多样性的消耗[16]。膳食纤维,这是NRC认定的日粮配方中不可消化碳水化合物的主要来源,其摄入量,与无论是非工业化社会散养猪的养殖户,还是西方发达国家的规模化养殖猪场相比,都不可忽略地低很多。这种低纤维饮食提供给肠道微生物的营养物质不足,最终导致的不仅微生物物种在这些门类上依赖的损失,而且还有最终生产的发酵终产物减少,以及重要的生理和免疫功能紊乱[17]。换言之,通过改变饮食及在之后的动物肠道微生物相互作用的饮食,我们可能已经打乱肠道共生,减少或除去由微生物提供的对动物进化的益处。这个过程可能导致传染性和非传染性疾病的上升。纤维缺口造成的猪养殖过程中,发病率和死亡率的显著提升,强烈提示我们去考虑尝试保护和恢复潜在的猪肠道微生物的多样性[18]。

2.2 肠道清洁(bowel cleansing)

已知肠道清洁时可以检测到肠道菌群的变化,然而尚未开展详细描述或长期作用的微生物群研究。此外,单次高剂量清洁和多次低剂量清洁的两种不同的给药方法已经在实践中使用,而计量的对肠道菌群的影响还没有被解决[19]。研究显示,在IBS患者增加腹泻和肠道清洁后,粪便中的丝氨酸蛋白酶主要是胰腺来源的。研究发现,肠道清洁后,大部分肠道菌群能恢复到肠道准备后基线组成。特别地,几个类群包括变形菌和相关的后续样品中Dorea formicigenerans和效率较低的微生物回收比显著增加。这些结果提供了与肠道清洁的泻下灌洗相关的微生物变化和对IBS和其他腹泻病看到的变化的理解。多次肠道清洁引入更少的肠道菌群结构改变[20]。

2.3 旅行微生物组(traveling microbiome)

以往的观点认为,在肠道微生物中,定殖的微生物菌群对动物的肠道和全身健康有重要影响,而那些只是随食糜"通过"动物胃肠道的微生物对动物肠道的作用几乎可以忽略不计。最新的研究表明,那些没有定殖的肠道微生物菌群的结构,现定义为"旅行微生物组",同样对动物肠道有着非常重要的调控作用[21]。而且,由于旅行微生物组的通过速率,决定了其更新速率更快,其对肠道和机体的健康的影响,相比于定殖微生物,更呈现出即时的作用效果。比如旅行微生物组重要肠道致病菌群的比例,如沙门氏菌属的比例上升,能迅速地导致动物肠道腹泻症状。旅行微生物组对机体健康调控的机制尚有待深入的研究,一般认为其主要是工作主要菌群的分泌物、代谢产物,以及对定殖菌群结构的调控来实现的[22]。

2.4 活性益生菌(live probiotics)

益生菌群对肠道的有益功能已经得到广泛证实,其应用也日益受到关注。与其他对动物机体有益的营养活性物质不同,益生菌需要以活性的形式添加才能达到最好的效果,因此,"活性益生菌"的概念现在成为肠道菌群干预措施的热点[23]。简言之,就是从健康的猪肠道食糜中分离出益生菌(甚至是益生菌群的混合物),通过直接或者间接的方式,作用到目标猪群的干预模式。所分离的益生菌群,可以经过体外培养和微生物工程的方法,进行大规模的扩增,而添加到目标猪群的方式也有很多种,包括灌胃、饲料添加、饮用水添加等多种方式,其作用效果和机制尚有待进一步研究[23]。

3 肠道微生物与微生物-脑-肠轴的作用机制(microorganisms-brain-gut axis)

动物肠道微生物及微生物代谢产物对动物的肠道健康,以及营养物质的代谢和应用发挥着极其重要的作用。作为肠道代谢产物的 SCFAs 和 BAs,对肠道屏障功能,免疫反应和肠道运动多有调节作用,调节的机制因受体的不同存在差异。通常情况下,SCFAs 和 BAs 等代谢产物对肠道的作用是双向的。微生物-脑-肠轴能够将微生物和机体代谢行为联系起来,具有重要的生理意义。微生物具备对营养物质较强的代谢和应答能力,进而发挥其在机体代谢和免疫调节中的作用。微生物与宿主之间,通过神经、内分泌和免疫系统等信号通路相互作用,影响机体肠道屏障、营养代谢、免疫应答神经发育等生理机能。SCFAs,组胺和血清素都是该过程中关键的调节因子。

微生物-脑-肠轴是指中枢神经系统与胃肠道功能相互作用的双向调节轴,其包括中枢神经系统、自主神经系统、下丘脑-垂体-肾上腺轴、肠道内神经系统等结构,各部分功能相互协调。肠道菌群可以通过神经途径、内分泌途径、免疫途径以及代谢途径参与肠道和中枢神经系统的双向调节,影响宿主的脑功能,宿主也可以通过调控肠道菌群以维持微生态的平衡。

微生物-脑-肠轴是肠道微生物和宿主相互作用的一个途径,通常受到遗传、疾病、免疫、营养、环境等因素的影响。基于这样的理念和可检验的假设,可以进一步研究肠道微生物对动物健康的维持以及疾病的治疗作用。

3.1 神经-内分泌途径

肠道内神经丛广泛分布着促肾上腺皮质激素释放激素神经元,因此肠道应激时,促肾上腺皮质激素释放激素分泌增多,使肠上皮通透性增加,引起内脏高敏感,此过程的关键在于肥大细胞[24],应激状态下肥大细胞被激活,肠黏膜上皮紧密连接蛋白的表达量降低,肠黏膜屏障被破坏,导致肠道细菌易位,最终激活肠道免疫系统[25]这一过程说明了脑-肠轴的重要性,如果功能紊乱可影响肠道的免疫系统[26]。

神经信号在传导至细胞时,普遍存在特异性模式识别受体(pattern recognition receptor,PRRs),该类受体在肠黏膜细胞中的正常表达对肠道菌群稳定也十分重要,其中 Toll 样受体(Toll-like receptor,TLR)、NOD 样受体(NOD-like receptor,NLR)作用尤为显著,TLR 主要在消化道表达,是联系微生物和宿主之间相互识别和发挥作用的关键部件,NLRs 中的 NOD1 和 NOD2 是参与识别病原微生物的专门受体[27]。Tao 等[28]的研究发现,仔猪断奶应激会引起肠道微生物菌群的变化,而特异性 PRRs 受体能够识别特定种类的菌群,从而促进断奶仔猪的肠道黏膜的发育和成熟。上述研究提示,应激导致的肠道菌群改变可能与 PRRs 在肠道中的表达改变有关。

肠道是动物体内最大的内分泌器官,其中存在着 20 余种肠内分泌细胞[29]。通常情况下,肠道内分泌细胞受到刺激后,会通过内分泌和旁分泌系统影响中枢神经系统(central nervous system,CNS)。下丘脑-垂体-肾上腺轴(hypothalamic pituitary adrenal,HPA)释放皮质醇调节肠道免疫细胞和细胞因子的释放活性,最终影响肠道通透性和屏障功能并且改变肠道的结构。同时,肠道菌群可调节 HPA 轴的活性和对大脑刺激效果,研究发现,稳定的肠道菌群有助于维持 HPA 轴的正常工作。无菌动物是研究肠道菌群的常用模型,与普通动物相比,无菌动物的 HPA 轴表现出对应激的过度反应,导致产生过多的肾上腺皮质激素和皮质醇[30],影响肠道免疫细胞和细胞因子的释放活性以及肠道通透性和屏障功能并且改变肠道的结构。

事实上,肠内分泌细胞中普遍存在有 TLRs,调节内分泌细胞的分泌活性[31]。此外,肠道内的肠嗜铬细胞很容易受到肠道菌群的刺激,分泌 5-羟色胺(5-hydroxytryptamine,5-HT)来调节肠道功能。5-HT 是由前体物质色氨酸通过吲哚胺 2,3-加氧酶的作用合成的,且吲哚胺 2,3-加氧酶的激活依赖于炎性细胞因子和激素[32]。因此,肠道菌群能够通过影响促炎性细胞因子和皮质醇,继而影响色氨酸合成 5-HT 来影响肠道的代谢功能。

3.2 迷走神经途径

支配肠道的神经可以根据神经元的位置分为两大类。一类是外在神经,包括脊髓和迷走传入神经,另一类是固有神经。肠道中约有1亿内部神经,而外部神经的数目大约为5 000[33]。内在神经和外在神经共同维持肠道正常功能。其中外源性神经是通过背侧脊髓与迷走神经的孤束核中的第一层神经元形成突触,将各种信息传递到大脑,不同类型的迷走神经将不同肠道信息传递到大脑,根据受体的不同,迷走神经可分为3类[34]。

第一类是机械敏感迷走神经。机械类迷走神经主要支配肠系膜、肠纵环形肌以及肠道间质细胞。此类迷走神经对机械性刺激并不敏感,仅仅对炎性肠病(inflammatory bowel disease,IBD)较敏感。第二类是化学敏感型迷走神经。此类迷走神经通常受到肠内分泌细胞分泌的厌食神经肽等的作用,从而调节摄食行为。第三类是免疫迷走神经。这种类型的迷走神经末梢与和肠黏膜的免疫细胞接触,通常受到由肥大细胞和淋巴细胞释放的蛋白酶,5-HT等细胞因子的影响。

肠道微生物区系能够广泛地参与调节胃肠道的神经内分泌及免疫和迷走神经通路,从而影响中枢神经系统和宿主的行为。相关研究表明,肠神经系统与肠道菌群肠肌丛接触,参与肠的运动和细胞分泌。此外,肠道神经系统的迷走神经与大脑信息传输系统的迷走神经形成突触连接,从而实现相互之间的影响。相关研究表明,肠道神经系统的感觉神经元细胞的活动指数在无菌动物中,相比于普通动物常年偏低,而当无菌动物的肠道菌群恢复正常定殖后,该指数恢复正常水平[35]。

3.3 免疫途径

已有的研究成果已经认识到肠道微生物能够帮助维持机体正常的生理活动和免疫系统机能,而免疫系统也能够影响中枢神经系统[36]。因此认为肠道微生物能够通过免疫系统来影响中枢神经系统的功能。微生物主要通过以下3种免疫途径影响大脑的作用:首先,由肠道菌群引发的细胞因子进入血液循环系统,然后进入大脑,通过血脑屏障,影响大脑的功能[37]。其次,TLRs可以在室旁核和脉络丛的巨噬细胞中表达,并能对肠道菌群中的MAMPs产生应答,释放出特定的细胞因子[38]。这些细胞因子通过自由扩散的方式进入大脑,进而影响其活性[39]。第三,白介素-1(IL-1)受体促进血管周围的巨噬细胞和脑小血管上皮细胞释放前列腺素,从而影响脑神经的活动[40]。

4 肠道微生物区系对动物健康的影响

肠道微生物群落在通常情况下处于平衡态,机体通过微生物-脑-肠轴调节神经系统、消化系统、免疫系统和大脑的功能,进而维持整个机体的正常代谢水平和健康状况[41]。当微生物菌群的平衡被打破时,就可能会出现各种代谢、免疫与神经疾病等[42]。

4.1 肠道微生物对营养代谢的调节

微生物具备对营养物质较强的代谢和应答能力,包括微生物区系的改变和代谢的变化,进而发挥其在机体代谢和免疫调节中的角色。研究猪肠道微生物组成对营养物质代谢的调节作用,有助于加深关于肠道微生物对机体代谢贡献的认识,为完善饲粮组成以及提高营养物质的吸收利用提供参考。

4.1.1 微生物对碳水化合物代谢的调节

日粮是影响肠道菌群的主要因素之一,不同的饮食结构会引起肠道微生物种类、数量以及其代谢活动的变化,同时也会刺激肠道炎症和免疫反应发生变化[43]。碳水化合物是人类和动物重要的能量资源。然而,人体内的酶不能降解非消化性碳水化合物,例如纤维素、木聚糖、抗性淀粉和菊粉等。这部分碳水化合物在结肠中通过微生物的发酵,最终产生短链脂肪酸,主要是乙酸、丙酸和丁酸[44]。SCFAs在结肠中当作结肠上皮细胞的重要能源被吸收,而乙酸和丙酸则到达肝脏和外周器官生成糖异生基质与脂肪等。此外,这些SCFAs作为炎症调节剂和血管扩张药对肠道健康有深远的影响,同时能够促进肠能动性和部分伤口的愈合[45]。存在于这些聚糖中的糖苷键需要人类基因组不编码的糖苷水解酶和多糖裂解酶裂解,但肠道内的有益菌,如多形拟杆菌、拟杆菌和双歧杆菌[46]拥有糖苷水解酶和多糖裂解酶的量是任何动物机体内的两倍,这些酶能够很好地在人类和动物的机体内利用[47]。

机体内外环境的变化引起炎性因子的生成,进而会造成肠道组织炎症病变,短链脂肪酸对炎性因子生成的影响,使其成为近年来的研究热点。溃疡性结肠炎(UC)是一种消化道的自身免疫性疾病,有研究认为该病源于结肠上皮对短链脂肪酸的利用障碍[48]。Breuer 等[49]针对溃疡性结肠炎患者直接灌肠短链脂肪酸,发现能够改善病症。在体外 SD 大鼠离体结肠炎模型中[50],使用丁酸钠于结肠细胞上,检测结肠上皮细胞的凋亡情况。结果发现,与正常组相比,丁酸钠组结肠细胞凋亡速率明显低于正常组,这表明,一定浓度的丁酸钠能够抑制正常结肠上皮细胞的凋亡。另外,SCFAs 能通过影响某些炎性细胞释放细胞因子而起到抗炎作用。Sofia 等[51]研究乙酸、丙酸、丁酸与抗炎因子释放的关系,结果发现,30 mmol/L 的乙酸、丙酸、丁酸能降低 TNF-α 因子(肿瘤坏死因子)的释放,而不影响 IL-κ 蛋白的释放,表明乙酸盐、丙酸盐对结肠炎症具有良好的治疗效果。有研究报道[52] SCFAs 可降低生产的促炎症因子在体外,包括 IL-1β、IL-6 和 TNF-a 和提高生产抗炎细胞因子 IL-10。

除了作为能量源,在哺乳动物结肠上皮细胞中 SCFAs 也对增殖,分化和基因表达起到调节作用,其中丁酸作为一个有效的组蛋白脱乙酰作用抑制剂,调节哺乳动物 2% 的转录[53]。醋酸和丙酸结合 G 蛋白偶联受体-41(G protein coupled receptor,GPCR)和 GPCR43 可以调节基因表达和影响基因功能[54]。例如,用于人类 GPCR43 和小鼠 GPCR43 转录物在免疫细胞表达量增加,如中性粒细胞和嗜酸性粒细胞[55]。GPCR43 也在结肠上皮细胞中表达,并能够影响细胞的增殖和上皮屏障的完整性[56]。

4.1.2 微生物对糖脂代谢的调节

微生物发酵产物 SCFAs,不仅可以作为能量底物,也可作为代谢能量。SCFAs 已被证明能够作为信号分子结合至 GPCR,从而提高营养的吸收和脂肪组织生长。SCFAs 结合 GPCR31,能刺激瘦素的表达[57]。瘦素主要影响白色脂肪的代谢,白色脂肪组织不仅是器官,也有能量存储的功能,而且是产生内分泌因子的重要部位。在 GPCR41 缺陷型小鼠中通常肽 YY(PYY)的表达量较少,而 PYY 是一种肠内分泌细胞衍生的激素,通常抑制肠道运动,延缓食糜通过肠道的时间[58]。这一证据表明,通过 SCFA-GPCR41 活化促进营养物质的吸收,主要是通过增加 PYY 的释放,这是微生物代谢产物和脂肪代谢之间的一个很好的例子。

微生物还能调节胆汁酸代谢,胆汁酸能够调节 G 蛋白偶联胆酸受体(G protein-coupled bile acid receptor,GPBAR1)和法尼酯 X 受体(farnesoid X receptor,FXR)等受体的表达[59],并参与肝肠循环,调解甘油三酯,胆固醇,能源和葡萄糖的稳态。胆汁酸从肠道吸收,然后进入血液循环,激活 GPBAR1 和 FXR 的外周器官从而有助于整个机体的新陈代谢。GPBAR1 在棕色脂肪组织和肌肉中的激活能够增加能量消耗从而防止饮食诱导的肥胖[60]。Sarah Farr 的实验研究[61]表明,脑-肠轴主要通过胰高血糖素样肽-1(glucagon-like peptide-1,GLP-1)对调节肠道脂蛋白的产生起到重要作用。

4.2 肠道微生物对神经发育的调节

微生物-脑-肠轴是一个双向神经通信系统,以往的研究主要集中在其参与的功能性胃肠疾病,如肠易激综合征(irritable bowel syndrome,IBS)[62]等。最近,越来越多的证据表明肠道菌群可通过该轴调节大脑发育,并影响机体的行为[63]。因此,越来越多的研究将重点放在微生物-脑-肠轴对神经发育的潜在影响。

Braniste V 等[29]在对小鼠的研究中初次发现肠道细菌可获得大脑信号。通过研究动物大脑发现,无菌小鼠的纹状体分泌更多的与焦虑相关的化学物质,包括神经递质、5-羟色胺。研究还表明,无菌小鼠再回到正常环境中后他们的行为也不能随之正常化,但它们的后代小鼠通过接种自然健康微生物菌群会恢复部分正常行为,这表明微生物菌群在神经物质的分泌中起到重要的影响。

此外,临床研究表明,自闭症(autism spectrum disorder,ASD)等脑疾患者往往伴随着肠道微生物菌群的变化和紊乱症状。虽然 ASD 的确切病因和病理仍有待研究,但肠道和 ASD 大脑之间的相互作用已经获得了广泛的关注。Mayer 等的研究[64]也证实了 ADS 与微生物-脑-肠轴之间存在密切的联系。SCFAs 是微生物-脑-肠轴关键的调节因子,它能够越过血脑屏障,直接调节大脑活动。MacFabe 等人的研究发现,ADS 儿童患者的粪便样品中 SCFAs 的水平要低得多[65]。另一方面,粪便中的中短链脂肪酸的量可受到多种因素的影响,如其他中短链脂肪酸的量,可溶性膳食纤维的摄入量,以及药物的摄入等因素。还有其他的研究表明母亲的身体状况也可会增加后代患 ASD 的可能[66]。Foley 等的研究结果指出了另一种可能性,即母亲的肠道菌群也可能会影响后代患 ASD 的风险[67]。

4.3 肠道微生物对繁殖性能的调节

有研究表明,微生物代谢产物的生理水平可通过精子、卵子、胎盘、母乳等繁殖环节影响新生儿的健康。因此,亲代的肠道健康和机体稳态不仅影响自身健康,也对后代产生了影响[68]。肠道菌群不仅能够进入血液改变血液中氨基酸的含量,还会产生含氮、硫的代谢产物。通常情况下,产生过量的微生物代谢产物(例如氨、一氧化氮和硫化氢等)是有害的,因此,调节孕期亲代的肠道微生物菌群,尤其是与氨基酸相关的微生物是调节和维持机体代谢平衡和生殖健康的关键[69]。

4.4 肠道微生物对动物行为的调节

微生物-脑-肠轴将微生物和机体代谢行为联系起来,微生物的代谢产物作为配体能够结合肠上皮组织或肠周围神经系统的受体,引起脑肠肽释放,改变食欲,某些代谢产物如乙酸则具有直接调节脑组织生理活动的作用。Bravo 等[70]的研究发现,益生菌可通过迷走神经调节大脑皮质氨基丁酸(gamma amino acid butyric acid,GABA)受体的表达,从而减轻焦虑、抑郁行为。此外有研究显示,自闭症小鼠血清 4-乙基硫酸苯酯浓度升高,给予拟杆菌治疗后,4-乙基硫酸苯酯浓度降低,小鼠焦虑行为缓解。上述研究表明肠道菌群改变可能通过调节机体代谢从而影响动物行为[71]。

有研究表明,通过先进的手段,实现微生物的调控可以作为新兴的治疗手段提高宿主的健康状况。通过饮食干预,选择性的增加或减少某种肠道微生物,能够影响动物的行为,减少焦虑的行为出现,从而提高生活质量[72]。

5 影响微生物-脑-肠轴作用的因素

5.1 遗传和营养因素

研究发现,肠道细菌群落的差异可能是由于每个品种的特定遗传效应等因素的影响[73]。研究表明日粮组成是影响肠道微生物组成和活性的一个关键因素,并且它决定着挥发性脂肪酸和其他代谢终产物的产量,这些因素决定着仔猪的肠道健康是否能得到改善。例如,大肠杆菌往往是影响幼龄动物肠道健康的重要菌种之一。此外,食物添加剂往往也能够变肠道菌群的菌群结构,从而对机体的抗氧化和抗炎症能力产生影响[74]。而日粮对微生物的影响会导致微生物代谢产物变化,这些代谢产物进入血液后,又会进一步地影响宿主的大脑活动。因此,利用改善日粮的方法恢复微生物-脑-肠轴的平衡对 ADS 等疾病也有一定的治疗效果,同时也会改变社会行为等[75]。

益生菌对动物健康能够产生有益的影响,例如产生抗菌物质,抑制消化系统疾病,增强肠道菌群平衡等。在猪生产中,添加使用益生菌,能够有效地调节肠道微生物,调节免疫系统,与致病菌产生竞争排斥[76]。因此,从动物健康的角度来看,益生菌能够改善肠道菌群结构和分布,从而改善动物健康和肠道疾病的发生[77]。

5.2 环境因素

动物生产的环境因素也是影响动物肠道微生物的重要原因之一。溴氯甲烷是甲烷的抑制剂，已在动物生产中被广泛使用。然而，近期的研究结果表明，甲烷对动物的肠道菌群和代谢模式也会产生一定的影响。动物呼入过多的甲烷对采食量和体增重没有显著性的差异，但肠道菌群及其代谢产物却受到了很显著的影响。结肠中的微放线菌，酸杆菌和变形菌等微生物的含量均显著下降，同时微生物代谢产物氨基酸、SCFAs和碳水化合物等也有显著的减少，此外氨基酸的发酵产物有所增加，从而增加了潜在的有害化合物。这些发现表明了，在动物生产中大量使用溴氯甲烷，对动物的健康是十分不利的[78]。

5.3 日粮纤维

最近的研究揭示了日粮纤维在维持动物胃肠道微生物菌群多样性方面的关键性作用，因此从动物肠道健康的角度看，日粮纤维的营养需要非常关键，而现有的猪日粮配方中存在重要的纤维需要缺口，缺口比例高达1/3~1/2。目前已对猪日粮中纤维的主要来源类型包括大豆皮、小麦皮、豌豆皮和玉米皮等，不同来源类型的日粮纤维差异，以及不同饲料加工工艺对这些纤维的物理、化学特性的改变开展了探索性研究，以及对日粮纤维在肠道发酵后的主要代谢产物中短链脂肪酸的生成、对肠道消化酶的调控、对肠道吸收的转运载体变化、对肠道屏障功能基因的表达调控开展了卓有成效的研究[79-84]。在人的医学研究方面，已经发现膳食纤维是很好的抗生素替代物，如邵峰等研究发现膳食纤维可以调控肠道微生物细菌鞭毛Ⅲ型分泌系统（T3SS），通过NAIP-NLRC4炎症小体途径（NAIP-NLRC4 inflammasome），调控胃肠道的天然免疫系统[85]。

6 小结和展望

综上所述，高等动物肠道微生物及其代谢产物，对调控胃肠道功能发挥着关键作用，进而对动物的疾病和健康发挥着深远的影响。基于微生物多样性高通量测序、微生物菌谱鉴定、代谢产物和酶谱分析技术的革命性突破，未来通过微生物组学等开展微生物与宿主间互作关系，通过营养等方式干预宿主肠道微生物健康，特别是如何弥补日粮纤维缺口，将继续成为国际研究热点。

在此国际研究趋势下，在动物营养特别是猪的营养领域，未来的研究将集中关注以下方面：①猪日粮中不同类型纤维的剂量-效应关系和组合应用。猪日粮纤维的主要来源类型如大豆皮和玉米皮等，研究不同来源类型的日粮纤维差异，以及不同饲料加工工艺对这些纤维的物理、化学特性的改变，探讨它们的组合效应对猪肠道微生物的发酵、微生物组的影响，进而阐明日粮纤维对猪胃肠道以至全身生理功能的影响模式，特别是需要重点研究和揭示肠道微生物重要产物中短链脂肪酸的受体；②由于猪具有与人高度相似的遗传背景和生活习性特点如营养膳食等，未来猪作为人疾病和健康相关研究的动物模型方面发挥着不可替代的作用，特别是以猪为模型，探讨日粮纤维对肠道蛋白、碳水化合物等消化吸收和代谢转化的模式和调控机制，从而揭示膳食纤维缺乏对人慢性非传染性疾病如肥胖、2型糖尿病、心脑血管病的作用机制；③以猪为模型，研究肠道微生物组的菌群结构和代谢，揭示肠道微生物及其代谢产物对动物体内重要生命活动的生理、生化调节机制，有助于阐明肠道微生物与宿主共生和互作的模式；④以猪为模型研究肠道微生物与肠道免疫系统之间的互作和调控机制，如病原菌的定殖规律、新生仔猪肠黏膜免疫系统的建立和完善机制等，发掘出靶向性提高动物肠道天然免疫功能的生物药物或生物饲料添加剂等。

参考文献

[1] Human Microbiome Project Consortium. Structure,function and diversity of the healthy human microbiome[J]. Nature,2012,486(7402):207-214.

[2] 田锋,王新颖.肠道菌群与肠黏膜固有免疫[J].外科理论与实践,2016(1):79-82.

[3] 王文建,郑跃杰.肠道菌群与中枢神经系统相互作用及相关疾病[J].中国微生态学杂志,2016(2):240-245.

[4] Ma X,Chen J,Tian Y. Pregnane X receptor as the "sensor and effector" in regulating epigenome[J]. Journal of Cellular Physiology,2015,230(4):752-757.

[5] 杨利娜,边高瑞,朱伟云.单胃动物肠道微生物菌群与肠道免疫功能的相互作用[J].微生物学报,2014,05:480-486.

[6] Ley R E,Peterson D A,Gordon J I. Ecological and evolutionary forces shaping microbial diversity in the human intestine. Cell,2006,124(4):837-848.

[7] Lay C,Rigottier-Gois L,Holmstrom K,et al.. Colonic microbiota signatures across five northern European countries. Applied and Environmental Microbiology,2005,71(7):4153-4155.

[8] Spor A,Koren O,Ley R. Unravelling the effects of the environment and host genotype on the gut microbiome. Nature Reviews Microbiology,2011,9(4):279-290.

[9] Xu X,Xu P,Ma C,et al.. Gut microbiota,host health,and polysaccharides. Biotechnology Advances,2013,31(2):318-337.

[10] Wang W,Yang Q,Sun Z,et al.. Editorial:Advance of Interactions Between Exogenous Natural Bioactive Peptides and Intestinal Barrier and Immune Responses[J]. Current Protein and Peptide Science,2015,16(7):574-575.

[11] Huang C,Song P,Fan P,et al.. Dietary sodium butyrate decreased postweaning diarrhea by modulating intestinal permeability and changing the bacterial community in weaned piglets. The Journal of Nutrition,2015,145(12):2774-2780.

[12] Wang J,Han M,Zhang G,et al.. The signal pathway of antibiotic alternatives on intestinal microbiota and immune function[J]. Current Protein and Peptide Science (In press).

[13] Perez-Lopez A,Behnsen J,Nuccio S P,et al.. Mucosal immunity to pathogenic intestinal bacteria[J]. Nature Reviews Immunology,2016,16(3):135-48.

[14] Riddle M S,Connor B A. The Traveling Microbiome[J]. Current Infectious Disease Reports,2016,18(9):29.

[15] Jones M L,Ganopolsky J G,Martoni C J,et al.. Emerging science of the human microbiome[J]. Gut Microbes,2014,5(4):446-457.

[16] Waldron D. Microbiome:In transit. Nature Reviews Microbiology,2015,13(11):659.

[17] Kahrstrom C T,Pariente N,Weiss U. Intestinal microbiota in health and disease[J]. Nature,2016,535(7610):47.

[18] Gilbert J A,Quinn R A,Debelius J,et al.. Microbiome-wide association studies link dynamic microbial consortia to disease[J]. Nature,2016,535(7610):94-103.

[19] Baumler A J,Sperandio V. Interactions between the microbiota and pathogenic bacteria in the gut[J]. Nature,2016,535(7610):85-93.

[20] Honda K,Littman D R. The microbiota in adaptive immune homeostasis and disease[J]. Nature,2016,535(7610):75-84.

[21] Thaiss C A,Zmora N,Levy M,et al.. The microbiome and innate immunity[J]. Nature,2016,535(7610):65-74.

[22] Sonnenburg J L,Backhed F. Diet-microbiota interactions as moderators of human metabolism[J]. Nature,2016,535(7610):56-64.

[23] Charbonneau M R,Blanton L V,Digiulio D B,et al.. A microbial perspective of human developmental biology[J]. Nature,2016,535(7610):48-55.

[24] Vanuytsel T,Van Wanrooy S,Vanheel H,et al.. Psychological stress and corticotropin-releasing hormone increase intestinal permeability in humans by a mast cell-dependent mechanism[J]. Gut,2014,63(8):1293-1299.

[25] Wilcz-Villega E M,Mcclean S,O'Sullivan M A. Mast cell tryptase reduces junctional adhesion molecule-A (JAM-A) expression in intestinal epithelial cells:implications for the mechanisms of barrier dysfunction in irritable bowel syn-

drome[J]. The American Journal of Gastroenterology,2013,108(7):1140-1151.

[26] Emanuele E,Orsi P,Boso M,et al.. Low-grade endotoxemia in patients with severe autism[J]. Neuroscience Letters, 2010,471(3):162-165.

[27] Fukata M,Arditi M. The role of pattern recognition receptors in intestinal inflammation [J]. Mucosal Immunology, 2013,6(3):451-463.

[28] Tao X,Xu Z,Wan J. Intestinal microbiota diversity and expression of pattern recognition receptors in newly weaned piglets [J]. Anaerobe,2015,32:51-56.

[29] Braniste V,Al-Asamkh M,Kowal C,et al.. The gut microbiota influences blood-brain barrier permeability in mice [J]. Science Translational Medicine,2014,6(263):263ra158-263ra158.

[30] Chen J,Li Y,Tian Y,et al.. Interaction between microbes and host intestinal health:modulation by dietary nutrients and gut-brain-endocrine-immune axis[J]. Current Protein and Peptide Science,2015,16(7):592-603.

[31] Grenham S,Clarke G,Cryan J F,et al.. Brain-gut-microbe communication in health and disease[J]. Front Physiol, 2011,2(94.10):3389.

[32] Clarke G,Stilling R M,Kennedy P J,et al.. Minireview:Gut microbiota: the neglected endocrine organ [J]. Molecular Endocrinology,2014,28(8):1221-1238.

[33] Braniste V,Al-Asamkh M,Kowal C,et al.. The gut microbiota influences blood-brain barrier permeability in mice [J]. Science Translational Medicine,2014,6(263):263ra158-263ra158.

[34] Lis S,Feng J,Luo J,et al.. Eact, a small molecule activator of TMEM16A,activates TRPV1 and elicits pain-and itch-related behaviors[J]. British Journal of Pharmacology,2016.

[35] 朱伟云,余凯凡,慕春龙,等.猪的肠道微生物与宿主营养代谢[J].动物营养学报,2014,26(10):3046-3051.

[36] Petra A I,Panagiotidou S,Hatziagelaki E,et al.. Gut-microbiota-brain axis and its effect on neuropsychiatric disorders with suspected immune dysregulation[J]. Clinical Therapeutics,2015,37(5):984-995.

[37] Dewulf E M,Cani P D,Neyrinck A M,et al.. Inulin-type fructans with prebiotic properties counteract GPR43 overexpression and PPARγ-related adipogenesis in the white adipose tissue of high-fat diet-fed mice[J]. The Journal of Nutritional Biochemistry,2011,22(8):712-722.

[38] Ahn Y, Narous M, Tobias R, et al.. The ketogenic diet modifies social and metabolic alterations identified in the prenatal valproic acid model of autism spectrum disorder [J]. Developmental Neuroscience, 2014, 36(5): 371-380.

[39] 谯仕彦,侯成立,曾祥芳.乳酸菌对猪肠道屏障功能的调节作用及其机制[J].动物营养学报,2014,26(10):3052-3063.

[40] Al Oomran Y,Aziz Q. The brain-gut axis in health and disease[M]// Microbial Endocrinology:The Microbiota-GutBrain Axis in Health and Disease. Springer New York,2014:135-153.

[41] Fan P,Li L,Rezaei A,et al.. Metabolites of dietary protein and peptides by intestinal microbes and their impacts on gut [J]. Current Protein and Peptide Science,2015,16(7):646-654.

[42] 李茂涓,牛俊坤,缪应雷.脑-肠轴与炎症性肠病关系的研究进展[J].世界华人消化杂志,2015,7:1097-1103.

[43] 张晶,覃小丽,刘雄.膳食主成分对肠道微生物的影响研究进展[J].食品科学,2015,05:305-309.

[44] Tremaroli V,Backhed F. Functional interactions between the gut microbiota and host metabolism[J]. Nature,2012, 489(7415):242-249.

[45] Russo A J. Decreased plasma myeloperoxidase associated with probiotic therapy in autistic children[J]. Clinical Medicine Insights. Pediatrics,2015,9:13.

[46] Nøhr M K,Egrod K L,Christiansen S H,et al.. Expression of the short chain fatty acid receptor GPR41/FFAR3 in autonomic and somatic sensory ganglia[J]. Neuroscience,2015,290:126-137.

[47] Reigstad C S,Salmonson C E,Rainey J F,et al.. Gut microbes promote colonic serotonin production through an effect of short-chain fatty acids on enterochromaffin cells [J]. The FASEB Journal,2015,29(4):1395-1403.

[48] Stephane N M D,Driffa M M D,Ivan G M D,et al.. Tumor necrosis factor alpha reduces butyrate oxidation in vitro in human colonic mucosa: a link from inflammatory process to mucosal damage [J]. Inflamm Bowel Dis,2005,11(6):559-566.

[49] Breuer R I, Soergel K H, Lashner B A, et al.. Short chain fatty acid rectal irrigation for left-sided ulcerative colitis: a randomised, placebo controlled trial[J]. Gut, 1997, 40(4): 485-491.

[50] 胡卫. 丁酸钠对结肠上皮细胞凋亡的影响[J]. 武汉大学学报(医学版), 2007(4): 468-470.

[51] Sofia T, Fredrik W, Martin K, et al.. Anti-inflammatory properties of the short-chain fatty acids acetate and propionate: A study with relevance to inflammatory bowel disease[J]. World Journal of Gastroenterology, 2007, 13(20): 2826-2832.

[52] Liu H, Zhang J, Zhang S, et al.. Oral administration of Lactobacillus fermentum I5007 favors intestinal development and alters the intestinal microbiota in formula-fed piglets[J]. Journal of Agricultural and Food Chemistry, 2014, 62(4): 860-866.

[53] Xu J, Bjursell M K, Himrod J, et al.. A genomic view of the human-Bacteroides thetaiotaomicron symbiosis[J]. Science, 2003, 299(5615): 2074-2076.

[54] Martens E C, Lowe E C, Chiang H, et al.. Recognition and degradation of plant cell wall polysaccharides by two human gut symbionts[J]. PLoS Biol, 2011, 9(12): e1001221.

[55] Donohoe D R, Garge N, Zhang X, et al.. The microbiome and butyrate regulate energy metabolism and autophagy in the mammalian colon[J]. Cell Metabolism, 2011, 13(5): 517-526.

[56] Suzuki T, Yoshida S, Hara H. Physiological concentrations of short-chain fatty acids immediately suppresses colonic epithelial permeability[J]. British Journal of nutrition, 2008, 100(02): 297-305.

[57] Mu C, Yang Y, Luo Z, et al.. The colonic microbiome and epithelial transcriptome are altered in rats fed a high-protein diet compared with a normal-protein diet[J]. The Journal of Nutrition, 2016, 146(3): 474-483.

[58] Liu S, Mi W L, Li Q, et al.. Spinal IL-33/ST2 Signaling Contributes to Neuropathic Pain via Neuronal CaMKII-CREB and Astroglial JAK2-STAT3 Cascades in Mice[J]. The Journal of the American Society of Anesthesiologists, 2015, 123(5): 1154-1169.

[59] Tolhurst G, Heffron H, Lam Y S, et al.. Short-chain fatty acids stimulate glucagon-like peptide-1 secretion via the G-protein-coupled receptor FFAR2[J]. Diabetes, 2012, 61(2): 364-371.

[60] Thomas C, Pellicciari R, Pruzansi M, et al.. Targeting bile-acid signalling for metabolic diseases[J]. Nature Reviews Drug Discovery, 2008, 7(8): 678-693.

[61] Farr S, Baker C, Naples M, et al.. Central Nervous System Regulation of Intestinal Lipoprotein Metabolism by Glucagon-Like Peptide-1 via a Brain-Gut Axis[J]. Arteriosclerosis, Thrombosis, and Vascular Biology, 2015, 35(5): 1092-1100.

[62] Swann J R, Want E J, Geier F M, et al.. Systemic gut microbial modulation of bile acid metabolism in host tissue compartments[J]. Proceedings of the National Academy of Sciences, 2011, 108(Supplement 1): 4523-4530.

[63] Bermon S, Petriz B, Kajeniene A, et al.. The microbiota: an exercise immunology perspective[J]. Exerc Immunol Rev, 2015, 21: 70-79.

[64] Mayer E A, Tillisch K, Gupta A. Gut/brain axis and the microbiota[J]. Journal of Clinical Investigation, 2015, 125(3): 926.

[65] Macfabe D F. Enteric short-chain fatty acids: microbial messengers of metabolism, mitochondria, and mind: implications in autism spectrum disorders[J]. Microbial Ecology in Health and Disease, 2015, 26.

[66] Luo J, Feng J, Liu S, et al.. Molecular and cellular mechanisms that initiate pain and itch[J]. Cellular and Molecular Life Sciences, 2015, 72(17): 3201-3223.

[67] Yano J M, Yu K, Donaldson G P, et al.. Indigenous bacteria from the gut microbiota regulate host serotonin biosynthesis[J]. Cell, 2015, 161(2): 264-276.

[68] Jaeggi T, Kortman G A M, Moretti D, et al.. Iron fortification adversely affects the gut microbiome, increases pathogen abundance and induces intestinal inflammation in Kenyan infants[J]. Gut, 2015, 64(5): 731-742.

[69] Dai Z, Wu Z, Hang S, et al.. Amino acid metabolism in intestinal bacteria and its potential implications for mammalian reproduction[J]. Molecular Human Reproduction, 2015, 21(5): 389-409.

[70] Bravo J A, Forsythevp, Chew M V, et al.. Ingestion of Lactobacillus strain regulates emotional behavior and central

GABA receptor expression in a mouse via the vagus nerve[J]. Proceedings of the National Academy of Sciences, 2011,108(38):16050-16055.

[71] Davenport E R, Cusanovich D A, Michelini K, et al.. Genome-Wide Association Studies of the Human Gut Microbiota [J]. PloS one,2015,10(11):e0140301.

[72] Lyte M, Chapel A, Lyte J M, et al.. Resistant Starch Alters the Microbiota-Gut Brain Axis: Implications for Dietary Modulation of Behavior[J]. PloS One,2016,11(1):e0146406.

[73] Pajarillo E A B, Chae J P, Balolong M P, et al.. Pyrosequencing-based analysis of fecal microbial communities in three purebred pig lines[J]. Journal of Microbiology,2014,52(8):646-651.

[74] Morel F B, Oozeer R, Piloquet H, et al.. Preweaning modulation of intestinal microbiota by oligosaccharides or amoxicillin can contribute to programming of adult microbiota in rats [J]. Nutrition,2015,31(3):515-522.

[75] Chassaing B, Koren O, Goodrich J K, et al.. Dietary emulsifiers impact the mouse gut microbiota promoting colitis and metabolic syndrome [J]. Nature,2015,519(7541):92-96.

[76] Cammarota G, Ianiro G, Bibbò S, et al.. Gut microbiota modulation: probiotics, antibiotics or fecal microbiota transplantation[J]. Internal and Emergency Medicine,2014,9(4):365-373.

[77] Holm J B, Rønnevik A, Tastesen H S, et al.. Diet-induced obesity, energy metabolism and gut microbiota in C57BL/6J mice fed Western diets based on lean seafood or lean meat mixtures [J]. The Journal of Nutritional Biochemistry, 2016,31:127-136.

[78] Yang Y X, Mu C L, Luo Z, et al.. Bromochloromethane, a Methane Analogue, Affects the Microbiota and Metabolic Profiles of the Rat Gastrointestinal Tract[J]. Applied and Environmental Microbiology,2016,82(3):778-787.

[79] Chen H, Mao X, He J, et al.. Dietary fibre affects intestinal mucosal barrier function and regulates intestinal bacteria in weaning piglets[J]. British Journal of Nutrition,2013,110(10):1837-1848.

[80] Chen H, Wang W, Degroote J, et al.. Arabinoxylan in wheat is more responsible than cellulose for promoting intestinal barrier function in weaned male piglets[J]. Journal of Nutrition,2015,145(1):51-58.

[81] Chen H, Mao X, Yin J, et al.. Comparison of jejunal digestive enzyme activities, expression of nutrient transporter genes, and apparent fecal digestibility in weaned piglets fed diets with varied sources of fiber[J]. Journal of Animal and Feed Sciences,2015,24:41-47.

[82] Chen H, Mao X, Che L, et al.. Impact of fiber types on gut microbiota, gut environment and gut function in fattening pigs[J]. Animal Feed science and Technology,2014,195:101-111.

[83] Che L, Chen H, Yu B, et al.. Long-term intake of pea fiber affects colonic barrier function, bacterial and transcriptional profile in pig model[J]. Nutrition and Cancer,2014,66(3):388-399.

[84] Chen H, Chen D, Qin W, et al.. Wheat bran components modulate intestinal bacteria and gene expression of barrier function relevant proteins in a piglet model[J]. International Journal of Food Sciences and Nutrition, 2016 (In press).

[85] Zhao Y, Shao F. The NAIP-NLRC4 inflammasome in innate immune detection of bacterial flagellin and type III secretion apparatus[J]. Immunological Reviews,2015,265(1):85-102.

猪利用氮营养素的机制及营养调控研究进展

朱伟云** 余凯凡

(江苏省消化道营养与动物健康重点实验室,
南京农业大学消化道微生物研究室,南京 210095)

摘 要:我国蛋白质饲料资源紧缺、养猪业高氮排放污染问题突出,提高蛋白质饲料资源利用效率进而减少资源浪费、降低氮排放是养猪业可持续发展的需要。饲料中的氮营养素首先经过动物胃和肠道代谢,在此过程中,肠道微生物菌群也参与氮素的代谢转化,其后氮素再经过肝脏代谢进到肌肉等靶器官进行代谢沉积,促使机体生长。因此,研究氮营养素在消化道、肝脏和肌肉组织中的消化代谢规律及调节机制,是提高氮营养素利用效率、减少氮排放的重要基础。本文结合国家"973"计划项目"猪利用氮营养素的机制及营养调控"研究,总结了胃肠道化学感应、小肠黏膜功能、肠道微生物组成对日粮蛋白质水平的响应及影响,日粮蛋白质在肝脏的代谢转化和在肌肉的沉积规律等一些研究的进展,为丰富猪蛋白质营养理论,完善饲粮组成、制定精准营养配方,探寻缓解蛋白质饲料资源紧缺和养猪业高氮排放的营养调控措施提供参考。

关键词:氮营养素利用;蛋白质;氨基酸;吸收代谢;猪

随着畜牧业的迅猛发展,我国优质蛋白质饲料资源日益紧缺。另一方面,由于氮营养素利用效率不高,日粮氮通过粪尿排到环境造成污染。实际上,不科学的日粮氮营养素供给模式是造成蛋白质资源利用效率不高的重要因素,其根本是由于人们对氮营养素在猪机体内的消化代谢规律及其调节机制的认识不够。因此,研究猪利用氮营养素的机制及营养调控,是科学制定猪对日粮氮营养素供给模式,进而提高氮营养素利用效率、减少氮排放的重要前提和基础。

机体利用氮营养素的效率,取决于氮营养素模式与机体的相互作用及整合,涉及消化、代谢过程的调节,包括环境信号(营养素及其代谢物)、胞内信号传递及功能基因的表达调控;同时受肠道微生物与宿主相互作用的影响。项目组在国家"973"计划项目的资助下,以氮营养素在消化道、肝脏和肌肉组织消化代谢过程中的供给模式变化为主线,以氮营养素-微生物-组织器官间的化学信号感应与传递为内在联系,从细胞分子、组织器官和整体水平上开展了氮营养素的消化代谢规律及调节机制的研究,并提出了一些针对性的日粮模式。本文主要结合项目的研究进展,围绕猪利用氮营养素的机制及营养调控进行综述。

---

* 基金项目:国家重点基础研究发展计划(973)(2013CB127300)
** 第一作者简介:朱伟云(1962—),女,教授,博士生导师,E-mail: zhuweiyun@njau.edu.cn

1 胃肠道化学感应与氮营养素的消化

动物胃肠道内存在肠道内分泌细胞与迷走神经之间的一种营养素化学感应系统(nutrient chemo-sensing system),该感应系统可将信息从胃肠道传递给大脑,在营养素消化过程中起着重要作用[1]。肠道内分泌细胞表面的各类营养素感应受体通过特异性识别肠腔内的蛋白质、脂类、糖类等营养素,激活细胞下游信号通路,促使胃肠激素如酪酪肽(peptide YY,PYY)、胆囊收缩素(cholecystokinin,CCK)等的分泌,进而通过内分泌、旁分泌或神经分泌途径调控机体对营养素的吸收与代谢。

日粮氮营养素供应水平会直接影响胃肠道氮营养素的消化进而可能影响生产性能。项目组研究表明,平衡4种必需氨基酸(赖氨酸、蛋氨酸、色氨酸、苏氨酸)条件下,日粮蛋白质水平降低3个百分点(与NRC标准相比,下同),断奶仔猪、生长猪和肥育猪的料重比不受影响,采食量和日增重均有所下降,但差异不显著。而当日粮蛋白质水平降低6个百分点时,各阶段猪生长性能均显著下降。当日粮蛋白质水平相对较高时,更多的氨基酸可被吸收进机体血液循环当中。而额外添加的4种必需氨基酸,显然缓解了这几种氨基酸在机体代谢库的缺乏,各组差异不显著。但当蛋白质水平降低6个百分点时,这几种氨基酸含量仍相对偏低,这也表明,由于用以维持机体合成代谢的蛋白质不足,这些必需氨基酸被"征用"而浪费。

日粮蛋白质进入胃肠道后,可刺激胃酸和消化酶的分泌,使蛋白质降解为肽、氨基酸和氨等。在不同肠段肠腔及肠细胞中,消化酶的分泌不仅可能受到摄入营养素的种类、数量、组成或其消化产物的影响[2],还受到胃肠激素的调节。项目组研究表明,日粮蛋白质水平降低3个百分点和6个百分点,不影响断奶仔猪、生长猪和肥育猪胃肠道消化酶如胰脂肪酶、胰蛋白酶的酶活性以及胃蛋白酶原Ⅰ和Ⅱ、胃泌素的分泌,但胰脏脂肪酶活性随日粮蛋白水平下降而显著下降。感应氮营养素氨基酸和肽的受体主要是G蛋白耦联受体超家族成员(GPCRs),如TLRs、CaSR和GPRC6A等。研究表明,日粮蛋白质水平主要影响空肠感受体T1R3基因的表达,不影响感受体GPR93基因在十二指肠和空肠中的表达。胃肠激素也受到日粮蛋白水平的影响,猪从仔猪阶段开始降日粮蛋白质水平,Grelin、GIP浓度随蛋白水平降低而显著降低,PYY浓度也有降低的趋势,CCK浓度在中蛋白水平最高。

2 小肠黏膜结构、功能与氮营养素吸收利用

从猪小肠肠腔吸收进入门静脉的所有氨基酸均可在肠道等门静脉排流组织中发生分解代谢[3]。日粮中97%的谷氨酸和天冬氨酸、70%的谷氨酰胺、40%~50%的丝氨酸和甘氨酸、40%的精氨酸和脯氨酸、20%~40%的支链氨基酸以及30%~60%的其他必需氨基酸在小肠中进行代谢[4]。大量氮营养素在小肠黏膜中被代谢,因此,小肠黏膜的结构和功能直接影响氮营养素的吸收与利用。项目组研究发现,与低蛋白日粮相比,参照NRC标准的正常蛋白日粮可以促进仔猪小肠黏膜紧密连接蛋白Claudin-1表达,完善肠黏膜屏障;而在生长猪和育肥猪阶段,正常蛋白日粮降低了Claudin-1和E-cadherin的表达,增加细胞旁路的渗透性。正常蛋白日粮显著增加育肥猪阶段空肠杯状细胞的数量,提高Muc2的分泌,使黏液层增厚,有利于黏膜屏障,这种影响是否与营养物质吸收有关有待进一步研究。研究同时发现,日粮蛋白质水平降低影响了猪小肠组织中与氮素消化代谢功能相关的基因和蛋白表达。此外,对氨基酸与小肠黏膜功能的研究表明,谷氨酸可提高猪小肠上皮细胞单层细胞电阻,降低其通透性,并上调紧密连接蛋白Occludin、Claudin-3、ZO-2和ZO-3的表达,增强黏膜完整性[5]。谷氨酰胺也可调控紧密连接蛋白的表达,影响猪肠道上皮屏障功能[6]。

蛋白质在肠道内经酶解产生的游离氨基酸可通过其转运载体转入肠上皮细胞;产生的小肽可通过H+驱动肽转运载体转入肠上皮细胞,然后部分被继续降解成氨基酸[7]。项目组对不同日粮蛋白质水

平下的猪小肠氨基酸、小肽转运载体表达规律进行研究发现,日粮蛋白质水平可显著影响仔猪空肠 b⁰,⁺ AT 和 PepT1 的基因表达,日粮蛋白质水平下降 6 个百分点下调了空肠 EAAT3 基因表达。日粮蛋白水平对仔猪小肠中主要负责转运 L 型赖氨酸、精氨酸和鸟氨酸的碱性氨基酸转运载体 CAT1 的表达没有影响,这可能与日粮提供的碱性氨基酸(赖氨酸、精氨酸)已满足猪的需要有关。进一步对谷氨酸转运载体 EAAT3 的功能研究表明,EAAT3 可以激活 mTOR 信号通路促进细胞增殖,上调胱氨酸-谷氨酸交换载体 xCT,调控胱氨酸转运和维持胞内谷氨酸代谢池的稳定[8]。项目组研究还发现了碱性氨基酸转运载体 y+LAT1 的编码基因 SLC7A7 是 CDX2 的靶基因,CDX2 可上调 SLC7A7 的表达,促进猪肠道上皮细胞的增殖[9]。

3 肠道微生物与氮营养素的消化代谢

肠黏膜和肠道微生物的蛋白质周转迅速且量大。受日粮因素和肠黏膜分泌物的刺激,肠道微生物可通过调节自身的基因表达和蛋白分泌,以适应肠道内环境[10]。肠道微生物可代谢氮营养素产生氨基酸、生物胺和氨等,同时利用氨态氮合成氨基酸,影响动物机体的氨基酸稳态。因此,肠道微生物可以调节宿主的氨基酸池和氮周转[11]。表明,猪肠道微生物菌群及其代谢受到日粮蛋白质水平和来源的影响[12]。日粮蛋白质水平显著影响肠道菌体氨基酸组成及消化酶特征。肠道微生物菌体天冬氨酸、丙氨酸、谷氨酸、亮氨酸对日粮蛋白质水平响应更明显,随日龄增加微生物菌体氨基酸显著变化数量也增加;日粮蛋白质水平升高和必需氨基酸(EAA)/非必需氨基酸(NEAA)降低,回肠内容物与粪便微生物菌体 EAA/NEAA 降低。不同日粮蛋白质水平影响猪肠道微生物硝酸还原酶、腺苷脱氨酶、谷氨酰胺合成酶、尿素酶、谷丙转氨酶、蛋白酶的活性,而且其对肠道微生物的蛋氨酸、组氨酸、赖氨酸、精氨酸、甘氨酸、酪氨酸、色氨酸、谷氨酸脱羧酶的活性影响显著。

相当部分日粮氮营养素在肠道中被分解代谢[13],除肠黏膜细胞外,肠道微生物也直接参与了氮营养素的代谢。项目组研究首次发现,猪小肠微生物可大量代谢赖氨酸、蛋氨酸、苯丙氨酸和苏氨酸,但对缬氨酸、亮氨酸和异亮氨酸等支链氨基酸的代谢率低[14,15]。该结果与小肠上皮细胞对氨基酸的代谢规律相反[16,17],提示小肠微生物与上皮细胞在氨基酸代谢上存在分工协作。肠腔和肠壁微生物对氨基酸的利用也存在差异。肠腔游离微生物对氨基酸的分解能力较强;肠壁松散连接微生物对氨基酸的代谢比较复杂,既存在合成代谢也存在分解代谢;肠壁紧密连接微生物对氨基酸主要表现出较强的合成能力[15]。

肠道微生物与宿主氮利用相辅相成,项目组通过饲料添加抗生素干预肠道微生物,研究肠道微生物对氮营养素利用的影响,发现空肠、回肠食糜各种氨基酸浓度均下降,而血液中各种氨基酸浓度则上升。菌群结果表明,抗生素干预改变菌群区系,降低十二指肠、空肠、回肠总菌含量,其中回肠总菌含量下降达显著水平;不同区室肠段微生物组成均不相同,肠腔和黏膜微生物也有很大差异;抗生素显著改变了前段肠道的肠腔微生物组成,尤其是胃和十二指肠,而对黏膜微生物以及后肠微生物无显著影响。该研究提示,饲用抗生素干预肠道菌群改变下氮代谢发生变化,微生物菌群影响氮利用的机制有待进一步解析与研究。

4 肝脏中氮营养素的代谢通路及其调节

肝脏是氮营养素代谢的中枢,来源于门静脉和肝动脉的氨基酸和血氨进入肝脏后可形成尿素或合成蛋白质,其余部分则由肝静脉进入血液循环。肝脏中氨基酸的一条代谢途径是用于合成蛋白质(尤其是白蛋白)。项目组研究发现,仔猪日粮蛋白质水平降低 6 个百分点对血清中白蛋白水平无显著影响,但显著降低 IGF-1 含量。通过对 14% 和 20% 蛋白日粮组中肝脏组织进行表达谱测序分析,结果表明,差异基因富集在过氧化物酶体增殖物激活受体信号通路（PPAR signaling pathway）、丝裂原活化蛋白激酶信号通路（MAPK signaling pathway）等信号通路，提示其可能是氮营养素调控肝脏蛋白质合成的重要信号通路。随后，以猪原代肝细胞为研究模型，研究表明，PPAR通路和ERK通路均参与肝脏蛋白质合成。以HepG2细胞为模型，研究发现，一定浓度Phe和Leu显著上调了mTORC1的下游靶蛋白的活性形式p-S6K1；添加Gln能协同Arg和Leu更大程度的激活mTOR信号下游分子S6K1和S6。Pro-Asp和Gly-Gln二肽均能显著提高肝细胞系IGF-I的分泌，而Pro-Gln则显著抑制其分泌。项目组利用肝脏蛋白组学分析，研究了肝脏尿素循环与谷氨酰胺循环的切换机制，发现不同蛋白水平下，差异蛋白所富集的通路包括甘氨酸、丝氨酸和苏氨酸代谢、PPAR信号通路等。

牛门静脉释放的总氨基酸中有34%左右在肝脏代谢[18]，组氨酸、蛋氨酸、苯丙氨酸等必需氨基酸主要在肝脏内分解，赖氨酸、苏氨酸和支链氨基酸主要在肝外组织分解。而目前有关猪肝脏氨基酸代谢转化及其内源性调节规律未见报道。项目组通过安装门静脉、肝静脉、肠系膜静脉、颈动脉血管插管等多重血插管试验，研究发现，采取降低日粮蛋白质水平、平衡主要EAA的日粮配制方法仍会降低门静脉总氨基酸（TAA）、NEAA的浓度与流通量，降低NEAA的分解代谢，但增加EAA的分解代谢，且肝脏中EAA的分解代谢比例高于NEAA，提示有部分EAA转化为NEAA[19]。研究首次发现，肝脏支链氨基酸（缬氨酸、亮氨酸和异亮氨酸）代谢率低，而苯丙氨酸、酪氨酸大量代谢；相比20%蛋白组，14%蛋白组肝脏氨基酸代谢有所增加。

项目组同时分析了门静脉中血氨和尿素的动态变化规律，以探讨门静脉血氨在肝脏的代谢通路。研究发现，采食后血氨浓度上升，并在采食后3 h达到最高，随后逐渐下降；其中，在采食后1.5 h和3 h 20%蛋白日粮组门静脉血氨浓度显著高于14%蛋白日粮组，但与17%蛋白日粮组差异不显著。门静脉尿素浓度随着日粮蛋白质水平提高而增加，然而只有在采食后0.5 h，20%蛋白日粮组显著高于14%蛋白日粮组，但与17%蛋白日粮组差异不显著。

5 氮营养素的感应与肌肉蛋白质沉积

肌肉对氨基酸存在差异性利用，这可能与肌肉感应不同氨基酸浓度与类型时，氨基酸的摄取、合成和降解过程的适应性变化有关。项目组研究了日粮蛋白质水平对肌肉组织沉积的影响，发现日粮蛋白质水平降低3个百分点不影响肥育猪肌肉的生长，但是却不能满足生长猪和仔猪肌肉生长的需要；降低6个百分点时，对各阶段猪肌肉生长均产生影响。对肌肉组织的蛋白质和氨基酸组成的进一步分析发现，日粮蛋白水平降低，背最长肌中总蛋白及部分氨基酸的含量均显著下降。肌肉生长相关的关键基因表达受到了日粮蛋白水平的影响，如仔猪阶段17%和14%蛋白日粮组泛素酶体系统关键酶MuRF1、蛋白合成通路中的TSC1、TSC2、RPS6KB1、EIF4EBP1和mTOR显著低于20%蛋白日粮组。研究同时表明，日粮蛋白质水平能改变肌细胞凋亡和线粒体的形态，继而影响肌细胞的功能以及蛋白质的合成代谢与能量代谢。

肌肉组织对氨基酸的利用首先依赖于氨基酸的感应转运，一些氨基酸转运载体具有感应和转运双重功能，如SLC1A5通过对L-谷氨酰胺的转入或转出，把L-亮氨酸转入细胞，并激活mTOR通路，提高细胞内蛋白质的合成[20]。项目组研究了不同日粮蛋白质水平下肌肉游离氨基酸的变化，发现日粮蛋白质水平降低，NEAA浓度增加，EAA中赖氨酸、蛋氨酸、色氨酸、苏氨酸浓度增加，而支链氨基酸减少[21]。进一步体外研究表明，提高亮氨酸、缬氨酸和蛋氨酸浓度可提高mTOR活性，蛋氨酸是通过Ca^{2+}-ERK1/2激活mTOR，而且氨基酸感应体T1R1/T1R3参与了蛋氨酸对mTOR的调控。

肌肉蛋白质沉积是蛋白质合成与降解两个过程动态平衡的结果，介导肌肉蛋白质合成和降解的通路可能互享同一信号分子mTOR。mTOR则通过感应胰岛素、氨基酸和能量的变化，作用于下游效应蛋白，从而调控蛋白质的合成。项目组通过对生长猪肌肉蛋白质合成与降解的协同调节的研究表明，

NF-κB 具有调控蛋白质合成与降解作用。通过分别给生长猪饲喂富含 n-3 PUFA 和 n-6 PUFA 的日粮发现，日粮 n-3 PUFA 显著提高了摄食诱导的骨骼肌蛋白质合成速率，同时显著抑制了转录因子 NF-κB 在肌肉中的活性及其靶基因 PTPN1 的表达。进一步体外模型研究揭示 NF-κB 的激活不仅能促进蛋白质降解，还有抑制骨骼肌蛋白质合成的作用，其可通过靶基因 PTPN1 调控胰岛素诱导的 mTOR。项目组研究还发现，JunB 可以调控蛋白质合成，且不依赖于 mTOR 信号通路，而 eIF2 则可能参与了 JunB 对蛋白质合成的调控。该研究揭示了肌细胞中不依赖 mTOR 的蛋白质合成调控机制，是现有机制的补充。

6 低蛋白日粮不同氨基酸平衡模式与日粮不同结构模式下猪的氮利用规律

调整日粮蛋白质水平和氨基酸比例是提高机体氮利用、减少氮排放的重要途径。项目组为了进一步探索日粮平衡氨基酸模式下，保持猪生产性能不受影响的蛋白质水平降低的临界点，在平衡日粮 4 种必需氨基酸（赖氨酸、蛋氨酸、色氨酸和苏氨酸）基础上，再补充支链氨基酸（亮氨酸、异亮氨酸和缬氨酸）或平衡其他必需氨基酸（异亮氨酸、缬氨酸、组氨酸和苯丙氨酸），降低蛋白质水平，研究低蛋白日粮不同氨基酸平衡模式下猪的氮利用规律。研究表明，日粮平衡 4 种氨基酸基础上，继续平衡支链氨基酸，显著提高仔猪肌肉生长，并且显著减少了粪、尿中的氮排放。补足必需氨基酸（SID 水平），仔猪日粮蛋白水平降 4 个百分点（19% 到 15%），猪日增重、料重比均无显著影响，而降 6 个百分点（19% 到 13%），猪日增重显著下降，料重比上升。摄入氮、粪氮、尿氮和总氮排泄量随日粮蛋白质水平的降低而降低。与 19% 蛋白组相比，15% 蛋白组总氮排放量显著降低，降低了 39%。

优化日粮结构（蛋白源、碳氮比）也是提高氮利用效率的主要途径之一。项目组分别饲喂仔猪蛋白质水平 18% 的玉米-豆粕、玉米-豆粕-酪蛋白、玉米-豆粕-DDGS 日粮，结果表明，日粮添加 DDGS 显著增加了粪氮排放，氮的表观消化率显著下降，总氮排放量显著升高，氮素利用率下降；不同蛋白质来源在仔猪肠道内降解规律存在明显差异，并显著影响仔猪门静脉内氨基酸模式。该研究提示优化日粮蛋白源结构是提高猪氮营养素利用率的有效途径。通过棉粕（液-液浸提）替代豆粕的研究表明，日粮平衡必需氨基酸条件下，棉粕在生长猪阶段替代 50%、在肥育期替代 100% 豆粕对猪的生长性能、胴体和肉品质、氮利用效率和氮排放量没有影响[22]，提示利用棉粕代替豆粕可作为有效缓解我国豆粕供应紧张的手段之一。此外，项目组对日粮不同葡萄糖释放模式的研究表明，添加乳糖和蔗糖所构建的日粮葡萄糖释放模式可显著提高仔猪的生长性能、饲料转化效率、氮营养素的表观消化率与氮沉积率，并且，葡萄糖释放模式对门静脉氨基酸模式具有明显的调控作用。提示，优化日粮的碳氮比也是提高动物氮利用效率可以发展的手段。

7 小结

我国学者在国家"973"计划等项目的资助下，在理论上，从胃肠道消化吸收层次，到肝脏代谢转化、肌肉沉积层次，揭示了不同蛋白质水平下猪对氮营养素利用规律及机制。特别是首次发现小肠黏膜微生物和肠上皮细胞在氨基酸代谢上存在分工协作；首次揭示不同氨基酸进出猪肝脏的代谢规律，发现支链氨基酸在猪肝脏代谢率较低，而苯丙氨酸、酪氨酸在肝脏代谢率高。项目还揭示了不同日粮蛋白质水平下各生理阶段猪的宿主消化酶和微生物酶的分泌规律，胃肠道消化酶、氮营养素化学感受体及氨基酸/小肽转运载体等基因的表达规律；明确了蛋白质水平降低对生长猪肌肉生长的影响规律，探讨了肌肉蛋白质合成与分解的机制等。针对减排节氮的应用目标，项目组探索了从结合生产实际平衡 4 种必需氨基酸、到平衡更多氨基酸（继续补充支链氨基酸、补齐所有必需氨基酸）的低蛋白日粮模式，再到日粮不同蛋白源结构模式下的氮利用规律。特别是明确了在不影响生长性能、总氮排放降低的前提下,平衡必需氨基酸情况下,日粮蛋白质水平可下降的最低临界水平。这些研究拓展和丰富了氮营养素的利用理论,为生产中氮营养素的高效利用提供了重要的理论依据。

猪利用氮营养素的机制非常复杂,涉及胃肠道对蛋白质的消化吸收、肝脏代谢转化及肌肉等组织沉积利用等诸多环节。相关吸收、代谢表观数据仍然非常缺乏,更深层次的氮利用机理仍是处于摸索中。此外,如何利用理论基础进行科技转化,探索与实践符合我国养猪业实情的节氮减排的应用措施,也是我们下一步需要重点关注的问题。

致谢:非常感谢猪利用氮营养素的机制及营养调控"973"计划项目组全体研究人员的研究工作。

参考文献

[1] Nakamura E, et al.. Luminal amino acid-sensing cells in gastric mucosa. Digestion, 2011,83 suppl 1(Suppl. 1):13-18.

[2] Valette P, et al.. Effects of diets containing casein and rapeseed on enzyme secretion from the exocrine pancreas in the pig. British Journal of Nutrition, 1992,67(2): 215-222.

[3] Wu G, Amino acids: metabolism, functions, and nutrition. Amino Acids, 2009,37(1):1-17.

[4] Stoll B, D G Burrin. Measuring splanchnic amino acid metabolism in vivo using stable isotopic tracers. Journal of Animal Science, 2006,84 Suppl(13 suppl):E60-72.

[5] Jiao N, et al.. L-Glutamate Enhances Barrier and Antioxidative Functions in Intestinal Porcine Epithelial Cells. Journal of Nutrition, 2015,145(10):2258-2264.

[6] Wang H, et al.. Glutamine enhances tight junction protein expression and modulates corticotropin-releasing factor signaling in the jejunum of weanling piglets. Journal of Nutrition, 2015,145(1):25-31.

[7] Daniel H, I Rubioaliaga. An update on renal peptide transporters. American Journal of Physiology Renal Physiology, 2003,284(5):F885-892.

[8] Ye J L, et al.. EAAT3 promotes amino acid transport and proliferation of porcine intestinal epithelial cells. Oncotarget, 2016.

[9] Li X G, et al.. CDX2 increases SLC7A7 expression and proliferation of pig intestinal epithelial cells. Oncotarget, 2016.

[10] Yang F, et al.. 2-DE and MS analysis of interactions betweenLactobacillus fermentum I5007 and intestinal epithelial cells. Electrophoresis, 2007,28(23):4330-4339.

[11] Bergen W, G Wu. Intestinal nitrogen recycling and utilization in health and disease. Journal of Nutrition, 2009,139(5):821-825.

[12] Zhou L, et al.. Effects of the dietary protein level on the microbial composition and metabolomic profile in the hindgut of the pig. Anaerobe, 2015,38:61-69.

[13] Stoll B, et al.. Catabolism dominates the first-pass intestinal metabolism of dietary essential amino acids in milk protein-fed piglets. J. Nutr. 128, 606-614. Journal of Nutrition, 1998,128(3):606-614.

[14] Dai Z L, et al.. Metabolism of select amino acids in bacteria from the pig small intestine. Amino Acids, 2012,42(5):1597-1608.

[15] Yang Y X, Z L Dai, W Y Zhu. Important impacts of intestinal bacteria on utilization of dietary amino acids in pigs. Amino Acids, 2014,46(11):2489-2501.

[16] Chen L, et al.. In vitro oxidation of essential amino acids by jejunal mucosal cells of growing pigs. Livestock Science, 2007,109(109):19-23.

[17] Chen L, et al.. Catabolism of nutritionally essential amino acids in developing porcine enterocytes. Amino Acids, 2009,37(1):143-152.

[18] Lapierre H, et al.. The effect of feed intake level on splanchnic metabolism in growing beef steers. Journal of Animal Science, 2000,78(4): p1084-1099.

[19] Li L, et al.. Hepatic cumulative net appearance of amino acids and related gene expression response to different protein diets in pigs. Livestock Science, 2016, 182:11-21.

[20] Nicklin P, Bidirectional Transport of Amino Acids Regulates mTOR and Autophagy. Cell, 2009, 136(3):521-534.

[21] Wang X, et al.. Metabolomics analysis of muscle from piglets fed low protein diets supplemented with branched chain amino acids using HPLC-high resolution MS. Electrophoresis, 2015, 36(18): 2250-2258.

[22] Qin C, et al.. Influences of dietary protein sources and crude protein levels on intracellular free amino acid profile in the longissimus dorsi muscle of finishing gilts. Journal of Animal Science & Biotechnology, 2016, 7(2):1-10.

仔猪的氨基酸营养研究进展

梁海威[1*]　伍国耀[1,2]　戴兆来[1]　武振龙[1**]

(1. 中国农业大学动物科技学院,北京　100193;
2. 德克萨斯州农工大学动物科学院,卡城　77843)

摘　要:氨基酸是仔猪生长发育和健康所必需的重要营养物质。日粮中的蛋白质在胃肠道消化酶的作用下生成游离氨基酸,入血到达全身各组织器官并发挥其生理学功能。近年来的研究发现,除参与蛋白质合成外,氨基酸及其代谢产物可以作为信号分子,调节肠道健康,从而促进营养物质吸收和利用。本文拟就仔猪的氨基酸营养与肠道健康及可能的调节机理作一综述。

关键词:氨基酸;肠道健康;断奶仔猪

仔猪的营养调控一直是行业关注的重点和研究热点。适宜的氨基酸营养是仔猪生长、发育和健康必不可少的。传统动物营养学将氨基酸分为必需氨基酸和非必需氨基酸。必需氨基酸的营养及生理学功能相关的研究已非常深入,并且有适宜的推荐添加量。非必需氨基酸的营养和生理学功能以及其在养猪生产中的作用,长期以来并没有受到重视。最近的研究发现,传统意义上的非必需氨基酸如谷氨酰胺、谷氨酸、亮氨酸和甘氨酸等,能够改善仔猪的肠道健康、缓解断奶应激、促进蛋白质周转,进而提高仔猪的生长性能。

1 谷氨酰胺

现代养猪生产中,常通过早期断奶技术提高猪的繁殖性能和生产效率。仔猪早期断奶应激会造成仔猪采食量下降和小肠道黏膜结构和功能的异常,影响仔猪的生长、发育。引起断奶应激的原因复杂,营养是其中最为重要的因素之一。检测乳中的氨基酸发现,猪乳中含有极为丰富的谷氨酰胺、谷氨酸、甘氨酸,而断奶仔猪从日粮中摄入的这几种氨基酸是明显低于其从乳中的摄取量,提示日粮中谷氨酰胺的缺乏可能与仔猪断奶应激的发生有关[1]。21～35日龄母乳饲喂的未断奶仔猪对谷氨酰胺需要量为965 mg/(kg体重·d),而断奶从日粮中摄取的谷氨酰胺的总量为618 mg/(kg体重·d),在日粮中还需再补充347 mg/(kg体重·d)的谷氨酰胺才能满足其对谷氨酰胺的需要。日粮中添加1%的谷氨酰胺可以有效地防止仔猪在断奶后1周出现的空肠萎缩,断奶后两周料肉比提高25%[2]。此外,口服谷氨酰胺(3.42 mmol/kg体重),可以促进7～21日龄哺乳仔猪的生长性能,同样,对于内毒素攻毒的仔猪,口服谷氨酰胺或者丙氨酰谷氨酰胺(3.42 mmol/kg),能够降低肠组织中TLR4、NF-κB的在肠道内的表达量,减少肠上皮细胞凋亡的发生,提高生长性能[3]。谷氨酰胺的补充一方面可以满足仔猪肠道的

---

* 第一作者简介:梁海威(1988—),男,博士,主要从事猪的营养代谢与肠道健康的研究
** 通讯作者:武振龙(1973—),男,研究员,博士生导师,E-mail:cauwzl@hotmail.com

生长发育的需求,另一方面也有利于必需氨基酸和其他氨基酸的合成与转化,进而提高日粮中氨基酸的利用效率[2],防止断奶应激引起的肠绒毛萎缩[1]。谷氨酰胺或甘氨酰谷氨酰胺二肽的添加可以减缓LPS对仔猪生长性能、小肠上皮形态以及免疫力带来的不良影响[4]。谷氨酰胺在新生仔猪的生长、发育及肠道功能发挥着重要作用[5]。

紧密连接功能紊乱与多种肠道疾病相关,并影响肠道对营养物质吸收效率。越来越多的研究表明,包括日粮组成和应激在内的环境因素,会造成日粮中谷氨酰胺的缺乏,进而导致肠道功能紊乱和疾病的发生。早期断奶是一种常见的应激,会导致生长受限,肠道黏膜结构和功能紊乱,新出生仔畜患肠道疾病的风险增加[6]。肠道功能损伤不仅会影响仔猪生长、养分的吸收和肠道的发育,还会致使生长后期患病增加,例如食物过敏、肠道萎缩以及内部炎症。我们的研究发现,仔猪断奶应激会引起肠道通透性增加,空肠中多种紧密连接蛋白,如Occludin、Claudin-1、ZO-2和ZO-3等蛋白表达显著下降。日粮中添加1%的谷氨酰胺可以显著改善肠道通透性和小肠绒毛结构,缓解断奶应激引起的空肠组织中紧密连接蛋白表达下降[7]。体外研究表明,猪肠上皮细胞培养液中添加2.0 mmol/L的谷氨酰胺,可以显著提高上皮细胞间跨膜电阻值(TEER),降低肠上皮细胞间紧密连接的通透性,显著地促进了Occludin、Claudin-4、ZO-1、ZO-2和ZO-3等蛋白的表达。谷氨酰胺对紧密结合连接蛋白的调节作用可以被钙调蛋白激酶2(CaMKK2)的抑制剂所拮抗,提示钙信号在其中发挥着重要作用[8]。

2 谷氨酸

谷氨酸是主要能量底物以及重要的兴奋性神经递质[9]。谷氨酸在刺激味蕾[10]、促进脂肪代谢[11]以及调节某些激素的分泌等方面也发挥着调节作用。REZAEI等[12]研究发现,对断奶仔猪饲喂基础日粮或者0~2%谷氨酸钠日粮,与0谷氨酸钠组相比,其采食量没有受到影响,但比4%谷氨酸钠组低15%。在断奶仔猪血浆中谷氨酸、谷氨酰胺和其他氨基酸(赖氨酸、蛋氨酸、苯丙氨酸和亮氨酸)的浓度均呈现剂量依赖性增加,这可能是由于小肠对这些氨基酸的分解代谢降低,进而提高了断奶仔猪的平均日增重和饲料转化效率[12]。在断奶后的第一周,日粮中添加1%~4%的谷氨酸钠,可以提高小肠绒毛高度、增加抗氧化能力,同时降低腹泻发病率[12]。在以大鼠为模型的研究中,得到了相似的结果[13]。在泌乳母猪的日粮中添加1%~2%的谷氨酸钠,可以提高泌乳量,猪乳中游离氨基酸和小肽的含量增加,促进未断奶仔猪的存活和生长,提高母猪哺乳期的饲料利用率[14]。

内源性谷氨酸是多种生物活性分子,例如多胺、谷胱甘肽等合成的重要前体物质[15]。其中,多胺是合成DNA和蛋白质所必需,能促进隐窝绒毛轴黏膜上皮细胞的增殖和分化[16]。谷胱甘肽能够机体氧化还原状态,并具有一定的解毒作用[17]。谷氨酸可以激活胃肠道化学感受器,使内分泌细胞合成5-羟色胺[10]。有研究表明,谷氨酸在肠道营养、细胞信号转导、基因表达调控、抗炎以及免疫等方面发挥着重要的作用。我们的研究发现,0.5 mmol/L的谷氨酸可以显著提高单层细胞电阻值。并通过生成还原型谷胱甘肽,调节器紧密连接蛋白表达,缓解氧化应激对肠上皮细胞的造成的损伤,维持肠上皮细胞的完整性[18]。

3 亮氨酸

支链氨基酸(BCAA)是亮氨酸、异亮氨酸和缬氨酸的统称,是动物和人体所必需重要必需氨基酸[19]。猪乳汁中35%~40%的BCAA在小肠被分解代谢。亮氨酸在肠道内能够作为信号分子激活雷帕霉素靶蛋白(mTOR),进而促进蛋白质合成,抑制蛋白质降解[20],在骨骼肌和乳腺等组织中也具有相似的功能[21]。添加亮氨酸可以促进组织中蛋白质沉积[22]。Zhang 等[23]研究表明,在断奶仔猪低蛋白日粮中添加亮氨酸,可以改善断奶仔猪肠道发育和生长性能。随着年龄的增加,亮氨酸促进蛋白质合成速率下降,提示在猪发育早期添亮氨酸,可以提高其促成蛋白质的效率[24];此外,亮氨酸可以调节与营养物质吸收相关基因的表达,进而改善日粮中营养物质的吸收与代谢[23]。我们的研究发现,新生哺乳仔猪口服 1.4 g/kg 的亮氨酸,平均日增重显著提高,十二指肠绒毛高度显著提高,十二指肠和回肠绒毛高度隐窝深度比增加,血清中亮氨酸、谷氨酰胺和天冬酰胺含量增加。提示日粮中添加亮氨酸对于仔猪的生长发育及营养物质吸收利用有重要作用,亮氨酸是改善哺乳仔猪蛋白质沉积的一种功能性氨基酸[25]。

4 甘氨酸

甘氨酸是自然界中结构最简单的氨基酸,可由哺乳动物(人、猪、啮齿动物等)内源合成,故通常被归类为哺乳动物的营养性非必需氨基酸。分析猪乳上的氨基酸发现,产后 1 日龄的猪乳中的甘氨酸浓度为 50 μmol/L,乳中的甘氨酸随日龄增加,上升至产后 29 日龄的 1500 μmol/L,提高了近 30 倍,成为乳中含量最为丰富的氨基酸之一。然而,其生理功能以及对猪肠道及全身健康的影响并不清楚。我们的研究发现:代乳料中添加 0.5% 的甘氨酸,可以促进新生仔猪小肠绒毛发育,提高仔猪的生长及血浆中还原型谷胱甘肽的含量。提高氮的利用效率,血浆中的氨、尿素含量明显降低,提高了仔猪的生长性能[26]。体外研究表明,甘氨酸的添加激活了 AKT/mTORC1 信号通路,提高了肠上皮细胞的增殖及蛋白质的周转效率。同时它能够提高肠上皮细胞的抗氧化损伤,这种保护作用是通过促进还原型谷胱甘肽的生成及抑制氧化剂引起的丝裂原蛋白激酶(MAPK)的激活,从而抑制肠上皮细胞凋亡而实现的[27]。哺乳动物体内合成甘氨酸的量并不能满足动物生长的需求,日粮中甘氨酸的添加对于仔猪的生长及肠道健康具有非常重要的作用。这些发现对于新生及断奶仔猪日粮的配制与改良提供了新的理论指导。

5 结语与展望

非必需氨基酸及其代谢产物通过多种信号调节动物的生长、发育和健康。动物机体内源合成的非必需氨基酸并不能满足动物生长、发育和发挥最大生产性能的需要。日粮中添加适量的非必需氨基酸能够改善肠道健康,促进营养物质的吸收,提高生产性能。非必需氨基酸需要量、生理学功能及其作用机理、肠道微生物对非必需氨基酸代谢途径仍不是很清楚。综合应用于分子生物学、宏基因组学等技术手段,从细胞和分子水平进行深入研究,对于深入认识其营养及生理学功能有着重要意义。

参考文献

[1] Wang J, Chen L, Li P, et al.. Gene expression is altered in piglet small intestine by weaning and dietary glutamine supplementation[J]. The Journal of Nutrition, 2008, 138(6): 1025-1032.

[2] Wu G, Meier S A, Knabe D A. Dietary glutamine supplementation prevents jejunal atrophy in weaned pigs[J]. The Journal of Nutrition, 1996, 126(10): 2578.

[3] Haynes T E, Li P, Li X, et al.. L-Glutamine or L-alanyl-L-glutamine prevents oxidant-or endotoxin-induced death of neonatal enterocytes[J]. Amino Acids, 2009, 37(1): 131-142.

[4] Jiang Z Y, Sun L H, Lin Y C, et al.. Effects of dietary glycyl-glutamine on growth performance, small intestinal integrity, and immune responses of weaning piglets challenged with lipopolysaccharide[J]. Journal of Animal Science,

2009, 87(12): 4050-4056.

[5] Rhoads J M, Wu G. Glutamine, arginine, and leucine signaling in the intestine[J]. Amino Acids, 2009, 37(1): 111-122.

[6] Wijtten P J A, Van Der Meulen J, Verstegen M W A. Intestinal barrier function and absorption in pigs after weaning: a review[J]. British Journal of Nutrition, 2011, 105(07): 967-981.

[7] Wang H, Zhang C, Wu G, et al.. Glutamine enhances tight junction protein expression and modulates corticotropin-releasing factor signaling in the jejunum of weanling piglets[J]. The Journal of Nutrition, 2015, 145(1): 25-31.

[8] Wang B, Wu Z, Ji Y, et al.. l-Glutamine Enhances Tight Junction Integrity by Activating CaMK Kinase 2-AMP-Activated Protein Kinase Signaling in Intestinal Porcine Epithelial Cells[J]. The Journal of Nutrition, 2016, 146(3): 501-508.

[9] Wu G. Intestinal mucosal amino acid catabolism[J]. The Journal of Nutrition, 1998, 128(8): 1249-1252.

[10] San Gabriel A, Uneyama H. Amino acid sensing in the gastrointestinal tract[J]. Amino Acids, 2013, 45(3): 451-461.

[11] Smriga M, Murakami H, Mori M, et al.. Use of thermal photography to explore the age-dependent effect of monosodium glutamate, NaCl and glucose on brown adipose tissue thermogenesis[J]. Physiology & Behavior, 2000, 71(3): 403-407.

[12] Rezaei R, Knabe D A, Tekwe C D, et al.. Dietary supplementation with monosodium glutamate is safe and improves growth performance in postweaning pigs[J]. Amino Acids, 2013, 44(3): 911-923.

[13] Somekawa S, Hayashi N, Niijima A, et al.. Dietary free glutamate prevents diarrhoea during intra-gastric tube feeding in a rat model[J]. British Journal of Nutrition, 2012, 107(01): 20-23.

[14] Rezaei R, Jia Sc, San Gabriel A, et al.. Monosodium glutamate supplementation to the diet for lactating sows enhances growth performance and survival of suckling piglets. Amino Acids, 2013, 45: 596-597

[15] Kandil H M, Argenzio R A, Chen W, et al.. L-glutamine and L-asparagine stimulate ODC activity and proliferation in a porcine jejunal enterocyte line[J]. American Journal of Physiology-Gastrointestinal and Liver Physiology, 1995, 269(4): G591-G599.

[16] Luk G D, Bayless T M, Baylin S B. Diamine oxidase (histaminase). A circulating marker for rat intestinal mucosal maturation and integrity[J]. Journal of Clinical Investigation, 1980, 66(1): 66.

[17] Blachier F, Boutry C, Bos C, et al.. Metabolism and functions of L-glutamate in the epithelial cells of the small and large intestines[J]. The American Journal of Clinical Nutrition, 2009, 90(3): 814S-821S.

[18] Jiao N, Wu Z, Ji Y, et al.. L-glutamate enhances barrier and antioxidative functions in intestinal porcine epithelial cells[J]. The Journal of Nutrition, 2015, 145(10): 2258-2264.

[19] Wu G. Dietary requirements of synthesizable amino acids by animals: a paradigm shift in protein nutrition[J]. Journal of Animal Science and Biotechnology, 2014, 5(1): 1.

[20] Rhoads J M, Wu G. Glutamine, arginine, and leucine signaling in the intestine[J]. Amino Acids, 2009, 37(1): 111-122.

[21] Columbus D A, Fiorotto M L, Davis T A. Leucine is a major regulator of muscle protein synthesis in neonates[J]. Amino Acids, 2015, 47(2): 259-270.

[22] Yin Y, Yao K, Liu Z, et al.. Supplementing L-leucine to a low-protein diet increases tissue protein synthesis in weanling pigs[J]. Amino Acids, 2010, 39(5): 1477-1486.

[23] Zhang S, Qiao S, Ren M, et al.. Supplementation with branched-chain amino acids to a low-protein diet regulates intestinal expression of amino acid and peptide transporters in weanling pigs[J]. Amino Acids, 2013, 45(5): 1191-1205.

[24] Davis T A, Suryawan A, Orellana R A, et al.. Amino acids and insulin are regulators of muscle protein synthesis in neonatal pigs[J]. Animal, 2010, 4(11): 1790-1796.

[25] Sun Y, Wu Z, Li W, et al.. Dietary l-leucine supplementation enhances intestinal development in suckling piglets [J]. Amino Acids, 2015, 47(8): 1517-1525.

[26] Wang W, Wu Z, Dai Z, et al.. Glycine metabolism in animals and humans: implications for nutrition and health [J]. Amino Acids, 2013, 45(3): 463-477.

[27] Wang W, Wu Z, Lin G, et al.. Glycine stimulates protein synthesis and inhibits oxidative stress in pig small intestinal epithelial cells[J]. The Journal of Nutrition 2014;144(10):1540-1548.

中国猪饲料原料氨基酸消化率的评定

李培丽*　赖长华**

(中国农业大学动物科技学院,北京　100193)

摘　要:氨基酸是动物生长必需的营养物质,而动物所需的氨基酸主要来源于饲料。随着畜牧业的发展,饲料需求不断增加,饲料原料尤其是蛋白质饲料原料日益紧缺。因此,为了节约并高效利用现有饲料资源,开发利用新型饲料原料,准确评定原料的氨基酸消化率是至关重要的。随着氨基酸消化率评价体系的发展,标准回肠末端氨基酸消化率是目前最准确和实用的评价体系。国内外对猪饲料原料标准回肠末端氨基酸消化率进行了大量的研究,本文就氨基酸的评价体系、国内外的研究现状及我国猪饲料原料的标准回肠末端氨基酸消化率研究进展进行综述,以期为猪饲料的研究与开发及养猪生产提供参考。

关键词:饲料原料;标准回肠末端氨基酸消化率;猪

随着畜牧业的日益发展和饲料需求增加,我国蛋白饲料资源紧缺。与此同时,伴随新培育品种的出现以及粮食和油脂产业深加工的发展,又出现了一些新型饲料原料。另外,随着加工工艺的改善,传统饲料原料的某些养分含量尤其氨基酸的消化率也随之发生变化。所以,为了新型饲料原料的开发利用和传统饲料原料的高效使用,缓解蛋白饲料资源紧缺,有必要准确地评价饲料原料的氨基酸消化率。

饲料氨基酸消化率的评价体系主要有三个:表观回肠末端氨基酸消化率(AID)、标准回肠末端氨基酸消化率(SID)和真回肠末端氨基酸消化率(TID)。其中,标准回肠末端氨基酸消化率由于具有可加性良好和测定方法相对简单等优点,在国际上得到广泛的认可和应用。近些年来国内中国农业大学、四川农业大学等结合我国现状,在饲料原料标准回肠末端氨基酸消化率上也进行了一些工作,这些数据不仅丰富了世界饲料原料数据库,也为生产实践提供了数据支撑。为了方便研究人员了解现状以及生产实践者在配方时参考和借鉴,本文就2006—2016年国内评价较多的猪常用饲料原料的标准回肠末端氨基酸消化率进行综述。

1　猪饲料氨基酸消化率的评定方法

饲料中营养物质的消化率是衡量其营养价值的重要指标,而随着理想蛋白质模型的提出,氨基酸在动物营养中的重要性引起了越来越多学者的关注。作为评定饲料蛋白质营养价值的重要参数,氨基酸消化率的评价体系和测定方法得到了全面且快速的发展,下面仅就体内法测定饲料氨基酸消化率的研究进行阐述。

1.1　全肠道氨基酸消化率

全肠道氨基酸消化率的测定源于 Kuiken 和 Lyman 在 1948 年提出的粪分析法[1],主要通过测定

---

*　第一作者简介:李培丽(1989—),女,博士,E-mail:15652765336@163.com
**　通讯作者:赖长华,E-mail:laichanghua999@163.com

摄入与排除氨基酸的差值得到。这种方法操作简便,可以初步了解机体对氨基酸的利用情况,被广泛应用于猪营养的研究。但随后的研究发现蛋白质在大肠中主要是被微生物分解利用[2-3],后肠道本身几乎不对氨基酸有吸收利用的作用[4],所以全肠道氨基酸消化率的测定必然导致动物对饲料原料中氨基酸利用率的高估。为了排除后肠道微生物对氨基酸利用率的干扰,美国伊利诺伊州立大学 Easter 教授提出用回肠末端取样法代替全收粪法测定养分消化率,开启了饲料原料回肠末端氨基酸消化率的研究热潮。

1.2 回肠末端氨基酸消化率

目前,在测定饲料氨基酸消化率时,通常采用回肠消化率表示氨基酸消化率[5]。按照是否排除内源氨基酸,回肠末端氨基酸消化率又可分为表观回肠末端氨基酸消化率(AID)、标准回肠末端氨基酸消化率(SID)和真回肠末端氨基酸消化率(TID)。其中,表观回肠末端氨基酸消化率的测定最为简便,但由于忽略了内源氨基酸损失,会低估待测原料的氨基酸消化率,此外表观回肠末端氨基酸消化率可加性也较差[6-7]。而标准回肠末端氨基酸消化率和真回肠末端氨基酸消化率的区别主要在于真回肠末端氨基酸消化率排除了基础内源氨基酸损失和特定内源氨基酸损失[8],而标准回肠末端氨基酸消化率仅矫正了基础内源氨基酸损失。在配制日粮时理想的是使用真回肠末端氨基酸消化率,但由于特定内源氨基酸损失测定方法较难,会受到诸如日粮中原料比例,纤维类型和抗营养因子等因素影响[9],导致常用猪饲料原料真回肠末端氨基酸消化率数据匮乏。所以,需要更多的研究关注真回肠末端氨基酸消化率测定方法及理论体系,以便将其应用于实际生产中。目前,在氨基酸利用率评价研究和生产实践中,多采用回肠瘘管技术结合无氮日粮法测定标准回肠末端氨基酸消化率(SID)[10],其与表观回肠末端氨基酸消化率相比具有可加性良好和测定方法相对简单等优点,在国际上应用最为广泛。

2 国内外研究现状

Stein 等学者在 2007 年总结并规范了氨基酸消化率的学术用语及体系,为测定饲料原料氨基酸消化率,尤其是标准回肠末端氨基酸消化率,提供了详细的参考和指导[10]。此后,国内外各大动物营养研究实验室在标准回肠末端消化率的测定和使用上做了大量的研究。其中,美国伊利诺伊州立大学 Stein 团队实验室、德国霍恩海姆大学 Mosenthin 团队实验室,加拿大曼尼托巴大学 Nyachoti 团队以及加拿大阿尔伯塔大学的 Sijlstra 实验室等测定了豆粕、DDGS、双低菜籽粕、玉米加工副产物、稻谷加工副产物、软冬小麦、大麦、豌豆、亚麻粕等原料的氨基酸标准回肠末端消化率,为世界饲料原料氨基酸消化率数据库提供了宝贵的参考数据,也间接为饲料的精准配制和动物的健康生长提供了数据支撑。由于测定标准回肠末端氨基酸消化率需要对猪进行瘘管手术,对实验室的技术和经费有一定的要求,国内做标准回肠末端氨基酸消化率的实验室并不多,大部分数据来源于中国农业大学、四川农业大学、华中农业大学等。其中,四川农业大学、华中农业大学等主要集中在菜籽饼(粕)和棉粕等少数饲料原料的氨基酸消化率评价上,而中国农业大学对饼粕类蛋白原料、玉米及其加工副产物、小麦及其制粉副产物等大量饲料原料的营养价值进行了系统的评价,并且建立了用常规化学成分预测玉米、玉米 DDGS、小麦、菜籽粕、葵花粕、花生粕、葵花饼、棉粕等饲料原料氨基酸标准回肠末端消化率的预测模型,为生产实践中快速准确预测饲料营养价值提供了可能。2002—2006 年的饲料原料的营养价值在中国猪饲料营养价值评定研究进展已有综述[11],本文仅就 2006—2016 年评价较多的常用饼粕类蛋白饲料原料、玉米及其加工副产物、小麦及其制粉副产物的标准回肠末端氨基酸消化率进行了总结。

3 国内常用饲料原料标准回肠末端氨基酸消化率

3.1 蛋白质饲料原料

豆粕由于其来源广泛和氨基酸组成平衡作为优质植物性蛋白饲料在饲料中广泛使用,但随着饲料企业的发展,豆粕需求增加,豆粕资源日趋紧张,大量依赖进口,使得人们越来越重视其他杂粕的使用,如菜籽饼(粕)、棉籽粕、花生粕和葵花粕等。这些杂粕不仅产量可观,营养价值也较好,科学合理地使用它们对缓解我国蛋白资源短缺具有重大意义。

蛋白饲料原料的粗蛋白质及氨基酸标准回肠末端消化率见表1。9种常用饼粕原料氨基酸标准回肠末端消化率的变异范围比较大,主要是由于品种、地区、加工工艺等不同导致的。其中赖氨酸的变化范围最大,比较明显的是菜籽饼(粕)、棉籽粕和花生粕,这主要是由于原料在热处理的过程中会发生美拉德反应,生成的产物很难被动物降解利用,而赖氨酸直接参与该过程,所以美拉德反应程度的不同,会使赖氨酸消化率降低,且产生的变异范围较大[12]。另外,有研究表明随着加热时间的延长,豆粕、棉粕的粗蛋白质和赖氨酸、蛋氨酸等氨基酸的标准回肠末端消化率呈现先升高后降低的趋势,所以在使用这些杂粕时需要特别关注油脂生产时涉及热处理的参数[13-14]。

氨基酸的标准回肠末端消化率由高到低依次为豆粕、花生粕、棉籽粕、双低菜籽饼和葵花粕、双低菜籽粕、菜籽粕,这可能是其他饼粕的粗蛋白质含量比豆粕低且纤维含量高的原因,另外抗营养因子硫苷和游离棉酚也会影响菜籽饼(粕)和棉粕的氨基酸消化率。菜籽粕的消化率低于双低菜籽饼(粕),可能是由于双低菜籽饼粕的抗营养因子远远低于菜籽粕,且双低菜籽饼的粗脂肪含量较高,促进了原料中蛋白质和氨基酸的消化率[15]。总的来说,国内测定的蛋白饲料原料的氨基酸标准回肠末端消化率同NRC(2012)[16]相比存在一定的差异,可能是与国内外蛋白饲料原料本身的品质、加工工艺或试验条件等因素的不同有关。

3.2 玉米及其加工副产物

在我国,玉米是三大主要粮食作物之一,2015年我国玉米种植面积达到38116.6 hm²,年产量2.08亿t,位于谷物之首[17],除此之外,玉米也是主要的饲料原料,有"饲料之王"之称。另外,生产玉米乙醇和玉米淀粉过程中产生的玉米干酒糟及其可溶物(DDGS),以及玉米胚芽粕、玉米麸质饲料和玉米蛋白粉等加工副产物,也是畜禽饲料的重要来源。

玉米及其加工副产物的粗蛋白质及氨基酸标准回肠末端消化率见表2。可以看出,玉米和玉米加工副产物在氨基酸标准回肠末端消化率上存在差异。在必需氨基酸中,玉米蛋白粉的异亮氨酸、赖氨酸、蛋氨酸、苏氨酸和缬氨酸标准回肠末端消化率显著高于玉米和其他玉米加工副产物。其中,玉米麸质饲料的赖氨酸标准回肠末端消化率最低,仅为54%,DDGS次之,为62.6%;玉米胚芽粕的蛋氨酸和苏氨酸标准回肠末端消化率最低,分别为75.9%和54.5%,玉米麸质饲料次之。这与玉米本身的氨基酸含量,以及不同加工工艺如玉米组分的添加比例、干燥时间和温度等相关[18-20]。也有研究发现,不同加工工艺的玉米氨基酸消化率不同,膨化处理有助于玉米氨基酸消化率的提高,而去皮膨化工艺反而降低了玉米部分氨基酸的消化率[21-22]。另外,玉米加工副产物的氨基酸消化率会受热处理的影响[23],所以加工工艺可能是玉米和玉米加工副产物赖氨酸消化率差异明显的原因。因此,在实际生产中使用玉米,尤其是玉米加工副产物如DDGS时,应该充分了解其组分掺比和工艺参数等加工信息,以便更好地评估和合理使用玉米及其加工副产物。

表1 9种蛋白饲料原料的氨基酸标准回肠末端消化率 %

项目	豆粕[1] N=2 平均值	豆粕[1] N=2 范围	菜籽粕[2] N=12 平均值	菜籽粕[2] N=12 范围	双低菜籽粕[3] N=11 平均值	双低菜籽粕[3] N=11 范围	双低菜籽饼[4] N=10 平均值	双低菜籽饼[4] N=10 范围	棉粕[5] N=20 平均值	棉粕[5] N=20 范围	花生粕[6] N=10 平均值	花生粕[6] N=10 范围	葵花粕[7] N=10 平均值	葵花粕[7] N=10 范围	亚麻饼[8] N=10 平均值	亚麻饼[8] N=10 范围	芝麻粕[9] N=1 平均值
粗蛋白质 CP	—	—	70.1	69.7~70.5	72.6	68.7~76.7	70.7	62~80.6	80.2	75.2~82.7	82.4	75.7~87.7	72.6	66.7~79.3	78.0	71.2~86.3	70.0
必需氨基酸 EAA																	
精氨酸 Arg	94.7	94.0~95.4	74.8	68.3~78.5	85.8	80.5~89.1	85.0	69.7~93.5	92.5	87.4~97.4	93.6	91.9~95.7	89.2	87.3~91.8	91.9	84.6~96.5	93.2
组氨酸 His	92.4	91.3~93.5	74.3	67.7~80.2	81.6	69.9~85.3	82.1	72.0~89.5	84.4	75.5~93.7	81.8	77.3~86.2	79.9	70.7~85.8	82.2	75.3~87.3	—
异亮氨酸 Ile	92.7	91.9~93.6	68.5	58.9~75.1	76.9	70.3~80.4	76.5	69.8~82.1	77.8	64.3~88.7	81.8	76.9~85.4	75.9	71.6~82.4	84.5	76.1~90.2	93.7
亮氨酸 Leu	89.9	88.2~91.6	72.8	64.2~82.5	79.6	75.5~82.7	80.0	69.2~86.2	81.8	66.1~90.4	84.7	80.6~87.6	74.3	67.7~78.8	85.1	77.9~89.9	67.5
赖氨酸 Lys	92.1	90.4~93.8	68.6	58.5~73.6	69.4	64.2~76.5	66.9	48.7~86.2	68.8	55.0~84.0	75.1	64.8~80.5	76.8	67.0~82.1	78.1	70.9~85.4	97.7
蛋氨酸 Met	88.9	84.3~93.5	79.4	76.7~83.1	81.8	78.3~85.6	86.7	73.9~93.2	72.5	61.0~83.5	88.3	82.9~92.4	84.7	77.2~90.3	91.2	85.3~95.9	89.0
苯丙氨酸 Phe	90.0	89.6~90.3	72.6	64.0~81.1	79.7	76.4~82.8	82.6	77.4~86.2	86.6	78.2~94.9	76.9	72.1~80.5	78.6	72.4~83.8	86.9	81.3~93.1	79.4
苏氨酸 Thr	89.8	85.8~93.7	64.8	59.4~70.2	68.9	65.2~73.0	69.3	62.1~76.7	75.1	59.3~89.4	74.7	67.2~80.5	71.2	62.0~77.0	76.7	71.64~82.8	75.7
色氨酸 Trp	90.4	88.8~92.0	61.4	55.6~67.1	74.4	63.5~79.0	75.7	57.1~84.7	77.9	70.0~84.9	78.6	69.7~83.4	75.1	68.7~81.8	84.7	74.7~92.76	—
缬氨酸 Val	90.1	87.8~92.3	67.9	59.8~75.1	74.2	70.6~76.9	71.4	54.9~78.6	76.0	65.1~89.5	83.5	80.0~87.6	73.2	66.4~78.9	82.9	73.5~89.7	83.5
非必需氨基酸 NEAA																	
丙氨酸 Ala	90.6	89.3~92.0	70.5	59.9~81.8	77.0	70.8~83.9	75.5	66.3~84.5	75.9	58.6~90.4	78.6	73.7~82.2	72.6	64.9~78.5	79.0	69.3~88.4	82.6
天冬氨酸 Asp	90.4	89.7~91.0	61.9	49.6~73.6	69.7	65.7~73.1	69.5	59.1~81.5	82.0	72.6~91.0	82.2	77.4~85.8	74.2	63.2~82.0	81.6	77.7~85.9	75.4
半胱氨酸 Cys	82.4	75.7~89.1	63.0	56.8~68.8	71.3	65.6~77.4	70.5	61.2~77.8	75.8	67.4~81.3	87.1	82.0~91.1	69.0	48.6~79.3	81.6	77.7~89.1	—
谷氨酸 Glu	93.3	92.0~94.6	75.2	69.5~81.7	81.3	64.9~87.1	81.7	70.6~89.4	88.3	81.7~94.6	86.3	82.1~90.9	82.6	77.4~85.6	79.2	72.99~89.1	92.3
甘氨酸 Gly	88.6	86.4~90.8	55.1	42.1~80.1	78.8	64.9~87.1	73.4	58.0~86.8	71.0	64.9~74.8	68.8	64.3~73.4	63.3	54.2~76.3	86.8	80.1~91.7	77.9
脯氨酸 Pro	96.0	92.2~99.8	56.6	41.9~99.9	95.8	75.9~104.8	73.8	58.0~84.0	78.3	70.8~85.3	79.5	75.7~84.2	72.6	51.2~85.1	72.1	63.8~85.3	70.4
丝氨酸 Ser	94.3	92.5~96.0	64.2	49.0~74.7	73.8	66.0~96.4	70.3	59.4~78.5	80.4	69.3~92.6	80.4	75.2~84.4	71.1	55.9~79.7	—	—	83.0
酪氨酸 Tyr	89.1	85.8~92.4	64.5	55.1~84.7	85.8	79.6~90.1	80.9	74.8~88.3	80.4	64.5~96.1	82.8	79.4~86.0	88.0	75.7~93.9	81.9	70.0~90.4	—

1) 数据来源于姜建阳,2006[13];姜萍,2012[29];3) 数据来源于刘君地,2014[34];7) 数据来源于郑等,2015[31];5) 数据来源于张铖锁,2013[32];马晓康,2015[33];6) 数据来源于段房,2013[37]。 2) 数据来源于王磊,2011[28];郑等,2014[30];4) 数据来源于李青云,2014[35];8) 数据来源于陈一凡,2016[36];9) 数据来源于Li等,2015[31]。

表 2 玉米及其加工副产物和小麦及其制粉副产物的氨基酸标准回肠末端消化率   %

项目	玉米[1] N=10 平均值	范围	玉米[2] N=18 平均值	范围	玉米胚芽粕[3] N=10 平均值	范围	玉米麸质饲料[4] N=10 平均值	范围	玉米蛋白粉[5] N=15 平均值	范围	小麦[6] N=10 平均值	范围	低级面粉[7] N=5 平均值	范围	小麦次粉[7] N=5 平均值	范围	小麦麸[8] N=10 平均值	范围
粗蛋白质 CP	90.9	81.2~96.5	72.3	61.5~79.6	64.9	56.4~78.9	55.1	45.3~68.2	88.0	83.9~93.6	71.6	62.1~81.1	76.5	74.8~77.5	78.8	76.6~80.3	91.0	87.6~94.0
必需氨基酸 EAA																		
精氨酸 Arg	89.1	86.0~93.0	81.7	59.7~90.2	90.4	85.4~96.2	76.2	57.6~84.7	90.1	86.6~94.3	88.2	83.8~95.8	86.8	82.1~89.7	89.3	86.5~92.2	92.3	89.5~94.6
组氨酸 His	84.8	69.1~90.5	76.5	67.5~82.9	76.7	71.6~83.4	75.9	68.0~80.5	91.4	88.0~94.6	91.3	81.8~96.1	84.8	81.8~87.6	85.8	83.6~87.2	92.4	90.2~94.1
异亮氨酸 Ile	79.1	69.8~83.4	73.6	44.1~83.5	66.7	60.0~76.1	70.5	60.6~79.5	91.3	87.4~95.3	81.5	76.0~89.6	83.5	80.8~86.3	84.7	82.5~86.9	91.6	88.1~94.0
亮氨酸 Leu	89.9	85.8~91.9	85.2	78.1~90.3	94.9	90.2~103.2	80.9	75.4~85.9	94.2	89.7~97.8	86.2	79.7~90.8	86.2	85.0~88.4	86.6	84.9~88.6	92.6	90.1~94.8
赖氨酸 Lys	73.8	61.5~78.5	62.6	48.8~73.9	70.6	62.1~79.3	54.0	24.5~65.4	84.7	80.8~89.3	80.1	73.0~84.7	75.8	65.7~83.5	80.3	76.3~86.3	86.1	80.6~89.9
蛋氨酸 Met	87.3	74.1~90.9	80.0	61.0~87.6	75.9	72.2~79.6	78.8	60.6~86.9	94.2	89.6~97.2	85.6	79.1~88.6	88.7	87.4~89.8	87.3	85.8~90.5	92.4	89.6~94.5
苯丙氨酸 Phe	88.2	80.9~93.0	83.4	76.3~88.0	93.0	83.9~104.8	72.9	68.4~78.2	93.2	88.7~96.6	82.4	74.2~87.7	87.7	86.4~89.2	87.6	86.0~96.0	94.0	90.6~96.0
苏氨酸 Thr	80.1	79.2~85.8	70.6	63.7~79.5	54.5	44.4~71.0	56.8	37.6~68.7	86.8	82.2~92.9	62.6	50.6~70.8	70.0	65.5~74.3	74.8	71.5~78.1	86.6	80.5~90.8
色氨酸 Trp	—	—	62.0	52.9~70.3	49.8	34.4~67.8	—	—	71.1	62.4~83.6	78.6	70.8~87.3	80.5	78.8~81.5	79.2	77.4~81.7	90.6	84.4~94.6
缬氨酸 Val	79.9	74.0~85.6	77.7	69.5~86.5	74.2	60.1~84.9	71.2	59.4~80.3	89.8	85.5~94.7	68.3	58.7~76.6	81.4	77.7~84.0	83.9	81.7~87.4	89.3	84.3~92.9
非必需氨基酸 NEAA																		
丙氨酸 Ala	82.7	71.6~90.7	79.2	67.9~85.0	78.1	68.6~87.2	77.1	72.4~85.0	91.2	85.4~95.8	74.1	68.9~86.5	—	—	—	—	—	—
天冬氨酸 Asp	81.8	73.5~85.7	69.6	61.7~78.5	69.4	60.5~85.4	60.4	42.9~71.3	88.5	84.8~93.2	76.2	64.0~82.4	—	—	—	—	—	—
半胱氨酸 Cys	84.2	75.3~90.1	71.3	52.8~81.1	63.3	55.2~74.4	71.5	59.0~78.8	87.3	83.3~92.0	79.7	72.5~88.7	—	—	—	—	—	—
谷氨酸 Glu	87.7	82.5~91.2	73.3	56.3~85.6	97.5	90~108.7	74.7	68.7~82.3	92.5	87.7~96.5	88.4	85.4~90.5	—	—	—	—	—	—
甘氨酸 Gly	78.1	67.8~90.2	71.7	62.0~89.2	51.8	30.3~74.2	47.7	23.1~59.8	76.0	65.8~87.6	67.9	56.3~76.1	—	—	—	—	—	—
脯氨酸 Pro	82.3	65.4~95.1	80.0	76.0~84.0	36.4	6.0~66.1	81.7	48.7~98.5	78.9	65.2~89.9	75.0	56.2~88.0	—	—	—	—	—	—
丝氨酸 Ser	84.9	80.1~89.5	83.6	70.8~94.0	71.2	64.7~84.0	66.6	52.7~76.1	90.8	85.4~95.2	78.7	72.3~86.4	—	—	—	—	—	—
酪氨酸 Tyr	91.2	82.7~96.2	83.7	66.6~91.6	52.9	41.5~61.3	61.1	10.2~77.4	94.0	89.8~98.1	88.6	83.5~95.2	—	—	—	—	—	—

1) 数据来源于唐雯文, 2013[44]; 2) 数据来源于李全丰, 2014[38]; 3) 数据来源于薛鹏程, 2010[39]; 任平, 2011[40]; 李平, 2014[20]; 刘兆宇, 2014[41]; 4) 数据来源于刘宇, 2014[41]; 5) 数据来源于纪颖, 2012[42]; 6) 数据来源于黄强, 2015[45]; 7) 数据来源于婷婷, 2014[42]; 8) 数据来源于张志虎, 2012[46]。

3.3 小麦及其制粉副产物

小麦是世界上种植面积最大的粮食作物,2015 年我国小麦种植面积 24141 hm²,年产量 1.30 亿 t,仅次于水稻和玉米[17]。在中国,绝大部分小麦被加工成面粉供人食用,仅小部分用作饲料。另外,在面粉加工过程中也会产生诸如小麦麸、小麦次粉和低级面粉等小麦制粉副产物,若按照小麦出粉率75%~80%计算[24],这些副产物年产量估计至少在 2000 万 t 以上,来源广泛且容易获得。

小麦及其制粉副产物的粗蛋白质及氨基酸标准回肠末端消化率见表 2。小麦、小麦次粉和低级面粉粗蛋白质的标准回肠末端消化率接近,均在 90%以上,显著高于小麦麸的粗蛋白质标准回肠末端消化率,平均值为 71.6%,范围是 62.1%~81.1%。在氨基酸的标准回肠末端消化率上也表现出类似的特点,小麦麸必需氨基酸赖氨酸、蛋氨酸、苏氨酸和色氨酸的标准回肠末端消化率均低于小麦、小麦次粉和低级面粉,其中苏氨酸的差距最大,小麦麸苏氨酸标准回肠末端消化率仅为 62.6%,而小麦、小麦次粉和低级面粉苏氨酸的标准回肠末端消化率则分别为 86.6%、89.7%和 86.1%,远高于小麦麸。这主要是由于小麦麸纤维含量高,而高纤维会提高食糜通过速率而减少消化时间,降低了蛋白质的消化吸收,并增加内源蛋白质和氨基酸损失,从而降低了粗蛋白质和氨基酸的消化率[25-27]。所以,尽管小麦麸的氨基酸含量较高且组成相对平衡,在实际生产时也应限制其用量,否则可能导致氨基酸失衡,影响猪的生长性能。

4 小结

根据氨基酸评价体系的发展,标准回肠末端消化率体系在目前更具有实际操作性、应用性和准确性。研究表明蛋白饲料原料、玉米及其加工副产物和小麦及其制粉副产物标准回肠末端氨基酸消化率存在较大变异,且不同原料之间氨基酸消化率差异很大,所以标准回肠末端氨基酸消化率的评价丰富了数据库,给饲料工业生产提供了更可靠准确的数据支撑。但是随着氨基酸消化率评价体系的发展,新型原料的不断出现,所以蛋白质和氨基酸消化率的评价也将是个长期且与时俱进的课题。

参考文献

[1] Kuiken K A, Lyman C M, Dieterich S, et al.. Availability of amino acids in some foods.[J]. Journal of Nutrition, 1948, 36: 359-368.

[2] Sauer W C. Factors influencing amino acid availability for cereal grains and their components for growing monogastric animals[D]. Doctoral dissertation. Winnipeg: University of Manitoba, 1976.

[3] Zebrowska T, Low A G. The influence of diets based on whole wheat, wheat flour and wheat bran on exocrine pancreatic secretion in pigs[J]. Journal of Nutrition, 1987, 117(7): 1212-1216.

[4] Just A, Jorgensen H, Fernandez J A. The digestive capacity of the caecum-colon and the value of the nitrogen absorbed from the hind gut for protein synthesis in pigs[J]. British Journal of Nutrition, 1981, 46(1): 209-219.

[5] 李德发. 猪的营养[M]. 北京:中国农业科学技术出版社:43-64.

[6] Jansman A, Smink W, Van Leeuwen P, et al.. Evaluation through literature data of the amount and amino acid composition of basal endogenous crude protein at the terminal ileum of pigs[J]. Animal Feed Science and Technology, 2002, 98(1): 49-60.

[7] Stein H H, Pedersen C, Wirt A R, et al.. Additivity of values for apparent and standardized ileal digestibility of amino acids in mixed diets fed to growing pigs[J]. Journal of Animal Science, 2005, 83(10): 2387-2395.

[8] Sève B, Tran G, Jondreville C, et al.. Measuring ileal basal endoge-nous losses and digestive utilization of AA through ileorectal anastomosis in pigs: ring test between three laboratories[C]. Digestive Physiology in Pigs. Proc. 8th Intl. Symp. J. E. Lindberg, and B. Ogle, ed. CABI Publishing, New York, NY. 2001, 195-197.

[9] Schulze H, Van Leeuwen P, Verstegen M W, et al.. Effect of level of dietary neutral detergent fiber on ileal apparent digestibility and ileal nitrogen losses in pigs[J]. Journal of Animal Science, 1994, 72(9): 2362-2368.

[10] Stein H H, Seve B, Fuller M F, et al.. Invited review: Amino acid bioavailability and digestibility in pig feed ingredients: Terminology and application[J]. Journal of Animal Science, 2007, 85(1): 172-180.

[11] 岳隆耀, 谯仕彦. 中国猪饲料营养价值评定研究进展[J]. 饲料与畜牧, 2006(11): 5-11.

[12] Almeida F N, Htoo J K, Thomson J, et al.. Effects of heat treatment on the apparent and standardized ileal digestibility of amino acids in canola meal fed to growing pigs[J]. Animal Feed Science and Technology, 2014, 187: 44-52.

[13] 姜建阳. 高蛋白豆粕营养价值评定及方法学研究[D]. 博士学位论文. 北京: 中国农业大学, 2006.

[14] 黄俊程. 热处理程度对棉粕猪回肠末端氨基酸消化率的影响[D]. 硕士学位论文. 武汉: 华中农业大学, 2011.

[15] Albin D M, Smiricky M R, Wubben J E, et al.. The effect of dietary level of soybean oil and palm oil on apparent ileal amino acid digestibility and postprandial flow patterns of chromic oxide and amino acids in pigs[J]. Canadian Journal of Animal Science, 2001, 81(4): 495-503.

[16] NRC. Nutrient Requirements of Swine, 11th Ed[M]. Washington, USA: National Academies Press, 2012.

[17] 中华人民共和国统计局. 国家统计局关于2015年粮食产量的公告[Z]. 2015: 2016.

[18] Kingsly A R, Ileleji K E, Clementson C L, et al.. The effect of process variables during drying on the physical and chemical characteristics of corn dried distillers grains with solubles (DDGS)-plant scale experiments[J]. Bioresource Technology, 2010, 101(1): 193-199.

[19] Stein H H, Shurson G C. Board-invited review: the use and application of distillers dried grains with solubles in swine diets[J]. Journal of Animal Science, 2009, 87(4): 1292-1303.

[20] 李平. 国产不同生产工艺玉米DDGS生长猪能量与氨基酸消化率研究[D]. 博士学位论文. 北京: 中国农业大学, 2014.

[21] Liu D W, Zang J J, Liu L, et al.. Energy content and amino acid digestibility of extruded and dehulled-extruded corn by pigs and its effect on the performance of weaned pigs[J]. Czech Journal of Animal Science, 2014, 59(2): 69-83.

[22] Liu D, Liu L, Li D, et al.. Energy content and amino acid digestibility in hulled and dehulled corn and the performance of weanling pigs fed diets containing hulled or dehulled corn[J]. Archives of Animal Nutrition, 2013, 67(4): 301-313.

[23] Cromwell G L, Herkelman K L, Stahly T S. Physical, chemical, and nutritional characteristics of distillers dried grains with solubles for chicks and pigs[J]. Journal of Animal Science, 1993, 71(3): 679-686.

[24] 温纪平, 田建珍. 小麦加工工艺与设备[M]. 北京: 科学出版社, 2011.

[25] Donangelo C M, Eggum B O. Comparative effects of wheat bran and barley husk on nutrient utilization in rats[J]. British Journal of Nutrition, 1986, 56(01): 269-280.

[26] Mosenthin R, Sauer W C, Ahrens F. Dietary pectin's effect on ileal and fecal amino acid digestibility and exocrine pancreatic secretions in growing pigs[J]. The Journal of Nutrition, 1994, 124(8): 1222-1229.

[27] Stanogias G, Pearcet G R. The digestion of fibre by pigs[J]. British Journal of Nutrition, 1985, 53(03): 513-530.

[28] 左磊. 菜籽粕在猪饲料中的氨基酸回肠末端消化率及能值测定[D]. 硕士学位论文. 北京: 中国农业大学, 2011.

[29] 郑萍, 李波, 陈代文, 等. 8种不同来源菜籽饼粕的生长猪氨基酸回肠消化率评定[J]. 中国畜牧杂志, 2012(09): 34-40.

[30] 王凤利. 生长猪双低菜籽粕能值和氨基酸消化率预测方程的建立[D]. 硕士学位论文. 北京: 中国农业大学, 2013.

[31] Li P L, Wu F, Chen Y F, et al.. Determination of the energy content and amino acid digestibility of double-low rapeseed cakes fed to growing pigs[J]. Animal Feed Science and Technology, 2015, 210: 243-253.

[32] 张铖铖, 张石蕊, 贺喜, 等. 我国不同地区棉籽粕的猪氨基酸标准回肠消化率的测定[J]. 动物营养学报, 2013, (12): 2844-2853.

[33] 马晓康. 棉粕猪有效能和氨基酸消化率及其预测方程的研究[D]. 硕士学位论文. 北京: 中国农业大学, 2015.

[34] 李青云. 生长猪花生粕有效能和氨基酸消化率预测方程的建立[D]. 硕士学位论文. 北京: 中国农业大学, 2014.

[35] 刘君地.生长猪葵花粕能值和氨基酸消化率预测方程的建立[D].硕士学位论文.北京：中国农业大学，2014.
[36] 陈一凡.亚麻饼对生长猪有效能值及回肠末端氨基酸消化率的研究[D].硕士学位论文.北京：中国农业大学，2016.
[37] 段明房.不同方法处理的芝麻粕饲喂饲喂生长猪营养价值评定[D].硕士学位论文.合肥：安徽农业大学，2013.
[38] 李全丰.中国玉米猪有效营养成分预测方程的构建[D].博士学位论文.北京：中国农业大学，2014.
[39] 薛鹏程.不同来源DDGS在猪饲料中的氨基酸标准回肠消化率及能值测定[D].硕士学位论文.北京：中国农业大学，2010.
[40] 任平.不同油脂含量玉米干酒糟及其可溶物生长猪能量和氨基酸消化率测定[D].硕士学位论文.北京：中国农业大学，2011.
[41] 刘兆宇.玉米胚芽粕不同替代比例、产地、加工工艺对其营养物质消化率的影响[D].硕士学位论文.北京：中国农业大学，2014.
[42] 王婷婷.肥育猪玉米麸质饲料能值和氨基酸消化率预测方程的建立[D].硕士学位论文.北京：中国农业大学，2014.
[43] 纪颖.生长猪玉米蛋白粉能值和氨基酸消化率预测方程的建立[D].硕士学位论文.北京：中国农业大学，2012.
[44] 唐受文.生长猪小麦有效能值和氨基酸消化率预测方程的建立[D].硕士学位论文.北京：中国农业大学，2013.
[45] 黄强.小麦制粉副产品猪有效能值和氨基酸消化率的研究[D].博士学位论文.北京：中国农业大学，2015.
[46] 张志虎.生长猪小麦麸能值和氨基酸消化率预测方程的建立[D].硕士学位论文.北京：中国农业大学，2012.

饲粮非淀粉多糖特性及猪饲粮非淀粉多糖酶谱优化方法研究进展*

张宏福** 高理想 陈亮 钟儒清

(中国农业科学院北京畜牧兽医研究所动物营养学国家重点实验室,北京 100193)

摘 要:提高饲料养分的利用率是缓解我国粮食安全矛盾,建立安全、优质、环保的养殖产业的基础,并具有重大的经济和社会效益。自1864年Henneberg与Stohmann首倡概略成分分析方法以来,饲料养分的测试方法已沿用一个半世纪,基本保持原体系未变。而针对饲料非淀粉多糖成分的复杂性和多样性,其分析方法和分析层次不断地演进。饲料非淀粉多糖黏性、溶解性和持水力等理化特性限制了本身以及饲粮中其他养分被动物的消化、吸收和利用。非淀粉多糖酶具有降低肠道食糜黏度、消减非淀粉多糖的"笼蔽效应"、多糖分解形成的寡糖益生作用等功能备受关注。而非淀粉多糖酶的作用受到饲粮结构、畜禽品种、生理阶段、环境条件等种种复杂因素的影响,因此,寻求快速、准确筛选非淀粉多糖酶种类和剂量的方法至关重要。本文从非淀粉多糖的定义、测定方法和理化性质入手,总结饲粮非淀粉多糖在猪消化道内的消解及其对猪饲料养分消化率的影响,分析非淀粉多糖酶对猪饲料养分利用率和生产性能的影响,侧重综述非淀粉多糖酶谱筛选体外优化方法的研究进展以及存在的问题,并就作者等开发以简捷、标准、可重复为前提的体外非淀粉多糖酶谱优化方法设计原理、应用及可行性进行阶段性总结汇报。

关键词:猪;非淀粉多糖酶;消化率;体外法;酶谱优化

我国在粮食"十二连增"条件下,2015年进口大豆8100多万t,谷物、鱼粉、DDGS、高粱等3000多万t,稳居全球第一大进口国,占我国粮食消费量的30%以上(大豆按1:4折算成谷物产量),其中主要原因是畜禽生产消耗量越来越大。饲料资源短缺、人畜争粮矛盾日益加剧。因此,合理开发非粮资源(如粮食加工副产物)将是保障我国畜牧业持续健康发展的重要出路。与谷物相比,加工副产物(糟糠、饼粕、麸粉等)含有较高的非淀粉多糖(non-starch polysaccharides,NSP)[1,2]。饲粮NSP增加食糜黏性,引起动物消化道形态和生理变化,结合生理活性物质等抗营养作用,限制了饲粮养分的消化、吸收和利用[3,4]。

非淀粉多糖酶(NSP酶)可减少饲粮NSP的抗性作用,断裂NSP多聚体的长链结构、移除结合的侧链基团,使其致密的网状结构和空间结构发生改变。NSP酶可降低动物采食黏性谷物(大麦、小麦、黑麦、燕麦等)饲粮后肠道食糜黏度[5,6]。同时,植物细胞壁的NSP作为细胞内养分消化的屏障,这种影响称为"笼蔽效应"[7]。NSP酶可减少"笼蔽效应",致密的细胞壁结构发生裂解,可释放营养物质[8,9]。另外,多糖分解形成的寡糖,可作为益生素,增加后肠有益微生物(双歧杆菌、乳酸菌等)的数量,促进肠道健康[10,11]。

---

* 基金项目:中国农业科学院科技创新工程(ASTIP-IAS07);国家科技支撑项目课题(2012BAD39B01)
** 第一作者简介:张宏福(1965—),男,研究员,E-mail:zhanghongfu@caas.cn

由于不同饲料原料中 NSP 的含量和组成差异较大,而 NSP 酶作为生物反应的催化剂,对底物具有专一性,NSP 酶合理配伍会更有效的破裂 NSP 的复杂结构[12,13]。因此,NSP 酶种类和剂量的合理使用是充分发挥其对饲料 NSP 降解作用的关键[8]。针对不同的饲料原料和饲粮类型,使用动物法来筛选与之相匹配的 NSP 酶谱,不仅工作量巨大,而且结果变异比较大,不能满足生产实际需求。国内外学者们试图探索快捷、易标准化的体外法海量筛选饲粮 NSP 酶配伍,快速评价 NSP 酶的有效性,为 NSP 酶在饲粮配方中优化使用提供参考。

本文从 NSP 的定义、测定方法和理化性质入手,总结饲粮 NSP 在猪消化道内的消解及其对猪饲料养分消化率的影响,分析 NSP 酶对猪饲料养分利用率和生产性能的影响,侧重综述 NSP 酶谱筛选体外优化方法的研究进展以及存在的问题。希望能集思广益,得到同行们的批评指正,共同探讨饲用酶快速优化的方法以及 NSP 酶调控猪饲粮养分消化率的途径。

1 NSP 的定义、测定方法和理化性质

1.1 NSP 的定义及不统一性

NSP 是植物组织中除淀粉之外的所有多糖类碳水化合物的总称,是由多种中性单糖和糖醛酸以一定的糖苷键连接而成,包括果胶、纤维素、半纤维素、β-葡聚糖、阿拉伯木聚糖、果聚糖等[14]。尽管 NSP 与日粮纤维(dietary fiber)在性质与功能上的一致性,但营养学定义的范畴不同。日粮纤维是不能被机体消化的可食用碳水化合物及其类似物,包括抗性淀粉、低聚糖、NSP、木质素等,这些物质不能在小肠被消化吸收,但可部分或全部被大肠中微生物所发酵[15]。NSP 并不包含日粮纤维的全部组分[16]。日粮纤维除 NSP 以外,还包括木质素以及一些寡糖类物质,但是由于木质素是植物细胞壁中苯基丙烷的高聚物,动物自身分泌的消化酶与肠道微生物均不能使其发生降解。虽两者定义不同,但在生理和功能上具有一致性。

饲料原料中 NSP 主要由纤维素、β-葡聚糖、阿拉伯木聚糖和果胶等组成。依据 NSP 的溶解性不同,可将其分为可溶性 NSP(soluble NSP,SNSP)与不溶性 NSP(insoluble NSP,INSP),其中 SNSP 主要包括 β-葡聚糖、部分阿拉伯木聚糖、甘露聚糖等,INSP 主要包括纤维素和大部分的阿拉伯木聚糖[17]。

1.2 NSP 的测定方法及结果差异

常规的纤维分析方法不能够准确的评价饲料 NSP 含量。在洗涤纤维分析法中,酸性洗涤纤维和中性洗涤纤维都不包括 SNSP,因此无法准确测定总 NSP(total NSP,TNSP)的含量。AOAC[18]中检测 NSP 含量的方法是酶-重量法,但结果只能反映 TNSP 的含量,并且受非糖成分(如木质素和单宁等)及实验条件的影响较大。目前测定饲料中 NSP 含量的方法主要有色谱法和比色法等。戊聚糖、β-葡聚糖等的含量可采用比色法进行测定。气相色谱法不仅可以测定样品中 SNSP 和 INSP 的含量,还可以进一步测定出其单糖组成,其原理是将样品中淀粉、粗脂肪等除去之后,经酸处理将多糖水解为单糖,然后将单糖衍生为易挥发且对热较稳定的乙酸酯,用气相色谱法测定各单糖含量,然后进一步计算出多糖含量[19]。

研究者广泛采用乙酸酐衍生化气相色谱法[20]测定饲料 NSP 含量,但衍生方法存在一定差异。目前大多使用乙酸酐衍生化气相色谱法测定饲料中 NSP 的含量,但其可重复性低于范氏纤维分析方法使其还未被实验室广泛使用。本实验室黄庆华等(2015)[2]系统研究了乙酸酐衍生化气相色谱法测定饲料中非淀粉多糖含量时适宜的称样量以及方法的变异性,并测定了小麦、小麦麸及次粉 21 套 63 种样品中 NSP 含量,分析了小麦及其副产品中 NSP 含量与常规养分含量之间的相关性,进一步完善了饲料 NSP 含量测定方法,为研究减少饲粮 NSP 抗营养作用提供技术支撑。

1.3 NSP的理化属性及其抗营养机制

由于组成和结构的不同，NSP具有不同的理化属性，如溶解性、持水力、黏性和可发酵性等[21,22]。NSP的这些性质不但能够影响饲粮性状、改变猪只消化生理，还会影响自身的降解率及饲粮中其他养分的消化吸收。

1.3.1 溶解性

NSP的溶解性是指其在不同溶剂（水、稀酸或稀碱）中的混合程度，主要是由NSP结构中各单糖之间连接键的类型决定的[23]。如纤维素和β-葡聚糖虽然均由葡萄糖组成，但由于纤维素中葡萄糖之间均是由β-(1→4)糖苷键连接，使其成为INSP，而β-葡聚糖中葡萄糖在β-(1→4)糖苷键之外，还通过β-(1→3)糖苷键连接，使其具有一定的溶解性。将NSP划分为SNSP和INSP有助于分析饲粮NSP组成以及研究其营养特性。

1.3.2 黏性

NSP的黏性与其溶解性及分子量有关，SNSP溶于水后与水分子相互作用而增加溶液的黏度，INSP由于其致密规则的分子结构，不容易与水分子发生相互作用，对食糜黏性的影响不大。SNSP的黏性是其具有抗营养作用的主要原因[21,24]，高黏度会增加动物的内源排泄、减缓食糜流速，降低消化酶及其底物的扩散速度，阻止其相互作用，不利于消化酶的消化及机体对养分的吸收[25]。

1.3.3 持水力

NSP的持水力是由其结构中的羟基与水形成氢键的程度决定的，SNSP与INSP均具有持水力，但大小不同[26]。果胶、土豆渣和甜菜渣的持水力很高，小麦和大麦次之，大豆皮的持水力最低[27]。NSP的持水力会增加其对肠道蠕动的抵抗力。

1.3.4 可发酵性

不同的NSP，肠道微生物对其发酵降解生成挥发性脂肪酸的程度有所不同[22,28]。NSP越易于发酵，机体以挥发性脂肪酸获得的能量越多[29]。NSP的可发酵性与其化学组成、溶解性、持水力、孔隙度以及与微生物酶结合能力密切相关[23,28]。

2 饲粮NSP在猪消化道内的消解及其对猪饲料养分消化率的影响

动物自身分泌的消化酶不具备降解NSP的能力，饲粮中NSP的降解主要是在肠道中微生物的作用下发酵。NSP发酵的基础是微生物将其长链结构断裂形成小分子聚糖类化合物[30]，这种解聚过程是在许多反应的共同作用下进行的，包括水解、氧化还原以及去磷酸化等。解聚后形成的单体被微生物结合吸收后进行新陈代谢[31]。微生物代谢产生的挥发性脂肪酸（VFA）可迅速被机体吸收[32]，或者作为重要的信号分子[33,34]以及提供能量[35]。与其他养分相比，NSP降解率的变异比较大（0～100%）[36]。饲粮NSP的可降解程度与其溶解性、化学结构以及水平有关[37]。SNSP相较于INSP，聚合链的长度更短、多聚物结构不规则——不易于形成结晶，取代基团的程度更低[38]；与其他多糖和细胞壁组分的连接不紧密[39,40]。由于以上特性，使得SNSP相比较于INSP，更容易被微生物降解利用。在猪体内，SNSP（如果胶、β-葡聚糖）可接近完全被降解，而INSP则不易被降解，比如纤维素的降解率只有34%～60%[41]。虽猪肠道中微生物主要寄居在后肠中，但许多研究表明前段肠道中也有一定数量的微生物存在。当营养物质在胃和小肠中被消化酶消化吸收的同时，也有一定量的NSP被微生物所降解，但是降解程度远远低于后肠。Gdala等[42]研究发现仔猪对由豆粕、小麦和大麦组成的饲粮中NSP的回肠消化率是8.2%,全消化道消化率高达68%。饲粮NSP的水平也能影响其降解率,这主要是因为高水平的NSP引起的抗营养作用更明显,以及肠道微生物在高水平NSP降低存留时间的情况下不能对其充分作用[43]。

由于NSP作为细胞壁的主要组成成分,不能被机体分泌的消化酶所消化,主要在后肠中被微生物降解[44]。高NSP饲粮的摄入会使动物内源损失增加、消化酶的活性降低、阻碍消化酶与养分的接触、降低养分的浓度和增加饱腹感以及减少养分的摄入[16,45]。饲粮NSP对营养物质消化率的影响程度与其水平、来源、组成和类型都有关系[46]。许多研究表明增加饲粮NSP水平能降低能量以及养分的消化率[47,48]。SNSP能够通过其溶解性增加肠道食糜的黏度[49],改变肠道消化生理及内环境,从而改变食糜的流通速度,降低营养物质在小肠中的消化率[50]。而INSP主要存在于植物细胞壁中,其致密的组织结构会阻碍消化酶与细胞内营养物质的接触。再加上其疏水性,高含量的ISNP会提高食糜在消化道内的流通速度,降低饲粮在消化道内的存留时间,使营养物质与前段肠道中的消化酶以及后肠中微生物的接触时间缩短,降低了养分的消化率[16]。

2.1 NSP酶对猪饲料养分利用率和生产性能的影响

纵观国内外关于NSP酶对猪饲粮养分消化率和生长性能影响的研究,学者们选用的饲粮类型和NSP酶谱配伍不尽相同,饲粮养分消化率和动物生产性能表现也千差万别(表1)。研究显示添加NSP酶能提高干物质消化率、矿物质消化率和能量利用率[13,51,52,53]。但也有报道表明添加NSP酶对养分利用率没有显著影响[13,51,54]。在小麦型[57,59]、大麦型[55]饲粮或者小麦DDGS型饲粮[58]中添加NSP酶可提高氨基酸的消化率。有些文献报道在含有较高水平NSP的饲粮中添加NSP酶,能起到较好的促生长作用[58,56]。但是也有些研究发现,添加NSP酶对猪只的生长性能并没有显著影响[13,51]。

研究结果的不一致性的原因可能是由于使用的饲粮组成、动物的年龄、限制性养分的缺乏程度以及酶的组分、含量和酶学特性等因素对可消化养分含量提升程度的不同造成的。必须指出的是,某些条件下营养物质消化率的提高并不能说明酶的添加就会引起生长性能的改善。Barrera等[57]研究发现,在低氨基酸小麦型饲粮中添加木聚糖酶,对生长性能几乎没有任何影响,但是氨基酸的消化率却平均提高了11%,而添加结晶氨基酸却提高了生长性能。在大猪上,NSP酶对生产性能作用较小的原因可能是大猪可有效利用饲粮中的NSP,而仔猪由于其肠道容积较小,对纤维性饲料的利用能力较弱,高NSP饲粮以其抗营养的作用限制了机体对养分的利用,使得NSP酶在仔猪生产上往往能得到较好的应用效果。

2.2 NSP酶对NSP降解率的影响

使用NSP酶的主要目的就是降解饲粮中不能被单胃动物自身消化利用的NSP。大部分的NSP作为细胞壁的主要组成成分,能阻碍消化酶与养分的充分接触,一部分NSP虽然存在于细胞内,但是其特定的化学特性也能降低养分的消化和吸收。猪自身不能分泌降解NSP的酶[65],NSP在猪肠道内的降解主要是在微生物的作用下进行的,且主要发生在后肠中。饲粮中添加NSP酶,会使NSP的降解从后肠往前肠转移。Nitrayová等[66]报道,在含有96%黑麦的断奶仔猪饲粮中添加200 mg/kg的木聚糖酶,显著提高了NSP的回肠降解率,其中木糖的降解率提高了740%,TNSP的降解率提高了144%。Vahjen等[63]认为添加NSP酶的最主要的作用是通过降解NSP来降低由其引起的食糜黏性的增加。许多研究表明,木聚糖酶可以断裂木聚糖的主链结构,降低其聚合度,产生木糖低聚体[67,68]。随着NSP的降解,食糜的黏度降低,相应地提高了动物的生产性能[69]。

表 1 外源 NSP 酶的添加对猪生长性能的影响

生长阶段	饲料种类	NSP 酶	养分消化率	平均日增重	参考文献
生长期	小麦	木聚糖酶	提高氨基酸消化率	提高15%	Barrera 等[57],2004
育肥期	大麦,小麦,DDGS	多糖水解酶	提高氨基酸消化率,对干物质和能量无影响	提高15%	Emiola 等[58],2009
保育期	玉米,小麦,麦麸	木聚糖酶	提高矿物质消化率	提高20%	He 等[53],2010
生长期	小麦	木聚糖酶	对能量,干物质,干物质和氨基酸无影响	无显著影响	Nortey 等[52],2007
保育期	玉米,小麦,黑麦	木聚糖酶	提高干物质消化率,对能量消化率无影响	无显著影响	Olukosi 等[13],2007a
保育期	小麦,粗麦粉	木聚糖酶	对能量消化率无影响	无显著影响	Olukosi 等[51],2007c
生长-育肥期	小麦,粗麦粉	木聚糖酶	提高能量消化率	无显著影响	Vahjen 等[59],2007
保育期	小麦,麦麸	多糖水解酶	对粗蛋白质,淀粉,纤维消化率无影响	提高6%	Woyengo 等[60],2008
保育期	小麦,麦麸	木聚糖酶	提高粗蛋白质消化率和脂肪消化率	提高7%	Zhang 等[61],2014
生长期	小麦	木聚糖酶	对干物质消化率无影响	无显著影响	Prandini 等[62],2014
保育期	小麦饮粉	多糖水解酶	提高干物质,粗蛋白质消化率等	提高14%	Kim 等[63],2013
保育期	脱壳大麦	葡聚糖酶,木聚糖酶	对干物质,粗蛋白质和总能消化率无影响	提高16%	Willamil 等[64],2012
生长期	小麦	甘露聚糖酶	对干物质,粗蛋白质和总能消化率无影响	无显著影响	
生长期	小麦,大麦,黑麦	葡聚糖酶,木聚糖酶	提高干物质和能量消化率,对 NSP 消化率无影响	提高17%	
生长期	玉米	葡聚糖酶,木聚糖酶	降低了麦观回肠干物质和粗蛋白质消化率	无显著影响	

2.3 多种 NSP 酶在猪饲粮中的配合使用

由于饲粮中 NSP 是有多种单糖通过复杂的化学键结合形成的高聚体,多种 NSP 酶的配合使用将会比单独使用一种 NSP 酶的效果更明显[13,70]。许多研究表明不同的 NSP 酶之间有较好的交互作用[71,72],也有研究发现 NSP 酶与植酸酶之间具有交互作用[52,73]。但是也有报道发现不同 NSP 酶的配合使用与单一使用相比,并没有显著提高作用效果[51]。由于 NSP 酶作用的发挥以及效果的显现依赖于饲粮的组成[70],因此要想最大程度的发挥不同 NSP 酶配合使用的效果,必须充分了解酶是如何协作的水解各自的底物的。比如,有些木聚糖酶是作用于可溶性阿拉伯木聚糖的,有些又是作用于不可溶性阿拉伯木聚糖的,它们两者联合使用将会发挥更大的作用[71]。Tahir 等[74]通过单独使用半纤维素酶、纤维素酶和果胶酶以及三者联合使用,发现半纤维素酶是水解的限制性酶,不使用半纤维素酶而使用纤维素酶和果胶酶对 NSP 的水解作用较小。

3 饲粮 NSP 酶谱体外优化方法

由于不同饲料中 NSP 的含量和组成差异较大,而 NSP 酶作为生物反应的催化剂,对底物具有高度专一性,对反应条件也有特殊性。多种 NSP 酶的配合使用将会比单独使用一种 NSP 酶的效果更明显。然而,通过动物试验方法来筛选与不同饲粮相适应的 NSP 酶的配伍,不仅工作量巨大,耗时费力,而且结果变异比较大,不能满足实际需求。国内外学者们试图探索快捷、易标准化的体外法评价 NSP 酶的有效性和海量筛选饲粮 NSP 酶的配伍。

自 20 世纪 50 年代以来,各国研究者在探索通过体外模拟消化方法来评定饲料生物学效价的过程中,先后建立了单酶法(一步法)、两步法(胃蛋白酶-胰酶法、胃蛋白酶-猪小肠液法)和三步法(胃蛋白酶-胰酶-瘤胃液法、胃蛋白酶-胰酶-粪提取液法和胃蛋白酶-胰酶-碳水化合物酶法)[75,76]。学者们首先使用体外法研究 NSP 酶与食糜黏度关系。使用 2000 U/mL 胃蛋白酶-胰液素体外两步法研究了不同水平的木聚糖酶对大麦饲粮食糜黏性的影响,发现不同木聚糖酶水平下体内外食糜的黏性具有很好的相关性($R^2=0.758$)[77]。Malathi 和 Devegowda[78]以食糜黏性和总糖释放量为指标,使用体外两步法比较了 3 种木聚糖酶混合酶对几种不同饲料原料非淀粉多糖的消化作用,提出体外法是快速评价外源酶有效性和稳定性的方法。

采用胃蛋白酶-胰液素体外两步法评价 Roxazyme G、木聚糖酶、植酸酶对稻壳的有效性,体外和体外评价酶有效性具有一致性,试验表明体外评价方法可用作动物试验的预实验[79]。Kong 等[80]分别用胃蛋白酶-胰液素两步法和胃蛋白酶-胰液素-微生物酶三步法研究了木聚糖酶、蛋白酶和植酸酶组成的混合酶对 3 种谷物能量饲料原料(玉米、小麦和大麦)和 6 种蛋白饲料原料(大豆粕、菜粕、棉粕、棕榈粕、椰子粕、DDGS)的体外回肠和全消化道干物质消化率的影响,结果表明外源酶对体外干物质消化率的作用效果受饲料原料和研究方法的影响。然而,不同学者采用模拟消化酶的类型和浓度、模拟缓冲液 pH、消化时长等体外参数都存在很大差异,本课题组前期采用胃蛋白酶-胰液素的体外两步模拟消化法,首先确定体外模拟参数,通过比较分析体外干物质消化率和体内能量消化率($R^2=0.9133$,RSD=0.6039)、体外可消化能和体内表观代谢能($R^2=0.8846$,RSD=0.1093)之间均存在较强的相关,为进一步利用体外法筛选 NSP 酶谱奠定基础[81]。

学者们使用体外两步法筛选木聚糖酶、纤维素酶和 β-葡聚糖酶在玉米、豆粕、向日葵粕和脱油米糠饲料原料以及玉米——豆粕型饲粮中的最佳组合,采用 3×3×3 共 27 个酶谱组合,以总糖的释放量为考量指标筛选饲料原料的最佳 NSP 酶谱,结果表明体外 NSP 酶谱筛选方法可作为肉鸡饲粮配制的基础[82]。但是这些体外模拟消化法中使用的消化酶的活性、酶学特性无法重复、使用量也缺乏相应的生理依据[83]。本课题组使用前期建立体外两步法,利用二次回归通用旋转组合设计[84],建立 NSP 复合酶对肉鸡饲粮、蛋鸡饲粮、肉鸭饲粮的能量调控数学模型,并筛选出最佳酶谱组合[85,86,87],并利用强饲法进一步验证筛选的NSP复合酶对饲粮表观代谢能的影响,结果表明NSP复合酶显著改善肉鸡和蛋鸡饲粮表观代谢能,体外能值与生物学测定的表观代谢能之间存在较强相关性,并且筛选的NSP酶可促进家禽生产性能。

在生长猪饲粮NSP酶谱筛选方面,本课题组前期获取的生长猪消化生理参数基础上[88,89],进一步确立饲料的粉碎粒度、模拟消化酶活性和配伍、缓冲液组成及pH、酶促反应温度、水解时长、未消化残渣的分离方法[90,91,92],已建立了猪禽饲料生物学效价的仿生学评价方法[93,94,95]。测定饲粮NSP组分分析方法也不断更新发展[2,96],为NSP酶谱选择提供依据。通过体外建立的模拟猪饲料消化的仿生法,采用二次回归旋转正交组合试验设计,建立6种NSP酶和饲粮体外养分消化率的回归关系,优化出玉米-豆粕型、玉米-豆粕-DDGS型、玉米-杂粕型和小麦-豆粕型饲粮中纤维素酶、木聚糖酶、β-葡聚糖酶、β-甘露聚糖酶、α-半乳糖苷酶和果胶酶6种NSP酶的最佳酶谱,并通过动物消化试验验证了体外筛选的NSP酶谱对养分消化率提升的效果,为使用NSP酶改善猪饲料的利用率提供方法支撑[97]。

4 小结

近年来,在全球能源危机、气候异常、生物资源开发和国内规模化养殖持续增加等多种因素的作用下,我国主要饲料原料缺口不断扩大,价格飙升,已严重影响了饲料工业和养殖业的稳定和进一步发展。提高饲料养分的利用率是缓解我国粮食安全矛盾,建立安全、优质、环保的养殖产业的基础,并具有重大的经济和社会效益[98]。提高饲料养分中NSP的利用率是增加饲料养分效价和能量利用率的关键,非淀粉多糖酶可提高饲粮养分消化率、降低食糜黏度,但目前还存在一些需要深入探讨的问题:①饲料营养成分数据库中缺乏对NSP组分的充分表述。目前国内外饲料成分数据库大都采用粗纤维和无氮浸出物、ADF和NDF来表述饲料碳水化合物组分。由于Weende粗纤维和Van Soest纤维测试方法的本身缺陷,表述碳水化合物组成的不完整性和不确定性严重制约着对碳水化合物组分的充分认识和挖掘。美国最新版NRC(2012)[96]猪营养需要增加了TDF、SDF和IDF指标,但是大部分饲料原料的DF数据仍然缺失。分析NSP的组分是筛选NSP酶谱的基础。②非淀粉多糖酶和NSP的关系类似"钥匙和锁"。复合酶制剂的使用具有很大的随意性和盲目性,没有根据特定的饲粮类型来选择相应的酶制剂,酶制剂的使用比较混乱。只有依据"锁"的类型和组成成分,才能配置出合适的"钥匙"。针对不同的饲粮类型,选择非淀粉多糖酶谱的最佳配伍,才能最大限度地提高饲料养分效价。③简单快捷、结果变异小、省时省力等体外法可快速评价饲用酶的有效性,并成为饲料企业和养殖业的迫切需要,为饲用酶在畜禽生产中的合理使用发挥重要作用。

参考文献

[1] Bach Knudsen K E, JøRgensen H, Lindberg J E, et al.. Intestinal degradation of dietary carbohydrates - from birth to maturity[M]. Digestive Physiology of Pigs,2001:109-120.

[2] 黄庆华,陈亮,高理想,等.乙酸酐衍生化气相色谱法测定饲料非淀粉多糖含量时适宜称样量确定依据的研究[J].动物营养学报,2015,05:1620-1631.

[3] Choct M, Dersjant-Li Y, Mcleish J, et al.. Soy Oligosaccharides and Soluble Non-starch Polysaccharides: A Review of Digestion, Nutritive and Anti-nutritive Effects in Pigs and Poultry[J]. Asian Australasian Journal of Animal Sciences,2010, 3(10):1386-1398.

[4] Brownlee I A. The physiological roles of dietary fibre[J]. Food Hydrocolloids, 2011, 25(2):238-250.

[5] Choct M, Annison G. Anti-nutritive effect of wheat pentosans in broiler chickens: roles of viscosity and gut microflora[J]. British Poultry Science, 1992, 33(4):821-834.

[6] Bedford M R, Morgan A J. The use of enzymes in poultry diets[J]. Worlds Poultry Science Journal, 1996, 52(1):

61-68.

[7] Khadem A, Lourenco M, Delezie E, et al.. Does release of encapsulated nutrients have an important role in the efficacy of xylanase in broilers[J]. Poultry Science,2016. 95(5):1066-1076.

[8] Zijlstra R T, Owusu-Asiedu A, Simmins P H. Future of NSP-degrading enzymes to improve nutrient utilization of co-products and gut health in pigs[J]. Livestock Science, 2010, 134(1):255-257.

[9] Zhang G G, Yang Z B, Wang Y, et al.. Effects of dietary supplementation of multi-enzyme on growth performance, nutrient digestibility, small intestinal digestive enzyme activities, and large intestinal selected microbiota in weanling pigs.[J]. Journal of Animal Science, 2014, 92(5):2063-2069.

[10] Thammarutwasik P, Hongpattarakere T, Chantachum S, et al.. Prebiotics-a review[J]. Songklanakarin Journal of Science and Technology, 2009, 31: 401-408.

[11] He J, Yin J, Wang L, et al.. Functional characterisation of a recombinant xylanase from Pichia pastoris and effect of the enzyme on nutrient digestibility in weaned pigs[J]. British Journal of Nutrition, 2010, 103(10): 1507-1513.

[12] Kerr B J, Shurson G C. Strategies to Improve Fiber Utilization in Swine[J]. Journal of Animal Science and Biotechnology, 2013, 4:11.

[13] Olukosi O A, Bedford M R, Adeola O. Xylanase in diets for growing swine and broiler chicks[J]. Canadian Journal of Animal Science,2007a, 87: 227-235.

[14] Cummings J H, Stephen A M. Carbohydrate terminology and classification[J]. European journal of clinical nutrition, 2007, 61: S5-S18.

[15] AACC. The definition of Dietary Fiber. AACC Report. Cereal Foods World, 2001.46:112-126.

[16] Urriola P E, Shurson G C, Stein H H. Digestibility of dietary fiber in distillers coproducts fed to growing pigs[J]. Journal of Animal Science, 2010, 88: 2373-2381.

[17] Bach Knudsen K E, Laerke Hn, And Jørgensen H. Carbohydrates and Carbohydrate Utilization in Swine[M]. Sustainable Swine Nutrition,2013:109-138.

[18] AOAC International. 2007. Official Methods of Analysis of AOAC International. 18th ed. Rev. 2. W. Hortwitz and G. W. Latimer Jr., ed. AOAC Int., Gaithersburg, MD.

[19] 黄庆华. 猪饲料中非淀粉多糖组分含量测定方法及非淀粉多糖对能量消化率的影响研究[D]. 硕士学位论文. 北京:中国农业科学院,2015.

[20] Englyst H N, Kingman S M, Cummings J H. Classification and measurement of nutritionally important starch fractions[J]. European journal of clinical nutrition, 1992, 46:33-50.

[21] Hooda S, Metzler-Zebeli B U, Vasanthan T, et al.. Effects of viscosity and fermentability of dietary fibre on nutrient digestibility and digesta characteristics in ileal-cannulated grower pigs[J]. British Journal of Nutrition, 2011, 106: 664-674.

[22] Metzler-Zebeli B U, Hooda S, Zijlstra R T, et al.. Dietary supplementation of viscous and fermentable non-starch polysaccharides (NSP) modulates microbial fermentation in pigs[J]. Livestock Science, 2010, 133: 95-97.

[23] Cho S, Devries J W, Prosky L. Dietary Fiber Analysisand Applications. 1997. Maryland: AOAC International.

[24] Gao L X, Chen L, Huang Q H, et al.. Effect of dietary fiber type on intestinal nutrient digestibility and hindgut fermentation of diets fed to finishing pigs[J]. Livestock Science, 2015, 174: 53-58.

[25] Margareta E, Nyman G L. Importance of processing for physico-chemical and physiological properties of dietary fibre[J]. Proceedings of the Nutrition Society, 2003, 62(01): 187-192.

[26] Oakenfull D. Physical chemistry of dietary fiber[J]. Dietary Fiber in Human Nutrition. 3rd ed. GA Spiller, CRC Press, Boca Raton, FL, 2001: 33-47.

[27] Serena A, Bach Knudsen K E. Chemical and physicochemical characterisation of co-products from the vegetable food and agro industries[J]. Animal Feed Science and Technology, 2007, 139(1): 109-124.

[28] Gallager D D. Dietary fiber[M]. Washington, DC: ILSI. Press, 2006: 102-110.

[29] Mcburney M I, Sauer W C. Fiber and large bowel energy absorption: validation of the integrated ileostomy-fermentation model using pigs[J]. The Journal of Nutrition, 1993, 123(4): 721-727.

[30] Müller V. Bacterial fermentation In: Encyclopedia of Live Sciences. John Wiley & Sons, Ltd: Chichester, 2008. Available: http://www.els.net.

[31] White D. The physiology and biochemistry of prokaryotes. New York:Oxford University Press, NY, 2000.

[32] Kirat D, Kato S. Monocarboxylase transporter 1 (MCT1) mediates transport of short chain fatty acids in bovine cecum[J]. Experimental Physiology, 2006, 91: 835-844.

[33] Sanderson I R. Short chain fatty acid regulation of signaling genes expressed by the intestinal epithelium[J]. Journal of Nutrition, 2004, 134: 2450S-2454S.

[34] Xiong Y, Miyamoto N, SHIBATA K, et al.. Short-chain fatty acids stimulate leptin production in adipocytes through the G proteincoupled receptor GPR41[J]. Proceedings of the National Academy of Sciences, 2004, 101: 1045-1050.

[35] Varel V H, Yen J T. Microbial perspective on fiber utilization by swine[J]. Journal of Animal Science, 1997, 75: 2715-2722.

[36] Bach Knudsen K E, Larke H N, Jørgensen H. The role of fibre in nutrient utilization and animal health. 2008, pp 93-106 in Proc. 29th West. Nutr. Conf., Edmonton, AB, Canada. Department of Agricultural, Food and Nutritional Science, Univ. of Alberta, Edmonton, AB, Canada.

[37] Choct M, Dersjant-Li Y, Mcleish J, et al.. Soy oligosaccharides and soluble non-starch polysaccharides: A review of digestion, nutritive and anti-nutritive effects in pigs and poultry[J]. Asian-Australian Journal of Animal Science, 2010, 23(10): 1386-1398.

[38] Glitsøl V, Brunsgaard G, Højsgaard S, et al.. Intestinal degradation in pigs of rye dietary fibre with different structural characteristics[J]. British Journal of Nutrition, 1998, 80: 457-468.

[39] Fry S C. Cross-linking of matrix polymers in the growing cell walls of angiosperms[J]. Annual Review of Plant Physiology, 1986, 37: 165-186.

[40] Selvendran R R, Stevens B J H, Du Pont M S. Dietary fiber: chemistry, analysis and properties[J]. Advances in Food Research, 1987, 31: 117-209.

[41] Bach Knudsen K E, Hansen I. Gastrointestinal implications in pigs of wheat and oat fractions. 1. Digestibility and bulking properties of polysaccharides and other major constituents[J]. The British Journal of Nutrition, 1991, 65(2): 217-232.

[42] Gdala J, Johansen H N, Bach Knudsen K E, et al.. The digestibility of carbohydrates, protein and fat in the small and large intestine of piglets fed non-supplemented and enzyme supplemented diets[J]. Animal Feed Science and Technology, 1997, 65:15-33.

[43] Choct M, Annison G. Anti-nutritive activity of wheat pentosans in broiler diets[J]. British Poultry Science, 1990, 31:811-821.

[44] Regmi P R, Metzler-Zebeli B U, Gänzle M G, et al.. Starch with high amylose and low in vitro digestibility increases intestinal nutrient flow and microbial fermentation and selectively promotes bifidobacteria in pigs[J]. Journal of Nutrition, 2011, 141: 1273-1280.

[45] Urriola P E, Stein H H. Effects of distillers dried grains with solubles on amino acid, energy, and fiber digestibility and on hindgut fermentation of dietary fiber in a corn-soybean meal diet fed to growing pigs[J]. Journal of Animal Science, 2010, 88: 1454-1462.

[46] Freire J P B, Guerreiro A J G, Cunha L F, et al.. Effect of dietary fibre source on total tract digestibility, caecum volatile fatty acids and digestive transit time in the weaned piglet[J]. Animal Feed Science and Technology, 2000, 87: 71-83.

[47] Chen L, Zhang H F, Gao L X, et al.. Effect of graded levels of fiber from alfalfa meal on intestinal nutrient and energy flow, and hindgut fermentation in growing pigs[J]. Journal of Animal Science, 2013, 91: 4757-4764.

[48] Chen L, Gao L X, Liu Li, et al.. Effect of graded levels of fiber from alfalfa meal on apparent and standardized ileal digestibility of amino acids of growing pigs[J]. Journal of Integrative Agriculture 2015, 14(12): 2598-2604.

[49] Dikeman C L, Fahey G C. Viscosity as related to dietary fiber: a review[J]. Critical Reviews in Food Science and

Nutrition, 2006, 46: 649-663.

[50] Renteria-Flores J A, Johnston L J, Shurson G C, et al.. Effect of soluble and insoluble fiber on energy digestibility, nitrogen retention, and fiber digestibility of diets fed to gestating sows[J]. Journal of Animal Science, 2008, 86: 2568-2575.

[51] Olukosi O A, Sands J S, Adeola O. Supplementation of carbohydrases or phytase individually or in combination to diets for weanling and growing-finishing swine[J]. Journal of Animal Science, 2007c, 85: 1702-1711.

[52] Nortey T N, Patience J F, Simmins P H, et al.. Effects of individual or combined xylanase and phytase supplementation on energy, amino acid, and phosphorus digestibility and growth performance of grower pigs fed wheatbased diets containing wheat millrun[J]. Journal of Animal Science, 2007, 85: 1432-1443.

[53] He J, Yin J, Wang L, et al.. Functional characterisation of a recombinant xylanase from Pichia pastoris and effect of the enzyme on nutrient digestibility in weaned pigs[J]. British Journal of Nutrition, 2010, 103(10): 1507-1513.

[54] Woyengo T A, Sands J S, Guenter W, et al.. Nutrient digestibility and performance responses of growing pigs fed phytase- and xylanase-supplemented wheat-based diets[J]. Journal of Animal Science, 2008, 86: 848-857.

[55] Li S, Sauer W C, Huang S X, et al.. Effect of β-glucanase supplementation to the hulless barley- or wheat-soybean meal diets on the digestibilities of energy, protein, β-glucans, and amino acids[J]. Journal of Animal Science, 1996, 74: 1649-1656.

[56] Kiarie E, Nyachoti C M, Slominski B A, et al.. Growth performance, gastrointestinal microbial activity, and nutrient digestibility in early-weaned pigs fed diets containing flaxseed and carbohydrase enzyme[J]. Journal of Animal Science, 2007, 85(11): 2982-2993.

[57] Barrera M, Cervantes M, Sauer W C, et al.. Ileal amino acid digestibility and performance of growing pigs fed wheat-based diets supplemented with xylanase[J]. Journal of animal science, 2004, 82(7): 1997-2003.

[58] Emiola I A, Opapeju F O, Slominski B A, et al.. Growth performance and nutrient digestibility in pigs fed wheat distillers dried grains with solubles-based diets supplemented with a multicarbohydrase enzyme[J]. Journal of Animal Science, 2009, 87(7): 2315-2322.

[59] Vahjen W, Osswald T, Schäfer, et al.. Comparison of a xylanase and a complex of non starch polysaccharide-degrading enzymes with regard to performance and bacterial metabolism in weaned piglets[J]. Archives of Animal Nutrition, 2007, 61(2): 90-102.

[60] Woyengo T A, Sands J S, Guenter W, et al.. Nutrient digestibility and performance responses of growing pigs fed phytase- and xylanase-supplemented wheat-based diets[J]. Journal of Animal Science, 2008, 86: 848-857.

[61] Zhang G G, Yang Z B, Wang Y, et al.. Effects of dietary supplementation of multi-enzyme on growth performance, nutrient digestibility, small intestinal digestive enzyme activities, and large intestinal selected microbiota in weanling pigs[J]. Journal of Animal Science, 2014, 92: 2063-2069.

[62] Prandini A, Sigolo S, Morlacchini M, et al.. Addition of nonstarch polysaccharides degrading enzymes to two hulless barley varieties fed in diets for weaned pigs[J]. Journal of Animal Science, 2014, 92(5): 2080-2086.

[63] Kim J S, Ingale S L, Lee S H, et al.. Effects of energy levels of diet and β-mannanase supplementation on growth performance, apparent total tract digestibility and blood metabolites in growing pigs[J]. Animal Feed Science and Technology, 2013, 186(1): 64-70.

[64] Willamil J, Badiola I, Devillard E, et al.. Wheat-barley-rye- or corn-fed growing pigs respond differently to dietary supplementation with a carbohydrase complex[J]. Journal of Animal Science, 2012, 90: 824-832.

[65] Anguita M, Canibe N, Pérez J F, et al.. Influence of the amount of dietary fiber on the available energy from hindgut fermentation in growing pigs: Use of cannulated pigs and in vitro fermentation[J]. Journal of Animal Science, 2006, 84: 2766-2778.

[66] NitrayováS, Heger J P, Patráš H Kluge, et al.. Effect of xylanase on apparent ileal and total tract digestibility of nutrients and energy of rye in young swine[J]. Archives of Animal Nutrition. 2009, 63: 281-291.

[67] Courtin C M, Delcour J A. Arabinoxylans and endoxylanases in wheat flour bread-making[J]. Journal of Cereal Science, 2002, 35(3): 225-243.

[68] Hu Y B, Wang Z, Xu S Y. Treatment of corn bran dietary fiber with xylanase increases its ability to bind bile salts, in vitro[J]. Food Chemistry, 2008, 106(1): 113-121.

[69] Zhang Z, Marquardt RR, GUENTER W. Evaluating the efficacy of enzyme preparations and predicting the performance of leghorn chicks fed rye-based diets with a dietary viscosity assay[J]. Poultry Science, 2000, 79(8): 1158-1167.

[70] Meng X, Slominski B A, Nyachoti C M, et al.. Degradation of cell wall polysaccharides by combinations of carbohydrase enzymes and their effect on nutrient utilization and broiler chicken performance[J]. Poultry Science, 2005, 84:37-47.

[71] Choct M, Kocher A, Waters D L E, et al.. A comparison of three xylanases on the nutritive value of two wheats for broiler chickens[J]. British Journal of Nutrition, 2004, 92(01): 53-61.

[72] Tahir M, Saleh F, Ohtsuka A, et al.. An effective combination of carbohydrases that enables reduction of dietary protein in broilers: Importance of hemicellulose[J]. Poultry Science, 2008, 87: 713-718.

[73] Nortey T N, Patience J F, Sands J S, et al.. Effects of xylanase supplementation on the apparent digestibility and digestible content of energy, amino acids, phosphorus, and calcium in wheat and wheat by-products from dry milling fed to grower pigs[J]. Journal of Animal Science, 2008, 86(12): 3450-3464.

[74] Tahir M, Saleh F, Ohtsuka A, et al.. An effective combination of carbohydrases that enables reduction of dietary protein in broilers: Importance of hemicellulose[J]. Poultry Science, 2008, 87: 713-718.

[75] 张宏福,赵峰,张子仪. 仿生消化法评定猪饲料生物学效价的研究进展[M]. 饲料营养研究进展——2010. 2010: 36-43.

[76] 陈亮,张宏福. 猪饲料能量消化率全消化道体外仿生评定法评述[M]. 动物营养研究进展(2012年版). 北京:中国农业科学技术出版社,2012::263-269.

[77] Bedford M R, Classen H L. An in vitro assay for prediction of broiler intestinal viscosity and growth when fed rye-based diets in the presence of exogenous enzymes[J]. Poultry Science,1993,72(1):137-143.

[78] Malathi V, Devegowda G. In vitro evaluation of non-starch polysaccharide digestibility of feed ingredients by enzymes[J]. Poultry Science, 2001, 80: 302-305.

[79] Alabi O O, Atteh J O, Adejumo I O. Comparative Evaluation of in Vitro and in Vivo Nutrient Digestibility of Dietary Levels of Rice Husk Supplemented With or Without Commercial Enzyme[J]. International Journal of Research in Agriculture and Forestry, 2015, 2(6):15-19.

[80] Kong C, Park C S, Kim B G. Effects of an enzyme complex on in vitro dry matter digestibility of feed ingredients for pigs[J]. Springer Plus,2015,4:261

[81] 侯小峰. 非淀粉多糖酶制剂对肉仔鸡日粮能量代谢率的调控及其体外评定方法的研究[D]. 硕士学位论文. 太原:山西农业大学,2005.

[82] Narasimha J, Nagalakshmi D, Ramana Reddy Y, et al.. Evaluation of non starch polysaccharide degrading enzymes and enzyme combinations for their ability to degrade non starch polysaccharides of layer diet by two stage in vitro digestion assay[J]. Journal of Veterinary & Animal Sciences, 2013, 9(3): 188-194.

[83] Coles L T, Moughan P J, Darragh A J. In vitro digestion and fermentation methods, including gas production techniques, as applied to nutritive evaluation of foods in the hindgut of humans and other simple-stomached animals[J]. Animal Feed Science and Technology, 2005, 123-124: 421-444.

[84] 张宏福,卢庆萍,唐湘方. 体外消化试验法是筛选优化肉仔鸡日粮复合酶谱的有效手段[M]//饲料营养研究进展(2006年版). 2006.

[85] 付生慧. 非淀粉多糖酶谱筛选及酶制剂对肉仔鸡日粮代谢能调控效应的研究[D]. 硕士学位论文. 武汉:华中农业大学,2006.

[86] 王恩玲. 非淀粉多糖酶谱提高肉鸭日粮有效能潜力研究[D]. 硕士学位论文. 北京:中国农业科学院,2008.

[87] 何科林,萨仁娜,高杰,等. 体外法优化肉鸡日粮非淀粉多糖酶[J]. 中国农业科学, 2012, 45(21): 4457-4464.

[88] 胡光源,赵峰,张宏福,等. 饲粮蛋白质来源与水平对生长猪空肠液组成的影响[J]. 动物营养学报, 2010, 22(5): 1220-1225.

[89] 钟永兴. 猪饲料消化能值测定的仿生消化法研究[D]. 博士学位论文. 广州：华南农业大学, 2010.

[90] 李辉, 赵峰, 计峰, 等. 仿生消化系统测定鸭饲料原料代谢能的重复性与精密度检验[J]. 动物营养学报, 2010, 22：1709-1716.

[91] 陈亮, 张宏福, 高理想. 仿生法评定饲料干物质消化率的影响因素[J]. 中国农业科学, 2013, 46：3199-3205.

[92] 高理想, 陈亮, 黄庆华, 等. 大肠酶对猪饲料酶水解物能值的影响及与非淀粉多糖组分的关系. 中国农业科学. 2016, 49(13):2612-2621.

[93] Zhao F, Ren L Q, Mi B M, et al.. Developing a computercontrolled simulaterrd digestion system to predict the concentration of metabolizable energy of feedstuffs for rooster[J]. Journal of Animal science, 2014, 92 (4):1537-1547.

[94] Zhao F, Zhang L, Mi B M, et al.. Using a computercontrolled simulaterrd digestion system to predict the energetic value of corn for ducks[J]. Poultry Science, 2014b, 93 (6):1410-1420.

[95] Chen L, Gao L X, Huang Q H, et al.. Prediction of digestible energy of feed ingredients for growing pigs using a computer-controlled simulated digestion system [J]. Journal of animal science, 2014, 92 (9): 3887-3894.

[96] NRC. 2012. Nutrient Requirements of Swine: Eleventh Revised Edition Natl. Acad. Press, Washington, DC.

[97] 高理想. 猪饲粮非淀粉多糖酶谱仿生优化方法的研究[D]. 博士学位论文. 北京：中国农业科学院, 2016.

[98] 张宏福, 黄庆华, 陈亮. 猪饲料碳水化合物消化、降解和转移以及对能量利用率的影响[J]. 动物营养学报. 2014, 26 (10):3011-3019.

基于猪肠道功能靶标的饲料添加剂研究进展[*]

王蕾[1]** 易丹[2] 侯永清[1,2]***

（1.武汉轻工大学动物营养与饲料科学湖北省重点实验室,武汉 430023；
2.武汉轻工大学动物营养与饲料安全湖北省协同创新中心,武汉 430023）

摘 要：肠道健康是制约猪生长潜力发挥的重要因素,在增进肠道健康的诸多方法中,营养调控被认为是最有效且安全的方法。一些营养素被证实可有效维护肠道完整性和改善肠道功能、维护肠道健康。探索基于肠道功能靶标的饲料添加剂对促进养猪业的发展具有重要意义。本文结合我们多年的研究成果,就基于肠道功能靶标的饲料添加剂研究进展作一综述。

关键词：猪；肠道功能；饲料添加剂

1 猪肠道功能与健康

动物的肠道不仅是所有营养物质消化吸收的最终场所,也是动物体内最大的免疫器官,是机体防御体系的第一道屏障,维护动物肠道健康对保障动物生产至关重要[1]。

肠道是机体应激反应的中心器官,各种应激因素(如心理性、生理性、营养性和病原性的应激因子)会导致肠道功能紊乱[2]。在养猪生产中,仔猪早期断奶是普遍采用的饲养技术,但由于早期断奶所带来的心理、环境和营养性应激会阻碍肠道的发育与适应,导致肠道结构损伤与功能紊乱,包括肠道屏障功能受损引起局部或系统性的炎性反应、肠道分泌与吸收功能异常引起腹泻等[3,4]。此外,一些病原性因素(如大肠杆菌、梭状芽孢杆菌、轮状病毒、传染性胃肠炎病毒和球虫)也会损伤仔猪肠道的结构与功能,另外,病毒性腹泻近年来给养猪业造成了极大的危害。

由此可知,肠道功能紊乱是当前危害仔猪健康与生长的核心问题之一。因此,猪肠道功能与机体健康息息相关,探索基于肠道功能靶标的饲料添加剂对促进养猪业的发展具有重要意义。

2 肠道功能评价与组学技术

肠道是全身性菌血症和毒血症的触发器,也是炎性介质的始动器[5]。肠道功能评价在危重症治疗中越来越受到重视,加强对胃肠道功能的监测,积极预防和治疗胃肠道功能障碍显得非常重要。临床医学上,对患者胃肠道功能的准确评价可以客观的制定和修正医疗护理计划,动态地评价疾病的严重程度。在动物营养领域,通过充分研究肠道生理和营养素作用机制,找到肠道功能(如免疫功能、消化吸收

---

* 基金项目：国家自然科学基金项目(31572416,31372319,31402084)
** 第一作者简介：王蕾(1983—),女,实验师,E-mail:wanglei_wh@aliyun.com
*** 通讯作者简介：侯永清(1965—),男,教授,E-mail:houyq@aliyun.com

功能、屏障功能、抗氧化功能等)变化的标志性分子,建立稳定有效的肠道功能评价标准和评价体系,研发基于肠道功能靶标的饲料添加剂,亦可尽早预判动物的健康状态。随着现代分子生物学技术的发展,特别是组学技术(如基因组学、蛋白质组学、代谢组学)的应用和成熟,动物营养学的研究手段也日益丰富,人们可进行全面且准确的肠道功能研究和饲料添加剂产品研发。

代谢组学是一种将图像识别方法(或高分辨质谱技术)和生物信息学结合起来的分析技术,用于检测体液或组织中的代谢产物并分析其变化,从而能够更为灵敏地鉴定出基因改变、疾病和环境因素作用所产生的特定代谢型[6]。通过对代谢产物定量和定性分析,从整体上评价生命体功能状态和变化,能够全面、快速地研究机体内部代谢物的总体变化,反应生物体系的状态[6]。目前已有相关的研究报道应用代谢组学进行动物代谢病和营养素体内代谢的研究。通过代谢组学研究肠道功能并进行饲料添加剂的开发,从策略上来讲,首先需要利用组学技术阐明动物肠道功能受损的分子机制,找到准确稳定的肠道功能标志性分子;其次进行无菌动物模型验证;再次建立肠道功能靶向的饲料添加剂评价体系和标准;最后进行筛选增强肠道功能的营养物质并进行产业化。由于动物肠道寄宿多种微生物,结合宏基因组学分析技术可为研发肠道功能靶向的添加剂提供保障。

另外,采用气质联用代谢组学方法能清晰地反映功能性消化不良患者血浆中的代谢物变化[7];利用高效液相色谱-质谱的脂类组学方法和气质联用的代谢组学方法检测发现肠易激综合征(IBS)患者血脂水平升高[8],在功能性便秘患儿上检测代谢物与结肠运动的关系[9];用高效液相色谱的代谢组学方法检测出IBS患者粪便中乙酸、丙酸升高[10]。用气相色谱-质谱的代谢组学方法检测结果显示IBS患者粪便代谢物中短链脂肪酸和环己烷羧酸增高[11]。这些代谢组学技术被应用于功能性胃肠病治疗中能够通过检测患者的尿液或血液,并对这些代谢产物进行分析,从而为功能性胃肠病的诊断和治疗提供理论依据。基因组学技术为营养调控肠道功能的信号机制筛选提供了便捷的途径,进一步结合蛋白质组学技术为重要信号分子的筛选提供了特异高效的手段。

在肠道的各种功能中,肠黏膜通透性及其变化在一定程度上可以反映肠屏障功能损害及其程度[12],通常可以利用分子探针通过黏膜屏障的速率,从尿中检测排泄率来判断肠黏膜通透性[13]。临床上和实验研究中主要是通过肠道内给予一些探针类物质,其不会在体内被代谢,但却可经肾脏清除排出,出现在尿中,对这些物质计算尿回收率,可以定量的评定肠道的通透性改变[14]。目前临床上常应用口服糖分子探针(利用甘露醇、乳果糖分子质量的不同,前者通过肠上皮细胞膜途径主动吸收,而后者通过肠上皮细胞间途径吸收,只能在紧密连接部较松弛的隐窝部吸收。正常时,甘露醇探针通透率大于乳果糖探针,而当肠黏膜受损时,肠绒毛脱落、萎缩而致细胞间紧密连接部松弛,隐窝上皮直接暴露,可使肠道吸收乳果糖增加)。采用高效气-液相色谱法或液相色谱-串联质谱法测定尿中甘露醇、乳果糖,计算二者在尿中的比值(L/M),间接反映肠黏膜通透性的改变,可以用来判断肠黏膜损伤情况[5,15]。D-乳酸是肠内固有菌群酵解的代谢产物,哺乳动物体内没有可将其快速代谢分解的酶系统,当肠道肠黏膜屏障遭到破坏时,肠黏膜通透性增加,肠道内由细菌产生的大量D-乳酸就可通过受损的肠黏膜进入血液。二胺氧化酶(DAO)约95%存在于哺乳动物小肠黏膜上绒毛细胞中,肠黏膜损伤后,胞内DAO释放入血,血中DAO含量增高。研究结果表明,腹泻严重程度与血DAO活性呈显著的相关性,提示血DAO活性可作为反映仔猪断奶后小肠黏膜受损的指标[16]。因而血中D-乳酸、DAO的水平均可反映肠道通透性的改变,目前均采用酶学分光光度法检测血中D-乳糖、DAO水平,用于肠黏膜损害及损伤后恢复程度的监测[14,15]。

sIgA是体内分泌量最多的免疫球蛋白,是胃肠道和黏膜表面主要免疫球蛋白,是防御病菌在肠道黏膜黏附和定殖的第一道防线,临床上通过检测粪便sIgA水平可反映肠道黏膜免疫功能[15]。菌群失衡可导致肠道机械屏障黏膜绒毛结构受损,肠黏膜免疫水平下降,sIgA分泌量随菌群失衡程度呈下降趋势,同时引起黏液层中黏液素和防御素分泌量增加。利用16S rRNA基因探针法、生物芯片法、16S rRNA基因测序技术等可以检测肠道菌群[17]。利用肠道菌谱分析方法比较菌群失调性腹泻和细菌性腹泻病人的粪便细菌学差别,结果表明,因菌群失调导致的腹泻病人粪便中表现为细菌数量和种类明显减少,或某一类细菌增多或减少,或呈单一种类细菌;由致病菌引起的腹泻病人粪便中多数只能见到革兰阴性菌,且细菌数量极少。肠道菌谱分析方法不仅能为临床腹泻病人提供病原学诊断,更能对肠道菌群进行监测,可作为检测肠道微生态状况的直接指标[15]。

3 猪肠道功能调控关键信号传导机制

哺乳动物雷帕霉素靶蛋白(mammalian target of rapamycin,mTOR)是雷帕霉素(rapamycin)的靶分子,是一种丝氨酸/苏氨酸蛋白激酶,在感受营养信号、调节细胞生长与增殖中起着关键性的作用[18]。mTOR是一种结构复杂的大分子蛋白质,它的不同结构域和不同蛋白结合在细胞内可形成两种主要不同复合物,即mTOR-Raptor复合物和mTOR-Rictor复合物。mTOR-Raptor复合物也称为mTOR复合物1(mTOR complex 1,mTORC1),主要包括TOR调节相关蛋白(regulatory associated protein of TOR,Raptor)、mLST8(mammalian ortholog of LST8)和mTOR,在细胞中起重要作用。生长因子和营养信号主要通过mTOR-Raptor复合物调节其下游靶蛋白的活性,影响蛋白质的翻译和核糖体合成等,从而改变细胞的生长和增殖。mTOR-Rictor复合物也称之为mTOR复合物2(mTOR complex 2,mTORC2),包含有对雷帕霉素不敏感的Rictor蛋白(rapamycin-insensitive companion of mTOR,Rictor)而不包含Raptor蛋白,参与细胞骨架蛋白的构造,与细胞运动密切相关。生长因子信号可通过PI3K/Akt/mTOR通路激活mTOR,活化的mTOR可磷酸化核糖体40S小亚基S6蛋白激酶(p70S6k)和起始因子4E结合蛋白1(4E-BP1),促进蛋白质合成[19]。mTOR在细胞生长中处于核心地位,可在多种因素的活化下参与基因转录、蛋白质翻译起始、核糖体生物合成、细胞凋亡等多种生物学功能[20]。研究表明,mTOR在谷氨酰胺的前体物α-酮戊二酸(AKG)调节肠道功能中发挥重要作用[21-23]。

表皮生长因子受体(epidermal growth factor receptor,EGFR)是具有配体介导的酪氨酸激酶活性的多功能跨膜糖蛋白,全蛋白分为胞外域(extracellular domain,ECD)、跨膜区(transmembrane domain,TM)、胞内域(intracellular domain,ID)3个部分。其中胞内域分为近膜区(jaxtamembrane domain,JM)、酪氨酸激酶区(tyrosine kinase domain,TK)和C末端(carboxyl terminal domain,CT)3个部分。EGFR通过与配体EGF结合,引起受体分子二聚体化,促使CT区酪氨酸残基磷酸化,使受体酪氨酸激酶(receptor tyrosine kinase,RTK)活化,从而完成受体自身磷酸化及下游信号分子的磷酸化,启动信号转导通路。EGFR信号转导通路有Ras/Raf/MEK/ERK-MAPK通路、PI3K/PDK1/Akt(PKB)通路、JAK/STAT通路和PLCγ通路等[24],其中丝裂原活化蛋白激酶(MAPK)通路和磷脂酰肌醇3激酶(phosphoinositide 3-kinase,PI3K)通路是最主要和目前研究最清楚的两条通路[25](图1)。通过这些信号转导通路调节转录因子激活基因的转录,最终影响细胞的增殖、凋亡、分化、迁移、黏附和侵袭。一些研究发现EGFR在多种因素导致的胃肠道损伤的修复过程中发挥重要作用。研究表明,日粮中添加N-乙酰半胱氨酸(NAC)可以有效保护肠黏膜屏障功能,NAC可以促进仔猪表皮生长因子(epidermal growth factor,EGF)的生成,并可缓解LPS应激导致的肠黏膜EGFR mRNA表达量降低,因此EGFR信号通路可能与NAC保护肠屏障功能有关[26,27]。

此外,研究已证实mTOR、PI3K、MAPK等信号传导并不是独立存在的,各个信号通路之间存在着交叉对话(crosstalk),使细胞的最终效应受到多种因素的综合调控。EGFR可以通过PI3K/PDK1/Akt(PKB)通路与mTOR通路交联(图1)。

一磷酸腺苷激活蛋白激酶(AMP-activated protein kinase,AMPK)能感知细胞能量代谢状态的改变,维持机体的能量代谢平衡,被称为"能量开关",在动物应激过程中起着重要作用。我们研究发现AKG可通过调控AMPK信号通路影响肠黏膜能量代谢,缓解脂多糖(LPS)应激对仔猪肠黏膜造成的能量代谢障碍,有利于肠黏膜屏障保护[28]。

此外,研究表明 Toll 样受体/核因子 κB(TLR/NF-κB)信号通路与肠黏膜免疫功能紊乱导致的炎性肠病有关,TLR4/NF-κB 信号通路激活可导致仔猪肠道损伤,通过调控 TLR/NF-κB 信号通路可以缓解肠道炎性损伤,进而有利于改善肠道屏障功能。研究表明,日粮中添加 NAC 缓解了 LPS 刺激仔猪导致的肠道 NF-κB 蛋白和 TLR4 mRNA 水平的提高[26]。

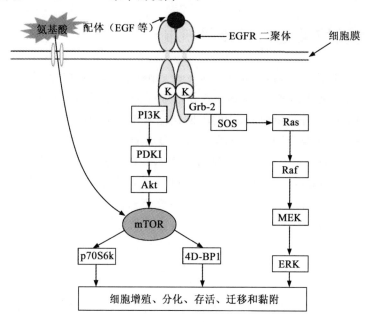

图 1 EGFR、mTOR 信号网络主要结构及激活模式示意图

4 猪肠道功能的营养调控靶标

基于食品安全的考虑,迄今为止营养调控被认为是改善动物肠道功能最有效的方法。其中条件性必需氨基酸为近年来的研究热点[29]。如一些氨基酸被证实对人和动物的胃肠道生长和健康具有营养和保护作用,主要集中在谷氨酰胺、精氨酸和亮氨酸等,这些氨基酸通过哺乳动物雷帕霉素靶蛋白(mTOR)、丝裂原活化蛋白激酶(mitogen-activated protein kinase,MAPK)等信号传导通路对肠道的生长、完整性和功能发挥重要作用[30]。研究这些信号通路是否与营养调控肠道功能有关,为确定新的营养调控靶点、建立仔猪抗病营养新技术提供了理论依据。此外,肠道菌落组成也是营养调控肠道健康的一个重要靶点。研究证实,肠道菌落,有害菌增殖过度,破坏肠道完整性,易位进入血液循环,诱发疾病。因此,通过直接饲喂有益菌或饲喂抑菌物质(如天然活性成分、短链脂肪酸等)可促进肠道有益菌增殖,维持肠道菌群平衡,进而增强肠道健康。

5 肠营养素的概念与研究进展

营养素(nutrient)是指食物中可给人体提供能量、构成机体和组织修复以及具有生理调节功能的化学成分。凡是能维持人体健康以及提供生长、发育和劳动所需要的各种物质称为营养素。研究发现,改变食糜的组成成分或加入的某些特殊物质(营养素)对正常肠黏膜上皮细胞有明显的营养作用,可改善肠黏膜上皮细胞的代谢,促进细胞的增殖,这些特殊物质称为肠营养素[31]。肠营养素(Ins)可以作为特殊的治疗性药物在保护外科重症病人肠屏障功能,预防或治疗外科应激状态下肠道细菌、内毒素移位所介导的脓毒血症、全身炎性反应综合征、高代谢状态和分解反应、继发性组织细胞损害和多器官功能障碍,以及治疗短肠综合征(short bowel snydrome,SBS)等方面均发挥了重要的作用[32]。

一些营养素被证实可有效维护肠道完整性和改善肠道功能[33],如某些氨基酸、短链脂肪酸和 n-3 不饱和脂肪酸。谷氨酰胺能维持肠道的正常结构、功能和代谢[30,34]。另外,研究发现,日粮中添加 Gln 的前体物质 α-酮戊二酸(AKG)可以缓解脂多糖(LPS)刺激仔猪造成的肠道损伤[21,22,28]。精氨酸具有多种生物学活性,它能刺激胰岛素、生长激素等合成激素的分泌,帮助受抑制的细胞免疫功能的恢复;精氨酸在精氨酸脱亚胺酶作用下产生一氧化氮(NO),启动吞噬细胞的细胞毒性作用,扩张血管和刺激肝脏蛋白质合成。精氨酸经肠道细胞内精氨酸酶作用下生成尿素和鸟氨酸,后者在鸟氨酸脱羧酶催化下生成多胺以维持肠道的形态和功能,日粮中添加精氨酸可以缓解 LPS 刺激仔猪造成的肠道损伤[31,35]。短链脂肪酸是结肠黏膜上皮细胞代谢的主要供能物质,短链脂肪酸可以直接维持结肠机械屏障的完整性,短链脂肪酸被结肠吸收后,它可以为结肠细胞提供 60%~70% 的能量,减少细胞凋亡[36],具有改善结肠黏膜上皮细胞代谢,促进上皮细胞的分化和增殖的作用[32]。n-3 多不饱和脂肪酸可减轻黏膜炎性反应,促进损伤黏膜的修复。研究表明,n-3 不饱和脂肪酸能对动物模型和临床试验中的肠道炎症发挥有利作用[37],日粮中添加鱼油能缓解仔猪肠道炎症,对保持仔猪肠道完整性有保护作用[38]。

另有研究表明,联合益生菌、肠道黏膜营养素、免疫营养素的营养支持能明显改善肠道微生态环境,维持肠道黏膜屏障和紧密连接,从而防止肠道菌群易位[39]。

6 几种新型饲料添加剂的研究进展

6.1 N-乙酰半胱氨酸

作为天然氨基酸 L-半胱氨酸的前体,N-乙酰半胱氨酸(N-acetylcysteine,NAC)易被肠道吸收、抗氧化性稳定。在临床医学上 NAC 被证实可以有效改善肠道屏障功能,其机理可能与清除细胞内活性氧自由基(reactive oxygen species,ROS)、调节氧化应激水平和抑制炎症反应有关[40]。临床医学实验结果表明,NAC 对肠缺血再灌注、炎症性肠病、放化疗等理化损伤、烧伤、感染、重症急性胰腺炎等多种疾病相关肠屏障功能紊乱均具有较好的防治作用[41]。我们的研究结果表明,仔猪日粮中添加 NAC(500 mg/kg)可以缓解脂多糖(LPS)应激引起的肠黏膜损伤、改善小肠吸收功能[26,27,42]。

此外,NAC 具有抗病毒能力,可增强机体的抗病毒能力。研究表明,NAC 可以阻断急性和慢性感染的人免疫缺失病毒(HIV)的复制[43],降低临床流感病发生率[44],抑制猪流感病毒[45]和猪圆环病毒(PCV2)的复制[46]。NAC 也可降低流感 A 病毒感染后的炎性细胞因子(IL-6)水平,抑制 HIV 病毒诱导的 CD4 凋亡[47,48]。

6.2 丁酸甘油酯和乳酸甘油酯

三丁酸甘油酯(tributyrin,TB)由三分子丁酸和一分子甘油乳化而成,不同于丁酸在胃肠道中被快速吸收代谢,三丁酸甘油酯在胃液中不分解,在胰脂肪酶的作用下缓慢释放成甘油和三个单位的丁酸,可有效到达结肠。TB 是丁酸的前体物质,解决了丁酸的液体易挥发不易添加的缺点,同时改善了丁酸气味难闻的特点,而且具有促进肠道发育,提高机体免疫力,促进营养物质消化吸收的优点,进而促进畜禽的生长性能,是一种新型高效的营养性添加剂[49]。研究表明,日粮中添加 0.1% 的三丁酸甘油酯能改善断奶仔猪的生长性能[49],缓解乙酸诱导的仔猪结肠炎。其调节机制可能包括:①降低氧化应激(降低血浆 MDA);②缓解肠道损伤(缓解乙酸诱导的肠道形态结构,降低血浆 DAO 活性,降低乙酸刺激仔猪结肠 caspase-3 蛋白表达,提高 claudin-1 蛋白表达);③通过 EGF 信号通路提高肠道修复(提高结肠 EGFR 基因表达)[50]。另有研究表明,日粮添加 500 mg/kg 45% 的三丁酸甘油酯改善了 30 日龄肉鸡十二指肠、回肠黏膜形态和二糖酶活性,改善了小肠能量状态,增强了多次 LPS 刺激下肉鸡的抗氧化能力,缓解了LPS刺激引起的十二指肠PGE2和COR含量的升高[51]。发明专利表明,应用三丁酸甘油酯调节断奶仔猪肠道结构及功能,达到防治仔猪断奶后消化紊乱和腹泻的效果;取代抗生素作为促生长剂,提高畜禽增重和饲料利用效率,从根本上消除抗生素在动物产品中的残留,生产优质无公害动物性产品[52]。

我们最近研究发现,日粮中添加0.5%的乳酸甘油三酯可以提高仔猪血浆中D-木糖的含量。乳酸甘油三酯上调了小肠AQP8和AQP10基因表达量。乳酸甘油三酯上调了空肠黏膜的Nrf2基因表达量,下调了回肠黏膜的Nrf2基因表达量,及十二指肠、空肠、回肠和结肠NOX2基因表达量,上调了十二指肠、空肠、回肠和结肠黏膜的GSTO2基因表达量。另外,乳酸甘油三酯可以降低空肠黏膜HSP70、Caspase3和Villin的蛋白表达量,提高Occludin、Claudin-1的蛋白表达量[53]。有发明专利表明,应用三乳酸甘油酯在动物消化道内被缓慢分解释放出乳酸的特征,降低胃肠道pH、抑制胃肠道有害菌的生长、促进有益菌的繁殖,达到改善动物胃肠微生态的效果,进而促进动物健康和提高生产性能[54]。

另外,我们的发明专利《乳酸丁酸甘油酯作为饲料添加剂的应用》中表明,应用乳酸丁酸甘油酯可以在动物胃肠道被缓慢分解、同时释放出乳酸和丁酸的特征,既可以降低肠道pH、改善肠道微生态,又可以促进肠黏膜生长、改善肠道形态结构,达到促进动物肠道健康的效果,从而减少腹泻,提高动物生产性能[55]。

6.3 凝结芽孢杆菌

凝结芽孢杆菌(*Bacillus coagulans*)是一种益生菌,1932年,凝结芽孢杆菌从出现大规模的酸败变质和凝结现象的土豆中首次被分离出来[56]。农业部《饲料添加剂品种目录(2013)》中首次允许凝结芽孢杆菌可作为饲料添加剂在肉鸡、猪和水产动物中使用。

作为一种新型的芽孢益生菌,凝结芽孢杆菌既拥有乳酸菌的产酸特性,又具有芽孢杆菌的丰富的酶系统及抗逆性强、抗胃酸、耐高温高压、耐干燥、耐胆盐、易储存的特性[57],同时,凝结芽孢杆菌具有广谱抗菌性[56],产乳酸特性。饲粮中添加0.15%凝结芽孢杆菌制剂可提高断奶仔猪生长性能、降低粪样致病菌数量、提高粪样有益菌数量和改善养殖环境[58]。此外,凝结芽孢杆菌有助于改善动物便秘与腹泻[59],提高肉鸡日增重及饲料利用率[60]。

凝结芽孢杆菌在肠道代谢活跃,产生左旋乳酸、细菌素和短链脂肪酸等物质,能抑制有害菌,影响机体代谢糖原的合成,并能够滋养肠黏膜[61]。在临床医学上研究结果表明,凝结芽孢杆菌可以治疗小儿腹泻,可迅速改善患儿的临床症状及体征,促进患儿肠道功能恢复,缩短病程,且无明显的不良反应[62]。

6.4 功能性氨基酸复合物

近年来,氨基酸在物质代谢和免疫功能中的调控作用成为更多学者研究的热点,并提出了功能性氨基酸(functional amino acid,FAA)的概念。功能性氨基酸可以是必需氨基酸或非必需氨基酸,不仅可以参与蛋白质合成,还对动物的正常生长和维持以及合成多种生物活性物质也是必需的[63,64]。功能性氨基酸种类包括:精氨酸、谷氨酸、谷氨酰胺、支链氨基酸、色氨酸、甘氨酸、天冬氨酸、天冬酰胺、脯氨酸、含硫氨基酸和牛磺酸等[34]。常见的饲用添加剂的功能性氨基酸有精氨酸、谷氨酸、谷氨酰胺、甘氨酸、天冬氨酸、天冬酰胺、脯氨酸和N-乙酰半胱氨酸等。

我们实验室近期研究结果发现,日粮中添加功能性氨基酸复合物可以:①降低断奶仔猪的腹泻率;增强肠道对水的吸收和转运,在一定程度上缓解了断奶应激;改善了小肠黏膜形态,促进了小肠黏膜的生长发育及吸收功能,可以提高小肠黏膜的绒毛高度、绒毛宽度、绒毛高度与隐窝深度的比值和绒毛表面积,降低血浆中DAO的活性,可以提高小肠黏膜TP的含量和TP/DNA的比值和空肠AQP3、AQP4、Claudin-1和Mx1的蛋白表达,降低HSP70的蛋白表达。②抑制肠道致病菌的数量,促进益生菌的生长,改善肠道微生态环境,可以降低结肠中肠杆菌、肠球菌和梭菌的数量,提高乳酸菌和双歧杆菌数量。③促进背最长肌的生长及氨基酸转运作用,提高了背最长肌 TP 的含量和 TP/DNA 的比值,提高了背最长肌 PepT1 和 $b^{0,+}$AT 基因的表达量,降低了 MSTN 基因的表达量。④改变血液和组织中游离氨基酸的组成,促进血液和组织对氨基酸的吸收和转运作用。⑤有效调控肠道水转运通道、氨基酸转运载体以及抗炎抗氧化相关基因的表达。可以促进炎性、免疫、生长与修复、肠道屏障、氨基酸转运及其他生理功能相关基因(如 pBD-1、GSTO2、y^+LAT1、y^+LAT2、$b^{0,+}$AT、IFN-α、IFN-β、IFN-γ、AQP8、AQP10)的表达,抑制部分基因(如 FASN、CXCL9、IFIT1、NOX2)的表达[63]。

我们的发明专利公开了一种复合型功能性氨基酸饲料添加剂,它由 L-谷氨酸、L-谷氨酰胺、甘氨酸、L-精氨酸和 L-半胱氨酸分别按一定重量比的原料制成,可改善动物肠道健康、促进生长、提高饲料转化效率、降低疾病发生率,有效替代了抗菌促生长剂[65]。

7 启示与展望

肠道是动物防御的第一道屏障,肠道功能与动物健康密切相关。与肠道功能的相关信号通路有 mTOR、EGFR、TLR/NF-κB、AMPK 等,且它们生物学功能可能有相互交叉,以致形成复杂的网络结构。利用组学技术可全面系统地研究动物肠道功能的营养调控机制,找出反映肠道功能的标志性分子,建立肠道功能靶标的添加剂评价体系和标准,研发安全、稳定、有效地增强肠道功能的饲料添加剂。目前,一些营养素如功能性氨基酸、短链脂肪酸酯、微生态制剂、天然活性成分等证实可改善肠道功能和健康,但关键作用机制和生物学标志分子尚需进一步明确。随着组学技术在动物营养领域的广泛应用,肠道功能的营养调控机制和关键靶点将会明晰,以肠道功能为靶标的饲料添加剂评价标准和体系将会完善,基于肠道功能靶标的饲料添加剂产品将具有广阔的应用前景。

参考文献

[1] Bischoff S C. 'Gut health': a new objective in medicine[J]. BMC Medicine, 2011, 9: 24.

[2] Lambert G P. Stress-induced gastrointestinal barrier dysfunction and its inflammatory effects[J]. Journal of Animal Science, 2009, 87: E101-E108.

[3] Lalles J P, Boudry G, Favier C, et al.. Gut function and dysfunction in young pigs: physiology[J]. Animal Research, 2004, 53: 301-316.

[4] Boudry G, Péron V, Le Huërou-Luron I, et al.. Weaning induces both transient and long-lasting modifications of absorptive, secretory, and barrier properties of piglet intestine[J]. Journal of Nutrition, 2004, 134: 2256-2262.

[5] 陈雪萍,肖敏,曾跃红,等.危重症患者胃肠道功能障碍评价研究进展[J].湖北医药学院学报,2012,31(6):439-443.

[6] 赵敏,周思远,毛廷丽,等.代谢组学技术在功能性胃肠病中的应用[J]. 2015,30(7):2450-2452.

[7] 刘娟,吴巧凤,孙博,等.利用气质联用方法研究功能性消化不良患者血浆代谢谱的变化[J].军事医学,2011,35(6):454-458.

[8] Kajander K, Myllyluoma E, Kyrönpalo S, et al.. Elevated proinflammatory and lipotoxic mucosal lipids characterise irritable bowel syndrome[J]. World Journal of Gastroenterology, 2009, 15(48): 6068-6074.

[9] Rodriguez L, Roberts L D, Larosa J, et al.. Relationship between postprandial metabolomics and colon motility in children with constipation[J]. Neurogastroenterology and Motility, 2013, 25(5): 420-426.

[10] Tana C, Umesaki Y, Imaoka A, et al.. Altered profiles of intestinal microbiota and organic acids may be the origin of symptoms in irritable bowel syndrome[J]. Neurogastroenterology and Motility, 2010, 22(5): 512-519.

[11] Ahmed I, Greenwood R, Costello Bde L, et al.. An investigation of fecal volatile organic metabolites in irritable bowel syndrome[J]. PLoS One, 2013, 8(3): e58204.

[12] Johnston S D, Smye M, Watson R P. Intestinal permeability tests in coeliac disease[J]. Clinical Laboratory, 2001, 47(3-4): 143-150.

[13] Alberda C, Gramlich L, Meddings J, et al.. Effects of probiotic therapy in critically ill patients: a randomized,

double-blind,placebo-controlled trial[J]. American Journal of Clinical Nutrition,2007,85(3):816-823.

[14] 何桂珍. 肠道屏障功能和检测方法的研究进展[J]. 现代检验医学杂志,2009(6):136-141.

[15] 夏阳,秦环龙. 肠道屏障功能临床评估方法[J]. 中国实用外科杂志 2008,28(11):1006-1008.

[16] 胡泉舟,侯永清,王猛. 血中二胺氧化酶活性与仔猪腹泻程度的相关性分析. 猪业科学,2007(12):73-74.

[17] 熊德鑫,伍丽萍. 注意菌群失调检测的方法[J]. 中华医学杂志,2005,85(39):2746-2748.

[18] Kim E. Mechanisms of amino acid sensing in mTOR signaling pathway[J]. Nutrition Research and Practice. 2009, 3(1):64-71.

[19] Hay N, Sonenberg N. Upstream and downstream of mTOR[J]. Genes & Development, 2004, 18:1926-1945.

[20] Sarbassov D D, Ali S M, Sabatini D M. Growing roles for the mTOR pathway[J]. Current Opinion in Cell Biology, 2005, 17(6):596-603.

[21] Hou Y Q, Wang L, Ding B Y, et al.. Dietary α-ketoglutarate supplementation ameliorates intestinal injury in lipopolysaccharide-challenged piglets[J]. Amino Acids, 2010, 39:555-564.

[22] Hou Y Q, Wang L, Ding B Y, et al.. α-Ketoglutarate and intestinal function[J]. Frontiers in Bioscience, 2011, 16:1186-1196.

[23] Yao K, Yin Y L, Li X L, et al.. Alpha-ketoglutarate inhibits glutamine degradation and enhances protein synthesis in intestinal porcine epithelial cells[J]. Amino Acids, 2012, 42:2491-2500.

[24] Normanno N, De Luca A, Bianco C, et al.. Epidermal growth factor receptor (EGFR) signaling in cancer[J]. Gene. 2006, 366(1):2-16.

[25] Ladanyi M, Pao W. Lung adenocarcinoma:guiding EGFR-targeted therapy and beyond[J]. Modern Pathology, 2008, 21:S16-S22.

[26] Hou Y Q, Wang L, Yi D, et al.. N-acetylcysteine reduces inflammation in the small intestine by regulating redox, EGF and TLR4 signaling[J]. Amino Acids, 2013, 45:513-522.

[27] Hou Y Q, Wang L, Yi D, et al.. N-acetylcysteine and intestinal health:a focus on its mechanism of action[J]. Frontiers in Bioscience, Landmark, 2015, 20:872-891.

[28] Hou Y Q, Yao K, Wang L, et al.. Effects of α-ketoglutarate on energy status in the intestinal mucosa of weaned piglets chronically challenged with lipopolysaccharide[J]. British Journal of Nutrition, 2011, 106:357-363.

[29] Wang W W, Qiao S Y, Li D F. Amino acids and gut function[J]. Amino Acids, 2009, 37:105-110.

[30] Rhoads J M, Wu G. Glutamine, arginine, and leucine signaling in the intestine[J]. Amino Acids, 2009, 37:111-122.

[31] 伍烽,金先庆. 肠营养素对短肠综合征残留肠管代偿性变化的促进作用[J]. 中华小儿外科杂志,1997,18(4):249-251.

[32] 伍烽. 肠营养素治疗儿童短肠综合征的实验研究及其分子机理[D]. 博士学位论文. 重庆:重庆医科大学,1997.

[33] Duggan C, Gannon J, Walker W A. Protective nutrients and functional foods for the gastrointestinal tract[J]. American Journal of Clinical Nutrition, 2002, 75:789-808.

[34] Wu G. Functional amino acids in nutrition and health[J]. Amino Acids, 2013, 45:407-411.

[35] Zhu H L, Liu Y L, Xie X L, et al.. Effect of L-arginine on intestinal mucosal immune barrier function in weaned pigs after Escherichia coli LPS challenge[J]. Innate Immunity, 2013, 19:242-252.

[36] Takuya S, Shoko Y, Hiroshi H. Physiological concentrations of short-chain fatty acids immediately suppress colonic epithelial permeability[J]. British Journal of Nutrition, 2008, 100(2):297-305.

[37] Calder P C. Polyunsaturated fatty acids, inflammatory processes and inflammatory bowel diseases[J]. Molecular Nutrition & Food Research, 2008, 52:885-897.

[38] Liu Y L, Chen F, Li Q, et al.. Fish oil alleviates activation of hypothalamic-pituitary-adrenal axis associated with inhibition of TLR4 and NOD signaling pathways in weaning pigs after an LPS challenge[J]. Journal of Nutrition, 2013, 143:1799-1807.

[39] 张明鸣,程惊秋,翟宏军,等. 添加特需营养素的营养支持对手术创伤后肠黏膜形态和屏障功能的影响[J]. 中华胃肠外科杂志,2009(3):306-309.

[40] Kelly G S. Clinical applications of N-acetylcysteine[J]. Alternative Medicine Review, 1998, 3(2): 114-127.

[41] 张再重, 王瑜, 王烈, 林克荣. N-乙酰半胱氨酸对肠屏障功能障碍防治作用的研究现状[J]. 福州总医院学报, 2010(1): 52-55.

[42] Hou Y Q, Wang L, Zhang W, et al.. Protective effects of N-acetylcysteine on intestinal functions of piglets challenged with lipopolysaccharide[J]. Amino Acids, 2012, 43: 1233-1242.

[43] Roederer M, Ela S W, Staal F J, et al.. N-acetylcysteine: a new approach to anti-HIV therapy[J]. AIDS Research and Human Retroviruses, 1992, 8 (2): 209-217.

[44] Millea P J. N-Acetylcysteine: multiple clinical applications[J]. American Family Physician, 2009, 80 (3): 265-269.

[45] Garigliany M M, Desmecht D J. N-acetylcysteine lacks universal inhibitory activity against influenza A viruses[J]. Journal of Negative Results in Biomedicine, 2011, 10: 5.

[46] Chen X, Ren F, Hesketh J, et al.. Reactive oxygen species regulate the replication of porcine circovirus type 2 via NF-κB pathway[J]. Virology, 2012, 426 (1): 66-72.

[47] Geiler J, Michaelis M, Naczk P, et al.. N-acetyl-l-cysteine (NAC) inhibits virus replication and expression of pro-inflammatory molecules in A549 cells infected with highly pathogenic H5N1 influenza A virus [J]. Biochemical Pharmacology, 2010, 79(3): 413-420.

[48] Patrick L. Nutrients and HIV: part three - N-acetylcysteine, alpha-lipoic acid, L-glutamine, and L-carnitine[J]. Alternative Medicine Review, 2000, 5(4): 290-305.

[49] 陈星. 三丁酸甘油酯对乙酸诱导仔猪结肠炎的影响及其机理[D]. 硕士学位论文. 武汉: 武汉轻工大学, 2013.

[50] Hou Y Q, Wang L, Y I D, et al.. Dietary supplementation with tributyrin alleviates intestinal injury in piglets challenged with intrarectal administration of acetic acid[J]. British Journal of Nutrition, 2014, 111(10): 1748-1758.

[51] 李娇龙. 三丁酸甘油酯对LPS多次刺激肉鸡小肠形态结构和功能的影响[D]. 硕士学位论文. 武汉: 武汉轻工大学, 2014.

[52] 侯永清. 三丁酸甘油酯作为饲料添加剂的应用: ZL03128368.3[P], 2006.

[53] 李抗. 短链脂肪酸酯对仔猪肠道功能与脂肪代谢的影响及机理[D]. 硕士学位论文. 武汉: 武汉轻工大学, 2016.

[54] 侯永清, 丁斌鹰. 三乳酸甘油酯作为饲料酸化剂的应用: ZL201310039966.1[P], 2014.

[55] 侯永清, 丁斌鹰, 张开诚. 乳酸丁酸甘油酯作为饲料添加剂的应用: ZL201310039695.X[P], 2014.

[56] 赵钰. 凝结芽孢杆菌抑菌物质分离鉴定及其对大黄鱼保鲜效果的研究[D]. 硕士学位论文. 杭州: 浙江工商大学, 2015.

[57] 徐贤. 一株益生凝结芽孢杆菌的选育及特性研究[D]. 硕士学位论文. 杭州: 浙江工业大学, 2014.

[58] 高书锋, 郭照辉, 胡新旭, 等. 凝结芽孢杆菌制剂对断奶仔猪临床应用效果的研究[J]. 饲料研究, 2015(6): 42-47.

[59] Araa K, Meguro S, Hase T, et al.. Effect of spore-bearing lactic acid-forming bacteria (Bacillus coagulans SANK 70258) administration on the intestinal environment, defecation frequency, fecal characteristics and dermal characteristics in humans and rats[J]. Microbial Ecology in Health and Disease, 2002, 14(1): 4-13.

[60] Zhou X, Wang Y, Gu Q, et al.. Effect of dietary probiotic, Bacillus coagulans, on growth performance, chemical composition, and meat quality of Guangxi yellow chicken[J]. Poultry Science, 2010, 89(3): 588-593.

[61] 房一粟. 凝结芽孢杆菌培养基的优化及其制备工艺的研究[D]. 硕士学位论文. 武汉: 武汉轻工大学, 2015.

[62] 曾弘华. 凝结芽孢杆菌治疗小儿腹泻的疗效[J]. 实用临床医学, 2016(4): 51-52.

[63] 李宝成. 功能性氨基酸复合物对仔猪肠道功能与肌肉生长的影响及机理[D]. 硕士学位论文. 武汉: 武汉轻工大学, 2016.

[64] 孔祥峰, 印遇龙, 伍国耀. 猪功能性氨基酸营养研究进展[J]. 动物营养学报, 2009, 21(1): 1-7.

[65] 侯永清, 丁斌鹰, 易丹. 一种复合型功能性氨基酸饲料添加剂与应用: CN201410690266.3[P], 2014.

紧密连接蛋白及其对断奶仔猪肠道健康的影响

蒋宗勇[1,2]**　朱翠[1]　陈庄[1]　王丽[2]

(1. 广东省农业科学院农业生物基因研究中心，广州　510640；
2. 广东省农业科学院动物科学研究所，广州　510640)

摘　要：紧密连接蛋白是肠道黏膜屏障的重要组成部分。本文系统综述了紧密连接蛋白的结构、紧密连接蛋白对仔猪肠道健康的影响，以及总结了断奶应激、肠道微生物、饲料抗原和霉菌毒素、生物活性物质等因素对仔猪肠道紧密连接蛋白的影响。

关键词：紧密连接蛋白；断奶；肠道健康；仔猪

1　紧密连接蛋白的结构

肠黏膜屏障主要由机械屏障、生物屏障、化学屏障及免疫屏障组成。其中，机械屏障的结构基础是由肠上皮细胞与细胞间形成的完整连接。研究发现，细胞间的连接方式有多种(图1)，包括紧密连接(tight junction，TJ)、黏附连接(adherens junction)、桥粒(desmosome)以及缝隙连接(gap junction)，而紧密连接是最主要的连接方式[1]。

紧密连接蛋白是紧密连接结构和组成的基础，主要由4种跨膜蛋白(Occludin、Claudins、JAM和tricellulin)和胞质分子ZOs、cingulin、AF6、7H6、rab3B、symplekin以及细胞骨架结构等共同构成紧密连接复合物。研究认为，最重要的三种紧密连接蛋白是ZO-1、Occludins和Claudins。Occludin蛋白是最早发现的TJ蛋白，分子质量约为65 ku，含4个跨膜结构，两个胞外环伸展向细胞间隙，羧基端(C端)和氨基端(N端)则处于胞质侧[2]。Claudins蛋白家族也是构成紧密连接线的主要成分，包括24种异构体，分子质量为20～27 ku，也含有4个跨膜结构和两个胞外环、胞内C端和N端。ZOs是外周膜蛋白，包括ZO-1、ZO-2和ZO-3 3种异构体，分子质量约为220 ku，其保守序列能够与Occludin蛋白的C末端连接，而ZO-1的C末端则可结合肌动蛋白和应激纤维，从而构成稳定的连接系统。紧密连接是一种动态调节结构，位于相邻细胞间隙的顶端侧膜，成箍状环绕细胞。因此，紧密连接蛋白与肠上皮细胞共同构成动态的选择性通透屏障，在维持和调节紧密连接屏障功能，以及介导旁路途径调节离子和水分转运等过程中具有重要作用。此外，黏附连接、桥粒和缝隙连接在细胞间黏附和细胞内细胞信号传导方面也具有非常重要的作用[3]。

---

* 基金项目：国家自然科学基金(31472112,31501967)；国家生猪产业技术体系(CARS-36)；广东省百名南粤杰出人才培养工程；广东省科技计划项目(2016B070701013)；广州市科技计划项目(201607020035)；公益性行业(农业)科研专项(201403047)
** 第一作者简介：蒋宗勇(1963—)，男，研究员，E-mail：jiangz28@qq.com

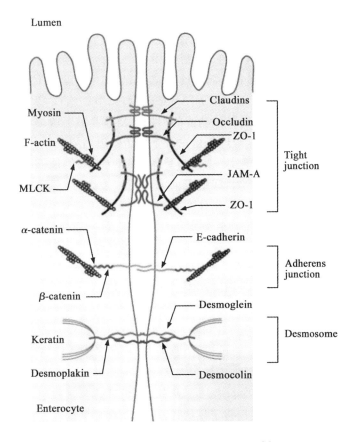

图 1 肠上皮细胞的细胞连接结构[1]

2 紧密连接蛋白对仔猪肠道健康的作用

黏膜上皮屏障是抵抗肠道病原微生物和毒素入侵的第一防线。紧密连接蛋白是构成肠道黏膜机械屏障的重要组成部分,在维持上皮屏障功能阻止有害物质和病原体的同时,还能选择性地调节营养物质、离子和水分进入体内。而紧密连接蛋白作为一种动态的调节结构,容易受到肠腔微生物、日粮成分和应激刺激等条件的影响[4]。此外,本文还将系统介绍断奶应激、病原微生物、饲料抗原和霉菌毒素等因素对仔猪肠道紧密连接蛋白的影响。这些因素造成的紧密连接蛋白变化可引起肠道屏障功能异常,通透性增加,伴随着肠腔内的大量有害抗原、病毒和病原菌等进入肠黏膜免疫系统,打破肠道稳态,从而在肠道疾病的发生过程中起重要作用[5,6]。在医学上的研究也认为,肠黏膜屏障功能的损伤可能是炎症性肠病的始动因素[7]。

研究表明,紧密连接蛋白表达变化与仔猪断奶腹泻发生密切相关,其中仔猪断奶前后 ZO-1 和 *Occludin* 的 mRNA 高表达对仔猪抗断奶腹泻有重要意义[8]。此外,断奶仔猪在发生大肠杆菌性腹泻的第 1 天和第 3 天,回肠紧密连接蛋白 Claudin-1 蛋白表达量显著降低,腹泻第 3 天结肠 Claudin-1 的 mRNA 表达量也显著下调[9]。然而,只有紧密连接屏障破坏未必会引起腹泻,而当钠离子吸收障碍与紧密连接屏障破坏同时发生时,却极易发生腹泻[10]。该过程被证实与 MAPK、MLCK 信号通路的激活和钠氢交换体(NHE3)的抑制作用有关[11],即当 NHE3 受抑制后,钠离子的跨膜吸收能力下降,肠腔中钠离子浓度升高,伴随着水分的跨膜转运也减少,且紧密连接蛋白屏障破坏引起的肠道旁通路通透性增加,使得通过旁通路进入肠腔的水分增加,破坏肠道水盐代谢平衡,从而促进腹泻的发生[11]。

值得注意的是，紧密连接蛋白除了维持屏障和通透性，调节旁通路作用外，由于紧密连接蛋白具有两个保守信号复合物结构（CRB3/Pals1/PATJ 复合物和 Cdc41-Par3/Par6/aPKC 复合物）使其能调节上皮细胞的极化和连接蛋白的组装[12]；此外，紧密连接蛋白还能募集一些信号蛋白（如 aPKC、GEF-H1、CDK4、Rab13 和 Ga12 等）参与调节上皮细胞的增殖和分化[12]。其中，CDK4 是细胞周期 G1/S 期的关键调节因子，ZO-1 能够通过与转录因子 ZONAB 结合后，调节细胞核 CDK4 的表达影响 G1/S 期，从而调节细胞增殖[13]。通常情况下，肠道屏障功能的损伤修复涉及绒毛收缩、上皮细胞迁移、紧密连接重建闭合受损的上皮细胞[14]。这提示紧密连接蛋白对于仔猪肠道黏膜的损伤修复也非常关键，而黏膜屏障损伤后的修复作用有助于维持猪只健康[14]。锌受体（ZnR/GPR39）能够控制结肠上皮细胞的增殖和分化，从而促进紧密连接蛋白的形成[15]。我们及前人的研究表明，高剂量氧化锌能够提高仔猪肠道紧密连接蛋白的表达[16,17]，这可能是解释氧化锌降低断奶仔猪腹泻的重要作用机理之一。除了氧化锌外，日粮的营养成分和许多生物活性物质则起到促进仔猪肠道紧密连接的表达，增强仔猪肠道屏障功能，改善肠道健康的作用（表2）。

3 断奶应激对仔猪肠道紧密连接蛋白的影响

仔猪刚断奶时采食量显著下降，低采食量和断奶应激是引起黏膜完整性的关键因素[18]。有研究比较了 21 日龄断奶仔猪（断奶应激组）和正常哺乳仔猪（对照组）的肠上皮屏障功能区别，发现断奶应激导致仔猪肠上皮细胞紧密连接结构疏松，紧密连接蛋白 ZO-1、Occludin 表达降低，肠上皮屏障受到持续的损伤，肠屏障功能的恢复慢于肠道形态的重建[19]。此外，断奶日龄和日粮组成也是影响仔猪肠道屏障功能的重要因素[20]。早期断奶应激严重损害了仔猪肠道黏膜屏障功能的发育，随着断奶日龄（15 d、18 d、21 d、23 d、28 d）的增加，仔猪空肠跨膜电阻值逐渐显著增加，且通透性显著下降[21]。研究认为，早期断奶后仔猪肠道通透性增加、肠道屏障功能破坏，可能与上皮细胞紧密连接蛋白 Occludin mRNA 表达下降有关[22]。早期断奶后第 3 天、第 7 天和第 14 天杜长大仔猪空肠的跨膜电阻值、Occludin 和 Claudin-1 的 mRNA 表达量以及断奶后第 3 天和第 7 天的空肠 ZO-1 mRNA 表达量显著下降，该过程与 MAPK 信号通路（p38、JNK 和 ERK1/2）的激活有关[23]。但是，与正常哺乳组相比，21 日龄仔猪断奶应激组显著降低了空肠黏膜 Occludin、Claudin-1、ZO-2 和 ZO-3 的蛋白表达量，而对 ZO-1、Claudin-3 和 Claudin-4 无显著影响[24]。研究发现，断奶应激将导致仔猪肠道的促炎性细胞因子显著升高[25]，而细胞因子可调节紧密连接蛋白的变化[26]。促炎性细胞因子 TNF-α 显著减少了 Caco-2 细胞磷酸化 Claudin-1 蛋白表达量[27]，并显著下调 Caco-2 细胞的 ZO-1 蛋白表达量，同时改变 ZO-1 的膜定位分布，增加 Caco-2 细胞的紧密连接通透性，该作用与 NF-κB 的激活有关[28]。然而，IFN-γ 和 TNF-α 对上皮屏障功能的破坏作用并不是通过细胞凋亡途径来起作用的，而是与影响上皮顶端侧紧密连接和黏附连接的重建有关[29]。这些研究表明，断奶应激对仔猪肠道紧密连接蛋白的破坏作用可能与促炎性因子的参与有关，而紧密连接屏障的破坏又进一步使得肠腔有害抗原进入而加剧损伤程度。

4 肠道微生物对紧密连接蛋白的影响

研究认为，肠道微生物与肠道上皮层相互作用从而影响肠道屏障功能[30]。肠道微生物可通过 PKC、MAPK、MLCK、Rho-GTP 酶等信号通路影响紧密连接蛋白的表达和分布变化，并影响紧密连接结构的组装、重建和维持[4]。大量研究表明，益生菌可通过提高黏蛋白、抗菌肽和 sIgA 的产生、竞争性抑制病原菌的黏附以及提高紧密连接蛋白的完整性和表达量来增强屏障功能[31-35]。肠道微生物还可通过其代谢产物影响紧密连接蛋白。例如，短链脂肪酸（包括乳酸、丁酸和丙酸）作为肠道微生物的重要代谢产物，研究发现一定范围内的丁酸钠可以上调了 IPEC-J2 细胞的紧密连接蛋白 Occludin 和 ZO-1

的 mRNA 表达量,维持紧密连接蛋白完整性,促进 IPEC-J2 细胞的修复损伤[36]。在人 Caco-2 细胞的研究也表明,丁酸钠通过激活 AMPK 信号通路调节紧密连接蛋白的组装,增强肠道屏障[37];但是过量的丁酸钠反而导致肠道上皮细胞凋亡,破坏肠道屏障[38]。

研究证实,产肠毒素大肠杆菌和流行性腹泻病毒可诱导的仔猪肠道屏障损伤作用。本课题组也发现 ETEC K88 显著降低了仔猪空肠黏膜中紧密连接蛋白 ZO-1 和 Occludin 的表达量,提高了血浆内毒素含量,使得肠道上皮通透性增加,腹泻率增加;而添加植物乳杆菌有效缓解 K88 对紧密连接蛋白的破坏作用[34]。相似的,侵袭性大肠杆菌(EIEC)会显著下降 Caco-2 细胞的 TEER 值,并降低紧密连接蛋白 Claudin-1、Occludin、JAM-1 和 ZO-1 蛋白表达量和改变它们的定位分布,而植物乳杆菌可以缓解 EIEC 引起的这些损伤作用[39]。本课题组也发现在新生仔猪日粮中预添加植物乳杆菌,能够减缓 ETEC K88 攻击引起的肠道紧密连接蛋白(Occludin、ZO-1)的表达量下降,增强仔猪的肠道屏障功能(表1)[34]。此外,感染流行性腹泻病毒(PEDV)的仔猪空肠和回肠绒毛部位的紧密连接蛋白 ZO-1 和黏附连接 E-cadherin 表达量显著下调,且分布不规则,完整性受到破坏,但是对隐窝部位和大肠的这些指标无显著影响[40]。

表 1 仔猪肠道紧密连接蛋白表达的营养调控措施

研究对象	模型	营养干预手段	调节紧密连接蛋白效果	文献
21 d 仔猪	断奶应激	1% 谷氨酰胺	减少空肠黏膜 Occludin、Claudin-1、ZO-1 和 ZO-2 蛋白表达量的下降。	[24]
IPEC-1	—	甘氨酸	生理浓度范围(0.25~1 mmol/L)的甘氨酸提高了肠上皮屏障完整性,提高了 TEER 值,增强 Claudin-7 和 ZO-3 的表达量和分布。	[61]
IPEC-J2	低氧条件	精氨酸和瓜氨酸	精氨酸或瓜氨酸均能抑制低氧条件引起的细胞 TEER 值下降,维持 ZO-1 的表达。	[62]
4 d 仔猪	ETEC K88 (1×10^8 CFU/头)	植物乳杆菌 (1×10^8 CFU/kg)	预添加植物乳杆菌两周减缓 ETEC K88 攻击引起的仔猪肠道紧密连接蛋白(Occludin、ZO-1)的表达量下降。	[34]
21 d 仔猪	ETEC K88 (1×10^9 CFU/头)	姜黄素 (300、400 mg/kg)	姜黄素处理组仔猪空肠 Occludin 和 ZO-1 的蛋白表达量升高。	[63]
IPEC-J2	ETEC K88 (6.5×10^7 CFU/孔)	植物乳杆菌 (1×10^8 CFU/孔)	预添加植物乳杆菌抑制了 ETEC K88 攻击引起的细胞 Occludin、ZO-1 和 Claudin-1 的 mRNA 表达量下降。	[64]
IPEC-1	ETEC K88 (1×10^8 CFU/mL)	罗伊氏乳杆菌 (1×10^9 CFU/mL)	罗伊氏乳杆菌能够抑制 ETEC K88 的黏附,减轻其对细胞 ZO-1 蛋白的损伤作用。	[65]
IPEC-J2	LPS (1 μg/mL)	罗伊氏乳杆菌 (3×10^7 CFU/mL)	与 LPS 组相比,预处理罗伊氏乳杆菌可显著提高细胞中 ZO-1、Occludin 和 Claudin-1 的 mRNA 和蛋白表达量。	[35]
14 d 仔猪	LPS (200 μg/kg BW)	大豆异黄酮 (40 mg/kg)	在无抗日粮中添加大豆异黄酮显著减缓 LPS 刺激造成的仔猪空肠紧密连接蛋白 ZO-1、Occludin 的 mRNA 表达量下降。	[66]

5 饲料抗原和霉菌毒素对紧密连接蛋白的影响

饲料抗原,如大豆抗原蛋白、胰蛋白酶抑制因子等,可引起断奶仔猪发生过敏性腹泻[41],是肠黏膜损伤的主要影响因素之一。研究表明,β-伴大豆球蛋白和大豆球蛋白均能降低断奶仔猪十二指肠和空肠 Claudin-1 的 mRNA 相对表达量,引起仔猪肠道黏膜损伤,其中以 β-伴大豆球蛋白的损伤程度要大于

11S[42]。大豆球蛋白还显著降低了仔猪肠上皮细胞(IPEC-1)Occludin的mRNA表达量,并伴随着细胞通透性的增加[43]。随着细胞培养中β-伴大豆球蛋白浓度的升高,IPEC-J2细胞Occludin和ZO-1的mRNA表达量也显著地线性下降[44];而且β-伴大豆球蛋白的低分子量酶解肽对IPEC-J2的紧密连接损伤程度要高于β-伴大豆球蛋白[45]。此外,大豆凝集素作为大豆的抗营养因子之一,也会破坏仔猪肠上皮细胞的细胞膜通透性,显著降低原代培养条件下仔猪肠上皮细胞紧密连接Occludin和Claudin-3蛋白的表达量[46],以及IPEC-J2细胞中Occludin和ZO-1的蛋白表达量[47]。

霉菌毒素问题困扰着养猪业的健康发展。研究发现,猪对呕吐毒素(DON)的敏感性要高于其他动物:猪＞小鼠＞大鼠＞家禽＞反刍动物[48]。有研究表明,给仔猪饲喂用发霉的小麦配制的DON污染饲粮,结果发现,仔猪肠道屏障和免疫功能明显受损,其中回肠黏膜紧密连接Claudin、Occludin和Vimentin等基因表达显著下调,而且与重建修复、炎症反应、氧化应激反应和免疫反应相关的基因表达均显著变化[49]。DON显著降低仔猪肠上皮IPEC-1细胞TEER值和Claudin-3和Claudin-4的表达量,增加肠道通透性和细菌移位,从而损伤肠道屏障[50-52],并显著降低了IPEC-J2细胞的存活率,增加其乳酸脱氢酶的释放[53]。Ussing chamber的试验结果也显示,DON可增加猪肠道组织的右旋糖酐的通透性[51]。DON对肠上皮细胞屏障损伤作用被证实与MAPK和NF-κB信号通路的快速激活以及抑制蛋白质合成有关[54,55]。最新研究发现DON对IPEC-J2细胞紧密连接蛋白的破坏作用还与TLR2和PI3K-Akt信号通路调控有关[56],且自噬是抑制DON诱导IPEC-J2产生氧化应激的重要途径[57]。黄曲霉毒素B1也被证实能抑制猪肠上皮细胞IPEC-1的增殖,使其滞留在G0/G1期,并降低IPEC-1细胞的TEER值,破坏细胞屏障功能[58]。值得注意的是,DON和黄曲霉毒素B1对仔猪肠道紧密连接蛋白的损伤作用具有协同效应[59]。赭曲霉毒素A对Caco-2细胞中Claudin-1蛋白表达影响不显著,但是显著降低了Caco-2细胞中Claudin-3和Claudin-4的蛋白表达量,与对照组相比分别降低了87%和72%,同时显著降低了TEER值[60]。

6 生物活性物质对紧密连接蛋白的影响

研究证实,抗菌肽是肠道屏障的重要组成部分,抗菌肽C-BF能够缓解LPS诱导的IPEC-J2细胞紧密连接蛋白分布异常[67]。此外,猪防御素pBD-1和pBD-2处理IPEC-J2细胞6 h后,显著提高紧密连接蛋白Occludin、ZO-1、Claudin-3和Claudin-4等基因的表达量[68]。肠三叶因子(intestinal trefoil factor,TFF3)是一种主要由杯状细胞分泌的短肽蛋白,在肠道损伤修复方面起着重要作用。TFF3可以通过PI3K/Akt依赖性途径介导TLR2信号通路,从而调节Caco-2细胞紧密连接蛋白Occludin、Claudin-1和ZO-1的表达,保护细胞屏障的完整性进而降低通透性[69]。而胰高血糖素样肽-2(GLP-2)则能够通过调节MAPK通路促进断奶仔猪空肠上皮紧密连接蛋白ZO-1、Occludin、Claudin-1的基因表达[70]。此外,大豆寡糖[71]、大豆异黄酮[66]和N-乙酰半胱氨酸(NAC)[72]可有效地缓解LPS诱导的仔猪肠道紧密连接蛋白的损伤和表达下降。谷氨酰胺是肠道黏膜细胞代谢所需的重要能量来源,谷氨酰胺缺乏将导致Caco-2细胞Claudin-1、Occludin和ZO-1蛋白表达量及TER值显著下降,通透性增加[73,74]。在断奶仔猪日粮中添加1% L-谷氨酰胺可显著降低由断奶引起的空肠黏膜Occludin、Claudin-1、ZO-1和ZO-2蛋白表达量的下降,改善肠道通透性和绒毛高度[24]。除了PI3K-Akt信号通路外[73],最新研究认为,谷氨酰胺通过激活CaMKK2-AMPK信号通路,显著提高了仔猪IPEC-1细胞中紧密连接蛋白的表达丰度,促进其细胞定位从细胞质往细胞膜上分布,增强肠道黏膜屏障功能[75]。

7 结语与展望

紧密连接蛋白是肠道屏障的重要组成部分。已有的研究表明,肠道微生物、病原菌、毒素、生物活性成分等均可通过影响紧密连接蛋白进而调节肠道屏障功能。然而,目前对紧密连接蛋白的研究多集中于表达量和分布变化研究,且已证实多条信号通路(MAPK、PI3K-Akt、AMPK 和 PKC 等)可以调控紧密连接蛋白的表达变化,但是其相互的作用机制对紧密连接蛋白的影响还有待进一步研究,因此通过多组学技术揭示它们的关系及其对仔猪肠道健康的影响的作用机理将是未来研究的重要方向。

参考文献

[1] Suzuki T. Regulation of intestinal epithelial permeability by tight junctions. Cell Mol Life Sci,2013,70:631-659.

[2] Forster C. Tight junctions and the modulation of barrier function in disease. Histochem Cell Biol,2008,130:55-70.

[3] Garrod D, Chidgey M. Desmosome structure, composition and function. Biochim Biophys Acta, 2008, 1778: 572-587.

[4] Ulluwishewa D, Anderson R C, Mcnabb W C, et al.. Regulation of tight junction permeability by intestinal bacteria and dietary components. J Nutr,2011,141:769-776.

[5] Groschwitz K R, Hogan S P. Intestinal barrier function: molecular regulation and disease pathogenesis. J Allergy Clin Immunol,2009,124:3-20; quiz 21-22.

[6] Lee S H. Intestinal permeability regulation by tight junction: implication on inflammatory bowel diseases. Intest Res, 2015,13:11-18.

[7] Ma T Y. Intestinal epithelial barrier dysfunction in Crohn's disease. Proc Soc Exp Biol Med,1997,214:318-327.

[8] 张影超,王希彪,崔世泉,等. 肠上皮紧密连接蛋白 mRNA 的表达与仔猪断奶腹泻关系的研究. 中国畜牧兽医, 2014,41:221-224.

[9] 夏天. 紧密连接蛋白 Claudin-1 在大肠杆菌性腹泻仔猪胃肠道组织中的表达及意义. 华中农业大学,2010.

[10] Turner J R. Intestinal mucosal barrier function in health and disease. Nat Rev Immunol,2009,9:799-809.

[11] Clayburgh D R, Musch M W, Leitges M, et al.. Coordinated epithelial NHE3 inhibition and barrier dysfunction are required for TNF-mediated diarrhea in vivo. J Clin Invest,2006,116:2682-2694.

[12] Matter K, Aijaz S, Tsapara A, et al.. Mammalian tight junctions in the regulation of epithelial differentiation and proliferation. Curr Opin Cell Biol,2005,17:453-458.

[13] Balda M S, Garrett M D, Matter K. The ZO-1-associated Y-box factor ZONAB regulates epithelial cell proliferation and cell density. The Journal of Cell Biology,2003,160:423-432.

[14] Blikslager A. Mucosal epithelial barrier repair to maintain pig health. Livestock Science,2010,133:194-199.

[15] Cohen L, Sekler I, Hershfinkel M. The zinc sensing receptor, ZnR/GPR39, controls proliferation and differentiation of colonocytes and thereby tight junction formation in the colon. Cell Death & Disease,2014,5:e1307.

[16] Zhu C, L V H, Chen Z, et al.. Dietary Zinc Oxide Modulates Antioxidant Capacity, Small Intestine Development, and Jejunal Gene Expression in Weaned Piglets. Biol Trace Elem Res,2016.

[17] Zhang B, Guo Y. Supplemental zinc reduced intestinal permeability by enhancing occludin and zonula occludens protein-1 (ZO-1) expression in weaning piglets. Br J Nutr,2009,102:687-693.

[18] Spreeuwenberg M A, Verdonk J M, Gaskins H R, et al.. Small intestine epithelial barrier function is compromised in pigs with low feed intake at weaning. J Nutr,2001,131:1520-1527.

[19] 栾兆双. 断奶应激对仔猪肠上皮细胞紧密连接和 p38MAPK 的影响. 浙江大学,2013.

[20] Wijtten P J, Van Der Meulen J, Verstegen M W. Intestinal barrier function and absorption in pigs after weaning: a review. Br J Nutr,2011,105:967-981.

[21] Smith F, Clark J E, Overman B L, et al.. Early weaning stress impairs development of mucosal barrier function in the porcine intestine. Am J Physiol Gastrointest Liver Physiol,2010,298:G352-363.

[22] 刘海萍,胡彩虹,徐勇. 早期断奶对仔猪肠通透性和肠上皮紧密连接蛋白 Occludin mRNA 表达的影响. 动物营养学报,2008,20:442-446.

[23] Hu C H, Xiao K, Luan Z S, et al.. Early weaning increases intestinal permeability, alters expression of cytokine and tight junction proteins, and activates mitogen-activated protein kinases in pigs. J Anim Sci, 2013, 91:

1094-1101.

[24] Wang H, Zhang C, Wu G, et al.. Glutamine enhances tight junction protein expression and modulates corticotropin-releasing factor signaling in the jejunum of weanling piglets. J Nutr,2015, 145:25-31.

[25] Pie S, Lalles J P, Blazy F, et al.. Weaning is associated with an upregulation of expression of inflammatory cytokines in the intestine of piglets. J Nutr,2004, 134:641-647.

[26] Al-sadi R, Boivin M, Ma T. Mechanism of cytokine modulation of epithelial tight junction barrier. Front Biosci (Landmark Ed),2009, 14:2765-2778.

[27] 崔巍,刘冬妍,马力,等. TNF-α对肠上皮细胞紧密连接蛋白表达的作用. 世界华人消化杂志,2007, 15:1788-1793.

[28] Ma T Y, Iwamoto Gk, Hoa N T, et al.. TNF-alpha-induced increase in intestinal epithelial tight junction permeability requires NF-kappa B activation. Am J Physiol Gastrointest Liver Physiol,2004, 286:G367-376.

[29] Bruewer M, Luegering A, Kucharzik T, et al.. Proinflammatory cytokines disrupt epithelial barrier function by apoptosis-independent mechanisms. J Immunol,2003, 171:6164-6172.

[30] Wells J M, Rossi O, Meijerink M, et al.. Epithelial crosstalk at the microbiota-mucosal interface. Proc Natl Acad Sci U S A,2011, 108 Suppl 1:4607-4614.

[31] Ohland C L, Macnaughton W K. Probiotic bacteria and intestinal epithelial barrier function. Am J Physiol Gastrointest Liver Physiol,2010, 298:G807-819.

[32] Anderson R C, Cookson A L, Mcnabb W C, et al.. Lactobacillus plantarum MB452 enhances the function of the intestinal barrier by increasing the expression levels of genes involved in tight junction formation. BMC Microbiol, 2010, 10:316.

[33] Wang H, Zhang W, Zuo L, et al.. Bifidobacteria may be beneficial to intestinal microbiota and reduction of bacterial translocation in mice following ischaemia and reperfusion injury. Br J Nutr,2013, 109:1990-1998.

[34] Yang K M, Jiang Z Y, Zheng C T, et al.. Effect of Lactobacillus plantarum on diarrhea and intestinal barrier function of young piglets challenged with enterotoxigenic Escherichia coli K88. J Anim Sci,2014, 92:1496-1503.

[35] Yang F, Wang A, Zeng X, et al.. Lactobacillus reuteri I5007 modulates tight junction protein expression in IPEC-J2 cells with LPS stimulation and in newborn piglets under normal conditions. BMC Microbiol,2015, 15:32.

[36] Ma X, Fan Px, Li L S, et al.. Butyrate promotes the recovering of intestinal wound healing through its positive effect on the tight junctions. J Anim Sci,2012, 90 Suppl 4:266-268.

[37] Peng L, Li Z R, Green R S, et al.. Butyrate enhances the intestinal barrier by facilitating tight junction assembly via activation of AMP-activated protein kinase in Caco-2 cell monolayers. J Nutr,2009, 139:1619-1625.

[38] Peng L, He Z, Chen W, et al.. Effects of butyrate on intestinal barrier function in a Caco-2 cell monolayer model of intestinal barrier. Pediatr Res,2007, 61:37-41.

[39] Qin H, Zhang Z, Hang X, et al.. L. plantarum prevents enteroinvasive Escherichia coli-induced tight junction proteins changes in intestinal epithelial cells. BMC Microbiol,2009, 9:63.

[40] Jung K, Eyerly B, Annamalai T, et al.. Structural alteration of tight and adherens junctions in villous and crypt epithelium of the small and large intestine of conventional nursing piglets infected with porcine epidemic diarrhea virus. Vet Microbiol,2015, 177:373-378.

[41] 朱翠,蒋宗勇,郑春田,等. 大豆抗原蛋白的组成和致敏作用机理. 动物营养学报,2011, 23:2053-2063.

[42] 李宝,李煜,马良友,等. 大豆抗原蛋白对断奶仔猪细胞因子及肠上皮紧密连接蛋白 Claudin-1 mRNA 表达的影响. 中国畜牧兽医,2015, 5:1511-1517.

[43] 韩蕊,赵元,潘丽,等. 大豆球蛋白对仔猪小肠上皮细胞 Occludin mRNA 表达的影响. 畜牧兽医学报,2013, 44:1258-1262.

[44] Zhao Y, Qin G, Han R, et al.. beta-Conglycinin reduces the tight junction occludin and ZO-1 expression in IPEC-J2. Int J Mol Sci,2014, 15:1915-1926.

[45] 刘丹丹. β-伴大豆球蛋白及其酶解肽对仔猪空肠上皮细胞机械屏障功能损伤的比较研究. 吉林农业大学 2015.

[46] 潘丽. 大豆凝集素对仔猪肠上皮细胞机械屏障功能的影响. 吉林农业大学,2014.

[47] Zhao Y, Qin G, Sun Z, et al.. Effects of soybean agglutinin on intestinal barrier permeability and tight junction

protein expression in weaned piglets. Int J Mol Sci,2011,12:8502-8512.

[48] Pestka J J, Smolinski A T. Deoxynivalenol: toxicology and potential effects on humans. J Toxicol Environ Health B Crit Rev,2005,8:39-69.

[49] Lessard M, Savard C, Deschene K, et al.. Impact of deoxynivalenol (DON) contaminated feed on intestinal integrity and immune response in swine. Food Chem Toxicol,2015,80:7-16.

[50] Pinton P, Braicu C, Nougayrede J P, et al.. Deoxynivalenol impairs porcine intestinal barrier function and decreases the protein expression of claudin-4 through a mitogen-activated protein kinase-dependent mechanism. J Nutr,2010, 140:1956-1962.

[51] Pinton P, Nougayrede J P, Del Rio J C, et al.. The food contaminant deoxynivalenol, decreases intestinal barrier permeability and reduces claudin expression. Toxicol Appl Pharmacol,2009,237:41-48.

[52] Pinton P, Tsybulskyy D, Lucioli J, et al.. Toxicity of deoxynivalenol and its acetylated derivatives on the intestine: differential effects on morphology, barrier function, tight junction proteins, and mitogen-activated protein kinases. Toxicol Sci,2012,130:180-190.

[53] Awad W A, Aschenbach J R, Zentek J. Cytotoxicity and metabolic stress induced by deoxynivalenol in the porcine intestinal IPEC-J2 cell line. J Anim Physiol Anim Nutr (Berl),2012,96:709-716.

[54] Pinton P, Oswald I P. Effect of deoxynivalenol and other Type B trichothecenes on the intestine: a review. Toxins (Basel),2014,6:1615-1643.

[55] De Walle J V, Sergent T, Piront N, et al.. Deoxynivalenol affects in vitro intestinal epithelial cell barrier integrity through inhibition of protein synthesis. Toxicol Appl Pharmacol,2010,245:291-298.

[56] Gu M J, Song S K, Lee I K, et al.. Barrier protection via Toll-like receptor 2 signaling in porcine intestinal epithelial cells damaged by deoxynivalnol. Vet Res,2016,47:25.

[57] Tang Y, Li J, Li F, et al.. Autophagy protects intestinal epithelial cells against deoxynivalenol toxicity by alleviating oxidative stress via IKK signaling pathway. Free Radic Biol Med,2015,89:944-951.

[58] Bouhet S, Hourcade E, Loiseau N, et al.. The mycotoxin fumonisin B1 alters the proliferation and the barrier function of porcine intestinal epithelial cells. Toxicol Sci,2004,77:165-171.

[59] Basso K, Gomes F, Bracarense A P. Deoxynivanelol and fumonisin, alone or in combination, induce changes on intestinal junction complexes and in E-cadherin expression. Toxins (Basel),2013,5:2341-2352.

[60] Mclaughlin John P J P, Julian P H Burt, Catherine A O'NEILL. Ochratoxin A increases permeability through tight junctions by removal of specific claudin isoforms. Am J Physiol Cell Physiol,2004,287:C1412-1417.

[61] Li W, Sun K, Ji Y, et al.. Glycine Regulates Expression and Distribution of Claudin-7 and ZO-3 Proteins in Intestinal Porcine Epithelial Cells. J Nutr,2016,146:964-969.

[62] Chapman J C, Liu Y, Zhu L, et al.. Arginine and citrulline protect intestinal cell monolayer tight junctions from hypoxia-induced injury in piglets. Pediatr Res,2012,72:576-582.

[63] 赵春萍. 姜黄素对大肠杆菌攻毒仔猪生长性能及肠黏膜屏障功能的影响. 海南大学,2015.

[64] Wu Y, Zhu C, Chen Z, et al.. Protective effects of Lactobacillus plantarum on epithelial barrier disruption caused by enterotoxigenic Escherichia coli in intestinal porcine epithelial cells. Vet Immunol Immunopathol,2016,172: 55-63.

[65] Zhu C, Wu Y, Jiang Z, et al.. In Vitro Evaluation of Swine-Derived Lactobacillus reuteri: Probiotic Properties and Effects on Intestinal Porcine Epithelial Cells Challenged with Enterotoxigenic Escherichia coli K88. J Microbiol Biotechnol,2016,26:1018-1025.

[66] ZHU C, WU Y, JIANG Z, et al.. Dietary soy isoflavone attenuated growth performance and intestinal barrier functions in weaned piglets challenged with lipopolysaccharide. Int Immunopharmacol,2015,28:288-294.

[67] 刘倚帆. 动物源抗菌肽的分子改良及其对猪肠道上皮屏障功能的保护作用研究. 浙江大学,2012.

[68] 薛现凤. 猪β-防御素抗菌抗氧化功能及其对肠上皮细胞黏膜屏障功能的影响. 浙江大学,2012.

[69] 林楠. Toll样受体2和肠三叶因子对炎症性肠上皮细胞屏障的保护作用机制研究. 中国医科大学,2014.

[70] 蒋义,贾刚,惠明弟,等. 胰高血糖素样肽-2对断奶仔猪肠上皮紧密连接蛋白相关基因表达的影响. 动物营养学报,

2012,24:1785-1792.

[71] 周笑犁. 大豆寡糖对肠道微生态与免疫功能的调控作用及机制研究. 南昌大学,2013.

[72] Hou Y,Wang L,Zhang W,et al.. Protective effects of N-acetylcysteine on intestinal functions of piglets challenged with lipopolysaccharide. Amino Acids,2012,43:1233-1242.

[73] Li N,Neu J. Glutamine deprivation alters intestinal tight junctions via a PI3-K/Akt mediated pathway in Caco-2 cells. J Nutr,2009,139:710-714.

[74] Li N,Lewis P,Samuelson D,et al.. Glutamine regulates Caco-2 cell tight junction proteins. Am J Physiol Gastrointest Liver Physiol,2004,287:G726-733.

[75] Wang B,Wu Z,Ji Y,et al.. l-Glutamine Enhances Tight Junction Integrity by Activating CaMK Kinase 2-AMP-Activated Protein Kinase Signaling in Intestinal Porcine Epithelial Cells. J Nutr,2016,146:501-508.

母猪乳腺发育及乳脂合成与分泌的分子路径研究进展

管武太[1,2]　吕艳涛[1]　陈芳[1,2]

(1.华南农业大学动物科学学院；2.国家生猪种业工程技术研究中心，广州　510642)

摘　要：母猪的泌乳力和乳汁质量很大程度上决定了所哺育仔猪的生长速度、成活率，间接影响仔猪断奶后的生长及后期生长。母猪泌乳力的大小和乳汁质量与其乳腺组织的生长发育密切相关。在母猪的繁殖周期中，随着从妊娠到泌乳的进行，乳腺腺泡组织逐渐替代脂肪组织成为泌乳组织，其组织重量与体积、DNA含量、蛋白含量等也发生了显著变化。同时乳腺中与乳成分合成的底物转运及其他生物合成功能基因发生上调，与乳腺上皮细胞增殖相关的功能基因则下调。乳脂是母猪乳汁的重要组成成分，常乳中的乳脂含量显著高于初乳，这与乳脂合成与分泌相关功能基因在母猪泌乳期乳腺组织中高表达有关。本文围绕母猪乳腺组织在妊娠-泌乳周期生长发育过程中组织和成分变化、相关功能基因变化规律及乳脂合成与分泌相关基因表达特点进行了综述。

关键词：母猪；乳腺；生长发育；乳脂

1　引言

在现代商业养殖中，母猪普遍实行21或28 d断奶，母猪泌乳期不足30 d，期间仔猪主要依赖母乳获取营养与免疫物质，母猪泌乳量和乳汁质量很大程度上决定着仔猪的成活和后期生长(Boyd and Kensinger，1998；Pluske and Dong，1998)。作为泌乳器官，乳腺在母猪一生中经历多次与怀孕相关的增殖、分化和退化循环(Neville et al.，2002)。每次循环就对应一个妊娠-泌乳周期，其中有分泌功能的乳腺上皮细胞发生了相应的增殖、侵入、分化和程序性凋亡变化，并通过葡萄糖、氨基酸、小肽、脂肪酸转运等路径摄取血液中的营养成分，在参与乳糖合成(β-1,4-半乳糖基转移酶)、乳脂合成(乙酰辅酶A羧化酶)等关键酶的作用下，经加工或直接利用形成相应的乳成分，最终分泌形成乳汁(Neville et al.，2002)。

在阅读国内外相关文献的基础上，结合本实验室的研究结果，本文综述了母猪乳腺组织在妊娠-泌乳周期生长发育过程中组织和成分变化、相关功能基因变化规律及乳脂合成与分泌相关基因表达特点。

2　母猪乳腺发育过程中组织和成分的变化

2.1　妊娠期母猪乳腺发育过程中组织和成分的变化

作为泌乳器官，乳腺在母猪一生中经历多次与怀孕相关的增殖、分化和退化循环，每次循环就对应一个妊娠-泌乳周期。在这个周期中,母猪乳腺的生长和发育主要发生在妊娠期和泌乳期,其中在妊娠期前 2/3 的时间,乳腺生长速度缓慢,在后 1/3 的时间快速生长(Hacker and Hill, 1972; Sørensen et al., 2002)。Ji 等(2006)发现,从妊娠到泌乳期,乳腺经历了明显的组织学变化,在妊娠初期乳腺中含有大量脂肪组织,母猪在妊娠第 75 天时,乳腺组织快速发育,随着妊娠的进行,乳腺腺泡组织逐渐替代脂肪组织成为泌乳组织。

Hacker 和 Hill(1972)测定了妊娠第 1、25、50、100 天母猪乳腺组织的无脂干重、DNA 含量及 RNA 含量,结果发现,相比妊娠第 1 天,妊娠第 100 天时母猪乳腺组织总的无脂干重提高了 6.5 倍,单个乳腺的 DNA 含量从 121 mg 提高到 580 mg,RNA 含量从 199 mg 提高到 1178 mg。Ji 等(2006)报道,相比妊娠第 45 天,妊娠第 112 天时母猪乳腺组织的总湿重及单个乳腺的平均湿重均显著增加,分别提高了 10 倍和 7.5 倍,单个乳腺的横切面积提高了约 3.5 倍,乳腺组织总的干重、粗蛋白和粗灰分含量也显著增加,而粗脂肪含量在妊娠期没有发生显著变化。相比妊娠第 45 天,母猪在妊娠第 112 天时,乳腺组织中干物质的相对含量降低,若以干物质为基础计算,主要是粗脂肪的相对含量降低,而粗蛋白和粗灰分的相对含量提高,即在妊娠 45 天,粗脂肪和粗蛋白的相对含量分别为 92% 和 7%,而在妊娠 112 天时,粗脂肪和粗蛋白的相对含量分别为 38% 和 59%(Ji et al., 2006)。不同位置的乳腺发育程度也不同,Ji 等(2006)报道,在母猪妊娠第 102~112 天,中部乳腺(第 3、4、5 对)的生长发育速度明显高于前部(第 1、2 对)和后部(第 6、7、8 对)乳腺,主要包括湿重、干重、粗蛋白和粗灰分含量。

2.2 泌乳期母猪乳腺发育过程中组织和成分的变化

母猪分娩后乳腺组织仍在继续生长,乳腺中的脂肪被实质组织取代,且实质组织随泌乳过程的进行而增多,从泌乳第 5 天到泌乳第 21 天,乳腺重量、大小及 DNA 含量显著增加,且随着泌乳天数的延长呈线性增加,在泌乳第 21 天达到最高值,相比泌乳第 5 天,泌乳第 21 天单个乳腺的湿重增加 210 g,大约提高了 55%,DNA 含量提高近 1 倍(Kim et al., 1999)。

随着泌乳天数的延长母猪乳腺组织中的成分会发生一系列变化,蛋白质含量呈线性增加,无脂干重呈二次曲线增加,在泌乳第 28 天时达到最高。另一方面,若以占湿重或干重的百分比计算,蛋白质和灰分的相对含量随着泌乳的进行而升高,但脂肪的相对含量则降低,母猪乳腺中无脂干物质相对含量(以湿重为基础)在整个泌乳期没有发生显著变化。乳腺组织中的氨基酸含量随泌乳的进行而升高。Trottier 等(1997)报道,泌乳期母猪乳腺组织每天摄取 188.5 g 必需氨基酸,其中 49 g 未被分泌进入乳汁中。Kim 等(1999)报道,在母猪泌乳第 5 天到第 21 天期间,母猪乳腺组织每天摄取的必需氨基酸中有 14% 的必需氨基酸在乳腺组织中积累而未被分泌到乳汁中。Richert 等(1998)报道,母猪乳腺组织中每天摄取而未被分泌到乳汁中的必需氨基酸可能被用于氧化,或转变为非必需氨基酸,或被细胞利用用于其他代谢途径。

2.3 乳成分的变化

乳成分在母猪泌乳期不同阶段会发生变化。乳糖、乳脂和乳蛋白是乳中的三大主要营养成分,初乳中乳蛋白含量显著高于常乳,乳糖、乳脂含量显著低于常乳(Klobasa et al., 1987; Csapó et al., 1996; 舒丹平, 2012)。与初乳相比,常乳中的游离氨基酸含量提高了 18%,其中主要表现在酸性氨基酸(天冬氨酸、苏氨酸、丝氨酸、谷氨酸)含量增加,而碱性氨基酸(赖氨酸、组氨酸、精氨酸)含量降低,初乳中的其他氨基酸(缬氨酸、蛋氨酸、异亮氨酸、酪氨酸、苯丙氨酸)显著高于常乳 3~8 倍(Csapó et al., 1996)。Lv 等(2015)报道,母猪初乳和常乳中总脂肪酸含量分别为(47.34±5.60) mg/g、(77.50±4.73) mg/g ($P<0.05$)其中,$C16:0$(棕榈酸)、$C18:1$(油酸)、$C18:2(n-6)$(亚油酸)三种脂肪酸含量最高,常乳中 $C12:0$、$C14:0$、$C14:1$、$C16:0$、$C16:1$、$C17:1$、$C24:1$、$C22:6(n-3)$ 含量显著高于初乳,$C20:3(n-6)$ 含量则显著低于初乳,其他脂肪酸在初乳和常乳中没有显著差异($P>0.05$)。总的而言,常乳中的从头合成脂肪酸(DNSFAs)、饱和脂肪酸(SFAs)、单不饱和脂肪酸(MUFAs)显著高于初乳。有关初乳和常乳中的矿物元素和维生素含量变化的报道较少。研究表明,初乳中的矿物元素(钾、钠、锌、铜)含量高于常乳,其他矿物元素(钙、磷、镁、铁)含量低于常乳;初乳中的维生素 C 含量高于常乳,其他维生素(A、D_3、E、K_3)基本没有差异(Csapó et al.,1996)。

3 乳腺发育过程中相关功能基因的表达规律

从怀孕后期到泌乳期,在松弛素、孕酮和雌激素等激素调节下,母猪乳腺实质组织迅速发育,随着乳腺导管、小叶和腺泡的发育,乳腺上皮细胞从怀孕后期到泌乳期经历了相对未激活分化状态到乳汁分泌的转变。在泌乳阶段,随着仔猪对母猪乳房的刺激以及乳的排空,母猪乳腺组织进一步增殖和分化,直到泌乳高峰期,从而导致大量相关的功能基因差异表达(Hurley,2001;Winn et al.,1994;Neville et al.,2001)。

本课题组运用猪基因芯片在转录水平上研究了母猪从怀孕后期到泌乳期乳腺组织基因表达的变化规律,怀孕后期与泌乳高峰期两个阶段比较,基因差异表达变化最为显著,其中 709 个基因表达上调,575 个基因表达下调;而泌乳初期与怀孕后期相比共有 428 个基因差异表达,其中上调基因 291 个,下调基因 137 个;从初乳期到泌乳高峰期 128 个基因表达上调,87 个基因表达下调;GO 和 Pathway 分析显示,从怀孕后期到泌乳高峰期,乳腺中发生的生物学进程主要与乳成分合成的底物转运及细胞内生物合成有关,下调的基因主要涉及乳腺上皮细胞的增殖(Shu et al.,2012)。

3.1 乳成分合成相关基因的表达规律

乳成分合成的底物转运是泌乳启动过程中最重要的生物学进程之一,溶质转运载体(SLC)家族基因在乳成分合成的底物转运过程中发挥着重要作用。Shu 等(2012)对母猪泌乳期高表达的 SLC 进行筛选,从怀孕后期、初乳期到泌乳高峰期母猪乳腺组织表达的 SLC 基因共 179 个(47.4%),这些基因归属于 42 个溶质转运载体亚家族,其中 102 个基因表达差异显著,64 个基因表达差异 2 倍以上,泌乳期高表达的溶质转运基因主要与乳成分合成的底物转运密切相关,如氨基酸、葡萄糖、小肽和金属离子;反之,大部分下调基因则同离子交换、有机离子转运相关。Manjarin 等(2011)证实,相比妊娠后期,泌乳期母猪乳腺组织氨基酸转运载体(SLC7A6、SLC7A7、SLC6A14、SLC7A1)mRNA 表达显著升高。Shu 等(2012)研究发现,泌乳期母猪乳腺组织中高表达的酸性氨基酸转运载体为 SLC1A1,碱性氨基酸转运载体为 SLC7A1、SLC7A6 和 SLC7A7,中性氨基酸转运载体为 SLC1A4、SLC1A5、SLC7A8 和 SLC38A2,中性和碱性氨基酸转运载体为 SLC6A14。陈宝良(2012)发现,泌乳期母猪乳腺组织表达的葡萄糖转运载体主要有 GLUT1、GLUT8、SGLT1、SGLT3 和 SGLT5,其中 GLUT1、SGLT1、SGLT3 的 mRNA 表达丰度随泌乳天数的增加而升高。Lv 等(2015)研究表明,泌乳期母猪乳腺组织表达的脂肪酸转运载体 CD36、SLC27A3、SLC27A4 的 mRNA 表达丰度随泌乳的进行而升高。

母猪乳成分合成主要包括乳糖、乳蛋白及乳脂的合成,在泌乳进行过程中乳成分合成相关基因的表达随泌乳天数的增加发生显著变化。Manjarin 等(2011)发现,相比妊娠后期,泌乳期母猪乳腺组织 α-乳清蛋白和 β-酪蛋白的 mRNA 表达显著升高。舒丹平(2012)研究结果显示,母猪泌乳期乳腺中编码 αs1-酪蛋白、αs2-酪蛋白、β-酪蛋白和 κ-酪蛋白基因 mRNA 表达丰度显著升高,Jak2-Stat5 蛋白合成信号通路相关基因的表达丰度也显著升高。陈宝良(2012)报道,乳糖合成酶 LALBA 及 β4GALT1 的 mRNA 表达丰度随泌乳天数的增加而升高。Lv 等(2015)发现,泌乳期母猪乳腺组织中与乳脂合成相关基因表达也显著升高。

3.2 细胞增殖和凋亡相关基因的表达规律

随着母猪泌乳的启动,乳腺上皮细胞的增殖率呈下降趋势,产前第 5 天为 13.1%,泌乳第 1 天降为 7.8%,尽管泌乳第 6 天细胞增殖率增加到 10.1%,但仍然低于产前阶段(Theil et al,2005)。乳腺上皮细胞的增殖和凋亡处于动态平衡,乳腺上皮细胞增殖减少标志着细胞凋亡的增加,凋亡不止只发生在乳腺的退化期,在泌乳等时期也伴随着凋亡的发生(Capuco et al.,2001;Stefanon et al.,2002)。苏志熙等(2005)通过比对家猪分娩前 7 d,分娩后 14 d 以及断奶后 7 d 凋亡抑制基因的表达序列标签(expressed sequence tag,EST)丰度,发现分娩后第 14 天凋亡抑制基因的 EST 丰度最低,而分娩前 7 d EST 丰度最高。Theil 等(2006)研究结果显示,促凋亡相关基因 caspase-3 mRNA 表达量在母猪泌乳第 1、2、4、6 天均高于产前第 5 天。侯丹熹(2013)发现,相比妊娠后期,泌乳第 1 天和第 17 天母猪乳腺组织与促凋亡相关的基因 FADD、CARD-9、caspase-4 以及 caspase-3 表达明显上调,而抑制凋亡的基因 Bcl-2 表达明显下调。这些研究结果提示,从妊娠后期到泌乳期,母猪乳腺从不完全分化状态逐渐转变为泌乳期的完全分化状态,在转录水平上,大量与凋亡相关的功能基因被激活。

4 乳脂合成与分泌的分子路径

4.1 乳脂合成与分泌的生理学过程

以泌乳期母猪乳腺每天生产 8 kg 乳汁为例(乳脂含量 5%,乳脂中 TAG 含量 > 90%),每头母猪泌乳期乳腺组织每天能够生产约 400 g 甘油三酯(TAG),整个泌乳期(以 21 d 计算)能够生产 8.4 kg TAG(Laws et al.,2009)。母猪乳脂中含量最多的脂肪酸是长链脂肪酸(LCFA),其中以棕榈酸和油酸含量最高,其次为亚油酸,而中短链脂肪酸的含量极少(Csapó et al.,1996;Laws et al.,2009)。乳脂中脂肪酸来源于乳腺组织上皮细胞的加工与合成。乳腺细胞中脂肪酸主要有三种来源:①从头合成,在脂肪合成转录因子固醇调节因子结合蛋白 1c(sterol regulatory element-binding protein-1c,SREBP-1c)及系列脂肪合成酶共同作用下从头合成脂肪酸(Barber et al.,2003);②外源获取,动物采食后富含 TAG 的血浆脂蛋白(乳糜微粒和 VLDL)经过脂蛋白脂肪酶水解生成的脂肪酸,通过乳腺上皮细胞的脂肪酸转运蛋白进入细胞内(Scow et al.,1977);③脂肪组织动员,贮存在脂肪组织内的 TAG 在激素敏感脂肪酶(hormone-sensitive lipase,HSL)的作用下被水解为甘油和游离脂肪酸,被释放入血液(血浆清蛋白),通过乳腺上皮细胞的脂肪酸转运蛋白摄入细胞内。其中,乳腺上皮细胞中的 16 碳(C16)和 18～22 碳(C18~C22)脂肪酸(包括饱和脂肪酸和不饱和脂肪酸)主要是来源于饲粮中或脂肪组织动员(Green et al.,1981;Ross et al.,1985),而短链脂肪酸(C4~C8)和中链脂肪酸(C8~C14)几乎是从头合成,LCFA(大于 C16)主要是从血液中直接摄取,C16 脂肪酸在两种来源中比例各占一半。

乳脂的合成与分泌需要多个途径共同协调完成,主要涉及脂肪酸摄取、活化和细胞内转运、脂肪酸从头合成、延长、脱饱和、TAG 合成、脂滴形成、转录调控等。主要包括:①脂肪酸摄取[极低密度脂蛋白受体(VLDLR),脂蛋白脂肪酶(LPL),脂肪酸转位酶(CD36),溶质转运家族 27(SLC27A)];②脂肪酸的活化和细胞内转运[短链脂酰 CoA 合成酶(ACSS),长链脂酰 CoA 合成酶(ACSL),脂肪酸结合蛋白(FABP),乙酰 CoA 结合蛋白(ACBP)];③脂肪酸合成[乙酰 CoA 羧化酶 α(ACACA),脂肪酸合成酶(FASN)及去饱和硬脂酰 CoA 脱饱和酶(SCD),脂肪酸脱饱和酶(FADS),超长链脂肪酸延伸酶(ELOVL)];④TAG 合成[甘油-3-磷酸乙酰转移酶(GPAM),1-酰基甘油-3-磷酸酰基转移酶(AGPAT),脂素(LPIN),二酰基甘油酰基转移酶(DGAT)];⑤脂滴的合成[嗜乳脂蛋白(BTN),黄嘌呤脱氢酶(XDH),脂滴包被蛋白(PLIN)];⑥转录调节因子[固醇调节元件结合蛋白(SREBP),SCAP(SREBP 裂解激活蛋白),INSIG(胰岛素诱导基因),THRSP(甲状腺激素应答蛋白),PPAR(过氧化物酶体增殖物激活受体),LXR(肝脏X受体)](Bionaz and Loor,2008;Mohammad and Haymond,2013;Ma and Corl,2012;Oppi-Williams et al.,2013;Kadegowda et al.,2009;McFadden and Corl,2010)。

4.2 母猪乳脂合成与分泌过程中关键基因的筛选

本课题组首先通过荧光定量PCR测定母猪妊娠后期、泌乳初期和泌乳高峰期乳腺组织中乳脂合成与分泌相关基因家族(SLC27A,ACSS,ACSL,FABP,FADS,ELOVL,AGPAT,DGAT,LPIN,PLIN,INSIG,SREBP,PPAR)(表1)各成员的mRNA表达水平,根据以下公式计算各成员基因mRNA表达丰度在该家族基因中所占比例(Bionaz and Loor,2008;de Jong et al.,2007),公式如下:

各成员基因mRNA表达丰度在该家族基因中所占比例 = $[(1/E^{\Delta Ct}_{成员基因})/\sum_{该家族各成员基因}(1/E^{\Delta Ct})] \times 100\%$,其中$E$为扩增效率,$\Delta Ct$ = (目的基因Ct - 内标基因Ct)。

结果表明,SLC27A3,ACSS2,ACSL3,FABP3,FADS1,ELOVL1,DGAT1,AGPAT1,LPIN1,PLIN2,SREBP1,INSIG1,INSIG2和PPARγ基因分别是相应家族在泌乳期母猪乳腺组织中表达量最高的成员基因,除 *PPARγ* 外,这些基因的mRNA表达随泌乳进行显著升高($P<0.05$)(Lv et al.,2015)。另外还检测了其他乳脂合成与分泌相关基因(表1)在母猪妊娠后期、泌乳初期和泌乳高峰期乳腺组织中的mRNA表达水平,根据妊娠后期、泌乳初期和泌乳高峰期乳腺组织中基因表达量较高且表达丰度上调幅度变化大,筛选出参与泌乳期母猪乳脂合成与分泌的关键基因,主要包括:脂肪酸摄取(VLDLR,LPL,CD36),脂肪酸活化(ACSS2,ACSL3,ACSL6)和细胞内转运(FABP3),脂肪酸从头合成(ACACA,FASN),脂肪酸延长(ELOVL1),脂肪酸脱饱和(SCD,FADS1),甘油三酯合成(GPAM,AGPAT1,LPIN1,DGAT1),脂滴形成(BTN2A1,XDH,PLIN2),转录调控因子(SREBP1,SCAP,INSIG1/2,PPARα)等基因(Lv et al.,2015)。

表1 乳脂合成与分泌相关基因的名称和功能

基因(gene)	描述(description)	主要生理作用(major physiological roles)
FA import into cells		
VLDLR	Very low density lipoprotein receptor	Control TAG-rich lipoprotein uptake
HSL	Hormone-sensitive lipase	Hydrolyzes stored TAG to free FA
LPL	Lipoprotein lipase	Hydrolyzes TAG in the lipoprotein core to release FA
CD36	Fatty acid translocase/CD36	FA translocation (uptake); Convert LCFA into acyl-CoA esters
SLC27A(1-6)	Solute carrier family 27 (fatty acid transporter) member	FA translocation (uptake); Convert LCFA into acyl-CoA esters
FA activation and intra-cellular transport		
ACSS(1-3)	acyl-CoA synthetase short-chain family member	Convert SCFA into acyl-CoA esters
ACSL(1,3-6)	acyl-CoA synthetase long-chain family member	Convert LCFA into acyl-CoA esters
ACBP	acyl-CoA binding protein	Intra-cellular FA transport
FABP(1-7)	Fatty acid binding protein	Intra-cellular FA transport
FA synthesis and desaturation		
ACACA	acetyl-CoA carboxylase alpha	Catalyzes carboxylation of acetyl-CoA to malonyl-CoA
FADS(1-3)	Fatty acid desaturase	FADS1,add double bonds at the $\Delta 5$ position of PUFA;FADS2,add double bonds at the $\Delta 6$ position of PUFA
SCD	Stearoyl-CoA desaturase	Add a double bonds at the $\Delta 9$ position of UFA

续表 1

基因(gene)	描述(description)	主要生理作用(major physiological roles)
FASN	Fatty acid synthase	De novo FA synthesis
ELOVL(1-7)	Elongation of very long chain fatty acids	Participate in LC-PUFAs synthesis
Triacylglycerol synthesis		
GPAM	Glycerol-3-phosphate acyltransferase, mitochondrial	Synthesis of 1-acyl-sn-glycerol-3-phosphate (lysophosphatidate, LPA)
AGPAT(1-9)	1-acylglycerol-3-phosphate O-acyltransferase	Phosphatidate (PA) synthesis
LPIN(1-3)	Lipin	Dephosphorylation of PA yielding diacylglycerol
DGAT(1, 2)	Diacylglycerol acyltransferase	TAG synthesis
Lipid droplet formation		
BTN2A1	Butyrophilin, subfamily 2, member A1	A major protein of the milk fat globule membrane
XDH	Xanthine dehydrogenase	Purine metabolism
PLIN(1-4)	Perilipin	Regulate cytoplasmic lipid droplet (CLD) accumulation
Regulation of transcription		
SREBP(1, 2)	Sterol regulatory element binding transcription factor	Regulate the lipogenesis through regulating many lipogenic genes
SCAP	Sterol response element binding protein cleavage-activating protein	Essential for the movement of SREBP isoforms from the ER to the Golgi
INSIG(1, 2)	Insulin induced gene	Alter rate of lipogenesis through regulating the responsiveness of SREBP processing via interacting with SCAP
THRSP	Thyroid hormone responsive	Regulate the lipogenesis
PPAR(α, β/δ, γ)	Peroxisome proliferator-activated receptor alpha	Regulate the lipogenesis through regulating many lipogenic target genes
LXRα	Liver X receptor alpha	Regulate the lipogenesis through regulating many lipogenic genes

4.3 母猪乳脂合成与分泌的分子路径

基于本课题组的研究结果,建立了泌乳期母猪乳脂合成与分泌的分子路径(图1)。

5 小结

母猪从妊娠到泌乳的过程中,其乳腺组织经历了显著的功能与代谢的变化以适应乳汁合成与分泌的需要,深入了解母猪乳腺生长发育过程中乳腺在组织学、组成成分、基因表达、功能及代谢的变化特点,对于解析母猪乳成分合成过程及其生物学调节具有重要理论价值。母猪乳腺乳脂合成与分泌的分子路径图的建立,为进一步研究不同来源油脂及功能性脂肪酸调节乳脂合成的机理奠定了理论依据,对于提高母猪的泌乳力及乳品质具有重要意义。

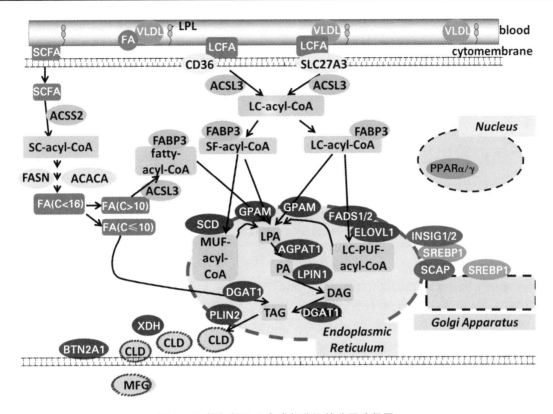

图 1 母猪乳腺 TAG 合成与分泌的分子路径图

ACACA，acetyl-CoA carboxylase alpha，乙酰 CoA 羧化酶 α；ACSL3，acyl-CoA synthetase long-chain family member 3，长链脂酰 CoA 合成酶 3；ACSS2，acyl-CoA synthetase short-chain family member 2，短链脂酰 CoA 合成酶 2；AGPAT1，1-acyl-sn-glycerol-3-phosphate acyltransferase 1，1-酰基甘油-3-磷酸酰基转移酶 1；BTN2A1，butyrophilin, subfamily 2, member A1，嗜乳脂蛋白 2A1；CD36，fatty acid translocase/CD36，脂肪酸转位酶；CLD，cytoplasmic lipid droplet，脂滴；DAG，diacylglycerol，二酰基甘油；DGAT1，diacylglycerol acyltransferase 1，二酰基甘油酰基转移酶 1；ELOVL1，elongation of very long chain fatty acids 1，超长链脂肪酸延伸酶 1；FABP3，fatty acid binding protein 3，脂肪酸结合蛋白 3；FADS1/2，fatty acid desaturase 1/2，脂肪酸脱饱和酶 1/2；FASN，fatty acid synthase，脂肪酸合成酶；GPAM，glycerol-3-phosphate acyltransferase, mitochondrial，甘油-3-磷酸乙酰转移酶；INSIG1/2，insulin-induced gene 1/2，胰岛素诱导基因 1/2；LCFA，long chain fatty acid，长链脂肪酸；LC-acyl-CoA，long chain-acyl-CoA，长链脂酰 CoA；LC-PUFA，Long-chain polyunsaturated fatty acid，长链多不饱和脂肪酸；LC-PUF-acyl-CoA，Long-chain polyunsaturated fatty-acyl-CoA，长链多不饱和脂酰 CoA；LPA，lysophosphatidic acid，溶血磷脂酸；LPIN1，lipin 1，脂素 1；LPL，lipoprotein lipase，脂蛋白脂酶；MFG，milk fat globule，乳脂小球；MUF-acyl-CoA，monounsaturated fatty-acyl-CoA，单不饱和脂酰 CoA；PA，phosphatidic acid，磷脂酸；PLIN2，perilipin 2，脂滴包被蛋白 2；PPARα/γ，peroxisome proliferator-activated receptor α/γ，过氧化物酶体增殖物激活受体 α/γ；SCD，stearoyl-CoA desaturase，硬脂酰 CoA 脱饱和酶；SF-acyl-CoA，saturated fatty-acyl-CoA，饱和脂酰 CoA；SLC27A3，solute carrier family 27 member 3，溶质转运家族 27A3/脂肪酸转运蛋白 3；SCAP，SREBP cleavage activating protein，SREBP 裂解激活蛋白；SREBP1，sterol regulatory element binding protein 1，固醇调节元件结合蛋白 1；TAG，triacylglycerol，甘油三酯；THRSP，thyroid hormone responsive，甲状腺激素应答蛋白；VLDL，very low density lipoprotein，极低密度脂蛋白；XDH，xanthine dehydrogenase，黄嘌呤脱氢酶。

参考文献

[1] 陈宝良. 母猪乳腺葡萄糖转运以及乳糖合成机制的研究. 硕士学位论文. 广州：华南农业大学，2012.

[2] 侯丹熹. 母猪乳腺凋亡基因表达差异研究及 L-肉碱对乳腺上皮细胞增殖、凋亡的影响. 硕士学位论文. 广州：华南农业大学，2013.

[3] 舒丹平. 母猪泌乳功能基因的筛选及乳腺氨基酸转运的机理研究. 博士学位论文. 广州：华南农业大学，2012.

[4] 苏志熙，董新姣，张兵，等. 泌乳前后家猪乳腺基因表达谱的构建以及不同猪种和不同发育时期差异表达基因的确

定. 中国科学 C 辑:生命科学,2005,35:462-471.

[5] Barber M C, Vallance A J, Kennedy H T, et al.. Induction of transcripts derived from promoter III of the acetyl-CoA carboxylase-alpha gene in mammary gland is associated with recruitment of SREBP-1 to a region of the proximal promoter defined by a DNase I hypersensitive site. Biochem J, 2003, 375: 489-501.

[6] Bionaz M, Loor J J. ACSL1, AGPAT6, FABP3, LPIN1, and SLC27A6 are the most abundant isoforms in bovine mammary tissue and their expression is affected by stage of lactation. J Nutr, 2008, 138: 1019-1024.

[7] Bionaz M, Loor J J. Gene networks driving bovine milk fat synthesis during the lactation cycle. BMC Genomics, 2008, 9: 366.

[8] Boyd D R, Kensinger R S. Metabolic precursors for milk synthesis. In: Verstegen M WA, Moughan P J, Scharma J W (Eds), The lactating sow. Wageningen Press, Wageningen, 1998, 71-95.

[9] Capuco A V, Wood D L, Baldwin R, et al.. Mammary cell number, proliferation, and apoptosis during a bovine lactation: relation to milk production and effect of bST. J Dairy Sci, 2001, 84: 2177-2187.

[10] Csapó J, Martin T G, Csapó-Kiss Z S, et al.. Protein, fats, vitamin and mineral concentrations in porcine colostrum and milk from parturition to 60 days. Int Dairy J, 1996, 6: 881-902.

[11] Green M H, Dohner E L, Green J B. Influence of dietary fat and cholesterol on milk lipids and on cholesterol metabolism in the rat. J Nutr, 1981, 111: 276-286.

[12] de Jong H, Neal A C, Coleman R A, et al.. Ontogeny of mRNA expression and activity of long-chain acyl-CoA synthetase (ACSL) isoforms in Mus musculus heart. Biochim Biophys Acta, 2007, 1771: 75-82.

[13] Hacker R R, Hill D L. Nucleic acid content of mammary glands of virgin and pregnant gilts. J Dairy Sci, 1972, 55: 1295-1299.

[14] Hurley W L. Mammary gland growth in the lactating sow. Livest Produc Sci, 2001, 70: 149-157.

[15] Ji F, Hurley W L, Kim S W. Characterization of mammary gland development in pregnant gilts. J Anim Sci, 2006, 84: 579-587.

[16] Kadegowda A K, Bionaz M, Piperova L S, et al.. Peroxisome proliferator-activated receptor-gamma activation and long-chain fatty acids alter lipogenic gene networks in bovine mammary epithelial cells to various extents. J Dairy Sci, 2009, 92: 4276-4289.

[17] Kensinger R S, Collier R J, Bazer F W, et al.. Nucleic acid, metabolic and histological changes in gilt mammary tissue during pregnancy and lactogenesis. J Anim Sci, 1982, 54: 1297-1308.

[18] Kensinger R S, Collier R J, Bazer F W, et al.. Nucleic acid, metabolic and histological changes in gilt mammary tissue during pregnancy and lactogenesis. J Anim Sci, 1982, 54: 1297-1308.

[19] Kim S W, Hurley W L, Han I K, et al.. Changes in tissue composition associated with mammary gland growth during lactation. J Anim Sci, 1999, 77: 2510-2516.

[20] Klobasa F, Werhahn E, Butler J E. Composition of sow milk during lactation. J Anim Sci, 1987, 64: 1458-1466.

[21] Knight C H, Docherty A H, Peaker M. Milk yield in rats in relation to activity and size of the mammary secretory cell population. J Dairy Res, 1984, 51: 29-36.

[22] Laws J, Amusquivar E, Laws A, et al, Dodds P F, Clarke L. Supplementation of sow diets with oil during gestation: Sow body condition, milk yield and milk composition. Livest Sci, 2009, 123: 88-96.

[23] Lv Y, Guan W, Qiao H, et al.. Veterinary medicine and omics (veterinomics): metabolic transition of milk triacylglycerol synthesis in sows from late pregnancy to lactation. OMICS, 2015, 19: 602-616.

[24] Ma L, Corl B A. Transcriptional regulation of lipid synthesis in bovine mammary epithelial cells by sterol regulatory element binding protein-1. J Dairy Sci, 2012, 95: 3743-3755.

[25] Manjarin R, Steibel J P, Zamora V, et al, Ernst C W, Weber P S, Taylor N P, Trottier N L. Transcript abundance of amino acid transporters, β-casein, and α-lactalbumin in mammary tissue of perparturient, lactating, and postweaned sows. J Dairy Sci, 2011, 94: 3467-3476.

[26] McFadden J W, Corl B A. Activation of liver X receptor (LXR) enhances de novo fatty acid synthesis in bovine mammary epithelial cells. J Dairy Sci, 2010, 93: 4651-4658.

[27] Mohammad M A, Haymond M W. Regulation of lipid synthesis genes and milk fat production in human mammary epithelial cells during secretory activation. Am J Physiol Endocrinol Metab, 2013, 305: E700-716.

[28] Motyl T, Gajkowska B, Wojewódzka U, et al.. Expression of apoptosis-related proteins in involuting mammary gland of sow. Comp Biochem Physiol B Biochem Mol Biol, 2001, 128: 635-646.

[29] Neville M C, McFadden T B, Forsyth I. Hormonal regulation of mammary differentiation and milk secretion. J Mammary Gland Biol Neoplasia, 2002, 7: 49-66.

[30] Neville M C, Morton J, Umemura S. Lactogenesis. The Transition from Pregnancy to Lactation. Pediatr Clin North Am. 2001, 48: 35-52.

[31] Oppi-Williams C, Suagee J K, Corl B A. Regulation of lipid synthesis by liver X receptor α and sterol regulatory element-binding protein 1 in mammary epithelial cells. J Dairy Sci, 2013, 96: 112-121.

[32] Pluske J R, Dong G Z. Factors influencing the utilization of colostrum and milk. In: Verstegen M W A, Moughan P J, Scharma J W (Eds), The lactating sow. Wageningen Press, Wageningen, 1998, 45-70.

[33] Richert B T, Goodband R D, Tokach M D, et al.. In vitro oxidation of branched chain amino acids by porcine mammary tissue. Nutr Res. 1998, 18: 833-840.

[34] Ross A C, Davila M E, Cleary M P. Fatty acids and retinyl esters of rat milk: effects of diet and duration of lactation. J Nutr, 1985, 115: 1488-1497.

[35] Scow R O, Chernick S S, Fleck T R. Lipoprotein lipase and uptake of triacylglycerol, cholesterol and phosphatidylcholine from chylomicrons by mammary and adipose tissue of lactating rats in vivo. Biochim Biophys Acta, 1977, 487: 297-306.

[36] Shu D P, Chen B L, Hong J, et al.. Global transcriptional profiling in porcine mammary glands from late pregnancy to peak lactation. OMICS, 2012, 16: 123-137.

[37] Sørensen M T, Sejrsen K, Purup S. Mammary gland development in gilts. Livest Produc Sci, 2002, 75: 143-148.

[38] Stefanon B, Colitti M, Gabai G, et al.. Mammary apoptosis and lactation persistency in dairy animals. J Dairy Res, 2002, 69: 37-52.

[39] Theil P K, Labouriau R, Sejrsen K, et al.. Expression of genes involved in regulation of cell turnover during milk stasis and lactation rescue in sow mammary glands. J Anim Sci, 2005, 83: 2349-2356.

[40] Theil P K, Sejrsen K, Hurley W L, et al.. Role of suckling in regulating cell turnover and onset and maintenance of lactation in individual mammary glands of sows. J Anim Sci, 2006, 84: 1691-1698.

[41] Trottier N L, Shipley C F, Easter R A. Plasma amino acid uptake by the mammary gland of the lactating sow. J Anim Sci, 1997, 75: 1266-1278.

[42] Winn R J, Baker M D, Merle C A, et al.. Individual and combined effects of relaxin, estrogen, and progesterone in ovariectomized gilts. II. Effects on mammary development. Endocrinology, 1994, 135: 1250-1255.

猪免疫应激及其营养调控

刘玉兰[**] 王秀英

(武汉轻工大学动物营养与饲料科学湖北省重点实验室,武汉 430023)

摘 要:"免疫应激"在养猪生产中普遍存在,是导致猪生长抑制的重要因素之一,给养猪生产造成很大的经济损失。免疫应激是由于饲养环境中的病原体、非病原体(如细菌、病毒和内毒素等)或疫苗接种等刺激免疫系统,导致白细胞介素(IL)-1β、IL-6 和肿瘤坏死因子-α 等炎性细胞因子过量释放所致。本文综述了猪的免疫应激研究进展情况,包括研究猪免疫应激问题所采用的模型,免疫应激对猪生长、代谢和生理功能的影响,免疫应激与过氧化物酶体增殖物活化受体 γ、Toll 样受体 4 和核苷酸结合寡聚化结构域信号通路的关系。最后,阐述了不同链长脂肪酸对猪免疫应激的调控作用。

关键词:免疫应激;营养调控;脂肪酸;猪

养猪生产者很早就发现,当饲养环境条件较差或注射疫苗时,猪会出现采食量、生长速度和饲料利用率下降,进而导致上市时间延迟、生产成本增加的现象,但对这种现象发生的机制并不清楚。近二十年来,随着动物免疫学的发展,人们对动物生长速度与饲养环境、疾病之间密切的内在联系才逐渐认识清楚。饲养环境中的病原体、非病原体(如细菌、病毒和内毒素等)、疫苗或异源蛋白等会刺激动物的免疫系统,使免疫系统常处于高度激活状态,导致炎性细胞因子,如白细胞介素(IL)-1β、IL-6 和肿瘤坏死因子(TNF)-α 等过量分泌。这些炎性细胞因子会导致动物发生一系列行为上和代谢上的改变[1]。行为上的改变是指厌食、精神不振和嗜睡等;代谢上的改变是机体将用于生长和骨骼肌沉积的营养物质转向于维持高度激活的免疫系统,造成生长速度下降,饲料转化率降低,骨骼肌分解加速,合成减慢,最终导致动物生长受阻和胴体品质下降[1]。这就是所谓的"免疫应激"。免疫应激给畜牧业造成很大的经济损失。本文综述了猪的免疫应激研究进展情况,包括研究猪免疫应激问题所采用的模型,免疫应激对猪生长、代谢和生理功能的影响,免疫应激与过氧化物酶体增殖物活化受体 γ(PPARγ)、Toll 样受体(TLRs)和核苷酸结合寡聚化结构域(NODs)等信号通路的关系。最后,阐述了不同链长脂肪酸对猪免疫应激的调控作用。

1 猪的免疫应激研究进展

1.1 猪的免疫应激模型

免疫应激包括复杂的生理反应,建立合适的免疫应激模型,准确模拟免疫应激的生理过程,对进一步研究免疫应激对猪的负面影响及其营养调控措施具有重要意义。

---

[*] 基金项目:国家自然科学基金项目(31372318、31422053)
[**] 第一作者及通讯作者简介:刘玉兰(1975—),女,博士,教授,E-mail: yulanflower@126.com

造成猪免疫应激的因素很多,如猪场病原性或非病原性微生物、疫苗和异源蛋白等[1]。据此,研究者通常采用如下几种方法建立免疫应激模型:①采用不同的饲养环境。对照组饲养于干净的猪舍,免疫应激组饲养于脏的猪舍;②采用不同饲养管理模式。对照组采用"隔离早期断奶"、"全进全出"等现代饲养管理模式,最大限度地减少与猪场病原体接触,免疫应激组则采用传统管理模式,与病原体密切接触;③用活的病原体攻毒。如口服鼠伤寒沙门氏杆菌、胸膜肺炎放线杆菌和大肠杆菌K88$^+$等病原体;④注射大肠杆菌脂多糖(LPS)。目前模拟免疫应激最经典的方式是从猪腹膜或静脉注射一定剂量的LPS[2-7]。LPS存在于革兰氏阴性菌细胞膜中,是一种热稳定毒素。LPS能刺激巨噬细胞合成和分泌炎性细胞因子,如TNF-α、IL-1和IL-6,诱导猪产生急性细菌感染症状。但是,LPS免疫应激模型也存在明显的不足,主要表现为在养殖场中普遍存在的是慢性免疫应激,而LPS诱导的是急性免疫应激。

1.2 免疫应激对猪生长、代谢和生理功能的影响

当动物遭受免疫应激时,机体会合成和分泌大量炎性细胞因子,如IL-1β、IL-6和TNF-α等。传统的观点认为,炎性细胞因子主要由免疫系统(如免疫细胞,尤其是巨噬细胞)产生。然而近几年的研究发现,神经内分泌系统、胃肠道、肝脏、肌肉和脂肪等组织也能分泌炎性细胞因子[2-5]。这些细胞因子通过对靶组织的直接作用或通过作用于神经内分泌系统,引起动物行为和代谢上的改变,从而导致动物生长抑制[1]。此外,炎性细胞因子的过量释放也会导致机体组织的损伤[8]。

在免疫应激状态下,猪采食量显著下降,导致日增重降低,饲料转化效率也显著下降,从而使上市时间推迟,饲料消耗增加。免疫应激期动物食欲下降主要由TNF-α和IL-1介导,而IL-1对食欲的影响比TNF-α更大。免疫应激也降低了猪的肌肉和脂肪组织、体蛋白质和体脂肪的沉积速度,但相对于肌肉组织和体蛋白质而言,脂肪组织和体脂肪沉积速度的降低幅度要低一些,从而导致瘦肉率降低,胴体变肥,使胴体品质变差。此外,免疫应激还影响哺乳母猪体况和泌乳能力,从而影响乳猪的生产性能,使乳猪窝增重下降。

在免疫应激状态下,机体的代谢也发生显著改变。主要表现为:①蛋白质周转代谢加快,氮排泄量增加,外周蛋白质的分解加速,骨骼肌蛋白质沉积减少,但肝脏急性期蛋白合成量增加。②细胞因子通过调节脂类代谢的关键酶活性而实现对循环系统及肝脏脂类代谢的影响。如IL-1、IL-6和TNF-α一方面,通过降低脂肪组织脂蛋白酯酶的活性而降低甘油三酯的清除率;另一方面,它们可促进肝脏脂肪酸合成和非必需脂肪酸的重新酯化,导致极低密度脂蛋白增加。③肝脏内葡萄糖异生和糖原水解作用加强,导致葡萄糖合成量增加。同时,骨骼肌、心肌等外周组织的葡糖糖摄取量减少。

免疫应激也会导致机体组织的损伤。研究发现,细菌感染或LPS诱导的免疫应激均可导致肠道结构及消化、吸收和屏障功能受损[8,9]。LPS可刺激肝脏枯否细胞分泌大量TNF-α,造成肝脏结构和功能损伤[10]。此外,LPS也可以抑制肌肉蛋白质的合成,促进肌肉蛋白质降解[11],降低肌肉重量、肌纤维横截面积并导致肌肉萎缩[12-13]。

1.3 PPARγ、TLR4和NODs信号通路对猪免疫应激的调控

从动物免疫应激的特点来看,免疫应激与炎症具有一定的相似性。目前,在免疫学和生物物理学等学科领域发现,PPARγ、TLRs和NODs等信号通路对炎症具有重要调节作用[14]。因而,我们推测这些信号通路可能参与猪免疫应激的调控,并进行了验证。

1.3.1 PPARγ信号通路

PPARγ属Ⅱ型核受体超家族成员,为一种配体激活的核转录因子。在医学研究领域发现,PPARγ为一种重要的抗炎信号分子,可通过抑制核转录因子(NF)-κB、活化蛋白1(AP-1)和转录活化因子(STAT)等信号转录途径,在抵抗实验动物炎性疾病方面发挥重要作用[15]。鉴于此,我们推测PPARγ在仔猪的免疫应激中可能具有相似的作用。然而,我们研究发现,PPARγ对仔猪免疫应激的调控作用

具有组织特异性。在免疫系统,PPARγ 激活促进了炎性细胞因子的释放从而加剧了仔猪免疫应激反应[16];在肠道,PPARγ 激活抑制了肠道炎性细胞因子释放从而缓解了肠道损伤[17]。这表明,PPARγ 作为免疫应激的一种中间调控分子,只能局部而不能全面控制仔猪的免疫应激。有关 PPARγ 对猪免疫应激的调控作用尚需进一步验证。

1.3.2 TLR4 和 NODs 信号通路

TLRs 和 NODs 是近年来才发现的和免疫密切相关的受体家族,为一类模式识别受体(PRR),通过识别不同病原体的病原相关的分子模式(PAMP)在抗感染天然免疫和炎症反应中发挥重要作用。其中,TLRs 位于细胞膜上,而 NODs 位于细胞胞浆。TLRs 和 NODs 为机体炎性反应链的启动蛋白,二者被激活后,可以激活各自下游信号通路,导致 NF-κB 的激活,而活化的 NF-κB 可以促进炎症相关基因的表达,从而启动机体的炎症反应[14]。因此,我们预测 TLRs 和 NODs 可能参与仔猪免疫应激的调控。我们的研究结果表明,免疫应激增强了仔猪免疫组织(胸腺、脾脏和肠道淋巴结)、神经内分泌组织(下丘脑、垂体和肾上腺)、肝脏、肌肉、脂肪和肠道中 TLR4 信号通路[包括 TLR4、骨髓分化因子 88(MyD88)、白介素受体相关激酶 1(IRAK1)、肿瘤坏死因子受体相关因子 6(TRAF6)、NF-κB、TNF-α 等]和 NODs 信号通路[包括 NOD1、NOD2、受体互作蛋白激酶 2(RIPK2)等]关键基因的表达,导致各组织炎性细胞因子的过量释放,从而导致仔猪下丘脑-垂体和肾上腺轴激活,肠道和肝脏损伤,肌肉蛋白质降解增强,生产性能下降。采用相应的阻断剂抑制 TLR4、NOD1、NOD2 可以缓解这些现象[2-5,18-20]。这些研究结果表明,TLR4 和 NODs 信号通路激活可导致仔猪的免疫应激,负调控 TLR4 和 NODs 通路成为控制仔猪免疫应激的重要途径。

2 脂肪酸对猪免疫应激的调控作用

目前,通过营养调控来缓解免疫应激已成为动物营养学的重要研究方向。近 10 年来,国内外学者在这方面进行了一系列的研究,发现一些特殊的脂肪酸,如 n-3 多不饱和脂肪酸(PUFA)、共轭亚油酸(CLA)等营养素对猪的免疫应激发挥着重要调控作用。此外,中、短链脂肪酸也体现出调控猪免疫应激的潜在作用。这些研究成果为缓解猪免疫应激进而提高养猪生产水平和效益提供了重要的理论依据。

2.1 长链脂肪酸

2.1.1 n-3 PUFA

n-3 PUFA 主要包括 α-亚麻酸(ALA,C18:3n-3)、二十碳五烯酸(EPA,C20:5n-3)和二十二碳六烯酸(DHA,C22:6n-3)。n-3 PUFA 主要存在于部分植物油以及深海鱼油中[21]。我们早期研究发现,鱼油(富含 EPA 和 DHA)可有效缓解 LPS 导致的仔猪日采食量和日增重的下降[6-7]。鱼油的这种效果与其抑制血浆炎性细胞因子的过量释放,缓解生长轴(GH/IGF-1 系统)的抑制和下丘脑—垂体—肾上腺(HPA)轴的激活密切相关[6-7]。与此类似,Gaines 等[22]和 Carroll 等[23]也发现,鱼油可有效缓解 LPS 诱导的免疫反应,缓解仔猪的生长抑制。我们进一步研究发现,鱼油还可有效缓解免疫应激导致的仔猪肠道、肝脏损伤和肌肉蛋白质的降解[2-5]。鉴于 2 个重要炎症信号通路——TLR4 和 NODs 与猪免疫应激的相关性,我们进一步探讨了鱼油对 TLR4 和 NODs 信号通路的调控作用,发现鱼油显著抑制了免疫组织、神经内分泌组织、肝脏、肌肉和肠道等组织 TLR4 和 NOD2 信号通路的关键基因的表达[2-5]。这表明,鱼油可通过抑制 TLR4 和 NOD2 信号通路从而缓解免疫应激。除了鱼油之外,我们也研究了亚麻油(富含 ALA)对仔猪免疫应激的调控作用,发现亚麻油提高了肝脏和肠黏膜中总 n-3 PUFA、ALA 和 EPA 的含量,抑制了肝脏和肠道 TLR4 和 NODs 信号通路某些基因的表达,对 LPS 诱导肝脏结构和功能的损伤具有一定的缓解作用,但对肠道功能仅有轻微的保护作用,对肠道结构无改善作用[24]。这可能与 ALA 在猪体内转化为 EPA 效率较低有关。综上所述,在 n-3PUFA 中,富含 EPA 和 DHA 的鱼油是一种有效缓解猪免疫应激的重要营养素。

2.1.2 CLA

CLA 是亚油酸(C18:2n-6)的一组异构物的总称,其分子结构中 2 个双键被共轭链接,表现出顺式及反式两种空间构型[25]。关于 CLA 缓解免疫应激引起的猪生长抑制和组织损伤已得到证实。Bassaganya-Riera 等[26]探讨了不同饲养环境条件下(干净或脏的饲养环境)CLA 对仔猪生长性能的影响,发现较差的饲养环境导致仔猪生长受阻,而日粮中添加 CLA 可缓解这种由不良饲养环境引起的生长抑制。Lai 等[27]进一步探讨了 CLA 对 LPS 诱导的仔猪免疫应激的调控作用,发现日粮中添加 2% CLA 可缓解 LPS 刺激引起的仔猪日增重降低。CLA 也抑制了 LPS 引起的血浆 IL-6、TNF-α、急相期蛋白(α-AGP)和 PGE$_2$ 含量的升高,降低了脾脏和胸腺 IL-1β、IL-6 和 TNF-α mRNA 相对含量,但增强了 PPARγ 的活性及其 mRNA 丰度,提高了 PPARγ 内源配体 15d-PGJ$_2$ 的含量。这表明 CLA 可通过提高 PPARγ 的活性及 mRNA 表达,抑制炎性细胞因子的产生,从而缓解 LPS 引起的生长抑制。CLA 也可有效缓解免疫应激导致的组织的损伤。Bassaganya-Riera 等[28]和 Hontecillas 等[29]采用细菌诱导的结肠炎模型,发现 CLA 可缓解结肠炎症,这与其诱导 PPARγ 的表达和抑制 IFNγ 的表达密切相关。

2.2 中链脂肪酸

中链脂肪酸指含有 6～12 个碳原子的脂肪酸,主要包括己酸、辛酸、癸酸和月桂酸,其酯化形式为中链甘油三酯(又称中链脂肪)。中链脂肪酸或酯能显著提高新生仔猪的平均日增重,改善断奶时的成活率[30],改善宫内发育迟缓和正常体重断奶仔猪肝脏能量代谢和线粒体生物合成[31],缓解肝脏氧化应激[32]。中链脂肪酸也具有抗菌和抗病毒的功能,可对仔猪肠道微生物菌群起到一定的调节作用,如降低食糜沙门氏菌和大肠杆菌的含量[33-35]。在鼠上的研究表明,中链脂肪酸或酯具有降低炎症的作用[36-37]。Papada 等[36]发现,在 TNBS 诱导的小鼠结肠炎模型中,中链脂肪降低了结肠 IL-6、IL-8 和细胞间黏附分子-1 水平。Kono 等[37]研究表明,中链甘油三酯可缓解 LPS 刺激导致的小鼠回肠炎性细胞因子(TNF-α、IL-18)或趋化因子(巨噬细胞炎性蛋白-2、单核细胞趋化蛋白-1)mRNA 表达量的升高,提高回肠和派尔集合淋巴结 IL-10 mRNA 表达量。目前,关于中链脂肪酸对猪免疫应激的研究很少见报道。我们最近的研究发现,辛、癸酸甘油酯可抑制 TLR4 和 NODs 信号通路相关基因的 mRNA 表达,进而降低肠道和肝脏炎性介质的表达,缓解免疫应激对仔猪肠道和肝脏的损伤[38]。有关中链脂肪对猪免疫应激的影响尚需进一步验证。

2.3 短链脂肪酸

短链脂肪酸(SCFA)指碳原子数少于 6 的脂肪酸,包括乙酸、丙酸和丁酸,主要由结肠微生物发酵日粮纤维产生[39]。这些 SCFA 为结肠细胞的主要能源,可为结肠细胞提供 60%～70% 的能量。目前,有关 SCFA 在猪上的研究主要集中在肠道健康方面。Fang 等[40]研究表明,日粮中添加 0.1% 丁酸钠可显著降低仔猪断奶后腹泻,提高血清 IgG 水平和空肠 IgA$^+$ 细胞数,改善肠道的完整性。与此类似,我们早期研究也发现,日粮中添加 0.5% 三丁酸甘油酯可提高早期断奶仔猪的日增重、日采食量和增重/耗料比,降低腹泻率,改善肠道形态学,提高肠道二糖酶的活性[41]。此外,我们近来研究发现,在 10% 乙酸诱导的仔猪结肠炎模型中,日粮添加 0.1% 三丁酸甘油酯可抑制肠细胞凋亡,促进紧密连接蛋白的形成,激活表皮生长因子受体信号,从而缓解肠道损伤[42]。Ferrara 等[43]发现,SCFA 可提高断奶仔猪空肠上皮 CD2-CD8-γδ T 细胞(一种抵抗传染病的效应细胞)比例,提高了肠道免疫力。目前,有关 SCFAs 对猪免疫应激的研究较少。在鼠上的研究表明,SCFA 为重要的信号转导分子和表观遗传调控因子,可通过激活 G 蛋白偶联受体(GPR41、GPR43、OLFR78、GPR109A),抑制组蛋白去乙酰化酶

（HDAC），对炎症和机体代谢发挥重要调节作用[39,44-45]。鉴于免疫应激与炎症的类似性，我们推测SCFA可能是缓解猪免疫应激的一种重要营养素，然而，该推测还需要进一步验证。

3 小结

免疫应激是由于饲养环境中的病原体、非病原体或疫苗接种等刺激猪的免疫系统，导致炎性细胞因子过量释放所致。TLR4和NODs等与炎症密切相关的信号通路参与了猪免疫应激的调控。营养调控是缓解免疫应激的重要手段。一些特殊的脂肪酸，如 n-3 PUFA、CLA 等可有效缓解免疫应激导致的生长抑制和组织损伤等负面影响。此外，中、短链脂肪酸也体现出调控免疫应激的潜在作用。这些研究成果为缓解猪免疫应激进而提高养猪生产水平和效益提供了重要的理论依据。

参考文献

[1] Gabler N K, Spurlock M E. Integrating the immune system with the regulation of growth and efficiency[J]. Journal of Animal Science, 2008, 86 (14 Suppl): E64-74.

[2] Chen F, Liu Y, Zhu H, et al.. Fish oil attenuates liver injury caused by LPS in weaned pigs associated with inhibition of TLR4 and nucleotide-binding oligomerization domain protein signaling pathways[J]. Innate Immunity, 2013, 19(5): 504-515.

[3] Liu Y L, Chen F, Odle J, et al.. Fish oil enhances intestinal integrity and inhibits TLR4 and NOD2 signaling pathways in weaned pigs after LPS challenge[J]. Journal of Nutrition, 2012, 142(11): 2017-2024.

[4] Liu Y L, Chen F, Li Q, et al.. Fish oil alleviates activation of hypothalamic-pituitary-adrenal axis associated with inhibition of TLR4 and NOD signaling pathways in weaning pigs after an LPS challenge[J]. Journal of Nutrition, 2013, 143(11): 1799-1807.

[5] Liu Y L, Chen F, Odle J, et al.. Fish oil increases muscle protein mass and modulates Akt/FOXO, TLR4 and NOD signaling in weaning piglets after LPS challenge[J]. Journal of Nutrition, 2013, 143(8): 1331-1339.

[6] Liu Y L, Gong L M, Li D F, et al.. Effects of fish oil on lymphocyte proliferation, cytokine production and intracellular signaling in weanling pigs[J]. Archives of Animal Nutrition, 2003, 57(3): 151-165.

[7] Liu Y L, Li D F, Gong L M, et al.. Effects of fish oil supplementation on the performance and the immunological, adrenal, and somatotropic responses of weaned pigs after an Escherichia coli lipopolysaccharide challenge[J]. Journal of Animal Science, 2003, 81(11): 2758-2765.

[8] Liu Y. Fatty acids, inflammation and intestinal health in pigs[J]. Journal of Animal Science and Biotechnology, 2015, 6(1): 41.

[9] Zhu H, Liu Y, Chen S, et al.. Fish oil enhances intestinal barrier function and inhibits corticotropin-releasing hormone/corticotropin-releasing hormone receptor 1 signalling pathway in weaned pigs after lipopolysaccharide challenge[J]. British Journal of Nutrition, 2016, 115(11): 1947-1957.

[10] Wu H, Liu Y, Pi D, et al.. Asparagine attenuates hepatic injury caused by lipopolysaccharide in weaned piglets associated with modulation of Toll-like receptor 4 and nucleotide-binding oligomerisation domain protein signalling and their negative regulators[J]. British Journal of Nutrition, 2015, 114(2): 189-201.

[11] Liu Y, Wang X, Wu H, et al.. Glycine Enhances Muscle Protein Mass Associated with Maintaining Akt-mTOR-FOXO1 Signaling and Suppressing TLR4 and NOD2 Signaling in Piglets Challenged with LPS[J]. American Journal of Physiology-Regulatory Integrative and Comparative Physiology, 2016, 25: ajpregu. 00043.

[12] Schakman O, Dehoux M, Bouchuari S, et al.. Role of IGF-I and the TNFα/NF-κB pathway in the induction of muscle atrogenes by acute inflammation[J]. American Journal of Physiology-Endocrinology and Metabolism, 2012, 303(6): E729-739.

[13] Verhees K J, Pansters N A, Baarsma H A, et al.. Pharmacological inhibition of GSK-3 in a guinea pig model of LPS-induced pulmonary inflammation: II. Effects on skeletal muscle atrophy[J]. Respiratory Research, 2013, 14: 117.

[14] De Nardo D. Toll-like receptors: Activation, signalling and transcriptional modulation[J]. Cytokine. 2015,74(2): 181-189.

[15] Houshmand G, Mansouri M T, Naghizadeh B, et al.. Potentiation of indomethacin-induced anti-inflammatory response by pioglitazone in carrageenan-induced acute inflammation in rats: Role of PPARγ receptors[J]. International Immunopharmacology,2016,38:434-442.

[16] Liu Y, Shi J, Lu J, et al.. Activation of peroxisome proliferator-activated receptor-gamma potentiates pro-inflammatory cytokine production, and adrenal and somatotropic changes of weaned pigs after Escherichia coli lipopolysaccharide challenge[J]. Innate Immunity,2009,15(3):169-178.

[17] Fan W, Liu Y L, Wu Z F, et al.. Effects of rosiglitazone, an agonist of the peroxisome proliferator-activated receptor gamma, on intestinal damage induced by Escherichia coli lipopolysaccharide in weaned pigs[J]. American Journal of Veterinary Research,2010,71: 1331-1338.

[18] 陈少魁,刘玉兰,李权,等.脂多糖刺激对仔猪下丘脑-垂体-肾上腺轴 Toll 样受体 4 信号通路关键基因表达的影响[J].动物营养学报,2014(11):3356-3361.

[19] 王海波,刘玉兰,李权,等.脂多糖对仔猪下丘脑-垂体-肾上腺轴内应激基因和 NOD 信号通路关键基因表达的影响[J].中国畜牧杂志,2015,51(1):20-24.

[20] 涂治骁,刘玉兰,吴欢听,等.脂多糖刺激对仔猪肠道、肝脏和肌肉组织 NODs 信号通路关键基因及其负调控因子 mRNA 表达的影响[J].中国畜牧杂志, 2016,52(11):35-38.

[21] Jacobi S K, Lin X, Corl B A, et al.. Dietary arachidonate differentially alters desaturase-elongase pathway flux and gene expression in liver and intestine of suckling pigs[J]. Journal of Nutrition,2011,141(4):548-553.

[22] Gaines A M, Carroll J A, Yi G F, et al.. Effect of menhaden fish oil supplementation and lipopolysaccharide exposure on nursery pigs. II. Effects on the immune axis when fed simple or complex diets containing no spray-dried plasma[J]. Domestic Animal Endocrinology,2003,24(4):353-365.

[23] Carroll J A, Gaines A M, Spencer J D, et al.. Effect of menhaden fish oil supplementation and lipopolysaccharide exposure on nursery pigs. I. Effects on the immune axis when fed diets containing spray-dried plasma[J]. Domestic Animal Endocrinology,2003,24(4):341-351.

[24] 王海波.亚麻油对脂多糖诱导仔猪肠道和肝脏损伤的调控作用[D].硕士学位论文.武汉:武汉轻工大学,2016:39.

[25] Larsen T M, Toubro S, Astrup A. Efficacy and safety of dietary supplements containing CLA for the treatment of obesity:evidence from animal and human studies[J]. Journal of Lipid Research,2003,44(12):2234-2241.

[26] Bassaganya-Riera J, Hontecillas-Magarzo R, Bregendahl K, et al.. Effects of dietary conjugated linoleic acid in nursery pigs of dirty and clean environments on growth, empty body composition, and immune competence[J]. Journal of Animal Science,2001,79(3):714-721.

[27] Lai C, Yin J, Li D F, et al.. Conjugated linoleic acid attenuates the production and gene expression of proinflammatory cytokines in weaned pigs challenged with lipopolysaccharide[J]. Journal of Nutrition,2005,135(2):239-244.

[28] Bassaganya-Riera J, King J, Hontecillas R. Health benefits of conjugated linoleic acid: Lessons from pig models in biomedical research[J]. European Journal of Lipid Science & Technology,2004,106(12):856-861.

[29] Hontecillas R, Wannemeulher M J, Zimmerman D R, et al.. Nutritional regulation of porcine bacterial-induced colitis by conjugated linoleic acid[J]. Journal of Nutrition,2002,132(7):2019-2027.

[30] Casellas J, Casas X, Piedrafita J, et al.. Effect of medium- and long-chain triglyceride supplementation on small newborn-pig survival[J]. Preventive Veterinary Medicine,2005,67(2/3):213-221.

[31] Zhang H, Li Y, Hou X, et al.. Medium-chain TAG improve energy metabolism and mitochondrial biogenesis in the liver of intra-uterine growth-retarded and normal-birth-weight weanling piglets[J]. British Journal of Nutrition,2016,115(9):1521-1530.

[32] Zhang H, Chen Y, Li Y, et al.. Medium-chain TAG attenuate hepatic oxidative damage in intra-uterine growth-retarded weanling piglets by improving the metabolic efficiency of the glutathione redox cycle[J]. British Journal of Nutrition,2014,112(6):876-885.

[33] Messens W, Goris J, Dierick N, et al.. Inhibition of Salmonella typhimurium by medium-chain fatty acids in an in

vitro simulation of the porcine cecum[J]. Veterinary Microbiology,2010,141(1-2):73-80.

[34] Zentek J,Buchheit-Renko S,Männer K,et al.. Intestinal concentrations of free and encapsulated dietary medium-chain fatty acids and effects on gastric microbial ecology and bacterial metabolic products in the digestive tract of piglets[J]. Archives of Animal Nutrition,2012,66(1):14-26.

[35] Zentek J,Ferrara F,Pieper R,et al.. Effects of dietary combinations of organic acids and medium chain fatty acids on the gastrointestinal microbial ecology and bacterial metabolites in the digestive tract of weaning piglets[J]. Journal of Animal Science,2013,91(7):3200-3210.

[36] Papada E,Kaliora A C,Gioxari A,et al.. Anti-inflammatory effect of elemental diets with different fat composition in experimental colitis[J]. British Journal of Nutrition,2014,111(7):1213-1220.

[37] Kono H,Fujii H,Asakawa M,et al.. Medium-chain triglycerides enhance secretory IgA expression in rat intestine after administration of endotoxin[J]. American Journal of Physiology:Gastrointestinal and Liver Physiology,2004,286(6):G1081-1089.

[38] 陈少魁. 中链脂肪酸对脂多糖诱导仔猪肠道和肝脏损伤的调控作用[D]. 硕士学位论文. 武汉:武汉轻工大学,2016:48.

[39] Kasubuchi M,Hasegawa S,Hiramatsu T,et al.. Dietary gut microbial metabolites, short-chain fatty acids, and host metabolic regulation[J]. Nutrients,2015,7(4):2839-2849.

[40] Fang C L,Sun H,Wu J,et al.. Effects of sodium butyrate on growth performance,haematological and immunological characteristics of weanling piglets[J]. Journal of Animal Physiology and Animal Nutrition,2014;98(4):680-685.

[41] Hou Y Q,Liu Yl,Hu J,et al.. Effects of lactitol and tributyrin on growth performance, small intestinal morphology and enzyme activity in weaned pigs[J]. Asian Australasian Journal of Animal Sciences,2006,19(10):1470-1477.

[42] Hou Y,Wang L,Yi D,et al.. Dietary supplementation with tributyrin alleviates intestinal injury in piglets challenged with intrarectal administration of acetic acid[J]. British Journal of Nutrition,2014,111(10):1748-1758.

[43] Ferrara F,Tedin L,Pieper R,et al.. Influence of medium-chain fatty acids and short-chain organic acids on jejunal morphology and intra-epithelial immune cells in weaned piglets[J]. Journal of Animal Physiology and Animal Nutrition,2016. doi: 10.1111/jpn.12490.

[44] Vinolo M A,Rodrigues H G,Nachbar R T,et al.. Regulation of inflammation by short chain fatty acids[J]. Nutrients,2011,3(10):858-876.

[45] Remely M,Aumueller E,Merold C,et al.. Effects of short chain fatty acid producing bacteria on epigenetic regulation of FFAR3 in type 2 diabetes and obesity[J]. Gene,2014,537(1):85-92.

家禽营养与饲料科学

家禽净能体系的构建与应用研究进展*

杨亭** 贾刚*** 赵华 陈小玲 刘光芒 田刚 蔡景义 王康宁

(四川农业大学动物营养研究所,雅安 625014)

摘 要:目前家禽营养中使用的能量体系为代谢能(ME),但是 ME 体系并没有考虑到动物代谢时的体产热,也无法区别饲料中能量用于维持与和生产的比例。而净能(NE)体系恰好能够解决这两个问题,因此在动物生产中有更大的优势。目前在反刍动物和猪的生产中 NE 体系已经广泛采用,而家禽的 NE 需要量及常用饲料净能值的研究尚处在起步阶段,因此本文综述了家禽采用 NE 体系的优势、评定方法及结果,最后参照 AA 的 SID 评定方法,提出标准化 NE 评定方法的建议。

关键词:净能;需要量;饲料;影响因素;评定;家禽

引言

在动物饲养中,准确评价动物的营养需要量以及饲料中养分的有效含量非常重要。动物能量的评价体系包括总能(GE)、消化能(DE)、代谢能(ME)和净能(NE)体系,但是 DE 体系和 ME 体系高估了饲料中蛋白质和纤维的能量利用率[1],低估了淀粉和脂肪的能量利用率[2]。而且不同养分的 AME 转化为 NE 的效率也是不同的,以肉鸡为例,饲料中粗蛋白、脂质、非细胞壁碳水化合物、淀粉的 NE/AME 比例为 0.760、0.862、0.798、0.806[3]。其原因在于动物采食饲料后,饲料中不同成分的热增耗(HI)不同:蛋白质(40%)、碳水化合物(18%)、脂肪(10%)[4],因此 NE 体系能够准确地描述饲料中真正用于维持和生产的能量。Noblet 等(1994)通过间接测热法建立了猪的 NE 体系[5],但是在家禽的研究上还处在起步阶段,仅有少量的 NE 需要量和饲料 NE 值的研究。因此,本文将讨论家禽 NE 的评定方法、最新的结果及影响因素,并提出标准化 NE 评定方法的建议。

1 净能体系的优势

1.1 NE 体系更能准确地表征饲料有效能值

准确地评定饲料能值并确定动物的能量需要量是动物营养学关注的焦点。NE 体系在 ME 体系的基础上进一步考虑了动物采食后由于体内消化代谢导致的能量损失,即热增耗(HI),扣除 HI 后的 NE 是动物真正用于维持和生产的能量[4]。ME 转化为 NE 的效率受饲料成分的影响,玉米与豆粕相比,虽然其代谢能相同(15.27 MJ/kg),但是玉米的 NE 含量比豆粕高很多[5],其原因在于豆粕中的蛋白质含

---

* 基金项目:四川省科技支撑计划(2013NZ0054,科创饲料产业技术研究院)
** 第一作者简介:杨亭(1989—),男,博士,E-mail:yangtingly@126.com
*** 通讯作者:贾刚,教授,E-mail:jiagang700510@163.com

量较高,较高的 HI 降低了豆粕的 NE 含量。饲料中的纤维含量[6]、蛋白含量[7]和脂肪含量[8]也会影响转化效率。ME 用于维持和生产的效率也存在较大差异,反刍动物中 ME 用于生长肥育的效率为 40%～60%,用于妊娠的效率为 10%～30%,而猪上 ME 用于生长的效率为 71%,用于妊娠的效率为 10%～20%[4]。同样 ME 用于合成蛋白质和脂肪的效率也是不同的,猪的 ME 用于脂肪沉积或维持的效率为 80%,蛋白质沉积的效率为 60%,产奶的效率为 70%[9]。因此,相对于 ME 体系,NE 体系更加准确地反映了饲料中真正被动物利用的能量,因此能更准确地评价饲料的有效能值。

1.2 采用 NE 体系可降低饲料成本

动物饲料成本占到了生产成本的 50% 以上,调整豆粕、鱼粉等昂贵的蛋白原料的使用是降低生产成本的有效方法之一。Rademaeher(2001)等采用 NE 体系配制生长猪和肥育猪饲料时,饲料成本降低了 2.1 美元/t 和 2.0 美元/t[10],生长猪的每千克增重成本降低 6.8%,育肥猪的每千克增重成本降低 9.49%[11]。在蛋鸡生产中采用 NE 体系配制饲料,对动物的生产不会产生影响,同时饲料成本较低[12]。王子强(2012)等采用净能体系配制蛋鸡饲料时,蛋白含量由 16.5% 降低至 14.5%,虽降低了蛋壳质量和哈氏单位,但对生产性能没有影响[13]。因此,采用 NE 体系配制饲料可以降低饲料成本。

1.3 采用 NE 体系可降低 N 排泄量

研究证明,饲喂以 ME 体系配制的低蛋白饲料(添加合成氨基酸)时,由于能量含量较高导致猪的胴体比较肥[14],但是以 NE 体系配制饲料时,则无此问题[15]。当饲料蛋白水平降低 4% 时,猪的胴体品质并无显著差异[11, 16],生长猪和育肥猪的饲料蛋白含量降低 2.5% 时,粪便总氮排泄量降低了 15%～20%,而生长性能和氮沉积量不受影响[17]。由于家禽的肠道较短,无法完全消化饲料中的蛋白质,因此降低饲料中的蛋白含量应能够显著降低排泄物中的氮,但是遗憾的是,在家禽上还没有相关的报道。

1.4 采用 NE 体系有利于非常规饲料资源的利用

由于 NE 已考虑了饲料不同养分 ME 的转化效率,因此,在配制饲料时只需要考虑饲料中 NE 的含量以及动物的 NE 需要量即可。我国的蛋白质原料短缺,尤其是优质的蛋白质饲料,而众多农副产品如菜粕、棉粕则相对比较丰富,可用做优质蛋白质饲料的代替原料。若原料的有效能值使用 NE 表示,那么为动物提供的能量便不会因原料的不同而有实质性的差异,因此可以提高非常规饲料的利用率。

2 净能评定的方法

2.1 家禽 NE 需要量的评定

动物 NE 需要量的评定可分为两种方法:综合法和析因法。

2.1.1 综合法

根据"维持需要和生产需要"的统一原理,计算在某生理阶段、生产水平下对能量的总需要量,并不对能量用途进行划分。利用生长实验结合屠宰实验确定动物对能量的需要量,通过设置不同的能量水平,以达到最佳生产水平时的能量水平为动物的 NE 需要量。

家禽的 NE 需要量研究起步较晚,饲料原料 NE 值也不完善,于叶娜等[18]使用三种 NE 水平的饲料饲喂康达尔黄羽肉鸡,得到最适宜 NE 水平为 8.69 MJ/kg。但在此结果中,作者仅已知玉米和豆粕的 NE 值,推测得到配合饲料的 NE 值,因此,此方法所测数据可能与实际有一定误差。

2.1.2 析因法

析因法测定 NE 需要量可分为:①测定动物的热增耗(HI)获得 NE,即 ME－HI＝NE。②将动物的 NE 需要划分为动物维持需要（NE_m）和沉积需要（NE_p）两部分，NE_m 加上 NE_p 即为动物的 NE 需要量。

1. 热增耗的测定

（1）直接测热法：将动物置于测热室中，记录采食量、收集粪尿、脱落的皮屑和甲烷（反刍动物），测定其能量，使用测热装置测定动物扩散至周围环境中的热量。对动物能量的收支计算后，即可计算动物的净能需要量。然而此方法使用的装置昂贵，操作繁琐。

（2）间接测热法：是根据呼吸熵的原理，通过测定动物在采食前后所消耗的氧气和产生的二氧化碳与甲烷量，利用 Brouwers[19] 的计算公式即可得到动物采食后的产热量，但是由于呼吸测热设备造价昂贵，限制了使用的广泛性。而且 Milgen 对此方法提出了异议，认为限制动物的正常活动，所得数据并不能真实的体现动物在正常情况下的产热量[20]。

2. NE_m 的测定

NE_m 的测定包括绝食代谢法和回归法。绝食代谢法是指直接测定禁食动物的产热，又称为禁食产热（FHP），测定方式同 HI 的测定，若条件不足时可使用屠宰法进行，但仅限小型动物，如家禽等。该方法的缺点是当动物处于饥饿条件时，动物机体的代谢发生变化，无法正确地体现动物的 NE_m[21]。回归法是根据回归公式得到 FHP，计算公式采用 Lofgreen[22] 提出的对数模型 $\lg HP = a + b MEI$（HP 指体产热），通过设定自由采食组和梯度限饲组，将 $\lg HP$ 和 MEI（食入代谢能）进行线性回归，假设 MEI=0 时即为禁食产热 FHP，此时 FHP 等价为 NE_m。

3. NE_p 的测定

动物沉积净能是动物饲养试验末期和试验初期动物体内沉积的能量值差，可用沉积能量（RE）表示。测定方法有比较屠宰法和碳氮平衡法。

（1）比较屠宰法即通过测定试验前后动物的体沉积能量，能量的测定可以使用氧弹式测热仪直接测定动物的体能量，也可以通过测定体内脂肪、蛋白的含量然后通过能量转换系数计算得到[23]。

（2）碳氮平衡法即通过收集粪尿并测定碳氮含量，同时用呼吸测热装置检测二氧化碳和甲烷产生量。测定饲料、粪便、尿液、甲烷和 CO_2 中的 C 和 N 的含量，根据 C、N 与蛋白质、脂肪的比例计算体内沉积的脂肪和蛋白质的含量，进而计算出沉积的能量。

在测定 NE_p 时，小型动物可以采用比较屠宰法，而大型动物更适合采用碳氮平衡法。在家禽的研究中可以使用间接测热的方式测定 NE_p[24]，但更多的是采用比较屠宰法测定 NE_p[25-26]。

2.2 饲料原料 NE 的测定

饲料有效能值的测定有多种方法，排空强饲法是国家评定鸡饲料代谢能值的标准方法，但是强饲法只能饲喂一种饲料原料。在评定非常规饲料原料时，如棉粕、菜籽粕，由于原料的毒性，限定了此方法的应用。另一种评定方法是顶替法，即在动物饲料中将待评价饲料原料按照一定比例替换基础饲料，测定两种饲料的能值，经过计算后即可得到待评价饲料原料的能值，此方法更适用于非常规饲料的 ME、NE 值的测定。

3 净能的测定结果

近年来 NE 在家禽上的研究主要体现在采用比较屠宰法和回归法测定家禽的 NE 需要量、饲料原料 NE 值的测定和建立 NE 值的预测模型。

3.1 家禽 NE 需要量

目前有关家禽 NE 需要量的研究尚在起步阶段,已测定的家禽仅限于有限的品种,Sakomura 等[27]提出了不同的母鸡的净能需要量模型:

肉鸡产蛋母鸡 $NE = W^{0.75}(90.977-1.108T)+3.58WG+1.54EM$

产蛋母鸡 $NE = W^{0.75}(118.5-1.638T)+4.34WG+1.49EM$

肉仔鸡 $NE = W^{0.75}(212.83-9.658T+0.188T^2)+9.37G_f+5.66G_p$

以及不同周龄的种母鸡的 NE 模型。

式中:NE 为鸡的净能需要量,kJ/(只·d);$W^{0.75}$ 为鸡的代谢体重;T 为环境温度;WG 为鸡的日增重,g/(只·d);EM 为产蛋量,g/(只·d);G_f 为脂肪沉积量,g/(只·d);G_p 为蛋白质沉积量,g/(只·d)。

可见肉鸡与蛋鸡、不同生理阶段的蛋鸡其 NE 需要量存在差异。于乐晓等[28]采用饥饿法结合比较屠宰法测定 2~3 周龄天府肉鸭 NE 需要量为 $NE = 577.03BW^{0.75}+10.71\Delta W$;$NE_m$ 为 577.03 kJ/(kg $BW^{0.75}$·d),NE_p 为 10.71 kJ/g;樱桃谷鸭 NE 需要量[29]为 $NE = 549.54BW^{0.75}+10.41\Delta W$;$NE_m$ 为 549.54 kJ/(kg $BW^{0.75}$·d),NE_p 为 10.41 kJ/g,式中 W 为肉鸭的体重,研究结果表明不同肉鸭的 NE 需要也存在明显差异。高亚俐等[30]采用综合法测定 1~21 日龄艾维茵肉鸡 NE 需要量为 9.89 MJ/kg。于叶娜等[18]采用饥饿法结合比较屠宰法测定 1~21 日龄黄羽肉鸡的 NE 需要量为 8.27~8.69 MJ/kg。从这些结果可以看出:不同家禽种类、不同品种、不同生理时期的 NE 需要量存在差异,而且评定的方法可能也需要研究统一。

3.2 饲料净能含量

饲料原料 NE 值的测定主要集中在能量原料和蛋白质原料,Sarmiento-Franc 等[31]在测定原料的 TME 和 HI 的基础上测算出驱虫苋叶粉与麸皮粉对小公鸡而言的 NE 值分别为 3.86 MJ/kg 和 0.53 MJ/kg。Carré 等[3]采用比较屠宰法测定肉鸡(21~35 日龄)的黄玉米、小麦、豆粕、菜粕、苜蓿粉的 NE 值为 10.52 MJ/kg、9.24 MJ/kg、7.38 MJ/kg、4.96 MJ/kg、3.25 MJ/kg。国内测定饲料原料 NE 值多采用比较屠宰法,高亚俐[32]在艾维茵肉鸡上测定玉米、豆粕的净能值为 10.34 MJ/kg、6.62 MJ/kg,李再山[33]测定菜粕和棉粕的 NE 值为 4.72~7.22 MJ/kg 和 4.73~7.08 MJ/kg。恒宗锦[34]在黄羽肉鸡上测定玉米和豆粕的 NE 值为 9.17~10.33 MJ/kg 和 4.53~5.19 MJ/kg,张琼莲[35]测定玉米、豆粕、麦麸、米糠、菜粕、棉粕的 NE 值分别为 11.49 MJ/kg、7.62 MJ/kg、5.20 MJ/kg、9.86 MJ/kg、4.90 MJ/kg、5.22 MJ/kg,陈玉娟[36]测定 25 种棉粕的 NE 值为 5.00~7.48 MJ/kg,申攀[37]测定 15 种玉米的 NE 值为 10.22~10.96 MJ/kg。李杰[38]在天府肉鸭上测定 30 种豆粕的 NE 值为(6.69±0.53) MJ/kg,米成林[39]测定 36 种玉米的 NE 值为(9.44±0.35) MJ/kg。孟红梅[40]在樱桃谷肉鸭上测定 32 种棉粕的 NE 值为(5.04~7.30) MJ/kg,王泽法[41]测定 31 种菜粕的 NE 值为(5.59±0.69) MJ/kg;王旭莉[12]在产蛋母鸡上测定玉米豆粕的 NE 值分别为 11.97 MJ/kg 和 8.15 MJ/kg。Ning 等[24]在产蛋母鸡上采用间接测热法和碳氮平衡法测定玉米、DDGS 和麦麸的 NE 值为 9.41 MJ/kg、7.53 MJ/kg、4.77 MJ/kg。从这些结果可以看出饲料原料提供给不同家禽的 NE 是不一致的,同时原料生产的年份、产地、测定方法等因素也会影响原料的 NE 值。因此,有必要针对不同家禽测定不同原料 NE 值以充实饲料原料数据库,同时还应充分考虑到不同来源的饲料原料特性(characterization)。

3.3 饲料净能值的预测模型

Noblet(1994)[5]通过测定 61 种配合饲料的化学成分并结合 NE 实测值建立了 11 个 NE 预测模型,由此推动了猪 NE 体系的应用。在家禽饲料 NE 值的预测中,有不少研究也探讨了饲料 NE 值与其化学成分（chemical composition）之间的相关、回归关系，与饲料 NE 值相关性较高的化学成分包括脂肪、淀粉、粗纤维、蛋白质等。另外使用近红外光谱分析技术（NIRS）可建立相应的 NE 预测模型，且 NIRS 模型的 R^2 值更接近 1，模型的拟合度更高[33,36,37,39,42]。

4 净能评定的标准化

4.1 影响净能测定的因素

家禽饲料净能的测定受到多种因素的影响，如肉鸡分别饲喂 13% 和 21% 蛋白含量的饲料，发现高蛋白饲料组肉鸡的 HP 更高[43]。在家禽饲料中使用 DDGS 等非常规饲料时 HP 升高，NE/ME 比例降低[25]。饲料成分的不同会改变饲料 NE/AME 的比值，以低蛋白饲料和低脂肪饲料饲喂肉鸡时，低脂肪组 HP 高 2%，而能量沉积效率则降低 16%[44]。

蛋鸡在绝食后第 3 天 FHP 显著低于第 2 天[45]，体重较大的肉鸡 FHP 较高[46]。不同动物、不同饲料成分的 NE/ME 也是不相同的，猪消化过程中蛋白质、淀粉、脂肪转化为净能的效率分别为 58%、82%、90%[47]，而肉鸡中相应成分的转化效率分别为 76.0%、80.6%、86.2%[3]。

当环境温度从 33℃ 下降到 23℃ 时，生长猪的 FHP 下降了 16%[48]。肉种鸡在 15℃、22℃ 和 30℃ 时，随着温度升高，ME_m 和 NE_m 均降低[49]，肉仔鸡在 13℃、23℃ 和 32℃ 时 NE_m 呈先升高后降低的趋势[50]。同样，笼养日本鹌鹑和欧洲鹌鹑在 18℃、24℃ 和 28℃ 时，NE_m 随着温度升高而降低，而且笼养条件下 NE_m 低于地面平养时 NE_m[51]。

采用饥饿法和回归法测定动物的 FHP 时，生长猪采用饥饿法测定的 FHP 较高[52]，而高亚俐在肉仔鸡上结果却表明回归法测定的 FHP 较高[32]，其原因是生长猪的饥饿时间为 24 h，胃肠道中的内容物尚未完全消化导致消化产热过高。

4.2 AA 的 SID 的测定

在氨基酸消化率的测定中，为了解决不同方法得到的结果差异大、可比性较差、无法应用于生产实践的问题，Stein（2005，2007）[53-54]提出了 AA 的标准回肠消化率（SID），随后欧洲的德国和荷兰提出了标准化的 SID 测定方法，两者的区别如表 1 所示[55]。

表 1 德国与荷兰 AA 的 SID 测定方法的比较

项目	德国	荷兰
动物	最小 20 kg	40~100 kg
栏舍温度	20℃（20~60 kg）或 18℃（大于 60 kg）	17~26℃
饲喂条件	两次饲喂，颗粒粒度为 2.5 mm（谷物和粕类）和 3.5~5 mm（粗纤维较高饲料）	两次饲喂，饲喂量为维持代谢能需要量的 2.4 倍，颗粒粒度 2~4 mm
预实验时间	10 d（收集食糜前最少 3 d）	5 d（收集食糜前最少 3 d）
食糜采集方法	无	回肠瘘管
食糜的采集	2×12 h 制，每日两次，采集时间至少 48 h	至少两个采食间隔
处理重复数	无	4 个重复

5 标准化的 NE 评定方法

由上文可知，在测定动物 NE 需要量及饲料 NE 值时受到多种因素的影响，那么如何避免由于不同的实验条件导致的评定结果差异呢？参考 AA 的 SID 评定方法，我们也应对家禽 NE 评定的条件标准化。以下几点需要考虑：

（1）动物因素：在测定动物的 NE 需要量和评定饲料原料 NE 值时，要考虑动物的品种、动物所处生理阶段或状态，并根据不同动物采用不同的测定方法。对于快速生长型家禽，如肉鸡、肉鸭等，可采用饥饿法和比较屠宰法；对于产蛋的家禽，可以采用呼吸测热的方法。

（2）饲养管理：动物的饲养温度应根据动物的最适区间设定，光照、饮水、采食方式均应根据物种的习性采用不同的方式。以肉鸭为例，圈舍温度维持在(28±2)℃，试验全期 24 h 给予光照，采用乳头式自由饮水，每天 8:00 和 20:00 饲喂两次。

（3）饲料因素：动物的饲料最好采用颗粒饲料，饲料中各种原料比例应适当，防止营养成分不足或过量。评定饲料原料 NE 值时替代比例要适当，有毒的饲料原料还应酌情降低替代比例。如棉粕，因含有游离棉酚，在动物饲料中用量不应超过 20%。

（4）实验时间：试验开始前动物应禁食 24～36 h 以排空肠道内容物。饥饿法测定 NE_m 不应太长，以 24 h 为宜，回归法测定 NE_m 时需要严格控制动物的采食量，同时试验期不应太长。对于快速生长型动物，还应注意动物不同周龄之间的差异。

（5）样品的采集与检测：参考代谢能评定的国家标准化规程。

小结

综上所述，NE 在动物生产上具有显著的优势，本文对家禽 NE 的评定方法和当前家禽 NE 的研究工作进行了总结，家禽 NE 的评定方法可采用比较屠宰法结合饥饿法进行测定，但是工作量较大。家禽 NE 的评定受到多种因素的影响，如动物本身、饲养环境、饲料组成、测定方法，而且目前尚无标准化的 NE 评定方法。因此，参考 AA 的 SID 评定方法，本文提出了标准化 NE 评定方法的建议。

参考文献

[1] Just A. The net energy value of crude (catabolized) protein for growth in pigs[J]. Livestock Production Science, 1982, 9(3): 349-360.

[2] Van Milgen J, Noblet J, Dubois S. Energetic efficiency of starch, protein, and lipid utilization in growing pig[J]. Nutrition, 2001(131): 1309-1318.

[3] Carréa B, Lessirea M and Juin H. Prediction of the net energy value of broiler diets[J]. Animal, 2014, 8(9): 1395-1401.

[4] 杨凤. 动物营养学[M]. 北京：中国农业出版社, 2001.

[5] Noblet J, Fortune H, Shi X S and Dubois S. Prediction of net energy value of feeds for growing pigs[J]. Journal of Animal Science, 1994, 72(2): 344-354.

[6] Goff Le, Noblet J. Comparative digestibility of dietary energy and nutrients in growing pigs and adult, sows[J]. Journal of Animal Science, 2001, 79(9): 2418-2427.

[7] Macleod M G. Fat deposition and heat production as responses to surplus dietary energy in fowls given a wide range of metabolisable energy: protein ratios[J]. British Poultry Science, 1991, 32(5): 1097-1108.

[8] Robert A. Swick, Shu-Biao Wu, Jianjun Zuo, et al.. Implications and development of a net energy system for broilers[J]. Animal Production Science, 2013, 53(11): 1231-1237.

[9] Noblet J, Dourmad J Y and Etienne M. Energy utilization in pregnant and lactating sows: modelling of energy requirements[J]. Journal of Animal Science, 1990, 68: 562.

[10] Rademaeher M. The net energy system for pigs-benefits in combination with reduced protein, amino acid-supplemented diets and impact on diet formulation[C]. AminoNews, Degussa AG, Hanau-Wolfgang, Germany. 2001.

[11] 张桂杰, 易学武, 鲁宁, 等. 利用净能体系配制低蛋白质日粮对生长和育肥猪生长性能与胴体品质的影响[J]. 动物营养学报, 2010, 22(3): 557-563.

[12] 王旭莉. 蛋鸡玉米和豆粕净能值的测定及其净能体系的应用[D]. 硕士学位论文. 杨凌：西北农业大学，2010.
[13] 王子强. 利用低蛋白净能拟合日粮对蛋鸡生产性能的影响研究[D]. 硕士学位论文. 泰安：山东农业大学，2012.
[14] Tuitoek K, Young L G, de Lange C F, et al.. The effect of reducing excess dietary amino acids on growing-finishing pig performance: an elevation of the ideal protein concept[J]. Journal of Animal Science, 1997, 75(6): 1575-1583.
[15] Dourmad J. Y, Henry Y, Bourdon D, et al.. Effect of growth potential and dietary protein input on growth performance, carcass characteristics and nitrogen output in growing-finishing pigs[J]. EAAP Publication (Netherlands), 1993.
[16] Kerr B J., Southern L L, Bidner T D, et al.. Influence of dietary protein level, amino acid supplementation, and dietary energy levels on growing-finishing pig performance and carcass composition[J]. Journal of Animal Science, 2003, 81(12): 3075-3087.
[17] Gatel F, Grosjean F. Effect of protein content of the diet on nitrogen excretion by pigs[J]. Livestock Production Science, 1992, 31(1): 109-120.
[18] 于叶娜, 贾刚, 王康宁. 1～21日龄黄羽肉鸡净能需要量及其真可消化赖氨酸与净能适宜比例的研究[J]. 动物营养学报, 2010, 22(6): 1536-1543.
[19] Brouwer E. Report of sub-committee on constants and factors[M]. London: Acacemic Press, 1965: 441-443.
[20] Van Milgen J, Noblet J. Partitioning of energy intake to heat, protein, and fat in growing pigs[J]. Journal of Animal Science, 2003, 81(14_suppl_2): E86-E93.
[21] Noblet J, Van Milgen J, Dubois S. Utilisation of metabolisable energy of feeds in pigs and poultry: interest of net energy systems[C]. 21st Annual Australian Poultry Science Symposium, 2010: 26.
[22] Lofgreen G P, Garrett W N. A system for expressing net energy requirements and feed values for growing and finishing beef cattle[J]. Journal of Animal Science, 1968, 27(3): 793-806.
[23] Larbier M, Leclercq B. Nutrition et alimentation des volailles[M]. Editions Quae, 1992, 171-193.
[24] Ning D, Yuan J M, Wang Y W, et al.. The net energy values of corn, dried distillers grains with solubles and wheat bran for laying hens using indirect calorimetry method[J]. Asian-Australasian Journal of Animal Sciences, 2014, 27(2): 209-216.
[25] Barekatain M, Noblet J, Wu S, et al.. Effect of sorghum distillers dried grains with solubles and microbial enzymes on metabolizable and net energy values of broiler diets[J]. Poultry Science, 2014, PS3766.
[26] Zancanela V, Marcato S, Furlan A, et al.. Models for predicting energy requirements in meat quail[J]. Livestock Science, 2015, 171: 12-19.
[27] Sakomura N K, Resende K T, Fernandes J B K, et al.. Net energy requirement models for broiler breeders, laying hens and broilers[C]. Proceedings of the 15th European Symposium on poultry nutrition, Balatonfüred, Hungary, 25-29 September, 2005, 459-461.
[28] 于乐晓, 贾刚, 赵华, 等. 2～3周龄天府肉鸭净能需要量的评定[J]. 动物营养学报, 2015, 27(11): 3391-3401.
[29] 于乐晓. 评定2～3周龄天府肉鸭和樱桃谷鸭净能需要量的研究[D]. 硕士学位论文. 雅安：四川农业大学, 2015.
[30] 高亚俐, 王康宁. 1～21日龄艾维茵肉鸡净能需要量研究[J]. 动物营养学报, 2011, 23(1): 147-153.
[31] Sarmiento-Franco L, Macleod M G, McNab J M. True metabolisable energy, heat increment and net energy values of two high fibre foodstuffs in cockerels[J]. British Poultry Science, 2000, 41(5): 625-629.
[32] 高亚俐. 回归法和饥饿法测定维持净能及0～3周龄艾维茵肉鸡净能需要量研究[D]. 硕士学位论文. 雅安：四川农业大学, 2010.
[33] 李再山. 1～21日龄艾维茵肉鸡菜粕和棉粕净能预测模型研究[D]. 硕士学位论文. 雅安：四川农业大学, 2011.
[34] 桓宗锦. 肉鸡玉米和豆粕净能的测定及其预测模型的建立[D]. 硕士学位论文. 雅安：四川农业大学, 2009.
[35] 张琼莲. 0～3周龄黄羽肉鸡菜粕、棉粕、麦麸、米糠净能测定及其对生长性能、氮利用率的影响[D]. 硕士学位论文. 雅安：四川农业大学, 2011.
[36] 陈玉娟. 化学成分及傅里叶近红外建立0～3周龄黄羽肉鸡棉粕净能预测模型的研究[D]. 硕士学位论文. 雅安：四川农业大学, 2011.

[37] 申攀. 建立0～3周龄黄羽肉鸡玉米净能近红外预测模型以及用常规化学成分建立净能的回归预测模型[D]. 硕士学位论文. 雅安：四川农业大学，2010.

[38] 李杰. 评定天府肉鸭豆粕净能的研究[D]. 硕士学位论文. 雅安：四川农业大学，2015.

[39] 米成林. 评定天府肉鸭玉米净能的研究[D]. 硕士学位论文. 雅安：四川农业大学，2015.

[40] 孟红梅. 评定棉籽粕的肉鸭净能的研究[D]. 硕士学位论文. 雅安：四川农业大学，2016.

[41] 王泽法. 评定菜籽粕的肉鸭净能含量的研究[D]. 硕士学位论文. 雅安：四川农业大学，2016.

[42] 张正帆. 应用化学成分及傅里叶近红外 建立0～3周龄黄羽肉鸡豆粕净能预测模型的研究[D]. 硕士学位论文. 雅安：四川农业大学，2010.

[43] MacLeod M G. Fat deposition and heat production as responses to surplus dietary energy in fowls given a wide range of metabolisable energy：protein ratios[J]. British Poultry Science，1991，32(5)：1097-1108.

[44] Swennen Q，Janssens G P J，Decuypere E，et al.. Effects of substitution between fat and protein on feed intake and its regulatory mechanisms in broiler chickens：energy and protein metabolism and diet-induced thermogenesis[J]. Poultry Science，2004，83(12)：1997-2004.

[45] 宁冬，呙于明，王永伟，等. 间接测热法和回归法估测棉籽粕和玉米蛋白粉在蛋鸡中的代谢能和净能值[J]. 动物营养学报，2013，25(5)：968-977.

[46] 刘伟，蔡辉益，闫海洁，等. 肉鸡体重对净能评定中总产热量和绝食产热量的影响[J]. 动物营养学报，2014，26(8)：2118-2125.

[47] Noblet J，Shi X S，Dubois S. Effect of body weight on net energy value of feeds for growing pigs[J]. Journal of Animal Science，1994，72(3)：648-657.

[48] Milgen J，Noblet J，McNamara J P，et al.. Modelling energy expenditure in pigs[J]. Modelling Nutrient Utilization in Farm Animals，2000：103-114.

[49] Sakomura N K，Silva R，Couto H P，et al.. Modeling metabolizable energy utilization in broiler breeder pullets[J]. Poultry Science，2003，82(3)：419-427.

[50] Sakomura N K，Longo F A，Oviedo-Rondon E O，et al.. Modeling energy utilization and growth parameter description for broiler chickens[J]. Poultry Science，2005，84(9)：1363-1369.

[51] Jordão Filho J，Silva J H V，Silva C T，et al.. Energy requirement for maintenance and gain for two genotypes of quails housed in different breeding rearing systems[J]. Revista Brasileira de Zootecnia，2011，40(11)：2415-2422.

[52] De Lange K，van Milgen J，Noblet J，et al.. Previous feeding level influences plateau heat production following a 24 h fast in growing pigs[J]. British Journal of Nutrition，2006，95(06)：1082-1087.

[53] Stein H H，Pedersen C，Wirt A R，et al.. Additivity of values for apparent and standardized ileal digestibility of amino acids in mixed diets fed to growing pigs[J]. Journal of animal science，2005，83(10)：2387-2395.

[54] Stein H H，Fuller M F，Moughan P J，et al.. Definition of apparent, true, and standardized ileal digestibility of amino acids in pigs[J]. Livestock Science，2007，109(1)：282-285.

[55] Mosenthin R，Jansman A J M，Eklund M. Standardization of methods for the determination of ileal amino acid digestibilities in growing pigs[J]. Livestock Science，2007，109(1)：276-281.

家禽卵黄脂肪酸结构调控研究进展

夏伦志[**] 陈丽园 吴东

(安徽省农业科学院畜牧兽医研究所,合肥 230031)

摘 要:n-3高不饱和脂肪酸(n-3PUFA)在膳食中普遍不足,常规鸡蛋(n-6):(n-3)脂肪酸比值多在(10~20):1,远超膳食推荐值(2~4):1,致使心血管疾病、类风湿性关节炎与癌症等发病率上升。本文总结了给蛋鸡饲喂多种富含n-3PUFA的日粮,可显著提高其在蛋黄中含量,降低蛋黄(n-6):(n-3)比值。n-3PUFA在蛋黄中沉积约需4周趋于稳定,同时饲喂抗氧化剂将降低其氧化易感性,提高沉积率。提供n-3脂肪酸陆地原料主要富含α-亚麻酸,代表的有亚麻、亚麻荠、大麻、鼠尾草籽、Canola菜籽、大豆等;海洋原料主要富含长链n-3PUFA,为多种鱼油、鱼粉以及海藻。当日粮饼类添加不超10%、鱼油不超3%,对蛋鸡生产性能与鸡蛋风味不会产生负面影响。其他蛋禽像蛋鸡一样也可通过日粮调控产出富ω-3 PUFA禽蛋。

关键词:n-3脂肪酸;(n-6):(n-3)比值;α-亚麻酸;长链ω-3脂肪酸;过氧化指数;蛋黄

现代西方饮食结构中n-3脂肪酸含量较低,以致食物中(n-6):(n-3)脂肪酸达到(15~20):1范畴;从中东沙特阿拉伯市场随机抽检的鸡蛋样品分析得知,其蛋黄(n-6):(n-3)脂肪酸达14.65%~18.99%[1-2]。而从中国市场随机抽取5种普通鸡蛋,其蛋黄(n-6):(n-3)脂肪酸达9.93%~14.59%,这与推荐的最佳比例(2~4):1差异仍较大[3-4]。如此比例可引起一系列疾病如心血管疾病、类风湿性关节炎与癌症等发病率上升。已有大量实验数据证明人类健康因采食缺少n-3脂肪酸食物而受到影响,同时通过改吃富含n-3脂肪酸食物而得益[5-6]。美国心脏协会(AHA)推荐增加n-3脂肪酸日摄入量可以降低心血管疾病发病风险[7]。为此,消费者越来越注重通过饮食摄取类如n-3脂肪酸这样功能营养成分,鸡蛋就是提供n-3脂肪酸的最适宜、最方便产品。改变产蛋鸡日粮脂肪酸供给,经过科学调控将直接[8]或在肝脏通过酰基链延长或者脱饱和的间接方式[9]改变蛋黄脂肪酸构成。

1 人类膳食脂肪酸营养现状

1.1 人类膳食 n-3 脂肪酸摄入量与需要量

根据调查在美国n-3脂肪酸现行人均日摄入量为1.4 g α-亚麻酸(alpha-linolenic acid,ALA,18:3 n-3)与0.2 g长链脂肪酸(>20碳n-3),但营养学家建议人均日摄入2.2 g ALA与0.65 g长链n-3脂肪酸(20:5+22:6)。由此,美国人每天还需额外增加0.8 g ALA与0.45 g长链n-3脂肪酸。美国饮食指南推荐二十碳五烯酸(eicosapentaenoic, acid, EPA, 22:5 n-3)与二十二碳六烯酸(docosahexaenoic acid, DHA, 22:6 n-3)每日摄入量为650 mg,而WHO推荐量却为300~500 mg[10]。日本学者Kiyoko Nawata等(2013)调查研究了日本孕妇膳食n-3高不饱和脂肪酸(polyunsaturated fatty acids, PUFA)

---

[*] 基金项目:安徽省家禽产业技术体系(AHCYTX-10)
[**] 第一作者简介:夏伦志(1964—),男,研究员,E-mail: xialz168@163.com

日平均摄入量为 2.7 g,确定 48.8% 的参试者已达到其本国的推荐日摄入量(dietary reference intakes, DRIs) 2.0 g,这与他们采食较多海鱼有关[11]。

世界卫生组织(WHO)和粮农组织(FAO)脂肪专家委员会于 2008 年对总脂肪和脂肪酸在人类 DRIs 方面的最新研究进行了汇总,基于此中国营养学会集国内外研究成果,于 2014 年 6 月发布了《中国居民膳食营养素参考摄入量(2013 年版)》。

由于缺乏脂肪、脂肪酸平均需要量(estimated average requirements,EAR)的研究,无法推算其推荐摄入量(recommended nutrient intake,RNI)。中国营养学会采用了 FAO(2010)提出的"宏量营养素可接受范围"(acceptable macronutrient distribution range,AMDR),其下限(L-AMDR)用于满足对能量的需求以及预防缺乏,其上限(U-AMDR)用于预防慢性非传染性疾病。而对人体必需、缺乏会影响健康的必需脂肪酸,通常依据健康人群摄入量的中位数或参照国际组织数据来制定其适宜摄入量(adequate intake,AI)。AI 与 AMDR 多采用脂肪供能占总能量百分比(%E)来表示。而对一些膳食中含量低、人体需要量也少的脂肪酸,如 EPA 和 DHA 采用绝对量(mg/d)来表示。为了避免因 EPA+DHA 缺乏导致的各种慢性病风险的增加,应考虑设定 EPA+DHA 的 AMDR[12]。

根据上述组织收集的研究成果,对 n-3 PUFA 的推荐,有证据表明其能够预防冠心病和衰老等退行性疾病的发生。对成年男性和非孕期或哺乳期女性来说,推荐每天食用 0.25 g;对孕期和哺乳期的女性来说,推荐每天摄入 DHA+EPA 0.3 g,其中 DHA 每天至少摄入 0.2 g,以保证成人健康和胎儿/婴儿的良好发育。由于过多摄入 n-3 PUFA 会增加脂质过氧化和减少胞核嘧啶的生成,因此推荐 EPA+DHA 的最高摄入量(UL)为每天 2 g[13]。

脂肪酸对健康影响数据的科学性强度,可分为四个等级,分别是可信的、很可能、可能和不充分。详细需要量见表 1[12-13]。

表 1 n-3 脂肪酸的推荐膳食摄入量

n-3 脂肪酸	年龄组	指标	占总能量百分比	证据水平
ALA	0~6 月龄	AI	0.2%~0.3%E	可信的
	6~12 月龄	AI	0.4%~0.8%E	很可能
	6~12 月龄	U-AMDR	<3%E	很可能
	12~24 月龄	AI	0.4%~0.8%E	很可能
	12~24 月龄	U-AMDR	<3%E	很可能
DHA	0~6 月龄	AI	0.10%~0.18%E	很可能
	0~6 月龄	U-AMDR	人母乳达 0.75%E 范围内无上限	可信的
	0~6 月龄	评论	ALA 可有限合成,条件必需	很可能
	6~12 月龄	AI	10~12 mg/kg bw	很可能
	12~24 月龄	AI	10~12 mg/kg bw	很可能
	0~24 月龄	评论	视网膜与大脑发育中起重要作用	可信的
EPA+DHA	2~4 岁	AI	100~150 mg/d	很可能
	4~6 岁	AI	150~200 mg/d	很可能
	6~10 岁	AI	200~250 mg/d	很可能
(n-3)PUFA	19~24 岁孕妇	AI	1.36 g/d	很可能
	25~49 岁孕妇	AI	1.26 g/d	很可能
(n-3)PUFA	成人	AMDR	0.5%~2%	可信的
ALA	成人	L-AMDR	≥0.5%	可信的
EPA+DHA	成人	AMDR	0.25~2.0 g/d	很可能

因科学证据和观念的局限性,目前对 n-6/n-3 脂肪酸摄入比值的认识,还没有令人信服的建议。

1.2 脂肪酸摄入量对人类健康影响评价

C14:0、C16:0 脂肪酸被认为位于最能导致动脉硬化的主要脂肪酸之列,C18:0 脂肪酸不在此列但被认为是易导致形成血栓的脂肪酸[14-15];相反,最近研究证明鸡蛋摄入量与血液胆固醇含量没有直接关系[16-17],鸡蛋中脂肪酸与胆固醇对维持健康来说是必需成分,不过人类饮食建议尤其强调 PUFA 的摄入。

鸡蛋含高水平 PUFA 对消费者来说是有益的,因为它会带来低的胆固醇与 LDL/HDL 比值以及较小的动脉粥样硬化风险;然而,含有较高的 PUFA 将易导致脂肪酸过氧化,因此对这类鸡蛋同时进行抗氧化剂富集将会提高鸡蛋品质[18]。为了定量评价不同脂肪酸对人类健康的影响,有研究者提出了如下公式[19]:

$$低胆固醇指数 = (C18:1+C18:2+C18:3+C20:3+C20:4+C20:5+C22:4+C22:6)/(C14:0+C16:0)$$

$$形成动脉硬化指数 = C12:0+4\times C14:0+C16:0/[\sum MUFA+\sum (n\text{-}6)+\sum (n\text{-}3)]$$

$$形成血栓指数 = C14:0+C16:0+C18:0/[0.5\times \sum MUFA+0.5\times \sum (n\text{-}6)+3\times \sum (n\text{-}3)+\sum (n\text{-}3)/\sum (n\text{-}6)]$$

注:MUFA 指单不饱和脂肪酸(molyunsaturated fatty acids)。

1.3 卵黄脂肪酸含量分布现状

BYUNG 等(2011)[20]对韩国市场采集的 20 种不同类型鸡蛋蛋黄脂肪酸分析测试,发现脂肪含量从 27.1% 到 29.2% ($P=0.3146$),水分含量从 50.4% 到 53.7% ($P<0.0001$)。所有类型鸡蛋中 MUFA 含量最高,占脂肪酸总量的 40.3%~48.2%,其在不同类型鸡蛋中含量差异显著($P<0.0001$);其次是饱和脂肪酸(saturated fatty acids, SFA)与 PUFA 分别为 34.2%~39.3% 与 15.8%~22.5%。油酸与棕榈酸是脂肪酸中含量最高的单一脂肪酸,分别占到 36.8%~45.4% 与 22.6%~26.5%;(n-6) PUFA 与(n-3)PUFA 分别占脂肪酸总量的 14.0%~21.3% 与 1.1%~1.8%,含量差异极显著,由此 n-6/n-3 比值在不同类型鸡蛋中差异也较大(8.0%~18.5%,$P=0.0525$)。所有鸡蛋中含有较高水平的(n-6) PUFA,特别是亚油酸(12.2%~18.4%),较低的(n-3) PUFA 如 EPA 与 DHA,分别低至 0.1%~0.3% 与 0.4%~1.0%。

Youssef 等(2015)[2]从沙特阿拉伯吉达市市场随机抽检的鸡蛋样品(来自 A、B、C、D 计 4 个有代表性市场,采样时间 2015 年 5~8 月份,每个样品 120 枚鸡蛋)分析得知,蛋黄中 SFA 含量(34.98%~40.41%)差异显著至极显著,其中包括辛酸、棕榈酸、硬脂酸;MUFA 含量差异显著至极显著(41.57%~46.56%),其中包括油酸、花生油酸(二十碳烯酸)、芥子酸;PUFA 含量差异不显著(15.93%~16.98%),但其中单一的亚油酸(linoleic acid, LA, 18:2 n-6)、ALA、花生四烯酸(arachidonic acid, AA, 20:4 n-6)、EPA、DHA 均差异显著;总不饱和脂肪酸含量差异不显著(58.54%~62.53%);n-3 PUFA(0.87%~1.03%)、n-6 PUFA(14.94%~16.51%)均差异不显著,n-6/n-3 为 14.64%~18.99%,差异也不显著。

由上可知,不同地区市场鸡蛋的 PUFA 含量低位值相对稳定一致(15.8%~15.9%),但高位值差距较大(16.98%~22.50%),其中(n-6) PUFA 与(n-3) PUFA 低位值分别为 14.0%~14.94% 与 0.87%~1.1%,差异较小,但高位值差距较大,分别占脂肪酸总量的 16.51%~21.3% 与 1.03%~1.8%。说明蛋鸡脂肪酸基础代谢量是比较稳定的,但因采食不同日粮所引起的含量变化是显著的。

2 影响蛋黄脂肪酸合成因素及调控实践

2.1 影响蛋黄脂肪酸合成与沉积的因素

鸡蛋脂肪酸组成受控于脂肪代谢与母鸡日粮中脂肪酸构成[21-24]。除此,还有其他几种次要因素影响其组成,如饲料添加剂添加与否[25-26],蛋鸡品系与日龄[23],日粮粗纤维水平[27-28]以及鸡群管理。另外,还受到抗氧化剂是否添加的影响[29]。

在维生素 E 对蛋黄脂肪酸组分影响研究中,向母鸡日粮中添加维生素 E,所得到的结果分别为鸡蛋中 n-3 PUFA 含量提高、不变或者下降[30-31]。针对出现的结果,可能的解释是:①由于维生素 E 具抗氧化作用,n-3 PUFA 因受到保护而含量提高,或者维生素 E 通过 D6 去饱和酶支路加强了 n-3 PUFA 的合成;②维生素 E 也许通过干扰肠道对 n-3 PUFA 的吸收与转运机制从而导致其在蛋黄中含量下降;③出现不同的研究结果决定于二种机理作用的相对强弱:维生素 E 对 n-3 PUFA 保护以及干扰 n-3 PUFA 在肠道内吸收与转运[20]。

2.2 蛋黄 n-3 脂肪酸调控实例

因世界各地饲料资源差异很大,原料中 n-3 脂肪酸的组分与含量变幅也大,因此现实中使用的营养调控方法千差万别。为了全面认识营养调控效率,现就各地使用的主要原料总结如下。

Ingrid 等(2013)[32]在母鸡上考察了饲喂亚麻饼、菜籽饼与大麻饼对其采食量、产蛋性能以及蛋黄脂肪酸成分的影响。日粮中饼类饲料用量从 5% 提高到 10%、15%,蛋黄中 LA、ALA 的含量也随之上升。饲喂亚麻饼试鸡较其他二组试鸡饲料转化率低,但其蛋黄中 n-3 脂肪酸含量最高(3.85%)、大麻饼次之(2.40%),菜饼最少(1.58%)。研究得出在蛋鸡日粮中添加不超出 10% 的饼类饲料,对蛋鸡生产性能不会产生负面影响。

亚麻籽含有抗营养因子,包括亚麻苦甙、N-谷酰胺脯氨酸,这些因素限制了其在蛋鸡日粮中的用量;在日粮中用量达 15%~20% 时就会影响蛋鸡体重、蛋大小与产蛋量。另外,有报道在日粮中添加量达 5% 时就会产生影响鸡蛋风味的物质如"鱼腥味"。基于这些不足因素影响,在蛋鸡日粮中寻找、评价替代亚麻籽原料的需求已然存在。

大麻籽及其油富含 ALA,占整个脂肪酸量的 19%~22%。另外,大麻籽因含有 24% 蛋白质与 30% 脂肪从而可作为家禽有价值的饲料源。通过提高日粮中大麻产品的用量来增加 ALA 供给,将极显著提高卵黄总脂肪中的 n-3 PUFA 含量,在日粮中分别使用最高水平大麻籽(30%)与大麻籽油(9%)情形下,相比较对照组,蛋黄中 ALA 含量提高 12 倍[分别达(152±3.56) mg 与(156±2.42) mg/蛋黄],DHA 含量提高 2~3 倍[(41.3±1.57) mg 与(43.6±1.61) mg/蛋黄][33]。

Sujatha 等(2011)[34]选用 96 只白来航蛋鸡通过提供富含 n-3 PUFA 与天然抗氧化剂的日粮,研究其对蛋黄成分的影响。试鸡被随机分配到 4 个处理组:对照组(未营养强化)、FSE 组(每千克日粮添加 150 g 亚麻籽+200 mg 维生素 E+3 g 螺旋藻)、FOSe(每千克日粮添加 20 g 鱼油+0.2 mg 有机硒(Sel-Plex)+3 g 螺旋藻)与 FSE+FOSe(每千克日粮添加 75 g 亚麻籽+10 g 鱼油+100 mg 维生素 E+0.1 mg 有机硒+3 g 螺旋藻)。结果表明 3 种营养强化日粮组试鸡蛋黄 n-3 脂肪酸水平极显著提高($P<0.01$),而 SFA 水平相应成比例下降,油酸含量没有显著变化;煮熟后的 4 组鸡蛋风味均可接受。日粮硒与维生素 E 的添加提高了蛋黄 n-3 脂肪酸水平。

韩国市场近年来倾向向蛋鸡饲料中添加一种或多种功能性原料,主要原料有:cheonggukjang(应用芽孢杆菌而不是真菌快速发酵的豆粕粉)、kimchi 乳酸菌、中草药(韩国红参、绿茶粉、大蒜、姜黄、玉竹等)、抗氧化维生素如维生素 E、维生素 C,n-3 脂肪酸、蘑菇(*Phellinus igniarius*,桑黄)等。Byung 等

(2011)[20]研究发现,不用说饲喂日粮O(添加了n-3脂肪酸)的蛋鸡,那些分别饲喂日粮A(添加了cheonggukjang)与日粮G(添加了维生素E)的蛋鸡,尽管在日粮中均未添加n-3 PUFA,但所产鸡蛋却含有较高水平的n-3 PUFA;相反,饲喂日粮E(富集维生素E)蛋鸡所产鸡蛋n-3 PUFA含量在20种鸡蛋中最低。这也进一步证明了抗氧化添加剂可强化鸡蛋n-3 PUFA的富集。

亚麻芥又称亚麻荠,原产于北欧与中亚,含ALA与LA大约占总油脂的35%与15%。亚麻芥籽榨油后副产物亚麻芥饼粗蛋白质含量约40%,残油约5%,尤其富含n-3脂肪酸,因此在动物饲料中常作为豆粕替代品。Radhika等(2012)[35]用白来航蛋鸡(29周龄)随机分到3个日粮处理组:添加0(对照组)、含亚麻芥饼5%或者10%日粮。结果得出:每日每鸡产蛋量与每打产蛋饲料采食量各组差异不显著,但采食添加亚麻芥饼5%、10%试验组日粮的试鸡较对照组所产鸡蛋,蛋中n-3脂肪酸含量分别为2.5%、3.7%,较对照组的1.1%分别提高1.9倍与2.7倍,三组中(n-6):(n-3)脂肪酸分别为6.0%、4.3%与12.4%,每枚蛋黄DHA含量分别为59 mg、78 mg、32mg。结果揭示:亚麻芥饼对家禽来说,与其他饼粕一样,在添加量不超出10%前提下是提供n-3脂肪酸的可靠来源。

Gita等(2016)[36]给产蛋鸡饲喂全脂亚麻荠、亚麻籽以评价其对蛋品质、脂肪酸构成及其免疫球蛋白Y含量影响。结果表明添加10%亚麻荠、10%亚麻籽试鸡生产性能较对照组(玉米豆粕型日粮)高;饲喂添加10%亚麻荠日粮、10%亚麻籽日粮试鸡蛋黄的ALA、EPA、DHA含量较对照组显著增加;n-3脂肪酸含量分别为3.12%、3.09%与1.19%($P<0.05$)。

Mattioli等(2016)[37]给产蛋鸡日粮添加苜蓿籽芽与亚麻籽芽,结果显著降低了试鸡血浆与蛋黄胆固醇水平,提高蛋黄n-3脂肪酸含量,这可能是由于芽中各种成分如PUFA、异黄酮、甾醇类、植物雌激素、木脂素等协同作用的结果。

Ayerza等(2001)[38]报道鼠尾草(*Salvia hispanica* L.)籽原产中美洲几个国家,但现在澳大利亚西北部的Kimberley区域已成为世界上生产鼠尾草籽最多的地方,占到世界总产量的2/3。不像亚麻籽,鼠尾草籽在配方中单独用量至14%时不会影响产蛋率、蛋重、蛋鸡增重以及鸡蛋风味。蛋黄中MUFA含量随着鼠尾草籽在配方中用量增加而下降,但随着亚麻籽用量增加而上升。

Witold等(2011)[39]在罗曼褐蛋鸡上饲喂腐殖酸脂(腐殖酸、鱼油、植物油混合物),发现将显著提高蛋黄中n-3脂肪酸含量,即甘油三酯中的ALA与磷脂中的DHA含量,磷脂中n-6/n-3比值显著下降。

叶天等(2012)[40]在产蛋鸡日粮分别添加10%黄粉虫,10%的紫苏籽,10%亚麻籽,5%黄粉虫,5%黄粉虫+5%紫苏籽,5%黄粉虫+5%亚麻籽,结果表明:与对照组相比,添加10%黄粉虫和5%黄粉虫+5%紫苏籽的试验组蛋黄脂肪酸和胆固醇含量显著变化,明显改善了蛋黄n-3 PUFA和SFA的比例。

陈秀丽等(2014)[41]研究饲粮添加不同水平裂殖壶菌(SL)粉对蛋鸡生产性能、蛋品质、血清生化指标和蛋黄DHA含量的影响。结果表明在蛋鸡饲粮中添加2% SL粉可提高蛋黄DHA含量,并且对蛋鸡生产性能和蛋品质无不良影响。在第15天蛋黄中DHA含量趋于稳定,延长试验期蛋黄DHA含量变化不大,但28 d含量最高,与15 d含量差异不显著。

一些研究者使用不同水平的鱼油(0.5%～6%),鱼粉(4%～12%)以及海藻(2.4%～4.8%)生产ω-3富集鸡蛋,发现当鱼油用量超过3%、鱼粉用量超过10%时会带来"鱼腥味"问题。但用含海藻饲料生产的"植物源鸡蛋"不会出现明显异味,并且随着其胡萝卜素在蛋黄中沉积增加,蛋黄变为深黄色,会带来一定的溢价商机[42-43]。

陆地原料主要是提供18-C ω-3脂肪酸(如ANA),而海洋原料主要提供20-C ω-3脂肪酸类如EPA,二十二碳五烯酸(docosapentaenoic acid,DPA,22:5)与DHA。陆地原料有上述的亚麻籽及油,大麻籽、亚麻荠,还有富集能力弱一点的Canola菜籽、大豆或者鼠尾草籽、腐殖酸脂等。从便利性与成本角度看,用磨碎亚麻籽来生产富ω-3脂肪酸的禽产品最佳。鱼油与海洋藻类是常见的海洋原料,鱼粉也是提供ω-3脂肪酸的原料。与亚麻籽富集ALA禽蛋不同,海洋资源主要是用来生产富集长链脂肪酸(long chain ω-3,LCω-3)如EPA,DPA与DHA禽蛋,它们在体内较ALA代谢更重要。

在其他家禽品种上调控蛋黄脂肪酸的研究报道有限。主要有 Chen 等(2014)[44]在豁眼鹅产蛋鹅日粮中添加不同比例亚麻籽(5%～15%),随着添加量上升,对产蛋鹅生产性能如产蛋率、饲料转化率均有提高,对蛋品质与繁殖性能没有显著影响,但蛋黄中 n-3 脂肪酸含量及其在后代仔鹅体内沉积率均呈线性提高。

Walber 等(2009)[45]发现在蛋鹌鹑日粮中添加亚麻籽后,蛋黄中 n-3 脂肪酸较对照组均有显著提高,n-6:n-3 比值显著下降,从对照组的 21.30% 降至 5.0% 添加组的 4.52%。由上可知通过日粮营养调控可获得类似蛋鸡一样效果。

2.3 n-3 脂肪酸沉积稳定需要的时间

给蛋鸡饲喂富含 n-3 脂肪酸试验日粮 9 d 后就发现蛋黄中有沉积,但饲喂 21 d 后在蛋黄中沉积达到稳定[36]。Neijat 等(2015)研究证实在产蛋鸡上无论是使用含大麻籽还是大麻籽油日粮,在 4 周内就可观察到富集效果[33]。Lee 等(2016)[42]给产蛋鸡饲喂添加亚麻油 0.5%、1.0% 饲料时发现,在第 4 周鸡蛋中 ALA、EPA 与 DHA 富集量趋于稳定。Marinko Petrovic 等(2012)[46]在 18 周龄罗曼褐蛋鸡上考察饲喂亚麻籽油(1%～5%)对蛋黄 n-6/n-3 比值影响,试验持续 13 周,但发现到第 5 周后,蛋黄中 n-6/n-3 脂肪酸比值就不再下降。Lawlor 等(2010)[47]在科宝-白来航蛋鸡上饲喂鱼油微胶囊,结果证实:在 21 d 饲喂试验中,最后 3 d 收集的鸡蛋样品经检测,已发现通过微胶囊补饲鱼油可显著提高长链 n-3 脂肪酸在蛋黄中沉积(141mg vs 299mg)。吴永保等(2015)[48]比较饲粮中添加微藻和亚麻籽对蛋鸡蛋黄 ω-3PUFA 沉积规律,发现饲粮中添加微藻和亚麻籽均可生产富含 ω-3 鸡蛋,微藻组和亚麻籽组蛋黄中 DHA、ω-3PUFA 含量均在第 13 天富集饱和,后出现缓慢降低趋势。由上可知,蛋黄中 ω-3PUFA 沉积稳定多数需要约 4 周时间。

3 蛋黄脂肪酸氧化稳定性

生产富含 PUFA 的功能禽蛋日益受到重视,但其同时更易受到多种因素造成的氧化变质,过氧化指数(peroxidability index,PI)作为衡量脂肪酸过氧化易感性指标之一,Cortinas(2003)[30]等推荐如下:

PI =（单烯酸脂肪酸含量×0.025)+(双烯酸脂肪酸含量×1)+(三烯酸脂肪酸含量×2)+
（四烯酸脂肪酸含量×4)+(五烯酸脂肪酸含量×6)+(六烯酸脂肪酸含量×8)

3.1 禽蛋增值以及加工方法对蛋黄 PI 值的影响

通过对韩国市场采集的 20 种不同类型鸡蛋蛋黄脂肪酸分析测试,发现其 PI 数值差异显著(25.4～38.1,$P<0.0001$),较普通日粮所产鸡蛋样品,鸡蛋样品 I(母鸡饲喂木醋、炭粉)与 L(母鸡饲喂食用硫黄、维生素 C)的 PI 值显著较低,而鸡蛋样品 O(母鸡日粮添加了 n-3 脂肪酸)与 P(母鸡饲喂甲壳素、牛磺酸与维生素)的 PI 值显著较高,较高的 PI 值会导致对脂肪酸氧化较大易感性[20]。

张瑞等(2015)[49]以 n-3 脂肪酸强化鸡蛋为原料,分析比较不同烹饪方法(水煮蛋、荷包蛋、煎鸡蛋、鸡蛋糕)对蛋黄中 EPA,DHA 及胆固醇含量的影响。结果得出经不同烹饪方法处理后蛋黄中 EPA,DHA 均有不同程度的损失,其中煮鸡蛋的损失率最低。

考虑实际生产中大多数营养强化的增值鸡蛋,都是来自那些采食含有各种易氧化或者抗氧化饲料原料的日粮母鸡所产,因此不同类型鸡蛋对应的 PI 值差异很大。由此从蛋黄脂肪氧化性角度看,食用营养增值鸡蛋存在有利与不利两种可能性。

3.2 增值型禽蛋 PI 值与过氧化物以及丙二醛含量关系

鸡蛋的 PI 数值与其过氧化物以及丙二醛含量没有显著相关性,这点揭示不管鸡蛋的 PI 数值大小,其具有天生抵抗脂肪氧化的特征。鸡蛋脂肪氧化稳定性部分决定于：①天然抗氧化剂存在，类如天然维生素E、胡萝卜素与卵黄高磷蛋白（蛋黄中主要的磷化蛋白，具有多个亲和金属位点），以及②蛋黄中低密度脂蛋白的外层结构，那里磷脂与蛋白质交互在一起，具有阻止氧进入内核脂肪的功用。

4 小结

普通鸡蛋的(n-6)：(n-3)脂肪酸比值绝大多数分布在(10～20)：1之间，远未达到推荐的最佳比例：(2～4)：1，日粮营养调控空间很大。不同市场鸡蛋的(n-6)PUFA与(n-3)PUFA占脂肪酸总量的低位值分别在14.0%～14.94%与0.87%～1.1%之间，差异幅度较小；但高位值分别为16.51%～21.3%与1.03%～1.8%，差距幅度较大。以富集ALA为主的陆地原料有亚麻、大麻、亚麻荠产品，还有富集能力弱一点的Canola菜籽、大豆、鼠尾草籽、腐殖酸脂等；以富集长链脂肪酸如EPA、DPA与DHA为主的海洋原料有各种鱼油、鱼粉与海藻。上述饼粕类添加量在10%以内，鱼油不超3%时不会对蛋禽生产性能产生负面影响。通过日粮营养调控在蛋黄中富集ALA、EPA与DHA等n-3PUFA，富集量约需4周时间趋于稳定；其他蛋禽像蛋鸡一样可以获得类似的富集效果。

参考文献

[1] Simopoulos A. Human requirement for n-3 polyunsaturated fatty acids.[J]. Poultry Science, 2000, 79: 961-970.

[2] Youssef A A, Mohammed A. A, Mohamed A K, et al.. Fatty acid and cholesterol profiles and hypocholesterolemic, atherogenic, and thrombogenic indices of table eggs in the retail market.[J]. Lipids in Health and Disease, 2015, 14: 136.

[3] 孙丽华, 肖秋霞. 蛋黄中ω-6和ω-3脂肪酸含量检测及强化研究[J]. 饲料与畜牧, 2015(8): 36-39.

[4] National Health and Medical Research Council (NHM-RC). Nutrient Reference Values for Australia and New Zealand, including Recommended Dietary Intakes[R]. Common Wealth of Australia, 2006: 37.

[5] Connor W. Importance of n-3 fatty acids in health and disease [J]. Animal Clinic Nutrition 2000, 71: 171-175.

[6] Leaf A, Kang J X, Xiao Y F, et al.. Clinical prevention of sudden cardiac death by n-3 polyunsaturated fatty acids and mechanism of prevention of arrhythmias by n-3 fish oils[J]. Circulation, 2003, 107(21): 2646-2652.

[7] Kris-Etherton P M, Harris W S, Appel L J. For the Nutrition Committee. AHA scientific statement. Fish consumption, fish oil, omega-3 fatty acids, and cardiovascular disease[J]. Circulation, 2002, 106: 2747-2757.

[8] Watkins B A, Feng S, Strom A K, et al.. Conjugated linoleic acids alter the fatty acid composition and physical properties of egg yolk and albumen[J]. Agriculture Food Chemistry, 2003, 51: 6870-6876.

[9] Cherian G, Wolf F W, Sim J S. Dietary oils with added tocopherol: effects on egg or tocopherol, fatty acids, acid oxidative stability [J]. Poultry Science, 1996, 75: 423-431.

[10] Kris-Etherton P M, Taylor D S, Yu-Poth S, et al.. The polyunsaturated fatty acids in the food chain in the United States [J]. Animal Clinic Nutrition, 2000, 71: 178-179.

[11] Kiyoko Nawata, Mika Yamauchi, Shin Takaoka, et al.. Association of n-3 Polyunsaturated Fatty Acid Intake with Bone Mineral Density in Postmenopausal Women [J]. Calcif Tissue International, 2013, 93: 147-154.

[12] 中国营养学会. 中国居民膳食营养素参考摄入量(2013版). 北京：科学出版社, 2014.

[13] 刘兰, 刘英惠, 杨月欣. WHO/FAO新观点：总脂肪&脂肪酸膳食推荐摄入量[J]. 中国卫生标准管理, 2010, 1(3): 67-71.

[14] Laudadio V, Tufarellim V. Influence of substituting dietary soybean meal for dehulled-micronized lupin (Lupinus albus cv. Multitalia) on early phase laying hens production and egg quality[J]. Livestock Science, 2010, 140: 184-188.

[15] Hosseini-Vashan S J, Sarir H, Afzali N, et al.. Influence of different layer rations on atherogenesis and thrombogenesis indices in egg yolks[J]. Birjand University of Medical Sciences, 2010, 17(4): 265-273.

[16] Lee A, Griffin B. Dietary cholesterol, eggs and coronary heart disease risk in perspective[J]. Nutrition Bull, 2006,

31:21-27.

[17] Qureshi A I, Suri F K, Ahmed S, et al.. Regular egg consumption does not increase the risk of stroke and cardiovascular diseases[J]. Medical Science Monitor, 2007,13: 1-8.

[18] 王欣,康波,周瑞进,等. 亚麻籽、维生素 E、乙氧基喹啉对蛋鸡生产性能及蛋黄 ω-3PUFA 富集的影响[J]. 营养学报,2007,29(6):610-613.

[19] Fernández M, Ordóñez J A, Cambero I, et al.. Fatty acid compositions of selected varieties of Spanish dry ham related to their nutritional implications[J]. Food Chemistry,2007,9:107-112.

[20] Byung Yong Lee, Mi Ae Jeong, Jeonghee Surh. Characteristics of Korean Value-added Eggs and Their Differences in Oxidative Stability [J]. Food Science Biotechnology, 2011,20(2):349-357.

[21] Boso Kmo, Murakami A E, Duarte Cra, et al.. Fatty acid profile, performance and quality of eggs from laying hens fed with crude vegetable glycerine[J]. International Poultry Science,2013,12(6):341-347.

[22] King E J, Hugo A, De Witt F H,et al.. Effect of dietary fat source on fatty acid profile and lipid oxidation of eggs [J]. South Africa Animal Science, 2012,42(5):503-506.

[23] Kucukyilmaz K, Bozkurt M, Herken E N,et al.. Effects of rearing systems on performance, egg characteristics and immune response in two layer hen genotype[J]. Asian-Australasian Journal of Animal Sciences. 2012,25:559-568.

[24] Al-Harthi M A, El-Deek A A, Attia Y A. Impacts of dried whole eggs on productive performance, quality of fresh and stored eggs, reproductive organs and lipid metabolism of laying hens[J]. British Poultry Science, 2011,52:333-344.

[25] Attia Y A, Abdalah A A, Zeweil H S,et al.. Effect of inorganic or organic selenium supplementation on productive performance, egg quality and some physiological traits of dual-purpose breeding hens[J]. Czech Journal of Animal Science,2010,55:505-159.

[26] Surai P F, Sparks N H C. Designer eggs: from improvement of egg composition to functional food[J]. Trends Food Science Technology,2001,12:7-16.

[27] Al-Harthi Ma, El-Deek A A. Effect of different dietary concentrations of brown marine algae (Sargassum dentifebium) prepared by different methods on plasma yolk lipid profiles, yolk total carotene lutein plus zeaxanthin of laying hens[J]. Italian Journal of Animal Science,2012;11(64):347-353.

[28] Al-Harthi M A, El-Deek A A, Attia Y A,et al.. Effect of different dietary levels of mangrove (Laguncularia racemosa) leaves and spices supplementations on productive performance, egg quality, lipids metabolism and metabolic profiles in laying hens[J]. British Poultry Science, 2009,50:700-708.

[29] Laudadio V, Ceci E, Edmondo M B,et al.. Dietary high-polyphenols extra-virgin olive oil is effective in reducing cholesterol content in eggs[J/OL]. Lipids Health Dis. 2015, 14 (5) (2015-07-28)doi:10. 1186/s12944-015-0001-x.

[30] Galobart J, Barroeta A C, Baucells M D,et al.. Effect of dietary supplementation with rosemary extract and α-tocopheryl acetate on lipid oxidation in eggs enriched with ω3-fatty acids[J]. Poultry Science,2001, 80: 460-467.

[31] Cortinas L, Galobart J, Barroeta A C,et al.. Change in α-tocopherol contents, lipid oxidation, and fatty acid profile in eggs enriched with linolenic acid or very long-chain ω3.
polyunsaturated fatty acids after different processing methods[J]. Science Food Agriculture,2003, 83: 820-829.

[32] Ingrid Halle, Friedrich Schöne. Influence of rapeseed cake, linseed cake and hemp seed cake on laying performance of hens and fatty acid composition of egg yolk [J]. Journal of Consumer Protection and Food Safety,2013,8:185-193.

[33] M Neijat,M Suh, J Neufeld,et al.. Hempseed Products Fed to Hens Effectively Increased n-3 Polyunsaturated Fatty Acids in Total Lipids, Triacylglycerol and Phospholipid of Egg Yolk [J/OL]. Lipids,(2015-10-29)DOI 10. 1007/s11745-015-4088-7.

[34] T Sujatha, D Narahari. Effect of designer diets on egg yolk composition of 'White Leghorn' hens[J]. Food Science Technology, 2011,48(4):494-497.

[35] Radhika Kakani,Justin Fowler,Akram-Ul Haq,et al.. Camelina Meal Increases Egg n-3 Fatty Acid Content Without Altering Quality or Production in Laying Hens[J]. Lipids,2012(47):519-526.

[36] Gita Cherian, Nathalie Quezada. Egg quality, fatty acid composition and immunoglobulin Y content in eggs from laying hens fed full fat camelina or flax seed[J]. Journal of Animal Science and Biotechnology, 2016, 7(15):1-8.

[37] S Mattioli, A Dalbosco, M Martino, et al.. Alfalfa and flax sprouts supplementation enriches the content of bioactive compounds and lowers the cholesterol in hen egg[J]. Journal of Functinal Foods, 2016, (22) 454 - 462.

[38] Ayerza R, Coates W. Omega-3 enriched eggs: the influence of dietary alpha-linolenic fatty acid source on egg production and composition[J]. Canada Journal of Animal Science, 2001, 81:355-362.

[39] Witold Gładkowski, Grzegorz KieŁBowicz, Anna Chojnacka, et al.. Fatty acid composition of egg yolk phospholipid fractions following feed supplementation of Lohmann Brown hens with humic-fat preparations [J]. Food Chemistry, 2011, 126:1013-1018.

[40] 叶天,赵淑娟,敬璞. 多不饱和脂肪酸在鸡蛋蛋黄中的富集作用[J]. 食品工业,2012,33(6):90-92.

[41] 陈秀丽,岳洪源,李连彬,等. 裂殖壶菌粉对蛋鸡生产性能、蛋品质、血清生化指标和蛋黄二十二碳六烯酸含量的影响[J]. 动物营养学报,2014,26 (3):701-709.

[42] Jun-Yeong Lee, Sang-Kee Kang, Yun-Jeong Heo, et al.. Influence of Flaxseed Oil on Fecal Microbiota, Egg Quality and Fatty Acid Composition of Egg Yolks in Laying Hens [J]. Current Microbiology, 2016, 72:259-266.

[43] Lemahieu C, Bruneel C, Ryckebosch E, et al.. Impact of different omega-3 polyunsaturated fatty acid (n-3 PUFA) sources (flaxseed, Isochrysis galbana, fish oil and DHA Gold) on n-3 LC-PUFA enrichment (efficiency) in the egg yolk [J]. Journal of Functional Foods, 2015, 19:821-827.

[44] W Chen, Y Y Jiang, J P Wang, et al.. Effects of dietary flaxseed meal on production performance, egg quality, and hatchability of Huoyan geese and fatty acids profile in egg yolk and thigh meat from their offspring [J/OL]. Livestock Science, 2014(164):102-108(2014-03-01)http://www.elsevier.com/locate/livsci.

[45] Walber Arantes Da Silva, Alberto Henrique Naiverti Elias, Juliana Aparecida Aricetti, et al.. Quail egg yolk (Coturnix coturnix japonica) enriched with omega-3 fatty acids [J/OL]. Food Science and Technology, 2009(42): 660-663 (2008-08-05)http://www.elsevier.com/locate/ lwt.

[46] Marinko Petrovic′, Milica Gačić, Veseljko Karačić, et al.. Enrichment of eggs in n-3 polyunsaturated fatty acids by feeding hens with different amount of linseed oil in diet[J/OL]. Food Chemistry, 2012,(135):1563-1568(2012-06-02)http:// www.elsevier.com/locate/ food chem.

[47] J. B. Lawlor, N. Gaudette, T. Dickson, et al.. Fatty acid profile and sensory characteristics of table eggs from laying hens fed diets containing microencapsulated fish oil [J/OL]. Animal Feed Science and Technology, 2010(156): 97-103(2010-01-03)http:// www.elsevier. com/locate/anifeedsci.

[48] 吴永保,杨凌云,闫海洁,等. 饲粮中添加微藻和亚麻籽提高鸡蛋黄中 ω-3 多不饱和脂肪酸含量对比研究[J]. 动物营养学报,2015,27(10):3188-3197.

[49] 张瑞,何丽丽,郭莹,等. ω-3 脂肪酸强化鸡蛋在不同烹饪方法中的营养损失[J]. 中国食物与营养,2015,21 (8):64-68.

家禽肠道健康营养调控研究进展

李玉龙* 杨欣 杨小军**

(西北农林科技大学动物科技学院,陕西杨凌 712100)

摘 要:家禽肠道健康主要反映为高效的营养物质消化吸收功能和完善的肠道黏膜免疫和屏障功能,涉及肠道消化吸收、肠道黏膜组织形态、微生物区系组成及肠道免疫功能状态等诸多方面。营养改善家禽肠道健康是保障家禽健康、促进家禽高效和优质养殖、实现无抗养殖的重要基础。本文综述了近几年家禽肠道健康营养调控的研究现状,着重阐述饲粮养分与肠道消化酶活性、肠道组织形态、肠道微生物区系和免疫稳态等的相互关系,并初步探讨了营养素通过改变表观遗传修饰进而调控家禽肠道健康的可能性,为进一步挖掘营养素调控家禽肠道健康的新方法提供参考。

关键词:肠道健康;黏膜屏障;微生物区系;营养表观遗传;家禽

肠道既是动物主要的消化吸收器官,也是机体免疫屏障的重要组成部分。完整的肠道黏膜组织形态、平衡的肠道微生物区系及健全的肠道免疫防御功能可为家禽的健康生长及优质生产奠定基础。在家禽养殖过程中,饲养环境(病原菌入侵,高温应激等)的多变、免疫程序和药物使用的不当等因素会造成家禽肠道组织负荷过重,肠黏膜的完整性受到破坏,肠道通透性增加,肠道内菌群失调,进而发生细菌移位,致使炎性介质和细胞因子大量释放,加剧机体炎症,从而导致家禽生产性能下降,养殖过程抗生素依赖性增强等不良后果。本文将从家禽肠道功能特点及影响家禽肠道健康的因素入手,探讨营养素在不同层面上对家禽肠道健康的调控作用。

1 家禽肠道功能特点

家禽肠道的主要功能包括三方面:消化吸收功能、屏障功能和黏膜免疫功能。肠道的消化吸收功能保证家禽对饲料营养的消化利用效率;肠道屏障功能防止家禽肠腔内有害物质进入体内影响机体健康;肠道黏膜免疫在维持肠道免疫稳态、系统免疫功能和免疫耐受等方面发挥重要作用。家禽肠道健康的营养调控必须要全面考虑上述三方面的功能。

1.1 肠道的消化吸收功能

家禽小肠是营养物质吸收的主要场所,小肠黏膜结构的发育会直接影响家禽对营养物质的消化吸收功能。肠道绒毛高度和隐窝深度是衡量肠道形态的重要指标,肠绒毛实质性变长会增加小肠吸收面积,提高营养物质吸收率,隐窝深度变浅则说明细胞成熟率上升,分泌功能增强[1,2]。另外,肠道中消化

---

* 第一作者简介:李玉龙(1988—),男,博士
** 通讯作者:杨小军,教授,E-mail: yangxj@nwsuaf.edu.cn

酶的浓度以及肠道营养素转运载体的表达量也同样是家禽正常的消化吸收功能的重要指标,其高低可以直接受到饲粮中营养素的调控并进而改善肠道对营养素的消化吸收功能。

1.2 肠道的屏障功能

家禽肠道的屏障功能是指肠道能够防止肠腔内的有害物质(如细菌和各种毒素)穿过肠黏膜进入体内其他组织器官和血液循环的结构和功能的总和,可分为机械屏障、化学屏障、微生物屏障和免疫屏障[3]。机械屏障的主要组成部分是肠黏膜上皮细胞和细胞间紧密连接结构(紧密连接、黏附连接、桥粒和缝隙连接),可选择性吸收营养物质,并阻止肠腔内有害物质如细菌和毒素等进入体内[4]。化学屏障主要由杯状细胞和肠上皮细胞分泌的黏蛋白和肠道内的各种分泌物(如胃酸、胆汁、溶菌酶、抗菌肽、黏多糖和水解酶等)构成,黏蛋白主要通过与肠上皮细胞竞争性结合细菌黏附结合位点,减少细菌与肠上皮细胞的接触。微生物屏障主要由肠道中的正常菌群组成,通过分泌抗菌物质和黏附于黏液层来抑制病原菌的黏附定殖。免疫屏障主要由肠道淋巴组织及免疫细胞构成,通过分泌免疫球蛋白、细胞因子和干扰素等维持肠道稳态。

1.3 肠道黏膜免疫功能

肠道微生物降解和代谢产物可作为肠道病原模式分子激活肠道免疫系统,诱导对应的特异性和非特异性免疫[5]。肠道微生物组成的微生态系统是一个动态平衡系统,随动物生理状态、环境因子、饲粮组成变化而发生变化,肠道黏膜免疫可识别肠道微生态系统的动态变化情况,并参与调控此系统的平衡状态,防止肠道病原微生物的定殖和侵害,在此基础上调控机体免疫系统的发育[6, 7]。正常状态下,肠道微皱褶细胞可以通过摄取肠道病原模式分子后诱导免疫反应的发生[8],平衡状态下的肠道微生态系统可激活免疫耐受样免疫反应,抑制炎症的发生并刺激肠道免疫系统发育和肠上皮细胞更新。当病原微生物入侵时,会诱导炎性免疫反应发生,肠道免疫系统高度激活以杀伤和清除病原微生物[9]。

2 家禽肠道健康面临的挑战

当前,通过肉鸡育种程序对生长性状的长时间定向选育、营养供给优化以及精准化养殖模式显著增加了饲料的转化效率,由此导致的高强度的消化吸收过程致使肉鸡的肠道健康受到挑战。另外,考虑到现有的高密度的饲养环境,在生产中常常采用频繁的免疫以及使用大量的抗生素来保障家禽的安全生产。然而,在家禽生产周期中,高饲料转化率,密集的养殖环境和频繁的免疫程序等诸多因素均可使家禽肠道易遭受外界刺激,引发肠道疾病。

2.1 环境应激

环境应激可严重影响家禽的生产性能,生产中常见的环境应激主要包括热应激及病原菌的侵扰。研究表明,热应激会损伤家禽胃肠道黏膜,扰乱肠道微生态结构,进而影响家禽胃肠道的蠕动速度,降低肠道吸收能力、营养物质利用率和肠道免疫功能。病原菌侵袭会导致机体释放促炎性细胞因子引发炎症反应,这些细胞因子作用于机体,造成营养物质的重分配,降低肉鸡的生产性能。

2.2 饲料霉变

全球每年约有25%的农作物被霉菌污染,饲料中常见的霉菌毒素有黄曲霉毒素、赭曲霉毒素、玉米赤霉烯酮、呕吐毒素和伏马毒素,受霉菌毒素污染的饲料原料会侵害家禽的肝脏和免疫系统,降低生产性能[10]。研究表明,呕吐毒素可影响肠道黏膜形态结构,降低营养素转运载体的表达,损伤肠道的营养成分吸收功能,并降低紧密连接蛋白的表达,影响肠上皮通透性,损伤肠道屏障功能[11]。

2.3 免疫应激(亢进/抑制)

家禽不同的免疫状态(无免、简化免疫、常规免疫、免疫亢进和免疫抑制)影响肉鸡生产性能、肠道消化酶活性、养分转运载体、免疫功能和肠道微生物区系,不当免疫所导致的免疫应激会改变肠道菌群组成,降低肠道黏膜免疫机能,影响体液和细胞免疫应答;控制养殖环境,适当减少免疫程序,可以提高肠道消化酶活性和肠道蠕动速率[12]。

2.4 抗生素使用

家禽养殖过程,日粮抗生素类生长促进剂的应用可提高生产性能和饲料转化率,降低发病率,但存在耐药性及家禽产品药物残留等问题,且其不合理使用会对家禽肠道组织形态产生不利影响,并影响肠道有益菌的增殖,破坏肠道微生物区系的平衡[13]。

3 家禽肠道功能的营养调控

饲粮中营养和非营养类饲料添加剂可通过影响家禽消化酶及营养物质转运载体活性和调节家禽肠道微生物区系及肠道黏膜免疫状态,来调控家禽肠道的消化吸收和肠道黏膜屏障功能。

3.1 消化吸收功能的营养调控

营养物质消化吸收功能是肠道的基本功能,家禽养殖的高效性基于其对饲粮的高效利用。饲粮中的营养和非营养类添加剂可通过提高消化酶活性或优化肠黏膜结构来直接或间接改善消化吸收功能。

饲粮中多种成分可通过提高家禽消化酶活性改善家禽生产性能,如小肽可作为能源底物被肠上皮完整吸收后诱导消化酶分泌,并提高消化酶活性[14],改善饲料利用率。外源添加酸化剂有利于提高蛋鸡胰蛋白酶和小肠淀粉酶活性[15],有机酸化剂和植物提取物复合包被物可显著改善肉鸡十二指肠形态结构与回肠微生物区系,提高十二指肠和空肠胰蛋白酶、糜蛋白酶及脂肪酶的活性。益生元相关研究发现低聚果糖和枯草芽孢杆菌联合使用可降低小肠食糜黏度,提高空肠消化酶活性($P<0.05$),增强肠道的消化功能,并促进盲肠VFA的产生,改善肠道健康状况[16]。

家禽肠道黏膜结构及其完整性与肠道消化酶活性及营养物质吸收功能密切相关,饲粮中的多种营养元素可影响肠道黏膜状态,如胚胎给养精氨酸和鸟氨酸可通过促进肉仔鸡肠道隐窝细胞增殖和分化[17],维生素E和硒可通过防止肠黏膜的氧化损伤,来改善肠黏膜形态及其完整性,提高动物对营养物质的消化吸收,促进动物生产性能的发挥。其他添加剂如外源酶制剂葡萄糖氧化酶、α-半乳糖苷酶及植酸酶亦可改善肉鸡肠道形态结构、提高肠道有益微生物数量和消化酶活性,促进家禽对营养物质的利用[18,19]。丁酸盐亦可通过维持肠道微生物群落平衡和改善胃肠黏膜形态来促进消化吸收功能,维持肠道健康[20]。

3.2 肠道机械屏障稳态的营养调控

家禽肠道机械屏障完整性是家禽抵御肠道病原入侵,保证其消化吸收功能的前提,机械屏障的状态主要表现在三个方面:肠道黏膜形态、黏膜通透性及紧密连接蛋白。

肠道黏膜形态反映了肠道隐窝内干细胞的分裂分化活性、肠道的消化吸收能力和肠道的免疫状态(炎症等病理状态),通过向饲粮中添加营养因子可调节肠道黏膜形态,影响家禽肠道的机械屏障功能。氨基酸相关研究发现小肽、谷氨酰胺、谷氨酸和天冬氨酸均可作为能源底物被肠黏膜吸收后经分解代谢为肠上皮供能,以维持肠道结构和功能的完整性。在病理状况下,球虫和大肠杆菌感染后,肉仔鸡日粮中添加谷氨酰胺、精氨酸和苏氨酸,可显著提高肠道绒毛高度和隐窝深度比($P<0.05$),增强肠道细胞

更新能力[21]。维生素可参与调控肠道黏膜形态,研究显示饲粮中添加5000 IU/kg维生素A可显著降低肠道厚度,提高绒毛高度($P<0.05$)[22],维生素E可通过抑制氧化和免疫应激对肠道黏膜的损伤改善肠道黏膜形态。矿物元素硒亦可通过其抗氧化调控效应改善应激状态下的肠道黏膜形态[23]。益生元、益生菌可通过改善肠道微生物区系调节肠道免疫系统状态,影响肠道黏膜形态[3,24],且外源益生菌可有效改善有害菌侵染引致的黏膜损伤[25]。

家禽黏膜屏障通透性是肠道机械屏障的一个重要方面,且黏膜通透性与紧密连接蛋白的表达状况紧密相关,尤斯灌流系统可用以检测肠道黏膜屏障的通透性及完整性[26],载体攻毒试验发现病原入侵会破坏肠道完整性[27]。通过营养调控可改善肠道机械屏障状态,Wang等[28]采用尤斯灌流系统进行的体外试验研究发现黄芪多糖和硫酸化修饰的黄芪多糖可改善Caco2细胞单层的完整性,优化其机械屏障功能,并提高黏膜屏障相关紧密连接蛋白ZO-1等的表达($P<0.05$)。Awad等[29]的研究发现添加合生元(肠粪球菌和寡糖)可改善肉仔鸡肠道黏膜形态,并有利于保证空肠和结肠的黏膜完整性,改善其机械屏障功能。

3.3 肠道化学屏障的营养调控

肠道化学屏障主要是由肠道黏液屏障(分泌型杯状细胞分泌产生)及肠道内的溶菌酶、抗菌肽、防御素等组成,饲粮中的外源添加因子可调控化学屏障状态,并抑制肠道有害菌对机体的侵害。黏液层可作为微生物定殖位点供肠道共生菌和有害菌定殖[30],外源添加益生菌可改善黏液层状态并抑制沙门氏菌等有害菌定殖[31,32],而霉菌毒素等可破坏黏液屏障[33],损害家禽肠道健康和生产性能。研究显示外源添加二聚糖类(麦芽糖、糊精、蔗糖等)可影响黏蛋白表达,调节黏液屏障功能状态[34],矿物元素相关研究发现,黏土(铝、镁、铁、钠、钾和钙等)可通过影响杯状细胞数量、黏液蛋白表达影响肠道黏液屏障,抑制沙门氏菌侵害[35]。

肠道化学屏障中具有调控效应的免疫分子(溶菌酶、防御素、趋化因子等)本身可作为非特异性免疫清除因子影响肠道免疫屏障状态,抑制有害菌的侵染[36-38],研究发现乳酸杆菌和维生素D可提高鸡肠道β-防御素表达[39,40],外源溶菌酶可诱导肉鸡肠道溶菌酶的表达,并抑制有害菌在肠道的定殖和迁移,改善肠道屏障功能和肉鸡的生产性能[36]。鸡cathelicidin-2源多肽可调节鸡巨噬细胞的趋化因子产生,抑制内毒素引起的促炎性细胞因子表达[41]。以上研究说明通过外源添加营养因子可改善鸡肠道化学屏障状态,促进肠道健康,提高动物生产性能。

3.4 肠道微生物屏障与肠道健康的营养调控

家禽肠道中寄居的共生微生物可形成一个动态平衡的微生态系统,参与调控机体免疫系统发育与稳态维持,防止病原微生物的侵害并调控肠上皮的代谢和更新,而且有利于家禽对饲料中营养物质的消化吸收[42,43]。若肠道微生态失衡,肠道中的致病菌会侵入机体并损害机体健康[43],保证肠道微生态平衡可在三方面着手:改善共生菌定殖环境、外源添加益生菌、抑制有害菌增殖。

外源添加调控因子可通过调节菌群所处营养环境或改变食糜成分和状态来影响肠道菌群结构。研究显示外源添加的小肽、维生素(复合多维和维生素A)和锌可作为外源营养调控因子调节肠道菌群结构,降低有害数量,提高肠菌群多样性($P<0.05$),改善生产性能[14,22,44]。酸化剂可影响肠道内pH,抑制有害菌增殖,促进乳酸菌等有益共生菌的增殖,改善肠道结构[45,46]。功能性寡糖如半乳寡糖、低聚果糖等可直接影响肠道微生物发酵模式,促进有益菌增殖,抑制产气荚膜梭菌等有害菌的增殖,改善饲料利用状况和家禽生长状况[47,48]。饲粮中存在的非淀粉多糖、植酸等可增强食糜黏性,影响肠道菌群发酵模式并形成"笼子"效应降低饲粮利用效率,饲粮中添加木聚糖酶、葡萄糖氧化酶、α-半乳糖苷酶及植酸酶可提高肠道有益微生物数量,抑制致病菌发酵,促进家禽肠道健康状况[18,49,50]。

外源添加益生菌可通过直接优化肠道菌群,预防致病菌感染,改善肠道微生态环境。研究发现乳酸杆菌、双歧杆菌、地衣芽孢杆菌等益生菌的外源添加均可通过改善肠道菌群结构，防止肠道致病菌的侵害，并优化肠黏膜形态，提高动物生产性能[51-53]，不同种类益生菌包括从肠道中分离的屎肠球菌、动物双歧杆菌、乳酸片球菌、唾液乳杆菌和罗伊氏乳杆菌配伍添加可提高其益生调控效应。Ghareeb等也证明了益生菌复合添加可增强其益生调控效应这一论述，含有屎肠球菌、乳酸片球菌、唾液乳杆菌和罗伊氏乳杆菌等复合益生菌可显著降低盲肠空肠弧形杆菌定殖[54]。

肠道微生物区系调控的另一有效手段是外源添加药物抑制有害菌的增殖，抗生素、肉桂酚等植物提取物、抗菌肽、短链脂肪酸均可通过抑制致病菌增殖发挥其肠道菌群调控效应。抗生素因残留问题等使用受限，当前研究多关注其他几类调控因子。王改琴等[55]的体外试验研究表明，香芹酚、肉桂醛、百里香酚和丁香酚单独作用对常见动物消化道内的大肠杆菌、沙门氏菌、金黄色葡萄球菌等有害菌具有较好的抑菌效果（$P<0.05$）。植物提取相关的在体试验发现肉桂醛、丁香酚、百里香酚等外源添加可抑制肠道内沙门氏菌等的定殖，提高了有益菌对有害菌的比例（$P<0.05$），有利于肠道健康状态的维持[56,57]。抗菌肽是生物体经特异诱导产生的可参与机体固有免疫反应的小分子多肽，相关研究发现抗菌肽可通过损伤病原微生物细胞质膜结构抑制肠道大肠杆菌和沙门氏菌等有害菌的增殖（$P<0.05$），促进乳酸杆菌和双歧杆菌的生长，改善动物生产性能。短链脂肪酸可渗透性杀伤有害菌，相关研究发现外源添加丁酸可抑制肠炎沙门氏菌的侵害[58]。

3.5 肠道免疫屏障和免疫功能的营养调控

肠道是机体最大的免疫器官，其免疫防御系统包括肠上皮相关的淋巴组织和免疫细胞及其分泌的免疫相关细胞因子。饲粮中的添加因子可通过影响免疫信号通路活性或免疫系统活性调节肠道免疫屏障状态。

免疫系统的调控是基于免疫信号通路的调控和适应性变化，研究显示精氨酸可通过抑制TLR4通路（$P<0.05$）缓解肉鸡球虫感染引起的肠道炎症，并通过激活mTORC1通路（$P<0.05$）促进肉鸡肠道的损伤修复，缓解因免疫应激造成的肉鸡生产性能下降[59]。BT阳离子多肽可通过调节MAPK通路，增强仔鸡白细胞功能和促炎性细胞因子与趋化因子转录活性（$P<0.05$），调节肉仔鸡的先天性免疫反应[60]。提取自植物的多糖、黄酮，外源添加的益生菌等，亦可通过调节特异信号通路活性影响免疫系统活性[61-64]。

外源调控因子可激活肠道免疫信号通路，进而影响免疫系统活性，调节淋巴组织及免疫细胞活性。杨小军等[65]的研究发现100 μg/mL谷氨酰胺能够抑制肠道淋巴细胞增殖活性（$P<0.05$），同时提高IgA合成量和抗氧化酶活性（$P<0.05$），有利于维持肠道免疫系统的平衡状态和抗氧化功能。可直接吸收的小肽亦可通过提高后肠淋巴细胞活性（$P<0.05$）增强家禽肠道免疫力[14]。硒相关研究发现家禽饲粮中硒缺乏可引起仔鸡肠道组织的病理损伤，肠黏膜出血，炎性细胞浸润等现象，同时降低肠组织免疫球蛋白含量，引起肠道抗氧化功能的降低，减弱肠道免疫功能[23]。益生元（壳寡糖、低聚果糖，甘露寡糖等）[65,66]和益生菌[67]的外源添加可有效改善肠道免疫系统活性（$P<0.05$），保护家禽肠道健康。外源添加的免疫调控因子不仅可影响肠道免疫系统的活性，还对肠道免疫系统的发育具有调控效应，研究显示幼年肠道微生物区系组成、营养因素等均可影响其黏膜免疫系统的发育[68,69]。

4 家禽肠道健康的营养表观遗传调控

表观遗传修饰（DNA甲基化、组蛋白修饰、染色体变构、非编码RNA等）可在转录及转录后水平调控基因表达，具有一定的环境可塑性和"遗传"稳定性，可在细胞分裂分化，甚至生殖过程中维持其修饰状态，完成基因表达状态，或者说表型的"遗传"，保证动物正常的生长发育并适应多变的环境[70]。Crotijo等研究发现表观遗传修饰表现出达尔文进化特性，会受到外界环境的影响[71]，外界宏观环境因子可改变动物的代谢状态,进而影响组织细胞所处的微环境,直接影响组织细胞的基因表达状态和分裂分化情况,在此过程中表观遗传修饰发挥重要作用[72]。在传代过程中,表观遗传修饰状态表现出对应环境变化的可塑性,以利于子代代偿性适应父母代所处环境,提高其存活率。

营养表观遗传学相关研究发现主要营养素(能量、蛋白质)和微量营养素(维生素等)的调控效应均具有传代性,子代可部分遗传父母代或祖代营养素的调控效应;免疫学研究发现炎症[73,74]和免疫耐受[75]过程中均具有表观遗传修饰的调控效应,且有研究证实父母代接触免疫及其他应激因子可传代影响其商品代的免疫功能。

家禽饲粮中营养和非营养性饲料添加剂可改变其肠道细胞尤其是肠黏膜细胞所处的微环境,进而影响其功能发挥及代谢状态,以本课题组的研究为例说明:黄芪多糖(astragalus polysaccharides;APS)是一种植物提取的免疫调控剂,可影响 TLR4 信号通路的功能状态产生免疫耐受样调控效应,研究发现,父母代种公鸡日粮添加 APS 可传代影响商品代的生长状况和肠道黏膜形态($P<0.05$),而此调控效应源自 NF-κB 对肠道黏膜更新的调控效应,转录水平的研究发现 APS 传代影响了商品代 TLR4 信号通路的功能状态($P<0.05$),且证实在此过程中 DNA 甲基化等表观遗传修饰有重要调控效应($P<0.05$),说明免疫调控因子可传代影响家禽肠道的功能状态。

5 小结

家禽肠道是其最重要的消化吸收器官,也是机体最大的免疫器官,肠道中营养素和非营养性物质可直接和间接影响肠道细胞的代谢或免疫状态。家禽饲粮中的营养素可通过影响肠道消化酶活性、黏膜形态、微生物区系、肠道黏膜免疫系统活性等改善家禽肠道健康,促进肠道营养物质消化吸收、肠黏膜屏障和免疫功能的发挥。家禽肠道营养调控的目的在于提高家禽生长性能,营养表观遗传相关研究证实营养素的调控效应可"传递"给后代,影响营养素相关性状,家禽肠道健康相关的营养表观遗传研究尚处于起步阶段,各种营养素传代调控效应的传代性及其具体的传代表观遗传作用机制亟待进一步研究。

参考文献

[1] Sen S,Ingale S,Kim Y, et al.. Effect of supplementation of Bacillus subtilis LS 1-2 to broiler diets on growth performance,nutrient retention,caecal microbiology and small intestinal morphology[J]. Research in Veterinary Science,2012,93(1):264-268.

[2] Kim S-H,Lee K-Y,Jang Y-S. Mucosal immune system and M cell-targeting strategies for oral mucosal vaccination [J]. Immune Network,2012,12(5):165-175.

[3] 呙于明,刘丹,张炳坤. 家禽肠道屏障功能及其营养调控[J]. 动物营养学报,2014,26(10):3091-3100.

[4] 李永洙,陈常秀,金泽林,等. 热应激环境下育成鸡肠道菌群多样性及黏膜结构的相关性分析[J]. 中国农业大学学报,2016,21(1):71-80.

[5] Longman R S,Littman D R. The functional impact of the intestinal microbiome on mucosal immunity and systemic autoimmunity[J]. Current Opinion in Rheumatology,2015,27(4):381-387.

[6] Mcdermott A J,Huffnagle G B. The microbiome and regulation of mucosal immunity[J]. Immunology,2014,142(1):24-31.

[7] Perez-Lopez A,Behnsen J,Nuccio S-P, et al.. Mucosal immunity to pathogenic intestinal bacteria[J]. Nature Reviews. Immunology,2016,16(3):135-148.

[8] Steinert A,Radulovic K,Niess J. Gastro-intestinal tract:The leading role of mucosal immunity[J]. Swiss Medical Weekly,2016,146w14293.

[9] Turner J R. Intestinal mucosal barrier function in health and disease[J]. Nature Reviews. Immunology,2009,9(11):799-809.

[10] 计成. 饲料中霉菌毒素生物降解的研究进展[J]. 中国农业科学,2011,45(1):153-158.

[11] Osselaere A, Santos R, Hautekiet V, et al.. Deoxynivalenol impairs hepatic and intestinal gene expression of selected oxidative stress, tight junction and inflammation proteins in broiler chickens, but addition of an adsorbing agent shifts the effects to the distal parts of the small intestine[J]. PloS One, 2013, 8(7): e69014.

[12] 冯焱. 免疫应激对肉鸡消化系统, 免疫功能及肠道微生物区系的影响[D]. 博士学位论文. 杨凌: 西北农林科技大学, 2012.

[13] Ghosh T, Haldar S, Bedford M, et al.. Assessment of yeast cell wall as replacements for antibiotic growth promoters in broiler diets: effects on performance, intestinal histo-morphology and humoral immune responses[J]. Journal of Animal Physiology and Animal Nutrition, 2012, 96(2): 275-284.

[14] Gilbert E R, Wong E A, Webb K E, JR. Board-invited review: Peptide absorption and utilization: Implications for animal nutrition and health[J]. Journal of Animal Science, 2008, 86(9): 2135-2155.

[15] 刘艳利, 辛洪亮, 黄铁军, 等. 酸化剂对蛋鸡生产性能, 蛋品质及肠道相关指标的影响[J]. 动物营养学报, 2015, 27(2): 526-534.

[16] 朱沛霁, 王洪荣, 齐玉凯. 枯草芽孢杆菌单菌及其与甘露寡糖联用对雪山草鸡生长性能和肠道 pH 值的影响[J]. 中国家禽, 2015, 37(14): 56-58.

[17] 师昆景, 谭荣炳, 吴灵英, 等. 胚胎给养 L-精氨酸和 L-鸟氨酸对肉仔鸡早期发育的影响[J]. 家禽营养与饲料科技进展——第二届全国家禽营养与饲料科技研讨会论文集, 2007.

[18] Slominski B. Recent advances in research on enzymes for poultry diets[J]. Poultry Science, 2011, 90(9): 2013-2023.

[19] 戴求仲, 张民. 日粮中添加 α-半乳糖苷酶对黄羽肉鸡生产性能的影响及相关机理研究[J]. 饲料工业, 2010, 31(6): 19-25.

[20] Hu Z, Guo Y. Effects of dietary sodium butyrate supplementation on the intestinal morphological structure, absorptive function and gut flora in chickens[J]. Animal Feed Science and Technology, 2007, 132(3): 240-249.

[21] Gottardo E, Prokoski K, Horn D, et al.. Regeneration of the intestinal mucosa in Eimeria and E. Coli challenged broilers supplemented with amino acids[J]. Poultry Science, 2016, 95(5): 1056-1065.

[22] 张春善, 蒋燕侠, 王博, 等. 铜, 维生素 A 及互作效应对肉仔鸡肠壁组织结构, 肠道微生物和血清生长激素的影响[J]. 中国农业科学, 2009, 42(4): 1485-1493.

[23] 于娇. 缺硒对鸡肠道免疫功能的影响[D]. 东北农业大学, 2014.

[24] Awad W A, Ghareeb K, Abdel-Raheem S, et al.. Effects of dietary inclusion of probiotic and synbiotic on growth performance, organ weights, and intestinal histomorphology of broiler chickens[J]. Poultry Science, 2009, 88(1): 49-56.

[25] Chun_Yang Z, Zhong_Xiang N, Wei_Shan C, et al.. The Promoting Effects of Probiotics to the Nutrition and Immunity of Broilers[J]. Chinese Journal of Preventive Veterinary Medicine, 2002: 1017.

[26] 孙志洪, 贺志雄, 张庆丽, 等. 尤斯灌流系统在动物胃肠道屏障及营养物质转运中的应用[J]. 动物营养学报, 2010, 22(3): 511-518.

[27] Awad W A, Molnar A, Aschenbach J R, et al.. Campylobacter infection in chickens modulates the intestinal epithelial barrier function[J]. Innate Immunity, 2015, 21(2): 151-160.

[28] Wang X, Li Y, Yang X, et al.. Astragalus polysaccharide reduces inflammatory response by decreasing permeability of LPS-infected Ca CO_2 cells[J]. International Journal of Biological Macromolecules, 2013: 61347-61352.

[29] Awad W, Ghareeb K, Böhm J. Intestinal structure and function of broiler chickens on diets supplemented with a synbiotic containing Enterococcus faecium and oligosaccharides[J]. International Journal of Molecular Sciences, 2008, 9(11): 2205-2216.

[30] Naughton J A, Mariño K, Dolan B, et al.. Divergent mechanisms of interaction of Helicobacter pylori and Campylobacter jejuni with mucus and mucins[J]. Infection and Immunity, 2013, 81(8): 2838-2850.

[31] Ganan M, Martinez-Rodriguez A J, Carrascosa A V, et al.. Interaction of Campylobacter spp. and human probiotics in chicken intestinal mucus[J]. Zoonoses and Public Health, 2013, 60(2): 141-148.

[32] Tuomola E M, Ouwehand A C, Salminen S J. The effect of probiotic bacteria on the adhesion of pathogens to human intestinal mucus[J]. FEMS Immunology & Medical Microbiology, 1999, 26(2): 137-142.

[33] Awad W,BÖHm J,Razzazi-Fazeli E,et al.. Effects of deoxynivalenol on general performance and electrophysiological properties of intestinal mucosa of broiler chickens[J]. Poultry Science,2004,83(12):1964-1972.

[34] Smirnov A,Tako E,Ferket P,et al.. Mucin gene expression and mucin content in the chicken intestinal goblet cells are affected by in ovo feeding of carbohydrates[J]. Poultry Science,2006,85(4):669-673.

[35] Almeida J A,Ponnuraj N P,Lee J J,et al.. Effects of dietary clays on performance and intestinal mucus barrier of broiler chicks challenged with Salmonella enterica serovar Typhimurium and on goblet cell function in vitro[J]. Poultry Science,2014,93(4):839-847.

[36] Liu D,Guo Y,Wang Z,et al.. Exogenous lysozyme influences Clostridium perfringens colonization and intestinal barrier function in broiler chickens[J]. Avian Pathology:Journal of the W. V. P. A,2010,39(1):17-24.

[37] 屠利民,彭开松,王莹莹,等.防御素肽研究进展[J].中国畜牧兽医,2010,37(9):204-206.

[38] 郑红.趋化因子及其受体的功能[J].免疫学杂志,2004,20(1):1-5.

[39] 李思明.维生素D3对丝毛鸡β-防御素诱导表达及生长免疫性能的影响[D].雅安:四川农业大学,2009.

[40] 黎观红,洪智敏,贾永杰,等.鼠李糖乳酸杆菌LG_A对鸡小肠上皮细胞β-防御素-9基因表达的影响[J].畜牧兽医学报,2012:4022.

[41] Van Dijk A,Van Eldik M,Veldhuizen E J,et al.. Immunomodulatory and Anti-Inflammatory Activities of Chicken Cathelicidin-2 Derived Peptides[J]. PloS One,2016,11(2):e0147919.

[42] Cisek A A,Binek M. Chicken intestinal microbiota function with a special emphasis on the role of probiotic bacteria[J]. Polish Journal of Veterinary Sciences,2014,17(2).

[43] Stanley D,Hughes R J,Moore R J. Microbiota of the chicken gastrointestinal tract:influence on health,productivity and disease[J]. Applied Microbiology and Biotechnology,2014,98(10):4301-4310.

[44] 邵玉新,袁建敏,张炳坤.日粮中添加锌对鼠伤寒沙门氏菌感染肉仔鸡生产性能和肠道微生物区系的影响[J].中国畜牧兽医学会动物营养学分会第十一次全国动物营养学术研讨会论文集,2012.

[45] Kil D Y,Kwon W B,Kim B G. Dietary acidifiers in weanling pig diets:a review[J]. Revista Colombiana de Ciencias Pecuarias,2011,24(3):231-247.

[46] Kim Y,Kil D,Oh H,et al.. Acidifier as an alternative material to antibiotics in animal feed[J]. Asian Australasian Journal of Animal Sciences,2005,18(7):1048.

[47] 侯瑞.菊糖和大豆寡糖对体外条件下肉仔鸡粪臭素产量及肠道菌群的影响[D].沈阳:沈阳农业大学,2015.

[48] 简运华,高春国,蒋守群.甘露寡糖对中速型黄羽肉鸡生产性能和肠道微生物菌群的影响[J].中国家禽,2016,38(11).

[49] 蒋桂韬,胡艳,王向荣,等.不同来源木聚糖酶对黄羽肉鸡小肠绒毛形态结构和黏膜生长抑素mRNA表达的影响[J].动物营养学报,2011,23(2):266-273.

[50] 宋海彬,赵国先,刘彦慈,等.葡萄糖氧化酶对肉鸡肠道形态结构和消化酶活性的影响[J].中国畜牧杂志,2010,(23):56-59.

[51] Alshelmani M I,Loh T C,Foo H L,et al.. Effect of feeding different levels of palm kernel cake fermented by Paenibacillus polymyxa ATCC 842 on nutrient digestibility, intestinal morphology,and gut microflora in broiler chickens[J]. Animal Feed Science and Technology,2016:216-224.

[52] Olnood C G,Beski S S M,Iji P A,et al.. Delivery routes for probiotics:Effects on broiler performance,intestinal morphology and gut microflora[J]. Animal Nutrition,2015,1(3):192-202.

[53] Jung S J,Houde R,Baurhoo B,et al.. Effects of galacto-oligosaccharides and a Bifidobacteria lactis-based probiotic strain on the growth performance and fecal microflora of broiler chickens[J]. Poultry Science,2008,87(9):1694-1699.

[54] Ghareeb K,Awad W,Mohnl M,et al.. Evaluating the efficacy of an avian-specific probiotic to reduce the colonization of Campylobacter jejuni in broiler chickens[J]. Poultry Science,2012,91(8):1825-1832.

[55] 王改琴,邬本成,王宇霄,等.不同植物精油体外抑菌效果的研究[J].国外畜牧学:猪与禽,2014(4):50-52.

[56] Kollanoor-Johny A,Mattson T,Baskaran S A,et al.. Reduction of Salmonella enterica serovar Enteritidis colonization in 20-day-old broiler chickens by the plant-derived compounds trans-cinnamaldehyde and eugenol[J]. Applied

and Environmental Microbiology,2012,78(8):2981-2987.

[57] Amerah A, Mathis G, Hofacre C. Effect of xylanase and a blend of essential oils on performance and Salmonella colonization of broiler chickens challenged with Salmonella Heidelberg[J]. Poultry Science,2012,91(4):943-947.

[58] Fernandez-Rubio C, Ordonez C, Abad-Gonzalez J, et al.. Butyric acid-based feed additives help protect broiler chickens from Salmonella Enteritidis infection[J]. Poultry Science,2009,88(5):943-948.

[59] Tan J, Applegate T J, Liu S, et al.. Supplemental dietary L-arginine attenuates intestinal mucosal disruption during a coccidial vaccine challenge in broiler chickens[J]. British Journal of Nutrition,2014,112(07):1098-1109.

[60] Kogut M H, Genovese K J, He H, et al.. BT cationic peptides: Small peptides that modulate innate immune responses of chicken heterophils and monocytes[J]. Veterinary Immunology and Immunopathology,2012,145(1):151-158.

[61] Liu L, Shen J, Zhao C, et al.. Dietary Astragalus polysaccharide alleviated immunological stress in broilers exposed to lipopolysaccharide[J]. International Journal of Biological Macromolecules,2015:72624-72632.

[62] 韦曦洪孔.Toll 样受体介导的细胞内信号通路及其免疫调节功能[J].国际口腔医学杂志,2013,40(1):76-79.

[63] Lee K, Lillehoj H S, Siragusa G R. Direct-fed microbials and their impact on the intestinal microflora and immune system of chickens[J]. The Journal of Poultry Science, 2010,47(2):106-114.

[64] Chen X, Chen X, Qiu S, et al.. Effects of epimedium polysaccharide-propolis flavone oral liquid on mucosal immunity in chickens[J]. International Journal of Biological Macromolecules,2014,646-710.

[65] 王秀武,杜昱光,白雪芳,等.壳寡糖对肉仔鸡肠道主要菌群,小肠微绒毛密度,免疫功能及生产性能的影响[J].动物营养学报,2003,15(4):32-35.

[66] 傅国栋.寡糖饲料添加剂研究进展及应用前景[J].国外畜牧学:猪与禽,2002,416-417.

[67] Patterson J, Burkholder K. Application of prebiotics and probiotics in poultry production[J]. Poultry Science,2003,82(4):627-631.

[68] Battersby A J, Gibbons D L. The gut mucosal immune system in the neonatal period[J]. Pediatric Allergy and Immunology,2013,24(5):414-421.

[69] Renz H, Brandtzaeg P, Hornef M. The impact of perinatal immune development on mucosal homeostasis and chronic inflammation[J]. Nature Reviews. Immunology,2012, 12(1):9-23.

[70] Heard E, Martienssen R A. Transgenerational epigenetic inheritance:myths and mechanisms[J]. Cell,2014,157(1):95-109.

[71] Cortijo S, Wardenaar R, Colomé-Tatché M, et al.. Mapping the Epigenetic Basis of Complex Traits[J]. Science,2014,343(6175):1145-1148.

[72] Jablonka E. Epigenetic variations in heredity and evolution[J]. Clinical Pharmacology & Therapeutics,2012,92(6):683-688.

[73] Foster S L, Hargreaves D C, Medzhitov R. Gene-specific control of inflammation by TLR-induced chromatin modifications[J]. Nature,2007,447(7147):972-978.

[74] Busslinger M, Tarakhovsky A. Epigenetic control of immunity[J]. Cold Spring Harbor Perspectives in Biology,2014,6(6).

[75] El Gazzar M, Liu T, Yoza B K, et al.. Dynamic and selective nucleosome repositioning during endotoxin tolerance[J]. The Journal of Biological Chemistry,2010,285(2):1259-1271.

热应激对家禽生产的影响及机制

赵景鹏** 林海***

(山东农业大学动物科技学院,山东省动物生物工程与疾病防治重点实验室,泰安 271018)

摘 要:高温危害家禽健康和生产性能,这与采食量的降低和热应激的直接影响有关。热应激破坏自由基稳态,导致线粒体和细胞氧化损伤。热应激降低家禽代谢速率,改变吸收后养分代谢,包括蛋白质、脂肪和糖类。家禽的耐热性可通过早期热习服和遗传选择得到提高,未来利用组学技术有望从分子水平上阐明家禽热生理形成的整合生物学效应。本文综述了热应激对家禽生产的影响及机制,以期为家禽热舒适调控奠定基础。

关键词:热应激;热生理;体温调节;耐热性;家禽

家禽是恒温动物,必须维持产热和散热平衡,其生长、繁殖、免疫等一系列性能变化都可看成是机体自主热调节这一生理过程的结果。家禽机体的热生理是"不对称"的[1],它们的体温(42℃)非常接近(相差几摄氏度)其存活温度的上限(47℃,以调控类蛋白变性为基准),而远离(相差几十摄氏度)其存活温度的下限(0℃,以水冻结为基准)。因此,机体过热比过冷更加危险。家禽热应激涉及一系列环境因子(如阳光、热辐射、空气温度、湿度和气流等)和动物特征(如品种、年龄、代谢率和体温调节机制等),危害健康和生产性能。

1 热环境与家禽体温调节反应

家禽与外环境之间的热交换既可通过生理测量(直肠、泄殖腔和皮肤温度以及呼吸率、喘息率、产热量等)直接评定,也可通过生产性能(采食量、生长速度、产蛋量等)间接反映。在家禽上,人们常用干湿球温度或温湿指数(THI)来代表有效温度或实感温度,但这只能体现舍内平均状况,而非个体周围的微环境。

随着环境温度升高,皮肤温度与空气温度之间的差值减小,家禽通过传导、对流和辐射等可感方式散热的效率下降。家禽没有汗腺,此时主要依靠呼吸散热(蒸发散热),从22~32℃,其呼吸频率会增加3倍。不过,在肉鸡、火鸡生长期和蛋鸡产蛋期[2-3],良好的舍内通风能显著增加对流散热,减少蒸发散热,改善家禽生产性能。

高温对家禽体温的影响取决于热暴露的类型,就急性热应激而言,体温会迅速升至临界值。当体温比正常生理温度高大约4℃时,鸡就会死亡。可是,当鸡长时间处于轻度热应激状态时,体温会先升高,然后降至稳态,即进入适应期[4]。一般血管舒缩反应的习服期为几天[5],而心血管系统(如血浆容量)或内分泌活动(如甲状腺功能)发生重大变化需几周[6-7]。

---

* 项目资助:国家重点研发计划(2016YFD0500510);山东省农业良种工程
** 第一作者简介:赵景鹏(1981—),男,博士,E-mail:zjp1299@163.com
*** 通讯作者:林海,男,教授,E-mail:hailin@sdau.edu.cn

2 热应激对家禽生产的影响

许多因素影响家禽的热应激反应,以肉鸡为例,现代家禽育种体系对生长速度和产肉量的过分追求,忽略了对体温调节器官(如心脏、肺脏、气囊等)的选择[8],使其抗热性远低于蛋鸡[7]。此外,雌性肉鸡比雄性耐热[9]。不过,火鸡也像肉鸡那样经历了对生长速度的选育,但能很好地应对热应激,部分原因可能与其身体表面羽毛覆盖较少有关。

2.1 热应激与家禽生产性能

在32℃,为降低代谢产热,4~6周龄肉鸡的采食量比在22℃低24%[10]。这受血液三碘甲状腺素(T_3)浓度调控,其与环境温度呈线性负相关[6]。高温主要影响肉鸡的绝食产热量,但是,当以单位饲料摄入量(g)表示时,热应激肉鸡的饲料生热高于热舒适肉鸡[10]。通常,肉鸡生长的下降幅度大于采食量,故饲料转化效率较低[11-12]。使用配对饲喂法,有研究[13]证实,热应激肉鸡生长的下降有一半与采食量无关,而应源于热调节的直接影响。与在猪上的报道[14]类似,在相同采食量下,热暴露肉鸡沉积较少的蛋白和较多的脂肪(尤其是在皮下)[15]。蛋白质沉积的减少既源于蛋白质合成能力的下降[16],也与肌肉胰岛素信号通路的改变有关[17]。当然,环境温度和鸡群日龄也影响肌肉蛋白质分解速率[16, 18]。外周脂肪的增加主要由于脂解的减少,而脂肪从头合成能力要么不变,要么下降[10, 15]。过高的外周脂肪含量影响肉鸡的皮肤散热(降低导热性),加重热应激。此外,热应激主要通过改变葡萄糖代谢影响肉品质,包括糖酵解潜力、pH和滴水损失[15, 19-20]。

随环境温度升高,产蛋鸡的采食量呈曲线下降。在20~30℃,气温每升高1℃,采食量下降1%~1.5%;在32~38℃,气温每升高1℃,采食量下降5%[21]。高温对产蛋率的影响取决于热应激的强度和持续时间,与在热中性条件下相比,高峰期蛋鸡在30℃时的产蛋率下降,维持时间变短[22]。受热应激本身和养分摄入量减少综合影响,蛋重减轻,蛋品质变差。当气温超过25℃时,蛋重也呈曲线下降[23],并伴随蛋清的同步减少和蛋黄的稍后下降。这部分与蛋白和能量摄入不足有关,同时也因为外周组织的血流量增加,卵巢和输卵管养分供应减少,鸡蛋的形成受限[24]。蛋鸡热喘息导致二氧化碳排出增多,血液pH升高(碱中毒),蛋壳矿化所需的碳酸氢盐减少,同时有机酸继发性增多,游离钙离子(Ca^{2+})浓度下降,最终引起蛋壳质量(如厚度、强度)变差[25]。目前,一些研究[26-27]正在从下丘脑、卵巢生殖激素变化以及肠道、肾脏、骨骼钙磷代谢方面,揭示热应激影响蛋鸡生产性能的生理机制。

2.2 热应激与家禽健康

通常,热应激降低家禽免疫器官(如胸腺、脾脏、法氏囊)重量,损害免疫细胞(如淋巴细胞、单核细胞、巨噬细胞和颗粒细胞)功能,削弱体液免疫力,包括总白细胞计数和抗体产量(如特异性IgM和IgA)的减少[28-35]。这些反应受动物(如品种、类型、年龄)和环境因素(如热暴露的强度和时间)影响,变异很大。热应激的免疫抑制效应可能提高家禽对病毒、细菌和寄生虫的易感性,增加死淘率。例如,热应激对肠道健康具有重要影响。它能改变肠道形态结构(如绒毛高度或隐窝深度)和微生物种群组成,降低上皮内淋巴细胞和IgA分泌细胞数量,增加肠道渗透性[36-38]。有研究[32-33, 38]报道,热应激增加肠炎沙门氏菌(SE)对肉鸡肠道黏膜的附着,并使其向其他器官移位(例如脾脏)。

3 热应激影响家禽生产的机制

3.1 氧化应激

一些研究[39]证实,热暴露增加家禽活性氧(ROS)尤其是超氧阴离子产量,引发氧化应激,导致细胞毒性作用。热应激时,家禽内源抗氧化剂(如谷胱甘肽、维生素 A、维生素 C、维生素 E 和 β-胡萝卜素)减少,氧化产物(如多不饱和脂肪酸过氧化的主要产物硫代巴比妥酸反应物质或丙二醛)增多,抗氧化酶(如超氧化物歧化酶、过氧化氢酶、谷胱甘肽过氧化物酶)活性提高[40]。补充抗氧化剂对缓解家禽热应激具有重要作用,例如,在高温条件下单独添加维生素 C 或与维生素 E 联合添加,可以降低肉鸡、蛋鸡体温[41-42]。对热应激肉鸡强化谷胱甘肽营养,能够提高生产性能,改善机体氧化还原平衡[43]。

线粒体为细胞提供 90% 的能量(ATP),其功能直接影响饲料转化效率。现有研究[40]发现,热应激肉鸡骨骼肌线粒体电子传递链(ETC)在特定位点存在缺陷,致使 ROS 的产生增多,在造成线粒体膜脂质过氧化、蛋白质分子变性的同时,引起 ETC 偶联效率和呼吸链酶复合物活性的下降。本实验室新近研究[44]表明,热应激抑制了骨骼肌线粒体呼吸链复合酶体 I,提示线粒体功能损伤是热应激导致 ROS 产生增加的原因。与此同时,线粒体及骨骼肌的抗氧化酶体系也发生了相应改变,最终导致骨骼肌氧化损伤。此外,在哺乳动物上的研究[45-46]表明,热应激诱导的自由基代谢失衡会改变线粒体形态、结构和分布,并触发细胞凋亡。

应激时,热休克蛋白(HSP)对维持细胞稳态至关重要。在不同家族中,HSP70 和 HSP90 与家禽耐热性的关系最为密切[47]。它们都能被热应激活化,但表达量在不同组织(心脏最敏感)、不同热暴露时间之间存在差异[48]。HSP 的转录受热休克因子(HSF)调控,其中,HSF1 和 HSF3 对家禽热生理影响较大,可用作急性热应激的评价指标[49]。

3.2 营养摄入与代谢分配

热应激减少家禽采食行为,Song 等[50](2012)检测热暴露蛋鸡摄食调控相关基因(神经肽)表达发现,在中枢系统,下丘脑 ghrelin 和可卡因-苯丙胺调节转录肽(CART)mRNA 水平升高,胆囊收缩素(CCK)降低;在外周组织,腺胃和空肠 ghrelin mRNA 丰度增加,十二指肠和空肠 CCK 减少。这是机体限制能量摄入、防止体温过高的一种表现,但不能完全解释热应激对家禽生产的负面效应。

热应激对家禽蛋白质、脂肪和糖类代谢的影响,依赖于热暴露时间。短期热应激促进蛋白质分解(血液尿酸增多),减少蛋白质合成和氮沉积,降低血浆天冬氨酸(Asp)、丝氨酸(Ser)、酪氨酸(Tyr)和半胱氨酸(Cys)水平[51],但对血糖和血脂影响不大[52]。长期热应激降低蛋白质合成和分解以及血液含硫氨基酸、支链氨基酸水平,增加天冬氨酸(Asp)、谷氨酸(Glu)和苯丙氨酸(Phe)浓度[10,16]。热应激致蛋白质代谢的改变与糖异生途径的活化有关,提示机体能量的分配发生转移。

长期热暴露促进脂肪沉积,Azad 等(2010)[53]报道,慢性热应激降低肉鸡骨骼肌线粒体 3-羟酰基-辅酶 A 脱氢酶(3HADH,脂肪酸氧化关键酶)和柠檬酸合成酶(CS,三羧酸循环关键酶)活性,削弱脂肪酸 β-氧化能力。这可能是家禽限制产热量、适应热应激的一种形式,具有品种特异性。例如,Lu 等[54](2007)研究报道,地方鸡种的腹脂含量显著低于商业鸡种,提示脂肪沉积与耐热力之间的相关性。尽管肠道葡萄糖吸收能力增加[54],但是,长期热处理降低肉鸡血糖[55],表明随着脂肪酸利用的减少,热应激家禽的能量需求越来越依赖于葡萄糖。随着热暴露时间的延长,肉鸡血液胰岛素浓度先降低后升高[56],这解释了慢性热应激家禽血糖的降低、脂解的减少和脂肪储备的增多。同理,胰岛素活性的提高是热应激家禽减少生热、维持体温的一种机制。

4 家禽耐热性的获得

舍内环境控制和饲料营养调控是缓解热应激的常规策略,但只是对热应激的被动调节。提高鸡群自身耐热力,既是今后一段时间家禽育种的方向,也是消除热应激影响最根本的措施。

4.1 早期热习服

在确立、完善下丘脑-垂体-甲状腺(HPT)轴和下丘脑-垂体-肾上腺(HPA)轴的功能时,家禽对热环境的神经内分泌反应可以改变,并对体温和耐热性产生长期影响[57],这是早期热习服策略的生理基础。大家普遍认为[58],雏鸡在3或5日龄热暴露24 h(38℃),可以显著提高生长后期肉鸡的高温抵抗力。因在商业化养殖场内应用不便,故人们开始尝试在鸡胚发育期即孵化场内建立这项技术。Piestun等(2009)[59-60]研究报道,7~16日龄鸡胚在39.5℃、65% RH条件下每天孵化12 h,能够有效提高肉鸡耐热力和生产性能。早期热习服通过改变甲状腺素和皮质酮效应、机体产热量(如耗氧量)和散热量(如血管密度和舒缩),影响家禽体温。在这个过程中,启动子甲基化、组蛋白修饰和miRNA表达等表观遗传机制参与热调节关键基因(如脑源性神经营养因子)的转录调控[61-62]。

4.2 遗传选择

家禽的耐热性在不同品种和个体之间差异很大,将商业鸡种与地方鸡种杂交,可提高前者的抗热力和生产性能。这已在肉鸡上得到证实,但杂种优势不稳定。家禽的某些质量性状与可感散热有关,如被羽状态。通过基因选择,业界曾先后培育出裸颈(NA基因)鸡、卷羽(Frizzle基因)鸡和无羽(sc突变)鸡[63-64]。在对生产性能负面影响不大的前提下,与热适应有关的数量性状也可进行选育,如剩余采食量(RFC)[65],即实际采食量与维持、生长等所需的理论采食量之间的差值。在肉鸡上,低RFC个体的代谢产热少,比高RFC个体更耐热。可是,在蛋鸡上,低RFC品系比高RFC品系更热敏,这可能与后者冠子更大、踝骨更长、可感散热性能更好有关[66]。利用新兴的基因组高通量测序技术,例如高密度SNP(单核苷酸多态性)芯片,与家禽体温控制有关的QTL(数量性状基因座)鉴定和染色体定位已经完成[67-68]。此外,通过功能基因组学,在热应激时表达上调或下调的家禽转录组被确认[69]。

5 结语

热应激时,家禽通过限制能量摄入、改变吸收后营养分配,减少产热和ROS生成。尽管这些生存策略危害健康和生产性能,但却是保持机体稳态的一种适应机制。随着基因组学、蛋白组学和代谢组学的发展,未来有望通过高通量的技术手段,揭示家禽耐热力形成的分子信号网络。

参考文献

[1] Romanovsky A A. Thermoregulation: some concepts have changed. Functional architecture of the thermoregulatory system [J]. American Journal of Physiology. Regulatory, Integrative and Comparative Physiology, 2007, 292(1): R37-R46.

[2] Yahav S, Shinder D, Tanny J, et al.. Sensible heat loss: the broiler's paradox [J]. World's Poultry Science Journal, 2005, 61(3):419-434.

[3] Yahav S, Ruzal M, Shinder D. The effect of ventilation on performance, body and surface temperature of young turkeys [J]. Poultry Science, 2008, 87:133-137.

[4] Cooper M A, Washburn K W. The relationship of body temperature to weight gain, feed consumption and feed utilization in broilers under heat stress [J]. Poultry Science, 1998, 77:237-242.

[5] Yahav S, Straschnow A, Plavnik I, et al.. Blood system response of chickens to changes in environmental temperature [J]. Poultry Science, 1997, 76:627-633.

[6] Yahav S. Alleviating heat stress in domestic fowl: different strategies [J]. World's Poultry Science Journal, 2009, 65:719-732.

[7] Yahav S, Shinder D, Ruzal M, et al.. Controlling body temperature: the opportunities for highly productive domestic fowl [M]. CISNEROS A B, GOINS B L. Body temperature control. New York, USA: NovaScience Publishers Inc., 2009:65-98.

[8] Havenstein G B, Ferket P R, Qureshi M A. Growth, liveability, and feed conversion of 1957 versus 2001 broilers

when fed representative 1957 and 2001 broiler diets [J]. Poultry Science, 2003, 82:1500-1508.
[9] Cahaner A, Leenstra F. Effects of high-temperature on growth and efficiency of male and female broilers from lines selected for high weight-gain, favourable feed conversion, and high or low fat-content [J]. Poultry Science, 1992, 71:1237-1250.
[10] Géraert P A, Padilha J C, Guillaumin S. Metabolic and endocrine changes induced by chronic heat exposure in broiler chickens: growth performance, body composition and energy retention [J]. British Journal of Nutrition, 1996, 75:195-204.
[11] Géraert P A, Guillaumin S, Leclercq B. Are genetically lean broilers more resistant to hot climate? [J]. British Poultry Science, 1993, 34:643-653.
[12] Al-Fataftah A R A, Abu-Dieyeh Z H M. Effect of chronic heat stress on broiler performance in Jordan [J]. International Journal of Poultry Science, 2007, 6:64-70.
[13] Temim S, Chagneau A M, Guillaumin S, et al.. Effects of chronic heat exposure and protein intake on growth performance, nitrogen retention and muscle development in broiler chickens [J]. Reproduction Nutrition Development, 1999, 39:145-156.
[14] Le Bellego L, Van Milgen J, Noblet J. Effects of high ambient temperature on protein and lipid deposition and energy utilization in growing pigs [J]. Animal Science, 2002, 75:85-96.
[15] Ain Baziz H, Géraert P A, Padilha J C, et al.. Chronic heat exposure enhances fat deposition and modifies muscle and fat partition in broiler carcasses [J]. Poultry Science, 1996, 75:505-513.
[16] Temim S, Chagneau A M, Peresson R, et al.. Chronic heat exposure alters protein turnover of three different skeletal muscles in finishing broiler chickens fed 20% or 25% protein diets [J]. Journal of Nutrition, 2000, 130:813-819.
[17] Boussaid-Om Ezzine S, Everaert N, et al.. Effects of chronic heat exposure on insulin signaling and expression of genes related to protein and energy metabolism in chicken (Gallus gallus) pectoralis major muscle [J]. Comparative Biochemistry and Physiology: Part B, Biochemistry and Molecular Biology, 2010, 157:2081-2287.
[18] Yunianto V D, Hayashi K, Kaneda S, et al.. Effect of environmental temperature on muscle protein turnover and heat production in tube-fed broiler chickens [J]. British Journal of Nutrition, 1997, 77:897-909.
[19] Debut M, Berri C, Baeza E, et al.. Variation of chicken technological meat quality in relation to genotype and pre-slaughter stress conditions [J]. Poultry Science, 2003, 82:1829-1838.
[20] Collin A, Berri C, Tesseraud S, et al.. Effects of thermal manipulation during early and late embryogenesis on thermotolerance and breast muscle characteristics in broiler chickens [J]. Poultry Science, 2007, 86:795-800.
[21] Mardsen A, Morris T R. Quantitative review of the effect of environmental temperature on food intake, egg output and energy balance in laying pullets [J]. British Poultry Science, 1987, 28:693-704.
[22] Balnave D, Brake J. Nutrition and management of heat-stressed pullets and laying hens [J]. World's Poultry Science Journal, 2005, 61:399-406.
[23] Smith A J, Oliver J. Some nutritional problem associated with egg production at high environmental temperatures. 4. The effect of prolonged exposure to high environmental temperatures on the productivity of pullets fed on high energy diets [J]. Rhodesian Journal of Agricultural Research, 1972, 10:43-60.
[24] Smith A. Changes in the average weight and shell thickness of eggs produced by hens exposed to high environmental temperatures: a review [J]. Tropical Animal Health and Production, 1974, 6:237-244.
[25] Marder J, Arad Z. Panting and acid-base regulation in heat stressed birds [J]. Comparative Biochemistry and Physiology: Part A, Molecular and Integrative Physiology, 1989, 94:395-400.
[26] Elnagar S A, Scheideler S E, Beck M M. Reproductive hormones, hepatic deiodinase messenger ribonucleic acid, and vasoactive intestinal polypeptide-immunoreactive cells in hypothalamus in the heat stress-induced or chemically induced hypothyroid laying hen [J]. Poultry Science, 2010, 89:2001-2009.

[27] Ebeid T a, Suzuki T, Sugiyama T. High temperature influences eggshell quality and calbindin-D28k localization of eggshell gland and all intestinal segments of laying hens [J]. Poultry Science, 2012, 91:2282-2287.

[28] Ghazi S H, Habibian M, Moeini M M, et al.. Effects of different levels of organic and inorganic chromium on growth performance and immunocompetence of broilers under heat stress [J]. Biological Trace Element Research, 2012, 146:309-317.

[29] Bartlett J R, Smith M O. Effects of different levels of zinc on the performance and immunocompetence of broilers under heat stress [J]. Poultry Science, 2003, 82:1580-1588.

[30] Niu Z Y, Liu F Z, Yan Q L, et al.. Effects of different levels of vitamin E on growth performance and immune responses of broilers under heat stress [J]. Poultry Science, 2009, 88:2101-2107.

[31] Aengwanich W. Pathological changes and the effects of ascorbic acid on lesion scores of bursa of Fabricius in broilers under chronic heat stress [J]. Research Journal of Veterinary Science, 2008, 1:62-66.

[32] Quinteiro-Filho W M, Ribeiro A, Ferraz-De-Paula V, et al.. Heat stress impairs performance parameters, induces intestinal injury, and decreases macrophage activity in broiler chickens [J]. Poultry Science, 2010, 89:1905-1914.

[33] Quinteiro-Filho W M, Gomes A V, Pinheiro M L, et al.. Heat stress impairs performance and induces intestinal inflammation in broiler chickens infected with Salmonella Enteritidis [J]. Avian Pathology, 2012, 41:421-427.

[34] Prieto M T, Campo J L. Effect of heat and several additives related to stress levels on fluctuating asymmetry, heterophil:lymphocyte ratio, and tonic immobility duration in White Leghorn chicks [J]. Poultry Science, 2010, 89:2071-2077.

[35] Mashaly M M, Hendricks Iii G L, Kalama M A, et al.. Effect of heat stress on production parameters and immune responses of commercial laying hens [J]. Poultry Science, 2004, 83:889-894.

[36] Bozkurt M, Kucukvilmaz K, Catli A U, et al.. Performance, egg quality, and immune response of laying hens fed diets supplemented with manna-oligosaccharide or an essential oil mixture under moderate and hot environmental conditions [J]. Poultry Science, 2012, 91:1379-1386.

[37] Deng W, Dong X F, Tong J M, et al.. The probiotic Bacillus licheniformis ameliorates heat stress-induced impairment of egg production, gut morphology, and intestinal mucosal immunity in laying hens [J]. Poultry Science, 2012, 91:575-582.

[38] Burkholder K M, Thompson K L, Einstein M E, et al.. Influence of stressors on normal intestinal microbiota, intestinal morphology, and susceptibility to Salmonella Enteritidis colonization in broilers [J]. Poultry Science, 2008, 87:1734-1741.

[39] Mujahid A, Yoshiki Y, Akiba Y, et al.. Superoxide radical production in chicken skeletal muscle induced by acute heat stress [J]. Poultry Science, 2005, 84:307-314.

[40] Mujahed A, Pumfordn N R, Bottje W, et al.. Mitochondrial oxidative damage in chicken skeletal muscle induced by acute heat stress [J]. The Journal of Poultry Science, 2007, 44:439-445.

[41] Ajakaiye J J, Perez-Bello A, Mollineda-Trujillo A. Impact of heat stress on egg quality in layer hens supplemented with l-ascorbic acid and dl-tocopherol acetate [J]. Veterinary Archives, 2011, 81:119-132.

[42] Mckeeand J S, Harrison P C. Supplemental ascorbic acid does not affect heat loss in broilers exposed to elevated temperature [J]. Journal of Thermal Biology, 2013, 38:159-162.

[43] Sahin K, Onderai M, Sahin N, et al.. Dietary vitamin C and folic acid supplementation ameliorate the detrimental effects of heat stress in Japanese quail [J]. Journal of Nutrition, 2003, 133:1852-1886.

[44] Huang C, Jiao H, Song Z, et al.. Heat stress impairs mitochondria functions and induces oxidative injury in broiler chickens [J]. Journal of Animal Science, 2015, 93(5):2144-1253.

[45] Lewandowska A, Gierszewska M, Marszalek J, et al.. Hsp78 chaperone functions in restoration of mitochondrial network following heat stress [J]. Biochimica et Biophysica Acta, 2006, 1763:141-151.

[46] Du J, Di H S, Guo L, et al.. Hyperthermia causes bovine mammary epithelial cell death by a mitochondrial-induced

pathway [J]. Journal of Thermal Biology, 2008, 33:37-47.

[47] Yu J, Bao E, Yan J, et al.. Expression and localization of Hsps in the heart and blood vessel of heat-stressed broilers [J]. Cell Stress and Chaperones, 2008, 13:327-335.

[48] Wang D Q, Lu L Z, Tian Y, et al.. Cloning and expression of heat shock protein 90 (HSP90) cDNA sequence from Shaoxing Duck (Anas platyrhynchos) [J]. Journal of Agricultural Biotechnology, 2013, 21:55-61.

[49] Xie J J, Tang L, Lu L, et al.. Differential expression of heat shock transcription factors and heat shock proteins after acute and chronic heat stress in laying chickens (Gallus gallus) [J]. PLoS One, 2014, 9(7):e102204.

[50] Song Z, Liu L, Sheikhahmadi A, et al.. Effect of heat exposure on gene expression of feed intake regulatory peptides in laying hens [J]. Journal of Biomedicine and Biotechnology, 2012:484869.

[51] Tabiri H Y, Sato K, Takahashi K, et al.. Effect of acute heat stress on plasma amino acids concentration of broiler chicken [J]. Japan Poultry Science, 2000, 37:86-94.

[52] Lin H, Du R, Gu X H, et al.. A study of the plasma biochemical indices of heat stressed broilers [J]. Asian-Australas Journal of Animal Science, 2000, 13:1210-1218.

[53] Azad M A K, Kikusato M, Maekawa T, et al.. Metabolic characteristics and oxidative damage to skeletal muscle in broiler chickens exposed to chronic heat stress [J]. Comparative Biochemistry and Physiology: Part A, Molecular and Integrative Physiology, 2010, 155:401-406.

[54] Lu Q, Wen J, Zhang H. Effect of chronic heat exposure on fat deposition and meat quality in two genetic types of chicken [J]. Poultry Science, 2007, 86:1059-1064.

[55] Garriga C, Hunter R R, Amat C, et al.. Heat stress increases apical glucose transport in the chicken jejunum [J]. American Journal of Physiology: Regulatory, Integrative and Comparative Physiology, 2006, 290:R195-R201.

[56] Tang S, Yu J, Zhang M, et al.. Effects of different heat stress periods on various blood and meat quality parameters in young Arbor Acer broiler chickens [J]. Canadian Journal of Animal Science, 2013, 93:453-460.

[57] Tzschentke B, Nichelmann M. Influence of prenatal and postnatal acclimation on nervous and peripheral thermoregulation [J]. Annals of New York Academy of Sciences, 1997, 15:87-94.

[58] Yahav S, Mcmurtry J P. Thermotolerance acquisition in broiler chickens by temperature conditioning early in life: the effect of timing and ambient temperature [J]. Poultry Science, 2001, 80:1662-1666.

[59] Piestun Y, Shinder D, Ruzal M, et al.. Thermal manipulations during broiler embryogenesis: effect on the acquisition of thermotolerance [J]. Poultry Science, 2009, 87:1516-1525.

[60] Piestun Y, Halevy O, Yahav S. Thermal manipulations of broiler embryos: the effect on thermoregulation and development during embryogenesis [J]. Poultry Science, 2009, 88:2677-2688.

[61] Yossifoff M, Kisliouk T, Meiri N. Dynamic changes in DNA methylation during thermal control establishment affect CREB binding to the brain-derived neurotrophic factor promoter [J]. European Journal of Neuroscience, 2008, 28:2267-2277.

[62] Kisliouk T, Meiri N. A critical role for dynamic changes in histone H3 methylation at the Bdnf promoter during postnatal thermotolerance acquisition [J]. European Journal of Neuroscience, 2009, 30:1909-1922.

[63] Bordas A, Mérat P. Effects of the naked-neck gene on traits associated with egg laying in a dwarf stock at two temperatures [J]. British Poultry Science, 1984, 25:195-207.

[64] Cahaner A, Ajuh J A, Siegmund-Schultze M, et al.. Effects of the genetically reduced feather coverage in naked neck and featherless broilers on their performance under hot conditions [J]. Poultry Science, 2008, 87:2517-2527.

[65] Gabarrou J F, Gearert P A, Francois N, et al.. Energy balance of laying hens selected on residual food consumption [J]. British Poultry Science, 1998, 39:79-89.

[66] Bordas A, Minvielle F. Réponse á la chaleur de poules pondeuses issues de lignées sélectionnées pour une faible (R-) ou forte (R+) consommation alimentaire résiduelle [J]. Genetic Selection Evolution, 1997, 29:279-290.

[67] Nadaf J, Pitel F, Gilbert H, et al.. QTL for several metabolic traits map to loci controlling growth and body com-

position in an F2 intercross between high- and low-growth chicken lines [J]. Physiological Genomics, 2009, 38: 241-249.

[68] Minvielle F, Kayang B, Inoue-Murayama M, et al.. Microsatellite mapping of QTL affecting growth, feed consumption, egg production, tonic immobility and body temperature of Japanese quail [J]. BMC Genomics, 2005, 6: 87-96.

[69] Luo Q B, Song X Y, Ji C L, et al.. Exploring the molecular mechanism of acute heat stress exposure in broiler chickens using gene expression profiling [J]. Gene, 2014, 546: 200-205.

水禽分子营养研究进展*

齐智利**

(华中农业大学动物科技学院,武汉 430070)

摘 要:水禽产业已成为农业产业中的重要产业,水禽营养的相关研究工作取得了一系列突破性进展,但分子营养方面研究还比较薄弱,近些年的相关研究主要集中在早期营养调控方面。研究表明早期发育占据家禽整个生命周期中较大比例,孵化后期是水禽胚胎消化器官和肌肉组织发育的重要阶段,其发育的快慢决定着出壳后的生长性能。当孵化后期家禽消化器官快速发育及机体活动加快时,蛋中所能提供的能量不能满足其需求,进而需要动员骨骼肌提供氨基酸底物作为糖异生来源,参与骨骼肌中蛋白质分解代谢的途径主要有泛素途径和溶酶体途径。近年来的研究表明,孵化后期家禽胚胎能量紧缺后能量贮存发生动员,机体通过泛素蛋白酶体途径和溶酶体途径介导胸肌中蛋白质降解供能。通过孵化后期二糖(蔗糖+麦芽糖)和丙胺酰-谷氨酰胺的补充有利于胚胎机体能量贮存,同时对出壳后早期能量状态产生有利影响,进一步研究发现孵化后期能量贮存动员加快,能量的紧缺很可能抑制了骨骼肌中蛋白质的翻译起始,同时加快了泛素系统参与的蛋白质分解代谢,进而导致骨骼肌的负生长。当对孵化后期进行单独补充二糖或丙胺酰-谷氨酰胺时,可以缓解泛素系统所参与的蛋白质分解代谢,促进肉鸭骨骼肌早期生长。但目前的研究中发现胚胎期营养对小肠发育、骨骼肌生长以及肉鸭出壳后生长的影响仅限于出壳后很短时间,其时间效应性是否跟所提供的营养物质剂量有关,这些问题有待于进一步研究和证实。

关键词:分子营养;肠道发育;胚胎注射;早期开食;水禽

中国是世界主要的水禽生产和消费大国,年饲养量达到30多亿只,年总产值逾1500亿元。由于水禽容易饲养,生产性能好,肉制品符合人类需要,水禽类制品消费也不断增加。近些年,水禽养殖规模迅速扩大,逐步从农户自繁自养的传统模式向专业化、规模化和产业化方向发展,成为农业中的一个重要产业[1]。伴随着产业的迅速发展,水禽营养的研究工作也随之广泛展开,特别是水禽营养需要量与饲养标准的研究工作取得了很大突破,我国"肉鸭饲养标准"成为中华人民共和国农业行业标准。但水禽分子营养方面的研究还较少,相关研究主要集中在早期营养调控方面,本文主要针对近些年关于水禽的早期营养调控方面的分子机制方面的研究进展做一综述。

1 水禽早期发育特点

研究表明,早期发育占据家禽整个生命周期中较大比例,胚胎的早期发育将影响后期的生长性能[2-3]。在胚胎发育的最初阶段,营养物质是由临近的卵黄和蛋清通过血管系统供应[4-5],胚胎发育所需

---

* 基金项目:湖北省"十一五"科技攻关重大项目(2006AA202 A04);动物营养学国家重点实验室开放项目(2004DA125184F1417)
** 第一作者简介:齐智利(1974—),女,副教授,博士,E-mail:zhiliqi@mail.hzau.edu.cn

的能量主要依赖糖酵解途径。而底物葡萄糖主要来源于靠近外部稀蛋白的蛋清中,它是在蛋壳形成前的子宫膨胀时储存的[6]。随着胚的发育,胚内陷形成绒毛膜尿囊和尿囊腔,并汇聚在气室末端[7],主要的供能底物也由葡萄糖向脂肪酸转变。随着孵化的进行,蛋内容物中必需脂肪酸逐渐增加,这对于胚胎发育过程中膜的形成和能量供应有着十分重要的意义[8]。胚胎发育的最后阶段是水禽生理代谢的关键时期,此时胚胎发育使得营养和氧交换能力达到极限而导致能量代谢的转变,一些组织如肌胃、腺胃、小肠和肝脏等在孵化后期快速发育,其中小肠和肝脏在此阶段的发育最快。Uni 等分别对小肠的形态、功能及基因的表达变化揭示了孵化后期鸡胚胎的小肠快速发育,而出壳后小肠的生长超过机体的增重,暗示着对营养物质的消化能力进一步提高[9]。通过对消化器官的重量分析发现,各消化器重量在孵化后期随时间而显著增加,各消化器官中小肠在孵化后期重量增加最快[10]。

2 水禽早期发育的营养代谢及机制

2.1 早期发育中碳水化合物的作用

禽类胚胎主要依赖肝脏的糖异生作用来获得葡萄糖,最主要的糖异生前体是氨基酸和甘油,它们分别来自蛋清蛋白质和卵黄脂类的代谢产物[11]。随着家禽胚胎的发育,与糖异生相关的酶活性会不断提高,并且在家禽出壳时其活性达到最高点[12]。内源产生的葡萄糖以糖原的形式储存在肝脏和肌肉中,作为机体的碳水化合物储备[13]。机体约有1/4的糖原储存在肝脏中,其余的储存在肌肉中[14],由于肌肉中缺乏葡萄糖-6-磷酸酶,肌糖原只能被肌肉利用[15],肌肉供能对于孵化期胚胎温度调节和出壳起到至关重要的作用[16]。在孵化后期体内储备的糖原会快速动员,肝糖原含量从 19 mg/g 下降到出壳时的 1.6 mg/g[17],因此孵化后期家禽胚胎的肝糖原迅速耗尽。虽然肌肉糖原浓度不及肝脏,但肌肉中糖原总量在机体各组织中最高。

2.2 早期发育中蛋白质降解的作用

研究发现,肉鸭孵化后期各消化器官(小肠,肝脏,肌胃,腺胃)重量都表现出快速增加,胸肌重量从孵化期 22 d 到出壳当天显著下降了45%,当孵化后期家禽消化器官等组织快速发育及机体活动加快时,蛋中所能提供的能量不能满足其需求,进而需要动员骨骼肌提供氨基酸底物作为糖异生的来源[18-19]。参与骨骼肌中蛋白质分解代谢的途径有多种,其中包括泛素途径、溶酶体、钙蛋白酶体、组织蛋白酶体等[20]。近年来研究表明,泛素-蛋白酶体降解系统是参与骨骼肌中蛋白质降解最主要的途径[21]。

泛素系统-蛋白酶体:该途径包括多个步骤[22],首先,依赖 ATP 的方式,泛素 C-末端的甘氨酸与泛素活化酶 E1 上的半胱氨酸之间形成硫酯键,并由此激活泛素;接着,泛素活化酶再一次通过硫酯键,将泛素转移到泛素偶联酶 E2s 家族中的一个成员上;最后,泛素直接或在泛素-蛋白连接酶 E3 的帮助下,从 E2 转移到靶蛋白的赖氨酸上。这样,泛素分子就共价结合到靶蛋白上。带有 4 个以上的泛素标记的靶蛋白质则被 26S 蛋白酶复合体消化水解成小肽或氨基酸。26S 复合物的催化核心由 20S 蛋白酶构成,且在一端或两侧有一个 19S 调节子复合物。蛋白水解核心包含在 20S 蛋白酶体中,但它本身并不能降解蛋白,它与一端有 ATP 的 19S 帽结构形成复合物时才能发生降解作用,ATP 水解提供的化学能量可以打开底物蛋白的稳定结构。运用 cDNA 芯片分析由饥饿引起肌肉萎缩的小鼠肌肉基因转录水平的变化发现编码多聚泛素和一些蛋白酶体基因的 mRNA 升高[23],同时饥饿增加了编码 E2 载体蛋白的 mRNA[24]。

自噬溶酶体途径:自噬的过程主要包括自噬前体的形成、自噬前体延伸形成自噬体、自噬体与溶酶体融合形成自噬溶酶体以及自噬体内容物被降解[25]。在营养物质供应充足的条件下,自噬溶酶体途径不被激活[26]。当营养物质不足时，上游自噬信号被激活，Atg6/Beclin1、Vps15、UVRAG、Bif-1和Ambra1形成蛋白复合物促使下游自噬信号激活[27]。在营养物质缺乏时，自噬溶酶体途径在机体内多个组织中均可以发生。通过构建绿色荧光标记的LC3转基因小鼠研究饥饿状态下自噬的发生情况，发现饥饿24 h后各个组织中自噬都被激活[28]。在能量紧缺状态下自噬是维持细胞内稳态所必需的，与此同时，自噬在骨骼肌中也是一直存在的。用电子显微镜可以观察到自噬在去神经引发的肌肉萎缩情况下被激活，并且溶酶体途径在各种诱发肌肉萎缩的情况下都被上调[29]。

3 水禽胚胎营养调控研究进展

近年来，由国外家禽营养专家Uni博士和Ferket博士领导的研究小组对胚蛋注射进行了较为系统深入的研究。该研究小组开发了一项名为in ovo feeding(IOF)的专利技术(2003)。其做法是在家禽孵化后期将外源营养物质注射到胚蛋羊膜腔中，胚胎在发育后期可通过口腔来吸收羊水中的养分，从而提前发挥其生长潜力。

3.1 胚蛋营养注射促进肠道发育的研究进展

胚胎给养对小肠的发育起到重要作用。在鸡的胚胎后期注射碳水化合物(麦芽糖、蔗糖和糊精)和β-羟-β-甲基丁酸到羊膜囊中，结果发现胚胎注射后可以提高空肠绒毛长度、宽度和表面积；提高出壳重且增重优势一直持续到试验结束(10 d)，注射碳水化合物可以提高肠道二糖酶的活性。其作用机制可能是外源碳水化合物为肠道提供了充足的底物，从而促进了二糖酶活性的提高[30]。在羊膜腔内提供营养物质可以加速肠黏膜功能发育。研究发现注射碳水化合物36 h后，分泌酸性黏液素的杯状细胞的比例比对照组增加了50%，此外注射碳水化合物还可以提高雏鸡出壳当天黏性蛋白mRNA的表达丰度，可见碳水化合物促进了杯状细胞的发育，进而维持了肠黏膜的功能[31]。当对孵化期17 d的鸡胚中注射蛋氨酸锌螯合物时，注射48 h后发现小肠中锌转运载体ZnT1 mRNA比对照组上调了200%，同时二糖酶、氨肽酶、ATP酶基因的mRNA表达也受到上调[32]。对孵化后期肉鸭胚胎注射可消化二糖，β-羟-β-甲基丁酸和谷氨酰胺，发现补充二糖和谷氨酰胺改善了肉鸭早期生长和小肠发育，孵化后期胸肌的生长具有特异性。由此可见，孵化后期营养补充对小肠的形态学、功能学以及分子生物学上都起到了促进作用，这进一步表明，孵化后期外源营养物质补充可以促使家禽小肠提前发育[10]。

3.2 胚蛋营养注射对机体能量贮存及骨骼肌生长发育的影响

研究发现孵化后期糖类物质和氨基酸补充对肉鸭机体能量贮存的影响，结果表明，孵化后期二糖(蔗糖+麦芽糖)和丙胺酰-谷氨酰胺的补充有利于胚胎机体能量贮存，同时对出壳后早期能量状态产生有利影响。进一步研究发现肉鸭孵化后期能量贮存动员加快，能量的紧缺很可能抑制了骨骼肌中蛋白质的翻译起始，同时加快了泛素系统参与的蛋白质分解代谢，进而导致骨骼肌的负生长。当对孵化后期进行单独补充二糖或丙胺酰-谷氨酰胺时，可以缓解泛素系统所参与的蛋白质分解代谢，促进肉鸭骨骼肌早期生长[10]。

综上所述，通过注射的方法对家禽的胚胎期营养物质的供给是可行的，而且通过恰当的注射位点和有效的营养物质供应可以调控高胚胎期肠道发育和能量的贮存，并影响到家禽的后期发育。

4 水禽早期开食营养调控研究进展

早期开食是指家禽出壳后3～6 h以内开始饮水采食[33-34]。早在1955年Williams研究出壳后20 h开食的幼雏比在出雏机内停留时间更长的幼雏有更快生长速度。

4.1 早期开食对肠道结构及发育的影响

早期开食对小肠形态结构及发育会产生显著的影响。绒毛高度、绒毛面积与隐窝中细胞数目与迁移相关。早期开食后家禽十二指肠每个隐窝内的细胞数目在出壳后48 h迅速增加,之后将下降,每个隐窝细胞数量比非早期开食高,因而非早期开食组形态学变化直到第6天才和早期开食组有相同的水平[35]。还有研究认为早期开食处理后隐窝迁移速度下降,显著增加肉鸡第2天小肠隐窝深度,第7天显著高于非早期开食组[36]。研究发现:刚出壳樱桃谷肉鸭空肠绒毛高度为287 μm左右,第2天为380~450 μm,第4天达到550 μm,第7天则更高,绒毛高度以非常快的速度增长,早期开食组肉鸭相对小肠重量在第一周内显著或极显著高于非早期开食组。在细胞水平,小肠组织的生长可以表现为细胞增殖以及细胞体积的增大,细胞增殖又表现为DNA浓度的增加[37]。有研究发现肠细胞的增殖可以决定小肠中具有吸收能力的组织的生长发育,RNA、DNA和蛋白质浓度可以反映小肠发育过程中细胞的变化[38]。研究发现:第2天和第4天早期开食组肉鸭空肠DNA浓度显著低于非早期开食组,第7天无显著差异。蛋白质浓度变化规律与DNA浓度变化规律是相反的,早期开食显著或者极显著提高了第一周内小肠空肠蛋白质的浓度[37]。因此早期开食组蛋白质与DNA比值高于非早期开食组。

4.2 早期开食对消化道酶活的影响

早期开食的雏鸡胰腺分泌量并不会随着日龄的变化而发生显著的变化,但是小肠内胰蛋白酶、淀粉酶及脂肪酶都比非早期开食的要高,非早期开食组小鸡在开食前胰蛋白酶和淀粉酶活性改变很小,只有在接触饲料以后才开始迅速上升[39]。将肉鸡的开食时间推迟到72 h,然后在16 d对小肠二糖酶(包括麦芽糖酶、蔗糖酶、异麦芽糖酶等)进行检测,发现这些二糖酶其活性都低于24 h开食的肉鸡[40]。研究指出火鸡小肠黏膜蔗糖酶、麦芽糖酶和-谷氨酰转移酶活性在2~5 d达到峰值,然后逐渐下降到平台期。而非早期开食的火鸡空肠和回肠黏膜二糖酶活在2~14 d逐渐增加,14 d后达到平台期[41]。也就是说正常情况下,二糖酶活性是随着日龄的增加而升高,直到达到一个稳定的水平,并且早期开食可以促进二糖酶的分泌。

4.3 水禽早期开食的营养调控

幼雏出壳后早期糖原储备越丰富,越有利于幼雏的生存,减少育雏期间的死亡率。研究发现,早期开食组第2天肝糖原浓度和总肝糖原均极显著高于非早期开食组,因此早期开食对肉鸭育雏期的存活率提供了一道保障[37]。家禽出壳后骨骼肌的生长受到肌纤维细胞核数目的累积以及肌纤维体积变大的影响,细胞核的增多主要与生肌前体细胞—卫星细胞相关[42-43]。据报道:与出壳当天相比,火鸡在孵化的第25天骨骼肌卫星细胞有丝分裂活性显著偏低,在出壳后1周内,卫星细胞有丝分裂活性随着日龄增加显著下降。1周龄后骨骼肌卫星细胞群急剧下降[44-46]。

近年来,通过早期营养来促进家禽肠道发育,从而促进家禽生产。这些研究主要集中对家禽出壳前后的处理。一种是胚蛋注射,即在家禽出壳前几天,通过给予家禽胚胎营养物质来抑制某些组织降解或者促进肠道发育,在出壳时有较好的初生重,进而提高家禽生产;另一种就是通过早期开食(出壳后3~6 h开食)来实现,有研究证明早期开食可以促进肉鸡或火鸡小肠形态学、消化酶的发育[47-48]。另外,多胺对肠细胞的增殖,肠黏膜的生长、发育以及成熟起到非常重要的作用[49],当给动物灌服一定量的多胺如精胺或精脒时,可以提高肠道DNA浓度、二糖酶酶活,从而促进肠道提前发育[50]。

5 小结

孵化后期小肠的发育表现出快速发育的特征,能量贮存发生了动员,导致能量紧缺,机体通过泛素蛋白酶体途径和溶酶体途径介导胸肌中蛋白质降解。孵化后期补充糖类物质和丙氨酰-谷氨酰胺二肽抑制了骨骼肌中泛素所介导的蛋白质代谢,促进了蛋白质翻译起始所介导的蛋白合成,改善了骨骼肌的早期发育,改善了肉鸭胚胎和出壳后早期小肠的消化功能,并促进了早期肉鸭的生长。但目前的研究中发现胚胎期营养对小肠发育,骨骼肌生长以及肉鸭出壳后生长的影响仅限于出壳后很短时间,其时间效应性是否跟所提供的营养物质剂量有关,这些问题有待于进一步研究和证实。

参考文献

[1] 侯水生. 我国水禽产业转型升级的思考. 中国畜牧业协会禽业分会特邀报告,2015.9.

[2] Zhu M J,Ford S P,Nathanielsz P W,et al.. Effect of maternal nutrient restriction in sheep on the development of fetal skeletal muscle. Biol Reprod,2004,71:1968-1973.

[3] Christensen V L,Grimes J L,Donaldson W E,Lerner S. Correlation of body weight with hatchling blood glucose concentration and its relationship to embryonic survival. Poult Sci,2000,79:1817-1822.

[4] Tezuka Y,Yokoe Y and Yamagami K. Glycogen phosphorylases in yolk sac and liver of developing chick. Annot Zool Jpn,1974,47:74-83.

[5] Lemanski L F,Aldoroty R. Role of acid phosphatase in the breakdown of yolk platelets in developing amphibian embryos. J Morphol,1977,153:419-426.

[6] Moran Jr E T. Nutrition of the developing embryo and hatchling. Poult Sci,2007,86:1043-1049.

[7] Sethi N and Brookes M. Ultrastructure of blood vessels in the chick allantois and chorioallantois. J Anat,1971,109:1-15.

[8] Speake B K and Deans E A. Biosynthesis of oleic, arachidonic and docosahexaenoic acids from their C18 precursors in the yolk sac membrane of the avian embryo. Comp Biochem Physiol,2004,138:407-414.

[9] Uni Z,Smirnov A,Sklan D. Pre-and posthatch development of goblet cells in the broiler small intestine:effect of delayed access to feed. Poult Sci,2003,82:320-327.

[10] 陈伟. 孵化后期注射二糖和谷氨酰胺调控肉鸭小肠发育和骨骼肌生长研究. 博士学位论文. 武汉:华中农业大学,2010.

[11] Romanoff A L. Biochemistry of the Avian Embryo:A qualitative analysis of prenatal development,inter-science. New York N Y USA,1967,277-292.

[12] Ballard F J and Oliver I T. Carbohydrate metabolism in liver from foetal and neonatal sheep. Biochem J,1965,95:191-200.

[13] Freeman B M. The importance of glycogen at the termination of the embryonic existence of Gallus Domesticus. Comp Biochem Physiol,1965,14:217-222.

[14] Foye O T,Ferket P R and Uni Z. Ontogeny of energy and carbohydrate utilisation of the precocial avian embryo and hatchling. Avi Poul Biol Rev,2007,18 (3):93-101.

[15] Gross G H. Innervation of the complexus ("hatching")muscle of the chick. J Comp Neurol,1985,232:180-189.

[16] George J C and Iype P T. The mechanism of hatching in the chick. Pavo,1963,1:52-56.

[17] Freeman B M. The importance of glycogen at the termination of the embryonic existence of Gallus Domesticus. Comp Biochem Physiol,1965,14:217-222.

[18] Viera S L,Moran E T. Effects of egg of origin and chick posthatch nutrition on broiler live performance and meat yields. Worlds Poult Sci J,1999,55:125-142.

[19] Noy Y,Geyra A,Sklan D. The effect of early feeding on growth and small intestinal development in the posthatch poult. Poult Sci,2001,80:912-919.

[20] Lecker S H,Solomon V,Mitch W E,Goldberg A L. Muscle protein breakdown and the critical role of the ubiquitin proteasome pathway in normal and disease states. J Nutr,1999,129:227-237.

[21] Mitch W E,Goldberg A L. Mechanisms of muscle wasting. The role of the ubiquitin-proteasome pathway. N Engl J

Med,1996,335:1897-1905.

[22] Ciechanover A. Proteolysis:from the lysosome to ubiquitin and the proteasome. Nat Rev Mol Cell Biol,2005,6(1): 79-87.

[23] Lecker S H,Jagoe R T,Gomes M,et al.. Multiple types of skeletal muscle atrophy involve a common program of changes in gene expression. FASEB J,2004,18:39-51.

[24] Wing S S and Goldberg A L. Glucocorticoids activate the ATP-ubiquitin-dependent proteolytic system in skeletal muscle during fasting. Am J Physiol,1993,264:668-676.

[25] Levine B and Kroemer G. SnapShot:Macroautophagy. Cell,2008,132:162. el-162. e3.

[26] Lum J J,DeBerardinis R J and Thompson C B. Autophagy in metazoans:Cell survival in the land of plenty. Nat Rev Mol Cell Biol,2005,6:439-448.

[27] Gulati P and Thomas G. Nutrient sensing in the mTOR/S6K1 signalling pathway. Biochem Soc Trans,2007,35:236-238.

[28] Mizushima N,Yamamoto A,Matsui M,et al.. In vivo analysis of autophagy in response to nutrient starvation using transgenic mice expressing a fluorescent autophagosome marker. Mol Biol Cell,2004,15:1101-1111.

[29] Bechet D,Tassa A,Taillandier D,et al.. Lysosomal proteolysis in skeletal muscle. Int J Biochem Cell Biol,2005,37: 2098-2114.

[30] Tako E,Ferket P R and Uni Z. Effects of in ovo feeding of carbohydrates and beta-hydroxy-beta-methylbutyrate on the development of chicken intestine. Poult Sci,2004,83:2023-2028.

[31] Smirnov A,Tako E,Ferket P R,et al.. Mucin gene expression and mucin content in the chicken intestinal goblet cells are affected by in ovo feeding of carbohydrates. Poult Sci,2006,85:1785-1192.

[32] Tako E,Ferket P R,Uni Z. Changes in chicken intestinal zinc exporter mRNA expression and small intestinal functionality following intra-amniotic zinc-methionine administration. J Nutr Chem,2005,16:339-346.

[33] Hager J E,Beane W L. Posthatch incubation time and early growth of broiler chickens. Poult Sci,1983,62(2): 247-254.

[34] Noy Y,Sklan D. The effect of early feeding on growth and small intestinal development in the posthatch poult. Poult Sci,2001,80:912-919.

[35] Geyra A,Uni Z,Sklan D. The effect of fasting at different ages on growth and tissue dynamics in the small intestinal of the young chick. Br J Nutr,2001,86:53-61.

[36] Yi G F,Allee G L,Knight C D,et al.. Impact of glutamine and oasis hatchling supplement on growth performance, small intestinal morphology,and immune response of broilers vaccinated and challenged with eimeria maxima. Poult Sci,2005,84:283-293.

[37] 彭鹏.早期开食及外源腐胺对肉鸭生长性能和空肠发育的影响.硕士学位论文.武汉:华中农业大学,2008.

[38] Uni Z,Noy Y,Sklan D. Posthatch changes in morphology and function of the small intestines in heavy and lightstrain chicks. Poult Sci,1995,74:1622-1629.

[39] Noy Y,Sklan D. Yolk utilisation in the newly hatched poult. Br Poult Sci,1998,39:446-451.

[40] Siddons R C. Effect of diet on disaccharidase activity in the chick. Br J Nutr,1972,27:343-352.

[41] Uni Z,Noy Y,Sklan D. Posthatch development of small intestinal function in the poult. Poult Sci,1999,78:215-222.

[42] Mauro,A. Satellite cells of skeletal muscle fibres. J Biophys Biochem Cyto,1961,9:493-495.

[43] Campion D R. The muscle satellite cell:a review. Int Rev Cytol,1984,87:225-251.

[44] Moore D T,Ferket P R,Mozdziak P E. Muscle development in the late embryonic and early post-hatch poult. Int J Poult Sci,2005,4(3):138-142.

[45] Halevy O,Gerya A,Barak M,Uni Z,Sklan D. Early posthatch starvation decrease satellite cell proliferation and skeletal muscle growth in chicks. J Nutr,2000,130:858-864.

[46] Halevy O,Krispin A,Leshem Y,Mcmurtry J P,Yahav S. Early-age heat exposure affects skeletal muscle satellite

cell proliferation and differentiation in chicks. Am J Physiol Regul Integr Comp Physiol,2001,281:302-303.

[47] Pinchasov Y,Noy Y. Early postnatal amylolysis in the gastrointestinal tract of turkey poults. Comp Biochem Physiol,1994,106:221-225.

[48] Geyra A,Uni Z,Sklan D. Enterocyte dynamics and mucosal development in the posthatch chick. Poult Sci,2001,80:776-782.

[49] Canellakis E S,Viceps-Madore D,Kyriakidis D A,et al.. The regulation and function of ornithine decarboxylase and of the polyamines. Curr Topics Cell Regul,1979,15:155-202.

[50] Dufour C,Dandrifosse G,Forget P,et al.. Spermine and spermidine induce intestinal maturation in the rat. Gastroenterology,1988,95:112-116.

反刍动物、特产经济动物、水产营养与饲料科学

后备牛"三初"营养体系研究进展

屠焰[1,2]** 张蓉[1,2] 胡凤明[1,2]

(1.中国农业科学院饲料研究所/农业部饲料生物技术重点实验室,北京 100081;
2.奶牛营养学北京市重点实验室,北京 102206)

摘 要: 奶牛后备牛从初生到初情、初配,跨度达到14个月以上,这一阶段的营养供给会影响成年后的生产性能和繁殖性能,近年来越来越受到人们的关注。目前对后备牛蛋白质、能量调控机制和技术方面的研究有所积累,但存在着较多争议,且研究范围和深度都远远不能满足"三初"营养的需要。本文总结了近年来中国农科院饲料所反刍动物生理与营养实验室的研究结果,并结合国内外部分研究报道,阐述了后备牛生长发育阶段性特点,以及日粮蛋白质和能量的营养调控作用,提出了后备牛"三初"阶段营养调控作为一个独立的体系应受到行业充分重视。

关键词: 后备牛;初生;初情;初配;营养需要

引言

奶牛的一生中,初生、初情、初配阶段,虽然不产生直接的经济效益,但其培育质量会直接影响成年后母牛的泌乳性能和繁育性能,从而与养殖经济效益密切相关。"三初"阶段的营养调控在奶牛生产中占据着重要的地位。后备牛作为成年牛群的基础,其生长发育,包括瘤胃和乳腺发育,是影响成年后奶牛单产量最重要的因素。研究认为,犊牛初生重、初情阶段日增重都与泌乳性能有一定的关系,平均日增重(ADG)与产奶性能之间存在负相关关系,当ADG过大,乳腺脂肪沉积过多,乳腺合成细胞数量减少,进而间接导致成年后的泌乳性能下降。生长母牛ADG为0.7～0.8 kg/d时,其成年后的产奶性能可达最大[1-3]。也有学者认为初情期前母牛的乳头长度能间接反映首次发情前乳腺导管的发育程度[4]。但以上论点尚存在着争议。本文将综合中国农科院反刍动物生理与营养实验室多年来部分研究结果,结合国内外其他研究,介绍后备牛生理特点、蛋白质和能量的营养调控作用,为我国后备牛"三初"营养体系的构建提供理论支持。

1 "三初"后备牛生理特点

后备牛包括了0～2月龄哺乳期犊牛、3～6月龄断奶后犊牛、7～14月龄育成牛,需要经历初生、初情、初配三种重要节点,其生长发育将直接影响成年后的生产性能。

1.1 后备牛各阶段生长参数

犊牛在10～30 d的体高和体斜长生长速率显著高于30～60 d阶段(表1)[5],61～180日龄数据[6-10]也显

---

* 基金项目:奶牛产业技术体系北京市创新团队(BAIC06-2016);国家科技支撑计划项目课题(2012BAD12B06)
** 第一作者简介:屠焰(1969—),女,研究员,E-mail:tuyan@caas.cn

示出中国荷斯坦小母牛体重、体尺和乳头外观(表2)随着日龄增长逐步提高的程度。

表1 2014年北京市23家中型奶牛养殖场犊牛体尺平均数值($n=460$)[5]

项目	体高			体斜长			胸围		
	10 d	30 d	60 d	10 d	30 d	60 d	10 d	30 d	60 d
头数	342	346	325	342	346	313	342	346	313
平均值/cm	77.5	84.0	92.6	71.7	80.6	91.9	83.3	91.7	103.5
标准误/cm	0.23	0.32	0.42	0.33	0.40	0.47	0.30	0.43	0.48
变异范围/cm	64~92	70~99	72~115	53~87	66~109	74~120	70~106	75~114	82~126
变异系数/%	5.6	7.1	8.1	8.5	9.1	9.1	6.8	8.8	8.3
阶段/d	体高			体斜长			胸围		
	10~60	10~30	30~60	10~60	10~30	30~60	10~60	10~30	30~60
日均增长量/cm	0.30	0.31[a]	0.27[b]	0.41	0.43[a]	0.39[b]	0.41	0.41	0.40

同一指标同行数据肩标不同字母者差异显著($P<0.05$)。

表2 2~6月龄母犊牛生长性能指标($n=182$)

月龄	干物质采食量/kg	体重/kg	体长/cm	体高/cm	胸围/cm	腹围/cm	前乳头长度/cm	后乳头长度/cm
2~3	2.0±0.4	96.0±22.0	90.4±5.1	89.2±2.0	110.3±8.9	126.3±6.4	1.35	1.20
3~4	2.9±0.1	121.4±21.1	93.6±3.3	93.4±2.3	113.0±2.4	137.9±5.1	1.67	1.50
4~5	3.4±0.3	147.8±18.7	102.9±3.3	98.2±2.0	120.7±3.4	151.7±4.0	2.20	1.90
5~6	4.5±0.4	163.2±19.9	109.2±5.0	101.8±1.9	126.3±3.5	160.3±3.1	2.40	2.20
SEM	0.3	6.5	1.7	3.1	2.3	2.3	0.2	0.1

犊牛各项体尺指数随日龄变化而显著变化(表3),并呈现出直线变化规律[11]。从体型上看,随着日龄的增长,犊牛胸腔和腹腔逐步扩展,躯体的长度和宽度都有增长,但腿的长度和粗细程度的增长,相比起体高的增加来说逐步降低。

表3 犊牛体尺指数的变化 %

项目	日龄				SEM	P
	21 d	35 d	49 d	63 d		
肢长指数	64.4[a]	64.5[a]	61.9[b]	61.4[b]	0.33	<0.0001[LC]
体长指数	96.3[b]	97.8[a]	98.3[a]	98.7[a]	0.58	0.0092[L]
体躯指数	112.0[c]	110.6[c]	112.3[b]	116.3[a]	0.70	<0.0001[LQ]
管围指数	15.7[a]	15.4[b]	15.4[b]	15.3[b]	0.13	0.0238[L]
胸围指数	107.7[c]	108.0[bc]	110.5[b]	115.0[a]	0.67	<0.0001[LQ]
腿围指数	57.8[b]	57.5[b]	59.8[a]	60.4[a]	0.63	<0.0001[LC]

[L]直线变化;[Q]二次曲线变化;[C]三次曲线变化($P<0.05$);同行数据肩标不同小写字母者差异显著($P<0.05$)。

以体尺和体重的数据进行回归分析,得出估测中国荷斯坦3~6月龄断奶犊牛体重的模型(表4)。仅以胸围来估测体重时,回归方程的R^2仅为0.79左右,而增加体斜长或体高参数后,回归方程的R^2提高到0.91左右。

表4 以体尺估测体重的回归方程（$n=158$）

Y	X	回归方程	P	R^2
体重/kg	胸围/cm	$Y=-263.96797+3.38347X$	<0.0001	0.7895
体重/kg	胸围/cm	$Y=127.8858+0.02752X_2-3.20204X$	<0.0001	0.7949
体重/kg	体斜长/cm 胸围/cm	$Y=-184.04099+3.32903X_1-0.10766X_2$	<0.0001	0.9137
体重/kg	体斜长/cm 胸围/cm 体高/cm	$Y=-235.50042+2.79472X_1-0.45518X_2+1.50603X_3$	<0.0001	0.9192

后备牛到6月龄后，生长强度虽稍有降低，但却是其体质、乳腺组织和消化器官发育的重要阶段，牛只体况评分应接近2.5分，配种时3.0分，产犊时3.5分。青年母牛配种时应达到其成年体重的60%，以便在初产时体重达到成熟体重的85%[12]。荷斯坦后备牛各月龄阶段的生长目标见表5。

表5 荷斯坦后备牛体重和体尺培育目标[13]

月龄	体重/kg	体高/cm	腰角宽/cm	月龄	体重/kg	体高/cm	腰角宽/cm
1	62	84	—	13	367	124	42
2	86	86	19	14	398	127	43
3	106	91	22	15	422	130	44
4	129	97	24	16	448	130	46
5	154	99	27	17	465	132	47
6	191	104	29	18	484	132	48
7	212	109	31	19	493	132	50
8	240	112	33	20	531	135	50
9	270	114	35	21	540	137	51
10	296	117	36	22	560	137	52
11	323	119	38	23	580	137	
12	345	122	40	24	590	140	

1.2 犊牛瘤胃微生物区系的变化

犊牛出生后，由母体和环境中获取微生物，经过选择和适应，部分微生物在瘤胃内定植、存活及增殖，且随犊牛的生长发育形成相对稳定的微生物区系。符运勤[9]研究了出生至52周龄后备牛瘤胃微生物区系，证实了随着年龄的增加，瘤胃细菌区系优势种群数目有所降低并保持稳定，最后形成一个比较稳定的微生态环境（图1）。犊牛刚出生的几天内瘤胃中细菌较少，菌种较集中，且未检测到白色瘤胃球菌、黄色瘤胃球菌、产琥珀丝状杆菌等纤维分解菌；随着犊牛对饲粮的适应，瘤胃中2~6周后各纤维分解菌开始定植，8周时，瘤胃细菌的种类和优势条带数均高于前期，已经形成了丰富的瘤胃微生物区系，其中包括纤维分解菌中的黄色葡萄球菌、白色葡萄球菌和溶纤维丁弧菌等，还包括淀粉分解菌普雷沃氏菌及半纤维素降解菌毛螺菌等（表6）；8~52周后备牛瘤胃液细菌多样性仍然随周龄变化，断奶、换料等应激，对瘤胃细菌区系造成影响甚至紊乱，使得多样性指数有所波动；断奶后（12~20周），瘤胃细菌区系还没形成完整的区系，易受外界环境的干扰而产生波动。崔祥[10]鉴定了181 d犊牛瘤胃微生物种类(表7),并发现4~6月龄时犊牛瘤胃内部分优势菌产琥珀丝状杆菌、黄色瘤胃球菌、白色瘤胃球菌、溶纤维丁酸弧菌、栖瘤胃普雷沃氏菌、多毛毛螺菌、梭菌、原虫的数量并未随月龄而产生显著差异。

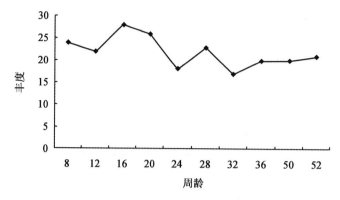

图1 8~52周龄后备牛瘤胃细菌丰度的变化

表6 犊牛8周龄时瘤胃细菌部分克隆序列测定及比对结果

亲缘关系(Closest relatives)	相似度(Identity)/%	基因库序列号(GenBank accession No.)
Prevotella ruminicola strain 223/M2/7 瘤胃普雷沃氏菌	99	AF218618.1
Ruminococcus albus 7 白色瘤胃球菌	97	CP002403.1
Ruminococcus flavefaciens strain H8	100	JN866826.1
Prevotella ruminicola 栖瘤胃普雷沃氏菌	99	AB219152.1
Uncultured Bacteroidetes bacterium clone L1i01UD 拟杆菌门菌	99	HM105132.1
Prevotella sp. 152R-1a 普雷沃氏菌	97	DQ278861.1
Prevotella ruminicola 普雷沃氏菌	98	AB219152.1
Uncultured Bacteroidales bacterium clone cow61 拟杆菌门菌	97	HQ201860.1
Uncultured bacterium clone RH_aaj91d04	100	EU461514.1
Uncultured Firmicutes bacterium clone L1k12UD 硬壁菌门菌	99	HM105182.1
Uncultured Lachnospiraceae bacterium clone SHTP616 毛螺菌	99	GQ358485.1
Uncultured Bacteroidetes bacterium clone CTF2-183 拟杆菌	97	GU958265.1
Uncultured Ruminococcaceae bacterium clone PA-496.38-1 瘤胃球菌	100	GU939482.1
Prevotella sp. RS 普雷沃氏菌	97	AY158021.1
Asteroleplasma anaerobium 厌氧无甾醇支原体	90	M22351.1
Uncultured bacterium clone WT_ctrl_D6iii_C02	100	JQ085222.1
Uncultured rumen bacterium clone CAL1SB05	99	GQ327036.1
Uncultured Clostridiales bacterium clone HC_839.13-1 梭菌目	100	GU939331.1
Oribacterium sp. 4C51CB	100	JQ316656.1
Prevotella ruminicola strain 223/M2/7 普雷沃氏菌	99	AF218618.1

续表6

亲缘关系(Closest relatives)	相似度(Identity)/%	基因库序列号(GenBank accession No.)
Uncultured Lachnospiraceae bacterium clone R_187.38-2 毛螺菌属	99	GU939515.1
Uncultured Bacteroidetes bacterium clone L2l18UD 拟杆菌门菌	99	HM105439.1
Prevotella ruminicola 普雷沃氏菌	99	AB219152.1
Uncultured Firmicutes bacterium clone TCF2-123 硬壁菌门菌	97	GU959542.1
Prevotella sp. BP1-148 普雷沃氏菌	100	AB501166.1
Rumen bacterium NK4A95	99	GU324389.1
Prevotella ruminicola 普雷沃氏菌	99	AB219152.1
B. fibrisolvens 溶纤维丁酸弧菌	97	X89973.1
Uncultured Firmicutes bacterium clone p1j01cow63 硬壁菌	99	HM104787.1
Uncultured rumen bacterium clone L206RC-4-G10	100	GU302844.1
Prevotella amnii 普雷沃氏菌	97	AB547670.1
Uncultured Prevotella sp. 普雷沃氏菌	95	AM420024.1
Uncultured Bacteroidales bacterium clone pig361 拟杆菌	97	HQ201779.1
Uncultured Clostridiales bacterium clone HC_839.13-1 梭菌目	100	GU939331.1

表7 181日龄犊牛瘤胃微生物部分基因片段序列结果比对

相似菌	登录号	相似度	分类
Prevotella buccae	JN867282	92	Bacteroidetes;Prevotella
Cytophaga sp. I-976	AB073594	87	Bacteroidetes;Cytophaga
Uncultured bacteroidetes bacterium	HM105487	96	Bacteroidetes
Clostridium clostridioforme	KC143063	99	Firmicutes;Clostridium
Thermomonas brevis	KC921170	99	Proteobacteria;Thermomonas
Prevotella bergensis	AB547672	94	Bacteroidetes;Prevotella
Psychrobacter frigidicola	KF712923	99	Proteobacteria;Psychrobacter
Lachnospira multipara	NR_104758	98	Firmicutes;Lachnospira
Capnocytophaga haemolytica	AB671760	90	Bacteroidetes;Capnocytophaga
Diplodinium dentatum	JN116196	99	Alveolata;Diplodinium
Uncultured bacteroidetes bacterium	HM105486	94	Bacteroidetes
Uncultured lachnospiraceae bacterium	GQ358485	100	Firmicutes;Lachnospiraceae
Lachnospira pectinoschiza	AY699283	98	Firmicutes;Lachnospira
Ruminococcus bromii L2-63	EU266549	99	Firmicutes;Ruminococcus
Anaerostipes sp. 992a	JX629260	100	Firmicutes;Anaerostipes
Pseudoflavonifractor sp. 2-1.1	JX273469	95	Firmicutes;Pseudoflavonifractor
Clostridium sp. MH18	JF504706	95	Firmicutes;Clostridium
Clostridiales bacterium CIEAF 013	AB702935	94	Firmicutes;Clostridiales
Thermomonas brevis	KC921170	99	Proteobacteria;Thermomonas
Thermomonas sp. ROi27	EF219043	99	Proteobacteria;Thermomonas

2 蛋白质的调控作用

2.1 初生哺乳期犊牛

蛋白质营养历来都是动物营养研究中最重要的内容之一,而蛋白质的水平和来源又是限制代乳品应用的最大因素,这就促使了人们对代乳品中蛋白饲料的应用开展更为深入的研究。

蛋白质来源。代乳品中常用的蛋白质包括乳源性和植物性两类。饲喂分别以乳蛋白、大豆蛋白、花生蛋白、小麦蛋白、大米蛋白配制代乳品时,相对于乳源蛋白,犊牛对植物源蛋白的有机物(OM)、粗蛋白质(CP)、粗脂肪(EE)消化率较低,能量、氮(N)及钙磷的代谢率降低,但瘤胃发酵参数未受影响;大豆蛋白和大米蛋白对犊牛能量、氮和钙磷代谢的影响要小于小麦和花生蛋白,从犊牛血清IgG、IgA、IgM及IL-2水平来看,乳源、大豆和大米蛋白对犊牛造成的应激也要明显低于小麦、花生蛋白[14]。

蛋白质水平。一般认为代乳品CP含量不应低于22%(干物质基础)[15]。李辉[16]也证实在18%、22%、26%三个水平下,CP22%代乳品可使犊牛获得较好的生长性能。饲粮CP与饲喂量、能量水平间有关联,例如,采食消化能(DE)为16.96 MJ/d的犊牛,最大日增重(ADG)574 g/d,可消化蛋白最小摄入量应在163 g即提供21.8%CP的日粮;而DE 20.88 MJ/d,最大ADG 783 g/d时,对应的可消化蛋白的最小摄入量为231 g,即日粮CP约23%[17]。

氨基酸组成。犊牛瘤胃尚未发育成熟,功能不完善,采食液体饲料(奶和代乳品)大多会由食管经食管沟和瓣胃管直接进入皱胃进行消化,因此犊牛对氨基酸的需要情况比成年奶牛更为复杂,不能简单地用估测成年反刍动物瘤胃发酵的方法来估测哺乳期犊牛。犊牛代乳品中赖氨酸水平影响日粮营养素的摄入量、吸收量和消化率,并对瘤胃的发育以及瘤胃内各部位的乳头高度有显著影响[18]。日粮赖氨酸(Lys)、蛋氨酸(Met)和苏氨酸(Thr)相对平衡时会提高犊牛对营养物质的消化率,改善饲料转化率并加快体型发育[23]。国内外学者对犊牛限制性氨基酸及其需要量开展了研究(表8和表9),可见试验牛的品种、日龄、体重、生长速度以及基础日粮或评价指标不同等因素可造成氨基酸限制性顺序和需要量有所差别。

表8 犊牛的限制性氨基酸

项目	日粮类型	限制性氨基酸			资料来源
		第一	第二	第三	
6~14 d	全奶和麸皮	SAA	Lys	—	Williams 和 Hewitt(1979)[18]
3~60 d	半纯和日粮	SAA	Lys	—	Tzeng 和 Davis(1980)[19]
7~11周龄	谷物类副产品	Met	—	—	Schwab 等(1982)[20]
2~6周龄	玉米-豆粕	Met	Lys	—	Abe 等(1997)[21]
0~3月龄	玉米、麸皮	Lys	—	—	Abe 等(1997)[21]
0~2月龄正常状态下	含大豆蛋白的代乳品	Lys	Met	Thr	张乃锋(2008)[22]
0~2月龄应激状态下	含大豆蛋白的代乳品	Lys	Thr	Met	张乃锋(2008)[22]
0~2月龄	含大豆蛋白的代乳品	Lys	Met	Thr	王建红(2010)[23]

表9 犊牛对氨基酸的需要量

项目	评价指标	氨基酸需要量				资料来源
		赖氨酸	蛋氨酸	含硫氨基酸	苏氨酸	
6~27 d	氮沉积	0.78 g/kg$^{0.75}$	2.75~2.95 g/16 g N	3.8~4.0 g/16 g N	—	Foldager 等(1977)[24]
6~14 周龄	血浆尿素氮、游离氨基酸,及氮沉积、氮表观消化率四指标的平均值	7.8 g/d	2.1 g/d	3.7 g/d	4.9 g/d	Williams 和 Hewitt(1979)[18]
0~3 周龄	日增重	2.34%	0.72%	1.27%	1.8%	Hill 等(2008)[25]
3~60 d	氮沉积、日增重	0.70~0.81 g/kg$^{0.75}$	0.65 g/kg$^{0.75}$	—	—	Tzeng 和 Davis(1980)[19]
2~3 周龄	最大 N 沉积	(100)	(29)		(70)	王建红(2010)[23]
5~6 周龄	最大 N 沉积	(100)	(30)		(60)	王建红(2010)[23]
2~3 周龄	最大 ADG	(100)	(35)		(63)	王建红(2010)[23]
5~6 周龄	最大 ADG	(100)	(27)		(67)	王建红(2010)[23]
2~3 周龄	最大 F/G	(100)	(26)		(56)	王建红(2010)[23]
5~6 周龄	最大 F/G	(100)	(23)		(54)	王建红(2010)[23]
0~2 月龄	日增重	1.80%	—	—	—	李辉(2008)[16]
2~3 月龄	最大氮沉积	16.3 g/d	4.2 g/d	7.6 g/d	10.8 g/d	Gerrit 等(1997)[26]

注:带括号的数字为相对比例数字。

与氨基酸平衡的饲粮相比,部分扣除 Lys、Met 和 Thr 的饲粮显著影响犊牛血清总蛋白、白蛋白和球蛋白含量,反之高 Lys、Met 和 Thr 含量(分别为 2.81%、0.83%、1.82%)可改善犊牛的饲料转化率,提高氮利用率以及干物质(DM)和 OM 的表观消化率[23]。

2.2 断奶后犊牛

断奶后的犊牛主要以采食固体开食料为主,其原料组成与哺乳期犊牛使用的代乳品存在较大差异。由于资料较少,NRC[15]中关于体重 100 kg 以下具有反刍功能犊牛蛋白质的需要量是根据 100~150 kg 体重青年母牛生长需要量外推的,其 CP 含量根据 ADG 0.3~0.8 kg/d 分别为 12.4%~19.0%。相比之下,国内犊牛开食料蛋白水平则较高,在 19%~22%[27-29]。这与其中氨基酸平衡有直接关系,当开食料 Lys/Met 比例分别为 3.1:1、3.7:1 时,CP 可从 19.64% 降低到 15.22%,犊牛增重提高 10.21%,并有减少 N 排放、提高 N 总利用率及表观生物学价值的趋势[29]。

2.3 初情和初配前后

关于 7~14 月龄后备牛蛋白质营养的研究,近年来逐步增长。张卫兵[30]针对 8~10 月龄后备牛开展研究,饲喂 CP 为 11.93%、14.53%、16.61% 且代谢能约 10.87 MJ/kg 的全混合日粮(TMR),随着日粮 CP 水平的提高,饲料的 CP 表观消化率增加,血清尿素氮含量升高,证实 11.93% CP 水平的日粮即可满足该阶段中国荷斯坦后备牛 ADG 为 0.80~1.0 kg/d 的生长需要。

陈福音[31]研究了后备牛蛋白质需要量,认为,育成期荷斯坦奶牛在 125~175 kg(5~7 月龄)和 175~225 kg(8~10 月龄)两个阶段的粗蛋白质(g/d)、日粮可消化粗蛋白(g/d)、瘤胃可降解蛋白(g/d)、小肠可消化粗蛋白质(g/d)和沉积蛋白(g/d)总需要量析因模型为:

5～7月龄育成期荷斯坦奶牛：

粗蛋白$(g/d)=5.57W^{0.75}+512.68\Delta W$；

日粮可消化蛋白$(g/d)=4.00W^{0.75}+368.34\Delta W$；

瘤胃降解蛋白$(g/d)=3.14W^{0.75}+288.95\Delta W$；

小肠可消化粗蛋白$(g/d)=3.56W^{0.75}+327.46\Delta W$；

沉积蛋白$(g/d)=2.55W^{0.75}+235.06\Delta W$。

8～10月龄育成期荷斯坦奶牛：

粗蛋白$(g/d)=4.84W^{0.75}+566.60\Delta W$；

日粮可消化蛋白$(g/d)=3.37W^{0.75}+394.29\Delta W$；

瘤胃降解蛋白$(g/d)=2.34W^{0.75}+274.40\Delta W$；

小肠可消化粗蛋白$(g/d)=3.10W^{0.75}+362.80\Delta W$；

沉积蛋白$(g/d)=1.95W^{0.75}+228.28\Delta W$。

上述式中，W为动物空腹体重，kg；ΔW为日增重，kg/d。

3 能量的调控作用

幼龄反刍动物的能量需要，因品种、性别、年龄、体重、生产目的、生产水平的不同有所不同。与成年反刍动物不同，犊牛的复胃系统尚未发育成熟，尚不能有效利用日粮中的粗纤维，单糖、寡糖、多糖与脂肪是犊牛常见的碳水化合物来源。犊牛的基础代谢率高，生长发育迅速，如体贮能量不足，日粮、环境、管理等任何变化都会对其造成应激，从而影响生产性能，甚至危及健康。

3.1 初生哺乳期犊牛

3.1.1 能量来源

乳糖。鲜牛奶和代乳品等液体饲料顺食管沟进入犊牛皱胃，酪蛋白在凝乳酶和胃蛋白酶的作用下形成凝块，并在体内缓慢降解，而乳清蛋白、乳糖和大多数矿物质与乳凝块分离并快速流入小肠，乳糖经β-半乳糖苷酶催化水解成为可被犊牛利用的半乳糖和葡萄糖，立即为动物提供能量。然而随着日龄的增加，犊牛体内乳糖酶活性逐渐降低，22 d时降至1 d的一半水平[32-33]，乳糖利用率下降。

葡萄糖和淀粉。犊牛体内葡萄糖无须消化酶的分解作用可直接被吸收利用，是犊牛较易利用的另一种碳水化合物。淀粉进入犊牛体内则首先需被胰淀粉酶分解为麦芽糖，然后经麦芽糖酶的作用水解为葡萄糖后才能被犊牛吸收利用。因此，犊牛肠道内胰淀粉酶及麦芽糖酶活性的高低是决定犊牛能否有效利用淀粉的关键。小肠麦芽糖酶和胰腺淀粉酶在犊牛出生时含量很低，但随年龄增加其活性增强。张蓉[34]以葡萄糖替代50%的乳糖饲喂犊牛，并未对犊牛的生长性能和消化代谢率造成负面影响，而使用淀粉则推荐在20 d以后。

脂肪酸。脂肪酸是奶牛机体及牛奶中重要的组成成分和能量来源，但经常被忽视，目前NRC[15]营养需要量中并没有脂肪酸的标准。近年来研究表明，脂肪酸对犊牛健康、生长、免疫均具有调节作用，可促进犊牛生长、降低腹泻率、减少炎性反应[35-37]；中链脂肪酸可以降低脂肪沉积、改善胰岛素敏感性、调节能量代谢和具有抑菌效果，有促进犊牛骨骼生长和降低腹泻的趋势[37]；长链脂肪酸具有一些特殊的生物学功能，犊牛代乳品或开食料中添加亚油酸和亚麻酸可以提高ADG、改善饲料转化率和降低腹泻天数[38-40]。由此可见，中、长链脂肪酸对于改善新生犊牛健康、生长，降低发病率和死亡率具有积极的作用。这方面的研究尚不完善，需要开展进一步的工作。

3.1.2 能量水平

奶业发达国家一般将犊牛代乳品的EE水平定为10%～20%，对能量水平未作规定。国内，张蓉[34]在以不同能量水平(高，20.80 MJ/kg；中，19.66 MJ/kg；低，18.50 MJ/kg)代乳品饲喂哺乳期犊牛的研究中发现,低能组犊牛10~30 d体重增长最慢,之后随着瘤胃的发育,消化机能逐渐增强,固体饲料采食量逐渐增加,从而补偿代乳品中能量的不足,到50 d时低能、中能组犊牛开食料采食量分别达到了1 087.0 g和1 078.9 g,而高能组开食料采食量受到了抑制,直至60 d仍未达到1 kg/d的断奶标准。由此可知,总能为20.80 MJ/kg的代乳品不仅延迟了犊牛的断奶时间,而且不利于犊牛的早期瘤胃的发育。同时代乳品能量水平影响了犊牛体尺的增长,营养不均衡对骨骼的形成不利。因此建议哺乳期犊牛代乳品DE为15.50 MJ/kg(即上述中能组水平)。

3.2 断奶后犊牛

有关犊牛的营养水平对随后乳腺发育及奶产量的影响上的研究还需加强。奶牛的乳腺在3月龄之前发育缓慢,3~9月龄时快速发育起来[1],人们常通过提高后备牛日粮的能量水平来促进奶牛增重,使得奶牛初次产犊日龄提前,但这却会影响奶牛的乳腺发育[2]。乳腺发育受某些日粮营养水平、日粮诱导的代谢和激素等变化的影响较大[41],日粮能量可通过激素及生长因子调节这些代谢过程调控乳腺发育。其中,乳腺发育与生长激素含量具正相关关系[42],9月龄前生长母牛采食过高营养会影响乳腺发育,其原因可能是高营养水平导致血清生长激素含量降低[43];4~6月龄犊牛处于快速生长发育期,未达到初情期,体内雌二醇含量较低,对乳腺发育影响可能会较小,因此血清雌二醇含量受日粮能量或蛋白质水平影响不显著[10,30]。

崔祥[10]以可消化CP约9.30%,产奶净能(NE$_L$)分别为6.24 MJ/kg DM、7.04 MJ/kg DM、7.53 MJ/kg DM和7.85 MJ/kg DM的4种TMR饲喂4~6月龄荷斯坦母犊牛,发现日粮的能量水平增长影响了犊牛增重及瘤胃乙酸、丙酸比例和乙丙比,维持较高的消化代谢水平,显著改善饲料转化率,但对乳头长度没有影响;对瘤胃微生物多样性产生作用,对瘤胃原虫和部分纤维分解菌、栖瘤胃普雷沃氏菌和梭菌数量均无显著影响,但NE$_L$ 7.53 MJ/kg日粮下犊牛瘤胃多毛毛螺菌有高于7.85 MJ/kg日粮组的趋势。相比之下,NE$_L$ 7.53 MJ/kg、精粗比为6∶4的TMR既可保持犊牛较高ADG(0.78 kg/d),又不会影响犊牛健康及体型、乳腺的正常发育。

3.3 初情和初配前后

在奶牛3~9月龄阶段为异速生长阶段,在该阶段乳腺组织细胞的生长速度是体细胞的3~4倍,乳腺总重量、脂肪垫重量、脂肪垫重量占整个乳腺的比例与ADG呈正相关[44]。曾书秦[45]在NE$_L$分别为5.40 MJ/kg(L)、5.90 MJ/kg(M)和6.40 MJ/kg(H)的日粮对7~10月龄后备牛影响的研究中发现,随日粮能量水平的提高,后备牛ADG从0.69 kg/d增长至0.96 kg/d,血清中雌二醇含量下降,后乳头的长度受到血清激素和ADG的双重调控也有所降低。瘤胃微生物多样性随日粮能量水平升高有降低的趋势,*Actinobacteria*门菌在目水平上的3个优势菌中,*Bifidobacteriales*含量随日粮能量水平的升高而呈降低的趋势,*Actinomycetales*和*Coriobacteriales*菌含量却与之相反(图2);*Firmicutes*门菌在

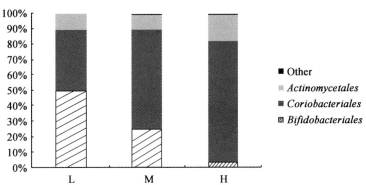

图2 育成牛270 d时瘤胃微生物放线菌在目水平上top3优势菌的组成图

注:图中,L为NE$_L$5.40 MJ/kg组,M为NE$_L$5.90 MJ/kg组,H为NE$_L$6.40 MJ/kg组

目水平上主要含有 MBAO8、*Erysipe lotrichales*、*Bacillales*、*Lactobacillales* 和 *Clostridiales*，其中 *Clostridiales* 菌占主要比例，约80%及以上（图3），日粮能量水平并未影响上述菌的比例。当 NE_L 为 5.90 MJ/kg 时，既可保持7～10月龄育成牛适宜的 ADG（0.8 kg/d），同时也利于对育成牛乳腺的发育、成年后的健康及体型以及营养物质的消化吸收。

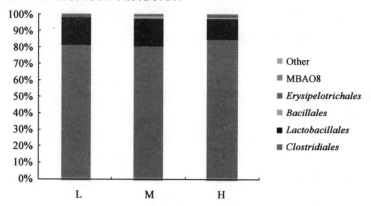

图3 育成牛270 d时瘤胃微生物厚壁菌在目水平上top5优势菌的组成图
注：图中，L 为 NE_L5.40 MJ/kg组，M 为 NE_L5.90 MJ/kg组，H 为 NE_L6.40 MJ/kg组

在后备牛能量需要量上，陈福音[31]提出，育成期荷斯坦奶牛在125～175 kg（5～7月龄）和175～225 kg（8～10月龄）两个阶段的消化能（DER，MJ/d）、代谢能（MER，MJ/d）总需要量析因模型为：

5～7月龄育成期荷斯坦奶牛：
$DER(MJ/d)=0.62546W^{0.75}+26.25\Delta W$。

8～10月龄育成期荷斯坦奶牛：
$DER(MJ/d)=0.59441W^{0.75}+29.90\Delta W$，
$MER(MJ/d)=0.49201W^{0.75}+21.64\Delta W$。

其中，W 为动物空腹体重，kg；ΔW 为，日增重 kg/d。

4 小结

俗话说"三岁看大，七岁看老"，奶牛后备牛从初生到初情、初配，跨度达到14个月以上，其生长发育速度较快，瘤胃和乳腺发育都有其独特性，这一阶段的营养供给会影响成年后的生产性能和繁殖性能，在奶牛一生中具有重要的地位，直接关系到成年后的生产性能和畜产品安全。目前对后备牛蛋白质、能量调控机制和技术方面的研究有所积累，但远远不能满足"三初"营养的需要，例如该阶段脂肪酸、氨基酸、维生素、微量元素的营养需求和效果，后备牛生理和营养调控对成年后机体健康、生产性能的影响程度等等，都缺乏充分的数据支持。后备牛"三初"阶段营养调控是一个系统而繁杂的工程，需要结合传统动物营养学、动物遗传与繁育学、现代分子生物学等等技术就开展多方位的研究。

参考文献

[1] Sejrsen K. Mammary development and milk yield in relation to growth rate in dairy and dual-purpose heifers[J]. Acta Agriculturae Scandinavica,1978,28(1):41-46.

[2] Sejrsen K, Purup S. Influence of prepubertal feeding level on milk yield potential of dairy heifers: a review[J]. Journal of Animal Science,1997,75(3):828-835.

[3] Sejrsen K, Purup S, Vestergaard M, et al.. High body weight gain and reduced bovine mammary growth: physiological basis and implications for milk yield potential[J]. Domestic Animal Endocrinology,2000,19(2):93-104.

[4] Radcliff R P, Vandehaar M J, Skidmore A L, et al.. Effects of diet and bovine somatotropin on heifer growth and mammary development[J]. Journal of Dairy Science,1997,80(9):1996-2003.
[5] 司丙文,王建芬,王天坤,等.代乳粉对早期断奶犊牛生长发育及经济效益的影响[J].饲料工业,2015,36(11):48-50
[6] 张卫兵.蛋白能量比对不同生理阶段后备奶牛生长发育和营养物质消化的影响[D].硕士学位论文.北京:中国农业科学院,2009.
[7] 云强.蛋白水平及Lys/Met对断奶犊牛生长、消化代谢及瘤胃发育的影响[D].硕士学位论文.北京:中国农业科学院,2010.
[8] 国春艳.外源酶的筛选及对后备奶牛生长性能与瘤胃微生物的影响[D].博士学位论文.北京:中国农业科学院,2010.
[9] 符运勤.地衣芽孢杆菌及其复合菌对后备牛生长性能和瘤胃内环境的影响[D].硕士学位论文.北京:中国农业科学院,2012.
[10] 崔祥.日粮能量水平对4～6月龄犊牛生长、消化代谢及瘤胃内环境的影响[D].硕士学位论文.北京:中国农业科学院,2014.
[11] 屠焰.代乳品酸度及调控对哺乳期犊牛生长性能、血气指标和胃肠道发育的影响[D].博士学位论文.北京:中国农业科学院,2011.
[12] 刁其玉,屠焰,周怪.后备牛营养需要与培育的研究进展[J].当代畜禽养殖业,2011(11):22-26.
[13] 屠焰,刁其玉.犊牛早期断奶技术[M].北京:中国农业科学技术出版社,2014:120.
[14] 黄开武,屠焰,司丙文,等.代乳品蛋白质来源对早期断奶犊牛营养物质消化和瘤胃发酵的影响[J].动物营养学报,2015,27(12):3940-3950.
[15] National Research Council. Nutrient Requirements of Dairy Cattle,7th ed. Washington D. C. :National Academy Press,2001.
[16] 李辉.蛋白水平与来源对早期断奶犊牛消化代谢及胃肠道结构的影响[D].博士学位论文.北京:中国农业科学院,2008.
[17] Donnelly P E,Hutton J B. Effects of dietary protein and energy on growth of Friesian bull calves. I:Food and intake, growth, and protein requirements[J]. New Zealand Journal of Agricultural Research. 1976,19:289-297.
[18] Williams A P,Hewitt. The amino acid requirements of the preruminant calf[J]. British Journal of Nutrition,1979, 41:311-318.
[19] Tzeng D,Davis C L. Amino acid nutrition of the young calf. Estimation of methionine and lysine requirements [J]. Journal of Dairy Science,1980,63:441-450.
[20] Schwab C G,Muise S J,Hylton W E,et al.. Response to abomasal infusion of methionine of weaned dairy calves fed a complete pelleted starter ration based on by-product feeds[J]. Journal of Dairy Science,1982,65:1950-1961.
[21] Abe M,Iriki T,Funaba M. Lysine deficiency in postweaned calves fed corn and corn gluten meal diets[J]. Journal of Animal Science,1997,75:1974-1982.
[22] 张乃锋.蛋白质与氨基酸营养对早期断奶犊牛免疫相关指标的影响[D].博士学位论文.北京:中国农业科学院,2008.
[23] 王建红.0～2月龄犊牛代乳品中赖氨酸、蛋氨酸和苏氨酸适宜模式的研究[D].硕士学位论文.北京:中国农业科学院,2010.
[24] Foldager J,Bergen J T,Huber W G. Methionine and sulfur amino acid requirement in the preruminant calf [J]. Journal of Dairy Science,1977,60:1095-1104.
[25] Hill T M,Bateman II H G,Aldrich J M,et al.. Optimal concentration of lysine,methionine,and threonine in milk replacers for calves less than five weeks of age[J]. Journal of Dairy Science,2008,91:2433-2442.
[26] Gerrits W J J,France J,Dijkstra J,et al.. Evaluation of a model integrating protein and energy metabolism in preruminant calves[J]. Journal of Nutrition,1997,127:1243-1252.
[27] 张伟.不同开食料对加拿大奶犊牛采食量及生长发育影响对比试验[J].中国草食动物,2007,27(3):35-37.
[28] 黄利强.犊牛开食料中适宜蛋白质水平的研究[D].杨凌:西北农林科技大学,2008.
[29] 云强.蛋白水平及Lys/Met对断奶犊牛生长、消化代谢及瘤胃发育的影响[D].硕士学位论文.北京:中国农业科学

院,2010.

[30] 张卫兵.蛋白能量比对不同生理阶段后备奶牛生长发育和营养物质消化的影响[D].硕士学位论文.北京:中国农业科学院,2009.

[31] 陈福音.育成奶牛能量和蛋白质代谢规律及其需要量研究[D].硕士学位论文.保定:河北农业大学,2012.

[32] Huber J T, Jacobson N L, Mcgilliard A D, et al.. Utilization of carbohydrates introduced directly into the Omaso-abomasal area of the Stomach of cattle of various ages[J]. Journal of Dairy Science,1961,44:321.

[33] Huber J T, Jacobson N L, Mcgilliard A D, et al.. Digestibilities and Diurnal excretion patterns of several carbohydrates fed to calves by nipple pail[J]. Journal of Dairy Science,1961,44:1484.

[34] 张蓉.能量水平及来源对早期断奶犊牛消化代谢的影响研究[D].硕士学位论文.北京:中国农业科学院,2008.

[35] Karcher E L, Hill T M, Bateman H G, et al.. Comparison of supplementation of n-3 fatty acids from fish and flax oil on cytokine gene expression and growth of milk-fed Holstein calves[J]. Journal of Dairy Science. 2014,97(4):2329-2337.

[36] Garcia M, Shin J H, Schlaefli A, et al.. Increasing intake of essential fatty acids from milk replacer benefits performance, immune responses, and health of preweaned Holstein calves[J]. Journal of Dairy Science. 2015,98(1):458-477.

[37] Bowen Y W, Swank V A, Eastridge M L, et al.. Jersey calf performance in response to high-protein, high-fat liquid feeds with varied fatty acid profiles:intake and performance[J]. J Dairy Sci. 2013,96(4):2494-2506.

[38] Hill T M, Aldrich J M, Schlotterbeck R L, et al.. Effects of Changing the Fat and Fatty Acid Composition of Milk Replacers Fed to Neonatal Calves[J]. Professional Animal Scientist. 2007,23(2):135-143.

[39] Hill T M, Aldrich J M, Schlotterbeck R L, et al.. Amino Acids, Fatty Acids, and Fat Sources for Calf Milk Replacers[J]. Professional Animal Scientist. 2007,23(4):401-408.

[40] Hill T M, Aldrich J M, Schlotterbeck R L, et al.. Effects of Changing the Fatty Acid Composition of Calf Starters[J]. Professional Animal Scientist. 2007,23(6):665-671.

[41] Berryhill G E, Gloviczki J M., Trott J F., et al.. Diet-induced metabolic change induces estrogen-independent allometric mammary growth[J]. Proceedings of the National Academy of Sciences,2012,109(40):16294-16299.

[42] Sejrsen K, Huber J T, Tucker H A. Influence of amount fed on hormone concentrations and their relationship to mammary growth in heifers[J]. Journal of dairy science,1983,66(4):845-855.

[43] 陈银基.不同影响因素条件下牛肉脂肪酸组成变化研究[D].硕士学位论文.南京:南京农业大学,2007.

[44] Ejrsen K, Huber J T, Tucker H A, et al.. Influence of nutrition on mammary development in pre-and postpubertal heifers[J]. Journal of Dairy Science,1982,65(5):793-800.

[45] 曾书秦.日粮能量水平对7～10月龄育成牛生长、消化代谢及瘤胃内环境的影响[D].硕士学位论文.北京:中国农业科学院,2015.

围产期奶牛能量负平衡及其管理和营养调控研究进展*

姚军虎** 魏筱诗*** 孙菲菲

(西北农林科技大学动物科技学院,杨凌 712100)

摘 要:围产期是奶牛泌乳周期中十分重要的时期,该时期由于奶牛经历生理、日粮、环境和管理等变化,干物质采食量急剧下降,奶牛处于能量负平衡状态,是奶牛多种能量代谢紊乱性疾病发生时期。本文拟从围产期奶牛能量负平衡的产生、改善能量负平衡的管理和营养调控措施等方面进行总结,为围产期奶牛营养代谢调控研究和奶牛健康养殖提供参考。

关键词:能量代谢;营养调控;管理措施;围产期奶牛

随着我国农业产业结构的调整和优化,奶牛的养殖程度不断规模化,但奶牛单产和产奶效率与发达国家相比较低,整体质量仍有待提高。围产期是奶牛泌乳周期中的特殊生理时期,该时期又称过渡期,一般包括围产前期(产前 21 d)和围产后期(产后 21 d)两个阶段,该时期奶牛经历生理、饲粮、环境和管理等变化,易处于应激状态,是奶牛多数代谢紊乱性疾病发生时期[1,2]。美国明尼苏达 DHI 有研究显示,产后 60 d 约有 24%的奶牛相继淘汰。围产期奶牛疾病多发,且各种疾病间既相互联系又相互影响,约 75%的围产期奶牛疾病发生在产后 1 个月内[3],严重影响奶牛业的经济效益和健康发展。

1 围产期奶牛产生能量负平衡的原因

围产期奶牛经历妊娠—分娩—泌乳的生理变化,机体需要大量营养物质(如碳水化合物、脂类、蛋白质等)驱动[4]。而此阶段由于产前胎儿对瘤胃的物理性压迫,同时,该时期受到营养素、瘦素和神经肽 Y 等激素的影响,奶牛干物质采食量(dry matter intake,DMI)下降明显,营养素的摄入量低于机体消耗量,奶牛处于能量负平衡(negative energy balance,NEB)状态[2,5-7]。有研究显示,产后能量摄入量仅占需要量的 80%[7]。

围产期奶牛通过体脂动员缓解 NEB,脂肪组织释放大量非酯化脂肪酸(non-esterified fatty acids,NEFA),NEFA 进入肝脏进行代谢,但围产期奶牛对 NEFA 的代谢能力有限,使得大量 NEFA 在肝脏不完全氧化形成酮体,或酯化形成甘油三酯(triglyceride,TG)在肝脏积累,易导致酮病或脂肪肝的发生,降低肝脏健康和免疫功能[8,9](图 1)。

---

* 基金项目:国家科技支撑计划(2012BAD12B02)、科技部国际科技合作与交流专项(2010DFB34230)、国家自然科学基金(31472122)

** 第一作者简介:姚军虎(1962—),男,教授,E-mail:yaojunhu2004@sohu.com,yaojunhu2008@nwsuaf.edu.cn

*** 同等贡献作者

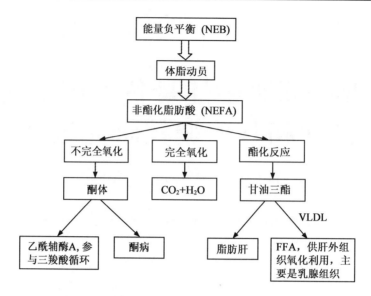

图1 围产期奶牛肝脏 NEFA 代谢途径,参考[10]

研究表明,处于 NEB 状态下,围产期奶牛为适应泌乳需求,机体代谢加强,产生大量活性氧(reactive oxygen species,ROS)和脂质过氧化物,机体产生的大量自由基超出机体抗氧化体系的清除能力,使得奶牛处于氧化应激状态[11,12],机体出现免疫抑制[13],多发能量代谢障碍性疾病,如乳房炎、子宫炎、胎衣不下、繁殖力低下等,制约产后泌乳性能,影响奶牛健康[1,14,15]。

除此之外,有研究表明,围产期奶牛体况偏肥会导致产后脂肪动员加强,加剧氧化应激[16]。干奶期奶牛的营养健康对奶牛是否顺利渡过围产期也具有重要影响[17,18]。因此,围产期奶牛 NEB 是多种因素相互作用产生的结果,如何缓解围产期奶牛 NEB,应用合理的管理措施和营养调控手段,是奶牛生产中亟待解决的问题,具有深远的意义。

2 改善围产期奶牛能量负平衡的管理措施

2.1 热应激

奶牛围产期是一个特殊的生理阶段,本身易发生代谢性疾病,遭遇热应激会增加奶牛渡过围产期的难度。热应激时奶牛通过排汗散热,导致机体大量水分、钠钾氯离子流逝,体内生长激素和甲状腺素等也受到不同程度的影响。研究显示,热应激会增加奶牛患病概率,减少 DMI 和产奶量,降低奶牛生产性能,同时还会影响新生犊牛的免疫机能[19]。Wheelock 等[20]发现热应激直接造成的 DMI 下降对产奶量的影响仅仅占损失量的 50%,热应激同时会通过影响奶牛体内胰岛素等激素,改变机体葡萄糖利用和脂肪动员等能量代谢方式,加剧能量负平衡,进一步影响奶牛产奶量。

减少奶牛热应激最直接且经济有效的办法是为奶牛建立遮阴、通风和舒适的舍饲,调整牛舍温度。除此之外,还包括调整饲粮阴阳离子差(dietary cation-anion balance,DCAB)、营养结构和补饲添加剂等方法。研究表明,夏季添加烟酸能通过增加表皮散热有效缓解泌乳奶牛热应激[21],添加有机铬[22]和一些中草药添加剂等[23]同样能改善热应激状态。结合现有研究可知,目前大多常用缓解奶牛热应激的方法主要为间接改善奶牛热应激造成的负面影响,因此,应寻找有效措施从根本上降低奶牛热应激的产生。

2.2 干奶期

干奶期的饲养管理直接影响奶牛围产期胎儿和母牛健康以及下一个泌乳周期的产奶表现。干奶期长短及营养对奶牛围产期 DMI、能量平衡和产奶量等都有重要影响。Rastani 等[17]研究发现，不经历干奶期的奶牛不存在产后能量负平衡和肝脂大量蓄积的问题，且相比干奶 56 d，干奶 28 d 能改善能量负平衡状态，但明显降低了产奶量。干奶期是奶牛蓄积体力，恢复体质必不可少的阶段。因此，建议根据奶牛上一期泌乳情况、体况、使用年限等合理调整干奶期长短。

奶牛干奶期营养是保证奶牛体况恢复和泌乳的重要因素。Friggens 等[24]发现提高干奶期奶牛饲粮脂肪含量有助于增加肝脏 NEFA 摄取和循环，使奶牛提前适应脂肪动员，减少肝脏 TG 沉积。研究显示，分别给干奶期奶牛补饲饱和脂肪酸与油菜籽对降低产后血浆 BHBA 和肝脏 TG 沉积和增强肝脏健康具有积极作用，但添加不饱和脂肪酸无此作用[25,26]。

3 调控围产期奶牛能量负平衡的营养措施

3.1 围产期饲粮能量水平

针对围产期奶牛的特殊生理状态，围产前期和后期使用不同饲粮对奶牛顺利渡过围产期具有重要作用，即在保证饲粮组成原料不变的情况下，合理调整饲粮营养成分。

围产期奶牛 DMI 急剧下降，严重影响奶牛能量摄入。为了满足围产期奶牛能量需求，缓解 NEB，常通过提高饲粮能量浓度以期提供更多的能量。产后泌乳启动使奶牛对能量的需求较产前急剧增多，余超[7]研究显示奶牛 NEB 仅存在于围产后期，并伴随产生蛋白质负平衡，分别到产后 35 d 和 28 d 逐渐恢复。因此，产后饲粮能量和蛋白质含量应高于产前饲粮。当产前奶牛饲喂高能量饲粮时会显著降低泌乳初期 DMI 和能量平衡[27]，而产后立即提高饲粮能量可较快速的增加 DMI 和产奶量[28]，降低奶牛肝脏 TG 浸润[29]。一般通过增加日粮非纤维碳水化合物(non-fiber carbohydrate,NFC)来提高饲粮能量。然而，大量的 NFC 在瘤胃中降解产生挥发性脂肪酸(volatile fatty acids,VFA)会增加反刍动物经历亚急性瘤胃酸中毒(subacute ruminal acidosis,SARA)的可能性，因此，李飞[30]优化了奶牛纤维供应方案和碳水化合物平衡指数(CBI)。

3.2 提高奶牛机体代谢葡萄糖

葡萄糖是反刍动物重要的快速能量物质，包括内源葡萄糖和外源葡萄糖，合称代谢葡萄糖(metabolizable glucose,MG)，分别源于肝脏糖异生和肠道吸收，参与机体能量和蛋白质代谢等生理过程，也是乳腺合成乳糖的重要前体物[31]。碳水化合物是反刍动物的主要能量来源，在维持动物生长发育、机体代谢和生产性能等方面发挥关键作用。碳水化合物降解生成的瘤胃 VFA 和小肠吸收葡萄糖是反刍动物的主要供能形式。

3.2.1 增加后肠道葡萄糖的吸收和利用

奶牛后肠道葡萄糖的吸收主要来自淀粉。淀粉在小肠能量利用率比瘤胃高 42%。Huhtanen 等[32]和 Vieira 等[33]分别通过皱胃灌注和静脉注射葡萄糖以直接增加外源葡萄糖供应，结果显示升高血糖水平，改善泌乳性能，降低 BHBA 水平，缓解 NEB。

在实际生产中，一般通过提高日粮过瘤胃淀粉含量来增加小肠葡萄糖供应量，进而促进奶牛机体葡萄糖营养平衡。胰腺 α-淀粉酶是小肠淀粉的主要消化酶，研究表明，胰腺 α-淀粉酶分泌不足是限制小肠淀粉利用率的关键因素[21,34]。本课题组利用奶公犊做研究模型，发现给奶公犊原奶中添加亮氨酸可降低瘤胃壁和十二指肠黏膜的短路电流,改善胃肠道发育,提高胰蛋白酶活力;且亮氨酸和苯丙氨酸均能调控奶公犊的胰腺发育[35]。十二指肠短期灌注亮氨酸(12 h)可提高奶牛[36,37]和奶山羊[38,39]胰腺α-淀粉酶合成速率,改善胰腺外分泌功能,且该促进效应存在剂量和时间的依赖性,而长期(12 d)灌注亮氨酸对胰液分泌量无影响;十二指肠灌注异亮氨酸的结果与亮氨酸不尽相同。除此之外,长期(12 d)和短期(12 h)十二指肠灌注异亮氨酸可提高胰腺α-淀粉酶浓度、分泌速度和胰蛋白酶分泌,且显著提高了血浆中胆囊收缩素(cholecystokinin,CCK)浓度,对胰液的分泌量无影响,这与长期灌注亮氨酸的结果相似[40]。因此,通过增加反刍动物小肠功能性氨基酸以提高小肠淀粉吸收利用可成为改善能量利用的一种有效方法。Katarzyna等[41]发现机体各组织普遍存在抗分泌因子,不仅抑制肠道分泌物的分泌,还会减弱胰腺外分泌功能,主要通过直接影响胰腺腺泡和间接调控胰腺CCK和感觉神经。因此,通过抑制机体抗分泌因子的分泌从而促进胰腺外分泌功能或许可成为一种新的思路。

3.2.2 增强肝脏糖异生能力

研究显示,围产后期奶牛每天缺少250～500 g葡萄糖,只能满足需要量的70%～85%[42]。在围产期,奶牛糖代谢的自体平衡主要是通过增加肝脏糖异生和减少外周组织葡萄糖氧化,使葡萄糖直接合成为乳糖,从而满足泌乳需要[4]。反刍动物肝脏糖异生底物主要为瘤胃发酵产生的丙酸,占糖异生总量的50%～60%,其次是三羧酸循环的乳酸,占总量的20%～30%,脂肪组织分解释放的甘油,占2%～4%,以及蛋白质分解代谢的氨基酸[43]。研究表明,围产期奶牛肝脏糖异生过程中丙氨酸的贡献迅速上升,其生成的葡萄糖可从产前9 d的2.3%增加至产后11 d的5.5%[44]。而Larsen等[44]认为围产后期丙氨酸主要在氨基酸分解代谢的氮转移中起重要作用,其作为氨基酸仍优先用于蛋白质合成。围产期奶牛机体乳酸的摄入利用增加,对肝脏葡萄糖释放的贡献从3%迅速提升至34%,主要原因是乳酸可以为肝脏糖异生作用提供生糖碳源,加速碳循环以满足奶牛产后葡萄糖需要。

在肝脏糖异生过程中,葡萄糖-6-磷酸酶(glucose-6-phosphatase,G-6-Pase)、磷酸烯醇式丙酮酸羧化酶(phosphoenolpyruvate carboxykinase,PEPCK)和丙酮酸羧化酶(pyruvate carboxylase,PC)是糖异生途径的关键酶,其转录的多少,决定着糖异生的速度。同时,肝脏糖异生作用主要受胰岛素和胰高血糖素的调节,还包括肾上腺素、糖皮质激素和生长激素等激素的调节。

生物素是水溶性维生素,作为PC、乙酰辅酶A羧化酶(ACC)、丙酰辅酶A羧化酶(PCC)和甲基丁烯酰辅酶A羧化酶(MCC)的辅酶参与固碳反应和羧化过程[45]。生产中常常额外添加生物素治疗奶牛蹄病,改善蹄质健康。Ferreira等[46]研究发现,泌乳奶牛补饲生物素能提高肝脏PC表达量及活性,增强肝脏糖异生能力,且Chen等[47]通过Meta分析认为泌乳牛补饲生物素能够提高DMI和产奶量。本课题组研究发现,经产的围产期奶牛补饲生物素可提高产后第14天血糖含量和第35天产奶量,改善泌乳初期奶牛生产性能,这与部分前期研究结果相似[48,49];同时,补饲生物素可促使围产后期奶牛能量和蛋白质负平衡的提前恢复[8],根据后期进一步研究本课题组推测可能的原因是促进瘤胃纤维素分解菌的生长,增加了菌体蛋白的合成。

除此之外,在奶牛围产期,激素也是机体调节葡萄糖代谢的重要因子,包括胰岛素、胰高血糖素和肾上腺素等。胰岛素在奶牛糖代谢和脂代谢中均发挥重要作用。奶牛围产期一般会出现胰岛素抵抗现象,这被认为是妊娠期奶牛的一种机体自我保护,以便葡萄糖最大化转运至乳腺组织用于乳合成[50]。

3.3 预防和治疗奶牛脂肪肝

围产期奶牛普遍存在脂肪动员以缓解NEB,因此,大多数奶牛在围产期均经历不同程度的脂肪肝和酮病。然而,肝脏作为能量代谢的中心器官,酮病和脂肪肝将造成肝功能损伤,造成糖脂代谢紊乱(图2)。

3.3.1 降低脂肪动员

围产期奶牛脂肪分解一方面可弥补泌乳对葡萄糖和能量的大量需求,另一方面会释放大量NEFA

进入血液及肝脏,从而引起肝脏中糖脂代谢产生一系列变化,这是造成脂肪肝和酮病的主要病因学因素[51]。因此,降低机体脂肪动员,减少 NEFA 蓄积是减少酮病和脂肪肝最直接有效的手段。

烟酸被广泛认为是一种具有抗脂解作用的饲料添加剂,其抗脂解的原理研究相对完善。研究表明,围产期奶牛添加过瘤胃烟酸可有效降低脂肪动员和血浆 NEFA,缓解能量负平衡[52,53]。当给限饲奶牛饲喂高剂量烟酸时,仍具有降低血浆 NEFA 作用[54],说明少量到达小肠的烟酸仍可有效地抑制脂解作用。本课题组研究发现,围产期奶牛补饲 45 g/d 烟酰胺也能有效降低血浆 NEFA 和 BHBA(魏筱诗,未发表)。除了烟酸,丙二醇[55]和铬[56]等也具有抑制脂肪动员的作用。

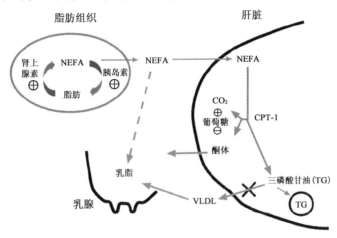

图 2 奶牛脂肪、肝脏和乳腺组织脂质代谢的相关关系[2]

围产期奶牛肝脏酮病和脂肪肝的产生主要是由于脂肪动员产生的 NEFA 不完全氧化并蓄积。因此,促进肝脏脂肪酸的完全氧化,可降低脂肪肝和酮病的产生,改善肝脏健康。肉毒碱棕榈酰转移酶-1(carnitine palmitoyltransferase-1,CPT-1)是肝脏脂肪酸氧化的限速酶,然而目前奶牛上的相关研究较少,Chatelain 等[57]认为肝细胞中 CPT1A 的表达量随长链脂肪酸浓度的增加而增加,中链脂肪酸则无类似效应,而胰岛素能抑制长链脂肪酸的促进效应。Schäff 等[58]发现奶牛泌乳初期肌肉组织对脂肪酸的氧化和转运相关 mRNA 上升明显,提出通过增加奶牛肌肉组织等对脂肪酸的氧化利用,可减少肝脏脂肪酸的沉积。

3.3.2 增加肝脏 VLDL 的合成

围产期奶牛 NEFA 蓄积后再酯化形成 TG,部分 TG 将以极低密度脂蛋白(very low density lipoprotein,VLDL)的形式转运出肝脏,供各组织利用。胆碱和蛋氨酸均可作为 VLDL 的合成底物,促进 VLDL 合成,进而将肝脏多余的 TG 转运出肝脏,减少 TG 蓄积。孙菲菲[59]和李生祥[60]系统研究了过瘤胃胆碱和过瘤胃蛋氨酸对围产期奶牛营养代谢和肝脏健康的影响。研究发现胆碱和蛋氨酸均能增加血浆载脂蛋白 100 和 VLDL 浓度,证实了两者在促进脂质转运出肝脏的积极作用,减少了肝脂浸润,同时改善了奶牛产后泌乳性能。目前,生产上已将过瘤胃胆碱和过瘤胃蛋氨酸作为调控围产期奶牛肝脏脂质代谢的添加剂广泛应用。

3.4 其他

围产期奶牛 DMI 下降,外源摄入的微量元素等均减少,额外补充维生素、微量元素或中草药类添加剂以通过增强机体抗氧化能力和免疫功能可成为缓解围产期奶牛氧化应激和改善 NEB 负影响的有效手段[61,62]。本课题组前期研究发现,围产期奶牛补饲过瘤胃胆碱和过瘤胃蛋氨酸均能提高外周血淋巴细胞亚群($CD4^+/CD8^+$)比例,增强机体免疫机能,同时,不同程度地增加了机体抗氧化能力,使得奶牛的泌乳性能得到改善[58]。

4 小结

围产期是奶牛泌乳周期中十分关键的阶段,该阶段奶牛的营养与管理极为重要。通过有效手段调控围产期奶牛代谢,缓解NEB,可预防和减少能量代谢障碍性疾病,提高奶牛产奶性能,增加养殖效益。目前,关于围产期奶牛的营养调控研究主要集中在能量和肝脏代谢等方面,而围产期奶牛瘤胃、小肠微生物区系变化及其与宿主养分代谢、健康等相互关系的研究很少,应开展相关研究。

参考文献

[1] Artur Jóźwik, Józef Krzyżewski, Nina Strzałkowska, et al.. Relations between the oxidative status, mastitis, milk quality and disorders of reproductive functions in dairy cows-a review [J]. Animal Science Papers and Reports, 2012, 30(4):297-307

[2] Drackley J K. Biology of dairy cows during the transition period:the final frontier? [J]. Journal of Dairy Science, 1999, 82(11):2259-2273.

[3] 曹杰. 奶牛围产期疾病数据分析及管理[J]. 中国奶牛, 2014(6).

[4] Overton T, Waldron M. Nutritional management of transition dairy cows:strategies to optimize metabolic health [J]. Journal of Dairy Science, 2004, 87:E105-E119.

[5] Grummer R R. Impact of changes in organic nutrient metabolism on feeding the transition dairy cow [J]. Journal of Animal Science, 1995, 73(9):2820-2833.

[6] 苏华维, 曹志军, 李胜利. 围产期奶牛的能量负平衡及能量代谢障碍性疾病[J]. 中国畜牧杂志, 2011, 47(20):39-43.

[7] 余超. 生物素对围产期奶牛泌乳净能和代谢蛋白平衡及生产性能的影响[D]. 硕士学位论文. 杨凌:西北农林科技大学, 2016.

[8] Weber C, C Hametner, A Tuchscherer, et al.. Hepatic gene expression involved in glucose and lipid metabolism in transition cows:Effects of fat mobilization during early lactation in relation to milk performance and metabolic changes [J]. Journal of Dairy Science, 2013, 96(9):5670-5681.

[9] Schlegel G, J Keller, F Hirche, et al.. Expression of genes involved in hepatic carnitine synthesis and uptake in dairy cows in the transition period and at different stages of lactation[J]. BMC Veterinary Research, 2012, 8(1):28.

[10] 孙菲菲, 曹阳春, 李生祥, 等. 胆碱对奶牛围产期代谢调控[J]. 动物营养学报, 2014, 26(01):26-33.

[11] Castillo C, Hernandez J, Bravo A, et al.. Oxidative status during late pregnancy and early lactation in dairy cows [J]. The Veterinary Journal, 2005, 169(2):286-292.

[12] Sharma N, Singh N K, Singh O P, et al.. Oxidative stress and antioxidant status during transition period in dairy cows [J]. Asian-Australasian Journal of Animal Sciences, 2011, 24(4):479-484.

[13] Sordillo L M, Aitken S L. Impact of oxidative stress on the health and immune function of dairy cattle[J]. Veterinary Immunology and Immunopathology, 2009, 128(1):104-109.

[14] Sordillo L M. Factors affecting mammary gland immunity and mastitis susceptibility[J]. Livestock Production Science, 2005, 98(1):89-99.

[15] Sordillo L M, W Raphael. Significance of metabolic stress, lipid mobilization, and inflammation on transition cow disorders [J]. Veterinary Clinics of North America:Food Animal Practice, 2013, 29(2):267-278.

[16] Bernabucci U, Ronchi B, Lacetera N, et al.. Influence of body condition score on relationships between metabolic status and oxidative stress in periparturient dairy cows [J]. Journal of Dairy Science, 2005, 88(6):2017-2026.

[17] Rastani R R, Grummer R R, Bertics S J, et al.. Reducing dry period length to simplify feeding transition cows:milk production, energy balance, and metabolic profiles[J]. Journal of Dairy Science, 2005, 88(3):1004-1014.

[18] Do Amaral B C, Connor E E, Tao S, et al.. Heat stress abatement during the dry period influences metabolic gene expression and improves immune status in the transition period of dairy cows[J]. Journal of Dairy Science, 2011, 94

(1):86-96.

[19] West J W. Effects of heat-stress on production in dairy cattle[J]. Journal of Dairy Science,2003,86(6):2131-2144.

[20] Wheelock J B,Rhoads R P,VanBaale M J,et al.. Effects of heat stress on energetic metabolism in lactating Holstein cows[J]. Journal of Dairy Science,2010,93(2):644-655.

[21] Zimbelman R B,Collier R J,Bilby T R. Effects of utilizing rumen protected niacin on core body temperature as well as milk production and composition in lactating dairy cows during heat stress[J]. Animal Feed Science and Technology,2013,180(1):26-33.

[22] 张凡建.日粮添加铬对热应激奶牛脂质代谢和免疫应答的作用机制[D].博士学位论文.北京:中国农业大学,2015.

[23] 郑会超.加减白虎汤散剂缓解奶牛热应激的效果及其机理研究[D].博士学位论文.杭州:浙江大学,2013.

[24] Friggens N C,Andersen J B,Larsen T,et al.. Priming the dairy cow for lactation:a review of dry cow feeding strategies[J]. Animal Research,2004,53(6):453-473.

[25] Andersen J B,Ridder C,Larsen T. Priming the cow for mobilization in the periparturient period:effects of supplementing the dry cow with saturated fat or linseed[J]. Journal of Dairy Science,2008,91(3):1029-1043.

[26] Damgaard B M,Weisbjerg M R,Larsen T. Priming the cow for lactation by rapeseed supplementation in the dry period[J]. Journal of Dairy Science,2013,96(6):3652-3661.

[27] Hayirli A. Management of dry matter intake and lipid metabolism to alleviate hepatic lipidosis in periparturient dairy cattle. Ph. D. Thesis,Univ. of Wisconsin,Madison,2001.

[28] Rabelo E,Rezende R L,Bertics S J,et al.. Effects of transition diets varying in dietary energy density on lactation performance and ruminal parameters of dairy cows[J]. Journal of Dairy Science,2003,86(3):916-925.

[29] Andersen J B,Larsen T,Nielsen M O,et al.. Effect of energy density in the diet and milking frequency on hepatic long chain fatty acid oxidation in early lactating dairy cows[J]. Journal of Veterinary Medicine Series A,2002,49(4):177-183.

[30] 李飞.奶山羊亚急性瘤胃酸中毒模型构建与日粮CBI的优化[D].博士学位论文.杨凌:西北农林科技大学,2014.

[31] Harmon D L. Understanding starch utilization in the small intestine of cattle[J]. Asian-Australasian Journal of Animal Sciences,2009,22(7):915-922.

[32] Huhtanen P,Vanhatalo A,Varvikko T. Effects of abomasal infusions of histidine,glucose,and leucine on milk production and plasma metabolites of dairy cows fed grass silage diets[J]. Journal of Dairy Science,2002,85(1):204-216.

[33] Vieira F V R,Lopes C N,Cappellozza B I,et al.. Effects of intravenous glucose infusion and nutritional balance on serum concentrations of nonesterified fatty acids,glucose,insulin,and progesterone in nonlactating dairy cows[J]. Journal of Dairy Science,2010,93(3):47-55.

[34] Yu Z P,Xu M,Yao J H,et al.. Regulation of pancreatic exocrine secretion in goats:differential effects of short-and long-term duodenal phenylalanine treatment[J]. Journal of Animal Physiology and Animal Nutrition,2013,97(3):431-438.

[35] 杨昕润.原奶中添加亮氨酸和苯丙氨酸对奶公犊消化系统和胰腺发育的影响[D].硕士学位论文.杨凌:西北农林科技大学,2016.

[36] 刘烨,刘凯,徐明,吕长荣,曹阳春,姚军虎.十二指肠灌注亮氨酸对奶牛胰腺淀粉分泌的影响[J].动物营养学报,2013,25(08):1785-1790.

[37] Liu K,Liu Y,Liu S M,et al.. Relationships between leucine and the pancreatic exocrine function for improving starch digestibility in ruminants[J]. Journal of Dairy Science,2015,98(4):2576-2582.

[38] 于志鹏.苯丙氨酸和亮氨酸对山羊胰腺发育和外分泌功能的调控研究[D].博士学位论文.杨凌:西北农林科技大学,2013.

[39] Yu Z P,Xu M,Wang F,et al.. Effect of duodenal infusion of leucine and phenylalanine on intestinal enzyme activities and starch digestibility in goats[J]. Livestock Science,2014,162:134-140.

[40] 刘凯.亮氨酸和异亮氨酸对奶畜胰腺外分泌功能的影响及调控机理[D].博士学位论文.杨凌:西北农林科技大学,2016.

[41] Nawrot-Porąbka K,Jaworek J,Leja-Szpak A,et al.. The role of antisecretory factor in pancreatic exocrine secretion: studies in vivo and in vitro[J]. Experimental Physiology,2015,100(3):267-277.

[42] Drackley J K,Overton T R,Douglas G N. Adaptations of glucose and long-chain fatty acid metabolism in liver of dairy cows during the periparturient period[J]. Journal of Dairy Science,2001,84:E100-E112.

[43] Reynolds C K,Aikman P C,Lupoli B,et al.. Splanchnic metabolism of dairy cows during the transition from late gestation through early lactation[J]. Journal of Dairy Science,2003,86(4):1201-1217.

[44] Larsen M,Kristensen N B. Precursors for liver gluconeogenesis in periparturient dairy cows[J]. Animal,2013,7(10):1640-1650.

[45] Dakshinamurti K,Chauhan J. Regulation of biotin enzymes[J]. Annual Review of Nutrition,1988,8(01):211-233.

[46] Ferreira G,Weiss W P. Effect of biotin on activity and gene expression of biotin-dependent carboxylases in the liver of dairy cows[J]. Journal of Dairy Science,2007,90(3):1460-1466.

[47] Chen B,Wang C,Wang Y M,et al.. Effect of biotin on milk performance of dairy cattle:A meta-analysis[J]. Journal of Dairy Science,2011,94(7):3537-3546.

[48] Majee D N,Schwab E C,Bertics S J,et al.. Lactation performance by dairy cows fed supplemental biotin and a B-vitamin blend[J]. Journal of Dairy Science,2003,86(6):2106-2112.

[49] Enjalbert F,Nicot M C,Packington A J. Effects of peripartum biotin supplementation of dairy cows on milk production and milk composition with emphasis on fatty acids profile[J]. Livestock Science,2008,114(2):287-295.

[50] Bell A W,Bauman D E. Adaptations of glucose metabolism during pregnancy and lactation[J]. Journal of Mammary Gland Biology and Neoplasia,1997,2(3):265-278.

[51] Mulligan F J,O'Grady L,Rice D A,et al.. A herd health approach to dairy cow nutrition and production diseases of the transition cow[J]. Animal Reproduction Science,2006,96(3):331-353.

[52] Morey S D,Mamedova L K,Anderson D E,et al.. Effects of encapsulated niacin on metabolism and production of periparturient dairy cows[J]. Journal of Dairy Science,2011,94(10):5090-5104.

[53] Yuan K,Shaver R D,Bertics S J,et al.. Effect of rumen-protected niacin on lipid metabolism,oxidative stress,and performance of transition dairy cows[J]. Journal of Dairy Science,2012,95(5):2673-2679.

[54] Pires J A A,Grummer R R. The use of nicotinic acid to induce sustained low plasma nonesterified fatty acids in feed-restricted Holstein cows[J]. Journal of Dairy Science,2007,90(8):3725-3732.

[55] Rukkwamsuk T,Rungruang S,Choothesa A,et al.. Effect of propylene glycol on fatty liver development and hepatic fructose 1,6 bisphosphatase activity in periparturient dairy cows[J]. Livestock Production Science,2005,95(1):95-102.

[56] Hayirli A,Bremmer D R,Bertics S J,et al.. Effect of chromium supplementation on production and metabolic parameters in periparturient dairy cows[J]. Journal of Dairy Science,2001,84(5):1218-1230.

[57] Chatelain F,Kohl C,Esser V,et al.. Cyclic AMP and fatty acids increase carnitine palmitoyltransferase I gene transcription in cultured fetal rat hepatocytes[J]. European Journal of Biochemistry,1996,235(3):789-798.

[58] Schäff C,Börner S,Hacke S,et al.. Increased muscle fatty acid oxidation in dairy cows with intensive body fat mobilization during early lactation[J]. Journal of Dairy Science,2013,96(10):6449-6460.

[59] Feifei Sun,Yangchun Cao,Chuanjiang Cai,et al.. Regulation of Nutritional Metabolism in Transition Dairy Cows: Energy Homeostasis and Health in Response to Post-Ruminal Choline and Methionine[J]. PLoS ONE. 2016,11(8):e0160659.

[60] 李生祥. 过瘤胃胆碱对围产期奶牛能量代谢和乳成分的影响[D]. 硕士学位论文. 杨凌:西北农林科技大学,2014.

[61] Jin L,Yan S,Shi B,et al.. Effects of vitamin A on the milk performance,antioxidant functions and immune functions of dairy cows[J]. Animal Feed Science and Technology,2014,192:15-23.

[62] Liu H W,Zhou D W,Li K. Effects of chestnut tannins on performance and antioxidative status of transition dairy cows[J]. Journal of Dairy Science,2013,96(9):5901-5907.

亚急性瘤胃酸中毒诱发奶牛瘤胃异常代谢及其影响乳品质研究进展

毛胜勇** 郭长征 刘军花 张瑞阳 朱伟云

(南京农业大学动物科技学院,南京 210095)

摘 要:饲喂高精料日粮可导致奶牛瘤胃代谢异常,表现为瘤胃内氨基酸代谢紊乱、碳水化合物代谢产物组成与比例改变,同时瘤胃微生物自身降解产物如脂多糖的水平大幅增加,瘤胃异常代谢产物可通过受损瘤胃上皮屏障进入宿主体内,诱发慢性炎症,最终对奶牛健康、生产性能及乳品质带来严重负面影响。本文总结了亚急性瘤胃酸中毒下瘤胃异常代谢的发生机制及其对奶牛生产性能与乳品质的影响,拟进一步丰富人们对该领域的理论认识。

关键词:亚急性瘤胃酸中毒;瘤胃异常代谢;牛奶品质;奶牛

随着我国畜牧业的快速发展,奶牛的饲养管理水平不断提高,奶牛的存栏数也不断增多,对饲料资源尤其是优质牧草的需求量也不断加大。但由于我国优质牧草资源有限,以及生产者对经济效益的过度追求,目前养殖者在奶牛生产中常使用高比例精料,以提高动物生产性能。然而,人们在使用高精料日粮过程中,发现高精料日粮易导致瘤胃代谢紊乱,引发亚急性酸中毒(subacute ruminal acidosis,SARA)等营养代谢病,这些疾病由于症状多变或病情隐匿,在生产中常被忽视,最终给养殖者带来巨大的经济损失。

研究发现,饲喂高精料日粮改变了瘤胃发酵模式和微生物菌群的结构和组成,进而改变了瘤胃代谢。我们根据已发表高精料日粮诱发 SARA 的研究文献,归纳了对奶牛饲喂高精料日粮后,瘤胃内主要异常代谢产物的变化情况,内容总结见表1。针对下述瘤胃异常代谢产物,本文从 SARA 与瘤胃细菌自身降解产物、氨基酸异常代谢产物及碳水化合物异常代谢三方面进行了阐述。

表1 饲喂高精料日粮对瘤胃代谢产物的影响[1-3]

细菌降解产物	变化	毒性物质	变化
黄嘌呤	升高	甲胺	升高
次黄嘌呤	升高	腐胺	升高
尿嘧啶	升高	组胺	升高
鸟氨酸	升高	尸胺	升高
丙氨酸	升高	酪胺	升高
脂多糖	升高	二甲胺	升高

---

* 基金项目:国家自然科学基金(31372339)
** 通讯作者:毛胜勇,教授,E-mail:maoshengyong@163.com

续表1

细菌降解产物	变化	毒性物质	变化
其他化合物		亚硝基二甲胺	升高
葡萄糖	升高	乙醇	升高
麦芽糖	升高	乙醇胺	升高
磷脂酰胆碱	升高	乙酸苯酯	升高
3-苯基丙酸	降低	脂多糖	升高
十二烷二酸	降低		
十一碳二酸	降低		
辛二酸	降低		

1 SARA 与瘤胃异常代谢

1.1 SARA 与瘤胃细菌自身降解

研究发现，饲喂高精料日粮导致瘤胃细菌降解产物脂多糖(lipopolysaccharide,LPS)、黄嘌呤、次黄嘌呤、尿嘧啶和丙氨酸的含量升高。其中，LPS 浓度升高最为明显。LPS 是革兰氏阴性菌的细胞外膜的主要构成成分之一，其主要由三部分构成：多个糖基为重复单位构成的核心多糖、细菌抗原特性的决定性因子 O-特异性多糖侧链和疏水性基团类脂 A。根据其保守程度的不同，核心多糖可被划分为内核和外核两个区域。内核部分由 2-酮基-3-脱氧辛酸(2-keto-3-deoxyoctonic acid,KDO)和庚糖组成，保守程度较高。外核部分是由庚糖、葡萄糖和半乳糖构成，其结构极具多样性，并为 O-侧链提供黏附位点[70]。类脂 A 是 LPS 的功能活性结构，在 LPS 激活哺乳动物免疫反应过程中起关键性作用。O-侧链和核心多糖通过类脂 A 而黏附于细菌外膜(图1)。

LPS 与革兰氏阴性菌表面结合十分紧密，只有当细菌快速生长或裂解死亡时才会被释放出。瘤胃内 LPS 与肠杆菌 LPS 成分类似，含大量糖和脂类，但缺失 β-羟基十四烷酸[5]。反刍动物在适应高精料日粮过程中，革兰氏阴性菌拟杆菌门数量变动较大[6,7]。因此研究者认为瘤胃内大部分 LPS 来源于拟杆菌门细菌[7]。然而，前人的研究表明，不同菌株来源的 LPS 的毒性差异很大，如拟杆菌菌株来源的 LPS 的毒性小于大肠杆菌或沙门氏菌菌株。热原反应是 LPS 引发的一种毒性效应，Greisman 等[8]比较了兔和人对三种不同菌株来源 LPS 的热原反应，发现从 Salmonella typhosa 提取的 LPS 引起兔和人产生热原反应的最小剂量分别为 0.00010~0.00014 $\mu g/kg$ 和 0.0010~0.0014 $\mu g/kg$，从大肠杆菌提取的 LPS 最小剂量约为 0.001 $\mu g/kg$，Pseudomonas 则为 0.05~0.07 $\mu g/kg$。Nagaraja 等[5]进行了另外一项研究，分别提取饲喂高谷物或全粗料反刍动物瘤胃 LPS，通过啮齿动物热原反应检测模型比较了它们与大肠杆菌产生的 LPS 的毒性。研究发现，其毒性大小依次为大肠杆菌 LPS＞谷物饲喂瘤胃 LPS＞全粗料饲喂瘤胃 LPS。由于中国药典和欧美药典将鲎试剂法测定的为总游离 LPS，无法根据其毒性或结构分别进行测定。因此，当前有关奶牛瘤胃内哪些革兰氏阴性菌及其产生的 LPS 加剧了瘤胃酸中毒或引起免疫反应，目前并不十分清楚。

L-丙氨酸和 D-丙氨酸是构成细菌细胞壁肽聚糖的主要氨基酸，革兰氏阳性菌的肽聚糖含量占细胞壁的 50%(或者更高)，而革兰氏阴性菌细胞壁肽聚糖的含量仅为 1%~10%[9]。瘤胃内许多细菌不耐受低 pH，SARA 诱发的瘤胃低 pH 可能也导致革兰氏阳性菌大量死亡，可能是导致瘤胃丙氨酸含量升高的主要原因。有研究发现，核酸(DNA 或 RNA)可被瘤胃细菌快速降解为黄嘌呤、次黄嘌呤、尿嘧啶

(DNA 降解产物还包括胸腺嘧啶)[10]。反刍动物日粮中含有一定量核酸,但瘤胃核酸主要来自瘤胃微生物合成[11,12]。上述提及的革兰氏阳性菌和革兰氏阴性菌的死亡可能是高精料饲喂后瘤胃内核酸降解产物增多的主要原因。

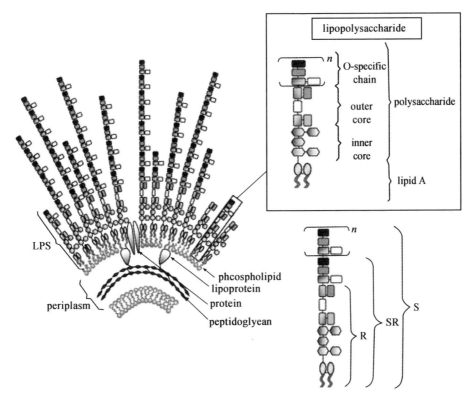

图 1　革兰氏阴性菌细胞被膜(左侧)和 LPS(右侧)结构
R,SR 和 R 分别代表粗糙型、半粗糙型(仅有一个 O-侧链亚基)和光滑型 LPS[4]

1.2　SARA 与瘤胃氨基酸异常代谢

饲喂高精料日粮可改变瘤胃氨基酸代谢模式,致大量氨基酸脱羧生成生物胺,如甲胺、腐胺、酪胺、尸胺和组胺等浓度升高。生物胺是一类低分子质量、碱性含氮化合物的总称,是游离氨基酸在微生物脱羧酶催化脱羧生成或由醛类、酮类化合物经胺化或氨基交换而生成,具有一定的生物活性功能。常见形式包括组胺、酪胺、色胺和腐胺等,其前体物质分别为组氨酸、酪氨酸、色氨酸和鸟氨酸。生物胺的存在十分广泛,发酵类食品、葡萄酒、青贮饲料和动物胃肠道内容物等都存在一定量的生物胺,其可作为食品卫生质量的指示物。生物胺形成依赖多种因素,如是否具有产脱羧酶活性的细菌存在、脱羧酶的活性、前体物是否充足等[13]。食品工业上的研究显示,能够产生生物胺的细菌种类较多,如芽孢杆菌属、羧菌属、假单胞菌属、乳杆菌属、肠球菌属等[14,15],而链球菌属和乳酸菌属为瘤胃主要的生物胺产生菌[16]。低浓度生物胺是细胞正常生长、分化所不可缺少的,其参与机体免疫反应、维持正常的胃肠道功能、参与组织修复等过程,但生物胺同时也是致癌物质(如 N-亚硝胺类物质)的前体物质,大量存在会危害人和动物的健康。人类医学研究表明,癌症和肿瘤(多胺和组胺)、过敏和免疫(组胺)、神经紊乱性疾病如帕金森、阿尔茨海默尔症、厌食症(血清素、多巴胺、组胺)等都与生物胺相关[17]。

瘤胃内生物胺主要来源于瘤胃微生物对氨基酸进行脱羧反应生成[18]。我们前期研究工作显示,随着日粮精料比例升高,瘤胃内生物胺数量显著升高,其原因主要与瘤胃 pH 下降有关。随瘤胃 pH 下降,瘤胃微生物脱羧酶的活性显著增高,同时瘤胃内产该酶的微生物菌群如乳酸菌和牛链球菌数量与比例升高。研究发现,瘤胃上皮内同时存在生物胺的分解代谢和分泌途径,而完整的瘤胃上皮对生物胺的通透性很低,可有效防止其被机体吸收而危害健康[19]。Aschenbach和Gäbel[20]使用尤斯灌流系统体外研究了酸中毒诱导瘤胃上皮损伤后对组胺吸收的影响,发现组胺对瘤胃上皮的作用与对肠道上皮的作用不同。瘤胃内组胺并不直接影响瘤胃上皮的通透性,瘤胃内未分解的组胺被吸收入血与瘤胃上皮屏障受损相关,而这种损伤主要是由SARA过程中低pH环境造成的,而不是组胺自身。因此,在高精料日粮下,动物血液中生物胺浓度升高的主要原因有两方面:其一是瘤胃上皮屏障受损后,生物胺通过细胞旁路被吸收;其二是酸中毒时瘤胃内低pH可能会抑制二胺氧化酶等酶的活性,导致上皮无法将吸收的生物胺分解代谢。

1.3 SARA与瘤胃碳水化合物异常代谢

正常情况下,瘤胃碳水化合物代谢主要生成乙酸、丙酸、丁酸及少量支链脂肪酸,在SARA情况下,尽管瘤胃内乳酸浓度较低,但并不意味着瘤胃内乳酸生成量减少,其主要原因是瘤胃内乳酸被大量乳酸菌利用,通过琥珀酸途径生成丙酸。SARA发生过程中,丙烯酸辅酶A可将产生的乳酸迅速还原为丙酸,避免乳酸在瘤胃积累。因此在SARA模型中,瘤胃液中检测不到乳酸或乳酸浓度很低[21],但总VFA浓度一般都高于100 mmol/L[22]。因此,饲喂高精料日粮下瘤胃内VFA浓度过高可能是导致SARA发生的主要原因。此外,笔者研究发现,SARA可导致瘤胃内丁酸浓度大幅增加,一般而言,丁酸具有促进上皮细胞分化与增长的效应,但过高浓度的丁酸会导致瘤胃上皮角度化程度增加,引发上皮细胞凋亡增多,SARA下高浓度的丁酸对动物机体的整体影响效应到底有何影响,并不清楚。此外,不同日粮引发的SARA导致瘤胃碳水化合物的代谢产物的组成与比例也不一致。如在以玉米为主要能量饲料诱发SARA的动物模型实验中,丁酸的比例较高,而在以甜菜粕诱发的SARA下,瘤胃内丙酸的比例较高。因此,有必要采用不同的营养措施预防不同日粮诱发的SARA。

一些研究显示,高精料饲喂条件下,奶牛瘤胃中乙醇浓度显著升高。正常情况下,反刍动物瘤胃内乙醇的浓度极低,Krause等[23]发现在诱导SARA过程中,瘤胃内乙醇浓度由0 mmol/L增加至4 mmol/L。Allison等[24]也发现牛和绵羊采食过量易发酵碳水化合物后其瘤胃中乙醇含量均升高。在人类营养上的研究表明,乙醇浓度过高会造成人和动物肠道出血性损伤、肠细胞超微结构发生改变,肠道屏障功能削弱,从而大分子物质如LPS等易于从消化道移位而进入血液循环[25,26]。因此,高谷物日粮下,瘤胃内乙醇浓度增高可能会损害瘤胃上皮屏障功能。

1.4 SARA与其他异常代谢物生成

最近相关报道表明,饲喂高精料后瘤胃内会产生大量亚硝基二甲胺,但机制不明,有报道指出,肠道内的亚硝基二甲胺对羊肝脏具有很强的毒害作用[27],并可引发多组织(包括肝脏、肾脏、肺等)良性或恶性肿瘤,据此推测瘤胃亚硝基二甲胺的积累可能会不利于动物健康[28]。乙醇胺是由磷脂酰乙醇胺衍生而来,细菌细胞壁外层中含有大量磷脂酰乙醇胺,在革兰氏阴性菌中磷脂酰乙醇胺可占总脂类的75%或更多,某些革兰氏阳性菌中也含有此物质[29]。磷脂酰乙醇胺也是脱落肠细胞细胞膜中最丰富的磷脂[30]。SARA下瘤胃中乙醇胺浓度的升高可能是瘤胃革兰氏阴性菌大量死亡及瘤胃上皮细胞更新加快、脱落的综合作用结果。肠道和环境中许多细菌都可利用乙醇胺作为碳源或氮源,包括致病菌沙门氏菌、肠球菌属、埃希氏菌属等[31]。乙醇胺可通过为致病菌供给碳源或氮源促进其在肠道的定殖,并发挥致病作用,多种疾病或感染中均检测到乙醇胺利用相关的基因其表达量上调[31]。据此推测,饲喂高精料后瘤胃内乙醇胺浓度的升高可能会削弱瘤胃免疫力,导致动物易于被病原菌入侵感染或引发炎症。

2 瘤胃异常代谢对乳品质的影响与机制

当前有关瘤胃异常代谢产物对乳品质的影响主要集中于LPS对乳脂的潜在影响与机制研究。长期以来，人们发现，饲喂高精料日粮可导致奶牛乳脂率下降，目前研究者认为，乳脂率下降与LPS升高密切相关。相关报道表明，LPS可抑制乳腺脂肪合成关键酶如脂肪酸合成酶和乙酰-COA羧化酶，下调控脂蛋白合成酶的活性[32]，而脂蛋白合成酶作为一种宿主的一种防御手段，在中和LPS毒性及清除循环中三酰甘油、高密度脂蛋白和低密度脂蛋白（VLDL）中起着重要作用，因此，脂蛋白合成酶活性下降可能影响乳脂合成前体物如脂肪酸的吸收[33]。来自大鼠及人营养学研究结果也显示，在饲喂高谷物及高脂日粮时，胃肠道中释放的LPS是造成老鼠及人类能量与脂类代谢失调的病因[34]。Khovidunkit等（2009）首次报道，在逐渐增加谷物饲料导致瘤胃酸中毒实验中，瘤胃中LPS浓度与乳脂含量呈负相关，并发现血浆中C反应蛋白与乳脂率之间存在强负相关。实际上，研究者们同时发现，随瘤胃液中LPS增高，血浆中CRP也显著升高[35]。一些研究迹象表明，LPS可激活淋巴细胞，释放促炎症反应的细胞因子如TNF-α和IL-1[36]，而另一些研究表明，腹腔灌注或静脉注射TNF-α和IL-1可显著的降低泌乳奶牛中的乳腺中脂蛋白的合成[37,38]。此外，另有研究表明TNF-α可抑制脂蛋白脂酶活性[39]。因此，LPS可能通过激活免疫系统，释放炎性细胞因子，进而使乳脂合成受阻。

目前有关LPS对奶牛乳蛋白水平的影响结果存在争议。但有学者发现，采用外源LPS诱发奶牛乳腺炎时发现，LPS导致了乳腺上皮细胞合成酪蛋白的功能下降，但在动物体内，LPS是否对乳蛋白的合成有抑制作用，当前仍不清楚，需进一步研究。综上可知，目前有关瘤胃异常代谢产物对乳品质的影响仍主要集中于LPS对乳脂率影响的研究。已经证实，LPS可导致乳脂率降低，并发现LPS导致乳脂率降低与宿主免疫应答密切相关，但目前并不清楚在LPS—C反应蛋白—乳脂合成酶—乳脂下降之间关键机制，因此有必要进一步进行研究。

3 小结

SARA是反刍动物大量采食高精料日粮引发的代谢性疾病，该病对我国奶牛养殖者造成了巨大的经济损失。目前研究发现，SARA导致瘤胃代谢异常，瘤胃内有毒有害或致炎物质LPS、生物胺和乳酸大量增加。这些异常代谢产物的大量增加可进一步诱发奶牛瘤胃炎、肝脓肿、蹄叶炎、乳房炎等疾病，并导致奶牛泌乳性能及乳品质下降，最终使奶牛健康受损，动物使用年限降低，经济效益下降。如何有效预防和治疗SARA，以及如何逆转SARA下瘤胃异常代谢，将是该领域未来的研究课题之一。

参考文献

[1] Ametaj B N, Q Zebeli, F Saleem, et al.. Metabolomics reveals unhealthy alterations in rumen metabolism with increased proportion of cereal grain in the diet of dairy cows[J]. Metabolomics,2010,6(4):583-594.

[2] Saleem F,B Ametaj,S Bouatra,et al.. A metabolomics approach to uncover the effects of grain diets on rumen health in dairy cows[J]. Journal of Dairy Science,2012,95(11):6606-6623.

[3] Mao S Y,W J Huo,and W Y Zhu. Microbiome-metabolome analysis reveals unhealthy alterations in the composition and metabolism of ruminal microbiota with increasing dietary grain in a goat model[J]. Environmental Microbiology,2016,18(2):525-541.

[4] Caroff M, D Karibian. Structure of bacterial lipopolysaccharides [J]. Carbohydrate Research, 2003. 338 (23): 2431-2447.

[5] Nagaraja T,E Bartley,L Fina,et al.. Chemical characteristics of rumen bacterial endotoxin[J]. Journal of animal science,1979,48(5):1250-1256.

[6] Fernando S C,H Purvis,F Najar,et al.. Rumen microbial population dynamics during adaptation to a high-grain diet [J]. Applied and Environmental Microbiology,2010,76(22):7482-7490.

[7] Khafipour E,S Li,J C Plaizier,et al.. Rumen microbiome composition determined using two nutritional models of subacute ruminal acidosis[J]. Applied and environmental microbiology,2009,75(22):7115-7124.

[8] Greisman S E and R B Hornick Comparative pyrogenic reactivity of rabbit and man to bacterial endotoxin[J]. Experimental Biology and Medicine,1969,131(4):1154-1158.

[9] Rodríguez C,J González,M Alvir,et al.. Composition of bacteria harvested from the liquid and solid fractions of the rumen of sheep as influenced by feed intake[J]. British Journal of Nutrition,2000,84(03):369-376.

[10] McAlian A and R Smith Degradation of nucleic acids in the rumen[J]. British Journal of Nutrition,1973,29(02):331-345.

[11] McAllan A The fate of nucleic acids in ruminants[J]. Proceedings of the Nutrition Society,1982,41(03):309-316.

[12] Razzaque M,J Topps. Utilization of dietary nucleic-acids by sheep. Proceedings of the Nutrition Society. 1972. CAB International C/O publishing division,wallingford,oxon,england ox10 8de.

[13] 王东升. 日粮模式对瘤胃与后肠中生物胺生成的影响 [D]. 硕士学位论文. 南京: 南京农业大学, 2012.

[14] Galgano F,F Favati,M Bonadio,et al.. Role of biogenic amines as index of freshness in beef meat packed with different biopolymeric materials[J]. Food Research International,2009,42(8):1147-1152.

[15] Karovičová J and Z Kohajdova Biogenic amines in food[J]. Chem. Pap,2005,59(1):70-79.

[16] Bailey S,M-L Baillon,A Rycroft,et al.. Identification of equine cecal bacteria producing amines in an in vitro model of carbohydrate overload[J]. Applied and environmental microbiology,2003,69(4):2087-2093.

[17] Medina M Á,J L Urdiales,C Rodríguez-Caso,et al.. Biogenic amines and polyamines:similar biochemistry for different physiological missions and biomedical applications[J]. Critical reviews in biochemistry and molecular biology,2003,38(1):23-59.

[18] Phuntsok T,M Froetschel,H Amos,et al.. Biogenic amines in silage,apparent postruminal passage,and the relationship between biogenic amines and digestive function and intake by steers[J]. Journal of dairy science,1998,81(8):2193-2203.

[19] Aschenbach J R,R Oswald,and G Gäbel Transport,catabolism and release of histamine in the ruminal epithelium of sheep[J]. Pflügers Archiv,2000,440(1):171-178.

[20] Aschenbach J and G Gäbel Effect and absorption of histamine in sheep rumen:significance of acidotic epithelial damage[J]. Journal of animal science,2000,78(2):464-470.

[21] 魏德泳. 瘤胃酸中毒发生的微生物学机制及阿卡波糖调控作用的研究 [D]. 硕士学位论文. 南京: 南京农业大学, 2008.

[22] Khafipour E,D Krause,and J Plaizier A grain-based subacute ruminal acidosis challenge causes translocation of lipopolysaccharide and triggers inflammation[J]. Journal of Dairy Science,2009,92(3):1060-1070.

[23] Krause K and G Oetzel Inducing subacute ruminal acidosis in lactating dairy cows[J]. Journal of dairy science,2005,88(10):3633-3639.

[24] Allison M J,R Dougherty,J Bucklin,et al.. Ethanol accumulation in the rumen after overfeeding with readily fermentable carbohydrate[J]. Science,1964,144(3614):54-55.

[25] Parlesak A,C Schäfer,T Schütz,et al.. Increased intestinal permeability to macromolecules and endotoxemia in patients with chronic alcohol abuse in different stages of alcohol-induced liver disease[J]. Journal of hepatology,2000,32(5):742-747.

[26] Worthington B S,L Meserole,and J A Syrotuck Effect of daily ethanol ingestion on intestinal permeability to macromolecules[J]. The American Journal of Digestive Diseases,1978,23(1):23-32.

[27] Koppang N An outbreak of toxic liver injury in ruminants. Case reports pathological-anatomical investigations,and feeding experiments[J]. Nordisk Veterinaermedicin,1964,16:305-322.

[28] Souliotis V L,J R Henneman,C D Reed,et al.. DNA adducts and liver DNA replication in rats during chronic exposure to N-nitrosodimethylamine (NDMA) and their relationships to the dose-dependence of NDMA hepatocarcinogenesis[J]. Mutation Research/Fundamental and Molecular Mechanisms of Mutagenesis,2002,500(1):75-87.

[29] Minnikin D,H Abdolrahimzadeh,and J Baddiley The interrelation of phosphatidylethanolamine and glycosyl diglycerides in bacterial membranes[J]. Biochemical Journal,1971,124(2):447.

[30] Koichi K,F Michiya,and N Makoto Lipid components of two different regions of an intestinal epithelial cell mem-

brane of mouse[J]. Biochimica et Biophysica Acta (BBA)-Lipids and Lipid Metabolism,1974,369(2):222-233.

[31] Garsin D A Ethanolamine utilization in bacterial pathogens:roles and regulation[J]. Nature Reviews Microbiology, 2010,8(4):290-295.

[32] Khovidhunkit W,M-S Kim,R A Memon,et al.. Effects of infection and inflammation on lipid and lipoprotein metabolism:mechanisms and consequences to the host[J]. The Journal of Lipid Research,2004,45(7):1169-1196.

[33] Merkel M,R H Eckel,and I J Goldberg Lipoprotein lipase genetics,lipid uptake,and regulation[J]. Journal of Lipid Research,2002,43(12):1997-2006.

[34] Anderson A E,D J Swan,B L Sayers,et al.. LPS activation is required for migratory activity and antigen presentation by tolerogenic dendritic cells[J]. Journal of Leukocyte Biology,2009,85(2):243-250.

[35] Emmanuel D,S Dunn,and B Ametaj Feeding high proportions of barley grain stimulates an inflammatory response in dairy cows[J]. Journal of Dairy Science,2008,91(2):606-614.

[36] Sweet M J and D A Hume Endotoxin signal transduction in macrophages[J]. Journal of leukocyte biology,1996,60(1):8-26.

[37] Argile C and G Rhead Adsorbed layer and thin film growth modes monitored by Auger electron spectroscopy[J]. Surface Science Reports,1989,10(6-7):277-356.

[38] López-Soriano F J and D H Williamson. Acute effects of endotoxin (lipopolysaccharide)on tissue lipid metabolism in the lactating rat. The role of delivery of intestinal glucose[J]. Molecular and cellular biochemistry,1994,141(2):113-120.

[39] Argilés J M,F J Lopez-Soriano,R Evans,et al.. Interleukin-1 and lipid metabolism in the rat[J]. Biochemical Journal,1989,259(3):673-678.

植物提取物茶皂素在奶牛生产中的应用研究进展

王炳** 蒋林树***

(北京农学院动物科技学院,奶牛营养学北京市重点实验室,北京 102206)

摘 要:目前我国奶业面临的生鲜乳质量安全、甲烷排放、饲料中抗生素添加、瘤胃健康等问题。植物提取物具有无毒、无害、无残留以及不产生抗药性等的药效或营养特点,还具有杀菌、促生长、抗氧化、催乳等多种生理功能,被认为是可以替代抗生素药物的天然饲料添加剂。将这些物质选择性的应用于动物生产中,既能调控瘤胃发酵、降低甲烷生成、改善动物生产性能,还能对动物健康产生积极的作用。因此,植物提取物在奶牛生产中应用的研究正受到越来越多的关注。茶皂素是从茶叶籽中提取的一种皂甙类生物活性物质,在我国资源丰富。本文将重点围绕茶皂素对奶牛瘤胃发酵、甲烷生成、瘤胃微生物菌群、机体免疫功能以及生产性能的影响及其发挥作用的生理学机制等方面进行综述,提出茶皂素在奶牛应用研究中所存在的问题,并对其应用前景进行展望。

关键词:茶皂素;添加剂;可持续;奶牛

植物提取物对畜禽的营养生理功能影响以及其在动物生产中的应用研究正受到越来越多的关注,主要是因为提高畜禽健康的需求以及畜禽生产中逐步禁用抗生素的趋势。抗生素应用于畜禽生产几十年,产生了两方面的问题,一方面,动物的抗药性增强,导致"超级细菌"现象发生,药效减弱;另一方面,抗生素长期使用导致其在动物体内的残留严重威胁食品安全及人类健康。因此,世界各国都在寻找可以替代抗生素的绿色无害添加物。另外,某些植物提取物如茶皂素对降低瘤胃甲烷生成起到重要的作用[1],而甲烷作为重要的温室气体,过量排放,对全球气候变暖产生巨大威胁,另外,甲烷作为能量的主要载体,减少甲烷的排放也可以提高动物饲料利用效率[2]。到目前为止,有200000多个植物次生代谢物被鉴定出[3],植物次生代谢物主要包括皂甙(saponins)、植物挥发油类(essential oils)、单宁(tannins)及其他植物化学物质等一种或多种天然生物活性物质,这些活性物质具有抗菌抗氧化、促生长、提高免疫力、毒副作用小、无残留和无耐药性等特点,且其兼有营养和药理双重作用,可用于研究开发新型饲料添加剂。近些年来,植物提取物在反刍动物特别是奶牛上的应用于研究越来越多。总体来说,添加某些植物提取物可以有效改善瘤胃发酵、提高氮代谢以及降低甲烷产量(不降低总挥发酸生产前提下)等[4]。茶皂素是从茶叶籽中提取的一种三萜类皂角甙生物活性物质,由皂甙甙元($C_{30}H_{50}O_6$)结合了当归酸和糖体(半乳糖、阿拉伯糖和葡萄糖醛酸)而成,属于绿色天然物质,因在我国具有丰富的资源而得到广泛关注。研究表明茶皂素具有调节瘤胃发酵、减少甲烷排放、并提高奶牛机体健康和生产性能、提高饲料转化效率等作用[1,5,6],茶皂素添加对瘤胃微生物的区系结构产生重要的影响,包括驱除原虫、降低真菌

---

* 基金项目:国家"十二五"科技支撑计划项目(2012BAD14B09)
** 第一作者简介:王炳(1989—),男,博士,E-mail:wbwz0810@126.com
*** 通讯作者:蒋林树(1971—),男,浙江富阳人,教授,博士,E-mail:kjxnb@vip.sina.com

数量,抑制产甲烷菌等。因此,茶皂素对于奶牛生产具有巨大的潜在应用价值,科学合理的使用将可充分改善奶牛的生产效率与健康。本文主要介绍茶皂素在奶牛营养中的研究进展,并对目前存在问题加以讨论,为后续研究提出展望。

1 茶皂素对奶牛瘤胃发酵、甲烷生成以及瘤胃微生物的影响

严淑红[7]研究证明,在奶牛饲料中添加茶皂素,可显著影响瘤胃pH,但pH均处于正常生理范围之内(6.25~6.63)。周奕毅[8]等报道添加茶皂素,可显著降低湖羊瘤胃pH。瘤胃pH变化的原因可能是驱除瘤胃原虫影响了淀粉和可溶性糖的发酵,其产物丁酸、乳酸增多,而对瘤胃上皮的吸收速率影响较小[9],因此原虫数量的降低可造成瘤胃pH的下降。而Ramírez-Restrepo等[9]研究发现,将茶皂素添加到热带婆罗门牛中,可以降低瘤胃挥发酸的浓度,并提高瘤胃pH,但可以降低甲烷产生。严淑红[7]研究发现对奶牛灌服茶皂素,可显著提高瘤胃丙酸与丁酸含量,降低乙酸与丙酸的比值。另外,茶皂素可以通过抑制原虫的活性降低瘤胃氨态氮的浓度[7,11]。茶皂素单独添加到颗粒精饲料中对泌乳奶牛的甲烷排放物显著作用[11]。Guo等[5]研究发现茶皂素可以通过抑制原虫来降低甲烷产量,可能是降低了产甲烷原虫的产甲烷活性。Goel等[13]研究发现茶皂素就抗原虫活性,然而,这种活性不会导致甲烷降低。有报道称其,并且降低瘤胃甲烷生成[5]。将茶皂素添加到瘤胃中可以起到抗菌作用,并具有驱除原虫、降低真菌数量的效果,但对产甲烷菌影响较小[1,5]。对奶牛灌服茶皂素,奶牛瘤胃原虫数量显著降低,而且也影响原虫区系的多样性。其主要影响的是前庭亚纲、内毛目原虫的生长[7]。陈旭伟[14]研究表明体外瘤胃发酵添加不同浓度的茶皂素能够抑制瘤胃原虫的生长。分析茶皂素的抗虫作用原理可能是,茶皂素通过与瘤胃原虫隔膜表面胆固醇复合,使其无法修复或脱落,导致细胞膜破坏,使细胞内容物渗漏,达到抗虫效果[15]。研究发现添加茶皂素对黄色瘤胃球菌和产琥珀酸丝状杆菌的数量均无影响[16],对真菌影响较小[17]。严淑红[7]研究发现茶皂素对奶瘤胃细菌牛主要影响拟杆菌门、普氏菌属的细菌,并抑制原虫数量,从而影响原虫与细菌之间的吞食关系[18]。

Ramírez-Restrepo等[19]研究发现,在牛日粮中添加茶皂素可以升高丁酸浓度,降低乙酸丁酸比值,并且改变瘤胃微生物菌落,如显著降低黄色瘤微球菌,升高产琥珀酸丝状杆菌和白色瘤胃球菌,但并未降低甲烷生成以及原虫数量,和以前在小型反刍动物[20]中的研究具有不一样的效果。

因此,茶皂素对于瘤胃微生物的影响结果到目前为止还没得到一致且清楚的结论,研究茶皂素在瘤胃中的代谢以及所起作用的特定微生物还没有得到突破性进展,主要原因归于技术的限制,诸如微生物难以人工培养,并且培养的微生物与在形态特征与自然界中的菌体存在差异,因此,研究难度较大。而随着分子生物技术的发展,特别是宏基因组学以及微生物代谢组学的发展[21,22],为反刍动物瘤胃微生物研究提供了可能。

2 茶皂素对奶牛机体免疫功能的影响

茶皂素作用于单胃动物以及家禽和水产动物的免疫作用已有诸多研究报道,例如:研究证明茶皂素可以通过改善炎症初始阶段毛细血管的通透性,进而最终有效抑制由角叉胶诱发的大鼠足浮肿及由二甲苯导致的小鼠耳廓肿胀,提高小鼠热刺激体表的痛阈[23,24],并且有报道称茶皂素具有抑制肿瘤的作用[25]。在家禽中研究发现,日粮中添加茶皂素可以促进雏鸡免疫器官的成熟[26]。

而在反刍动物中对茶皂素的免疫功能研究相对较少。郝媛华[5]研究发现奶牛日粮中添加30 g及40 g茶皂素可以显著提高血清中IgM含量。另有研究表明,茶皂素可以显著降低牛血清胆固醇水平[27],也可以增强T淋巴细胞的增殖,并增加IL-1、IL-2、IL-12、IFN-γ和TNF-α的表达[28];奶牛日添加30 g及40 g剂量茶皂素可显著提高奶牛血清中IFN-γ和TNF-α的含量[6]。因此,奶牛饲喂茶皂素

可以增强机体的体液免疫功能,从而提高机体的抗病能力。另外,试验研究发现茶皂素具有抗氧化作用[28],以及清除脂质过氧化物及其代谢废物并作用于氧化相关酶的功能[29]。郝媛华[6]研究发现不同剂量茶皂素均可以显著提高奶牛血清中SOD和CAT的活性。茶皂素的抗氧化作用主要是由于其分子中的皂甙元及皂甙的酰基、羟基具有还原性,可直接清除自由基或抑制启动自由基链式反应,减缓脂肪自动氧化及过氧化物的生成,从而提高抗氧化能力[12]。

3 茶皂素对奶牛生产性能的影响

目前,关于茶皂素对反刍动物生产性能的研究较少,而对奶牛生产性能影响的研究就更少,但总体来说,当在茶皂素添加适量时,对反刍动物生产性能不会产生明显负面影响[30]。有报道称,将茶皂素作用于乳腺上皮细胞中进行体外培养,发现茶皂素可以抑制乳腺上皮细胞增殖,并且抑制乳脂合成关键酶硬脂酰辅酶A去饱和酶基因mRNA的丰度[31]。通过饲养试验,严淑红[7]研究发现添加茶皂素各组显著降低了牛乳中的乳糖率,20 g/d或30 g/d茶皂素有增加奶牛的产奶量和乳品质的趋势,添加40 g/d茶皂素降低奶牛的产奶量和乳品质。奶牛饲粮中每天每头添加8 g茶皂素对奶牛干物质采食量无显著影响,但可显著提高奶产量[32];郝媛华[6]研究发现日粮添加20 g/d、30 g/d茶皂素的奶牛产奶量有增加奶产量的趋势,而添加40 g/d茶皂素显著降低奶牛产奶量,可能是由于高剂量茶皂素破坏了瘤胃微生物区系所致。茶皂素30 g/d、40 g/d组对奶牛乳脂率的提高有显著作用,可能是由于增加了瘤胃挥发性脂肪酸,特别是乙酸是合成[6]。有研究表明,饲喂8 g茶皂素可显著降低乳中体细胞数,郝媛华[6]研究发现日粮中添加30 g茶皂素可显著降低了牛乳中的体细胞数量,因此乳中体细胞数量的降低可以保障生鲜乳的品质[32,33]。另外,有报道称奶牛乳中体细胞数与机体抗氧化状态有一定的关系[34],因此茶皂素能够降低牛乳体细胞的作用机制可能是由于其提高了奶牛机体的抗氧化及免疫。

因此,奶牛日粮中添加适宜剂量的茶皂素能够提高动物生产性能与机体免疫,但高剂量可能对其生产性能造成不良影响,并且茶皂素对奶牛生产性能的作用效果受到基础日粮以及奶牛生理阶段的影响。

4 茶皂素作用于奶牛的生理学机制

茶皂素对奶牛影响作用效果以及作用机制到目前并未得出最终结论。研究结果间的差异主要归于植物源性生物活性物质的化学结构、类型以及剂量不同[35,36]。另外,其应用效果还受到体内外研究体系中所用的底物或者是奶牛基础日粮类型[37]以及瘤胃pH[38]的影响。Wanapat等[39]提出单宁和皂甙对瘤胃发酵代谢过程作用的可能机制见图1,因此,茶皂素作为皂甙的一种,其在瘤胃中作用的生物学机制可参照图1。抑制奶牛瘤胃甲烷生成的机制已有研究,比如驱除原虫(单宁、多聚不饱和脂肪酸和单不饱和脂肪酸)[40];刺激丙酸合成(富马酸)[41];降低氢的生成(聚不饱和脂肪酸和肉桂醛)[42];直接抑制产甲烷菌(大蒜素)[43]。一般来讲,抗菌作用是通过侵入微生物的细胞膜结构,导致细胞膜崩解引起离子流失,其抗菌作用受到活性物质的提取和制备方法以及瘤胃的pH调控[39]。有报道称茶皂素对瘤胃甲烷减排的影响主要是由于茶皂素中固醇物质的作用[44,45],其可以在原虫上产生小孔样的表面以此来减少原虫甲烷的生成[5,46]。Wanapat等[39]等研究指出皂甙和单宁主要通过抑制瘤胃原虫、降低真菌数量,改变瘤胃的区系结构,进而影响瘤胃发酵。Bodas等[47]研究指出植物提取物对奶牛瘤胃的调控或影响是多方面的,包括对瘤胃微生物、氨氮浓度和发酵终产物,降低瘤胃CO_2产生和H_2压力,进而降低甲烷排放。

奶牛瘤胃发酵产生甲烷的来源有两个，一个是原虫自身代谢过程产生，另一个是甲烷菌产生。因此对于植物源性物质对奶牛瘤胃甲烷生成的调控主要通过影响这两个过程来实现。研究发现，反刍动物瘤胃内，有10%~20%的甲烷菌是和原虫共生的[17]，这部分甲烷菌依附于原虫表面既有利于产生甲烷，又有利于原虫的生长，两者为互利共生关系。Vogels等[48]研究表明，原虫数量的减少，以及产甲烷菌合成甲烷的原料H_2产量的降低，都抑制了甲烷的产生。

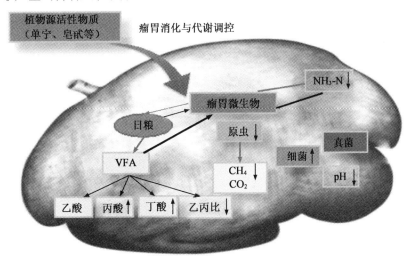

图1 皂甙和单宁对瘤胃发酵代谢过程的作用[39]

5 目前存在的限制性因素与未来应用前景

茶皂素作为植物源性提取物，具有成为绿色动物添加剂来替代抗生素的潜质，其可以通过改善瘤胃发酵、减少能量损失、抗菌提高免疫力等功效促进了奶牛生产性能的改善[6,7,49]，另外，对于甲烷减排也是有效的[5,50]。虽然其作用是多方面的，但是，目前对于其在奶牛生产中的应用以及研究仍存在许多不足之处。比如：有的茶皂素的适口性较差、气味较大，较难直接采食；影响动物消化率和瘤胃菌群活性；目前关于茶皂素的研究大多局限于体外方法，诸如体外人工瘤胃技术、纯培养技术以及细胞试验等，但研究其对动物特别是奶牛泌乳以及体内代谢的影响较少，缺乏体内试验数据的支持；另外，对茶皂素提取的加工工艺仍需提升改进；茶皂素的有效活性成分研究不充分；对于其应用效果的机制解析不够清晰等。

因此，需要更多研究来评价茶皂素在奶牛生产中的应用的作用效果，解决其所带来的负面影响，以及阐明其作用机制。比如：

(1)确定其有效活性成分。植物提取物的纯化以及活性成分的确定还需要技术的限制以及成本的问题限制了其大量推广营养。但是随着现代分子生物学技术的发展，诸如组学技术，特别是宏基因组学、微生物蛋白组学、代谢组学一级微生物代谢组学的发展为植物提取物成分的确定以及其在奶牛机体中的代谢规律提供了很好的研究方法。

(2)降低生产成本。目前茶皂素的市场价格较高，主要由于是纯天然提取，原料成本高，在后续研究中可考虑首先通过质谱等技术，鉴定有效成分，然后进行部分化学合成关键有效成分，然后将化学合成物质与将有机提取相结合，达到降低成本、提高应用价值的目的。

(3)确定安全剂量和有效剂量。由于植物提取物的成分比较复杂，因此，某些小分子的物质可能存在一定的毒性或者潜在负面影响，特别是在饲喂后在机体中的代谢产物要了解清楚。对于不同生长期奶牛的用量以及有效剂量需要长期进行生产试验的确定。在确定有效剂量时,可以通过体外和体内试验结合,靶向研究其作用于特定的生物或非生物代谢信号通路,以此来研究其起到有效作用的生物剂量。

(4)清除或降低其负面影响。比如进一步提纯,将有害成分去除;通过和其他添加组合添加;或者通过加工技术,将其与其他精饲料或者粗饲料混合加工。

(5)优化加工工艺。目前茶皂素的提取工艺主要以水、乙醇等溶剂提取为主,普遍存在能耗大、提取产物质量不高、色泽深、气味浓等缺点,难以获得有效推广的茶皂素成品[51]。而今后对加工工艺的研究应立足于降低加工成本、优化所得产品有效成分、优化浸提技术、降低其不良气味,提高适口性以及风味,真正产出高质、高效且市场性强的产品。

(6)机制解析。茶皂素对奶牛生产性能的影响不一致性可能主要是因为其生产水平以及生理过程出现差异所导致,因此,在不同基础日粮以及不同生理条件下,茶皂素的代谢规律需要系统性的研究来揭示。比如研究植物提取物在奶牛瘤胃、小肠、肝脏、乳腺等动物机体中的消化、转运与代谢过程等。另外还需要进一步研究或阐明茶皂素在奶牛体内确切的作用机制、毒理、在基因水平添加剂量-活性的关系。研究确定茶皂素在奶牛体内的消化吸收特性、不同皂苷的配置和药代动力学曲线,以更准确的确定哪些类型的皂苷将在体内发挥最大的药理作用。

6 小结

综上所述,奶牛日粮中添加适度剂量茶皂素可以调控瘤胃发酵、驱除原虫、降低真菌数量,抑制产甲烷菌、提高机体免疫力以及生产性能等。科学合理地使用将可充分改善奶牛的生产效率与健康,并奶牛生产具有巨大的潜在应用价值。在后续研究中,首先,需鉴定出茶皂素的所有关键植物次生代谢物物质的有效成分,优化加工工艺,消除或降低其负面作用,然后,研究茶皂素在奶牛瘤胃、肝脏、乳腺以及全身的代谢规律以及作用机制,为茶皂素在动物生产中合理、安全且有效的应用提供更多保证。最终成功开发出奶牛新型、绿色饲料添加剂,最大限度地发挥茶皂素在奶牛营养方面的调控作用。

参考文献

[1] Wang J K, Y E J A, Liu J X. Effects of tea saponins on rumen microbiota, rumen fermentation, methane production and growth performance—A review[J]. Tropical Animal Health and Production, 2012, 44(4):697-706.

[2] Johnson K A, Johnson D E. Methane emissions from cattle[J]. Journal of Animal Science, 1995, 73(8):2483-2492.

[3] Hartmann T. From waste products to ecochemicals: fifty years research of plant secondary metabolism[J]. Phytochemistry, 2007, 68(22-24):2831-2846.

[4] Bodas R, Prieto N, GarcíA-Gonzalez R, et al.. Manipulation of rumen fermentation and methane production with plant secondary metabolites[J]. Animal Feed Science and Technology, 2012, 176(1-4):78-93.

[5] Guo Y Q, Liu J X, Lu Y, et al.. Effect of tea sapoin on methanogenesis, microbial community structure and expression of mcrA gene, in cultures of rumen microorganisms[J]. Lett Applied Microbiology, 2008, 47:421-426.

[6] 郝媛华. 茶皂素对奶牛产奶性能、抗氧化能力及免疫力的影响[D]. 硕士学位论文. 北京:北京农学院,2015.

[7] 严淑红. 茶皂素对奶牛瘤胃微生物区系、瘤胃发酵及产奶性能的调控研究[D]. 硕士学位论文. 北京:北京农学院,2016.

[8] 周奕毅. 茶皂素抑制湖羊甲烷生成的微生物学机制研究[D]. 硕士学位论文. 杭州:浙江大学,2009.

[9] 张庆茹. 瘤胃原虫对瘤胃营养物质代谢的影响研究进展[J]. 中国牛业科学,2006(1):49-51,55.

[10] RamÍRez-Restrepo C A, O'NEILL C J, LÓPEZ-VILLALOBOS N, et al.. Effects of tea seed saponin supplementation on physiological changes associated with blood methane concentration in tropical Brahman cattle[J]. Animal Production Science, 2016, 56(3):457-465.

[11] 邓代君,王金合,杜晋平,等.植物提取物对瘤胃发酵的调控作用[J].饲料工业,2009,30(8):5-6.

[12] Guyader J,EugèNe M,Doreau M,et al.. Nitrate but not tea saponin feed additives decreased enteric methane emissions in nonlactating cows.[J]. Journal of Animal Science,2015,93.

[13] Goel G,Makkar H P S,Becker K. Changes in microbial community structure,methanogenesis and rumen fermentation in response to saponin-rich fractions from different plant materials[J]. Journal of Applied Microbiology,2008,105(3):929-938.

[14] 陈旭伟.不同皂苷对山羊瘤胃原虫和细菌种属变化以及纤维降解的影响[D].硕士学位论文.扬州:扬州大学,2009.

[15] Wallace R J,Mcewan N R,Mcintosh F M,et al.. Natural products as manipulators of rumen fermentation[J]. Asian Australasian Journal of Animal Sciences,2002,15(10),1458-1468.

[16] Mao H L,Wang J K,Zhou Y Y,et al.. Effects of addition of tea saponins and soybean oil on methane production,fermentation and microbial population in the rumen of growing lambs[J]. Livestock Science2010,4(129):56-62.

[17] 张婷婷,杨在宾,刘建新,等.茶皂素对甲烷产量和瘤胃发酵影响的研究进展[J].家畜生态学报,2011,32(2):96-99.

[18] 祁茹,林英庭,程明,肖宇等.瘤胃微生物区系及其相互关系的研究进展[J].饲料博览,2011(8):9-13

[19] RamíRez-Restrepo C A,Tan C,O'Neill C J,et al.. Methane production,fermentation characteristics,and microbial profiles in the rumen of tropical cattle fed tea seed saponin supplementation[J]. Animal Feed Science and Technology,2016,216:58-67.

[20] Mao H L,Wang J K,Zhou Y Y,et al.. Effects of addition of tea saponins and soybean oil on methane production,fermentation and microbial population in the rumen of growing lambs[J]. Livestock Science,2010,129(1):56-62.

[21] Jones D P,Park Y,Ziegler T R. Nutritional metabolomics:Progress in addressing complexity in diet and health[J]. Annual Review of Nutrition,2012,32:183-202.

[22] Scalbert,A.,Brennan,L.,Manach,C,et al.. The food metabolome:a window over dietary exposure[J]. The American journal of clinical nutrition,2014,99(6),1286-1308.

[23] Sagesaka-Mitane Y,Sagiura T,Miwa Y,et al.. Effect of tea-leaf saponin on blood pressure of spontaneously hypertensiverats[J]. Yakugaku zasshi,1996,116(5):388-395.

[24] 童勇,李玉山.茶皂素抗炎镇痛作用的实验研究[J].临床合理用药杂志,2009,2(16):13-14.

[25] 韩志红,刘义庆,楚新兰,等.茶皂素对荷瘤小鼠肿瘤抑制作用的研究[J].武汉职工医学院学报,1998,26(1):5-6.

[26] 李静姬,李国江.糖萜素对雏鸡生产性能和免疫器官的影响[J].中国畜牧兽医,2005,32(1):20-22

[27] Sur P,Chandhufi T,Vedasiromoni J R,et al.. Antiinflammatory and antioxidant property of saponins of tea[Camellia sinensis (L)O. Kuntze] root extraet[J]. Phytother Res,2001,15(2):174-176.

[28] 王世若,王兴龙,韩文瑜.现代动物免疫学.2版[M].长春:吉林科学技术出版社,2001.

[29] 童勇,李玉山.茶皂素耐缺氧及抗氧化作用的实验研究[J].中外健康文摘,2009,6(22):19-21.

[30] Francis G,Kerem Z,Makkar H P S,et al.. The biological action of saponins in animal systems:a review[J]. British journal of Nutrition,2002,88(06):587-605.

[31] 严淑红,蒋林树.茶皂素对反刍动物瘤胃发酵的影响研究进展[J].中国农学通报,2015(05):20-24.

[32] 彭春雨,孟庆翔,张勇.皂甙在反刍动物营养上的研究进展[J].饲料工业,2011,17:26-30.

[33] 胡松华.谈奶牛乳腺的免疫机能[J].中国奶牛.1997(5):53-55.

[34] 贾若愚.竹提取物对泌乳后期奶牛生产性能和血液生化指标的影响[D].硕士学位论文,合肥:安徽农业大学,2011.

[35] Busquet M,Calsamiglia S,Ferret A,et al.. Plant Extracts Affect In Vitro Rumen Microbial Fermentation[J]. Journal of Dairy Science,2006,89(2):761-771.

[36] Benchaar C,Petit H V,Berthiaume R,et al.. Effects of Essential oils on digestion,ruminal fermentation,rumen microbial populations,milk production,and milk composition in dairy cows fed alfalfa silage or corn silage 1[J]. Journal of Dairy Science,2007,90(2):886-897.

[37] Calsamiglia S,Busquet M,Cardozo P W,et al.. Invited Review:,Essential Oils as Modifiers of Rumen Microbial Fermentation[J]. Journal of Dairy Science,2007,90(6):2580-2595.

[38] Cardozo P W,Calsamiglia S,Ferret A,et al. Screening for the effects of natural plant extracts at different pH on in vitro rumen microbial fermentation of a high-concentrate diet for beef cattle.[J]. Journal of Animal Science,2005,83

(11):2572-2579.

[39] Wanapat M,Kongmun P,Poungchompu O,et al.. Effects of plants containing secondary compounds and plant oils on rumen fermentation and ecology[J]. Tropical Animal Health & Production,2012,44(3):399-405.

[40] Beauchemin K A,Kreuzer M,O'mara F,et al.. Nutritional management for enteric methane abatement:a review[J]. Australian Journal of Experimental Agriculture,2008,48(2):21-27.

[41] Asanuma N,Iwamoto M,Hino T. Effect of the addition of fumarate on methane production by ruminal microorganisms in vitro[J]. Journal of Dairy Science,1999,82(4):780-787.

[42] Mcallister T A,Okine E K,Mathison G W,et al.. Dietary,environmental and microbiological aspects of methane production in ruminants[M]. Engineering risk and hazard assessment. 1988.

[43] Busquet M,Calsamiglia S,Ferret A,et al.. Effect of garlic oil and four of its compounds on rumen microbial fermentation[J]. Journal of Dairy Science,2005,88(12):4393-4404.

[44] Schulman J H,Rideal E K. Molecular Interaction in Monolayers. II-The Action of Haemolytic and Agglutinating Agents on Lipo-Protein Monolayers[J]. Proceedings of the Royal Society of London. Series B, Biological Sciences, 1937:46-57.

[45] Bangham A D,Horne R W. Action of saponin on biological cell membranes[J]. 1962. 196,952-953.

[46] Dourmashkin R R,Dougherty R M,Harris R J. Electron microscopic observations on Rous sarcoma virus and cell membranes[J]. Nature,1962,194:1116-1119.

[47] Bodas R,López S,FernáNdez M,et al.. In vitro,screening of the potential of numerous plant species as antimethanogenic feed additives for ruminants[J]. Animal Feed Science & Technology,2008,145(1-4):245-258.

[48] Vogels G D,Hoppe W F,Stumm C K. Association of methanogenic bacteria with rumen ciliates[J]. Applied and Environmental Microbiology,1980,40(3):608-612.

[49] 远立国,佟恒敏,沈建忠.牛至油和黄霉素在奶牛生产中应用的研究[J].饲料工业,2004,25(1):38-42.

[50] 白乌日汗.植物精油及其他活性成分对奶牛瘤胃发酵功能影响的研究[D].硕士学位论文.呼和浩特:内蒙古农业大学,2009.

[51] 彭游,柏杨,喻国贞,等.茶皂素的提取及应用研究新进展[J].食品工业科技,2013,34(10):357-362.

我国水牛消化代谢调控与营养需要量研究进展*

林波[1]**　邹彩霞[1]***　黄锋[2]

(1. 广西大学动物科技学院,南宁　530004;
2. 中国农业科学院广西水牛研究所,南宁　530001)

摘　要:水牛是我国南方特色反刍动物之一。近年来,我国水牛营养研究开展了水牛消化和泌乳生理特性的探讨、以水牛为动物模型进行饲草利用价值的评定或验证反刍动物用添加剂的效果、通过传统全收粪尿法探讨水牛能量和氮消化代谢规律以及水牛瘤胃发酵及瘤胃微生物多样性的研究等几方面的工作,取得了丰富的研究进展。本文对我国在水牛营养以上几个方面的研究进展进行了综述,为后继水牛营养研究提供参考。

关键词:消化代谢;瘤胃发酵;瘤胃微生物区系;营养需要;水牛

1　引言

随着农业机械化的发展,我国水牛养殖正从过去的役用向乳、肉兼用转变,成为缓解我国南方牛肉和牛奶市场供需矛盾的有效途径。现阶段我国挤奶水牛多为引进的河流型水牛品种摩拉和尼里拉菲,或者它们与我国本地水牛高代杂交后代,这类水牛多为集约化饲养,多数饲养于规模化家庭农户或大型养殖场。我国奶水牛科研起步期为 1957—1973 年,国内仅少数种畜场和科教单位开展对水牛的科学研究,主要集中在引进良种扩繁和观察、挤奶、繁殖、杂交改良以及水牛生理特性研究等方面,奠定了中国水牛乳、肉、役利用的科学依据。1974—1984 年为我国水牛科研全国协作期[1],在"协作组"的统一组织和协调下,形成分工明确、组织有序的科学研究和技术推广队伍,研究内容趋于系统和全面。1985—2000 年为水牛营养研究的快速发展期,与水牛营养相关的科研主要有,任家驹等开展了水牛瘤胃消化代谢的研究,陆天水等完成了水牛泌乳生理的多项研究。这段时期水牛的营养研究主要集中在水牛消化代谢,添加 NPN、氨基酸、矿物质元素提高瘤胃微生物活力和对粗纤维的消化率等方面[2]。近年来,在我国大力发展南方草食家畜的政策推动下,水牛营养研究逐渐受到重视。因此,本文试图综述我国水牛营养研究进程,为下一阶段水牛营养研究奠定基础。

2　水牛消化生理与饲料利用

我国水牛营养前期取得的科研成就主要集中在水牛消化代谢、水牛泌乳生理和饲料开发等方面。

---

* 基金项目:广西自然科学基金项目(2013GXNSFBA019114);广西大学科研基金项目(XGZ160164)
** 第一作者简介:林波,男,博士,E-mail:linbo@gxu.edu.cn
*** 通讯作者:邹彩霞,研究员,E-mail:zoucaixia2002@foxmail.com

1984—1990年,任家驹、韩正康等[3-6]完成并取得了在各种条件下水牛瘤胃内代谢、挥发性脂肪酸、纤维素消化率和纤毛虫种类和数量的基本资料,研究表明在同样的饲养管理条件下,水牛瘤胃内纤维素的消化率高于山羊;冬季稻草日粮的基础上添加尿素等非蛋白氮,对瘤胃内氮代谢和牧草纤维素消化率有明显效果。这些研究对改善水牛饲养水平和秸秆氨化喂牛有指导作用,也为今后水牛营养需要的研究奠定了理论基础。

1963—1993年,陆天水、韩正康等完成了水牛泌乳生理的多项研究[7-14]。测定了本地水牛、摩拉水牛、尼里-拉菲水牛及其杂交水牛的排乳反射潜伏时间、排乳反射时间;乳池乳、反射乳和残留乳的数量和干物质;两前后乳叶泌乳量、排乳反射前后括约肌紧张度、乳房内压和血液催产素浓度。发现水牛乳池乳少,括约肌紧张度高等与奶牛不同的泌乳特性,为改进水牛挤奶技术和水牛挤奶机提供了科学资料。此外,还有以水牛为动物模型研究饲料利用价值的研究,如郑业鲁等[15]研究表明皇竹草是水牛的一种优质粗料;吴坚新[16]验证了双乙酸在挤奶水牛上具有良好的饲喂效果;邹霞青等[17]比较了水牛对普通稻草、氨化及微贮稻草的干物质、粗蛋白、粗纤维消化率以及氮平衡与利用效率,试验表明稻草经氨化、微贮处理后,细胞壁纤维素、半纤维素、木质素间结构被破坏和酶解,使稻草软化,适口性增加,消化率提高。

此外,我国学者还开展水牛消化代谢或添加NPN、氨基酸、矿物质质元素提高粗纤维的消化率方面的研究[18-24]。2000—2003年,关意寅、文秋燕等[25-28]开展了水牛常用粗饲料瘤胃降解率的测定,泌乳水牛能量、蛋白质、钙、磷的需要及产热测定等方面的初步研究,关意寅等[29-30]研究了糖蜜—尿素舔砖在水牛饲养中的应用效果,结果表明补饲糖蜜—尿素舔砖能提高秸秆的瘤胃降解率。朱祖康等[31]初步研究了水牛的采食特点;杨家晃等[32]探讨了菠萝渣与甘蔗渣饲喂泌乳水牛的效果。2003—2005年文秋燕等[33-36]开展了不同生长阶段杂交母水牛的绝食代谢的一系列研究,为今后我国水牛饲养标准制定提供了基础数据。

3 水牛瘤胃微生物多样性

3.1 水牛瘤胃细菌组成及其与瘤胃发酵的关系

我国对水牛瘤胃微生物的研究主要集中在近几年,特别是现代微生物分子生物学研究手段的应用极大地促进了这方面的研究。早在2009年,刘利等就采用16s RNA克隆文库法研究了广西水牛瘤胃细菌的组成,结果表明LGCGPB和CBF是主要组成菌群,分别占总菌的56.67%和36.67%[37]。我们采用更为先进的16s RNA基因高通量测序的方法研究了广西水牛瘤胃内细菌的组成,结果表明水牛瘤胃细菌门水平上共鉴定出16个门,其中Bacteroidetes和Firmicutes是门水平上的主要菌群,Prevotellaceae是科水平上的主要菌群,总体上与其他反刍动物瘤胃区系组成相似[38]。较多研究表明水牛瘤胃具有较多的细菌和真菌,以及较高的纤维消化能力[39,40]。张勤等[41]比较了同等饲喂条件下水牛和娟姗牛瘤胃内微生物数量和区系的差异,研究发现水牛瘤胃内细菌、真菌和原虫数量均显著高于娟姗牛;水牛瘤胃内Bacteroidetes菌群的丰度(32.8%)显著低于娟姗牛(60.13%),而Firmicutes菌群的(62.6%)则显著高于娟姗牛(35.3%),此外Prevotellaceae科菌群的丰度(26.0%)显著低于娟姗牛(56.7%);这同孙中远[42]的研究结果一致。因此,水牛和奶牛瘤胃细菌组成的较大差异有可能引起二者瘤胃消化的差异。张勤等[43]分别采用了体外产气法比较了同等饲喂条件下的水牛和娟姗牛瘤胃对几种粗料发酵能力的差异,结果表明娟姗牛瘤胃液对象草和青贮甘蔗尾产气能力较强,而水牛瘤胃液对木薯渣和青贮玉米产气能力较强,并非均以水牛为强;然而,尼龙袋试验却发现水牛瘤胃对象草NDF的降解能力高于娟姗牛,因此推测水牛瘤胃纤维消化率较高的原因可能与瘤胃生理有关[44]。

日粮精粗比是影响瘤胃细菌区系组成的重要因素。我们的研究表明,100%粗饲料组降低了水牛瘤胃内厚壁菌门和变形菌门细菌的比例,提高了拟杆菌门和 Prevotella 属细菌的比例,而 50∶50 精粗比组则提高了厚壁菌门,降低了拟杆菌门的比例;此外,50∶50 精粗比提高了水牛瘤胃菌群的多样性[45]。李萍等[46]报道日粮精粗比对纤维降解菌的影响不一致,高精料降低了琥珀酸丝状杆菌和丁酸弧菌的数量,但对白色瘤胃球菌和黄色瘤胃球菌无影响,这同周祥[47]的研究结果相似。其他添加剂对水牛瘤胃微生物的影响方面,李萍等[48]研究发现日粮添加 8 g/d 烟酸对瘤胃微生物区系并无显著影响[49]。此外,张双双[50]研究表明日粮添加葵花籽油和茶油显著降低了水牛瘤胃产琥珀酸丝状杆菌和普雷沃氏菌的含量,但对原虫、真菌、主要纤维降解菌及产甲烷菌数量没有显著的影响。

3.2 水牛瘤胃内甲烷菌、原虫和真菌组成及其与瘤胃发酵的关系

近年来有关水牛瘤胃甲烷产生和甲烷菌的研究较多,刘园园[51]采用 PCR-DGGE 法研究了广西水牛瘤胃甲烷菌的优势菌群,发现甲烷短杆菌(Methanobrevibacter)是优势菌。杨承剑等[52]采用 16sRNA 克隆文库法研究表明德昌水牛瘤胃甲烷菌序列中 94.2% 的序列为甲烷短杆菌属(Methanobrevibacter)序列,其中甲烷短杆菌 SGMT 簇序列和 RO 簇序列所占总序列的比例分别为 75.8% 和 1.0%。在杨承剑等[53]另一个对富钟水牛的研究中也得到了相同的结论。此外,Lin 等[38]对中国摩拉和尼里拉菲水牛瘤胃甲烷菌区系的研究也发现甲烷短杆菌占总甲烷菌约 84%,此外还有少量的热源体属(～13%)和甲烷球菌属(～3%)甲烷菌。可见,中国水牛瘤胃甲烷均以甲烷短杆菌为主,不同于部分印度学者报道的以甲烷微菌属为主[54,55],原因可能与地理位置或饲料差异有关。

原虫在瘤胃内氮循环中具有重要作用,一些研究表明水牛瘤胃原虫数量较奶牛少,因而具有较高的氮利用率。张勤等[41]研究发现同等饲喂条件下水牛瘤胃原虫数量却多于娟姗牛,Metadinium 属(73.2%)和 Entodinium 属(21.2%)是水牛瘤胃优势原虫。桂荣等[56]对中国广西西林水牛和摩拉水牛瘤胃纤毛虫分类鉴定后,共发现 17 属 63 种 25 型瘤胃纤毛虫,其中以 Entodinium 出现频率最高;李启琳[57]采用 DGGE 技术水牛瘤胃原虫区系的研究也表明瘤胃纤毛虫种群复杂多样,但没有明显的宿主特异性。我们对摩拉和尼里拉菲水牛瘤胃原虫区系研究表明水牛瘤胃具有 12 个属的原虫,其中 Entodinium(40%～75%)是优势原虫,其次是 Isotricha,Polyplastron 和 Dasytricha,但水牛个体间原虫组成差异较大[38]。张勤[41]采用高通量测序技术对水牛瘤胃原虫的研究却发现 Metadinium 属是水牛瘤胃优势菌群,原因可能与张勤试验中青贮玉米为唯一粗饲料有关,可见水牛优势瘤胃原虫具有可变性。

目前有关水牛瘤胃真菌组成的研究还较少,但有研究认为水牛瘤胃真菌多于奶牛和肉牛[39,40],这与张勤[41]发现同等饲喂条件下,水牛瘤胃真菌多于娟姗牛的研究结果一致;真菌区系组成研究表明,水牛瘤胃共有 11 个属的真菌菌群,优势真菌属是 Candida 属(53.2%),其次是 Pichia(17.9%)和 Neocallimastix 属(9.2%),而娟姗牛为 Pichia 属(53.64%)和 Candida 属(27.7%),二者有明显差异;然而,由于个体间区系差异较大,因此水牛和娟姗牛真菌区系的这种差异是否会引起二者瘤胃纤维消化的差异尚无法阐明。

4 水牛营养需要量探索

2001—2015 年,水牛营养和饲养的研究进一步快速开展。广西水牛研究所开展了水牛营养和饲养技术研究,获得了不同生长阶段奶水牛能量、蛋白质、能量以及钙、磷需要的营养参数,为今后中国水牛营养需要及制定水牛饲养标准奠定了基础,最终在 2006 年制定了《奶水牛饲养管理规程》(DB45/T 321—2006)地方标准。我国在水牛营养需要量方面的研究主要有以下一些工作。

4.1 能量需要量

徐如海[58]通过饲养试验和能量、氮、钙和磷的平衡试验结果表明泌乳水牛日粮干物质的消化率为

69.14%，能量的消化率为 67.62%，蛋白质的消化率为 71.85%，可消化氮转化为乳中氮的效率为 27.63%，通过呼吸测热试验得出，水牛的绝食代谢产热为 320.06 kJ/($W^{0.75}$·d)，热增耗 238.96 kJ/($W^{0.75}$·d)。梁贤威等[59]通过研究不同能量水平日粮对 13～14 月龄母水牛氮代谢影响发现，单位代谢体重的氮的总排放量为 1.8 g/d，氮的可消化率为 65.79%，氮的存留率为 31.62%。赵峰[60]报道，12～16 月龄生长水牛的日粮总能消化率为 69.34%，消化能代谢率为 82.52%，总能代谢率为 57.15%。邹彩霞[61]研究发现，生长水牛的净能需要可以用 NE(MJ/d)=(0.335+0.392ΔW)·$W^{0.75}$（ΔW 为日增重）进行预测。邹彩霞等[62-64]还分别对 12～13 月龄、14～15 月龄及泌乳前期的母水牛的能量需要量进行了初步探索，认为生长母水牛净能需要量预测公式如下式：

$$NE(MJ/d)=(0.335+0.392\times\Delta W)W^{0.75}$$

可消化蛋白质需要量公式如下：

$$DCP\ (g/d)=2.20\ W^{0.75}+368.39\times\Delta W$$

式中：ΔW 为牛只日增重，kg。

国内首次提出泌乳水牛在泌乳盛期所需要的净能计算公式：

$$NE\ (MJ/d)=0.316W^{0.75}\cdot d+0.3505\times\Delta W_{B.w}\times W^{0.75}+2.915\times FCM$$

式中：FCM(kg)=产奶量(kg)×{[(乳脂 g－40)+(乳蛋白质 g－31)]×0.01155+1.0}。

泌乳水牛在泌乳盛期的可消化蛋白质需要量可表示如下：

$$DCP=5.76W^{0.75}+41.34\times FCM(kg/d)$$

邹彩霞等[65]采用冻干获得乳粉后再应用量热仪测定水牛原乳热量的方法，得出水牛奶原奶乳脂肪率(F)、乳蛋白率(P)、乳糖(L)、乳总固形物(TSC)与乳中热量(E)之间的回归关系如下：

$$E=0.3181\times F+0.3335\times P+0.0855\times L+0.4216\ (n=233, R^2=0.828142, P<0.0001) \quad [1]$$
$$E=0.3257\times F+0.3267\times P+0.8709\ (n=233, R^2=0.82004586, P<0.0001) \quad [2]$$
$$E=0.346781\times TSC+0.011291\times F-1.446069\ (n=233, R^2=0.826169, P<0.0001) \quad [3]$$
$$E=0.352496\times TSC-1.48811\ (n=233, R^2=0.825623, P<0.0001) \quad [4]$$

由此发现，水牛乳能值与水牛乳蛋白、乳脂肪及乳糖呈较强的线性回归关系，可通过水牛乳蛋白、乳脂肪、乳糖及乳总固形物含量预测水牛乳能值，在没有条件测定水牛乳能值的情况下，可以借用本研究所得的水牛乳成分与乳能值的关系换算出水牛乳能值。

4.2 蛋白质需要量

广西水牛研究所选择 12 头 12～13 月龄健康状况良好的试验用水牛(体重=220 kg,SD=12)，采用饲养试验、氮平衡试验，研究了 12～13 月龄母水牛蛋白需要量及其氮代谢规律。12 月龄生长水牛氮的维持需要量=0.954 g/(kg $W^{0.75}$·d)，每增重 1 kg 需要的净氮为=0.319/0.603=0.529 g/(kg $W^{0.75}$·d)，总净氮需要为=(0.954+0.529ΔW) g/(kg $W^{0.75}$·d)，总可消化氮需要=(1.422+0.789ΔW) g/(kg $W^{0.75}$·d)。

邹彩霞等[66]以试验期间进食氮水平(g/d)为横坐标(x)，水牛标准乳产量(kg/d)为纵坐标(y)，获得进食氮水平与标准乳产量的二次曲线关系，即 $y=-0.0016x^2+0.9556x-129.91$。由此可见，饲粮粗蛋白质水平对泌乳水牛生产性能及血液生化指标影响不显著，根据进食氮水平与标准乳产量的二次曲线关系可得，当进食氮水平为 298.6 g/d 时，得到水牛标准乳产量最大值为 12.8 kg/d。

4.3 钙与磷需要量

崔政安(2009)[67]通过梯度饲养试验和全收粪尿法的平衡试验得到如下结论：泌乳水牛粪尿排泄钙

与水牛每千克体重采食钙关系方程为：

$$y[mg/(kg \cdot d)] = 0.45 \times [mg/(kg \cdot d)] + 33.80 \ (R^2 = 0.85)$$

水牛采食钙为0时，每千克体重排泄钙即是水牛的维持需要钙量，为：33.80 mg/(kg·d)。

水牛吸收钙与产奶量的关系方程为：

$$y(g) = 4.02 \times (奶量,kg) + 1.05 \ (R^2 = 0.98)$$

即水牛每产1 kg牛奶需要5.07 g钙；水牛对日粮钙的吸收率为57.7%。

泌乳水牛粪尿排泄磷与水牛每千克体重采食磷关系方程为：

$$y[mg/(kg \cdot d)] = 0.44 \times [mg/(kg \cdot d)] + 27.72 \ (R^2 = 0.88)$$

每千克泌乳水牛排泄磷即是水牛的维持需要磷量，即为：27.72 mg/(kg·d)。

水牛利用磷与产奶量的关系方程为：

$$y(g) = 1.75 \times (奶量,kg) + 1.45 \ (R^2 = 0.97)$$

即水牛每产1 kg牛奶需要3.20 g磷；水牛对日粮磷的吸收率为69.6%。

陈月丽（2016）[68]通过梯度饲养试验和全收粪尿法的平衡试验得到如下结论：11~14月龄生长期健康奶水牛，饲喂精料磷含量为0.8%，钙含量为1.25%时平均日增重最高。

5 小结

水牛在我国畜牧产业中的定位已经由役用转向乳肉兼用，因此对集约化养殖和营养需求的水平更高，为我国在水牛营养方面的研究提出了新的挑战。纵观我国近年来在水牛营养研究方面的进展，发现我们在水牛泌乳生理、维持与泌乳营养需求、亚热带地区水牛饲料资源开发以及奶水牛瘤胃微生物研究方面取得了一定研究成果；但对奶水牛消化生理及其对营养成分需要量研究方面尚未形成完整的体系，特别是目前我国奶水牛养殖以杂交水牛为主情况下，现有的研究成果尚不能推广应用到现有全部水牛品种上。因此，未来我国水牛营养研究要结合奶水牛的品种纯化选育方向，进一步探索奶水牛特有的消化生理，逐步完善和细化水牛对能量、蛋白、钙和磷的需要量，启动对微量元素及维生素等营养物质的需要量研究，最终制定出针完备的乳肉兼用水牛生产营养需求体系，促进我国水牛产业的发展升级。

参考文献

[1] 全国水牛改良育种协作组.水牛研究论文成果选编(1974—1984)[M].1985.
[2] 黄海鹏,黄锋.中国水牛科学技术发展回顾与展望[J].第五届亚洲水牛大会学术论文集,北京:中央编译出版社,2006:40-63.
[3] 任家驹.中国水牛(Bubalus bubalis Linnaeus)瘤胃内纤毛虫的调查[J].南京农学院学报,1984(3):96-108.
[4] 陈昌明,韩正康.夏季曝晒对水牛瘤胃代谢及其他生理的影响[J].南京农业大学学报,1987,2:131-132.
[5] 韩正康,陈杰.反刍动物瘤胃的消化和代谢[M].北京:科学出版社,1988.
[6] 崔用侠,韩正康.舍饲水牛的自由采食行为及其与瘤胃消化代谢的关系[J].南京农业大学学报,1990,3(4):68-74.
[7] 陆天水,韩正康,陈杰.水牛泌乳生理特性的初步研究[J].全国水牛论文摘要汇编.四川:全国水牛改良育种协作组,1985:129.
[8] 韩正康,陆天水,王汝涛.水牛乳生理特性的研究(二)[J].全国水牛论文摘要汇编.四川:全国水牛改良育种协作组1985:129-130
[9] 陆天水,陈伟华,庄康等.摩拉、尼里及其中国水牛杂交后代的若干泌乳生理特性的观察[J].南京农业大学学报,1987,(3):109-113.

[10] 陆天水等.摩拉、尼里及中国水牛杂交后代乳头括约肌紧张度和乳房内压的观察[J].南京农业大学学报,1988(1):100-104.

[11] 韩正康,陆天水.我国黄牛水牛牦牛杂交改良过程中泌乳生理变化及生理调控改善的研究[J].畜牧与兽医,1989(5):96-198.

[12] 李震,韩正康,陆天水.激素诱发水牛泌乳过程中血液激素的变化[J].南京农业大学学报,1990(1):98-101.

[13] 邹思湘,韩正康.人工诱发泌乳水牛乳腺分泌物生化特点的初步观察[J].南京农业大学学报,1990(1):129-130.

[14] 韩正康,陆天水,陈伟华,等.水牛排乳反射过程中血液催产素及房内压的变化[J].南京农业大学学报,1993,1:91-95.

[15] 郑业鲁,张庆智,黄炽权,等.皇草饲养产奶杂交水牛试验报告[J].广东畜牧兽医科技,1992,4:17-20

[16] 吴坚新.挤奶水牛饲喂双乙酸的效果[J].广西畜牧兽医,1992,1:16-17.

[17] 邹霞青,薛志民,梁学武,等.稻草不同处理对水牛增重及消化代谢的影响[J].福建农业大学学报,1997,26(4):452-457,

[18] 孙镇平,陈杰.稻草添加羟甲基尿素对冬季舍饲水牛瘤有氮代谢的影响[J].南京农业大学学报,1996,19(3):84-87.

[19] 姚文,陈杰.稻草添加羟甲基尿素对水牛瘤胃纤维素消化代谢的影响[J].南京农业大学学报,1996,19(1):77-79.

[20] 卢忠民,陈杰.不同日粮条件下水牛复胃常量元素和纤维素消化率的变化[J].南京农业大学学报,1997,20(4):60-64.

[21] 孙镇平,陈杰.添加非蛋白氮对水牛瘤胃微生物蛋白合成的影响[J].西北农业大学学报,1997,25(5):64-66.

[22] 卢忠民,陈杰.日粮添加硫、磷提高水牛瘤胃纤维素消化率的研究[J].动物营养学报,1998,10(3):10-13.

[23] 沈向真,朱祖康,陆天水.海南霉素和半胱胺对水牛瘤胃消化代谢与增重的影响[J].江苏农业科学,2003(5):78-82.

[24] 沈赞明,韩正康.稻草和精料及非蛋白氮对水牛瘤胃纤维素酶活力的影响[J].养殖与饲料,2005(3):6-9.

[25] 文秋燕,关意寅,等.水牛常用饲料在瘤胃的降解率测定[J]。广西畜牧兽医,2000,16(5):7-8.

[26] 关意寅,文秋燕,等.补饲糖蜜—尿素舔砖对秸秆营养成分在水牛瘤胃中降解率的影响[J].畜牧与兽医,2001,33(3):15-16.

[27] 文秋燕,黄锋,等.泌乳水牛日粮能量转化的研究[J],中国草食动物,2003,23(1):6-7

[28] 文秋燕,黄锋,等.泌乳水牛畜体产热量的测定[J].广西畜牧兽医,2003,19(1):3-5.

[29] 关意寅,黄锋,方文远,等.补饲糖蜜—尿素舔砖对水牛增重性能的影响[J].贵州畜牧兽医,2001a,2:3-4.

[30] 关意寅,文秋燕,黄锋,等.补饲糖蜜—尿素舔砖对秸秆营养成分在水牛瘤胃中降解率的影响[J].畜牧与兽医,2001b,33(3):15-16.

[31] 朱祖康,张盛友,武枫林,等.青干草日粮条件舍饲水牛采食行为的特点[J].草食家畜,1999,2:31-35.

[32] 杨家晃,黄海鹏,卢远,等.菠萝渣与甘蔗渣配合饲喂泌乳水牛试验[J].广西畜牧兽医,1992,4:14-16.

[33] 文秋燕,杨炳壮,梁贤威,等.12月龄生长母水牛绝食代谢的研究[J].黄牛杂志,2005,31(3):9-11.

[34] 梁贤威,杨炳壮,文秋燕,等.18月龄生长母水牛绝食代谢的研究[J].中国草食动物,2005,25(2):15-16.

[35] 邹彩霞,杨炳壮,梁贤威,等.24月龄生长母水牛绝食代谢的研究[J].中国草食动物.2005,25(4):9-11.

[36] 杨炳壮,文秋燕,梁贤威,等.乳肉兼用水牛不同生长阶段绝食代谢的研究[J].中国畜牧杂志,2005,41(11):46-48.

[37] 刘利,唐纪良,冯家勋.广西水牛瘤胃中的细菌多样性[J].微生物学报.2009,49(2):251-256.

[38] Lin B, Henderson G, et al.. Characterization of the rumen microbial community composition of buffalo breeds consuming diets typical of dairy production systems in Southern China[J]. Animal Feed Science and Technology, 2015, 207:75-84.

[39] Wanapat M, Ngarmsang A, Korkhuntot S, et al.. A comparative study on the rumen microbial population of cattle and swamp buffalo raised under traditional village conditions in the Northeast of Thailand[J]. Asian-Australian Journal of Animal Science, 2000, 13:478-482.

[40] Chanthakhoun V, Wanapat M. The in vitro gas production and ruminal fermentation of various feeds using rumen liquor from swamp buffalo and cattle[J]. Asian-Australian Journal of Animal Science, 2012, 7:54-60.

[41] 张勤.水牛和娟姗牛对粗饲料消化的差异比较及其差异的微生物机制研究[D].硕士学位论文.南宁:广西大学,2016.

[42] 孙中远,王佳堃,刘建新.水牛、奶牛和湖羊瘤胃及兔盲肠内容物中细菌的多样性分析[A].中国畜牧兽医学会动物

营养学分会第十一次全国动物营养学术研讨会论文集[C].2012:223.

[43] 张勤,李丽莉,韦升菊,等.水牛与娟姗牛对不同粗饲料体外消化能力的比较研究[J].中国畜牧杂志,2016,52(14):35-40.

[44] 张勤,李丽莉,韦升菊,等.尼龙袋法比较水牛与娟姗牛对象草消化能力的差异[J].中国牛业科学,2016,42(2):20-24.

[45] 林波,梁辛,李丽莉,等.日粮精粗比对泌乳水牛瘤胃细菌和甲烷菌区系影响研究[J].动物营养学报,2016.

[46] 李萍,梁辛,韦升菊,等.饲粮精粗比对后备母水牛瘤胃发酵参数和纤维降解菌数的影响[J].畜牧与兽医,2015,47(7):36-40.

[47] 周祥.日粮不同NDF水平对杂交水牛瘤胃细菌群落结构与瘤胃主要功能细菌的影响[D].硕士学位论文.武汉:华中农业大学,2015.

[48] 李萍,梁辛,韦升菊,等.不同水平烟酸对夏季泌乳水牛饲粮养分消化率和生产性能的影响[J].动物营养学报,2014,26(9):2630-2636.

[49] 林波,梁辛,韦升菊,等.烟酸对水牛瘤胃发酵指标及微生物区系的影响[J].动物营养学报,2015,27(8):2396-2404.

[50] 张双双.添加葵花籽油和茶油对奶水牛瘤胃发酵、脂肪酸组成以及相关瘤胃微生物数量的影响[D].硕士学位论文.南宁:广西大学,2015:1-10.

[51] 刘园园,姜伟伟,秦红玉,等.PCR-DGGE技术在水牛瘤胃产甲烷菌多样性分析中的应用[J].南方农业学报,2011,42(9):1144-1147.

[52] 杨承剑,韦升菊,梁辛,等.利用16S rRNA基因克隆文库技术分析德昌水牛瘤胃产甲烷菌的多样性[J].湖南农业大学学报(自然科学版),2014,40(4):382-388.

[53] 杨承剑,梁辛,韦升菊,等.基于16S rRNA基因克隆文库技术分析广西富钟水牛瘤胃产甲烷菌组成及多样性[J].动物营养学报,2014,26(12):3635-3642.

[54] Singh K M,Ahir V,Tripathi A,et al. Metagenomic analysis of Surti buffalo (Bubalus bubalis)rumen:A preliminary study[J]. Molecular Biological Reproduction,2012,39:4841-4848.

[55] Chaudhary P P,Sirohi S K. Dominance of Methanomicrobium phylotype in methanogen population present in Murrah buffaloes (Bubalus bubalis)[J]. Letter Applied Microbiology,2009,49:274-277.

[56] 桂荣,赵青余,那日苏,等.中国水牛瘤胃纤毛虫分布与挥发性脂肪酸的研究[J].畜牧兽医学报,2005(12):1286-1291.

[57] 李启琳.水牛瘤胃纤毛虫分子生态研究初探[D].硕士学位论文.南宁:广西大学,2008.

[58] 徐如海.泌乳水牛泌乳期能量、蛋白质、钙磷需要量的研究[D].硕士学位论文.南宁:广西大学,2001:1-10.

[59] 梁贤威,邹彩霞,梁坤,等.不同能量水平日粮对后备母水牛氮代谢影响的研究[J].畜牧与兽医,2008,40(9):1-4.

[60] 赵峰.后备母水牛能量需要量及其代谢规律的研究[D].硕士学位论文.南宁:广西大学,2007:1-10.

[61] 邹彩霞.生长水牛能量代谢及其需要量研究[D],博士学位论文.杭州:浙江大学,2009:1-10.

[62] 邹彩霞,梁贤威,梁坤,等.12～13月龄生长母水牛能量需要量初探[J].动物营养学报,2008,20(6):645-650.

[63] 邹彩霞,杨炳壮,梁贤威,等.14～15月龄母水牛能量需要量初探[J].畜牧与兽医,2011(43)1:16-20.

[64] 邹彩霞,杨炳壮,韦升菊,等.泌乳前期水牛能量代谢及其需要量初探[J].动物营养学报,2011,23(6):950-955.

[65] 邹彩霞,杨炳壮,韦升菊,等.水牛乳能值与乳成分的相关性研究[J].动物营养学报.2010,22(4):8:964-968.

[66] 邹彩霞,韦升菊,梁贤威,等.饲粮粗蛋白质水平对泌乳水牛产奶量及氮代谢的影响[J].动物营养学报,2012,24(5):946-952.

[67] 崔政安.泌乳水牛钙、磷代谢规律及需要量研究[D].硕士学位论文.南宁:广西大学,2009:1-10.

[68] 陈月丽.不同钙、磷水平日粮对11～14月龄奶水牛生长性能、养分消化率和血液指标的影响[D].硕士学位论文.南宁:广西大学,2016:1-10.

我国肉用绵羊营养需要量研究进展

刁其玉** 马涛

(中国农业科学院饲料研究所,农业部饲料生物技术重点实验室,北京 100081)

摘　要:2015年我国肉用绵羊存栏量达1.59亿只,居世界首位,然而与养殖业发达国家相比,我国肉羊生产水平仍相对落后,没有建立系统的饲养标准。2009年国家肉羊产业技术体系的成立,相关学者围绕我国的肉用绵羊品种系统性地开展了营养需要量研究。本文综述了我国肉用绵羊营养需要量最新研究进展,为行业发展提供参考。

关键词:肉用绵羊;饲养标准;需要量;能量;蛋白质;矿物元素

我国是世界养羊大国,存栏数和羊肉产量都在世界首位。然而与肉羊养殖强国的生产水平相比还相去甚远。养羊业发达国家都非常重视营养需要量的研究和饲料数据库的建立,并将研究结果广泛用于生产实际,促进了本国肉羊产业的发展,我国长期以来缺乏肉羊营养需要量研究的专项资金,2009年国家肉羊产业技术体系成立以来,科技工作者围绕我国有代表性的肉用绵羊品种开展了系统性的营养需要量研究,并取得了第一手的资料,形成了研究成果。

1　我国肉用绵羊营养需要量研究现状

我国肉用绵羊营养需要量的研究始于20世纪80年代末,相关学者围绕湖羊[1,2]、小尾寒羊[3]、大尾寒羊[4]以及杜泊×小尾寒羊(简称"杜寒")杂交肉羊[5]的能量或蛋白质需要量进行了研究。然而由于历史原因,仍然缺乏系统性的研究参数,如甲烷的测定多为估测值,且涉及的肉羊品种有限,并不能涵盖到全国肉用绵羊养殖的范围;蛋白质需要量的研究仍采用粗蛋白质或可消化粗蛋白质作为评价指标。随着2009年国家肉羊产业技术体系的成立,营养与饲料功能研究室在"十二五"期间,分别以杜寒、杜泊×湖羊、道赛特×小尾寒羊、萨福克×阿勒泰等杂交肉用绵羊以及蒙古羊为试验动物,采用经典的比较屠宰试验、间接测热试验、碳氮平衡试验和物质代谢试验手段,系统性地开展了上述肉羊品种能量、蛋白质、矿物元素等需要量研究,随后开展的大群体饲养试验表明,基于CARS建立的营养需要量参数较美国和英国的饲养标准更符合杜寒杂交肉羊育肥期对于能量和蛋白质的需要量[6,7],验证了基于该平台制订的能量需要量参数的准确和实用性。目前,我国具有代表性的肉用绵羊能量和蛋白质需要量参数已基本完善,后期仍需要继续通过群体饲养试验,验证所制订参数的可靠性。

---

* 基金项目:国家肉羊产业技术体系建设专项资金(CARS-39)
** 通讯作者:刁其玉,教授,E-mail:diaoqiyu@caas.cn

2 肉羊营养需要量研究方法

肉羊营养需要量的研究方法包括饲养试验、消化代谢试验、间接测热试验、绝食代谢试验、比较屠宰试验、氮碳平衡试验等多种方法。在实际应用中往往采用上述3~4种方法的组合，能够更系统全面地反映肉羊对各项营养的需要量。

2.1 饲养试验

饲养试验即生长试验，是用已知营养物质含量的饲粮饲喂试验动物，通过对其日增重，饲料转化效率等指标的测定，确定动物对养分的需要量。生长试验是动物营养需要量研究中应用最广泛、使用最多的研究方法，但仅通过日增重很难准确反映营养物质的沉积量。一方面，体重变化可能只是由肠道或膀胱内容物的变化而引起；另一方面，营养物质在骨骼、肌肉、脂肪等之间的沉积比例亦存在差异。因此饲养试验必须结合其他试验方法才能充分反映动物对各种营养物质的需要量。

2.2 消化代谢试验

消化代谢试验是研究肉羊对消化能（DE）和代谢能（ME）需要量的常用手段。消化试验分为体内法和体外法。体内法通过收集试验动物的粪便或食糜来测定养分经过动物消化道后的消化率，包括全收粪法和指示剂法，代谢试验是在消化试验的基础上收集尿样，测定尿中的营养物质；体外法则是模拟肉羊消化系统，研究饲粮的消化利用情况，其最大的优点是不需要饲养动物，节约大量的人力和物力，操作方便简单，但由于忽略了大肠内微生物的消化作用，所以准确度低于体内法。

2.3 比较屠宰试验

比较屠宰试验是研究动物营养需要量的重要手段之一，其核心在于通过屠宰建立起动物营养摄入量与沉积量间的关系，比较屠宰试验中需使用至少两组动物：一组为初始屠宰组，另一组进行饲养试验，在试验结束时屠宰（即末期屠宰组）。动物机体内不同组织（如骨骼、肌肉、脂肪）的重量或体内沉积的营养物质（能量、蛋白质、脂肪、水分、灰分）的量与动物体重（或空体重、胴体重）之间存在异速生长关系，以体重为预测因子即能够确定营养物质在机体内的含量以及动物维持或生长的需要量。比较屠宰试验得到的结果为实测数据，代表了动物在试验期内受饲养水平、放牧活动以及所受环境变化的综合结果，可靠性高[8]。

2.4 间接测热试验

间接测热试验是确定肉羊 ME 需要量的关键，这是因为 ME 的测定需要计算以甲烷的形式排出的能量。测定代谢能的核心在于确定肉羊甲烷排放量，主要测定手段主要有呼吸代谢室、呼吸测热头箱、呼吸面罩和六氟化硫（SF_6）示踪法等。呼吸测热室主要有闭路式、开闭式和开路循环式3种形式。呼吸代谢室技术成熟，测试结果准确，但是其内环境不能反映羊的自然生活环境，而且每次测定的羊数量有限，并且试验羊需要较长时间的适应期以减少应激反应；呼吸测热头箱基本原理与开路式呼吸箱相似，主要区别在于只将羊头部固定于箱中，头箱与测热系统相连接，通过测定一定时间内进出头箱气体的体积与浓度计算出羊气体的排放量。头箱内配置有料槽和水槽，实验羊可自由采食和饮水，头箱固定在代谢笼上，可在测热的同时收集粪尿；呼吸面罩也广泛用于测定羊气体排放量，其原理与呼吸测热头箱一致,区别在于呼吸面罩只密封了试验羊的面部,该法简单易行,可对肉羊不同时间段的甲烷排放量进行测定,缺点是限制了采食和饮。SF_6示踪法适用于舍饲肉羊,对放牧肉羊同样适用,其原理为SF_6物理性质与甲烷类似,也随嗳气排出,通过测定SF_6的排放速度和SF_6与甲烷的浓度即可推算出甲烷排放量[9]。

2.5 氮碳平衡试验

生长期和育肥期肉羊体内的能量主要以蛋白质和脂肪的形式贮存,应用碳氮平衡法测定肉羊体脂肪和体蛋白质沉积量时,需要结合消化代谢试验以确定动物的碳氮采食量及粪尿中碳氮排泄量;同时要进行间接测热试验确定甲烷和二氧化碳的排放量。该方法是研究怀孕和哺乳期母羊营养需要量的重要方法。

3 蛋白质需要量研究

3.1 净蛋白质需要量的研究

蛋白质需要量历来是动物营养学研究的热点,也是各国饲养标准中最为核心的数据之一。中国农业科学院饲料研究所刁其玉研究团队应用饲养试验和比较屠宰试验相结合的试验方法,通过蛋白质摄入和在体内沉积量之间关系的解析,结合外推法得到了20~35 kg体重阶段杜寒杂交羔羊维持净蛋白质(NP_m)和生长净蛋白质(NP_g)需要量[8]。从本研究结果来看,公母羔羊的NP_m需要量均低于AFRC(1992)[10]报道的数据,AFRC(1992)[10]报道的结果是基于通过向胃中灌输营养物质的方法取得的,相较而言,本研究的结果更能真实反映出氮在胃肠道中消化吸收的过程,也充分考虑到了微生物的作用及瘤胃氮素循环的过程。此外,公母羔羊NP_g需要量亦低于NRC(2007)[11]的推荐值,提示使用国外饲养标准可能会高估我国肉用绵羊对于蛋白质的需要量。

3.2 微生物蛋白质的估测

目前国内外普遍采用可代谢蛋白质体系评价反刍动物对于蛋白质的利用,其中微生物蛋白质(MCP)是瘤胃微生物利用日粮中的碳水化合物、蛋白质等营养,通过一系列的加工过程后合成的一类蛋白质,目前为止,尚无统一的标准用于测定MCP合成量。MCP的传统测定方法是体内法,具有相对准确的优势,需要安装有瘤胃和十二指肠瘘管的动物,不便于大规模数量的开展,同时也不符合动物福利的要求;其次在于体内法同时涉及瘤胃微生物和十二指肠食糜两种标记物,标记物在投放过程中会存在分布不均的问题,在采样过程中也会出现由于测定方法不同产生各种误差的情况,因此在未来研究中有必要针对体内标记法的替代方法展开研究。研究证明尿嘌呤衍生物(PD)能够有效指标MCP的合成量[12],PD法具有样品易于收集(消化代谢试验)、易于测定(比色法)的优势。近年来国内开展了应用PD估测杜寒杂交肉羊MCP合成量的研究,得出3种不同采食水平下PD(mmol/d)和微生物氮(MN,g/d)产量之间的相关方程为:$MN=0.74×PD+0.030$ ($n=12, R^2=0.91$)[13];12种不同精料比饲粮下相关方程为:$MN=1.49×PD-0.521$ ($n=45, R^2=0.86$)[14]。上述研究为肉用绵羊微生物MCP的估测提供了准确便捷的方法。

4 能量需要量研究

随着2009年国家现代肉羊产业技术体系项目启动,饲料与营养功能实验室6个研究团队对南北方具有代表性的6个品种的肉用绵羊能量需要量开展了系统研究,目前已取得阶段性成果。本文主要总结了杜寒杂交肉用绵羊能量需要量的研究成果。研究采用比较屠宰试验、消化代谢试验和呼吸代谢试验等方法,系统研究了杜寒羊杂交肉用绵羊公母羔在20～35 kg和35～50 kg体重阶段的维持净能(NE_m)、维持代谢能(ME_m)、生长净能(NE_g)和生长代谢能(ME_g)需要量,并提出了公、母羊在不同生长阶段的NE和ME的维持和生长利用效率[15-18]。根据英国[10]或美国[11]饲养标准提出的计算公式得出的理论值与本研究实测值进行比较,得出国外饲养标准高估了杜寒杂交肉羊的能量需要量。反刍动物排放的甲烷是温室气体的重要来源,因此估测肉羊甲烷排放具有重要意义,刁其玉研究团队成员在国内首次建立了以呼吸测热头箱和Sable开路式呼吸测热系统为核心的肉羊甲烷排放测定体系,结合消化代谢试验,建立了应用饲粮营养物质采食量(表1)或可消化营养物质含量(表2)与甲烷排放量的相关模型[19],为肉羊甲烷排放的估测提供了重要依据。

表1 甲烷排放量与营养物质摄入量的回归模型

项目	回归模型	决定系数 R^2	P 值
OMI	$CH_4/(L/kg\ DOM) = -0.32 \times OMI/g + 353.8$	0.81	0.002
CPI	$CH_4/(L/kg\ DOM) = -0.13 \times CPI/g + 59.8$	0.70	0.010
EEI	$CH_4/(L/kg\ DOM) = -1.87 \times EEI/g + 85.4$	0.59	0.026
NDFI	$CH_4/(L/kg\ DOM) = 0.05 \times NDFI/g + 17.4$	0.77	0.004
ADFI	$CH_4/(L/kg\ DOM) = 0.07 \times ADFI/g + 18.8$	0.82	0.002

OMI:有机物采食量,CPI:粗蛋白质采食量,EEI:粗脂肪采食量,NDFI:中性洗涤纤维采食量,ADFI:酸性洗涤纤维采食量,DOM:可消化有机物。

表2 甲烷与可消化营养物质含量的回归模型

项目	回归模型	决定系数 R^2	P 值
DDM	$CH_4/(L/kg\ DOM) = -0.09 \times DDM/g + 104.7$	0.81	0.002
DE	$CH_4/(L/kg\ DOM) = -4.23668 \times DE/MJ + 91.6$	0.81	0.002
DNDF	$CH_4/(L/kg\ DOM) = 0.10 \times DNDF/g + 23.7$	0.80	0.003
DNDF/DOM	$CH_4 E/DE = 0.15 \times DNDF/DOM + 5.48$	0.91	<0.001
DADF	$CH_4/(L/kg\ DOM) = 0.14 \times DADF/g + 23.7$	0.84	0.001
DADF/DOM	$CH_4 E/DE = 0.20 \times DADF/DOM + 5.71$	0.90	<0.001

DDM:可消化干物质,DE:消化能,DNDF:可消化中性洗涤纤维,DOM:可消化有机物,DADF:可消化酸性洗涤纤维。

5 肉羊主要营养物质需要量参数值

国家肉羊产业技术体系的成立为我国肉用绵羊营养需要量的系统研究搭建了重要平台,本节以杜寒杂交肉用绵羊为例,部分展示了近年来营养需要量参数的研究进展,主要包括能量(表3)、蛋白质(表4)和矿物元素(表5)[20]需要量参数。

表3 20～35 kg肉羊生长肥育能量需要量　　　　　　　　　　　　　　　　MJ/d

体重/kg	日增重/g	公羊		母羊	
		生长净能 NE$_g$	生长代谢能 ME$_g$	生长净能 NE$_g$	生长代谢能 ME$_g$
20	100	1.10	5.69	1.18	6.01
	200	2.19	8.09	2.37	8.70
	300	3.29	10.5	3.56	11.4
	350	3.84	11.7	4.16	12.7
25	100	1.22	6.55	1.29	6.86
	200	2.44	9.25	2.59	9.79
	300	3.66	11.9	3.89	12.7
	350	4.27	13.3	4.54	14.2
30	100	1.33	7.36	1.39	7.65
	200	2.67	10.3	2.78	10.8
	300	4.00	13.3	4.18	14.0
	350	4.67	14.7	4.87	15.5
35	100	1.28	8.06	1.43	8.81
	200	2.56	10.9	2.14	10.4
	300	3.85	13.7	2.85	12.0
	350	4.49	15.1	3.56	13.7

表4 20～35 kg肉羊生长肥育净蛋白质需要量　　　　　　　　　　　　　　　　g/d

日增重/g	公羊/kg				母羊/kg			
	20	25	30	35	20	25	30	35
100	28.7	31.5	34.2	36.8	28.1	30.5	32.9	35.2
200	41.1	43.8	46.4	48.9	40.2	42.1	44.1	46.1
300	53.5	56.1	58.6	61.0	52.3	53.7	55.3	57.0
350	59.8	62.3	64.7	67.1	58.3	59.5	60.9	62.4

表5 20～35 kg肉羊生长肥育矿物元素需要量

体重/kg	日增重/g	常量元素/(g/d)					微量元素/(mg/d)			
		钙 Ca	磷 P	钠 Na	钾 K	镁 Mg	铜 Cu	锰 Mn	锌 Zn	铁 Fe
20	100	1.59	1.45	0.67	1.09	0.51	10.7	19.5	11.0	25.4
	200	2.72	2.22	0.77	1.34	0.67	20.2	33.6	17.0	49.4
	300	3.84	3.00	0.87	1.59	0.83	29.6	47.7	23.0	73.3
	400	4.97	3.78	0.97	1.84	0.98	39.0	61.8	29.0	97.3

续表5

体重/kg	日增重/g	常量元素/(g/d)					微量元素/(mg/d)			
		钙 Ca	磷 P	钠 Na	钾 K	镁 Mg	铜 Cu	锰 Mn	锌 Zn	铁 Fe
25	100	1.67	1.59	0.80	1.30	0.60	11.7	22.0	12.0	25.6
	200	2.76	2.35	0.90	1.54	0.76	21.7	37.3	17.6	49.3
	300	3.84	3.11	0.99	1.79	0.92	31.7	52.6	23.3	73.1
	400	4.92	3.87	1.08	2.03	1.08	41.7	68.0	29.0	96.8
30	100	1.76	1.74	0.94	1.51	0.69	12.5	24.4	13.0	25.8
	200	2.81	2.48	1.03	1.75	0.85	23.0	40.8	18.4	49.3
	300	3.86	3.23	1.12	1.99	1.01	33.5	57.1	23.8	72.9
	400	4.91	3.97	1.20	2.23	1.17	44.1	73.5	29.2	96.5
35	100	1.85	1.90	1.08	1.72	0.78	13.3	26.7	14.1	26.0
	200	2.87	2.62	1.16	1.96	0.94	24.3	44.0	19.3	49.4
	300	3.90	3.35	1.24	2.20	1.10	35.2	61.3	24.5	72.9
	400	4.93	4.08	1.33	2.44	1.26	46.2	78.6	29.7	96.3

6 结束语

饲养标准的制定标志着一个国家或地区的整体养殖水平,切实可行的标准是畜牧业节本增效、健康发展的根本保障。我国作为世界第一养羊大国,缺少可行的饲养标准,导致长期以来配制饲粮需要引用国外标准,然而由于国内外肉羊和饲粮原料品种的不一致制约了我国养羊业的发展。基于此,采用经典和现代研究方法制定出一套切合生产实际的标准是当务之急,这必将推动我国肉羊产业的发展,也有利于饲料的配制和标准化生产。与此对应,全方位地建立单一饲粮原料营养价值评定技术及相应估测模型,对于饲养标准的实际应用具有重要意义,需要协同发展。随着"十三五"的到来,需要进一步借助我国现代农业产业技术体系平台,对前期试验资料和相关数据进行整理并深度挖掘,为我国肉用绵羊专用饲养标准的制订提供可靠的保证。

参考文献

[1] 杨诗兴,彭大惠,张文远,等.湖羊能量与蛋白质需要量的研究[J].中国农业科学,1988,21(2):73-80.
[2] 柴巍中.湖羊妊娠期维持代谢能需要量的测定[J].中国畜牧杂志,1990,1:7-8.
[3] 杨在宾,李凤双,杨维仁,等.小尾寒羊空怀母羊能量维持需要及其代谢规律研究[J].动物营养学报,1996,8(1):28-33.
[4] 杨在宾,杨维仁,张崇玉,等.大尾寒羊能量和蛋白质需要量及析因模型研究[J].中国畜牧兽医,2004,31(12):8-10.
[5] 杨在宾,贾志海,于玲玲,等.杂种肉羊生长期能量需要量及其代谢规律研究[J].中国畜牧杂志,2004,40(7):18-19.
[6] 万凡,马涛,杨东.不同饲养标准对杜寒杂交肉用绵羊生产和屠宰性能的影响[J].动物营养学报,2016.
[7] 万凡,马涛,杨开伦.不同饲养标准对杜寒杂交肉羊营养物质消化利用的影响[J].动物营养学报,2016.
[8] 许贵善.20~35 kg杜寒杂交羔羊能量与蛋白质需要量参数的研究[D].博士学位论文.北京:中国农业科学院,2013.
[9] 赵一广,刁其玉,邓凯东,等.反刍动物甲烷排放的测定及调控技术研究进展[J].动物营养学报,2011,23(5):726-734.
[10] AFRC. Nutritive requirements of ruminant animals:protein. Nutrition Abstracts and Reviews 62B[M]. U. K. :Com-

monwealth Agricultural Bureaux Slough,1992.

[11] NRC. Nutrient requirements of small ruminants:sheep,goats,cervids and new world camelids[M]. Washington D. C.:National Academy Press,2007.

[12] Chen X B,Gomes M J. Estimation of microbial protein supply to sheep and cattle based on urinary excretion of purine derivatives. An overview of the technical details[J]. International Feed Resources Unit,Rowett Research Institute, Bucksburn,Aberdeen,UK,1995.

[13] Ma T,Deng K,Jiang C,et al.. The relationship between microbial N synthesis and urinary excretion of purine derivatives in Dorper×thin-tailed Han crossbred sheep[J]. Small Ruminant Research,2013,112(1-3):49-55.

[14] Ma T,Deng K,Tu Y,et al.. Effect of dietary forage-to-concentrate ratios on urinary excretion of purine derivatives and microbial nitrogen yields in the rumen of Dorper crossbred sheep[J]. Livestock Science,2014,160(2):37-44.

[15] Deng K,Diao Q,Jiang C,et al.. Energy requirements for maintenance and growth of Dorper crossbred ram lambs[J]. Livestock Science,2012,150(1-3):102-110.

[16] Deng K,Jiang C,Tu Y,et al.. Energy requirements of Dorper crossbred ewe lambs[J]. Journal of Animal Science,2014,92(5):2161-2169.

[17] Xu G,Ma T,Ji S,et al.. Energy requirements for maintenance and growth of early-weaned Dorper crossbred male lambs[J]. Livestock Science,2015,177:71-78.

[18] Ma T,Xu G,Deng K,et al.. Energy requirements of early-weaned Dorper cross-bred female lambs[J]. Journal of Animal Physiology and Animal Nutrition,2016. accepted.

[19] 赵一广,刁其玉,刘洁,等.肉羊甲烷排放测定与模型估测[J].中国农业科学,2012,45(13):2718-2727.

[20] 纪守坤. 20～35 kg 杜泊×小尾寒羊 F_1 代羔羊体内主要矿物质分布规律及需要量参数的研究[D].中国农业科学院,2013.

羊肉品质营养调控研究进展*

罗海玲**

(动物营养学国家重点实验室,中国农业大学动物科技学院,北京 100193)

摘 要:随着人们生活水平的提高以及对健康的追求,羊肉生产和消费不可逆转地从数量增长转变为质量的提高。近年来研究证明蛋白质、能量、脂肪酸、维生素等饲草料中营养物质都会影响羊肉品质,不同的营养元素为肌肉和脂肪生长提供必需的原材料。营养不足、过剩或营养不平衡都对肉品质有影响,但是营养调控的机理尚不完全明确。本文系统分析综述了影响羊肉品质的营养因素,为进一步科学研究和生产实践提供依据。

关键词:羊肉品质;营养;研究进展

羊肉具有风味独特、营养丰富、蛋白质含量高而胆固醇含量低等特点,是人们膳食中不可缺少的优质蛋白质来源。2015年我国肉羊出栏量2.93亿只,产量437.6万t,居世界第一。已成为世界上最大的羊肉生产国。

随着生活水平的提高,消费者对羊肉的需求逐渐由数量向质量转变,近年来科研工作者根据羊肉品质的影响因素做了大量研究,其中营养调控,使用新型绿色饲料添加剂以及从基因水平进行调控研究较多。营养因素对肉品的影响最为直接的,在目前的技术水平下,也最为有效。近年来研究证明蛋白质、能量、脂肪酸、维生素、饲草料中某些活性物质等都会影响肉品质。不同的营养元素为肌肉和脂肪生长提供必需的原材料,营养不足、过剩或营养不平衡都对肉品质有影响,但是营养调控的机理尚不明确。本文系统分析综述了影响羊肉品质的营养因素,为进一步科学研究和生产实践提供依据。

1 羊肉品质评价指标

肉品质是指与鲜肉或加工肉的外观、适口性和营养价值等有关一些物理特性和化学特性的综合体现。评价肉质的主要指标有色泽、大理石纹、肌肉系水力、肌肉pH、风味、嫩度和多汁性等方面。

1.1 色泽

正常羊肉的颜色是红色,这是羊肉中含有鲜红色的肌红蛋白和血红蛋白的缘故,色泽取决于肌肉的色素和肌红蛋白的氧化状态,肌红蛋白(myoglobin,Mb)本身是紫红色,与氧结合可生成氧合肌红蛋白(oxy-myoglobin,Oxy,Mb)为鲜红色;肌红蛋白和氧合肌红蛋白均可以被氧化生成高铁肌红蛋白(met-myoglobin,Met,Mb),呈褐色,使肉变暗。肌肉中三种肌红蛋白的含量及比例对羊肉色泽起到决定作用[1]。

---

* 基金项目:国家现代肉羊产业技术体系(CARS-39)
** 作者简介:罗海玲,女,博士,教授,E-mail:luohailing@cau.edu.cn

1.2 嫩度

羊肉嫩度是指羊肉煮熟后易于被嚼烂程度,即羊肉对撕裂和碎裂的抵抗程度。人们通常所说的肉嫩度,实质上是对肌肉各种蛋白质结构特性的总体概括,它直接与肌肉蛋白质的结构及某些因素作用下蛋白质发生变性、凝集或分解有关。

1.3 羊肉失水率(或系水力)

肌肉由75%水、19%蛋白质、3.5%可溶性非蛋白以及2.5%脂肪组成,其中19%蛋白质为其骨架成分。肌肉内大部分水分存在于肌原纤维及肌球蛋白粗纤丝和肌动蛋白/原肌球蛋白细纤丝之间的间隙中。伴随滴水损失产生实际是肌细胞内色素、肌红蛋白、营养成分等损失的产生,滴水损失不但直接影响肌肉外观、嫩度和营养价值,还降低经济价值[2]。

1.4 pH

羊肉pH是反映羊屠宰后肌糖原降解速度和强度重要指标,用于判断肉的变化,不仅直接影响肉的适口性、嫩度、烹煮损失和货架时间,还与羊肉系水力和肉色等显著相关。

1.5 熟肉率

羊肉熟肉率是指羊肉在特定温度水浴中加热一定时间后减少的重量,与系水力紧密相关,对羊肉加工后的产量有很大影响。熟肉率越高,反映羊肉在烹饪过程中的系水力越强。通常含水量高的肉,其熟肉率较低。

1.6 羊肉的气味(膻味)

膻味是羊肉特有的,评价羊肉品质重要指标之一,膻味主要是由羊肉中存在的特殊挥发性脂肪酸产生的,其中短链脂肪酸和硬脂酸的含量对羊肉的膻味有重要的影响,特别是4-甲基-辛酸和4-甲基-壬酸是形成山羊膻味的主要物质。

2 羊肉品质的营养调控

2.1 蛋白质与氨基酸

目前研究表明,提高日粮蛋白质水平可以提高羊肉瘦肉率,降低脂肪含量,降低肌肉嫩度。其原因可能是:日粮蛋白合成机体蛋白时,需要能量参与,当高蛋白日粮沉积机体蛋白时,需要较多能量参与,因此会相对减少脂肪沉积,提高瘦肉率;当日粮蛋白水平较低时,需要的能量较少,多余能量就会以脂肪形式贮存下来,从而提高了肌肉脂肪含量,降低了瘦肉率。然而如果蛋白质供应过量,过量的蛋白质就会被用作能量源,从而导致胴体瘦肉率降低。因此,日粮蛋白质的含量须与羊的蛋白质需要量相适应才能获得最大的蛋白质沉积和最佳的肉品质。冯涛等[2]研究发现高蛋白组羔羊的肌肉系水力显著高于低蛋白组羔羊,同时显著提高了肌肉中粗蛋白质和粗脂肪含量;饲喂中等蛋白水平日粮的羔羊,其肉质中沉积了更为丰富的必需氨基酸和肉味氨基酸。王波等[3]等结果证实低蛋白日粮组滴水损失显著高于正常蛋白日粮组,熟肉率及系水力显著低于正常蛋白组。周玉香等[4]发现,日粮中添加过瘤胃赖氨酸(RPLys)、共轭亚油酸(CLA)和N-氨甲酰谷氨酸(NCG)对舍饲滩羊的眼肌面积、GR值、肌肉pH、失水率、熟肉率、大理石花纹评分及营养成分含量无显著差异,但是饲喂共轭亚油酸组的肉色a*显著提高。

2.2 能量水平

能量是一切生命活动基础,提高日粮能量水平,可加快羔羊的生长速度,提高羊肉食用口感。宋杰等[5]发现高能量组失水率与低能量组差异极显著,高能量组背最长肌剪切力显著低于中、低能量组。赵彦光等[6]证明高能量摄入组羊肉的pH、滴水损失和熟肉率均低于对照组,肉的红度、黄度和总色差均高于对照组。程光民等[7]研究发现随着精料含量增加,羊肉中粗脂肪、粗蛋白含量显著提高,同时肌肉嫩度、熟肉率、系水力也随精料的提高而显著增大。

饲粮中的脂质来源对于羊肉品质影响很大。在日粮中添加植物油脂对于提高日粮能量水平、改变羊肉沉积脂肪酸组成具有重要的作用。Francisco等[8]研究发现,日粮添加植物油可提高肌肉中 n-3 PUFA 的含量。Ghafari等[9]发现,日粮添加芝麻油提高了羊肉肌肉脂肪 CLA、cis-9、trans-11 的含量。赵天章[10]研究表明,日粮添加2.4%的油脂在嫩度、持水力和脂肪酸组成等方面显著改善肉羊肉品质。孙永成[11]发现,提高日粮能量浓度可以显著提高肉色、熟肉率、眼肌面积。

2.3 脂肪酸

脂肪和脂肪酸对羊肉的风味和膻味有着决定性的影响。有研究表明,CLA在降低动物脂肪沉积、提高瘦肉率、改善肉品质等方面具有显著效果。慕向东[12]发现精料中添加CLA有降低皮下脂肪,提高肌肉蛋白质含量和肌内脂肪含量的趋势。由于羊瘤胃内和体细胞内可以合成CLA,同时可以发生氢化作用而形成硬脂酸,造成了添加CLA对羊肉品质影响的研究较难,因此,在研究不饱和脂肪酸或CLA对羊肉品质影响时,需要注意瘤胃会对其产生的影响。

2.4 维生素

目前有关维生素对羊肉品质影响研究较为成熟的是维生素E。维生素E作为重要的抗氧化剂,可以阻止不饱和脂肪酸氧化,改善肉品质。罗海玲等[13]研究发现日粮中添加维生素E可以改善羊肉品质,降低羊肉滴水损失,提高肌肉中CLA和不饱和脂肪酸含量,降低与膻味有关的脂肪酸含量,改善羊肉品质。同时文佳等[14]研究发现,维生素E发挥作用的场所主要是细胞膜,通过保护膜上的多不饱和脂肪酸(PUFA)尤其是亚油酸免受氧化,从而维持细胞膜结构和功能的完整性,抑制胞浆液穿过细胞膜流失,减少滴水损失。同时维生素E可以提高羊肌纤维细胞膜、线粒体中GSH-PX活力,降低MDA含量,提高细胞膜、线粒体抗氧化能力,提高抗氧化反应稳定性,提高肌肉的系水力。

但是维生素E并不是在饲粮中添加得越多越好,过量的维生素E可能会干扰其他脂溶性维生素的吸收利用。文佳等研究发现高剂量可维生素E导致维生素E抗氧化作用减缓,使维生素E提高羊肌纤维细胞膜、线粒体中GSH-PX活力及降低MDA含量的功能下降[14]。

2.5 植物及其提取物

饲料或牧草对羊肉品质的影响实际是其中所含有的活性成分作用所致。张巧娥[15]发现沙葱及提取物显著降低绵羊皮下脂肪、内脏脂肪脂肪酸合成酶活性,减少脂肪酸合成,从而显著降低脂肪沉积。Zhang等[16]研究得出:日粮中添加甘草提取物显著提高肌内脂肪含量和Mb浓度以及肌肉钙蛋白酶活性和细胞骨架蛋白降解,显著降低肌肉滴水损失。Jiang等[17]研究发现日粮中添加番茄红素使背最长肌pH在4℃储藏24 h后呈现增长的趋势,24 h的亮度值(L^*)和色角(H°)随番茄红素添加水平增加显著降低,肌内脂肪含量和总饱和脂肪酸含量也显著下降,多不饱和脂肪酸含量显著增加,从而改善了肉质。

李艳等[18]分析了宁夏滩羊产区7种常见影响羊肉风味的植物(麻黄、甘草、柠条、沙葱、百里香、黄芪、胡枝子)营养成分,并与滩羊肌肉中相应含量对比得出:7种植物中风味氨基酸以天门冬氨酸和谷氨酸含量最高,与膻味有关的硬脂酸含量较低,影响羊肉品质有关的亚油酸和α-亚麻酸含量较高。Liu 等[19]得出,日粮中添加栗树单宁提取物可以显著提高乌珠穆沁羊羔羊的生产性能以及抗氧化和水平,显著改善熟肉率及肉色,提高储藏期的肌肉的抗氧化稳定性。康艳梅[20]等研究发现,采食添加不同浓度百里香提取物日粮,滩羊肉中肌苷酸含量显著提高,风味显著提高。王旭东[21]等研究发现添加黄芪药渣及党参药渣可以提高羊肉蛋白质含量,改变羊肉中脂肪酸组成,改善羊肉品质。卢媛[22]的结果表明日粮添加沙葱、地椒冻干粉可以显著提高羊肉pH、粗蛋白质及棕榈酸和油酸含量,因此可以作为羊肉风味的改善组分。

目前,牧草或饲料对羊肉品质的研究主要集中在对肉品指标的影响。基本没有涉及是饲草料中具体哪一种成分在发挥作用,其调控机理也不完全明确。由于饲草料本身的营养特性变异较大,加上影响肉品质的有效成分可能不止一种,增加了在这方面的研究难度。

3 小结

目前研究营养因素对肉品质的影响,一般都是研究了营养—肉品指标,而对中间的调控过程缺乏明确的认识。因此,下一步的研究应从营养—基因—肉品质的整体性出发,揭示营养代谢在代谢程序化和营养分配上的演替规律,全面阐述肉质性状形成的规律及其调控,以及充分挖掘生产性能的潜力,这可能将是今后肉羊营养与肉品质量研究的趋势。

参考文献

[1] Luciamno G, Biondi L, Pagano R I, et al.. The restriction of grazing duration does not compromise lamb meat colour and oxidative stability. Meat Science, 2012. 92(1):30-35.

[2] 冯涛. 日粮蛋白质水平对舍饲羔羊育肥性能及肉品质影响的研究[D]. 博士学位论文. 西安:西北农林科技大学, 2005.

[3] 王波, 柴建民, 王海超, 等. 蛋白质水平对湖羊双胞胎公羔生长发育及肉品质的影响[J]. 动物营养学报, 2015(09): 2724-2735.

[4] 周玉香, 杨宇为. 过瘤胃赖氨酸、共轭亚油酸和N-氨甲酰谷氨酸对舍饲滩羊产肉性能和肉品质的影响[J]. 动物营养学报, 2015(12):3904-3911.

[5] 宋杰. 日粮不同能量水平对绵羊羊肉品质及不同组织中H-FABP基因表达的影响[D]. 硕士学位论文. 保定:河北农业大学, 2010.

[6] 赵彦光, 洪琼花, 谢萍. 精料营养对云南半细毛羊屠宰性能及肉品质的影响[J]. 草业学报, 2014(02):277-286.

[7] 程光民, 徐相亭, 刘洪波, 等. 不同精粗比日粮对黑山羊屠宰性能和肉质品质的影响[J]. 畜牧与兽医, 2016,01:60-63.

[8] Francisco A, Dentinho M T, Alves S P, et al.. Growth performance, carcass and meat quality of lambs supplemented with increasing levels of a tanniferous bush (Cistus ladanifer L.) and vegetable oils[J]. Meat Science, 2015(100):275-282.

[9] Ghafari H, Rezaeian M, Sharifi S D, et al.. Effects of dietary sesame oil on growth performance and fatty acid composition of muscle and tail fat in fattening Chaal lambs[J]. Animal Feed Science and Technology, 2016(30):56-70.

[10] 赵天章. 日粮油脂类型对羊肉脂肪酸和肌内脂肪含量的影响及其机理[D]. 博士学位论文. 北京:中国农业大学, 2014.

[11] 孙永成. 营养水平对波杂羔羊生长性能与羊肉品质的影响[D]. 硕士学位论文. 南京:南京农业大学, 2006.

[12] 慕向东. 共轭亚油酸对羔羊免疫反应和肉品质的影响. 博士学位论文. 北京:中国农业大学, 2007.

[13] 罗海玲, 孟慧, 朱虹, 等. 日粮维生素E添加水平对羊肉品质的影响[A]//中国畜牧兽医学会2008年学术年会暨第六届全国畜牧兽医青年科技工作者学术研讨会论文集[C]. 2008.

[14] 文佳, 葛素云, 罗海玲, 等. 日粮维生素E水平对羊肌纤维细胞膜和线粒体抗氧化性的影响. 中国草食动物, 2010专辑:286-289.

[15] 张巧娥.沙葱提取物的分离鉴定及其对绵羊消化道共轭亚油酸含量和胴体脂肪沉积影响的研究[D].博士学位论文.呼和浩特:内蒙古农业大学,2007.

[16] Zhang Y W,Luo H L,Liu K,et al.. Antioxidant effects of liquorice (Glycyrrhiza uralensis)extract during aging of longissimus thoracis muscle in Tan sheep[J]. Meat Science,2015,105:38-45.

[17] Jiang H Q,Wang Z Z,Ma Y,et al.. Effect of dietary lycopene supplementation on growth performance,meat quality, fatty acid profile and meat lipid oxidation in feedlot lambs. Small Ruminant Research,2015,131:99-106.

[18] 李艳,周玉香,罗海玲,等.7种羊肉风味植物中脂肪酸成分分析.畜牧与兽医,2012,44(8):49-51.

[19] Liu H,Li K,Mingbin L,et al.. Effects of chestnut tannins on the meat quality,welfare,and antioxidant status of heat-stressed lambs[J]. Meat Science,2016,116:236-242.

[20] 康艳梅,李爱华,杨志峰.日粮中添加百里香对滩羊肉中肌苷酸和肌苷含量的影响[J].畜牧与兽医,2015(3):18-23.

[21] 王旭东.日粮中添加党参、黄芪渣对羊肉品质的影响[J].中国草食动物科学,2015(2):32-36.

[22] 卢媛.沙葱、地椒风味活性成分及其对绵羊瘤胃发酵和羊肉风味的影响[D].硕士学位论文.呼和浩特:内蒙古农业大学,2002.

南方热带地区山羊粗饲料资源开发利用研究进展[*]

周汉林[1][**]　李茂[1][***]　张亚格[2]　王定发[1]

(1.中国热带农业科学院热带作物品种资源研究所,儋州　571737；
2.海南大学农学院,海口　570100)

摘　要：粗饲料是反刍动物日粮的重要组成部分,粗饲料短缺影响动物的生产性能和健康状况,严重制约草牧业的发展。我国南方热带地区山羊养殖中利用较多的粗饲料资源包括牧草、灌木枝叶、农业副产物等,本文就其开发利用情况,包括营养价值评价、消化特性、对山羊生产性能的影响等方面进行综述,供同行参考。

关键词：粗饲料；营养价值；消化率；生产性能；山羊

1　南方热带地区山羊粗饲料概况

我国南方热带地区包括海南、广东、广西、云南、福建、湖南、四川、贵州、江西等省区(或部分地区),面积约50万km^2,年均降雨1200～2500 mm,年平均温度为14～18℃,≥10℃的积温为4500～9000℃,水热条件充足,且高温多雨同期,适合植物生长,粗饲料资源非常丰富。山羊是南方热带地区非常重要的反刍家畜,存栏量约3463万只,约占全国山羊存栏量的1/4,产值约占全国产值的12.69%[1]。山羊具有食性杂、耐粗饲以及觅食能力强等特点,常用的粗饲料包括牧草、灌木枝叶、农业废弃物。牧草营养价值高,适口性好,是山羊最重要的粗饲料资源,在山羊生产中发挥了重要作用。目前南方热带地区牧草品种100多个,其中以"热研4号王草"为代表的狼尾草属牧草和"热研2号柱花草"为代表的柱花草系列在山羊饲养中广泛应用,种植面积最大,累计推广种植分别约3800万亩和950万亩(1亩=666.7 m^2)[2]。另外,除牧草外的山羊经常采食的其他饲用植物资源也非常丰富,以海南为例已报道的饲用植物约1064种,其中大部分为木本饲用植物,如银合欢、构树等,粗蛋白含量高,矿物质含量丰富,营养价值很高[3]。南方热带地区种植业发达,经济作物生产中产生大量的农业副产物,如甘蔗梢、香蕉茎叶和木薯渣等,其中甘蔗梢产量约3685万t、香蕉茎叶约1000万t、木薯渣约130万t[4-6],这些农业副产物具有一定的营养价值,经过合理加工调制,可以作为山羊粗饲料加以利用。总的来说,南方热带地区粗饲料资源丰富,开发利用粗饲料资源,对缓解粮食压力,降低山羊养殖成本具有十分重要的意义。

---

[*]　基金项目：海南省重大科技项目(ZDKJ2016017);中国热带农业科学院基本科研业务费(1630032015044);国家重点基础研究发展计划课题(2014CB138706)资助

[**]　第一作者简介：周汉林,研究员,硕士生导师,E-mail:zhouhanlin8@163.com

[***]　通讯作者：李茂,助理研究员,E-mail:limaohn@163.com

2 牧草在南方热带地区山羊饲料中的应用

2.1 牧草营养价值概况

牧草中可用于山羊饲喂的牧草有豆科牧草和禾本科牧草。其中豆科牧草蛋白质含量高、营养物质含量丰富、适口性好、可利用年限长、维生素和微量元素含量丰富等特点,用于家畜饲养中,可节约精料用量,缓解我国蛋白饲料不足。柱花草(Stylosanthes spp.)是热带地区用于饲喂山羊的豆科牧草之一,原产中南美洲,是优质热带豆科牧草,在我国南方热带地区累计推广种植近 20 多万 hm²。柱花草系列牧草营养价值有较多报道,严琳玲等[7]、周汉林等[8]报道柱花草粗蛋白含量[7,8] 12.39%～21.57%,粗纤维含量为 25.05%～31.00%,中性洗涤纤维和酸性洗涤纤维含量为 57.84% 和 46.49%,柱花草蛋白含量高,纤维含量较为适中,是一种优质粗饲料资源。其他豆科牧草也有相关报道,帕明秀和黄志伟[9]对广西 38 种牧草进行营养价值评定,结果表明,山毛豆、圆叶决明、光叶野花生叶 3 个牧草品种的各项含量均符合优质牧草标准,紫花大翼豆粗蛋白和粗脂肪含量最高。

我国南方热带地区多高温高湿,平均湿度大,海拔低,太阳总辐射量大,适合 C4 禾本科植物生长。C4 禾本科牧草具有生长速度快,再生能力强,产量高,适口性好等优点,但营养价值略低,可作为山羊的主要粗饲料来源。李茂等[10]报道了王草、坚尼草、红象草、黑籽雀稗、糖蜜草 5 种热带禾本科牧草营养成分,CP、EE、ADF、NDF、Ca、P、RFV、ME 和 IVDMD 平均值分别为:9.90%、7.71%、36.43%、66.72%、0.17%、0.15%、0.85、8.56 MJ/kg 和 63.27%,结果表明,红象草营养价值最高,王草和坚尼草营养价值较低,黑籽雀稗和糖蜜草居中。综合来看,豆科牧草粗蛋白质含量较高,禾本科牧草纤维类物质含量较高,单独饲喂山羊均存在一定的缺陷,混合搭配则更有利于动物健康。

2.2 牧草消化率特性

消化率反映了动物对饲料的消化利用情况,是评价粗饲料非常重要的指标。周汉林等[11]应用体外产气法研究 10 个柱花草品种的饲用价值,结果表明柱花草体外消化率平均值为 62.43%,其中热研 2 号柱花草体外消化率最高为 70.12%。韩晓洁等[12]采用体外产气法评定黔北麻羊常用饲料营养价值研究,发现粗饲料 72 h GP、OMD 值以黑麦草(44.31 mL、49.63%)最高。李茂等[13]研究不同生长高度王草瘤胃降解特性,结果表明,不同生长高度王草各个时间点的 DM、CP 和 NDF 降解率随着生长高度的增加而降低,主要营养成分快速降解部分、潜在降解部分和有效降解率随生长高度而降低。黄珍等[14]研究不同精料添加量对高丹草日粮消化率影响研究,结果表明,以高丹草为基础日粮养羊,在不添加精料的情况下,其粗蛋白和粗脂肪的消化率最高分别为 61.58% 和 82.25%,添加精料组中,在精料添加比占日粮 40% 左右时,除粗纤维外,其各营养物质能达到理想的吸收效果。

2.3 牧草对山羊生产性能的影响

动物的生长速度和增重直接受营养制约,营养条件包括营养水平和营养物之间的比例,不同牧草之间营养特征的差异对山羊生长性能的影响各有不同。单一牧草饲喂山羊往往不利于山羊生长发育,因而在生产中为了均衡营养常常将不同种类的牧草混合饲喂。于向春等[15]的表明,热研 4 号王草、热研 11 号黑籽雀稗、热研 5 号柱花草和热研 8 号坚尼草在 2.35∶1.1∶0.95∶0.6 的配比情况下育肥效果较好。杨士林等[16]发现云南山羊在放牧条件下补饲紫花苜蓿可以提高肉羊日增重水平,缩短育肥周期。

3 饲用木本植物在南方热带地区山羊饲料中的应用

3.1 饲用木本植物营养价值概况

木本饲料是指乔木、灌木、半灌木及木质藤本植物的幼嫩枝叶、花、果实、种子及其副产品[17]。木本饲用植物营养价值丰富，CP含量比禾草饲料高约50%，钙的含量比禾草饲料高3倍，粗纤维则比禾草饲料低约60%，灰分和磷的平均含量相近[18]。南方热带地区饲用植物资源非常丰富，李茂等[19-21]测定了银合欢在内的海南黑山羊经常采食的50多种饲用灌木主要营养成分，干物质、粗蛋白质、粗脂肪、中性洗涤纤维、酸性洗涤纤维含量和饲料相对值的平均值分别为33.69%、12.85%、3.93%、39.22%、33.06%和1.45，属于优良的饲草来源。蔡林宏等[22]报道了6种千斤拔叶片的CP、ADF、NDF、EE、Ash平均含量分别为18.55%、38.66%、47.10%、3.75%、5.35%。孙建昌等[23]对贵州36种木本饲料植物的营养成分进行了分析，结果发现木本饲料植物营养成分丰富，其中构树、刺槐、紫穗槐、羊蹄甲的树叶粗蛋白质含量超过了20%，粗纤维含量除羊蹄甲均在20%以下。饲料桑是近年来新开发的饲料资源，含粗蛋白17.8%、粗纤维10.6%、粗脂肪3.9%、粗灰分14.4%、钙2.34%、总磷0.32%，氨基酸种类齐全，富含铁、锌、锰等元素[24]。刘海刚等[25]研究表明，12个品种银合欢叶的粗蛋白质含量都在25%以上，均为Ⅰ级，是理想的动物饲料。

3.2 饲用木本植物消化率特征

饲用木本植物具有较高的蛋白含量和较低的粗纤维含量，饲料中较高的蛋白含量为山羊瘤胃提供更多的氮源，能够增强瘤胃微生物活力，粗纤维不易被降解，一定程度上会影响消化率，这些特征使得木本饲用植物具有较高的饲用价值。李茂等[21,26]报道23种木本饲料平均干物质体外消化率为64.97%。陈艳琴等[27]报道了山蚂蟥亚族植物的平均干物质降解率为44.33%。以上研究表明，饲用木本植物消化率差异较大，进行饲用价值评价十分必要。

3.3 饲用木本植物对山羊生产性能的影响

饲用木本植物对山羊适口性差异较大，海南黑山羊对银合欢、大叶千斤拔、木豆和假木豆等四种饲用灌木采食量依次为：假木豆＞木豆＞大叶千斤拔＞银合欢[28]。饲用木本植物对动物生产性能也具有积极作用，杨宇衡等[29]研究表明，在南江黄羊精料中添加20%的氨化银合欢叶粉，可提高日增重（$P=0.01$），降低日粮料重比（F/G）。李昊帮等[30]桑叶粉不同添加水平对湘东黑山羊瘤胃发酵性能的影响，结果表明饲粮中添加桑叶粉对于山羊瘤胃发酵具有积极作用，以10%添加量最为适宜。

4 农业副产物在南方热带地区山羊饲料中的应用

4.1 农业副产物营养价值概况

我国南方热带地区经济作物种植面积大，其中又以甘蔗、香蕉、木薯最多，种植经济作物带来巨大经济效益的同时，产生了甘蔗梢、香蕉茎叶、木薯茎叶和木薯渣等副产物，传统处理方式除了极少量能够利用外均丢弃处理，造成巨大环境压力。这些农业副产物已经部分用于山羊养殖中，但缺乏科学指导，利用效率低。甘蔗梢约占全株甘蔗的20%，产量巨大，收获期正值枯草期，利用甘蔗梢做粗饲料，可以解决山羊越冬期饲料不足的问题。甘蔗梢具有较高的营养成分，富含碳水化合物和蛋白质和多种维生素。

新鲜甘蔗梢含水分约75%,粗蛋白质约7.5%,粗脂肪约4%,中性洗涤纤维约60%,酸性洗涤纤维约30%,不同地区、不同品种甘蔗梢营养成分稍有差异[31,32]。香蕉茎叶含有较高的水分,新鲜样水分可达95%。香蕉叶片水分含量为75%左右。香蕉茎秆整株水分约为90%,粗蛋白质含量约为7.5%,粗脂肪含量约为1%,粗纤维约为25%,钙含量约为1.4%,磷含量约为0.2%,含单宁约0.16%[33]。木薯渣主要由木薯外皮和内部破碎的细胞壁组织组成,分为木薯淀粉渣和木薯酒精渣。木薯淀粉渣成分以碳水化合物为主,无氮浸出物含量高达60%以上,而粗脂肪和粗蛋白质含量极低,新鲜木薯渣初水分接近80%;木薯酒精渣成分主要是粗纤维、粗灰分和无氮浸出物,粗脂肪含量极低[34]。木薯茎叶CP、EE、CF、ADF、NDF、OM和GE平均含量分别为17.73%、5.73%、22.68%、28.1%、33.41%、92%和17.71 MJ/kg,粗蛋白、能量含量高,纤维含量低,是一种优质粗饲料[35]。

4.2 农业副产物消化率特征

王定发等(2015)和吴兆鹏等(2016)研究表明通过青贮处理可以提高甘蔗梢中养分瘤胃降解率[36,37]。字学娟等(2010)采用体外产气法测定香蕉茎叶的体外干物质消化率约为50%[38]。李梦楚等(2014)研究表明青贮能提高香蕉茎叶干物质、粗蛋白质、中性洗涤纤维72 h和瘤胃降解率[39]。韦升菊等(2011)应用体外产气法评定了广西地区木薯渣的营养价值,测得木薯渣有机物体外消化率为78.08%,代谢能为10.81 MJ/kg,饲料相对评定指数为164.69[40]。

4.3 农业副产物对山羊生产性能的影响

周雄等(2015)研究发现,用青贮甘蔗梢替代75%王草可以提高黑山羊平均干物质采食量,并提高日粮中粗脂肪、中性洗涤纤维和酸性洗涤纤维的表观消化率[41]。新鲜香蕉叶可以完全替代粗饲料饲喂隆林山羊,并且具有良好的增重效果[42]。青贮香蕉茎叶饲喂断奶后波尔山羊100 d,对其血液中总蛋白、脂类、胆红素、转氨酶含量无显著影响[43]。周璐丽等(2015)研究发现青贮香蕉茎叶替代25%新鲜王草与全部饲喂王草作为粗饲料组黑山羊生长性能相当[44]。张莲英等(2011)研究发现饲料中木薯渣与精料的混合比例为2:1时较为合理,综合效益较好[45]。张吉鹍等(2009)利用木薯渣作为能量添补饲料,通过改变补饲方式和增加饲喂次数可以提高山羊的生产性能[46]。高俊峰(2013)在广西本地黑山羊日粮中添加20%发酵木薯渣,可以提高黑山羊的生长性能和干物质、粗纤维、粗蛋白质和能量的表观消化率[47]。胡琳(2016)以木薯茎叶为粗饲料饲喂海南黑山羊,结果发现精粗比为5:5时海南黑山羊有较高的采食量和日增重,并且日粮养分表观消化率较高[48]。

5 小结

随着我国经济的发展,人民生活水平日益提高,对羊肉的需求加大,进一步促进我国草牧业的发展。粗饲料是现代草牧业的物质基础,为了满足家畜的营养需要,需要大量优质粗饲料。目前我国南方热带地区山羊粗饲料的研究已经取得了丰硕的成果,经济、生态和社会效益十分明显。但是仍然存在诸多不足,如粗饲料微量元素、氨基酸以及抗营养因子等关键营养参数缺乏;粗饲料消化代谢参数较少,主要以体外产气法研究降解率,瘤胃降解特性较少;粗饲料对山羊生产性能研究有待深入,对动物屠宰性能、肌肉品质以及相关基因表达、消化道发育以及消化道微生物的影响研究缺乏;缺乏相关的高效、实用轻简化技术,对山羊产业的科技支撑力度较弱。总的看来,与北方传统牧区相比,南方热带地区山羊粗饲料研究还比较薄弱,需要结合南方特有自然、气候条件,粗饲料资源以及山羊养殖方式进行持久、深入的研究,得到更多高效、实用的轻简化技术,推动南方热带地区草牧业的进一步发展。

参考文献

[1] 中国畜牧业年鉴编辑委员会.中国畜牧业年鉴2012[M].北京:中国农业出版社,2012.
[2] 刘国道,白昌军,王东劲,等.热研4号王草选育[J].草地学报,2002,10(2):92-96.
[3] 刘国道,罗丽娟,白昌军,等.海南豆科饲用植物资源及营养价值评价[J].草地学报,2006,14(3):254-260.
[4] 高雨飞,黎力之,欧阳克蕙,等.甘蔗梢作为饲料资源的开发与利用[J].饲料广角,2014(21):44-45.
[5] 杨礼富,陆海燕.香蕉茎叶资源的饲料化研究[J].热带农业科技,2000(4):11-12.
[6] 曹兵海,王之盛,黄必志,等.木薯渣在肉牛生产上有质量价格优势[J].中国畜牧业,2013(9):58-60.
[7] 严琳玲,张瑜,白昌军.20份柱花草营养成分分析与评价[J].湖北农业科学,2016(01):128-133.
[8] 周汉林,李琼,唐军,等.海南不同地区几种热带牧草的营养价值评定[J].草业科学,2006(09):41-44.
[9] 帕明秀,黄志伟.广西38种牧草的化学成分分析及营养价值评定[J].广西畜牧兽医,2014(06):287-289.
[10] 李茂,字学娟,侯冠彧,等.体外产气法评价5种热带禾本科牧草营养价值[J].草地学报,2013(05):1028-1032.
[11] 周汉林,李茂,白昌军,等.应用体外产气法研究柱花草的饲用价值[J].热带作物学报,2010(10):1696-1701.
[12] 韩晓洁,李凌云,莘海亮,等.体外产气法评定黔北麻羊常用饲料营养价值研究[J].家畜生态学报,2014(04):40-44.
[13] 李茂,字学娟,白昌军,等.不同生长高度王草瘤胃降解特性研究[J].畜牧兽医学报,2015(10):1806-1815.
[14] 黄珍,姜树林,李雯.不同精料添加量对高丹草日粮消化率影响研究[J].江西畜牧兽医杂志,2015(01):28-30.
[15] 于向春,王东劲,侯冠彧,等.四种牧草饲喂海南黑山羊羔羊育肥效果初报[J].中国农学通报,2006(12):421-423.
[16] 杨士林,马兴跃,秦浩,等.肉羊补饲紫花苜蓿试验研究[J].云南畜牧兽医,2011 S1,38:23-25.
[17] 靖德兵,李培军,寇振武,等.木本饲用植物资源的开发及生产应用研究[J].草业学报,2003(02):7-13.
[18] 屠焰,刁其玉.木本植物饲料资源的潜力与开发[A].动物营养研究进展(2012年版),2012(8):298-305.
[19] 李茂,字学娟,周汉林,等.海南省部分热带灌木饲用价值评定[J].动物营养学报,2012,24(1):85-94.
[20] 李茂,陈艳琴,字学娟,等.山蚂蝗属植物饲用价值评价[J].中国草地学报,2013,35(6):53-57.
[21] 李茂,字学娟,周汉林,等.二十种热带木本饲料的营养价值研究[J].家畜生态学报,2013(07):30-34.
[22] 蔡林宏,周汉林,刘国道,等.6种千斤拔不同生育期的营养价值分析[J].热带作物学报,2012(02):225-229.
[23] 孙建昌,杨艳,方小平,等.贵州木本饲料植物资源及开发利用研究[J].贵州林业科技,2006,34(3):1-4,44.
[24] 蒋美山,易兴友,李中伟.饲料桑的营养价值及其在畜禽日粮中的应用[J].当代畜牧,2015,24:31-32.
[25] 刘海刚,李江,段曰汤,等.银合欢叶营养成分的分析与评价[J].贵州农业科学,2010,38(10):144-145.
[26] 李茂,白昌军,徐铁山,等.3种饲用灌木营养成分动态变化及其对体外产气特性的影响[J].中国饲料,2011(2):24-30.
[27] 陈艳琴,刘斌,周汉林,等.体外产气法评定几种山蚂蝗亚族植物的营养价值[J].热带作物学报,2011(05):816-820.
[28] 字学娟,李茂,周汉林,等.4种热带灌木饲用价值研究[J].西南农业学报,2011,24(04):1450-1454.
[29] 杨宇衡,王之盛,蔡义民,等.氨化银合欢对南江黄羊生长性能和血液指标的影响[J].畜牧兽医学报,2010(07):835-841.
[30] 李昊帮,曾佩,李晟,等.桑叶粉对湘东黑山羊瘤胃发酵参数的影响[J].家畜生态学报,2016(01):19-25.
[31] 王定发,周璐丽,李茂,等.应用体外产气法研究3种农业废弃物对黑山羊的饲用价值[J].热带作物学报,2012,33(12):2300-2304.
[32] 黎力之,潘珂,欧阳克蕙,等.6种经济作物副产物的营养价值评定[J].黑龙江畜牧兽医,2016(4):151-153.
[33] 刘建勇,高月娥,黄必志,等.香蕉茎叶营养价值评定及贮存技术研究[J].中国牛业科学,2012,38(2):18-22.
[34] 冀凤杰,王定发,侯冠彧,等.木薯渣饲用价值分析[J].中国饲料,2016(6):37-40.
[35] 王定发,陈松笔,周汉林,等.5种木薯茎叶营养成分比较[J].养殖与饲料,2016(6):48-50.
[36] 王定发,李梦楚,周璐丽,等.不同青贮处理方式对甘蔗尾叶饲用品质的影响[J].家畜生态学报,2015,36(9):51-56.
[37] 吴兆鹏,蚁细苗,钟映萍,等.添加剂对甘蔗梢叶青贮营养价值的影响[J].广西科学,2016,23(1):51-55.
[38] 字学娟,李茂,周汉林,等.应用体外产气法研究香蕉茎叶的饲用价值[J].家畜生态学报,2010,31(5):57-60.
[39] 李梦楚,王定发,周汉林,等.添加纤维素酶和甲酸对青贮香蕉茎秆饲用品质的影响[J].家畜生态学报,2014,35(6):46-50.
[40] 韦升菊,杨纯,邹彩霞,等.应用体外产气法评定广西地区内豆腐渣、木薯渣、啤酒渣的营养价值[J].饲料工业,2011,

35(7):46-48.
- [41] 周雄,周璐丽,王定发,等.日粮中青贮甘蔗尾叶替代不同比例王草对海南黑山羊生长性能、养分表观消化率及血清生化指标的影响[J].中国畜牧兽医,2015,42(6):1443-1448.
- [42] 陈兴乾,罗美娇,方运雄,等.饲喂香蕉茎叶对隆林山羊生长性能的影响[J].广西畜牧兽医,2011,27(2):69-72.
- [43] 李志春,孙健,游向荣,等.香蕉茎叶青贮饲料对波尔山羊血液生化指标的影响[J].中国饲料,2015,16:37-40.
- [44] 周璐丽,王定发,周雄,等.日粮中添加青贮香蕉茎秆饲喂海南黑山羊的试验研究[J].家畜生态学报,2015,36(7):28-32.
- [45] 张莲英,蒋乔明,罗美娇.利用木薯渣替代部分精料饲喂圈养山羊的效果[J].广西畜牧兽医,2011,27(5):259-260.
- [46] 张吉鹍,包赛娜,赵辉,等.木薯渣不同补饲方式对山羊生产性能的影响研究[J].饲料工业,2009,30(21):31-34.
- [47] 高俊峰.发酵木薯渣对本地黑山羊生长性能、血液生化指标和养分消化代谢的影响[D].硕士学位论文.南宁:广西大学,2013.
- [48] 胡琳.日粮中添加不同比例木薯茎叶对海南黑山羊饲用价值的影响研究[D].硕士学位论文.海口:海南大学,2016.

硝基化合物抑制瘤胃发酵甲烷生成研究进展

张振威[1]** 王彦芦[1] 赵宇琼[2] 杨红建[1]*** 李胜利[1]

(1. 中国农业大学动物科技学院,动物营养国家重点实验室,
北京 100193;2. 山西省农业厅,太原 030001)

摘 要:畜牧业生产实践中,反刍动物瘤胃发酵会产生大量甲烷(CH_4),不仅造成日粮能量的浪费,其对环境温室效应的影响也受到很多关注。如何控制瘤胃发酵甲烷生成已成为国内外反刍动物营养研究领域的热点科学与技术问题。以硝基乙烷、硝基乙醇、硝基丙醇等为代表的硝基化合物正在以其高效、持续、低剂量、低成本等优势在抑制瘤胃发酵甲烷生成研究方面备受青睐。本文重点分析了瘤胃发酵甲烷的生成过程,并围绕硝基化合物抑制瘤胃发酵甲烷生成机理方面的研究进展进行了综述分析。

关键词:硝基化合物;瘤胃发酵;甲烷生成

引言

反刍动物采食饲粮后经瘤胃发酵,产生挥发性脂肪酸(VFA)和微生物蛋白(MP)供其自身生长、维持和生产,然而只有10%～35%的日粮能量被转化,其他能量则以产气、排泄等方式浪费。其中,甲烷产气损失饲料能量达2%～12%[1,2],而且甲烷(CH_4)气体也是导致全球变暖的重要温室气体,其温室效能在总温室气体中约占16%,反刍动物瘤胃中每年产生的CH_4占人类活动全球温室气体排放总量的10%[3]。因此,如何实现瘤胃发酵CH_4减排已成为全球研究热点。近几年来,通过调控瘤胃发酵来降低甲烷生成的研究取得很大进展,其中,硝基化合物在抑制瘤胃发酵甲烷生成方面以其高效、持续、低添加量、低成本等优势[4-9]不断受到研究学者们的关注。本文介绍了瘤胃发酵甲烷的生成过程,综述了近年来硝基化合物在抑制瘤胃发酵甲烷生成方面的研究进展,提出硝基化合物抑制瘤胃发酵甲烷生成的调控作用机制是未来研究的关注重点。

1 瘤胃发酵甲烷的生成

甲烷(CH_4)是一种重要的温室气体,其温室效能是二氧化碳(CO_2)的21倍[10]。世界范围内,反刍动物排放的甲烷约占人为CH_4排放总量的1/4,是全球气候变暖的重要贡献者。反刍动物瘤胃中栖息

---

* 基金项目:国家自然科学基金委面上项目(31572432)
** 第一作者简介:张振威(1989—),男,博士,E-mail:qingyibushuo@163.com
*** 通讯作者:杨红建(1971—),男,博士,E-mail:yang_hongjian@sina.com

的原虫、细菌和真菌利用机体摄入的碳水化合物进行发酵产生大量的甲酸、乙酸、丙酸、丁酸等挥发性脂肪酸(VFA)的同时,会伴随大量 CO_2 和 H_2 的生成。瘤胃内栖息的大量产甲烷菌则能够有效地利用 CO_2、H_2、甲酸、乙酸等初级发酵产物代谢生成 CH_4[11,12]。瘤胃产甲烷菌在瘤胃内容物的瘤胃液相、食糜固相和气相部分都有分布,主要是广古菌门的甲烷杆菌纲和甲烷微菌纲,包括可活动甲烷微菌、反刍兽甲烷短杆菌、甲酸甲烷杆菌和巴氏甲烷八叠球菌等,甲烷短杆菌被认为是瘤胃中最重要的产甲烷菌[13]。

根据瘤胃内产甲烷菌所利用底物的不同,其产甲烷途径共分 3 种:①H_2/CO_2 还原途径(图1),②乙酸发酵去甲基途径,③甲酸等一碳单位的甲基转化途径。其中,瘤胃内 82% 的甲烷由 H_2/CO_2 还原反应生成;其他有机物如甲酸、乙酸、乙醇等所产甲烷只占反刍动物甲烷总产量的 18%[14]。

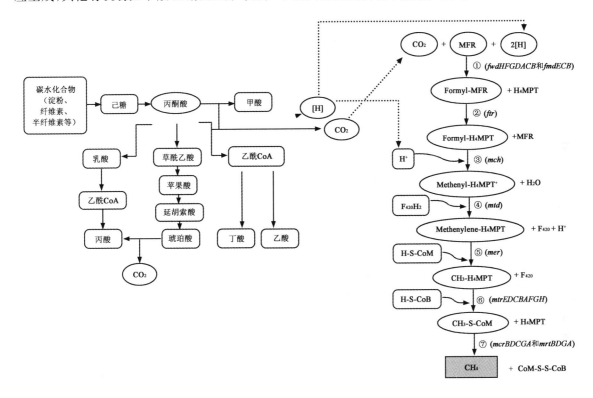

图 1 H_2/CO_2 还原途径生成甲烷的过程

注:MFR,甲烷呋喃;H_4MPT,四氢甲烷蝶呤;H-S-CoM,辅酶 M;H-S-CoB,辅酶 B;F_{420},5'去氮杂黄素的衍生物;
①Formylmethanofliran dehydrogenase;②Fonnylmethanofiiran:formyltransferase;③Methenyl-H_4MPT cyclohydrolase;
④F_{420}-dependent methylene-H_4MPT dehydrogenase;⑤F_{420}-dependent methylene-H_4MPT reductase;
⑥Methyl-H_4MPT:coenzyme M methyl-transferase;⑦Methyl-coenzyme M reductase.

瘤胃发酵甲烷生成的 H_2/CO_2 还原途径需要多种酶的参与[15],通过 C_1 基团的不断传递相继生成中间体甲酰甲烷呋喃、甲川四氢甲烷喋呤、甲叉四氢甲烷喋呤、甲基四氢甲烷喋呤,最后由甲基辅酶 M 释放 CH_4[16]。而乙酸或甲基类化合物生成甲烷的最后阶段与 H_2/CO_2 还原途径相似,只是涉及不同的甲基转移酶和不同的甲基和电子传递过程,但最终都在甲基辅酶 M 转移酶(Mtr)的作用下将甲基转移到辅酶 M 生成甲基辅酶 M,后者在甲基辅酶 M 还原酶(Mcr)催化下接受氢电子生成甲烷。此外,瘤胃发酵甲烷的生成还需要各种辅酶的协助,包括辅酶 F_{420}、辅酶 F_{430} 和辅酶 B。辅酶 F_{420} 是甲基转移酶的辅酶,是活性甲基的载体,功能是作为最初的电子载体;F_{430} 因子是 Mcr 特有的辅基;辅酶 B 是甲基辅酶 M 还原生成甲烷和 HTP-S-S-CoM 的电子供体。

2 抑制瘤胃发酵甲烷生成的调控措施及作用机制

甲烷是导致全球气候变暖的重要温室气体,其中反刍动物每年排放的 CH_4 占全球温室气体排放总量的10%[3]。因此,抑制瘤胃发酵甲烷的生成,促进畜牧业甲烷减排成为近年来研究学者的关注重点。

通过瘤胃调控方式来减少反刍动物瘤胃发酵甲烷生成的研究报道很多。有研究表明,莫能菌素可以抑制动物体内25%的甲烷生成[17]。其作用机制是:莫能菌素通过改变瘤胃发酵类型减少了瘤胃甲烷的生成。莫能菌素对瘤胃微生物有选择抗菌作用,只破坏革兰氏阳性菌膜,抑制原虫、革兰氏阳性菌,但不抑制革兰氏阴性菌,能够促进 S. ruminantium 丙酸生成菌的生长,进而使瘤胃内丙酸的生成增加,最终使瘤胃由乙酸型发酵转变为丙酸型发酵,减少了乙酸、丁酸、甲酸和氢的产生[18],降低了甲烷合成需要的底物。但长期使用莫能菌素,瘤胃细菌会产生适应性而失去抑制作用[17]。

此外,有研究报道,油类物质的中长链脂肪酸也能显著抑制瘤胃发酵甲烷的生成。Ungerfeld 等[19]研究发现,海洋藻类的长链不饱和脂肪酸在体外发酵时抑制97%的甲烷生成,Dohme 等[20]和 Soliva 等[21]在体外培养条件下,月桂酸(中链脂肪酸)抑制甲烷生成高达89%。中长链脂肪酸能破坏革兰氏阳性菌和甲烷菌的细胞膜,进而抑制了瘤胃产甲烷菌[22],而且不饱和中长链脂肪酸的氢化作用能够与产甲烷菌竞争利用 H_2[23],减少了瘤胃 CH_4 生成所需的底物。而 CO 则通过抑制氢化酶活性调控瘤胃发酵甲烷的生成;9,10-蒽醌抑制辅酶 M(CoM)来减少瘤胃内甲烷的生成;2-溴磺酸钠则能够抑制辅酶 F_{420} 活性,辅酶 F_{420} 是瘤胃内甲烷生成过程中关键酶甲基辅酶 M 转移酶(mtr)的重要辅酶。

硝基化合物也能抑制瘤胃发酵甲烷的生成。Anderson 等[4]在绵羊上进行硝基化合物饲喂试验发现,硝基乙烷、2-硝基-1-丙醇可抑制瘤胃甲烷生成达43%以上,且对动物机体没有危害作用。此外,短链硝基化合物(包括硝基乙烷、2-硝基乙醇、2-硝基-1-丙醇和3-硝基-1-丙酸)在体外试验中可抑制甲烷排放高达90%。然而,目前关于硝基化合物抑制瘤胃发酵甲烷生成的作用机制研究虽有报道但尚不明确。

3 硝基化合物抑制瘤胃发酵甲烷的生成

3.1 硝基化合物

硝基化合物可看作是烃分子中的一个或多个氢原子被硝基(—NO_2)取代后生成的衍生物,结构式为:R—NO_2(式中 R 为脂烃基或芳烃基)。按羟基的不同可把硝基化合物分为脂肪族硝基化合物(R—NO_2)和芳香族硝基化合物(Ar—NO_2);而根据硝基的数目不同,硝基化合物可分为一元、二元和多元硝基化合物。

在抑制瘤胃发酵甲烷生成所研究的硝基化合物多集中于短链一元脂肪族硝基化合物,如硝基乙烷、2-硝基乙醇、2-硝基-1-丙醇(图2)等。

3.1.1 硝基乙烷

硝基乙烷(nitroethane,NE),无色油状液体,有不愉快气味,有刺激性,几乎不溶于水。近年来关于硝基乙烷抑制瘤胃发酵甲烷生成的研究报道最多。Anderson[5,24]等和 Gutierrez-Bañuelosñ 等[25]发现短链硝基化合物(包括硝基乙烷、2-硝基乙醇、2-硝基-1-丙醇、3-硝基-1-丙酸)对瘤胃甲烷生成有抑制作用(图2)。Saengkerdsub 等[9]比较了硝基化合物抑制鸡盲肠内容物和瘤胃液体外发酵甲烷生成的影响,硝基乙烷能够明显抑制鸡盲肠内容物体外发酵甲烷的生成,虽然瘤胃液中微生物区系组成比鸡盲肠内容物的复杂,硝基乙烷仍对瘤胃液体外发酵的甲烷生成有一定抑制作用。A K Božic 等[26]研究了硝酸盐、硝基乙烷、月桂酸等对体外瘤胃发酵的影响,结果表明,过量添加硝基乙烷会减少瘤胃内VFA、乙酸、丙酸的产量,但添加4.5 μmol/mL或9 μmol/mL的硝基乙烷对瘤胃内VFA没有影响。此外,还有研究报道硝基乙烷能够减少奶牛体内沙门氏菌等病原菌[27]。

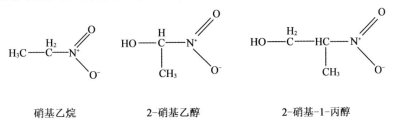

图2　硝基乙烷、2-硝基乙醇、2-硝基-1-丙醇结构式

目前,关于硝基乙烷抑制瘤胃发酵甲烷生成的可能作用机制如图3所示。瘤胃内产甲烷菌对于硝基乙烷的敏感性存在差异,革兰氏阳性甲烷菌对硝基乙烷较为敏感,因此硝基乙烷对其抑制作用也最为明显[9]。Anderson等[1]研究表明,硝基化合物可以通过抑制H_2和甲酸的氧化来抑制瘤胃甲烷的生成。此外,Anderson等[1]发现,硝基乙烷在瘤胃内硝基化合物代谢菌(如 *Denitrobacterium detoxificans*)作用下代谢还原成胺类物质的同时能够消耗甲烷生成所需要的电子,阻碍瘤胃甲烷的生成。

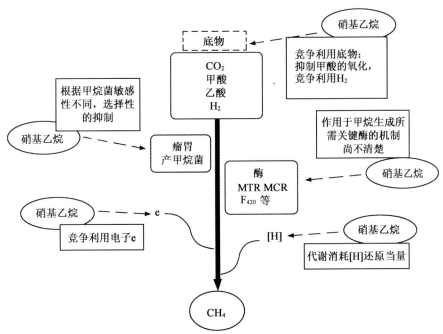

图3　硝基乙烷抑制瘤胃发酵甲烷生成的作用机制示意图

然而,瘤胃发酵甲烷的生成过程需要一系列酶类的参与,硝基乙烷调控瘤胃发酵甲烷生成过程中,是怎样作用于这一系列酶类,尤其对于甲烷生成路径的关键酶(包括甲基辅酶M转移酶、甲基辅酶M还原酶、辅酶F_{420}等)的影响机制,在国内外研究报道甚少。

3.1.2　2-硝基乙醇

2-硝基乙醇(2-nitroethanol,NEOH),浅黄色液体,熔沸点不高。Anderson等[24]在体外发酵试验中发现12 mmol/L的NEOH能抑制90%以上的甲烷产生。在高精料日粮条件下,NE和NEOH与甲烷产生量的相关系数分别为-0.465和-0.417;而在高粗料日粮条件,NE和NEOH与甲烷产生量的相关系数分别为-0.35和-0.35,说明NE和NEOH对体外甲烷产生的抑制效果差异不大[5]。

2-硝基乙醇抑制瘤胃发酵甲烷生成的调控机制与硝基乙烷的作用机制大致相同。除此之外,2-硝基乙醇还可以通过氧化铁氧还原蛋白来抑制氢化酶活性[28],而氢化酶具有催化质子还原生成H_2的重要作用,这间接减少了甲烷生成所需的底物H_2。Anderson等[5]还研究了H_2和甲酸还原物质过量条件下,硝基化合物能够抑制甲酸脱氢酶/甲酸氢裂解酶、氢化酶活性来抑制瘤胃发酵甲烷的生成。甲酸在瘤胃内甲烷菌、非甲烷菌的甲酸脱氢酶/甲酸氢裂解酶作用下快速降解为CO_2和H_2,而甲烷菌能够利用这些H_2还原CO_2生成甲烷[29,30]。此外,部分甲烷菌也可通过甲酸脱氢酶直接作用于甲酸生成甲烷[13,30]。如图4所示。

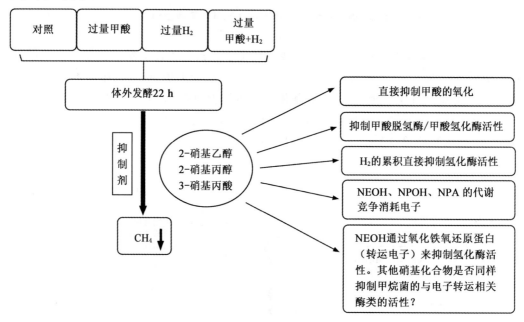

图4 2-硝基乙醇抑制瘤胃发酵甲烷生成的调控路径

3.1.3 2-硝基-1-丙醇

2-硝基-1-丙醇(2-nitro-1-alcohol,NPOH),是天然的小分子脂肪族硝基化合物,存在于许多高等植物(主要是豆科植物)和霉菌中,其前体可能是丙二酸。研究发现,2-硝基-1-丙酸(NPA)和NPOH可以有效抑制瘤胃内的甲烷生成[31]。张丹凤等[32]通过正交试验研究和筛选NE、NEOH、NPOH、均苯四甲酸二酰亚胺、2-溴乙烷磺酸钠5种抑制剂时,发现3种硝基化合物对80%高纤维混合饲料瘤胃微生物发酵甲烷生成的抑制效率在95%以上,对80%高淀粉混合饲料瘤胃微生物发酵甲烷生成的抑制效率在85%以上。Anderson等[5]报道了硝基化合物在体外培养22 h时对瘤胃发酵的影响,发现NPOH可以抑制瘤胃产甲烷达41%。目前,关于2-硝基-1-丙醇抑制瘤胃发酵甲烷生成的调控路径的研究与硝基乙烷、2-硝基乙醇等其他硝基化合物是相似的(图4)。

3.1.4 其他硝基化合物及衍生物

3-硝基-1-丙醇、3-硝基-1-丙酸、2-硝基-1-丙醇二酸,二甲基-2-硝基戊二酸、二甲基-2-硝基丙二酸等都是短链硝基化合物及其衍生物。有研究发现,硝基烷烃、3-硝基-1-丙醇、3-硝基-1-丙酸在瘤胃代谢还原成各自的胺类物质(3-氨基-1-丙醇、b-丙胺)的同时能够消耗甲烷生成所需要的电子而抑制甲烷生成[33]。不同添加剂量的二甲基-2-硝基戊二酸、二甲基-2-硝基丙二酸都显著抑制瘤胃内甲烷的产生。Anderson等[1]报道,二甲基-2-硝基戊二酸和二甲基-2-硝基丙二酸的硝基部分及其对应的酯类代谢还原过程中会竞争利用瘤胃发酵产甲烷过程的还原物质,进而抑制了甲烷生成。

综上所述,硝基化合物在抑制瘤胃发酵甲烷的生成方面具有显著作用,然而关于硝基化合物在抑制瘤胃甲烷生成的过程中是怎样作用于瘤胃产甲烷菌、甲烷生成所需的关键酶(包括mtr、mcr、辅酶F_{420}等)的研究文献甚少;硝基化合物对瘤胃的正常功能到底有怎样的影响,目前的研究报道也不明确(图5)。因此,硝基化合物以其高效的抑制瘤胃甲烷生成作用,为畜牧业生产实践中的甲烷减排提供了新思路、新措施,而在以后的研究中,我们应该在硝基化合物抑制瘤胃发酵甲烷生成的调控作用机制方面做出更多努力,以期为硝基化合物在生产实践中的推广和安全使用提供可靠的理论基础。

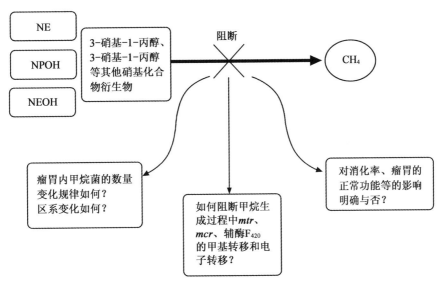

图5 硝基化合物抑制瘤胃发酵甲烷生成的关注重点

3.2 硝基化合物在瘤胃内的代谢

目前为止,*Denitrobacterium detoxificans* 是唯一知道的一种可以代谢硝基化合物的瘤胃细菌,*D. detoxificans* 是一种严格厌氧的革兰氏阳性菌,它们通过氧化H_2、甲酸和少部分乳酸获得能量,同时,作为电子受体的硝基化合物被代谢还原[34]。硝基化合物能增加瘤胃内硝基烷烃还原菌群,进而使硝基烷烃的降解速率增加。正常情况下,瘤胃内硝基还原菌群的数量很少,约为10^3个/mL。而在连续瘤胃微生物培养试验中,添加硝基乙烷4.5和9 μmol/mL,瘤胃硝基还原细菌在数量上会增加1000倍[8]。体内研究同样表明,每只牛按每千克体重添加硝基乙烷80或160 mg/d,瘤胃内硝基代谢速率会明显提高。Anderson等[34]研究发现,硝基代谢菌能够通过代谢3-硝基丙醇、3-硝基丙酸、硝酸盐、二甲基亚砜等获得能量供其生长需要。

但是,随着瘤胃内硝基还原菌数量的增加,硝基化合物还原速率增加,这会加速瘤胃内硝基化合物的减少及其抑制活性的降低。低剂量添加硝基化合物的甲烷菌抑制作用是短暂的[4,25]。而Anderson等[1]研究发现,添加NE 4 d后与添加NE 8 d后相比,其甲烷抑制效果没有降低,说明硝基化合物的抑制作用并没有随着硝基还原菌数量的增加而降低。因此,硝基化合物在瘤胃内被 *D. detoxificans* 还原菌的生物代谢机制需要进一步的研究。

反刍动物瘤胃甲烷减排是世界范围内研究热点,硝基化合物在抑制瘤胃发酵甲烷的生成方面表现出高效性、显著性。然而硝基化合物也有负面报道,如能不同程度的抑制瘤胃的正常发酵,导致动物采食量和生长性能的降低。此外,硝基化合物的安全性也引起人们的重视,如硝基乙烷在瘤胃内的代谢产物为乙胺,乙胺是一种易挥发性呼吸性毒素,可能会对动物健康造成影响。此外,硝基化合物抑制甲烷生成的具体作用机制仍不明确,硝基化合物对甲烷生成的抑制效率可能与甲烷生成所参与的关键酶系的活性变化有重要联系,但是关于硝基化合物抑制甲烷生成的辅酶学作用机制的研究资料很少。

4 小结与展望

综上所述,目前关于硝基化合物抑制瘤胃发酵甲烷生成的研究多集中在抑制效果的比较、添加剂量的筛选以及其抑制机制的推测。而关于①硝基化合物抑制瘤胃发酵甲烷生成所作用于哪些特定的瘤胃产甲烷菌以及其抑制持续性方面的研究报道甚少;②不同硝基化合物抑制甲烷生成量差异与 CoM 活性以及参与氢电子传递的辅酶 F_{420} 等之间存在哪些内在联系尚不清楚;③硝基化合物是否是通过抑制甲烷生成过程中关键酶,包括辅酶 M 甲基转移酶、或甲基辅酶 M 还原酶、或氢电子传递辅酶 F_{420} 来阻断甲基转移或氢电子传递的研究尚缺乏科学依据。因此,对于硝基化合物抑制瘤胃发酵甲烷生成的进一步研究应关注于:硝基化合物对瘤胃产甲烷菌群区系变化的影响;硝基化合物对甲烷生成所需关键酶活性变化的影响(包括 mtr、mcr、氢电子传递辅酶 F_{420} 活性变化)。此外,硝基化合物抑制瘤胃发酵甲烷生成的作用机理也需要深入研究:包括硝基化合物如何竞争甲烷生成过程所需的底物、还原当量、电子等;硝基化合物在瘤胃内的代谢及其对瘤胃发酵影响的探究。

参考文献

[1] Anderson R C, Huwe J K, Smith D J, et al.. Effect of nitroethane, dimethyl-2-nitroglutarate and 2-nitro-methyl-propionate on ruminal methane production and hydrogen balance in vitro[J]. Bioresour[J]. Technol., 2010, 101:5345-5349.

[2] Okine E K, Basarab J A, Baron V, et al.. Net feed efficiency on young growing cattle:Ⅲ. Relationship to methane and manure production[J]. Canadian J. Anim. Sci., 2001, 81:614.

[3] Lassey K R. Livestock methane emission and its perspective in the global methane cycle[J]. Aust. J. Exp. Agric., 2008, 48:114-118.

[4] Anderson R C, Carstens G E, Miller R K, et al.. Effect of oral nitroethane and 2-nitropropanol administration on methane-producing activity and volatile fatty acid production in the ovine rumen[J]. Bioresour. Technol., 2006, 97:2421-2426.

[5] Anderson R C, Krueger N A, Stanton T B, et al.. Effects of select nitrocompounds on in vitro ruminal fermentation during conditions of limiting or excess added reductant. Bioresour[J]. Technol., 2008, 99:8655-8661.

[6] Zhang D F, Yang H J. Combination effects of nitrocompounds, pyromellitic diimide, and 2-bromoethanesulphonate on in vitro ruminal methane production and fermentation of a grain-rich feed[J]. J. Agric. Food Chem., 2012, 60:364-371.

[7] Brown E G, Anderson R C, Carstens G E, et al.. Effects of oral nitroethane administration on enteric methane emissions and ruminal fermentation in cattle[J]. Animal Feed Science and Technology, 2011, 166-167:275-281.

[8] Gutierrez-Bañuelos H, Anderson R C, Carstens G E, et al.. Effects of nitroethane and monensin on ruminal fluid fermentation characteristics and nitrocompound-metabolizing bacterial populations[J]. J. Agric. Food Chem., 2008, 56:4650-4658.

[9] Saengkerdsub S, Kim W, Anderson R C, et al.. Effects of nitrocompounds and feedstuffs on in vitro methane production in chicken cecal contents and rumen fluid[J]. Anaerobe, 2006, 12:85-92.

[10] Aydin G, Karakurt I, Aydiner K. Evaluation of geologic storage options of CO_2:applicability, cost, storage capacity and safety[J]. Energ. Policy. 2010, 38(9):5072-5080.

[11] Moss A R, Jouany J P, Newbold J. Methane production by ruminants:Its contribution to global warming[J]. Anim.

Res. ,2000,49(3):231-253.

[12] Whitford M F,Teather R M,Forster R J. Phylogenetic analysis of methanogena from the bovine rumen[J]. BMC Microbiol,2001,1:5.

[13] Stewart C S,Flint H J,Bryant M P. The rumen bacteria[C]. In:Hobson PN,Stewart CS editors. The rumen microbial ecosystem[J]. London:Chapman & Hall,1997,10:70-72.

[14] Hungate R E,Smith W,Bauchop T,Yu I,Rabinowitz J C. Formate as an intermediate in the bovine rumen fermentation[J]. J. Bacteriol. ,1970,102:389-397.

[15] Max-planck-institut für biophysik (MPIBP). 2011. http://www. biophys. mpg. de/de/institut/molekulare-membranbiologie/projekte-und-forschungsgruppen/dr-ulrich-ermler. html.

[16] DiMarco A A,Bobik T A,Wolfe R S. Unusual coenzymes of methanogenesis[J]. Annu. Rev. Biochem. ,1990,59:355-394.

[17] Waghorn G C,Clark H,Taufa V,et al. . Monensin controlled release capsules for methane mitigation in pasture-fed dairy cows[J]. Aust. J. Experim. Agric,2008,48:65-68.

[18] Russell J B,Strobel H J. Effects of ionophores on ruminal fermentation[J]. Appl. Environ. Microbiol. ,1989,55:1-6.

[19] Ungerfeld E M,Rust S R,Boone D R,et al. . Effects of inhibitors on pure cultures of ruminal methanogens[J]. J. Appl. Microbiol. 2004,97:520-526.

[20] Dohme F,Machmuller A,Wasserfallen A,et al. . Comparative efficiency of various fats rich in medium-chain fatty acids to suppress ruminal methanogenesis as measured with RUSITEC[J]. Canadian J. Anim. Sci. 2000,80:473-484.

[21] Soliva C R,Hindrichsen I K,Meile L. Effects of mixtures of lauric and myristic acid on rumen methanogens and methanogensis in vitro[J]. Microbiol,2003,37:35-39.

[22] Chaves A V,He M L,Yang W Z,et al. . Effects of essential oils on proteolytic,deaminative and methanogenic activities of mixed ruminal bacteria[J]. Canadian J. Anim. Sci. 2008,88:117-122.

[23] Broudiscou L,Van Nevel C J,Demeyer D I. Incorporation of soya oil hydrolysate in the diet of defaunated or refaunated sheep:effect on rumen fermentation in vitro[J]. Archiv. Fur. Tieremahrung. ,1990,40:329-337.

[24] Anderson R C,Callaway T R,Van Kessel J S,et al. . Effect of select nitrocompounds on ruminal fermentation:an initial look at their potential to reduce economic and environmental costs associated with ruminal methanogenesis[J]. Bioresour. Technol. ,2003,90:59-63.

[25] Gutierrez-Ba~nuelos H,Anderson R C,Carstens G E,et al. . Zoonotic bacterial populations, gut fermentation characteristics and methane production in feedlot steers during oral nitroethane treatment and after the feeding of an experimental chlorate product[J]. Anaerobe,2007,13:21-31.

[26] Božic A K,Anderson R C,Carstens G E,et al. . Effects of the methane-inhibitors nitrate, nitroethane, lauric acid, Lauricidin and the Hawaiin marine algae Chaetoceros on ruminal fermentation in vitro[J]. Bioresour. Technol. ,2009,100:4017-4025.

[27] Anderson R C,Y S Jung,K J Genovese,et al. . Low level nitrate or nitroethane preconditioning enhances the bactericidal effect of suboptimal experimental chlorate treatment against Escherichia coli and Salmonella Typhimurium but not Campylobacter in swine[J]. Foodborne Path. Dis. ,2006,3:461-465.

[28] Angermaier L,Simon H. On the reduction of aliphatic and aromatic nitro compounds by Clostridia,the role of ferredoxin and its stabilization[J]. Hoppe-Seyler's Z. Physiol. Chem. ,1983,364:961-975.

[29] Asanuma N,Iwamoto M,Hino T. Formate metabolism by ruminal microorganisms in relation to methanogenesis[J]. Anim. Sci. Technol. (Jpn.),1998,69:576-584.

[30] Hungate R E. The rumen microbial ecosystem[J]. Annu. Rev. Ecol. Syst. ,1975,6:39-66.

[31] Anderson R C,Rasmussen M A. Use of a novel nitrotoxin-metabolizing bacterium to reduce ruminal methane production[J]. Bioresour. Technol. ,1998,64:89-95.

[32] Zhang D F,Yang H J. In vitro ruminal methanogenesis of a hay-rich substrate in response to different combination

supplements of nitrocompounds, pyromellitic diimide and 2-bromoethanesulphonate[J]. Anim. Feed Sci. Technol., 2011,163:20-32.

[33] Anderson R C, Rasmussen M A, Allison M J. Metabolism of the plant toxins nitropropionic acid and nitropropanol by ruminal microorganisms[J]. Appl. Environ. Microbiol., 1993,59:3056-3061.

[34] Anderson R C, Rasmussen M A, Jensen N S, Allison M J. Denitrobacterium detoxificans gen. nov., sp. nov., a ruminal bacterium that respires on nitrocompounds[J]. Int. J. Syst. Evol. Microbiol., 2000,50:633-638.

家兔饲料营养研究进展*

李福昌** 刘磊 吴振宇

(山东农业大学动物科技学院,泰安 271018)

摘 要:本文综述了国内家兔能量、蛋白质、氨基酸、脂肪、纤维、维生素、矿物质营养研究新进展,家兔新型饲料原料和添加剂开发利用,家兔分子营养新进展;探讨了家兔饲料营养取得的成就及其与先进水平的差距;提出了家兔饲料营养的发展趋势与对策,以其为家兔生产提供参考。

关键词:营养需要;饲料;家兔生产;家兔

我国对家兔饲料及其营养需求的研究起步较晚,当前研究仍以肉兔、獭兔和长毛兔的营养需要量研究为主(包括能量、蛋白质、脂肪、纤维素及其组分、氨基酸和微量元素等)。近几年来随着养兔规模的提升,以及在饲料资源不足、价格高涨的形势下,加强了新型饲料原料和添加剂的开发利用。此外,分子营养研究也取得新进展。

1 家兔饲料营养研究新进展

1.1 能量水平研究

研究工作集中在生长、繁殖肉、獭兔以及不同繁殖模式(42 d、49 d)肉、獭兔饲粮适宜能量水平研究。通过比较生长速度、毛皮质量、繁殖性能、免疫器官指数和抗氧化性能等指标,确定生长肉、獭兔以及常规繁殖模式下和42 d、49 d 繁殖模式下适宜饲粮消化能水平。

1.2 蛋白和氨基酸营养研究

相关研究集中在肉兔和獭兔饲粮适宜粗蛋白水平和氨基酸添加水平上,为精细化日粮配制奠定基础。研究证实,在饲粮氨基酸平衡的条件下,为达到最佳生产和繁殖性能,生长肉、獭兔饲粮适宜粗蛋白水平为16%~16.5%,繁殖母兔为17%~17.5%。研究发现,饲粮添加适宜的赖氨酸、蛋氨酸、苏氨酸、色氨酸等均对家兔生长具有一定促进作用,日粮添加蛋氨酸(饲粮含量0.58%)和谷氨酰胺(饲粮含量0.9%)均显著提高獭兔皮张面积和被毛长度,日粮添加赖氨酸(饲粮含量1.15%)对新西兰种公兔采精量、精子密度和畸形率有显著改善效果[1]。同时,饲粮添加适宜精氨酸对繁殖母兔具有一定改善繁殖性能的作用。

1.3 脂肪营养研究

研究证实,家兔除少量必需脂肪酸外对脂肪无特殊需要,因此配制全价饲料时常用原料脂类可以满

---

* 基金项目:现代农业产业技术体系建设专项(CARS-44-B-1)
** 第一作者简介:李福昌(1965—),男,博士,教授,E-mail:chlf@sdau.edu.cn

足需要,家兔饲粮脂肪含量一般不超过 30~35 g/kg。

1.4 纤维营养研究

家兔纤维及其组分研究是国内外研究热点之一。研究证实,家兔尤其是生长兔饲粮必须提供最低限的纤维以保证家兔进行充分消化防止腹泻发生。家兔传统的粗纤维体系正在被 NDF、ADF 和 ADL 体系代替,家兔饲粮须包含一个粗纤维或 ADF 或 ADL 最低限,如生长兔全价饲粮粗纤维应为 140~180 g/kg DM,ADF 为 160~210 g/kg DM,NDF 为 280~470 g/kg DM,ADL 为 5.0 g/kg DM。

1.5 维生素营养

系统研究了生长肉兔和獭兔饲粮最佳维生素 A、维生素 D 和水溶性维生素的添加量,为我国制定肉、獭兔饲养标准提供科学依据。研究比较了生长肉兔不同阶段(断奶至 2 月龄、2 月龄至出栏)、生长獭兔不同阶段(断奶至 3 月龄、3 月龄至出栏)饲粮添加维生素 A、维生素 D 对其生长、生产性能、毛皮品质、钙磷代谢及抗氧化酶活性等指标,结果发现饲粮添加维生素 A(10000 IU/kg)对生长肉兔、生长獭兔增重、饲料转化效率、毛皮重量、毛皮面积和抗氧化性能有显著改善效果[2];饲粮添加维生素 D(2000 IU/kg)能促进钙的沉积和磷的吸收,对肝脏的抗氧化性能也具有一定影响[3];研究也证实,像其他畜禽一样,饲粮添加高剂量维生素 E 也具有改善兔肉品质的作用;饲粮添加胆碱(0.11%)能促进獭兔生长、提高饲料转化效率,并能刺激生长激素、瘦素和胰岛素类营养因子的分泌,也可以影响獭兔机体内脂质代谢和盲肠发酵,对预防脂肪肝起到良好的效果[4]。长毛兔上研究发现:饲粮添加维生素 C 时(800 mg/kg),能提高夏季长毛兔的毛长、产毛量、产毛率、日采食量和料毛比[5]。精液稀释液中添加维生素 C(0.5 mg/mL 和 0.75 mg/mL)对兔精液常温保存时精液品质有一定的影响。研究也证实:生长獭兔 3 月龄前添加水溶性维生素效果明显优于 3 月龄至出栏(5 月龄左右)[6]。

1.6 矿物质营养

大量研究集中于微量元素对生长兔肉、獭兔的生物学效应,如铜、铁、锌、硒、碘和钴等,常量元素集中在钙、磷及其比例;长毛兔主要涉及添加微量元素和硫提高产毛量的研究。如饲粮添加单质矿物硫(0.8%)对长毛兔的生长性能有显著影响,可以在一定的添加剂量下促进长毛兔毛生长[7]。

1.7 新型饲料原料和添加剂开发利用

主要着眼于开发新的潜在饲料资源、牧草资源和加工副产品等,如在全价颗粒饲料中用意大利黑麦草代替部分精饲料、价格低廉的谷草和葛藤粉替代价格较贵的苜蓿粉、松针粉代替部分青干草粉、添加银合欢叶粉或辣木叶粉、添加白花扁豆粉、香菇菌糠代替麸皮、金针菇菌渣代替麸皮、饲喂杏鲍菇废弃菇脚、添加黄芪茎叶等研究方面取得了一定新进展,在一定程度上降低饲养成本,提高经济效益。检测了燕麦壳、青蒿粉、花生壳、大豆秸、醋糟、桂闽引象草、茭白叶、多花黑麦草等粗饲料的常规成分及表观消化率,确定了它们作为饲养家兔的粗饲料原料的适宜比例。

添加剂方面主要在降低死亡率、促生长、提高免疫力、肠道内环境稳态和肉品质等方面不断创新。研究发现饲粮添加(100~400 mg/kg)葡萄籽提取物原花青素可降低肉兔死亡率,增强肉兔机体抗氧化功能,改善脂质、糖和氮代谢,还可提高肉兔屠宰率,改善肉品质[8];饲粮添加单宁酸(0.15%)可提高獭兔对主要营养物质的表观消化率,使家兔机体处于较高水平的正氮平衡状态,且在一定程度上提高日增重、降低料重比、有效预防腹泻病[9];饲粮添加(200 mg/kg)黄芪多糖可增强断奶仔兔免疫功能,提高生产性能,降低料重比[10];在饲粮中添加(300~400 mg/kg)复合芽孢杆菌制剂提高新西兰兔生产性能、屠宰性能、改善肉品质、促进肉兔肠道发育、免疫功能[11];日粮中添加 0.3%~0.4% 的葡萄糖氧化酶可显著提高断奶獭兔的日采食量和日增重[12];断奶肉兔添加 0.2~1 g/kg 硫酸黏杆菌素能显著抑制肠道中大肠杆菌数量提高乳酸菌数量。

1.8 分子营养

大量研究集中在营养物质(脂类、碳水化合物、蛋白质和氨基酸、维生素、矿物质元素等)调控营养代谢相关基因的表达,基因调控对毛囊发育和生长速度,及基因与生长发育关联等方面,为全面解释营养物质在体内吸收和代谢机制,解释营养素的功能及其作用机制具有重要意义。在生长方面的重要进展有:獭兔消化能水平维持在 11.30 MJ/kg 时肝脏 IGF1 和 IGF1-R 基因有较高表达水平;日粮能量水平对幼龄獭兔肝脏过氧化物酶体增殖剂激活受体 γ(PPARγ)和胰岛素诱导基因 2(INSIG-2)基因的表达量均有显著影响;通过比较不同品种肉兔肌肉生长抑制素(MSTN)和肌细胞生成素(MyoG)基因表达结果显示:MSTN 基因表达量与宰前活重和日增重呈极显著负相关,与全净膛率成显著负相关;肌细胞生成素 MyoG 基因表达量与宰前活重及全净膛率呈极显著正相关。与毛皮质量有关的重要结果有:通过合成的生长激素释放肽-6(GHRP-6)温敏型缓释凝胶制剂对獭兔皮张品质的提高有促进作用;通过基因芯片技术发现:Wnt 信号通路、PPAR 信号通路、维生素合成与代谢途径参与獭兔的毛囊发育有关;通过探究 PPARγ 基因编码区多态性与家兔生长性状的关联性。结果发现 PPARγ 可作为影响家兔生长性状的候选基因;在肠道环境方面:饲粮 33% 的 NDF 水平有利于獭兔影响十二指肠及回肠肠黏蛋白(MUC1 和 MUC2)表达,有助于断奶獭兔较好的肠道内环境[13]。

2 家兔饲料营养取得的成就及其与先进水平的差距

2.1 取得的成就

随着国民生活水平的提高,人们对家兔三大产品—肉、毛和皮的数量和质量提出了新要求,我国家兔营养取得了长足发展和成就。确定了家兔营养素(能量、脂肪、蛋白质、氨基酸、纤维素、矿物质和维生素)在生产性能、毛囊发育、抗氧化基础上的饲粮适宜水平,利用国内非常规饲料资源丰富的优势,研究了价格低廉、产量丰富的新型原料替代价格较贵、传统使用的玉米、麸皮、豆粕、苜蓿草粉等,节省饲料成本;充分利用一些下脚料(如酒糟、醋糟、杏鲍菇废弃菇脚、金针菇菌渣等)作为新型饲料资源,变废为宝。此外,近几年国内科研资金投入不断增加,试验条件不断改善,各项试验技术广泛应用,如克隆文库、指纹技术、Real-time PCR、荧光原位杂交、基因芯片、高通量测序、western blotting、双向电泳等技术,研究了一些对氨基酸和小肽吸收有关的基因;确定了与家兔毛囊发育和皮张质量有关的基因及相关的信号通路;利用最新的分子生物学技术,从转录组、代谢组以及蛋白质组学等水平研究了家兔肠道微生物功能及其与宿主的相互作用,揭示了肠道微生物的潜在功能。国内家兔营养学的研究范围逐渐向微观深入,从分子水平上探讨家兔对养分需要量的新方法,营养素的生理代谢研究开始向着全面研究营养素与基因相互作用的分子营养学发展。

2.2 与先进水平的差距

国内工作侧重于单一营养物质的缺乏或添加对家兔的生物学作用,没有考虑到各种营养物质在消化、吸收和利用方面存在拮抗关系,也没有全面的考虑到养分互作的定量关系模型;营养平衡性的专门研究,理想氨基酸平衡模式研究虽取得一定进展,但研究不够深入;与国外以养分的生物学利用率为基础研究所有营养素间的理想可利用平衡模式,以及最大限度地提高家兔对饲料养分利用效率,同时减少粪便养分排出对环境的污染有一定差距。

我国家兔研究和发展晚,基础薄弱。在研究过程中过分追求数量,而忽视对无污染、安全、优质、营养为基本内涵的生态营养研究;因此,国内需要控制饲粮各种化学兽药和抗生素的使用,而代之以微生态制剂和中草药制剂等天然、绿色添加剂。

此外,饲养环境的变化也影响到家兔的生长速度和福利状态,研究环境应激(室内氨气、饲养密度过大导致的拥挤、运输等)和家兔能量、蛋白质、氨基酸和葡萄糖代谢的关系和日粮配方调整(如增加能量、添加维生素等)缓解应激的策略也需要国内家兔营养界的重视。

随着我国家兔饲养量的增加和全价颗粒饲料的普遍应用,非常规饲料资源开发是一个长期任务。目前就家兔非常规饲料资源的开发和利用来看,存在开发种类少,开发层次低,资金和设备投入不足,缺乏龙头企业,尚未形成产业化格局。对多数非常规饲料资源的营养价值和安全性缺乏有效评估,整体研究成果还不足以支撑规模化家兔快速发展的需要。

3 家兔饲料营养发展趋势与对策

3.1 营养代谢规律及其调控研究

家兔全基因组序列仍未公布,继续研究体内未知基因(如兔 G 蛋白偶联受体 41 和 43)的序列和功能,深入研究营养物质(脂肪、蛋白质、氨基酸、纤维素、矿物质和维生素)在动物体内代谢(消化、吸收和利用)机理和规律,在分子水平上研究营养物质在动物体内的生物学新功能和营养对基因表达的作用,继续寻找评价动物营养状况更为灵敏的方法以及调控养分在体内的代谢路径等,将是家兔营养研究的重点。

3.2 平衡营养、开发新资源

在营养定量方面深入,以便建立养分互作的定量关系模型,准确配制全价平衡高效饲料;加强营养平衡性的专门研究,进行理想蛋白或氨基酸平衡模式研究,以养分的生物学利用率为基础研究所有营养素间的理想可利用平衡模式,最大限度地提高动物对饲料养分的利用效率;将工业化思路引入非常规饲料资源开发,以现代科技与设备装备该产业,加大科研投资力度,尤其是在农业秸秆收集处理,农产品工业下脚料的开发利用,低质非常规饲料的改性,提高饲用价值,饲料生物防霉脱霉技术和抗营养因子的钝化技术,将成为今后的研究重点;新型安全、高效、绿色饲料添加剂的开发,包括酶制剂、微生物制剂、益生素、中草药、活性肽等。

3.3 注意营养研究与环境的相互关系

营养与内部环境的关系包括营养物质与肠道微生物的相互关系,通过分析组学数据与微生物菌群结构构成的网络关系,揭示微生物潜在的功能;如继续微生物基因组学研究,从转录组、代谢组及蛋白质组学等水平研究微生物功能,诠释肠道微生物在营养物质(特别是纤维素)消化吸收中的作用,诠释肠道微生物与机体毛囊发育、肉品质、抗氧化和免疫性能的关系;在外部环境中,一方面包括各种环境应激因子对动物营养的摄取、消化、吸收和代谢的影响,如研究应激对肠道食欲肽(ghrlein/CCK/PYY/GLP)和下丘脑中食欲调节肽(POMC/CART/NPY/AgRP)等基因和下丘脑 AMPK、mTOR 信号的影响,确定应激影响动物食欲的机制,研究应激对小肽转运载体(PepT1)、氨基酸转运载体(CAT、EAAT)的影响,确定应激下动物对蛋白质消化吸收的机制,研究应激下动物肝脏内脂肪酸合成、骨骼肌中脂肪酸利用和脂肪中脂肪酸储存的机制,研究应激下骨骼肌中蛋白质合成和分解变化,最终确定应激影响蛋白质和脂肪酸代谢的机制,研究日粮中添加适宜氨基酸、维生素、提高能量水平对应激动物的生物学效应,寻找缓解应激适宜的营养调控。另一方面包括动物营养代谢对周围环境产生的不良影响,主要指动物过量的和未被消化吸收利用的养分随粪便排出而对周围环境产生臭味、磷、氮等的污染;加强营养代谢机理、养分生物学利用率和营养平衡模式的研究,如研究低氮日粮下添加适宜氨基酸对家兔的生物学效应,这对于准确满足动物对养分需要量,尽可能减少养分过量供应,以及提高饲料养分利用效率均非常重要。以上所有营养与环境相互关系的研究也是当前和今后家兔营养学的研究热点。

3.4 其他

家兔全价颗粒饲料加工工艺研究,由于全价颗粒饲料在家兔生产中的普及应用,加工工艺研究也需要重视,如粉碎原料和成品颗粒料大小、高粗饲料比例下的混合均匀度、制粒技术等;家兔营养与病理的关联性。

参考文献

[1] 付朝晖,李福昌.日粮谷氨酰胺添加水平对生长獭兔生产性能、代谢性能及肠道黏膜屏障的影响[D].硕士学位论文.泰安:山东农业大学,2014.

[2] 朱晓强,李福昌.日粮不同维生素A添加水平对生长獭兔生产性嫩、维生素A沉积、血液生化指标、抗氧化能力、免疫和RBP4表达量的影响[D].硕士学位论文.泰安:山东农业大学,2014.

[3] 李万佳,李福昌.日粮维生素D添加水平对獭兔生长性能、钙磷代谢、血液指标、免疫及抗氧化功能的影响[D].硕士学位论文.泰安:山东农业大学,2014.

[4] 张彩霞,李福昌.饲粮胆碱水平对3~5月龄獭兔血清生化、盲肠发酵、组织脂肪酸构成及皮毛质量的影响[D].硕士学位论文.泰安:山东农业大学,2014.

[5] 段晨磊,李文立.维生素C缓解夏季长毛兔热应激的研究[J].饲料广角,2014,17:16-18.

[6] 杨波,蔡缪莹,张昊,等.维生素C对新西兰白兔精液常温保存的影响[J].上海畜牧兽医通讯,2014,5:40-42.

[7] 胡禹,洪中山.矿物硫对长毛兔生长性能和生化指标的影响[D].天津:天津农学院,2014,5.

[8] 汪水平,杨大盛,李艳莎,等.普通籽提取物原花青素对肉兔抗氧化功能、脂质含量及血清代谢产物浓度的影响[J].中国粮油学报,2014,29(10):72-82.

[9] 陈赛娟,刘亚娟,刘涛,等.单宁酸对獭兔生长性能和屠宰性能的影响研究[J].饲料工业,2014,35(11):28-30.

[10] 唐姣玉,周东升,何理平.黄芪多糖对断奶仔兔生长性能及免疫功能的影响[J].饲料研究,2014(1):1-3.

[11] 任永军,雷岷,邝良德.复合芽孢杆菌制剂对肉兔生产性能、免疫器官指数及肉质的影响[C].中国兔业发展大会会刊,2014.

[12] 刘亚娟,陈赛娟,李海利,等.葡萄糖氧化酶对獭兔早期生产性能及屠宰率的影响[J].饲料研究,2014,15(3):47-50.

[13] 冯奇,任战军,王金利,等.日粮NDF水平对断奶獭兔肠MUC1与MUC2表达的影响[J].西北农业学报,2014,23(1):41-47.

特种动物营养研究进展

李光玉[1]* 鲍坤[1] 高秀华[2] 杨福合[1]

(1. 中国农业科学院特产研究所,长春 130112;
2. 中国农业科学院饲料研究所,北京 100081)

摘 要:特种动物养殖是一个独具特色、充满活力的新兴产业,已逐步成为农村经济十分活跃的新的增长点。特种动物饲料营养研究,不仅对提高动物的生产水平、促进动物健康、增加畜产品质量安全及保证人类健康和环境安全具有重要的学术价值,而且还对保护动物生物多样性、保存和开发利用动物资源具有重要的指导作用。本文主要就近几年来我国梅花鹿、狐、貉、貂营养需要量、饲料资源开发利用、饲料添加剂应用技术及饲料配制技术的研究进展进行了总结,为梅花鹿、狐、貉、貂的高效健康养殖和饲料综合开发利用等提供基础数据和研发方向。

关键词:鹿;狐狸;貉;水貂;营养;饲料

特种动物是指具有较高经济价值和饲养意义的一类动物总称。近年来,我国随着人民生活水平的提高和经济的发展,特种动物养殖业得到了快速的发展,国内科研单位、大专院校针对特种动物的营养需要、饲料利用等方面开展了大量的研究工作,取得了一批先进的科研成果。本文对我国饲养的主要特种动物梅花鹿、狐、貉及水貂的营养研究进展综述如下。

1 梅花鹿营养研究进展

我国鹿养殖的品种较多,分布的地域也非常广泛,主要产品为鹿茸,目前我国梅花鹿的养殖占鹿类动物养殖的近90%,对鹿营养的研究主要集中在梅花鹿营养需求的研究。梅花鹿饲料及其营养需求的研究起步较晚,早期开展较多的有梅花鹿能量需要研究、鹿常用饲料营养价值评定、瘤胃消化代谢参数测定、蛋白质需要量研究。近年来研究主要集中在梅花鹿蛋白质及氨基酸需要、微量元素需要研究、饲料利用评价等方面,同时在饲料添加剂对生产的影响等方面开展了较多的研究工作。

1.1 蛋白质和氨基酸营养研究

蛋白质和氨基酸的营养供给对鹿的生长发育、鹿茸的生长具有关键性的作用,一直是鹿营养研究的热点,相关研究集中在梅花鹿饲粮适宜粗蛋白质水平和氨基酸添加水平上,为精细化日粮配制奠定基础。梅花鹿对蛋白质的维持需求量因品种、季节、年龄不同而不同。王欣(2011)在仔鹿研究上证实,仔鹿越冬期配合日粮适宜蛋白质水平为15.66%;10月龄梅花鹿配合日粮适宜蛋白质水平为14.26%[1,2]。在鹿氨基酸需要量方面,主要集中在低蛋白日粮中添加蛋氨酸和赖氨酸的研究。研究证实,在粗蛋白质水平为13.4%的饲粮中添加赖氨酸和蛋氨酸,仔鹿的平均日增重可以达到16.28%粗蛋

---

* 第一作者简介:李光玉,研究员,博士生导师,E-mail:tcslgy@126.com

白饲粮的水平,饲粮中添加 0.12%蛋氨酸有利于仔鹿生长和代谢平衡[3]。仔鹿日粮粗蛋白水平从 16.28%降低至 13.40%补充 0.23%赖氨酸和 0.12%蛋氨酸可有效改善氮平衡,提高多种营养物质消化率[4]。

1.2 矿物元素营养需要研究

微量元素需要量方面,毕世丹[5]研究了梅花鹿生长期及生茸期锌的需要量,认为梅花鹿生长期日粮锌的适宜添加量为 15 mg/kg(日粮总锌含量 80.13 mg/kg)左右,生茸期日粮锌的适宜添加量为 40 mg/kg(日粮总锌含量 98.97 mg/kg)左右。鲍坤等[6-8]研究了不同形式铜对雄性梅花鹿血清生化指标及营养物质消化率的影响,筛选出梅花鹿日粮中最适宜的添加铜源为蛋氨酸铜;梅花鹿生长期日粮铜的适宜添加量为 15～40 mg/kg(日粮总铜含量 21.21～45.65 mg/kg);生茸期日粮铜的适宜添加量为 40 mg/kg(日粮总铜含量 46.09 mg/kg)左右。另外,梅花鹿锰元素需要量的研究正在开展,硒元素添加量的研究也将进行。

1.3 饲料利用评价研究

评价鹿饲料利用,一般采用消化代谢率、瘤胃的有效降解率或尿嘌呤衍生物组成及排出量估测瘤胃微生物对饲料的分解利用情况等方法进行评价。钟伟等[9]研究发现,东北梅花鹿尿中嘌呤衍生物包括 49%～56%尿囊素、35%～38%尿酸、6%～15%黄嘌呤和次黄嘌呤;限饲条件下,东北梅花鹿尿中嘌呤衍生物、肌酐酸排出量无显著性差异;可消化干物质和可消化有机物与尿中嘌呤衍生物排出量均存在显著的线性正相关;限饲使可消化干物质、可消化有机物质进食量和粗蛋白消化率显著降低,使干物质、有机物质、中性洗涤纤维、酸性洗涤纤维及钙、磷表观消化率均显著降低;限饲对尿氮和粪氮排出量无显著性影响,而显著影响氮沉积量,且随饲喂量降低,氮沉积逐渐减少。

鲍坤等[10]采用尼龙袋法对棉籽粕、玉米胚芽粕、菜籽粕、干酒糟及其可溶物(DDGS)、玉米蛋白粉、玉米纤维及羊草的蛋白质在梅花鹿瘤胃降解率进行评定。研究认为,棉籽粕的蛋白质瘤胃降解率较高,生产实践中要考虑进行过瘤胃保护技术,以减少蛋白质资源的浪费;菜籽粕的蛋白质瘤胃降解率较低,是一种待开发利用的蛋白质补充料;玉米胚芽粕、DDGS、玉米蛋白粉、玉米纤维及羊草可作为鹿生产中常用的饲料原料。

1.4 瘤胃微生态研究

梅花鹿瘤胃是个庞大的发酵系统,研究梅花鹿瘤胃微生物区系,可为梅花鹿瘤胃发酵调控提供分子生物学依据。李志鹏等研究了以柞树叶为主要粗饲料来源的梅花鹿瘤胃细菌多样性,提取瘤胃微生物基因组 DNA,扩增细菌 16Sr RNA 基因,构建 16S rRNA 基因克隆文库,分析梅花鹿瘤胃细菌区系组成,研究结果显示,以富含单宁的柞树叶为主要粗饲料来源的梅花鹿瘤胃中,普雷沃氏菌属是优势细菌,而牛、羊瘤胃中常见的纤维素降解菌未检测到,可能与饲料中单宁含量高有关;以柞树叶和玉米秸秆为主要粗饲料的日粮,通过 DGGE 和 T-RFLP 分析,结果显示普雷沃氏菌属是梅花鹿瘤胃优势细菌,但纤维降解菌种类与牛、羊等传统家畜有所区别,而且不同粗饲料影响梅花鹿瘤胃细菌区系组成;饲喂以橡树叶和玉米秸秆为主要粗饲料的日粮,研究瘤胃中产甲烷菌种群的不同,发现饲喂橡树叶能够引起梅花鹿瘤胃产甲烷菌群的改变[11-14]。

2 狐和貉营养研究进展

蓝狐、银狐和貉都是珍贵的裘皮用肉食动物,经济效益十分可观。当前营养研究主要围绕蛋白质、脂肪需要量,新型饲料原料的开发利用和饲料添加剂应用展开。

2.1 蛋白质和氨基酸营养研究

张铁涛等[15]研究认为育成期蓝狐在低蛋白质饲粮(30%)中添加0.8%的蛋氨酸即饲粮中蛋氨酸水平为1.14%时能够满足育成期蓝狐对蛋白质和蛋氨酸的需要量。张海华[16]研究认为蓝狐饲喂添加赖氨酸水平为0.3%,蛋氨酸水平为0.6%,粗蛋白质为19%的日粮,可使蓝狐同采食粗蛋白质27%的日粮生产性能相似,并能使排泄物中氮的含量降低23.29%;添加限制性氨基酸适当降低日粮粗蛋白质水平不影响蓝狐生产性能。

刘凤华[17]研究饲粮不同蛋白质水平对银黑狐生长性能、血清生化指标及氮代谢的影响,结果显示饲粮蛋白质水平从37.83%降到30.10%对银黑狐的生长性能并没有影响,从降低环境的污染和保证银黑狐生长性能的角度出发,33.22%为较适宜的饲粮蛋白质水平。

研究饲粮赖氨酸和蛋氨酸水平对育成期和冬毛期银狐生长性能、营养物质消化率、血清生化指标及毛皮性状的影响。从降低饲养成本和减少排放角度考虑,育成期在基础饲粮(赖氨酸含量为1.33%,蛋氨酸含量为0.44%)中添加0%赖氨酸(实际含量为1.33%)和0.75%蛋氨酸(实际含量为1.19%);冬毛期银狐在基础饲粮(赖氨酸含量为1.15%,蛋氨酸含量为0.66%)中添加0.5%赖氨酸(实际含量1.65%)和0.25%蛋氨酸(实际含量0.91%)对银狐生产有利[18]。冬毛期乌苏里貂日粮蛋白质含量为20%补充0.35%的蛋氨酸,即日粮中总蛋氨酸水平达到0.7%可以使各项指标达到较优水平[19]。

孙皓然(2015)研究了饲粮精氨酸水平对育成期雌性蓝狐生长性能、营养物质消化率、氮代谢及血清生化指标的影响。试验结果表明育成期雌性蓝狐饲粮中添加0.8%精氨酸(饲粮总精氨酸水平为2.41%)可提高平均日增重,降低料重比,减少血清尿素氮含量,建议育成期每只雌性蓝狐精氨酸摄入量为4.22~4.24 g/d[20]。冬毛期雌性蓝狐饲粮中添加0.6%精氨酸(饲粮总精氨酸水平为2.04%)可提高平均日增重,降低料重比[21]。

2.2 脂肪营养研究

近年来关于蓝狐脂肪营养,国内学者做了大量工作,系统研究了日粮脂肪类型和水平对蓝狐的消化代谢规律的影响。研究通过对生产性能、营养物质利用、血清生化指标、消化道酶活、体脂沉积、组织形态学、脂肪代谢相关基因表达等指标的测定,系统的研究脂肪营养素在蓝狐体内的消化、吸收、代谢机理。耿业业[22]研究发现育成期蓝狐日粮适宜脂肪水平为26%;日粮中过高脂肪含量会引起蓝狐病变;MTP基因表达量随着脂肪水平的增高明显增高的趋势;饲喂鱼油的蓝狐,肝脏SREBP-1c基因的表达量显著低于饲喂牛油和猪油的蓝狐,饲喂鱼油的蓝狐,组织形态学发现肝脏受损。张铁涛[23]研究认为妊娠期蓝狐饲喂23%脂肪水平饲粮,能提前蓝狐的产仔时间;哺乳期蓝狐饲喂脂肪水平为21%饲粮,仔狐的生长速度最快;仔狐开始采食后,饲喂脂肪水平为15%饲粮,仔狐能够维持较高的生长速度。

张婷[24]研究认为育成期银狐以豆油作为日粮脂肪主要来源生产性能较好,而冬毛期以混合油脂(鸡油:豆油=1:1)作为日粮脂肪主要来源效果最佳;育成期银狐饲粮中以添加8%的混合油脂使饲粮脂肪水平达到9.9%为宜。

2.3 维生素营养

国内外关于蓝狐维生素营养的研究相对较少。李成会[25]研究认为蓝狐日粮添加复合添加剂(蛋氨酸、维生素A、维生素D、维生素E、二氢吡啶和氨基酸螯合锌)对蓝狐具有很好的促生长作用,同时可以提高皮张质量。

2.4 矿物质营养

大量研究集中于微量元素对蓝狐的生物学效应,如铜、锌等。刘志[26]研究认为育成期蓝狐饲粮铜水平为 40 mg/kg 时,饲粮营养物质消化率、氮沉积、净蛋白质利用率、蛋白质生物学价值较为理想,且可获得较佳的生长性能。郭强[27]研究结果表明育成期蓝狐饲粮锌(一水硫酸锌)水平为 60 mg/kg 时,可获得较好的生长性能。刘志[28]研究表明育成期蓝狐饲粮中添加 30 mg/kg 铜+40 mg/kg 锌(总铜、总锌水平为别 37.68 mg/kg 和 80.08 mg/kg)时可提高蓝狐的生长性能和营养物质消化率,同时降低了粪便中氮的排放。郭强[29]研究认为育成期蓝狐饲粮中添加蛋氨酸锌和葡萄糖酸锌对蓝狐生长性能的影响优于硫酸锌,建议生产中蛋氨酸锌或葡萄糖酸锌的添加量为 20 mg/kg,每只每天摄入总锌量为 16 mg,可提高蓝狐对营养物质的利用率,获得较好的生长性能。

钟伟[30,31]研究表明育成期雌性银狐适宜添加铜源为柠檬酸铜;银狐冬毛期基础饲粮中添加 60 mg/kg 柠檬酸铜(饲粮中铜含量 65 mg/kg)时,有利于银狐对铜的消化利用;从降低环境污染及提高毛皮品质角度考虑,添加 30 mg/kg 柠檬酸铜(日粮中实际铜含量为 35 mg/kg)较适宜银狐生产。耿文静[32]研究表明饲粮中添加硫酸锌 30 mg/kg(饲粮锌水平为 66.54 mg/kg)可满足育成期银狐生长需要,建议生产中育成期饲粮锌的添加水平为 30～80 mg/kg;饲粮中添加硫酸锌 30 mg/kg(饲粮锌水平为 67.67 mg/kg)可满足冬毛期银狐需要,建议生产中冬毛期饲粮锌的添加水平为 30～80 mg/kg。

鲍坤[33-35]研究结果表明饲粮锰水平对育成期和冬毛期乌苏里貉生长性能、营养物质消化率及氮代谢的影响。综合分析,建议育成期貉饲粮锰添加水平为 40 mg/kg(饲粮总锰水平为 62.23 mg/kg)。冬毛期貉饲粮适宜锰添加水平为 80 mg/kg(总锰水平为 100.12 mg/kg)。在基础日粮含锰量为 24.32 mg/kg 时,繁殖期乌苏里貉日粮中适宜的锰添加量为添加 120 mg/kg,对雌性乌苏里貉的繁殖性能具有促进作用。

2.5 新型饲料原料和添加剂开发利用

新的饲料添加剂在蓝狐上的应用不断创新。贡筱[36]研究认为育成期蓝狐饲粮中添加 1×10^{10} CFU/kg 枯草芽孢杆菌或 1×10^{8} CFU/kg 粪肠球菌时营养物质消化率、氮沉积、净蛋白质利用率、蛋白质生物学价值较为理想,且可获得较好的生长性能;冬毛期蓝狐饲粮中添加 1×10^{10} CFU/kg 枯草芽孢杆菌或 1×10^{7} CFU/kg 粪肠球菌生产性能较为理想。王凯英[37]研究了饲料酸化剂磷酸、柠檬酸及乳酸对乌苏里貉生产性能及血清生化指标的影响,试验结果表明添加 1.0% 乳酸组综合效果较好。

3 水貂营养研究进展

水貂是肉食性动物,主要依赖采食高蛋白质和适宜脂肪水平的动物性食物提供能量。随着水貂饲养业的快速发展,国内科研单位、大专院校针对水貂的营养需要、饲料利用等方面开展了大量的研究工作。

3.1 能量水平研究

杨颖[38]研究了日粮能量水平及来源对水貂生产性能、营养物质消化代谢及血清生化指标的影响,研究结果表明,育成期公貂代谢能为 15.0 MJ/kg,母貂代谢能为 16.75 MJ/kg,营养物质消化率较高;冬毛期公貂代谢能为 16.19 MJ/kg,蛋白质提供代谢能 27.73% 公貂能得到最长的干皮长;代谢能为 15.0 MJ/kg,蛋白质提供代谢能为 30.07%,公貂能得到较好的毛皮质量;母貂代谢能为 14.41 MJ/kg,蛋白提供代谢能为 31.27%,营养物质消化率较高,并能获得较好的毛皮质量。日粮添加鱼油组,育成期公貂具有较好的营养物质消化率并能获得较好的体重;母貂猪油组的生产性能较好。日粮不同能量来源对冬毛期公貂没有显著影响,母貂豆油组毛皮质量较好。

3.2 蛋白质营养研究

张铁涛等(2010)研究表明,水貂饲喂不同蛋白质水平干粉料,34% 蛋白质组水貂的干物质、蛋白质和脂肪消化率显著或极显著高于28%和36%蛋白质组($P<0.05$或$P<0.01$)34%以上蛋白质水平日粮组,水貂的平均日增重极显著高于28%组水貂($P<0.01$)[39]。在研究冬毛期公貂适宜的饲粮蛋白质水平的试验中,32%蛋白质组水貂的蛋白质消化率优于其他试验组($P<0.05$)[40]。张铁涛等(2011)报道中指出,饲粮蛋白质水平达到30%时,即可满足冬毛期母貂的蛋白质需要。继续增加饲粮中蛋白质的含量对水貂的皮张面积没有明显改善,但饲粮蛋白质水平为28%时,水貂的皮张面积明显减小[41]。张铁涛等(2012)研究表明,水貂在50～65日龄间,适宜的蛋白质摄入量30～33 g/d;65～80日龄间,水貂适宜的蛋白质摄入量28～35 g/d;80～95日龄间,水貂适宜的蛋白质摄入量30～32 g/d;95～110日龄间,水貂适宜的蛋白质摄入量29～40 g/d。公貂在冬毛前期适宜的蛋白质摄入量42～48 g/d;公貂在冬毛中期和冬毛后期适宜的蛋白质摄入量分别为36～42 g/d和41～47 g/d;母貂在冬毛前期适宜的蛋白质摄入量28～30 g/d;母貂冬毛中期和冬毛后期适宜的蛋白质摄入量分别为25～27 g/d、30～32 g/d,水貂可获得最佳的毛皮质量[42]。

蒋清奎等(2012)报道,以28%、32%、36%和40%蛋白质水平的鲜饲料、32%和40%蛋白质水平的干饲料饲喂准备配种期母貂,试验结果显示干料组水貂的多项指标显著或极显著低于鲜料组水貂($P<0.05$或$P<0.01$);综合各项试验指标得出,配种准备期水貂适宜的饲料蛋白质水平为32%～36%[43]。蒋清奎等(2011)研究妊娠期雌性水貂日粮中适宜的蛋白质水平,分别饲喂31.79%、36.53%、41.39%和45.39%蛋白质水平的鲜料饲粮,36.5%、44.47%蛋白质水平干粉料,水貂产仔率、窝产仔数、窝产活仔数、出生成活率呈现随饲粮蛋白质水平的增加而先上升后降低的趋势,在日粮蛋白质水平为36.53%时到达最高,干料组水貂受配率、产仔率、窝产仔数、窝产活仔数、出生成活率、出生个体重低于或显著低于同蛋白质水平的鲜料组($P<0.05$)。泌乳期雌性水貂饲喂44.68%蛋白质水平时仔貂日增重最大、增重最快、断奶成活率最高、母貂失重和失重比最低[44]。

3.3 氨基酸营养研究

水貂氨基酸营养需要研究较少,但是国外大量试验研究结果均已证实水貂的第一限制性氨基酸为含硫氨基酸。张铁涛[36]研究表明,育成期水貂饲粮中赖氨酸水平为1.64%～1.94%、蛋氨酸水平为0.80%～1.10%时,水貂处于较为理想的生长状态;冬毛期水貂饲粮中蛋氨酸水平为1.10%,胱氨酸水平为0.35%时,水貂的皮张面积最大。张海华[48]研究表明,育成期水貂饲粮中蛋氨酸水平为1.39%,总含硫氨基酸水平为2.70%时,水貂可获得最佳生产性能;冬毛期水貂饲粮中蛋氨酸水平为1.54%,总含硫氨基酸水平为2.82%时,水貂可获得最佳生产性能。刘慧等[49]研究发现,埋植褪黑激素后恢复期和冬毛生长期经产母水貂饲粮中蛋氨酸的适宜添加水平为0.4%。万春孟[50,51]研究认为饲粮L-精氨酸添加水平为0.20%～0.41%(饲粮精氨酸总水平为1.65%～1.86%)时,育成期水貂能获得较好的氨基酸消化率和血清生化指标。饲粮中精氨酸含量为2.30%时,冬毛期雌性水貂可获得较好的蛋白质和氨基酸代谢,同时免疫功能得到增强。

3.4 脂肪营养研究

脂肪是水貂饲粮的重要组成部分,在能量营养中有着重要的作用。水貂通过采食日粮来满足能量的需要,当日粮中能量的浓度满足动物需要时,采食量将会减少,日粮能量浓度是采食量差异的一个主要影响因素,直接影响养殖者的经济效益。李光玉(2012)研究认为考虑节能环保,并能有效提高水貂饲料利用率,减少饲料成本,得出准备配种期水貂日粮脂肪水平为8%即可满足水貂的生产需要[45]。张海华(2014)研究表明水貂哺乳期饲粮适宜脂肪水平为18.80%[46]。杨颖(2014)研究了饲粮脂肪源对育成期及冬毛期水貂生长性能和营养物质消化代谢的影响,综合考虑饲料成本和营养物质消化与利用,建议在实际生产中应用鱼油和猪油的混合油脂作为育成期水貂饲粮的脂肪源。在水貂的冬毛期,配制代谢能相同,分别添加豆油、鸡油、鱼油、猪油不同干粉料试验日粮,得出日粮不同脂肪来源对冬毛期短毛黑公貂营养物质消化率没有显著影响[47]。

3.5 矿物质营养研究

吴学壮等[52]研究发现,育成期水貂饲粮中添加 32 mg/kg 铜(铜总含量为 39 mg/kg)可以促进水貂的生长;冬毛生长期水貂饲粮中添加铜可以改善其对脂肪的利用,促进脂肪沉积,改善毛色和毛皮品质[53]。此外,也有研究表明,育成期雌性水貂可以更好地利用蛋氨酸铜和硫酸铜[54]。王夕国等[55]研究表明,繁殖期母貂基础饲粮中锰含量在 25 mg/kg 左右,锰(有机螯合锰形式)的添加水平为 100 mg/kg 时,母貂繁殖性能及仔貂生长性能较为理想;妊娠期水貂基础饲粮中添加有机螯合锰的适宜范围为 50~100 mg/kg[56]。吴学壮等[57]研究表明,饲粮添加 50~100 mg/kg 锌(总锌含量为 140~190 mg/kg)时,雄性水貂的繁殖性能较为理想。任二军等(2011)在冬毛生长期开展了雌性水貂饲粮锌水平的研究工作,试验分别在饲粮中添加 0 mg/kg、15 mg/kg、30 mg/kg、45 mg/kg、60 mg/kg、75 mg/kg 蛋氨酸螯合锌和 60 mg/kg 硫酸锌(以锌元素计算),结果表明:添加 45 mg/kg 蛋氨酸螯合锌组的母貂,饲粮干物质采食量、蛋白质消化率和脂肪消化率显著高于其他试验组($P<0.05$);锌源与锌水平对冬毛期母貂氮代谢的影响无显著差异($P>0.05$)[58]。任二军等(2012)在育成期雄性水貂的日粮中添加不同水平和来源锌元素,试验结果显示公貂日粮中添加 15 mg/kg 的蛋氨酸螯合锌时,公貂的采食量和蛋白质消化率较高($P<0.05$)[59]。

3.6 非营养性添加剂研究进展

非营养性添加剂是在饲料主体物质之外,添加一些饲料中没有的物质,从而可帮助消化吸收、促进生长发育、保持饲料质量、改善饲料结构等,包括酶制剂、益生菌、酸化剂和抗氧化剂等。刘汇涛等[60]在育成期水貂干粉料饲粮中添加适宜配伍和适宜水平的复合酶制剂的研究中发现,添加 0.089% 的复合酶可明显改善水貂对饲料的消化利用率,并提高其生产性能。王凯英等[61]报道,水貂饲粮中添加植酸酶(900 U/kg)可显著提高干物质、粗脂肪、粗蛋白质、磷消化率及氮代谢率,降低氮、磷排放量,并显著提高平均日增重。荆袆等[62]报道,水貂饲粮中添加貂源乳酸杆菌添加剂能够提高营养物质的消化率和机体的免疫机能;水貂饲粮中添加植物乳杆菌同样可以有效提高水貂日增重,降低尿氮含量,提高净蛋白质利用率,降低血清胆固醇含量[63]。王凯英等[64]研究发现,水貂饲粮添加磷酸、柠檬酸、乳酸可显著降低饲粮中脂肪、蛋白质氧化变质程度,抑制水貂鲜饲料中大肠杆菌生长,改善生长期水貂腹泻指数。同时,饲料酸化剂促进小肠绒毛发育、改善水貂营养物质消化率、降低环境氮、磷排放量作用明显,本研究范围内 0.5% 乳酸效果较好[65]。王凯英[66]研究了琥珀酸对水貂胃蛋白酶活性、营养物质消化率及生产性能的影响,结合生产性能表明,在水貂冬毛生期日粮中添加 0.4% 的琥珀酸,能显著提高其胃蛋白酶活性、营养物质消化率和生产性能。

樊燕燕(2015)研究了半胱胺对育成期雄性水貂生长性能、营养物质消化率及氮代谢的影。试验结果表明,间隔添加组的末重及平均日采食量、平均日增重显著或极显著高于连续添加组($P<0.05$ 或 $P<0.01$),间隔添加组干物质、粗脂肪消化率显著或极显著高于连续添加组($P<0.05$ 或 $P<0.01$);半胱胺添加方式和添加水平对水貂尿氮排出量存在显著交互作用($P<0.05$);综合各项指标,育成期雄性水貂饲粮中半胱胺的适宜添加量为 90 mg/kg,添加方式为间隔添加(连续添加 1 周,间隔 1 周)[67]。

3.7 分子营养

张海华(2014)研究认为饲粮高蛋白质水平(32%)和中等蛋白质水平(24%)饲粮中蛋氨酸的添加(0.8%)能够促进水貂皮肤中 IGF-Ⅰ、IGF-IR 及 EGF 基因的表达,促进水貂皮毛的生长发育[68]。周宁(2015)研究了饲粮不同锌水平能够调节水貂皮肤中 TYRP1 和 TYRP2 基因的表达量,表明锌的添加能够从基因水平上影响水貂皮毛颜色品质[69]。

4 小结

近年来,特种动物饲养业在我国发展迅速,而饲料原料及人工成本越来越高,开发和利用新的饲料资源、探讨新的饲养模式是产业发展的必然选择。此外,梅花鹿、貂、狐、貉维生素营养需求研究,饲料营养价值评价等还需要做更为详细的研究,以便于特种动物饲养业建立饲养标准,指导科学精准生产。

参考文献

[1] 王欣,李光玉,崔学哲,等.雄性梅花鹿仔鹿越冬期配合日粮适宜蛋白质水平的研究[J].中国畜牧兽医,2011,38(1):23-26.

[2] 王欣,李光玉,崔学哲,等.梅花鹿仔鹿配合日粮适宜蛋白质水平的研究[J].东北农业大学学报,2011,42(9):55-60.

[3] 黄健,鲍坤,张铁涛,等.低蛋白质饲粮添加蛋氨酸和赖氨酸对离乳期梅花鹿生长性能和血清生化指标的影响[J].物营养学报,2014,26(9):2714-2721.

[4] 黄健,张铁涛,鲍坤,等.低蛋白质日粮补充赖氨酸、蛋氨酸对离乳期梅花鹿氮代谢的影响[J].草业学报,2014,23(5):287-294.

[5] 毕世丹.不同锌添加量对生长期雄性梅花鹿消化率及血液理化指标的影响[D].硕士学位论文.镇江:江苏科技大学,2009.

[6] 鲍坤,李光玉,崔学哲,等.不同形式铜对雄性梅花鹿血清生化指标及营养物质消化率的影响(英文)[J].动物营养学报,2010,3:717-722.

[7] 鲍坤,李光玉,刘佰阳,等.雄性梅花鹿生长期蛋氨酸铜添加量的研究[J].饲料工业,2010,31(21):56-61.

[8] 鲍坤,李光玉,刘佰阳,等.生茸期梅花鹿蛋氨酸螯合铜需要量的研究[J].畜牧与兽医,2011,43(4):26-31.

[9] 钟伟,李光玉,罗国良,等.限饲对东北梅花鹿消化代谢及尿嘌呤衍生物排出量的影响[J].饲料工业,2009,30(21):44-47.

[10] 鲍坤,徐超,宁浩然,等.常用饲料原料蛋白质在梅花鹿瘤胃内降解率的测定[J].动物营养学报,2012,24(11):2257-2262.

[11] 李志鹏,刘晗璐,崔学哲,等.基于16S rRNA基因序列分析梅花鹿瘤胃细菌多样性[J].动物营养学报,2013,25(9):2044-2050.

[12] 李志鹏,姜娜,刘晗璐,等.基于DGGE和T-RFLP分析采食不同粗饲料梅花鹿瘤胃细菌区系[J].中国农业科学,2014,47(4):759-768.

[13] Zhi Peng Li,Han Lu Liu,Guang Yu Li,et al..Molecular diversity of rumen bacterial communities from tannin-rich and fiber-rich forage fed domestic Sika deer (Cervus nippon)in China[J].BMC Microbiology 2013,13:151-162.

[14] Zhi Peng Li,Han Lu Liu,Chun Ai Jin,et al..Differences in the Methanogen Population Exist in Sika Deer(Cervus nippon) Fed Different Diets in China[J].Environmental Microbiology,2013,66(4):879-888.

[15] 张铁涛,崔虎,高秀华,等.低蛋白质饲粮中添加蛋氨酸对育成期蓝狐生长性能和营养物质消化代谢的影响[J].动物营养学报,2013,25(9):2036-2043.

[16] 张海华,李光玉,刘佰阳,等.低蛋白质饲粮中添加DL-蛋氨酸和赖氨酸对冬毛期蓝狐生产性能、氮平衡及毛皮质量的影响[J].动物营养学报,2010,22(6):1614-1624.

[17] 刘凤华,孙伟丽,钟伟,等.饲粮蛋白质水平对银黑狐生长性能及氮代谢的影响[J].动物营养学报,2011,23(11):2024-2030.

[18] 钟伟,刘晗璐,张铁涛,等.饲粮赖氨酸和蛋氨酸水平对冬毛生长期银狐生长性能、营养物质消化率、血清生化指标及毛皮性状的影响[J].动物营养学报,2014,26(11):1-9.

[19] 刘晗璐,李丹丽,李光玉,等.冬毛期降低蛋白质水平对乌苏里貉生产性能及毛皮品质的影响[J].中国畜牧兽医,2011,38(1):13-17.

[20] 孙皓然,张铁涛,刘志,等.饲粮精氨酸水平对育成期雌性蓝狐生长性能、营养物质消化率、氮代谢及血清生化指标的影响.动物营养学报,2015,27(10):3285-3292.

[21] 孙皓然,张铁涛,王晓旭,等.饲粮精氨酸添加水平对冬毛期雌性蓝狐生产性能、营养物质消化率及氮代谢的影响.动物营养学报,2016,28(4):1267-1273.

[22] 耿业业.育成期蓝狐脂肪消化代谢规律的研究[D].博士学位论文.北京:中国农业科学院,2011.

[23] 张铁涛,张海华,岳志刚,等.不同饲粮脂肪水平对蓝狐产仔性能和能量消化率的影响[J].饲料工业,2014,35(19):47-50.

[24] 张婷.日粮脂肪水平对银狐脂肪消化代谢及生产性能的影响[D].硕士学位论文.北京:中国农业科学院,2015.

[25] 李成会,冯晓红,马永兴,等.复合添加剂对蓝狐生长及皮张质量影响的研究[J].黑龙江畜牧兽医,2013,8:148-150.

[26] 刘志,张铁涛,郭强,等.饲粮铜水平对育成期蓝狐生长性能、营养物质消化率及氮代谢的影响[J].动物营养学报,2013,25(7):1497-1503.

[27] 郭强,张铁涛,刘志,等.饲粮锌水平对育成期蓝狐生长性能、营养物质消化率及氮代谢的影响[J].动物营养学报,2013,25(10):2497-2503.

[28] 刘志,吴学壮,张铁涛,等.饲粮铜、锌添加水平对育成期蓝狐生长性能、营养物质消化率及氮代谢的影响[J].动物营养学报,2014,26(6):2706-2713.

[29] 郭强.饲粮锌水平和锌源对蓝狐生产性能的影响[D].硕士学位论文.北京:中国农业科学院,2014.

[30] 钟伟,刘凤华,赵靖波,等.不同铜源对育成期雌性银狐生长性能、营养物质消化率及血液生化指标的影响[J].动物营养学报,2013,25(6):2489-2496.

[31] 钟伟,鲍坤,张婷,等.饲粮铜水平对冬毛期银狐铜表观生物学利用率及组织器官铜沉积量的影响[J].动物营养学报,2014,26(11):3525-3530.

[32] 耿文静.不同锌水平对银狐生产性能和血液生化指标的影响[D].硕士学位论文.北京:中国农业科学院,2010.

[33] 鲍坤,李光玉,刘佰阳,等.饲粮锰水平对育成期乌苏里貉生长性能、营养物质消化率及氮代谢的影响[J].动物营养学报,2014,26(7):2003-2008.

[34] 鲍坤,李光玉,刘佰阳,等.饲粮锰水平对冬毛期乌苏里貉生长性能和营养物质消化率及氮代谢的影响[J].中国畜牧杂志,2014,50(23):58-61.

[35] K Bao,C Xu,K Y Wang,et al..Effect of supplementation of organic manganese on reproductive performance of female Ussuri raccoon dogs(Nyctereutes procyonoides) during the breeding season[J]. Animal Reproduction Science,2014,149:311-315.

[36] 贡筱.饲粮中添加枯草芽孢杆菌和粪肠球菌对蓝狐生产性能、消化代谢及免疫功能的影响[D].硕士学位论文.北京:中国农业科学院,2014.

[37] 王凯英,鲍坤,徐超,等.酸化剂对乌苏里貉生产性能及血清生化指标的影响.动物营养学报,2014,26(12):3717-3722.

[38] 杨颖.日粮能量水平及来源对水貂生产性能和营养物质消化代谢的影响[D].硕士学位论文.北京:中国农业科学院,2013.

[39] 张铁涛,张志强,任二军,等.饲粮蛋白质水平对育成期水貂营养物质消化率及生长性能的影响[J].动物营养学报,2010,22(4):1101-1106.

[40] 张铁涛,张志强,高秀华.冬毛生长期公貂对不同蛋白质水平日粮营养物质消化率及氮代谢的比较研究[J].动物营养学报,2010,22(3):723-728.

[41] 张铁涛,张志强,耿业业,等.日粮蛋白质水平对冬毛期雌性黑貂营养物质消化率及毛皮质量的影响[J].吉林农业大学学报,2011,33(2):204-209.

[42] 张铁涛.日粮蛋白质、赖氨酸、蛋氨酸水平对生长期水貂生产性能、消化代谢和肠道形态结构的影响[D].博士学位论文.北京:中国农业科学院,2012.

[43] 蒋清奎,张志强,李光玉,等.准备配种期雌性水貂适宜日粮蛋白质水平的研究[J].中国畜收兽医,2012,39(6):117-120.

[44] 蒋清奎.繁殖期雌性水貂日粮中适宜蛋白质水平的研究[D].硕士学位论文.北京:中国农业科学院,2011.

[45] 李光玉,张海华,蒋清奎,等.雌性水貂准备配种期日粮适宜脂肪水平的研究[J].经济动物学报,2012,16(4):187-191.

[46] 张海华,张铁涛,周宁,等.饲粮脂肪水平对哺乳期水貂生产性能及血液生化指标的影响[J].动物营养学报,2014,26

(8):2225-2231.
[47] 杨颖,张铁涛,岳志刚,等.饲粮脂肪源对育成期水貂生长性能和营养物质消化代谢的影响[J].动物营养学报,2014,26(2):380-388.
[48] 张海华.日粮蛋白质和蛋氨酸水平对水貂生产性能及毛皮发育的影响[D].博士学位论文.北京:中国农业科学院,2011.
[49] 刘慧,张爱武,胡大伟,等.不同水平蛋氨酸对埋植褪黑激素母貂营养物质消化率和血清生化指标的影响[J].经济动物学报,2014,18(1):19-23.
[50] 万春孟,张铁涛,吴学壮,等.饲粮 L-精氨酸水平对育成期水貂氨基酸消化率、血清氨基酸含量及血清生化指标的影响[J].动物营养学报,2015,27(12):3789-3796.
[51] 万春孟,张铁涛,崔虎,等.饲粮 L-精氨酸含量对冬毛期雌性水貂氨基酸消化率、血清氨基酸含量及血清生化指标的影响[J].动物营养学报,2016,28(3):932-939.
[52] 吴学壮,张铁涛,崔虎,等.饲粮添加铜水平对育成期水貂生长性能、营养物质消化率及氮代谢的影响[J].动物营养学报,2012,24(6):1078-1084.
[53] Wu X Z,Liu Z,Zhang T T,et al..Effects of dietary copper on nutrient digestibility,tissular copper deposition and fur quality of growing-furring mink (Mustela vison)[J].Biological Trace Element Research,2014,158(2):166-175.
[54] Wu X,Zhang T,Liu Z,et al..Effects of different sources and levels of copper on growth performance,nutrient digestibility,and elemental balance in young female mink (Mustela vison)[J].Biological Trace Element Research,2014,160(2):212-221.
[55] 王夕国,李光玉,孙伟丽,等.有机螯合锰添加水平对母貂繁殖性能及仔貂生长性能的影响[J].动物营养学报,2012,24(7):1376-1383.
[56] 王夕国,李光玉,孙伟丽,等.日粮有机螯合锰添加水平对妊娠期水貂营养物质消化率及氮代谢的影响[J].中国畜牧兽医,2012,39(9):106-109.
[57] 吴学壮,张铁涛,杨颖,等.饲粮锌添加水平对繁殖期雄性水貂繁殖性能、营养物质消化率及氮代谢的影响[J].动物营养学报,2013,25(8):1811-1818.
[58] 任二军,蒋清奎,刘进军,等.不同锌源与锌水平日粮对生长期雌性水貂营养物质消化率及氮代谢的研究[J].中国畜牧兽医,2011,38(6):22-25.
[59] 任二军,蒋清奎,杨福合,等.日粮不同锌添加水平对育成期雄性水貂消化代谢、生长性能和血清生化指标的影响[J].中国畜牧兽医,2012,39(6):104-108.
[60] 刘汇涛,杨颖,邢秀梅,等.饲粮中添加不同复合酶制剂对育成期水貂生长性能、营养物质消化率及氮代谢的影响[J].动物营养学报,2014,26(9):1-8.
[61] 王凯英,徐超,鲍坤,等.植酸酶对水貂氮、磷等营养物质利用及生长发育的影响[J].特产研究,2013(1):18-22.
[62] 荆祎,李光玉,刘晗璐,等.不同乳酸杆菌添加剂对水貂生长性能、营养物质消化率、氮平衡及血清生化指标的影响[J].动物营养学报,2013,25(9):2160-2167.
[63] 荆祎,李光玉,刘晗璐,等.不同益生菌添加剂对水貂生长性能及血清生化指标的影响[J].经济动物学报,2013,17(3):140-145.
[64] 王凯英,鲍坤,徐超,等.酸化剂对鲜饲料保质效果及生长期水貂腹泻的影响[J].中国畜牧兽医,2014,41(3):132-136.
[65] 王凯英,鲍坤,徐超,等.饲料酸化剂对水貂小肠绒毛形态、营养物质消化率和 N、P 环境排放的影响.畜牧兽医学报,2015,46(4):665-671.
[66] 王凯英,李光玉,鲍坤,等.琥珀酸对水貂胃蛋白酶活性、营养物质消化率及生产性能的影响.东北农业大学学报,2011,942(9):67-71.
[67] 樊燕燕,孙伟丽,孙皓然,等.半胱胺对育成期雄性水貂生长性能、营养物质消化率及氮代谢的影响.动物营养学报,2015,27(10):3094-3101.
[68] 张海华,李光玉,常忠娟,等.饲粮蛋白质和蛋氨酸对水貂皮肤内毛皮发育相关基因表达的影响[J].动物营养学报,2014,26(1):177-183.
[69] 周宁.锌对水貂毛色基因表达及生产性能的影响[D].博士学位论文.延吉:延边大学,2015.

营养与鱼类肌肉品质调控研究进展

周小秋

(四川农业大学动物营养研究所,成都 611130)

摘 要:鱼类肌肉品质是影响其商品价值的重要因素,且集约化养殖常导致鱼类肌肉品质下降。研究发现,部分营养物质能通过促进鱼类肌肉蛋白质和脂肪沉积、增强肌肉抗氧化能力以及改善肌肉物理特性提高肌肉品质。本文就部分氨基酸(色氨酸、亮氨酸、异亮氨酸、精氨酸)、水溶性维生素(肌醇、胆碱、生物素)、矿物元素(磷、铁、锌)等营养物质以及营养性添加剂(蛋氨酸羟基类似物)对鱼类肌肉品质的作用和调控机制进行综述。

关键词:营养物质;鱼类;肌肉品质;抗氧化能力;TOR 信号途径;Nrf2 信号途径

据联合国粮食与农业组织统计数据显示,全球每年消费 1.28 亿 t 水产品,平均每人每年消耗水产品 18.4 kg,约占摄食动物蛋白 15%[1]。人们对水产品需求量的增加促进了集约化水产养殖业的蓬勃发展[2]。但是,随着集约化高密度养殖模式的推广,鱼类常常面临着生存环境拥挤和水质条件变差等应激。研究发现,拥挤[3]和低溶氧[4]能导致大西洋鲑鱼肉品质下降;水体污染降低了鲤鱼肌肉品质[5]。因此,改善鱼肉品质,提高其商品价值已迫在眉睫。目前,关于营养物质调控鱼类肌肉品质的作用及其作用途径已开展了部分研究。本文就部分氨基酸(色氨酸、亮氨酸、异亮氨酸、精氨酸)、水溶性维生素(肌醇、胆碱、生物素)、矿物元素(磷、铁、锌)以及营养性添加剂(蛋氨酸羟基类似物)等营养物质对鱼类肌肉品质的作用和调控机制进行综述。

1 营养物质对鱼类肌肉营养成分的影响

鱼类肌肉组织是主要的可食部分,也是蛋白质和脂肪的主要储存部位[6]。研究发现,饲粮中适宜水平的氨基酸(Trp[7]、Leu[8]、Ile[9]、Arg[10][11])、维生素(胆碱[12][13]、生物素[14])、矿物元素(Fe[15]、P[16]、Zn[17])和蛋氨酸羟基类似物(MHA)[18]能提高草鱼和建鲤肌肉蛋白含量。蛋白沉积与肌肉氨基酸水平密切相关。研究发现,饲粮中适宜水平的 Trp[7]、Leu[8]、Ile[9]、Arg[10]和胆碱[12]均提高了草鱼肌肉必需氨基酸含量,表明适宜水平的营养物质能提高鱼肌肉营养价值。鱼肌肉蛋白质含量增加还得益于肌肉蛋白质合成作用增强。Holz 等[19]研究发现,动物蛋白合成主要受雷帕霉素靶蛋白(TOR)信号途径调控,而核糖体蛋白 S6 激酶 1(S6K1)作为 mTOR 信号途径下游关键信号分子,发挥着巨大作用。研究发现,饲粮中适宜水平的 Trp[7]、Leu[8]、Ile[9]、Arg[10]和胆碱[12]上调了草鱼肌肉 TOR 和 S6K1 mRNA 水平。4E-BP 作为 TOR 下游的重要信号分子,能通过和真核细胞翻译启动因子 4E(elF-4E)结合,进而抑制蛋白翻译[20]。研究发现:适宜水平的 Arg 下调了建鲤肌肉 4E-BP 基因表达[11],而适宜水平的胆碱则上调了 4E-BP 基因表达[13]。适宜水平的营养物质上调 TOR 基因表达水平可能与酪蛋白激酶

---

* 基金项目:国家 973 项目(2014CB138600);国家公益性行业(农业)科研专项经费项目(201003020);四川省科技支撑项目(2014NZ0003);四川省重大成果转化项目(2012NC0007,2013NC0045);四川省重大科技成果转化示范项目(2015CC0011)

** 第一作者简介:周小秋(1966—),男,教授,E-mail:zhouxq@sicau.edu.cn

2(CK2)有关。在人胶质瘤细胞上研究发现,上调 CK2 基因表达能引起 TOR 表达水平升高[21]。研究发现,饲粮中适宜水平的 Ile[9]、Arg[10]和胆碱[12]能提高草鱼肌肉 CK2 mRNA 水平,表明适宜水平的 Ile、Arg 和胆碱上调鱼肌肉 TOR 基因表达可能与其 CK2 mRNA 水平升高有关。

此外,天冬氨酸(Asp)和谷氨酸(Glu)作为"鲜味"氨基酸,其含量会影响鱼类肌肉的风味[22]。研究发现,饲粮中适宜水平的 Trp[7]、Ile[9]、Arg[10]提高了草鱼肌肉 Asp 和 Glu 含量,Leu[8]提高了草鱼肌肉 Glu 含量,表明适宜水平的营养物质能改善鱼类肌肉风味,进而调控鱼肉品质。

2 营养物质对鱼类肌肉物理品质的影响

肌肉硬度是衡量鱼肌肉品质的重要指标,常用剪切力来反映[23]。饲粮中适宜水平的 Leu[8]、Ile[9]、Arg[10]和胆碱[12]均提高了草鱼肌肉剪切力;适宜水平的磷[16]、锌[17]和铁[15]则降低了草鱼肌肉剪切力。嫩度也是衡量鱼肉品质的重要参数,通常与硬度呈负相关关系[24]。研究发现:饲粮中适宜水平的 Trp[7]降低了草鱼肌肉剪切力,进而提高了肌肉嫩度。适宜水平的营养物质影响鱼肌肉硬度/嫩度可能与肌肉组织蛋白酶活力变化有关。组织蛋白酶 B 和 L 是两个重要的蛋白水解酶,可参与鱼肌肉组织降解[25]。研究发现:饲粮中适宜水平的 Leu[8]、Ile[9]、Arg[10]和胆碱[12]降低了草鱼肌肉组织蛋白酶 B 和 L 活力,而 Trp[7]则提高了鱼肌肉组织蛋白酶 B 和 L 活力,且肌肉剪切力与组织蛋白酶 B 活力及组织蛋白酶 L 活力呈负相关关系,表明营养物质可能通过调控鱼肌肉组织蛋白酶 B 和 L 的活力来调节肌肉硬度/嫩度。

pH 是影响鱼肉品质的另一重要参数,且 pH 低于适宜范围将导致鱼肌肉组织降解速率提高[26]。Li 等[27]报道草鱼肌肉 pH 适宜范围一般为 6.2～6.7。研究发现,饲粮中 Ile[9]、Arg[10]和锌[17]缺乏时,草鱼肌肉 pH 均低于适宜范围,而 Trp[7]、Leu[8]和铁[15]则对草鱼肌肉 pH 影响差异不显著。营养物质对鱼类肌肉 pH 的作用可能与肌肉乳酸含量有关。Hultmann 等[28]报道鳕鱼肌肉乳酸积累导致肌肉 pH 下降。研究发现,Trp[7]、Ile[9]和 Arg[10]缺乏均提高了草鱼肌肉乳酸含量,胆碱[12]缺乏则降低了草鱼肌肉乳酸含量,且肌肉 pH 与乳酸含量呈负相关关系,表明适宜水平的营养物质可能通过调控乳酸含量来影响鱼肌肉 pH,进而改善鱼肉品质。

系水力指肌肉保存水分的能力,是评价肉质的一个重要指标[29]。蒸煮损失常用来衡量鱼肌肉系水力大小,且与肌肉系水力呈负相关关系[30]。研究发现,饲粮中适宜水平的 Trp[7]、Leu[8]、Ile[9]、Arg[10]、胆碱[12]、磷[16]、铁[15]和锌[17]均能降低草鱼肌肉蒸煮损失,提高鱼肌肉系水能力。适宜水平的营养物质降低鱼肌肉蒸煮损失可能与胶原蛋白含量升高有关。Kong 等[31]报道胶原蛋白可通过胶合肌纤维和肌纤维束增强肌肉系水力。Johnston 等[23]报道胶原蛋白含量可用羟脯氨酸含量来衡量。研究发现,饲粮中适宜水平的 Trp[7]、Leu[8]、Ile[9]、Arg[10]、胆碱[12]和锌[17]均提高了草鱼肌肉羟脯氨酸含量。然而,适宜水平的铁[15]降低了肌肉中羟脯氨酸含量,磷[16]则对肌肉中羟脯氨酸含量影响差异不显著。进一步研究发现,Arg 对鱼肌肉胶原蛋白含量的作用可能与其代谢产物参与胶原蛋白合成有关。Arg 在精氨酸酶作用下分解成鸟氨酸和尿素,而鸟氨酸是合成胶原蛋白的重要前体物质[32]。研究发现:饲粮中适宜水平的 Arg 提高了草鱼肌肉精氨酸酶活力和鸟氨酸含量,表明 Arg 可能通过促进其代谢产物鸟氨酸生成从而提高肌肉胶原蛋白合成能力[10]。

3 营养物质与鱼类肌肉抗氧化能力的关系

肌肉氧化损伤导致肌肉系水力下降,进而降低肌肉品质[33]。鱼肉富含多不饱和脂肪酸,极易遭受氧化损伤[34]。在鱼上,丙二醛(MDA)和蛋白质羰基(PC)含量能分别反映脂肪和蛋白质氧化程度[35]。研究发现:饲粮中适宜水平的氨基酸(Trp[7]、Leu[8]、Ile[9]、Arg[10])、维生素(胆碱[12]、肌醇[36]、生物素[14])、矿物元素(磷[16]、铁[15]和锌[17,37])和MHA[18]降低了草鱼和建鲤肌肉MDA和PC含量,进而降低了脂质和蛋白质氧化损伤。在鱼上,机体氧化损伤降低与机体自由基清除能力提高有关[38]。抗超氧阴离子(ASA)和抗羟自由基(AHR)活力能够分别反映机体清除超氧阴离子和羟自由基的能力[34]。研究发现:饲粮中适宜水平的Ile[9]、Arg[10]、胆碱[12]、肌醇[36]、生物素[14]、锌[17,37]、铁[15]和MHA[18]提高了草鱼和建鲤肌肉ASA和AHR活力,而适宜水平的磷[16]提高了草鱼肌肉AHR活力,但降低了ASA活力。适宜水平的营养物质提高肌肉自由基清除能力可能与其提高非酶抗氧化物质谷胱甘肽(GSH)含量有关。研究发现:饲粮中适宜水平的Trp[7]、Leu[8]、Ile[9]、Arg[10]、胆碱[12]、肌醇[36]、磷[16]、铁[15]、锌[17,37]和MHA[18]均提高了草鱼和建鲤肌肉GSH含量,增强了非酶抗氧化能力。GSH从头合成是动物体内GSH的重要来源之一,而谷氨酸-半胱氨酸连接酶(GCL)是鼠上GSH从头合成的限速酶[39]。上调GCL基因表达能促进人脑上皮细胞GSH合成[40]。研究发现:饲粮中适宜水平的Ile[9]、Arg[10]和胆碱[12]上调了草鱼肌肉GCL基因表达,且肌肉GSH含量与GCL mRNA水平呈正相关关系,表明适宜水平的营养物质可能通过上调鱼肌肉GCL基因表达提高肌肉GSH合成能力。此外,谷胱甘肽还原酶(GR)能将氧化型谷胱甘肽(GSSG)还原成GSH,维持机体内环境稳态[41]。研究发现:饲粮中适宜水平的肌醇[36]、生物素[14]、锌[17,37]、铁[15]和MHA[18]提高了草鱼肌肉和建鲤GR活力,而适宜水平的磷[16]降低了草鱼肌肉GR活力,胆碱[12]则对草鱼肌肉GR活力影响差异不显著,表明适宜水平的营养素可通过提高GR活力促进肌肉GSH重新生成。此外,谷胱甘肽过氧化物酶(GPx)和谷胱甘肽-S-转移酶(GST)能以GSH为底物,在清除自由基过程中发挥重要作用[42]。研究发现,饲粮中适宜水平的Leu[8]、Ile[9]、Arg[10]、Trp[7]、肌醇[36]、生物素[14]、磷[16]、铁[15]、锌[17,37]和胆碱[12]提高了草鱼和建鲤肌肉GPx和GST活力;MHA[18]提高了建鲤肌肉GPx酶活力,但对GST活力影响差异不显著。超氧化物歧化酶(SOD)是第一个被发现的具有清除氧自由基能力的酶,主要包括CuZnSOD和MnSOD[43]。研究发现:适宜水平的肌醇[36]、生物素[14]、磷[16]、铁[15]、锌[17,37]和MHA[18]能提高草鱼和建鲤肌肉总SOD活力。此外,在营养物质对SOD亚型上的研究发现,饲粮中适宜水平的Leu[8]、Ile[9]、Arg[10]和胆碱[12]提高了草鱼肌肉CuZnSOD活力,而适宜水平的Trp[7]对肌肉CuZnSOD活力影响差异不显著,表明Ile、Arg缺乏降低草鱼肌肉ASA活力与其降低CuZnSOD活力有关。过氧化氢酶(CAT)在清除羟自由基中发挥重要作用[44]。研究发现,饲粮中适宜水平的Leu[8]、Arg[10]、肌醇[36]、生物素[14]、磷[16]、铁[15]、锌[17,37]和MHA[18]提高了草鱼和建鲤肌肉CAT活力;Trp[7]、Ile[9]和胆碱[12]则降低了CAT在草鱼肌肉组织中的活力。在鼠上的研究发现,肌肉组织抗氧化酶活力与其基因表达水平密切相关[45]。研究发现:饲粮中适宜水平的Leu[8]、Arg[10]均上调了草鱼肌肉CuZnSOD、CAT和GPx基因表达;Trp[7]和Ile[9]则上调了GPx基因表达,下调了CAT基因表达;胆碱[12]显著上调了CuZnSOD、GPx和GST基因表达,但对CAT基因表达影响差异不显著。表明适宜水平的营养物质能通过上调抗氧化酶基因表达,进而提高鱼类肌肉相应抗氧化酶活力。

核因子相关因子2(Nrf2)在调控机体抗氧化酶基因转录中起关键作用[46]。上调Nrf2基因表达能提高人间充质干细胞Cu/ZnSOD mRNA水平[47]。研究发现:饲粮中适宜水平的Trp[7]、Leu[8]、Ile[9]、Arg[10]和胆碱[12]均能上调草鱼肌肉Nrf2基因表达,表明适宜水平的营养物质通过上调Nrf2基因表达,从而促进抗氧化酶mRNA水平升高,进而提高了酶活力。Keap1作为Nrf2绑定蛋白,能阻止Nrf2核转位,并在蛋白酶的作用下催化Nrf2降解[35]。在鼠肺上的研究发现,下调Keap1基因表达能促进Nrf2由细胞质转移进入细胞核,最终提高Cu/ZnSOD和GPx基因转录水平[48]。研究发现,饲粮中适宜水平的Trp[7]、Leu[8]、Ile[9]、Arg[10]下调了草鱼肌肉Keap1基因表达。Jiang等[49]报道Keap1在鱼上有两个亚型,即Keap1a和Keap1b。研究发现,适宜水平的胆碱[12]能显著下调草鱼肌肉Keap1a和Keap1b基因表达。以上研究结果表明适宜水平的营养物质能通过降低Keap1 mRNA水平,从而上调抗氧化酶基因表达,进而提高抗氧化酶活力。适宜水平营养物质提高Nrf2基因表达可能与其代谢产物有关。NO作为Arg的代谢产物,其浓度增加能上调鼠血管平滑肌细胞Nrf2基因表达[50]。研究发现,饲粮中适宜水平的 Arg[10] 提高了草鱼肌肉中 NO 含量,说明适宜水平 Arg 可能通过促进 NO 产生,从而上调 Nrf2 表达,进而上调抗氧化酶 mRNA 水平,最终提高草鱼肌肉抗氧化能力。

4 根据肉质指标确定的鱼类部分营养需要参数

根据鱼肉质部分营养标识确定的鱼类营养需要参数见表1。

表 1 鱼类营养需要参数

鱼类	营养物质	鱼体重/g	确定标识	需要量	资料来源
草鱼	Trp	287~699	蒸煮损失	3.30 g/kg 日粮 11.00 g/kg 蛋白	Jiang 等(2016)[7]
草鱼	Trp	287~699	剪切力	3.61 g/kg 日粮 12.00 g/kg 蛋白	Jiang 等(2016)[7]
草鱼	Trp	287~699	MDA	3.48 g/kg 日粮 11.60 g/kg 蛋白	Jiang 等(2016)[7]
草鱼	Ile	253.4~660.8	蒸煮损失	11.10 g/kg 日粮 36.00 g/kg 蛋白	Gan 等(2014)[9]
草鱼	Leu	296~690	MDA	12.80 g/kg 日粮 39.30 g/kg 蛋白	Deng 等(2014)[8]
草鱼	Arg	279~630	Cu/Zn-SOD	15.64 g/kg 日粮 50.75 g/kg 蛋白	Wang 等(2015)[10]
草鱼	P	283~663	剪切力 MDA	5.11 g/kg 日粮 4.14 g/kg 日粮	Wen 等(2015)[16]
草鱼	Zn	257~670	剪切力	47.94 g/kg 日粮	Wu 等(2014)[17]
草鱼	Fe	292~695	蒸煮损失	74.80 g/kg 日粮	Zhang 等(2015)[15]
建鲤	生物素	7.72~32.7	PC GST	0.17 mg/kg 日粮 0.18 mg/kg 日粮	Feng 等(2014)[14]
建鲤	肌醇	22.28~92.4	PC GST	853.8 mg/kg 日粮 770.25 mg/kg 日粮	Jiang 等(2010)[36]
建鲤	Zn	15~42	AHR GST	66.3 mg/kg 日粮 67.97 mg/kg 日粮	Feng 等(2011)[37]
建鲤	MHA	8.24~55.6	AHR MDA	7.25 g/kg 日粮 6.65 g/kg 日粮	Xiao 等(2012)[18]

5 小结

营养物质能够通过改善肌肉营养组成成分、硬度、pH、系水力和抗氧化能力来提高鱼类肌肉品质。鱼肌肉中蛋白质含量的提高与营养物质促进肌肉 TOR 信号分子基因表达升高有关。适宜水平的营养物质还能通过降低鱼类肌肉组织蛋白酶 B 和 L 活力来提高鱼肉剪切力,从而提高鱼类肌肉硬度;通过降低鱼肉乳酸含量,从而影响鱼肉 pH;通过提高肌肉组织中羟脯氨酸含量,提高其蒸煮损失,进而提高肌肉系水力,最终提高鱼类肌肉品质。此外,营养物质还能通过影响鱼类非酶性抗氧化物质含量及抗氧化酶活力来改善鱼类肌肉品质,主要是通过Nrf2信号途径调控抗氧化酶mRNA水平影响鱼类肌肉抗氧化酶活力,然而不同营养物质对鱼类肌肉品质的调控存在部分差异。目前,关于营养物质对鱼类肌肉品质的调控研究处于初探阶段,调控机制有待进一步深入研究。同时,以鱼肉物理指标(蒸煮损失、剪切力)和抗氧化相关指标(MDA、PC、AHR、SOD和GST)为营养需要量标识,确定了鱼类部分营养需要参数(表1)。

参考文献

[1] Fao. Yearbook Fishery and Aquaculture Statistics[J]. Food and Agriculture Organization of the United Nations: Rome, 2014.

[2] Johnston I A, Li X, Vieira V L A, et al.. Muscle and flesh quality traits in wild and farmed Atlantic salmon[J]. Aquaculture, 2006, 256(1-4): 323-336.

[3] Wall A J. Ethical considerations in the handling and slaughter of farmed fish[J]. Farmed fish quality. Blackwell Science, 2001, 108-119.

[4] Gatica M C, Monti G, Knowles T G, et al.. Effects of crowding on blood constituents and flesh quality variables in Atlantic salmon (*Salmo salar* L.).[J]. Arch Med Vet, 2010, 42: 187-193.

[5] Morachis-Valdez G, DublánGarcíA O, LóPez-MartíNez L X, et al.. Chronic exposure to pollutants in Madín Reservoir (Mexico) alters oxidative stress status and flesh quality in the common carp Cyprinus carpio[J]. Environmental Science and Pollution Research, 2015, 22(12): 9159-9172.

[6] Periago M J, Ayala M D, LóPez-Albors O, et al.. Muscle cellularity and flesh quality of wild and farmed sea bass, Dicentrarchus labrax L.[J]. Aquaculture, 2005, 249(1-4): 175-188.

[7] Jiang W, Wen H, Liu Y, et al.. Enhanced muscle nutrient content and flesh quality, resulting from tryptophan, is associated with anti-oxidative damage referred to the Nrf2 and TOR signalling factors in young grass carp (*Ctenopharyngodon idella*): Avoid tryptophan deficiency or excess[J]. Food Chemistry, 2016, 199: 210-219.

[8] Deng Y, Jiang W, Liu Y, et al.. Dietary leucine improves flesh quality and alters mRNA expressions of Nrf2-mediated antioxidant enzymes in the muscle of grass carp (*Ctenopharyngodon idella*)[J]. Aquaculture, 2016, 452: 380-387.

[9] Gan L, Jiang W, Wu P, et al.. Flesh quality loss in response to dietary isoleucine deficiency and excess in fish: A link to impaired Nrf2-Dependent antioxidant defense in muscle[J]. PLoS One, 2014, 9(12): e115129.

[10] Wang B, Liu Y, Feng L, et al.. Effects of dietary arginine supplementation on growth performance, flesh quality, muscle antioxidant capacity and antioxidant-related signalling molecule expression in young grass carp (*Ctenopharyngodon idella*)[J]. Food Chemistry, 2015, 167: 91-99.

[11] Chen G, Feng L, Kuang S, et al.. Effect of dietary arginine on growth, intestinal enzyme activities and gene expression in muscle, hepatopancreas and intestine of juvenile Jian carp (*Cyprinus carpio* var. Jian)[J]. British Journal of Nutrition, 2012, 108(02): 195-207.

[12] Zhao H, Feng L, Jiang W, et al.. Flesh shear force, cooking loss, muscle antioxidant status and relative expression of signaling molecules (Nrf2, keap1, TOR, and CK2) and their target genes in young grass carp (*Ctenopharyngodon idella*) muscle fed with graded levels of choline[J]. PLoS One, 2015, 10(11): e142915.

[13] Wu P, Feng L, Kuang S, et al.. Effect of dietary choline on growth, intestinal enzyme activities and relative expressions of target of rapamycin and eIF4E-binding protein2 gene in muscle, hepatopancreas and intestine of juvenile Jian carp (Cyprinus carpio var. Jian)[J]. Aquaculture, 2011, 317(1-4): 107-116.

[14] Feng L, Zhao S, Chen G, et al.. Antioxidant status of serum, muscle, intestine and hepatopancreas for fish fed graded levels of biotin[J]. Fish Physiology and Biochemistry, 2014, 40(2): 499-510.

[15] Zhang L, Feng L, Jiang W D, et al.. The impaired flesh quality by iron deficiency and excess is associated with increasing oxidative damage and decreasing antioxidant capacity in the muscle of young grass carp (*Ctenopharyngodon idellus*)[J]. Aquaculture Nutrition, 2016, 22(1): 191-201.

[16] Wen J, Jiang W, Feng L, et al.. The influence of graded levels of available phosphorus on growth performance, muscle antioxidant and flesh quality of young grass carp (*Ctenopharyngodon idella*)[J]. Animal Nutrition, 2015, 1(2): 77-84.

[17] Wu Y, Feng L, Jiang W, et al.. Influence of dietary zinc on muscle composition, flesh quality and muscle antioxidant status of young grass carp (Ctenopharyngodon idella)[J]. Aquaculture Research, 2015, 46(10): 2360-2373.

[18] Xiao W W, Feng L, Kuang S Y, et al.. Lipid peroxidation, protein oxidant and antioxidant status of muscle and serum for juvenile Jian carp (*Cyprinus carpio* var. Jian) fed grade levels of methionine hydroxy analogue[J]. Aquaculture Nutrition, 2012, 18(1): 90-97.

[19] Holz M K, Ballif B A, Gygi S P, et al.. MTOR and S6K1 mediate assembly of the translation preinitiation complex through dynamic protein interchange and ordered phosphorylation events[J]. Cell, 2005, 123(4): 569-580.

[20] Schmelzle T, Hall M N. Tor, a central controller of cell growth.[J]. Cell, 2000, 103(2): 253-262.

[21] Olsen B B, Svenstrup T H, Guerra B. Downregulation of protein kinase CK2 induces autophagic cell death through modulation of the mTOR and MAPK signaling pathways in human glioblastoma cells[J]. International Journal of Oncology, 2012, 41(6): 1967-1976.

[22] Yu H, Li R, Liu S, et al.. Amino acid composition and nutritional quality of gonad from jellyfish Rhopilema esculentum[J]. Biomedicine & Preventive Nutrition, 2014, 4(3): 399-402.

[23] Johnston I A, Li X, Vieira V L A, et al.. Muscle and flesh quality traits in wild and farmed Atlantic salmon[J]. Aquaculture, 2006, 256(1-4): 323-336.

[24] He H, Wu D, Sun D. Potential of hyperspectral imaging combined with chemometric analysis for assessing and visualising tenderness distribution in raw farmed salmon fillets[J]. Journal of Food Engineering, 2014, 126: 156-164.

[25] Ahmed Z, Donkor O, Street W A, et al.. Proteolytic activities in fillets of selected underutilized Australian fish species[J]. Food Chemistry, 2013, 140(1-2): 238-244.

[26] Bahuaud D, MØRKØRE T, ØStbye T K, et al.. Muscle structure responses and lysosomal cathepsins B and L in farmed Atlantic salmon (*Salmo salar* L.) pre-and post-rigor fillets exposed to short and long-term crowding stress [J]. Food Chemistry, 2010, 118(3): 602-615.

[27] Li L, Zhou J S, He Y L, et al.. Comparative study of muscle physicochemical characteristics in common Cyprinus carpio, Silurus asotus and Ctenopharyngodon idellus[J]. Journal of Hydroecology, 2013, 34(1): 82-85.

[28] Hultmann L, Phu T M, Tobiassen T, et al.. Effects of pre-slaughter stress on proteolytic enzyme activities and muscle quality of farmed Atlantic cod (*Gadus morhua*)[J]. Food Chemistry, 2012, 134(3): 1399-1408.

[29] Kaale L D, Eikevik T M, Rustad T, et al.. Changes in water holding capacity and drip loss of Atlantic salmon (*Salmo salar*) muscle during superchilled storage[J]. LWT-Food Science and Technology, 2014, 55(2): 528-535.

[30] Skipnes D, ØStby M L, Hendrickx M E. A method for characterising cook loss and water holding capacity in heat treated cod (*Gadus morhua*) muscle[J]. Journal of Food Engineering, 2007, 80(4): 1078-1085.

[31] Kong F, Tang J, Lin M, et al.. Thermal effects on chicken and salmon muscles: Tenderness, cook loss, area shrinkage, collagen solubility and microstructure[J]. LWT-Food Science and Technology, 2008, 41(7): 1210-1222.

[32] Flynn N E, Meininger C J, Haynes T E, et al.. The metabolic basis of arginine nutrition and pharmacotherapy[J]. Biomedicine & Pharmacotherapy, 2002, 56(9): 427-438.

[33] Wang Z G, Pan X J, Peng Z Q, Zhao R Q, et al.. Methionine and selenium yeast supplementation of the maternal diets affects color, water-holding capacity, and oxidative stability of their male offspring meat at the early stage.[J]. Poultry Science, 2009, 88(5): 1096-1101.

[34] Martínez-ÁLvarez R M, Morales A E, Sanz A. Antioxidant defenses in fish: Biotic and abiotic factors[J]. Reviews in Fish Biology and Fisheries, 2005, 15(1-2): 75-88.

[35] Jiang W, Liu Y, Jiang J, et al.. Copper exposure induces toxicity to the antioxidant system via the destruction of Nrf2/ARE signaling and caspase-3-regulated DNA damage in fish muscle: Amelioration by myo-inositol[J]. Aquatic Toxicology, 2015, 159: 245-255.

[36] Jiang W, Feng L, Liu Y, et al.. Lipid peroxidation, protein oxidant and antioxidant status of muscle, intestine and

hepatopancreas for juvenile Jian carp (*Cyprinus carpio* var. Jian) fed graded levels of myo-inositol[J]. Food Chemistry,2010,120(3):692-697.

[37] Feng L,Tan L N,Liu Y,et al.. Influence of dietary zinc on lipid peroxidation,protein oxidation and antioxidant defence of juvenile Jian carp (*Cyprinus carpio* var. Jian)[J]. Aquaculture Nutrition,2011,17(4):e875-e882.

[38] Chen S,Zou L,Li L,et al.. The protective effect of glycyrrhetinic acid on carbon tetrachloride-induced chronic liver fibrosis in mice via upregulation of Nrf2[J]. PloS one,2013,8(1):e53662.

[39] Petrović,Buzadžlćn,Koraća,et al.. L-Arginine supplementation induces glutathione synthesis in interscapular brown adipose tissue through activation of glutamate-cysteine ligase expression:The role of nitric oxide[J]. Chemico-Biological Interactions,2009,182(2-3):204-212.

[40] Okouchi M,Okayama N,Steven Alexander J,et al.. NRF2-dependent glutamate-L-cysteine ligase catalytic subunit expression mediates insulin protection against hyperglycemia-induced brain endothelial cell apoptosis.[J]. Current neurovascular research,2006,3(4):249-261.

[41] Giustarini D,Tsikas D,Colombo G,et al.. Pitfalls in the analysis of the physiological antioxidant glutathione (GSH) and its disulfide (GSSG) in biological samples:An elephant in the room[J]. Journal of Chromatography B,2016,1019:21-28.

[42] Elia A C,Anastasi V,Dörr A J M. Hepatic antioxidant enzymes and total glutathione of Cyprinus carpio exposed to three disinfectants,chlorine dioxide,sodium hypochlorite and peracetic acid,for superficial water potabilization[J]. Chemosphere,2006,64(10):1633-1641.

[43] Zelko I N,Mariani T J,Folz R J. Superoxide dismutase multigene family:A comparison of the CuZn-SOD (SOD1), Mn-SOD (SOD2),and EC-SOD (SOD3) gene structures,evolution,and expression[J]. Free Radical Biology and Medicine,2002,33(3):337-349.

[44] Tiana L,Caib Q,Wei H. Alterations of antioxidant enzymes and oxidative damage to macromolecules in different organs of rats during aging[J]. Free Radical Biology and Medicine,1998,24(9):1477-1484.

[45] Lambertucci R H,Levada-Pires A C,Rossoni L V,Curi R,et al.. Effects of aerobic exercise training on antioxidant enzyme activities and mRNA levels in soleus muscle from young and aged rats[J]. Mechanisms of Ageing and Development,2007,128(3):267-275.

[46] Ma Q. Role of nrf2 in oxidative stress and toxicity[J]. Annual Review of Pharmacology and Toxicology,2013,53(1):401-426.

[47] Mohammadzadeh M,Halabian R,Gharehbaghian A,et al.. Nrf-2 overexpression in mesenchymal stem cells reduces oxidative stress-induced apoptosis and cytotoxicity[J]. Cell Stress and Chaperones,2012,17(5):553-565.

[48] Blake D J,Singh A,Kombairaju P,et al.. Deletion of Keap1 in the lung attenuates acute cigarette smoke-induced oxidative stress and inflammation[J]. American Journal of Respiratory Cell and Molecular Biology,2010,42(5):524-536.

[49] Jiang W,Liu Y,Hu K,et al.. Copper exposure induces oxidative injury,disturbs the antioxidant system and changes the Nrf2/ARE (CuZnSOD) signaling in the fish brain:Protective effects of myo-inositol[J]. Aquatic Toxicology,2014,155:301-313.

[50] Liu X,Peyton K,Ensenat D,et al.. Nitric oxide stimulates heme oxygenase-1 gene transcription via the Nrf2/ARE complex to promote vascular smooth muscle cell survival[J]. Cardiovascular Research,2007,75(2):381-389.

动物营养调控与饲料科学

大豆素调控动物脂代谢研究进展[*]

瞿明仁[**] 赵向辉

（江西农业大学动物科技学院，南昌 330045）

摘 要：大豆素（大豆苷元）属于异黄酮类植物雌激素，具有抗氧化、抗应激、促生长等作用。近年来，研究发现大豆素还可影响动物的脂代谢，但研究相对较少。本文就大豆素的理化性质、吸收与代谢形式、对动物脂代谢的影响及作用机理的研究进展作一综述。

关键词：大豆素；脂代谢调控；作用机理；PPARγ

20世纪40年代澳大利亚科学家在三叶草中首次发现含有雌激素活性物质，后经鉴定为大豆异黄酮（soybean isoflavones），1974年匈牙利科学家开始使用大豆异黄酮作为饲料添加剂，引起了畜牧学家的广泛关注。

大豆异黄酮是大豆生长过程中形成的一类次生代谢产物。主要包括大豆苷（daidzin）、大豆苷元（daidzein）、染料木苷（genistin）、染料木素（genistein）、黄豆黄素（glycitin）、黄豆黄素苷元（glycitein）等成分。

大豆素（daidzein），又称为大豆苷元，是大豆异黄酮的主要组分，存在于大豆、苜蓿等植物饲料中。由于结构与雌二醇相似，大豆苷元具有弱雌激素活性，并表现出抗氧化，抗应激，促生长和发育等特性[29]，在畜牧生产中具有广阔的应用前景。国内外学者，针对大豆苷元对家禽、猪、牛、羊的生长、产蛋、泌乳、繁殖、瘤胃发酵等方面的影响已做了广泛研究，结果显示，大豆苷元可促进动物的生长和生产、增强机体免疫力，提高繁殖性能及改善畜禽产品品质[1]。

近年来，随着人们生活水平的提高和膳食结构的改善，人们对畜产品品质要求越来越高，特别是对肉产品肌内脂肪含量非常重视，因此动物脂类代谢成为研究的热点。一些研究结果初步显示，大豆素能够调控动物的脂代谢，但相关信息较少，且调控机理尚不清楚。本文将就大豆素调控动物脂代谢的研究进展作一综述。

1 大豆素存在、分布及理化特性

天然大豆素广泛存在于豆类、牧草、谷物、水果、蔬菜等植物以及豆腐等食品中，以大豆中的含量最高，平均为676～1001 mg/kg[2]。大豆素的化学名称为4,7-二羟基异黄酮，分子式$C_{15}H_{10}O_4$，相对分子质量为254.24，化学结构与17-β雌二醇相似，均为极性化合物（图1）。常温下大豆素为白色结晶状粉末，无味，不溶于水，在醇和酮类试剂中具有一定的溶解度，极易溶于二甲基亚砜中。体外试验发现大豆素具有轻微的基因毒性[3]，但饲喂雄鼠和雌鼠高大豆素日粮（大于1000 mg/kg）并未引起任何生殖和繁

---

[*] 基金项目：国家公益性行业（农业）科研专项（201303143），国家肉牛牦牛产业技术体系（CARS-38）

[**] 第一作者简介：瞿明仁，教授，E-mail:qumingren@sina.com

殖上的毒性表现[4-5]。

2 大豆素在动物机体内吸收与代谢

植物中的大豆素多以葡萄糖糖苷(大豆苷,daizin)的形式存在[6]。由于具有较高的亲水性和分子量,大豆苷并不能被动物胃肠道很好地吸收[7]。相比于大豆苷,大豆素在肠道中则具有较高的吸收速率和效率[8]。大豆苷在动物体内的消化过程与动物种类有关。单胃动物采食大豆苷后,可在肠道微生物分泌的β-葡萄糖苷酶作用下将大豆苷去糖基化,释放出大豆素[9],促进大豆素的吸收,故有学者认为肠道上皮β-葡萄糖苷酶的活性可能是影响大豆素吸收效率的关键因子[10]。然而,有研究在无肠道微生物鼠的尿液中也检测到了大豆素,表明微生物对于大豆苷去糖基化并不是必需的[11],原因可能在于小肠上皮刷状缘膜上的乳糖酶根皮苷水解酶也具有去糖基化的作用[12]。但一致认为大豆苷必须转变为大豆素才能被有效地吸收[13]。产生的部分大豆素可被肠道特定微生物菌群降解为雌马酚,一种不再分解且同样具有更强生物活性的化合物。存在特定微生物是雌马酚产生的前提条件,当肠道中无微生物时大豆素不会被降解[11],这导致并非所有的动物都能产生雌马酚。

植物中的大豆苷被反刍动物采食后,大部分在瘤胃中被微生物去糖基化转变为大豆素,之后进一步降解为雌马酚和去甲基安哥拉紫檀素,其中雌马酚为主要降解产物,剩余的部分则进入小肠中[14]。大豆苷在反刍动物小肠中的消化过程原理上与单胃动物类似。产生的大豆素及其代谢产物经胃肠道壁、肝脏、肾脏后,以游离或糖醛酸结合的形式进入血液[15],通过尿液或动物产品如牛奶排出,部分糖醛酸结合的大豆素也可通过胆汁再次进入肠道,形成肝肠循环(图1)。

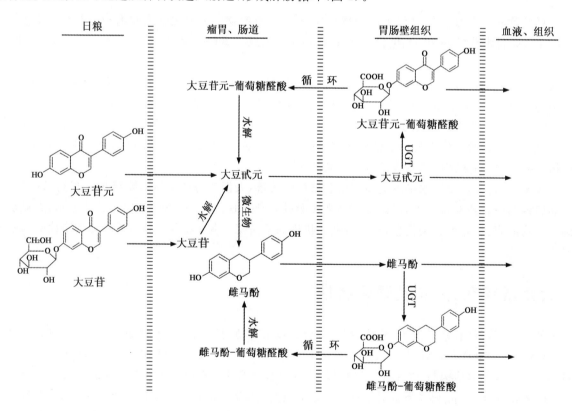

图1 大豆素的结构及在动物体内的代谢

3 大豆素对动物脂类代谢的调控

研究发现,大豆素及其代谢产物雌马酚均能参与调解动物的糖脂代谢,但结论尚不一致。在一些研究里,大豆素能够促进脂类的合成。大豆素和雌马酚处理 3T3-L1 前脂肪细胞,能够增加葡萄糖转运蛋白 4(GLUT4)和胰岛素受体底物 1 的表达,促进葡萄糖摄入量和细胞成脂分化[16-17];雌马酚能够加强 C3H10T1/2 干细胞向脂肪细胞的转化[16]。大豆素促进了人前体脂肪细胞的增殖、分化和胞内脂滴的形成[18]。大豆素还能够提高促葡萄糖吸收和脂类生成类激素如胰岛素和脂连素(adiponectin)的分泌和表达[19-20]。广西香猪饲喂高剂量大豆异黄酮日粮,增加了屠宰后胴体的脂肪含量[21]。妊娠母猪饲喂大豆素日粮,提高了仔猪的体脂肪含量[22]。本课题组结果显示,日粮中添加大豆素,能够上调育肥阉牛肌内脂肪组织中 FATP4、FABP3、SCD5 等促脂生成基因的表达量,促进肌内脂肪的沉积,改善牛肉的大理石花纹和品质[23](图 2)。

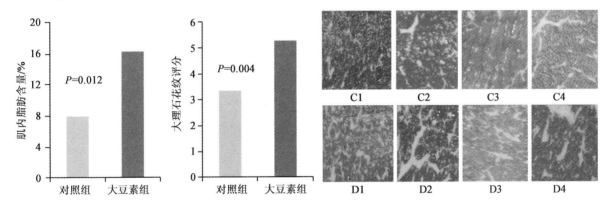

图 2 大豆素对肉牛肌内脂肪沉积、背最长肌大理石花纹的影响
(Zhao 等,2015;C1~C4 为对照组,D1~D4 为大豆苷元组)

但也有研究发现,大豆素能够抑制脂类的合成。大豆素抑制了鼠脂肪细胞对葡萄糖的摄入和甘油三酯的合成[24-25],以及人脂肪组织衍生的间充质干细胞的成脂分化[26]。鼠采食大豆素和雌马酚日粮后,降低了体重、腹脂量和血清甘油三酯含量[25,27-28]。肉鸡饲喂大豆素日粮降低了皮下脂肪厚度和腹脂率[29]。

另有一些研究与以上报道结果也不一致。在 Li 等的研究中,仅高剂量大豆异黄酮添加组较对照组增加了猪背最长肌中过氧化物酶体增殖物激活受体 γ(PPARγ)、增强子结合蛋白 α(c/EBPα)等促脂生成因子基因或蛋白的表达水平[21]。Šošić-Jurjević 等也观察到,仅高浓度的大豆素提高了鼠血清总甘油三酯含量[30]。利用大豆素刺激骨祖细胞发现,低浓度的大豆素促进细胞成骨抑制成脂,高浓度的大豆素则促使细胞成脂抑制成骨[31]。然而,兔饲喂大豆异黄酮日粮(含大豆素和染料木素)发现,随着大豆异黄酮含量的增加,兔血清中总甘油三酯的含量呈先增加后降低趋势[32]。利用雌马酚刺激鼠 3T3-L1 前脂肪细胞则也出现与对照组相比,低浓度的雌马酚提高了脂肪生成因子 PPARγ、c/EBPα 和脂肪合成酶(FAS)的基因及蛋白表达水平,而高浓度的雌马酚则抑制了这些因子的表达[17]。

综合以上研究可发现,各试验间结论的不一致,可能与大豆素、雌马酚的添加水平、试验条件以及使用的动物、细胞种类不同有关,即大豆素、雌马酚对动物机体及细胞脂类代谢的影响可能呈剂量依赖性,且这种影响规律在不同动物或细胞间,应该不一致,即具有品种间的差异性。

4 大豆素调控动物脂类代谢的可能机制

脂肪细胞在合成脂类过程中,需要一系列酶的参与,如乙酰 CoA 羧化酶(ACC)、脂肪合成酶(FAS)、脂肪酸延长酶(ELOVL)、SCD、ATP-柠檬酸裂解酶(ACLY)、葡萄糖-6-磷酸脱氢酶(G6PDH)、苹果酸脱氢酶(MDH)等,这些酶在脂肪酸的最终合成上发挥重要作用(图3)[14,33]。从分子角度看,脂肪组织的沉积过程,本质上由众多相关基因的时空特异性表达调控[34]。除了以上各种酶相对应的基因外,目前确认与脂类合成有关的重要基因还包括脂蛋白脂酶、PPARγ、固醇结合元件调节因子1(SREBF1)、增强子结合蛋白、脂肪酸结合蛋白(FABP)、脂肪酸转运蛋白(FATP)、脂肪酸转位酶(CD36)、adiponectin、Leptin等,部分基因被看作肌内脂肪沉积的标示性基因,如 FAS、FABP、SCD、Leptin、SREBF1 等[35-39]。但研究表明,PPARγ在脂类合成中起着主导性作用,激活后能够直接调控 FAS、SCD、GLUT4、FABP 等基因的表达[19,40-41],促进葡萄糖的吸收和脂类的合成[5]。因此,PPARγ激活及其目的基因的表达是促进脂肪沉积特别是肌内脂肪沉积的最根本原因[42]。

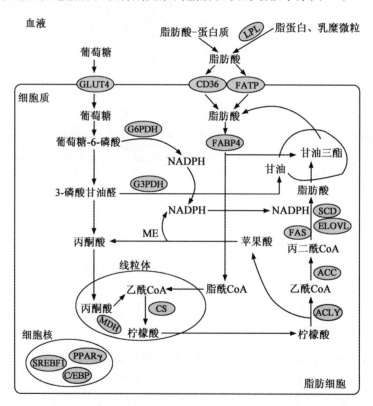

图3 细胞脂类合成的主要过程及相关酶和基因

PPARγ是一种依赖于配体激活的转录因子,主要在脂肪组织中高效表达,与细胞分化和糖脂代谢密切相关[43]。PPARγ与配体结合后,与视黄醇类X受体形成异二聚体并结合于靶基因启动子上游的DNA反应元件,最终激活并调节靶基因的转录(图4)。激活 PPARγ 后,主要通过以下途径促进细胞脂类合成:上调 GLUT4 和 IRS 等基因的表达,增强胰岛素的敏感性,促进葡萄糖吸收[44];调控多种参与脂类合成基因的转录,如 FABP4、FATP、CD36 等,促进细胞中脂类的积累[40,41,43];作为脂肪细胞分化的必要条件和主要调节因子[45],诱导细胞成脂分化;通过影响 Adiponectin、leptin、TNF-α 等脂肪组织分泌的细胞因子,以及 AMPK、ERK、JAK-STAT 等信号通路调节脂类代谢[43,46]。

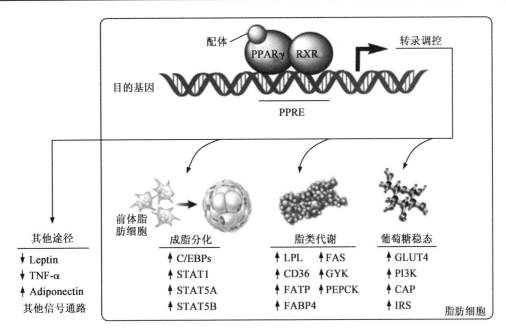

图 4　PPARγ 信号通路对脂肪细胞脂类合成的调控

迄今为止,尽管大豆素调控动物脂类代谢的确切分子机制尚不清楚,但多数研究发现,大豆素促进脂类合成可能与激活 PPARγ 信号通路有关。大豆素和雌马酚能够作为配体在多种细胞中与 PPARγ 进行结合,激活 PPARγ 的转录活性,如癌细胞[47-48]、鼠 3T3 前脂肪细胞[16,19]、鼠巨噬细胞[49]、神经元细胞[50]、人内皮细胞[51]、鼠骨祖细胞[31]等。其中与脂类代谢相关的典型研究:Dang 和 Löwik 报道,大豆素通过激活 PPARγ 的转录活性,诱导鼠骨祖细胞分化成脂[31]。在 Cho 的研究中,大豆素通过激活 PPARγ 的转录活性,增加 GLUT4 蛋白的表达量,促进鼠前体脂肪细胞对葡萄糖的摄入[52]。Cho 等进一步指出,大豆素和雌马酚能够促进鼠前体脂肪细胞成脂分化,提高 FABP4、Glu4、IRS1 基因的表达,促进葡萄糖的吸收和脂粒的积累,完全依赖于 PPARγ 转录活性的激活[16]。Sakamoto 等(2014)报道,大豆素能够激活 PPARγ 的转录活性,诱导鼠前体脂肪细胞的分化,提高 PPARγ、FABP4、Adiponectin 等基因的表达,促进甘油三酯的积累[19]。本课题组前期研究结果显示,大豆素促进肉牛肌内脂肪沉积,上调生脂基因表达量的调控作用与 PPAR 通路有关,结合以上研究进展,我们推测大豆素可能在肉牛脂肪细胞中结合并激活了 PPARγ 的转录活性,进而促进了脂肪的沉积。

但前文也提到,一些研究发现饲喂大豆素降低了动物的脂肪沉积,这可能与大豆素能够激活雌激素受体(ERs)有关。ERs 是一类配体激活的转录因子,有 α、β 两种亚型。ERα 和 ERβ 均可在脂肪细胞或脂肪组织中表达[53]。ERs 与配体结合后,引起变构形成同源二聚体并与靶基因上的雌激素反应元件(ERE)结合形成复合物,复合物中的 ERs 再与辅调节蛋白因子(CoReg)结合促发基因转录[54]。ERs 的激活与表达可降低细胞中脂类的合成[55]。利用雌二醇激活 ERα 或 ERβ 均抑制鼠骨髓基质干细胞的成脂分化,降低细胞内脂类的积累[56]。敲除鼠 ERα 或 ERβ 可显著提高 ap2、脂肪酸转运酶 CD36、LPL 等基因的表达量,增加脂肪细胞数和体脂含量[57]。研究发现,大豆素作为配体在与 ERs 结合过程中能够将其激活,降低骨细胞中脂类的合成[31]。此外,染料木素(与大豆素同为大豆异黄酮)也能够结合并激活 ERs,并降低脂类合成及相关基因表达[58]。

综上所述,大豆素调控动物脂代谢的机制可能与其能够选择性激活 ERs 和 PPARγ 两种受体有关。

5 小结

随着我国经济社会的发展以及人们生活水平的提高、膳食结构的改善,对肉类品质的要求越来越高。肌内脂肪含量是影响肉类,如猪肉、牛肉的肉色、嫩度、风味、多汁性、系水力的关键因素,决定肉中大理石花纹的丰富程度。肌内脂肪含量越高,大理石花纹越丰富,多汁性越好,肉质越嫩,肉品质越高。因此,如何提高肌内脂肪含量进而提升肉的品质成了当前研究的热点和首要问题。大豆素在调控脂类代谢过程中能够选择性激活 ERs 和 PPARγ 两种受体,这使得大豆素在使用过程中因使用量、动物种类、性别及机体状况不同而表现出不同的作用。确定大豆素在不同动物间促脂生成的最适添加量及其调控脂类代谢的机理,仍是进一步研究的重点。此外,在动物生产中,反刍动物具有在瘤胃中将大豆素代谢成活性更强的雌马酚的天然优势,故应该高度重视大豆素对肉牛脂类代谢的影响和作用。

参考文献

[1] 占今舜,王冰,胡金杰,等.大豆黄酮作为饲料添加剂的应用前景.粮食与饲料工业,2013,7:44-46.

[2] Franke A A,Custer L J,Cerna C M,et al.. Quantitation of phytoestrogens in legumes by HPLC. Journal of Agricultural and Food Chemistry,1994,42(9):1905-1913.

[3] Virgilio A L D,Iwami K,Wätjen W,et al.. Genotoxicity of the isoflavones genistein,daidzein and equol in V79 cells. Toxicology Letters,2004,151(1):151-162.

[4] Faqi A S,Johnson W D,Morrissey R L,et al.. Reproductive toxicity assessment of chronic dietary exposure to soy isoflavones in male rats. Reproductive Toxicology,2004,18(4):605-611.

[5] Lamartiniere C,Wang J,Smith-Johnson M,et al.. Daidzein: bioavailability, potential for reproductive toxicity, and breast cancer chemoprevention in female rats. Toxicological Sciences,2002,65(2):228-238.

[6] Ibarreta D,Daxenberger A,Meyer H H. Possible health impact of phytoestrogens and xenoestrogens in food. Apmis, 2001,109(S103):S402-S425.

[7] Piskula M K,Yamakoshi J,Iwai Y. Daidzein and genistein but not their glucosides are absorbed from the rat stomach. FEBS Letters,1999,447(2):287-291.

[8] Izumi T,Piskula M K,Osawa S,et al.. Soy isoflavone aglycones are absorbed faster and in higher amounts than their glucosides in humans. The Journal of Nutrition,2000,130(7):1695-1699.

[9] Day A J,Dupont M S,Ridley S,et al.. Deglycosylation of flavonoid and isoflavonoid glycosides by human small intestine and liver β-glucosidase activity. FEBS Letters,1998,436(1):71-75.

[10] Németh K,Plumb G W,Berrin J G,et al.. Deglycosylation by small intestinal epithelial cell β-glucosidases is a critical step in the absorption and metabolism of dietary flavonoid glycosides in humans. European Journal of Nutrition, 2003,42(1):29-42.

[11] Bowey E,Adlercreutz H,Rowland I. Metabolism of isoflavones and lignans by the gut microflora:a study in germ-free and human flora associated rats. Food and Chemical Toxicology,2003,41(5):631-636.

[12] Wilkinson A,Gee J,Dupont M,et al.. Hydrolysis by lactase phlorizin hydrolase is the first step in the uptake of daidzein glucosides by rat small intestine in vitro. Xenobiotica,2003,33(3):255-264.

[13] Setchell K D,Brown N M,Zimmer-Nechemias L,et al.. Evidence for lack of absorption of soy isoflavone glycosides in humans,supporting the crucial role of intestinal metabolism for bioavailability. The American Journal of Clinical Nutrition,2002,76(2):447-453.

[14] LUNDH T. Metabolism of estrogenic isoflavones in domestic animals. Experimental Biology and Medicine,1995, 208:33-39.

[15] Lundh T J,Pettersson H I,Martinsson K A. Comparative levels of free and conjugated plant estrogens in blood plasma of sheep and cattle fed estrogenic silage. Journal of Agricultural and Food Chemistry,1990,38(7):1530-1534.

[16] Cho K W,Lee O H,Banz W J,et al.. Daidzein and the daidzein metabolite, equol, enhance adipocyte differentiation and PPARγ transcriptional activity. The Journal of Nutritional Biochemistry,2010,21(9):841-847.

[17] Nishide Y,Tousen Y,Inada M,et al.. Bi-phasic effect of equol on adipocyte differentiation of MC3T3-L1 cells. Bioscience, Biotechnology, and Biochemistry,2013,77(1):201-204.

[18] Hirota K,Morikawa K,Hanada H,et al.. Effect of genistein and daidzein on the proliferation and differentiation of

human preadipocyte cell line. Journal of Agricultural and Food Chemistry,2010,58(9):5821-5827.

[19] Sakamoto Y,Naka A,Ohara N,et al.. Daidzein regulates proinflammatory adipokines thereby improving obesity-related inflammation through PPARγ. Molecular Nutrition & Food Research,2014,58(4):718-726.

[20] Liu D,Zhen W,Yang Z,et al.. Genistein acutely stimulates insulin secretion in pancreatic β-cells through a cAMP-dependent protein kinase pathway. Diabetes,2006,55(4):1043-1050.

[21] Li F,Li L,Yang H,et al.. Regulation of soy isoflavones on weight gain and fat percentage: evaluation in a Chinese Guangxi minipig model. Animal,2011,5(12):1903-1908.

[22] Rehfeldt C,Adamovic I,Kuhn G. Effects of dietary daidzein supplementation of pregnant sows on carcass and meat quality and skeletal muscle cellularity of the progeny. Meat Science,2007,75(1):103-111.

[23] Zhao X H,Yang Z Q,Bao L B,et al.. Daidzein enhances intramuscular fat deposition and improves meat quality in finishing steers. Experimental Biology and Medicine,2015,240:1152-1157.

[24] Szkudelska K,Szkudelski T,Nogowski L. Daidzein,coumestrol and zearalenone affect lipogenesis and lipolysis in rat adipocytes. Phytomedicine,2002,9(4):338-345.

[25] Choi M S,Jung U J,Kim M J,et al.. Effect of Genistein and Daidzein on Glucose Uptake in Isolated Rat Adipocytes: Comparison with Respective Glycones. Journal of Food Science and Nutrition,2005,10(1):52-57.

[26] Kim M H,Park J S,Seo M S,et al.. Genistein and daidzein repress adipogenic differentiation of human adipose tissue-derived mesenchymal stem cells via Wnt/β-catenin signalling or lipolysis. Cell Proliferation,2010,43(6):594-605.

[27] Cao Y,Zhang S,Zou S,et al.. Daidzein improves insulin resistance in ovariectomized rats. Climacteric,2013,16(1):111-116.

[28] Rachon D,Vortherms T,Seidlová-Wuttke D,et al.. Effects of dietary equol on body weight gain,intra-abdominal fat accumulation,plasma lipids,and glucose tolerance in ovariectomized Sprague-Dawley rats. Menopause,2007,14(5):925-932.

[29] 刘皙洁,张桂春,张维生. 半胱胺、大豆黄酮对肉仔鸡脂肪代谢的影响. 东北农业大学学报,2003,34(2):210-218.

[30] Šošic-Jurjevic B,Filipovic B,Ajdžanovic V,et al.. Subcutaneously administered genistein and daidzein decrease serum cholesterol and increase triglyceride levels in male middle-aged rats. Experimental Biology and Medicine,2007,232(9):1222-1227.

[31] Dang Z,Löwik C W. The balance between concurrent activation of ERs and PPARs determines daidzein-induced osteogenesis and adipogenesis. Journal of Bone and Mineral Research,2004,19(5):853-861.

[32] Ra A,Zand-Moghaddam A. Effects of soy protein isoflavones on serum lipids,lipoprotein profile and serum glucose of hypercholesterolemic rabbits. International Journal of Endocrinology and Metabolism,2005,2:87-92.

[33] Burns T. Fatty acids and lipogenesis in ruminant adipocytes. Doctoral dissertation,Clemson University. 2011.

[34] De Jager N,Hudson N,Reverter A,et al.. Gene expression phenotypes for lipid metabolism and intramuscular fat in skeletal muscle of cattle. Journal of Animal Science,2013,91(3):1112-1128.

[35] Bonnet M,Faulconnier Y,Leroux C,et al.. Glucose-6-phosphate dehydrogenase and leptin are related to marbling differences among Limousin and Angus or Japanese Black×Angus steers. Journal of Animal Science,2007,85(11):2882-2894.

[36] Lee Y,Oh D,Lee J,et al.. Novel single nucleotide polymorphisms of bovine SREBP1 gene is association with fatty acid composition and marbling score in commercial Korean cattle (Hanwoo). Molecular Biology Reports,2013,40(1):247-254.

[37] Hoashi S,Hinenoya T,Tanaka A,et al.. Association between fatty acid compositions and genotypes of FABP4 and LXR-alpha in Japanese Black cattle. BMC Genetics,2008,9(1):84-90.

[38] Shin S C,Heo J P,Chung E R. Genetic variants of the FABP4 gene are associated with marbling scores and meat quality grades in Hanwoo (Korean cattle). Molecular Biology Reports,2012,39(5):5323-5330.

[39] Jurie C,Cassar-Malek I,Bonnet M,et al.. Adipocyte fatty acid-binding protein and mitochondrial enzyme activities in muscles as relevant indicators of marbling in cattle. Journal of Animal Science,2007,85(10):2660-2669.

[40] Brown J D, Plutzky J. Peroxisome proliferator-activated receptors as transcriptional nodal points and therapeutic targets. Circulation, 2007, 115(4):518-533.

[41] Rangwala S M, Lazar M A. Peroxisome proliferator-activated receptor γ in diabetes and metabolism. Trends in Pharmacological Sciences, 2004, 25(6):331-336.

[42] Moisá S J, Shike D W, Faulkner D B, et al.. Central Role of the PPARγ Gene Network in Coordinating Beef Cattle Intramuscular Adipogenesis in Response to Weaning Age and Nutrition. Gene Regulation and Systems Biology, 2014, 8:17-32.

[43] Ahmadian M, Suh J M, Hah N, et al.. PPAR gamma signaling and metabolism: the good, the bad and the future. Nature Medicine, 2013, 99(5):557-566.

[44] Gandhi G R, Stalin A, Balakrishna K, et al.. Insulin sensitization via partial agonism of PPARγ and glucose uptake through translocation and activation of GLUT4 in PI3K/p-Akt signaling pathway by embelin in type 2 diabetic rats. Biochimica et Biophysica Acta (BBA)-General Subjects, 2013, 1830(1):2243-2255.

[45] Barak Y, Nelson M C, Ong E S, et al.. PPARγ is required for placental, cardiac, and adipose tissue development. Molecular Cell, 1999, 4(4):585-595.

[46] Moldes M, Zuo Y, Morrison R, et al.. Peroxisome-proliferator-activated receptor γ suppresses Wnt/β-catenin signalling during adipogenesis. Biochemical Journal, 2003, 376:607-613.

[47] Mueller M, Jungbauer A. Red clover extract: a putative source for simultaneous treatment of menopausal disorders and the metabolic syndrome. Menopause, 2008, 15(6):1120-1131.

[48] Ricketts M L, Moore D D, Banz W J, et al.. Molecular mechanisms of action of the soy isoflavones includes activation of promiscuous nuclear receptors. A review. The Journal of Nutritional biochemistry, 2005, 16(6):321-330.

[49] Mezei O, Banz W J, Steger R W, et al.. Soy isoflavones exert antidiabetic and hypolipidemic effects through the PPAR pathways in obese Zucker rats and murine RAW 264.7 cells. The Journal of Nutrition, 2003, 133(5):1238-1243.

[50] Hurtado O, Ballesteros I, Cuartero M, et al.. Daidzein has neuroprotective effects through ligand-binding-independent PPARγ activation. Neurochemistry international, 2012, 61(1):119-127.

[51] Chacko B K, Chandler R T, D'alessandro T L, et al.. Anti-inflammatory effects of isoflavones are dependent on flow and human endothelial cell PPARγ. The Journal of Nutrition, 2007, 137(2):351-356.

[52] Cho K W, Kim K O, Burgess J R, et al.. Daidzein stimulates glucose uptake through activation of PPAR gamma in 3T3-L1 adipocytes. The FASEB Journal, 2006, 20(4):A597.

[53] Park H J, Della-Fera M A, Hausman D B, et al.. Genistein inhibits differentiation of primary human adipocytes. The Journal of Nutritional Biochemistry, 2009, 20(2):140-148.

[54] Deroo B J, Korach K S. Estrogen receptors and human disease. The Journal of Clinical Investigation, 2006, 116(3):561-570.

[55] Cooke P S, Heine P A, Taylor J A, et al.. The role of estrogen and estrogen receptor-α in male adipose tissue. Molecular and Cellular Endocrinology, 2001, 178(1):147-154.

[56] Wend K, Wend P, Drew B G, et al.. ERα regulates lipid metabolism in bone through ATGL and perilipin. Journal of Cellular Biochemistry, 2013, 114(6):1306-1314.

[57] Foryst-Ludwig A, Clemenz M, Hohmann S, et al.. Metabolic actions of estrogen receptor beta (ERβ) are mediated by a negative cross-talk with PPARγ. PLoS Genet, 2008, 4(6):e1000108.

[58] Dang Z C, Audinot V, Papapoulos S E, et al.. Peroxisome proliferator-activated receptor γ (PPARγ) as a molecular target for the soy phytoestrogen genistein. Journal of Biological Chemistry, 2003, 278(2):962-967.

动物肠道物理屏障功能及乳酸杆菌的调控作用

王志祥* 王世琼** 陈文

(河南农业大学牧医工程学院,郑州 450002)

摘 要:肠道不仅是体内最大的消化吸收场所,也是体内最大的免疫器官,肠道屏障功能与动物的健康状态和抗病能力息息相关。肠道物理屏障形成了肠腔和内环境之间的第一道防线,主要由单层柱状上皮细胞和细胞间紧密连接组成。乳酸杆菌是动物肠道内存在的正常微生物,也是生产中常用的益生菌添加剂,对肠道具有保护作用。本文从肠道物理屏障组成与功能、物理屏障损伤与调节机制、乳酸杆菌对动物肠道物理屏障功能的调节等方面进行综述。

关键词:肠道物理屏障;紧密连接;乳酸杆菌

近年来,随着人们对肠道菌群研究的不断深入,逐渐发现机体的生理健康除了受自身基因调控外,还受到肠道菌群的影响。乳酸杆菌是人类和动物肠道中正常的优势有益菌之一,它参与调控机体多种生理功能。乳酸杆菌也是动物生产中常使用的益生菌添加剂,具有改善动物肠道健康、提高动物生长性能等作用。大量体内外试验表明[1-3],乳酸杆菌发挥益生作用主要是通过调节肠道屏障功能来实现的。肠道屏障功能包括物理屏障、化学屏障、微生物屏障和免疫屏障,它们通过不同的调控机制共同保护肠道及机体健康。其中,物理屏障起着关键作用,它形成了肠腔和内环境之间的第一道防线。目前,关于乳酸杆菌对肠道屏障功能的影响研究报道较多,但多集中于肠道微生物屏障及免疫屏障,对物理屏障的研究报道相对较少。本文从肠道物理屏障组成与功能、物理屏障损伤及调节机制和乳酸杆菌对动物肠道物理屏障功能的调节方面展开综述。

1 肠道物理屏障组成与功能

肠道物理屏障又称机械屏障,它形成了肠腔和内环境之间的第一道防线,主要由肠上皮细胞和细胞间紧密连接复合体组成。

1.1 肠上皮细胞

肠上皮细胞是肠道内主要的功能细胞,主要包括吸收细胞(数量最多,超过80%)、分泌黏液的杯状细胞、分泌抗菌肽的潘氏细胞、内分泌细胞、M细胞和未分化细胞[4]。由此看来,肠道上皮细胞既可参与营养物质的消化吸收,也能通过分泌黏液、抗菌肽等加强肠道的化学屏障和免疫屏障。

1.2 紧密连接复合体

肠道相邻细胞间有由紧密连接(tight junction)、黏附连接(adhesion junction)、桥粒(desmosome)

---

* 第一作者简介:王志祥(1965—),男,教授,E-mail:wzxhau@aliyun.com
** 同等贡献作者

等组成的紧密连接复合体,起着主要的物理屏障的作用[5]。上皮细胞的屏障功能主要由细胞间紧密连接的通透性所决定,所以紧密连接的作用至关重要。

1.2.1 紧密连接

紧密连接位于肠上皮的顶端,是肠上皮细胞间的主要连接方式,在维持肠上皮细胞极性和调节肠黏膜屏障的通透性中发挥重要作用,是参与控制细胞旁渗透的关键分子[6]。紧密连接由多个蛋白组成,包括闭锁蛋白(occludin)、闭合蛋白(claudins)、连接黏附分子(junctional adhesion molecule,JAM)和闭合小环蛋白(zonula occludens,ZO)等[7-8]。

occludin家族也叫紧密连接相关MARVEL蛋白家族,该家族具有四次跨膜结构域,家族包括三个成员occludin、tricellulin和MarvelD3[9]。occludin是第一个被鉴定与紧密连接相关的跨膜蛋白,occludin和MarvelD3位于相邻两细胞间的紧密连接处,对离子及小分子溶质起屏障作用;tricellulin位于三细胞间连接处,对4~10 ku大分子起屏障作用[10]。occludin封闭细胞间隙,并与ZO-1等结合形成紧密连接的基础结构[11],还具有维持细胞极性,调节信号分子定位及细胞间通透性的作用[12]。occludin在紧密连接上的定位是通过磷酸化过程来调节的,非磷酸化的occludin位于基底外侧膜和细胞质囊泡上,而磷酸化的occludin仅限于紧密连接上。机体处于稳态时,occludin的丝氨酸和苏氨酸残基高度磷酸化,而酪氨酸残基的磷酸化程度保持在最低水平。在受到刺激时,紧密连接分解,occludin的丝氨酸/苏氨酸残基脱磷酸,导致蛋白质从胞膜转移向胞浆。目前,酪氨酸磷酸化在紧密连接分解中的具体作用尚不清楚,但已经证实它可能减弱occludin和ZO的相作,引起紧密连接的分解。occludin在紧密连接中的作用存在争议,occludin基因敲除的小鼠细胞通透性并没有发生改变,但出现复杂的表型,如胃上皮增生、慢性炎症等[13],这说明occludin可能在渗透调节中起间接作用,它可能通过与其他跨膜蛋白互作而影响紧密连接的重新组装并改变肠道通透性。

1988年在纯化的鸡肝脏中claudins首次被发现,目前研究发现claudins家族至少有24个成员,相对分子质量为20~27 ku。研究表明,claudins是细胞旁扩散屏障的一部分,通过构建传导旁毛孔介导离子选择性旁扩散[14]。claudins过表达、敲除、自然发生或实验室手段引起的突变,均引起细胞旁通透性改变,这可能与claudins的结构有关。claudins家族成员均有4个跨膜结构域和2个高度保守的胞外茎环(extracellular loops)结构。第一个胞外茎环(ECL1)约含53个氨基酸,具有特异性WGLWCC序列,第二个胞外茎环(ECL2)约含23个氨基酸,两者不仅与claudins的分布有关,还决定了claudins的功能。据推测ECL1主要决定紧密连接的紧密程度和选择性细胞旁离子通透性,ECL2则主要引起细胞旁裂隙收缩。claudins可分为经典型(claudins 1-10、14、15、17、19)和非经典型(claudins 11-13、16、18、20-24)两类[15]。其中claudins-1、-3、-4、-5、-8、-9、-11、-14可使紧密连接变紧从而减小细胞旁通透性,claudins-2、-7、-12和-15则与细胞旁孔道形成相关,会使细胞旁通透性增加[16]。

JAM是位于极性上皮细胞和内皮细胞间紧密连接处的一种蛋白,属于免疫球蛋白超家族,该家族成员都具有一个或多个Ig样的结构域,JAM的主要作用不是表现在调节紧密连接支架结构,更多起到黏附和信号传导的作用。JAM家族包含了JAM-A、JAM-B、JAM-C、内皮细胞选择黏附分子、柯萨奇病毒-腺病毒受体、JAM-4、JAM-L等分子。虽然这些蛋白质参与屏障功能的调控,但目前大多数发表的研究主要集中在JAM-A,参与调节细胞旁通透性、炎性反应、血小板的病理生理过程[17]。JAM-A还可与细胞极性复合体家族成员互作,因此也被认为与维持细胞极性有密切关系。Luissint等[18]研究发现,在JAM-A缺失小鼠结肠黏膜claudins-10和claudins-15表达增加,旁通透性增加,白细胞浸润和淋巴细胞集聚,因此,这些小鼠更容易被诱导实验性结肠炎。由此看来,JAM-A可能是通过影响其他跨膜蛋白的表达而改变肠道的通透性,但这一确切分子机制还不清楚。

ZO是紧密连接支持结构的基础,可结合多胞浆和膜成分以及肌动蛋白[19]。紧密连接和黏附连接的结构和功能主要依赖于肌动蛋白细胞骨架,紧密连接和黏附连接通过ZO锚定在上皮细胞的肌动蛋白细胞骨架,外周连接肌动蛋白环围绕在细胞的顶端,此结构不仅使上皮细胞具有屏障作用,而且可以根据不同的刺激,通过快速组装和拆卸,改变其通透性[20]。另外,ZO还参与信号分子传递,调节细胞物质的转运,但ZO-1对上皮细胞肌动蛋白细胞骨架的重要性存在争议[21-22]。ZO被认为是紧密连接通透性的重要调节因子,研究发现ZO能可逆性的调节肠道通透性,Li等[23]发现,升高ZO能增加肠道通透性,血液样本中细菌16S rRNA基因多样性增高,这可能是ZO解开紧密连接促进了细菌易位引起的(图1)。

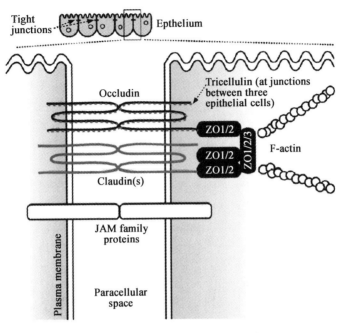

图1 紧密连接蛋白结构图[24]

1.2.2 黏附连接

黏附连接位于细胞顶部侧面、紧密连接的下方,为胞质面与肌动蛋白细胞骨架相连的细胞连接,除了有黏着作用外,还有保持细胞形状和传递细胞内信号的作用。黏附连接包括黏合带和黏合斑。黏合带部位锚定蛋白有连环蛋白(catenin)、纽蛋白(vinculin)、α-辅肌动蛋白(α-actinin)等,细胞内的微丝通过它们与质膜附着在一起;黏合带部位的跨膜黏附蛋白为钙黏素(cadherin),钙黏素在质膜中形成二聚体,相邻细胞的钙黏素胞外部分互相结合,其胞内部分与细胞内锚定蛋白结合。这样相邻细胞的微丝束通过细胞内锚定蛋白和跨膜黏附蛋白连成片状跨细胞网,使组织连成一个整体。细胞通过黏合斑与细胞外基质连接。黏合斑部位的跨膜黏附蛋白为整合素(integrin),局部黏附以整合素为中介连接分子,在胞外与细胞外基质成分相连,胞内通过锚定蛋白与微丝相连。黏合斑部位的细胞内锚定蛋白有距蛋白(talin)、α-辅肌动蛋白、细丝蛋白(filamin)和纽蛋白等,细胞内的微丝束与这些锚定蛋白结合而附着在质膜上。

1.2.3 桥粒

桥粒位于细胞间隙基底端,是一种很固定的细胞连接,起到铆接相邻细胞的作用[25]。桥粒部位的相邻细胞胞质面各有一个致密斑,称为桥粒斑。桥粒斑主要是由桥粒珠蛋白(plakoglobin)和桥粒斑蛋白(desmoplakin)两种细胞内锚定蛋白组成的复合物。桥粒斑是中间丝的附着部位,在不同类型细胞中附着的中间丝也不同,如上皮细胞主要是角蛋白丝,心肌细胞中是结蛋白丝。桥粒处的跨膜黏附蛋白为桥粒芯糖蛋白(desmoglein)和桥粒芯胶蛋白(desmocollin),均属于钙黏素家族,其胞内部分与细胞内锚定蛋白相连,胞外部分与相邻细胞的跨膜黏附蛋白相连,从而使相邻细胞的中间丝通过桥粒连成一个广泛的细胞骨架网络。

2 肠道物理屏障损伤及调节机制

上皮细胞的屏障功能主要由细胞间紧密连接的通透性所决定,可以说肠道物理屏障就是肠道屏障的"大门",允许营养物质进入同时阻挡病原菌、内毒素入侵。肠道物理屏障损伤会引起肠黏膜的通透性增加,肠道内菌群及内毒素等可穿过黏膜上皮进入组织导致细菌易位[26-27]。肠道物理屏障损伤不仅表现为肠黏膜的通透性增加,还包括肠道上皮的损伤,如细胞坏死、凋亡、形成溃疡等。许多因素已被证明能损伤肠道物理屏障,如应激、细菌病毒感染等。栾兆双[28]研究表明,哺乳仔猪空肠黏膜上皮细胞表面微绒毛排列整齐,肠上皮紧密连接结构完整、连接致密;而断奶仔猪空肠上皮微绒毛稀疏、排列不整,部分脱落,紧密连接疏松、间隙增宽、密度降低。在实际生产中,改善仔猪的肠道物理屏障可能为缓解断奶应激提供一种有效途径。李鹏成[29]研究发现,鼠伤寒沙门氏菌感染 Caco-2 后,细胞微绒毛变短,细胞微丝排列紊乱,细胞跨膜电阻下降,同时激活 MAPK 信号通路,ERK1/2、JNK 和 p38 的磷酸化水平显著升高。

紧密连接具有高度动态结构,它时刻受到细胞内外信号的监控和调节。紧密连接相关的信号转导通路较为复杂,影响因素较多,包括经典的 cAMP-PKA-CERB 通路、IP_3 通路、DAG 通路、Ca^{2+} 通路、Ras-MAPK 通路、PI_3K 通路、JAK-STAT 通路、Smad 通路、cGMP 通路等,及特殊的 ZO-1 相关核酸连接蛋白、泛核蛋白、细胞周期蛋白调控途径等。其中以非典型蛋白激酶 C(Protein kinase C,PKC)诱导的紧密连接蛋白磷酸化调控最为重要。信号分子可以通过肌球蛋白轻链激酶(Myosin light chain kinase,MLCK)[30]、Rho 家族鸟苷三磷酸酶(Rho GTPase)[31-32]、PKC[24,33]等,调控紧密连接的组装和拆卸。MLCK 是一种快速 Ca^{2+}-钙调蛋白依赖的色氨酸-酪氨酸激酶,在生理和病理刺激下磷酸化 MLC,MLC 的磷酸化引起构象改变,从而激发肌动球蛋白的收缩,导致上皮细胞物理屏障功能失调。Rho GTPase 家族能接受不同的信号刺激从而调控多种肌动蛋白结构,有研究表明,激活 Rho A 能很好维持紧密连接的结构,抑制 Rho A 能导致紧密连接大量减少。PKC 既可直接调控紧密连接,引起 ZO-1 的移位和旁细胞途径通透性改变;也能通过下游信号分子间接影响紧密连接。然而,更快速的通透性失调涉及紧密连接蛋白的转录调控、上皮细胞凋亡和结构改变。也有研究报道称优化日粮中蛋白质水平能上调紧密连接蛋白 mRNA 水平提高肠道物理屏障功能[34],其机制有待进一步研究。

3 乳酸杆菌对动物肠道物理屏障功能的调节

乳酸杆菌作为肠道内固有的优势益生菌,参与机体内多种生理活动。乳酸杆菌可通过产生抗菌物质如乳酸、过氧化氢、细菌素等,或者通过竞争营养或肠道黏附位点来抑制致病菌,也可通过诱导黏附素的分泌或阻止细胞凋亡而增强肠道物理屏障功能。

3.1 保护肠道组织形态结构的完整性

肠道组织形态结构的完整是养分正常消化吸收的基础,肠绒毛的发育程度能直接体现肠道物理屏障遭受损伤的程度,是评定外来养分减轻应激和促进肠道修复的一个比较灵敏的指标。Missotten 等[35]研究发现,乳酸杆菌发酵饲料能显著提高肉鸡空肠绒毛高度。Suo 等[36]研究表明植物乳杆菌 ZJ316 可以显著提高断奶仔猪十二指肠、空肠以及回肠的绒毛高度。邓军等[37]研究发现,同时饲喂枯草芽孢杆菌和猪源乳酸杆菌能显著提高仔猪十二指肠和回肠的肠绒毛高度,增加十二指肠和空肠绒毛数量,降低空肠和回肠的隐窝深度,并且能有效拮抗大肠杆菌 K88 对仔猪肠道上皮的损伤。

3.2 改善肠道通透性,维持细胞完整性

Qiao 等[38]研究表明,给断奶仔猪添加 0.1%、0.2% 的嗜酸乳酸杆菌均可使血清中 DAO 酶活性显

著降低。Mao 等[39]研究表明,鼠李糖乳酸杆菌能缓解轮状病毒对仔猪空肠 ZO-1,occludin,Bax,Bcl-2 mRNA 表达水平的影响,这说明鼠李糖乳酸杆菌能通过减少细胞凋亡改善肠道通透性。Wang 等[40]研究发现发酵乳酸杆菌 I5007 能促进断奶仔猪肠道细胞增殖和抑制细胞凋亡。Wu 等[41]研究发现,鼠李糖乳酸杆菌 GG 可以抑制病毒感染引起的猪回肠细胞凋亡,并可部分抑制病毒引起的组织损伤。

3.3 加强肠道紧密连接

Kim 等[42]用脂多糖(LPS)刺激 Caco-2 细胞后,紧密连接相关基因(ZO-1 和 occludin)下调,接受乳酸杆菌治疗后 ZO-1 和 occludin 的 mRNA 水平上调,这表明乳酸杆菌具有调节紧密连接离子通道通透性的能力,能够稳定紧密连接结构。曹力等[43]研究表明乳酸杆菌 1.2029 可降低感染坏死性肠炎肉仔鸡肠道损伤程度,增加 claudin-1 和 occludin 的 mRNA 表达。Laval 等[44]研究发现,鼠李糖乳杆菌 I-3690 能通过增加 occludin 和 E-cadherin 的水平增强肠道屏障功能。Wang 等[45]研究发现,罗伊氏乳酸杆菌 LR1 能够预防大肠杆菌引起的猪肠道上皮细胞 ZO-1 中断。

4 小结

乳酸杆菌是生产中常使用的益生菌之一,对肠道具有保护作用,能够修复肠道物理屏障功能损伤。这与乳酸杆菌对肠道肠绒毛结构、上皮细胞通透性和紧密连接调节有关。尽管存在许多其他紧密连接相关蛋白,但目前报道的研究仅仅集中于 occludin、claudins、ZO 等,且这些家族中有些成员的功能作用尚不知晓,物理屏障中其他组分的作用也未明确,乳酸杆菌是通过哪种机制来调控这些相关蛋白的转录表达等这些问题都未清晰。众多研究者试图从乳酸杆菌的表面活性成分、宿主上皮细胞分子识别受体、信号传导通路等方面联合解析乳酸杆菌调节肠道物理屏障功能的分子机制,但其确切分子机制仍不是十分清楚。随着多组学(转录组学、蛋白组学、代谢组学等)关联分析技术的发展,有待更深层次的探究明确乳酸杆菌调节肠道物理屏障功能的确切分子机制。

参考文献

[1] Yang D, Yu X, Wu Y, et al.. Enhancing flora balance in the gastrointestinal tract of mice by lactic acid bacteria from Chinese sourdough and enzyme activities metabolism of protein, fat, and carbohydrate by the flora.[J]. J Dairy Sci, 2016, pii:s0022-0302(16):30463-30465.

[2] Yang F J, Hou C L, Zeng X F, et al.. The Use of Lactic Acid Bacteria as a Probiotic in Swine Diets[J]. Pathogens, 2015, 4:34-45.

[3] Hamdan A M, Ei-Sayed A F, Mahmoud M M. Effects of a novel marine probiotic, Lactobacillus plantarum AH 78, on growth performance and immuneresponse of Nile tilapia (Oreochromis niloticus)[J]. J Appl Microbiol, 2016, 120(4):1061-1073.

[4] Sanz Y, De-Palma G. Gut microbiota and probiotics in modulation of epithelium and gut-associated lymphoid tissue function[J]. Int Rev Immunol, 2009, 28(6):397-413.

[5] 昱于明, 刘丹, 张炳坤. 家禽肠道屏障功能及其营养调控[J]. 动物营养学报, 2014, 26(10):3091-3100.

[6] Miyauchi E, Morita H, Tanabe S. Lactobacillus rhamnosus alleviates intestinal barrier dysfunction in part by increasing expression of zonula occludens-1 and myosin light-chain kinase in vivo[J]. Journal of Dairy Science, 2009, 92(6):2400-2408.

[7] Van-Itallie C M, Anderson J M. Architecture of tight junctions and principles of molecular composition[J]. Seminars in Cell & Developmental Biology, 2014, 36:157-165.

[8] Günzel D, Yu A S. Claudins and the Modulation of Tight Junction Permeability[J]. Physiol Rev, 2013, 93(2):525-569.

[9] Blasig I E, Bellmann C, Cording J, et al.. Occludin protein family:oxidative stress and reducing conditions[J]. Antioxid Redox Signal, 2011, 15(5):1195-1219.

[10] Takasawa A,Kojima T,Ninomiya T,et al.. Behavior of tricellulin during destruction and formation of tight junctions under various extracellular calcium conditions[J]. Cell Tissue Res,2013,351(1):73-84.

[11] 徐姝燕.紧密连接相关蛋白 Occludin 的研究进展[J]. 国际儿科学杂志,2012,39(5):451-454.

[12] Mariano C,Sasaki H,Brites D,et al.. A look at tricellulin and its role in tight junction formation and maintenance [J]. Eur J Cell Biol,2011,90(10):787-96.

[13] Balda M S,Matter K. Tight junctions as regulators of tissue remodeling[J]. Current Opinion in Cell Biology,2016, 42:94-101.

[14] Tamura A, Tsukita S. Paracellular barrier and channel functions of TJ claudins in organizing biological systems:advances in the field of barriology revealed in knockout mice[J]. Semin Cell Dev Biol,2014,36:177-185.

[15] Krause G,Winkler L,Piehl C,et al.. Structure and function of extracellular claudin domains[J]. Ann N Y Acad Sci, 2009,1165:34-43.

[16] Suzuki T. Regulation of intestinal epithelial permeability by tight junctions[J]. Cellular and Molecular Life Sciences, 2013,70(4):631-659.

[17] 房贺.连接黏附分子 A 在促进 MSC 修复 C14 肝损伤中的作用及其机制[D].博士学位论文.上海:第二军医大学, 2015.

[18] Luissint A C,Nusrat A,Parkos C A. JAM-related proteins in mucosal homeostasis and inflammation[J]. Semin Immunopathol,2014,36:211-226.

[19] Rodgers L S,Beam M T,Anderson J M,et al.. Epithelial barrier assembly requires coordinated activity of multiple domains of the tight junction protein ZO-1[J]. J Cell Sci, 2013,126:1565-1575.

[20] Koch S,Nusrat A. Dynamic regulation of epithelial cell fate and barrier function by intercellular junction[J]. Ann N Y Acad Sci,2009,1165:220-227.

[21] Fanning A S,Van-Itallie C M,Anderson J M. Zonula occludens-1 and -2 regulate apical cell structure and the zonula adherens cytoskeleton in polarized epithelia[J]. Mol Biol Cell,2012,23(4):577-590.

[22] Tokuda S,Higashi T,Furuse M. ZO-1 knockout by TALEN-mediated gene targeting in MDCK cells:involvement of ZO-1 in the regulation of cytoskeleton and cell shape[J]. PLoS One,2014,9(8):e104994.

[23] Li C,Gao M,Zhang W,et al.. Zonulin Regulates Intestinal Permeability and Facilitates Enteric Bacteria Permeation in Coronary ArteryDisease[J]. Sci Rep,2016,6:29142.

[24] Ulluwishewa D,Anderson R C,Mcnabb W C,et al.. Regulation of tight junction permeability by intestinal bacteria and dietary components[J]. The Journal of Nutrition,2011,141(5):769-776.

[25] Garrod D,Chidgey M. Desmosome structure,composition and function[J]. Biochim Biophys Acta,2008,1778(3): 572-587.

[26] Brzozowski B,Mazur-Bialy A,Pajdo R,et al.. Mechanisms by which Stress Affects the Experimental and Clinical Inflammatory Bowel Disease (IBD) Role of Brain-Gut Axis[J]. Curr Neuropharmacol,2016 Apr 4.

[27] Elgin T G,Ken S L,Mcelroy S J. Development of the Neonatal Intestinal Microbiome and Its Association With Necrotizing Enterocolitis[J]. Clin Ther,2016,38(4):706-715.

[28] 栾兆双.断奶应激对仔猪肠上皮细胞紧密连接和 p38MAPK 的影响[D].硕士学位论文.杭州:浙江大学,2013.

[29] 李鹏成.嗜酸乳酸杆菌 S-层蛋白拮抗肠道病原菌黏附或入侵宿主细胞机制的研究[D].博士学位论文.南京:南京农业大学,2011.

[30] Xu C,Wu X,Hauck B K,et al.. TNF causes changes in glomerular endothelial permeability and morphology through a Rho and myosin light chain kinase-dependent mechanism[J]. Physiol Rep,2015,3(12).pii:e12636.

[31] Citalán-Madrid A F,García-Ponce A,Vargas-Robles H,et al.. Small GTPases of the Ras superfamily regulate intestinal epithelial homeostasis and barrier function viacommon and unique mechanisms[J]. Tissue Barriers,2013,1(5): e26938.

[32] Salinas R P,Ortiz-Flores R M,Distel J S,et al.. Coxiella burnetii Phagocytosis Is Regulated by GTPases of the Rho Family and the RhoA Effectors mDia1 and ROCK[J]. PLos One,2015,10(12):e0145211.

[33] Xie L,Chiang E T,Wu X,et al.. Regulation of Thrombin-Induced Lung Endothelial Cell Barrier Disruption by Pro-

tein Kinase C Delta[J]. PLos One,2016,11(7):e0158865.
[34] Xu J,Wu P,Jiang W D,et al.. Optimal dietary protein level improved growth,disease resistance,intestinal immune and physical barrierfunction of young grass carp (Ctenopharyngodon idella)[J]. Fish Shellfish Immunol,2016,55:64-87.
[35] Missotten J A,Michiels J,Dierick N,et al.. Effect of fermented moist feed on performance, gut bacteria and gut histo-morphology in broilers[J]. Br Poult Sci,2013,54(5):627-634.
[36] Suo C,Yin Y S,Wang X N,,et al.. Effects of Lactobacillus plantarum ZJ316 on pig growth and pork quality[J]. BMC Vet Res,2012,8:89.
[37] 邓军,李云峰,杨倩.枯草芽孢杆菌和猪源乳酸杆菌混合饲喂对仔猪肠绒毛发育的影响[J].畜牧兽医学报,2013,44(2):295-301.
[38] Qiao J Y,Li H H,Wang Z X,et al.. Effects of Lactobacillus acidophilus dietary supplementation on the performance, intestinal barrier function, rectal microflora and serum immune function in weaned piglets challenged with Escherichia coli lipopolysaccharide[J]. Antonie van Leeuwenhoek,2015,107:883-891.
[39] Mao X,Gu C,Hu H,et al.. Dietary Lactobacillus rhamnosus GG Supplementation Improves the Mucosal Barrier Function in the Intestine of Weaned Piglets Challenged by Porcine Rotavirus[J]. PLoS One,2016,11(1):e0146312.
[40] Wang A N,Cai C J,Zeng X F,et al.. Dietary supplementation with Lactobacillus fermentum I5007 improves the antioxidative activity of weanling piglets challenged with diquat[J]. J Appl Microbiol,2013,114(6):1582-1591.
[41] Wu S P,Yuan L J,Zhang Y G,et al.. Probiotic Lactobacillus rhamnosus GG mono-association suppresses human rotavirus-induced autophagy in the gnotobiotic piglet intestine[J].Gut Pathog,2013,5(1):22.
[42] Kim S H,Jeung W,Choi I D,et al.. Lactic Acid Bacteria Improves Peyer's Patch Cell-Mediated Immunoglobulin A and Tight-Junction Expression in a Destructed Gut Microbial Environment[J]. J Microbiol Biotechnol,2016,26(6):1035-1045.
[43] 曹力,杨小军,刘南南,等.L.fermentum 1.2029对坏死性肠炎肉鸡回肠上皮紧密连接蛋白表达影响[J].中国兽医学报,2014,34(1):127-130.
[44] Laval L,Martin R,Natividad J N,et al.. Lactobacillus rhamnosus CNCM I-3690 and the commensal bacterium Faecalibacterium prausnitzii A2-165 exhibit similar protective effects to induced barrier hyper-permeability in mice[J]. Gut Microbes,2015,6(1):1-9.
[45] Wang Z,Wang L,Chen Z,et al.. In Vitro Evaluation of Swine-Derived Lactobacillus reuteri:Probiotic Properties and Effects on Intestinal Porcine Epithelial Cells Challenged with Enterotoxigenic Escherichia coli K88[J]. J Microbiol Biotechnol,2016,26(6):1018-1025.

生物钟与营养生理代谢研究进展*

钟翔** 王恬***

(南京农业大学动物科技学院,南京市 210095)

摘 要：生物钟是生物体适应环境因子周期性变化的一种内在机制，是生命最普遍的基本特征之一，具有重要的生理功能，对人类健康和农业的发展有着不可忽略的作用。生物钟研究是以独特的时间序列解析生命规律及内在机制。营养物质的消化吸收、生化代谢、消化器官的生理功能以及行为均表现出昼夜节律现象，并受到生物钟的精细调控。反之，营养水平、营养代谢物和各种活性物质可影响机体生物钟节律。近年来，生物钟与营养生理代谢的负反馈环路的互作机制成为了生物钟系统研究中的热点之一。本文综述了生物钟系统、生物钟的分子基础及其调控机制、营养生理代谢规律、生物钟对营养代谢的影响及其表观遗传修饰机制、生物钟在动物营养中的研究与应用等，旨在为人类健康与动物营养学的研究和应用提供理论基础和指导。

关键词：生物钟；营养生理；代谢

地球的自转产生了以 24 h 为周期的昼夜更替，而地球上几乎所有生物体，包括细菌、植物、动物等，为了适应这种昼夜环境周期性的变化而进化产生了一种可持续运行的内源性系统，即生物钟。生物钟(circadian clocks)是生命对地球光照及温度等环境因子周期变化长期适应而演化的内在自主计时机制，是由内源性分子时钟控制的日周生理振荡过程[1]。人类生命活动的各个层面，包括生理、代谢、行为等都受到生物钟的调控，并表现出明显的昼夜节律，如睡眠与觉醒、进食与禁食、体温波动、泌尿系统、激素分泌、免疫调节以及细胞因子释放等。

生物钟研究是以独特的时间序列(即 1 d 内多个样点)从周期(period)、振幅(amplitude)和相位(phase)等几个方面解析生命规律及内在机制。日常的营养生理代谢规律受内在的生物钟调控，一旦这种规律被打破，将会引起相关的代谢功能紊乱，从而引发糖尿病、高血脂、肥胖、胃肠疾病，甚至癌症等。因此，生物钟对机体代谢稳态的调节以及营养代谢及代谢物对机体节律性的影响，近年来已经成为在生物钟系统方面的研究热点之一。本文综述了生物钟系统、生物钟的分子基础及其调控机制、营养生理代谢规律、生物钟对营养代谢的影响及其表观遗传修饰机制、生物钟在动物营养中的研究与应用等，旨在为人类健康与动物营养学的研究和应用提供理论基础和指导。

1 生物钟系统及调控机制

1.1 生物钟系统

在自然界中，从单细胞到高等动、植物，以及人类所有生命活动均是按照一定的规律运行，这种明显

---

* 基金项目：国家自然科学基金(314721229;31572418);江苏省自然科学基金(BK20161446)
** 第一作者简介：钟翔(1980—),男,博士,副教授,E-mail:zhongxiang@njau.edu.cn
*** 通讯作者：王恬,教授,E-mail:tianwang@njau.edu.cn

的节律性活动称之为生物节律。现代时间生物学之父Franz Halberg于20世纪50年底将生物体内存在的近似24 h为周期变化的生物节律命名为昼夜节律(circadian rhythm)。哺乳动物控制昼夜节律的时钟系统称为昼夜生物钟(circadian clock),主要由中枢时钟系统和外周时钟系统组成。在哺乳动物和人中,位于下丘脑的视交叉上核(suprachiasmatic nucleus, SCN)含有10000~15000个神经元,是生物节律的起搏器,因此,视交叉上核的生物钟也被称为主生物钟,在昼夜节律的产生、维持和调控中起主要作用。外周时钟系统存在于肝脏、肠道、心脏、肾脏和肌肉等几乎所有的组织器官中,维持自身昼夜节律并调控组织特异性基因的表达。从理论上而言,生物钟系统又可由三部分组成:输入通路、起搏器和输出通路。输入通路感受外界信号如光与温度等,把这些信号加工成神经信号并传递到中心起搏器;中心起搏器由一组钟基因及其蛋白质所组成,主要通过转录和翻译产生分子振荡;而输出通路则通过分子振荡调控下游各种生命过程,包括生理和行为等。

1.2 生物钟的分子基础及其调控机制

生物钟分子遗传机制的研究起源于20世纪60年代末。生物钟研究先驱者Konopka和Benzer等利用模式动物果蝇遗传诱变,筛选出多个生物节律突变体,并陆续鉴定出了生物钟及钟相关基因[2-3]。目前,从果蝇、小鼠及患者中已克隆鉴定出了近20种重要的生物钟基因,其中钟基因(Clock)、Bmal1(Brain and muscle ARNT-like 1)、隐色素基因1(Cryptochrome 1, Cry1)、隐色素基因2(Cryptochrome 1, Cry2)、周期基因1(Period1)、周期基因2(Period 2)和Casein kinase Iε(CKIε)基因为生物钟核心调控基因[4-5]。在此基础上,人们提出了由正调控元件和负调控元件构成的负反馈通路是生物钟最为核心的调控机制。生物钟调控网络主要由两个转录/翻译负反馈通路组成:第一组负反馈通路由Bmal1和Clock蛋白组成的异二聚体作为转录激活子。Bmal1和Clock形成异二聚体,通过结合生物钟基因Pers和Crys上游的E-Box启动区,促进Pers和Crys基因的转录。当细胞质中的Pers和Crys的蛋白浓度升高到一定程度时,发生磷酸化,形成核复合物进入细胞核,干扰Bmal1:Clock的转录活性,从而抑制Pers和Crys的转录[6-7]。另外一组负反馈环路由Bmal1和REV-ERBα及ROR组成。Bmal1激活Rev-erbα和ROR基因的转录,随后由REV-ERBα蛋白来阻抑Bmal1基因自身的转录,但ROR蛋白却能促进Bmal1基因的转录[7-8]。最初人们认为这个负反馈环路并不是必需的,它只增加了分子钟的稳定性,但是近年的研究表明它是生物钟调控网络中所不可或缺的[9-10]。近十年,关于生物钟调节机制的研究已经取得了巨大的进展,生物钟的调控网络已基本清楚,但是,生物钟的精确调控非常复杂,不同层次的调控组成了一个复杂的网络系统。这些调控层次包括:表观遗传调控、转录水平的调控、转录后水平的调控、翻译水平以及翻译后的调控等。因此,在今后较长的一段时间里,生物钟的调控机制仍然是一个需要努力探索的重要研究方向。例如,发现生物钟新基因和新调节机制;发现新钟控基因和钟控生命过程;采用先进的方法解析生物钟蛋白的结构等等,这些科学问题都值得我们进一步深入研究。

2 营养生理代谢的昼夜节律

营养物质主要包括糖类、脂类、蛋白质、维生素、无机盐等,是维持生命体的物质组成和生理机能不可缺少的要素,也是生命活动的物质基础。在人类及哺乳动物中,葡萄糖、脂肪、氨基酸等多种营养物质的代谢都呈现24 h的动态节律,以适应机体应对环境的变化。作为机体能量的最基本糖类物质,血液葡萄糖在一天内是动态变化的。无论是口服、静脉注射,还是等量进食葡萄糖,人体血液中的葡萄糖水平始终是夜间的高于早晨[11]。在啮齿类动物,如小鼠和大鼠中同样观察到类似的节律变化,但由于他们是夜行动物,白天(休息时间)的葡萄糖耐受能力较夜间(活动时间)的低[12]。在单胃动物方面,Koopmans等(2005)和Thaela等(1995)观察了生长猪血液或胰腺葡萄糖和胰岛素的昼夜节律,结果发现胰岛素水平在早晨和下午,无论是进食前还是进食后都存在显著的差异,但是葡萄糖水平并没有明显地变化[13-14]，这可能与猪的饲喂方法和时间以及采样时间点太少有关，或者是猪对葡萄糖具有较高的葡萄糖耐受力。和葡萄糖一样，脂质代谢也呈现明显的昼夜节律以满足机体对能量的需要[15]。在小鼠和大鼠中，夜间血液甘油三酯和胆固醇的水平显著升高。小肠对脂质的吸收具有明显的昼夜节律，觉醒时小鼠对脂质和胆固醇的吸收率高于睡眠时[16]。肠上皮细胞钟基因被视交叉上核及进食同步从而呈现节律性表达，而与脂质吸收的相关蛋白，如甘油三酯转运蛋白、载脂蛋白等受到肠道钟基因的控制而具有昼夜表达规律[17]。此外，肝脏中甘油三酯转运蛋白的表达也具有昼夜节律，其表达与血液的脂质相位相同[18]。血液生理氨基酸主要来源于采食的蛋白质，其相对稳定也同样具有生物节律变化[19-20]。具有重要生理功能的生长激素、皮质醇、瘦素、胃饥饿素、褪黑素等都在24 h内呈现明显的规律性变化[21-22]，而这些规律性与动物的生长发育、代谢等调控密切相关。在分子水平方面，在肝脏、肠道、骨骼肌、心血管系统、棕色和白色脂肪等组织和器官中，许多代谢相关基因的表达都呈现出明显的昼夜节律性。例如，在肝脏和脂肪组织中胆固醇调节元件结合蛋白(SREBP-1c)、乙酰辅酶A羧化酶(ACC)、乙酰辅酶A合成酶(ACSL)、脂肪酸合成酶(FAS)和脂肪酸结合蛋白4等都在24 h内呈现明显的规律性变化。

3 生物钟对营养生理代谢的调控

3.1 生物钟对营养代谢的影响

生物钟即昼夜节律，是生物体对周期性环境因子所做出的主动适应性反应，几乎所有生物机体的生理功能、生化代谢和行为改变等均表现出昼夜节律现象。日常的营养生理代谢规律受内在的生物钟调控，一旦这种规律被打破，将会引起相关的代谢功能紊乱。随着社会的发展和人们生活节奏的加快，常常面临着倒时差、倒班工作、熬夜加班、饮食时间没有规律性以及过度饮食等，这些常常导致生物钟的紊乱，从而出现肥胖、各种代谢性综合征以及胃肠疾病等。夜间活跃和进食可引起人类行为和昼夜节律的不同步，使得体内瘦素水平降低、葡萄糖和胰岛素水平升高[23]。小鼠实验也证实在休息时间进食或者夜间暴露于人造光源下均可导致小鼠体重的异常增加[24]。给予小鼠饲喂高脂日粮可改变小鼠的活动行为，以及下丘脑、肝脏和脂肪组织生物钟基因、核受体及能量相关基因的节律性表达，从而造成能量代谢紊乱[25]。

此外，许多的小鼠遗传学方法表明生物钟对营养代谢具有重要的调控作用。将许多生物钟关键基因敲除或者突变之后，可导致众多营养代谢关键基因丧失节律性，从而导致代谢失调或引起代谢相关的疾病，例如糖尿病、动脉粥样硬化、肥胖、炎症，甚至癌症。Bmal1/Clock作为转录因子及生物钟的核心基因对动物机体的生理功能、生化代谢和行为改变等具有重要的调控作用[26]。小鼠肝脏特异性敲除Bmal1基因可导致禁食阶段的低血糖，同时增加葡萄糖耐受，这可能与葡萄糖异生作用基因的表达降低有关[27]。当饲喂高脂日粮时，由于肝脏线粒体损伤造成的氧化应激可使肝脏特异性敲除Bmal1小鼠发展成肝胰岛素抵抗[28]。此外，小鼠脂肪组织中敲除Bmal1基因导致脂类分解基因的节律性丢失，提示Bmal1基因在调控脂解方面具有重要的作用[29]。敲除Bmal1基因可导致小鼠外周血FFA的增加，而FFA的增加可诱导肝脏和骨骼肌中异常脂肪的形成，提示Bmal1敲除可损害脂肪的贮存与利用[30]。同样，敲除或突变Clock基因可影响动物机体营养代谢。Clock通过影响脂质的摄取、吸收、生物合成及降解从而调控脂代谢，将小鼠Clock基因突变或者敲除后可导致高瘦素血症、高三酸甘油脂血症，及增加血液胆固醇水平[31]。在生物钟系统中，Bmal1/Clock是核心转录调控因子，呈现明显的昼夜节律表达，并驱动靶基因的节律性表达。例如，Bmal1可直接调控葡萄糖异生作用酶 *G6Pase* 和 *Pepck*，以及许多脂合成基因的表达[32]。重要的是，核心生物钟基因可驱动许多转录因子，特别是核受体的节律性表达，例如，视黄酸受体(RARs)、过氧化物增殖激活受体(PPARs)、糖皮质激素受体(GR)、二聚体伴侣(SHP)等，从而增强它们的调控功能[33]。

3.2 生物钟调节营养生理代谢的分子机制

生物钟是生物体内一种无形的"时钟",它精细地调控着机体代谢进程。在调控机理方面,目前认为生物钟主要通过对代谢关键步骤的限速酶、代谢相关核受体、表观遗传以及营养效应因子来实现对整个代谢通路的实时调控。关于生物钟对代谢关键步骤的限速酶、代谢相关核受体和营养效应因子的调控已经有不少文章综述,但关于表观遗传学方面的研究或者综述仍十分缺乏,而且近年来表观遗传的生物学功能成为了热点研究,因此笔者仅综述了生物钟通过表观遗传修饰调控机体代谢的机理。

3.2.1 组蛋白修饰

组蛋白修饰是指组蛋白在相关酶作用下发生甲基化、乙酰化、泛素化等修饰的过程。组蛋白修饰参与异染色质形成、基因印记、X染色体失活和转录调控等多种主要生理功能,是表观遗传学研究的一个重要领域。近年来,研究表明组蛋白修饰已经成为了生物钟和代谢之间的重要桥梁[34]。第一个证实组蛋白修饰与生物钟之间的联系的试验是在夜间将SCN钟神经元暴露于短暂的光照可诱导组蛋白H3在Ser10的磷酸化[35]。随后的研究表明,组蛋白修饰,包括H3K9和K14乙酰化、H3K27甲基化和H3K4甲基化都伴随着CCG启动子呈现震荡节律[36]。此外,研究发现Clock基因具有组蛋白乙酰转移酶的功能,它可靶向于H3,特别是K14,从而具有转录调控活性[37]。Sirtuin 1(SIRT1)作为组蛋白的去乙酰化酶与生物钟之间具有密切联系。一方面,SIRT1是NAD^+依赖的去乙酰化酶,是昼夜生物钟的关键调节因子,它的蛋白水平呈节律振荡,并且NAD^+水平的节律性振荡决定了SIRT1激活的节律性。Clock/Bmal1二聚体能与SIRT1相互作用,且被募集到钟控基因的启动子上,从而使得SIRT1对Bmal1去乙酰化。另一方面,SIRT1以NAD^+条件依赖性的方式参与细胞能量代谢和与代谢相关蛋白的去乙酰化作用。例如,SIRT1通过对过氧化物酶增殖体激活受体辅激动子-1α(PGC1α)和FOXO1进行去乙酰化,从而调节糖质新生[38]。因此,SIRT1作为组蛋白的去乙酰化酶与生物钟系统形成了负反馈环路,实现了对机体的代谢调节。

3.2.2 RNA甲基化修饰

RNA酶促共价修饰研究,尤其是m^6A(6-甲基腺嘌呤),是近两年RNA生物学研究的一个新兴领域。m^6A修饰是广泛存在于真核高等生物的RNA上,特别是在mRNA上,该修饰主要存在于mRNA的CDS区的3'-UTR区,特别是终止密码子附近区域,其广泛参与了RNA代谢的各种生物学过程,包括RNA剪接、RNA出核、RNA与蛋白相互作用和RNA降解等[39]。m^6A的甲基化是一个动态的过程,即存在甲基化酶和去甲基化酶来共同调控这一可逆过程。M^6A的甲基化酶主要有METTL3、METTL14和WTAP,去甲基化酶主要包括ALKBH5和FTO,其结合蛋白为YTHDF[40]。

近年来,m^6A RNA甲基化修饰被证明在很多生物过程中起重要作用,从胚胎和骨骼肌发育,以及生殖到代谢[41]。Fustin等(2013)最先报道了RNA甲基化依赖的RNA加工可调节昼夜节律生物钟的表达与振荡速度[42]。他们首先使用DAA(3-deazaadenosine)抑制甲基化反应,发现昼夜节律周期延长,而且RNA加工调节基因的表达也受DAA的影响。进一步的甲基化RNA免疫共沉淀(Me-RIP)测序分析表明,RNA广泛存在m^6A修饰,包括许多生物钟基因转录本。DAA处理能够抑制RNA m^6A甲基化,减缓RNA加工的过程。该试验证实了RNA甲基化对生物钟具有重要调控作用。那么反过来,生物钟对RNA甲基化修饰是否具有调控作用呢?带着这样的疑问,我们将小鼠的肝脏Bmal1基因敲除,发现肝脏中Mettl3和YTHDF2的mRNA和蛋白水平显著升高(待发表)。进一步采用液相质谱检测肝脏中m^6A的总水平,发现Bmal1基因敲除可导致m^6A的水平升高,提示生物钟基因对RNA甲基化修饰具有重要调控作用(待发表)。此外,我们推测生物钟通过RNA甲基化修饰影响与代谢相关基因的表达,从而调节机体能量和脂肪的代谢。在体外将Mettl3基因敲除之后,我们发现许多与代谢相关的基因的表达发生显著改变,例如FAS、ACC、SREBP-1c等(待发表),提示RNA甲基化修饰可影响机体代谢。此外，FTO作为m^6A的去甲基化酶对代谢具有重要调控作用。FTO基因的过表达可降低体循环中的瘦素水平，从而导致肥胖[43]，而将小鼠FTO基因敲除，即使在饲喂高脂日粮的情况下，小鼠体重和脂肪均出现下降[44]。

4 生物钟与动物营养

生物钟是研究生命现象的节律性动态变化，是揭示生命现象的规律及内在机制，对认识动物生长与发育、繁殖、免疫应答、神经内分泌、营养需求与代谢、细胞层次的事件变化、分子水平的调控都具有重要作用。在生命科学和人类医学领域，生物钟的研究得到了突飞猛进的发展，但是在畜禽上的研究仍十分缺乏，在猪、鸡上的文章可检索到的数量相当少。在猪方面，不少国内外学者已经致力于研究内分泌激素的昼夜节律性变化[14,45]，阐述激素，如皮质醇对生长发育的调控作用。另外，生长猪的胰岛素分泌的昼夜节律[13]、十二指肠和回肠的内容物的动态变化[46]、行为的节律性[47]也已有报道。在家禽方面，国内已有关于光照对鸡生物钟基因昼夜节律表达影响的报道[48]，关于鸡肠道内抗菌肽表达量的昼夜变化规律也已有报道[49]。但是，关于畜禽营养生理代谢，如糖类、脂类、蛋白质、氨基酸、维生素、矿物质的昼夜节律变化，肠道和肝脏的生理动态变化，以及与代谢相关的基因和酶及蛋白的昼夜节律尚缺乏研究。基于生物钟在动物营养生理代谢中的重要作用，以及现代畜牧养殖中存在的营养物质消化不充分等问题，吴信和印遇龙（2015）根据机体内营养素的内在吸收利用本质特征、生物钟调节的时空规律和机体自身的代谢稳态调控提出了动态营养学的概念和理论[50]。动态营养学是指根据动物机体在不同生长阶段的不同时间内器官组织对营养物质代谢的变化规律，相应地饲喂不同营养水平的日粮，内在的机体代谢动态变化规律与外在的营养调控干预手段的动态化相互对应起来，将营养物质进行动态配制及其饲喂方法进一步精确化[50]。因此，基于生物钟对营养生理代谢的动态调节与畜禽生长特性及其营养需求，设计个性化的饲料配方及其动态饲喂模式，实现畜禽营养的精准化供给，对提高营养物质的消化吸收，最大限度地发挥动物的生长性能，并促进畜禽健康具有重要意义。

5 结语与展望

生物钟是生命最普遍的基本特征之一，影响着机体的生理、代谢稳态、免疫、行为等方面，对人类健康和农业的发展有着重要作用。生物钟对机体代谢稳态的调节以及营养代谢及其代谢物对机体节律性的影响成为了近年来在生物钟系统方面的研究热点之一。研究生物钟的调控有望作为相关代谢性疾病的治疗提供新的途径，亦即通过以生物钟分子作为潜在的新治疗靶点来治疗代谢疾病。但是，目前对于生物钟与代谢之间的负反馈环路调节机制的认识仍远远不足。将来，可就以下几方面的科学问题对生物钟与营养生理代谢进一步深入研究：①生物钟调控代谢的新途径及其关键分子的鉴定；②生物钟基因的表观遗传修饰及功能、转录后、翻译及翻译后水平的调控，生物钟与代谢及表观遗传修饰之间的互作机制；③生物钟、胃肠道菌群与营养代谢的互作与感应调控机制；④营养水平、营养代谢物、各种活性物质对机体生物钟节律的影响及其机制。

在动物营养学研究中，揭示动物机体的代谢机理、规律及功能是实现调控动物生长的重要基础理论。生物钟研究以独特的时间序列解析生命规律及内在机制，因此，通过生物钟的研究解析畜禽生物钟基因和蛋白的表达规律，阐明畜禽营养生理代谢，如糖类、脂类、蛋白质、氨基酸、维生素、矿物质的昼夜节律变化，各种组织器官的生理动态变化，肠道微生物的昼夜振荡模式，以及与代谢相关的基因和酶及蛋白的昼夜节律，从而对畜禽养殖有个全新的认识，建立动物营养新的研究方向，丰富动物营养学的理论。在此基础上，建立新型的畜禽饲养模式，实现畜禽的动态精准养殖，最大潜能地发挥畜禽的生长性能，促进畜禽健康，提高养殖效益。

参考文献

[1] Dunlap J C. Molecular bases for circadian clocks[J]. Cell,1999,96(2):271-290.

[2] Allada R, White N E, So W V, et al.. A mutant Drosophila homolog of mammalian Clock disrupts circadian rhythms and transcription of period and timeless[J]. Cell,1998,93(5):791-804.

[3] Konopka R J, Benzer S. Clock mutants of Drosophila melanogaster[J]. Proceedings of the National Academy of Sciences,1971,68(9):2112-2116.

[4] Zheng B, Albrecht U, Kaasik K, et al.. Nonredundant roles of the mPer1 and mPer2 genes in the mammalian circadian clock[J]. Cell,2001,105(5):683-694.

[5] Hirano A, Yumimoto K, Tsunematsu R, et al.. FBXL21 regulates oscillation of the circadian clock through ubiquitination and stabilization of cryptochromes[J]. Cell,2013,152(5):1106-1118.

[6] Wood Pa, Yang X, Hrushesky W J M. Clock genes and cancer[J]. Integrative Cancer Therapies, 2009, 8(4):303-308.

[7] Jha P K, Challet E, Kalsbeek A. Circadian rhythms in glucose and lipid metabolism in nocturnal and diurnal mammals[J]. Molecular and Cellular Endocrinology,2015,418:74-88.

[8] Preitner N, Damiola F, Zakany J, et al.. The orphan nuclear receptor REV-ERBα controls circadian transcription within the positive limb of the mammalian circadian oscillator[J]. Cell,2002,110(2):251-260.

[9] Cho H, Zhao X, Hatori M, et al.. Regulation of circadian behaviour and metabolism by REV-ERB-[agr] and REV-ERB-[bgr][J]. Nature,2012,485(7396):123-127.

[10] Solt L A, Wang Y, Banerjee S, et al.. Regulation of circadian behaviour and metabolism by synthetic REV-ERB agonists[J]. Nature,2012,485(7396):62-68.

[11] Van Cauter E, Polonsky K S, Scheen A J. Roles of circadian rhythmicity and sleep in human glucose regulation 1[J]. Endocrine Reviews,1997,18(5):716-738.

[12] Cailotto C, La Fleur Se, Van Heijningen C, et al.. The suprachiasmatic nucleus controls the daily variation of plasma glucose via the autonomic output to the liver:are the clock genes involved? [J]. European Journal of Neuroscience,2005,22(10):2531-2540.

[13] Thaela M J, Pierzynowski S G, Jensen M S, et al.. The pattern of the circadian rhythm of pancreatic secretion in fed pigs[J]. Journal of Animal Science,1995,73(11):3402-3408.

[14] Koopmans S J, Van Der Meulen J, Dekker R, et al.. Diurnal rhythms in plasma cortisol, insulin, glucose, lactate and urea in pigs fed identical meals at 12-hourly intervals[J]. Physiology & Behavior,2005,84(3):497-503.

[15] Gooley J J. Circadian regulation of lipid metabolism[J]. The Proceedings of the Nutrition Society,2016:1-11.

[16] Pan X, Hussain M M. Clock is important for food and circadian regulation of macronutrient absorption in mice[J]. Journal of Lipid Research, 2009, 50(9):1800-1813.

[17] Hussain Mm, Pan X. Circadian regulators of intestinal lipid absorption[J]. Journal of Lipid Research,2015,56(4):761-770.

[18] Pan X, Hussain M M. Diurnal regulation of microsomal triglyceride transfer protein and plasma lipid levels[J]. Journal of Biological Chemistry,2007.

[19] Tsai P J, Wu W H, Huang P C. Circadian variations in plasma neutral and basic amino acid concentrations in young men on an ordinary Taiwanese diet[J]. Journal of the Formosan Medical Association, 2000, 99(2):151-157.

[20] Eckel-Mahan K L, Patel V R, D E Mateo S, et al.. Reprogramming of the circadian clock by nutritional challenge[J]. Cell,2013,155(7):1464-1478.

[21] Sobrino Crespo C, Perianes Cachero A, Puebla Jim Nez L, et al.. Peptides and food intake[J]. Frontiers in Endocrinology,2014, 5:58.

[22] Reppert S M, Weaver D R. Coordination of circadian timing in mammals[J]. Nature,2002,418(6901):935-941.

[23] De Bacquer D, Van Risseghem M, Clays E, et al.. Rotating shift work and the metabolic syndrome:a prospective study[J]. International Journal of Epidemiology,2009,38(3):848-854.

[24] Sadacca L A, Lamia K A, Blum B, et al.. An intrinsic circadian clock of the pancreas is required for normal insulin release and glucose homeostasis in mice[J]. Diabetologia,2011,54(1):120-124.

[25] Kohsaka A, Laposky A D, Ramsey K M, et al.. High-fat diet disrupts behavioral and molecular circadian rhythms in mice[J]. Cell Metabolism, 2007, 6(5):414-421.

[26] Samblas M, Milagro F I, G Mez-Abell N P, et al.. Methylation on the Circadian Gene BMAL1 Is Associated with the Effects of a Weight Loss Intervention on Serum Lipid Levels[J]. Journal of Biological Rhythms,2016,31(3):308-317.

[27] Lamia K A, Storch K-F, Weitz C J. Physiological significance of a peripheral tissue circadian clock[J]. Proceedings of the National Academy of Sciences,2008,105(39):15172-15177.

[28] Jacobi D, Liu S, Burkewitz K, et al.. Hepatic Bmal1 regulates rhythmic mitochondrial dynamics and promotes metabolic fitness[J]. Cell Metabolism,2015,22(4):709-720.

[29] Shostak A, Meyer-Kovac J, Oster H. Circadian regulation of lipid mobilization in white adipose tissues[J]. Diabetes,2013:DB_121449.

[30] Shimba S, Ogawa T, Hitosugi S, et al.. Deficient of a clock gene, brain and muscle Arnt-like protein-1 (BMAL1), induces dyslipidemia and ectopic fat formation[J]. PloSOne, 2011, 6(9):e25231.

[31] Turek F W, Joshu C, Kohsaka A, et al.. Obesity and metabolic syndrome in circadian Clock mutant mice[J]. Science,2005,308(5724):1043-1045.

[32] Feng D, Liu T, Sun Z, et al.. A circadian rhythm orchestrated by histone deacetylase 3 controls hepatic lipid metabolism[J]. Science,2011,331(6022):1315-1319.

[33] Yang X, Downes M, Ruth T Y, et al.. Nuclear receptor expression links the circadian clock to metabolism[J]. Cell, 2006, 126(4):801-810.

[34] Sassone-Corsi P. Minireview:NAD^+, a Circadian Metabolite with an Epigenetic Twist[J]. Endocrinology,2011,153(1):1-5.

[35] Crosio C, Cermakian N, Allis C D, et al.. Light induces chromatin modification in cells of the mammalian circadian clock[J]. Nature Neuroscience,2000,3(12):1241-1247.

[36] Etchegaray J-P, Lee C, Wade P A, et al.. Rhythmic histone acetylation underlies transcription in the mammalian circadian clock[J]. Nature,2003,421(6919):177-182.

[37] Doi M, Hirayama J, Sassone-Corsi P. Circadian regulator Clockis a histone acetyltransferase[J]. Cell,2006,125(3):497-508.

[38] Lim J-H, Gerhart-Hines Z, Dominy J E, et al.. Oleic acid stimulates complete oxidation of fatty acids through protein kinase A-dependent activation of SIRT1-PGC1α complex[J]. Journal of Biological Chemistry, 2013, 288(10):7117-7126.

[39] Dominissini D, Moshitch-Moshkovitz S, Schwartz S, et al.. Topology of the human and mouse m6A RNA methylomes revealed by m6A-seq[J]. Nature,2012,485(7397):201-206.

[40] Fu Y, Dominissini D, Rechavi G, et al.. Gene expression regulation mediated through reversible m6A RNA methylation[J]. Nature Reviews Genetics,2014,15(5):293-306.

[41] Geula S, Moshitch-Moshkovitz S, Dominissini D, et al.. m6A mRNA methylation facilitates resolution of naïve pluripotency toward differentiation[J]. Science,2015,347(6225):1002-1006.

[42] Fustin J-M, Doi M, Yamaguchi Y, et al.. RNA-methylation-dependent RNA processing controls the speed of the circadian clock[J]. Cell,2013,155(4):793-806.

[43] Church C, Moir L, Mcmurray F, et al.. Overexpression of Fto leads to increased food intake and results in obesity[J]. Nature Genetics,2010,42(12):1086-1092.

[44] Gao X, Shin Y-H, Li M, et al.. The fat mass and obesity associated gene FTO functions in the brain to regulate postnatal growth in mice[J]. PloS One,2010,5(11):e14005.

[45] Ruis M A W, Te Brake J H A, Engel B, et al.. The circadian rhythm of salivary cortisol in growing pigs:effects of age, gender, and stress[J]. Physiology &Behavior,1997,62(3):623-630.

[46] Graham H, Åman P. Circadian variation in composition of duodenal and ileal digesta from pigs fitted with T-cannulas [J]. Animal Production, 1986, 43(01): 133-140.

[47] Villagr A, Althaus R L, Lainez M, et al.. Modelling of daily rhythms of behavioural patterns in growing pigs on two commercial farms[J]. Biological Rhythm Research, 2007, 38(5): 347-354.

[48] 梅兰, 王子旭, 曹静, 等. 单色光对鸡视顶盖生物钟基因昼夜节律表达的影响[J]. 中国民康医学, 2015, 27(14): 166.

[49] 于高水. 鸡肠道内抗菌肽表达量昼夜变化规律初探[D]. 硕士学位论文. 郑州:河南农业大学, 2009.

[50] 吴信, 印遇龙. 单胃动物营养学的动态概念及其发展[J]. 农业现代化研究, 2015, 36(3): 321-326.

短链脂肪酸对畜禽生理功能和生长性能影响研究进展

范秋丽** 马现永***

(广东省农业科学院动物科学研究所,广州 510640)

摘 要:短链脂肪酸(short chain fatty acids,SCFA)是指碳链中碳原子小于 6 个的有机脂肪酸,主要存在于乳脂及一些蔬菜和水果中。体内起主要生理作用的 SCFA 是由食物中不消化的碳水化合物在结肠腔内经厌氧菌酵解生成,主要包括乙酸、丙酸、丁酸。蛋白质降解和氨基酸发酵的主要产物也是 SCFA。

关键词:短链脂肪酸;生理功能;生长性能

参与 SCFA 酵解的厌氧菌主要有双歧杆菌属、乳杆菌属、拟杆菌属和梭杆菌属的部分种株,最近仍不断有新的种株被成功分离。虽然生物体内发酵产生 SCFA 的总量与日粮纤维的含量呈正相关性,但是不同来源的发酵底物并不能够改变生物体内微生物的种类和数量,例如:结肠细菌的种类或培养条件的改变对 SCFA 的产生类型和数量也会有很大的影响,产气荚膜杆菌在碳源限制培养时,主要产物为乙酸、丁酸、琥珀酸和乳酸。

短链脂肪酸参与体内代谢的主要功能有:

(1)SCFA 可为结肠上皮提供 60%～70%的能量,供能顺序丁酸＞丙酸＞乙酸,这些能量主要参与糖异生途径、酮体的生成及三酰甘油的合成等,从而间接影响脂类以及糖类的代谢;

(2)SCFA 可以维护肠道上皮细胞的完整性和杯状细胞的分泌功能,当大肠内 SCFA 含量降低时,上皮细胞的增殖水平会随之受到抑制;

(3)SCFA 对黏膜免疫细胞有维护作用,可以减少促炎因子的生成,有利于黏膜炎症的修复。

(4)SCFA 能抑制某些肿瘤细胞的增殖,并诱导肿瘤细胞分化和凋亡,从而影响原癌基因的表达。SCFA 还可以通过抑制 $Bcl-2$ 基因和促进 Bax 基因表达来促使癌细胞凋亡,进而影响抑癌基因 $P21wsr-1$ 相关染色体活性,起到预防肿瘤发生的作用;

(5)SCFA 可起到维持肠道内水电解质平衡的作用,结肠灌注 SCFA 后能显著减少结肠水分的分泌,作用效果由高到低依次为丁酸＞丙酸＞乙酸。

丁酸作为一种复合酸化剂,易挥发且具有游离性,并能进入盲肠和结肠对胃肠道的生长发育具有调控作用。饲料生产中一般将其制作成稳定的丁酸盐。

---

* 基金项目:国家生猪产业技术体系建设专项(2013A061401020)
** 第一作者简介:范秋丽,(1987—),女,E-mail:649698130@qq.com
*** 通讯作者:马现永,(1972—),女,博士,研究员,E-mail:lilymxy80@sohu.com

短链脂肪酸对畜禽生长性能影响：
(1)提高日采食量和平均日增重(ADG)。
(2)提高胃肠道消化酶活性，激活胃蛋白酶原。
(3)促进免疫器官的发育和提高血清中免疫球蛋白的含量，抑制外周血淋巴细胞的增殖。

1 短链脂肪酸的产生

短链脂肪酸(short chain fatty acids,SCFA)是指碳链中碳原子小于6个的有机脂肪酸，主要存在于乳脂及一些蔬菜和水果中。体内起主要生理作用的SCFA是由食物中不消化的碳水化合物在结肠腔内经厌氧菌酵解生成，主要包括乙酸、丙酸、丁酸[1-2]。

结肠是产生SCFA的主要部位，原因在于结肠细菌首先在此同小肠来的碳水化合物接触，发酵活性最强。结肠内SCFA会随日粮纤维的来源和发酵性等不同而有不同程度的变化，但总体上是乙酸含量最高，丙酸大于或等于丁酸。相关研究报道[3]，果胶中产生的乙酸、丙酸和丁酸为80：12：8，淀粉为62：15：22，通常混合餐为63：22：8。丁酸是肠上皮细胞重要能量来源，其大部分被吸收用于供能，乙酸和丙酸到达门静脉循环，丙酸被肝脏吸收，参与糖异生并抑制胆固醇合成，乙酸随血液进入全身循环，仅有少量SCFAs(占总量5%~10%)逃脱吸收并在粪样中被检出[4]。

产生SCFA的不消化的碳水化合物主要包括：非淀粉多糖、抗性淀粉以及低聚糖等。参与SCFA酵解的厌氧菌主要有双歧杆菌属、乳杆菌属、拟杆菌属和梭杆菌属的部分种株，最近仍不断有新的种株被成功分离。SCFA也可由蛋白质降解和氨基酸发酵产生。梭菌可通过丙烯酸途径由丙氨酸产生丁酸，也可在苏氨酸脱水酶和酮酸脱氢酶的参与下由苏氨酸产生丙酸。

虽然生物体内发酵产生SCFA的总量与日粮纤维的含量成正相关性，但是不同来源的发酵底物并不能够改变生物体内微生物的种类和数量，如结肠细菌的种类或培养条件的改变对SCFA的产生类型和数量也会有很大的影响，产气荚膜杆菌在碳源限制培养时，主要产物为乙酸、丁酸、琥珀酸和乳酸。

2 短链脂肪酸对肠道的影响

SCFA是结肠黏膜供能的主要物质，结肠内发酵产生的SCFA可为结肠上皮提供60%~70%的能量。通过对SCFA混合代谢研究可知，SCFA为细胞供能从高到低的顺序为丁酸、丙酸、乙酸。丁酸是结肠能量来源的首选，乙酸是胆固醇合成的最主要底物，大部分的乙酸被吸收进血液从而进入肝脏代谢，作为周边组织的能源。而在动物前肠优先利用谷氨酰胺和葡萄糖作为能量供应物质。

SCFA可以维护肠道上皮细胞的完整性和杯状细胞的分泌功能，研究证明膳食纤维促进肠黏膜的生长是由SCFA介导。当大肠内SCFA含量降低时，上皮细胞的增殖水平会随之受到抑制。给大鼠结肠同时灌注乙酸、丙酸、丁酸，能显著改善结肠上皮细胞的增殖，其中丁酸作用效果最强[5]。李可洲等[6]通过体外营养的方法，将短链脂肪酸作用于Wistar大鼠的移植小肠上，10 d后观察小肠黏膜形态学变化，用透射电镜观察后发现，SCFA处理组肠黏膜的绒毛高度、隐窝深度和黏膜厚度均显著($P<0.05$)高于对照组，表明SCFA对肠黏膜有明显的促生长作用。

SCFA对黏膜免疫细胞有维护作用，还可以减少促炎因子的生成，有利于黏膜炎症的修复。丁酸对结肠防御屏障组分的影响主要有促进上皮细胞迁移，诱导黏蛋白、三叶因子(TFFs)、活性转谷氨酰胺酶、抗菌肽和热休克蛋白(HSPs)的生成。结肠防御屏障的一个重要组分是覆盖上皮的黏膜层，主要由黏蛋白和三叶因子组成。三叶因子有助于改善黏膜层的黏弹特性，减少炎症细胞的补充，并参与维护和修复肠道黏膜[7]。Breuer等[8]针对溃疡性结肠炎患者直接灌肠短链脂肪酸，发现其对溃疡性结肠炎具有积极的改善作用。Sofia[9]等研究乙酸、丙酸、丁酸与抗炎因子释放的关系，最终发现一定浓度

30 mmol/L 的乙酸、丙酸、丁酸均能明显降低肿瘤坏死因子 TNF-α 的释放,而不影响 IL-κ 蛋白的释放,表明 SCFA 对炎症具有相当好的治疗作用。也有相关报道称所有种类 SCFA 均对炎性反应有一定的治疗作用,它们使得培养器官中 IL-6 蛋白的释放量减少,但存在能效上的差异,丙酸和丁酸具作用等效,乙酸相对其他两者作用较小[10]。

近年来大量研究报道证实 SCFA 能抑制某些肿瘤细胞的增殖,并诱导肿瘤细胞分化和凋亡[11-12],从而影响原癌基因的表达。陈宗元等[13]以短链脂肪酸类药物作用于肿瘤细胞,结果表明其能通过抑制细胞周期间接诱导细胞凋亡,从而达到降低肿瘤细胞增殖的目的。SCFA 还可以通过抑制 Bcl-2 基因和促进 Bax 基因表达来促使癌细胞凋亡,进而影响抑癌基因 P21wsr-1 相关染色体活性,起到预防肿瘤发生的作用[14]。其中丁酸的抗肿瘤效果最为明显[15]。燕敏[16]等用不同浓度的丁酸在不同时间段处理人传代结肠癌细胞株 SW1116,利用 RT-PCR、Western Blotting、流式细胞仪等技术方法检测肿瘤细胞相关基因 Bcl-2、Bax 及其蛋白表达的变化,测定 P53 蛋白浓度和 caspase-3 活性的变化,结果显示肿瘤细胞的 Bcl-2mRNA 及其蛋白均无表达,但随着细胞培养液中丁酸浓度的增加和培养时间的延长,BaxmRNA 及其蛋白的表达逐渐增强,与此同时 P53 蛋白浓度和 caspase-3 活性也都随之增加。所以证明丁酸以 P53 依赖方式通过上调肿瘤细胞 BaxmRNA 及其蛋白的表达而诱导 SW1116 细胞凋亡。

SCFA 可起到维持肠道内水电解质平衡的作用。由于环磷酸腺苷(cAMP)抑制了 NaCl 吸收导致机体对液体吸收不良,从而引起霍乱。有研究显示[17],提高末端结肠环磷酸腺苷水平,应用 SCFA 来干预并观察 NaCl 的吸收情况,电解质流数据表明,受 SCFA 刺激从结肠中分泌的 Na^+ 的吸收也显著增加,相应地 Cl^- 的分泌得到部分抑制,特别是结肠中促进分泌的 cAMP 是由于丁酸的干预而明显减少。所以,刺激 Na^+ 吸收的 SCFA 受 cAMP 而上调,这可能是治疗霍乱病的有效途径之一。也有研究表明[18],结肠灌注 SCFA 后能显著减少结肠水分的分泌,作用效果由高到低依次为丁酸>丙酸>乙酸。

3 短链脂肪酸对畜禽生长性能的影响

研究表明[19],酸化剂可有效降低日粮 pH、使仔猪胃肠道酸度增加、提高胃消化酶的活性、激活胃蛋白酶原。其中丁酸作为一种复合酸化剂,易挥发且具有游离性,能进入盲肠和结肠对胃肠道的生长发育具有调控作用。饲料生产中一般将其制作成稳定的丁酸盐(丁酸钠)。钟翔等[20]研究发现,日粮中添加丁酸钠可以提高($P>0.05$)断奶仔猪平均日增重(ADG)和肠道消化酶活性。李丹丹等[21]应用 28 d 断奶仔猪试验,结果发现日粮中添加 0.1% 的丁酸钠能促进断奶仔猪的生长和免疫器官的发育,血清中免疫球蛋白的含量也明显提高($P<0.05$),日采食量和 ADG 与对照组(无丁酸钠添加)相比也有显著提高($P<0.05$)。刘永祥等[22]研究表明,日粮中添加 500 mg/kg 乙酸和丙酸能够显著增加($P<0.05$)肉仔鸡小肠消化酶活性,通过抑制肠道中大肠杆菌的生长可以改善其生产性能。刘嘉莉等[23]研究表明,日粮中添加丁酸钠可提高($P<0.05$)肉鸭日增重和显著降低($P<0.05$)粪便中 TN、TP 和氨氮等的排放。赵会利等[24]在传统日粮基础上添加 1% 丁酸钠,以 31 d 犊牛为研究对象,结果表明,添加丁酸钠组的犊牛与对照组(无添加)相比体重和 ADG 都有所提高($P<0.05$),血清中甘油三酯、尿素氮、CRP、HP、IL-6、TNF-β 均极显著低于($P<0.01$)对照组。添加丁酸钠之后也促进了犊牛胃肠道的发育,使断奶应激得到缓解。

4 小结

生物体肠道生态系统中存在着一个庞大的细菌菌群,正常情况下,机体内外环境与肠道菌群处于相对平衡的状态,共同维系着生物体的健康。随着环境因素的改变和饮食结构的变化,肠道生态系统遭到破坏,进而影响生物体健康状况,对于 SCFA 的研究使得其成为肠黏膜的重要营养素。但和 SCFA 有关的具体作用机理的研究大部分还处于动物模型研究,或者利用细胞进行体外研究的阶段,缺乏对其作用机制的深入探究。根据已知的理论,和SCFA有关的产品在饲料生产中也得到部分应用,但更广泛的应用还需要更深入的理论进行支持。

参考文献

[1] 詹彦,支兴刚.短链脂肪酸的再认识[J].实用临床医学,2007,8(1):134-135.
[2] 赵怀宝,任玉龙.短链脂肪酸在动物体内的生理特点和功能[J].饲料研究,2016(3):29-32.
[3] Cumming J H,Machfarlane G T. Role of intestinal bacteria in nutrient metabolism[J]. Clin Nutr,1997,16(1):3.
[4] Wan-Li Xu, Gao Lu, Shi-Jie Liang, et al.. Short chain fatty acids mediated flora-host interaction and irritable bowel syndrome[J]. Word Chinese Journal of Digestology,2015,23(36):5815-5822.
[5] Kripke S A,Fox A D,Berman J M,et al.. Stimulation of intestinal mucosal growth with intracolonic infusion of short chain fatty acids[J]. J. PEN,1989,13:109.
[6] 李可洲,李宁,黎介寿,等.短链脂肪酸对大鼠移植小肠形态及功能的作用研究[J].世界华人消化杂志,2002,10(6):720-722.
[7] 徐丹凤,孙建琴.短链脂肪酸对结肠功能的影响[J].营养健康新观察,2009(2):7-8.
[8] Breuer R I,Soergel K H,Lashner B A,et al.. Short chain fatty acid rectal irrigation for left-sided ulcerative colitis:a randomized,placebo controlled trial[J]. Gut,1997,40(4):485-491.
[9] Sofia T,Fredrik W,Martin K,et al.. Anti-inflammatory properties of the short-chain fatty acids acetate and propionate:a study with relevance to inflammatory bowel disease[J]. Word Journal of Gastroenterology,2007,13(20):2826-2832.
[10] 刘小华,李舒梅,熊跃玲.短链脂肪酸对肠道功效及其机制的研究进展[J].肠外与肠内营养,2012,19(1):56-58.
[11] 余荣,徐小芳,王雯熙,等.丁酸对动物肠道影响的研究进展[J].中国畜牧杂志,2012,48(16):64-68.
[12] 孙建琴,徐丹凤.SCFAs对结肠肿瘤和肠道炎症的防治作用和机制[J].营养健康观察,2009,(2):10-12.
[13] 陈宗元,冯冰红.组蛋白去乙酰化酶抑制剂对神经胶质瘤的作用研究[J].中国神经肿瘤杂志,2009,7(2):142-147.
[14] 徐仁应,卞玉海,万燕萍,等.短链脂肪酸与直肠肿瘤细胞凋亡关系的研究[J].肠外与肠内营养,2013,20(5):259-262.
[15] 耿珊珊,蔡东联.短链脂肪酸对结肠肿瘤细胞增殖分化的影响[J].肠外与肠内营养,2005,12(5):295-298.
[16] 燕敏,陈尔真,曹伟新,等.丁酸诱导结肠癌细胞凋亡机制的试验研究[J].肠外与肠内营养,2005,12(5):268-271.
[17] Selvi K,Ramakrishna BS,Henry J. Stimulation of sodium chloride absorption from secreting rat colon by short-chain fatty Acids[J]. Digestive Diseases and Sciences,1999,44(9):1924-1930.
[18] Rabbani GH,Albert MJ,Rahman H,etal. Short-chain fatty acids inhibit an electrolyte loss induced by cholera toxin in proximal colon of rabbit in vivo[J]. Digestive Diseases and Sciences,1999,44(8):1547-1553.
[19] 李鹏,武书庚,张海军,等.复合酸化剂对断奶仔猪生长性能、肠道酸度及消化酶活性的影响[J].养猪,2009(1):5-8.
[20] 钟翔,黄小国,陈莎莎,等.丁酸钠对断奶仔猪生长性能和肠道消化酶活性的影响[J].动物营养学报,2009,21(5):719-726.
[21] 李丹丹,冯国强,钮海华,等.丁酸钠对断奶仔猪生长性能及免疫功能的影响[J].动物营养学报,2012,24(2):307-313.
[22] 刘永祥,胡忠宏,呙于明.短链脂肪酸组合对肉仔鸡消化道系统的影响[J].安徽农业科学,2008,36(4):1444-1446.
[23] 刘嘉莉,胡晓波,田在锋,等.丁酸钠对肉鸭生长及粪便中污染物减排效果的影响[J].生态与农村环境学报,2011,27(1):39-43.
[24] 赵会利,高艳霞,李建国,等.丁酸钠对断奶犊牛生长、血液生化指标及胃肠道发育的影响[J].畜牧兽医学报,2013,44(10):1600-1608.

饲料安全快速检测技术研究进展

王金荣[**]　苏兰利　赵银丽　张彩云

（河南工业大学生物工程学院，郑州　450001）

摘　要：饲料安全问题日趋严重，有效解决饲料安全问题是保证饲料工业可持续发展的关键，也是保证动物源性食品安全的重要措施之一。因此饲料安全检测变得尤为重要，饲料安全的快速检测技术，则为饲料安全的监督和检测提供重要的技术支撑。本文将对近年来饲料安全快速检测技术的发展进行综述，重点对饲料样品的前处理技术及检测技术包括免疫学技术、生物芯片技术、PCR技术、生物传感器技术、荧光检测卡、快速检验试纸等进行介绍。

关键词：饲料安全；快速检测技术

随着饲料安全问题的相继曝光，由饲料安全问题引发的食品安全问题已经成为民众日常关心的热点和焦点。为此，国家相关部门加大了饲料的监管、监测力度。传统的饲料安全检测技术是利用物理或者化学方法，采用仪器对饲料中有毒有害物质进行检测。随着仪器分析技术的进步，各种质谱技术在饲料安全检测中广为应用，特别是在有毒有害物质主要成分的确证方面，质谱技术有着无可替代的地位。此外为了满足饲料安全监督的即时性需要，迫切需要一些快速、方便、准确的检测技术，尤其是对某种或某类特别物质的快速检测，对提高饲料安全的监督和管理具有重要的作用。所谓的快速检测是指在样品制备、实验准备及操作过程等各个环节综合运用多种现代化检测方法并在短时间内达到分析的目的，体现在三个方面：一是实验准备简化，如培养基的改进，选择容易得到且保存期较长、能够制成稳定的混合试剂或培养或辅基；二是样品经简单预处理后即可测试，或采用先进快速的样品处理方式，如分析测试中的微波溶样技术、黄曲霉毒素的亲和层析等；三是简单、快速和准确的分析方法，能对处理好的样品在很短的时间内测试出结果。在对检测仪器的选用上，不排除采用先进的分析仪器，只要条件许可，样品处理和测定能在短时间内完成，即可归纳为快速检测方法之列，如便携式光度计、便携式气相色谱等。

本文将从饲料安全检测的样品预处理技术及快速检测方法两个方面进行综述，并简单介绍饲料安全快速检测技术在饲料行业的应用及发展。

1　饲料安全快速检测的预处理技术

一种新的检测方法，其分析速度及准确度往往取决于样品预处理的复杂程度。样品预处理的目的是消除基质干扰，提高分析方法的准确度、精密度、选择性和灵敏度，样品前处理所用时间通常占整个分析时间的60%以上。只要检测仪器稳定可靠，检测结果的重复性和准确性就主要取决于样品前处理，超过30%的分析误差来源于样品预处理。

---

[*]　基金项目：河南省高校科技创新团队(131RTSTHN007)；河南省科技攻关项目(162102410016)；河南工业大学基础研究重点培育基金项目(2012JCYJ08)

[**]　第一作者简介：王金荣(1970—)，女，博士，教授，E-mail：wangjr@haut.edu.cn

1.1 免疫亲和柱净化技术

免疫亲和柱净化技术是基于免疫亲和色谱(immunoaffinity chromatography,IAC)原理,以抗原抗体的特异性、可逆性免疫结合反应为基础的分离净化技术,其基本过程为将抗体与惰性基质偶联成固定相,装柱。当含有待测组分的样品通过 IAC 柱时,固定抗体选择性地结合待测物,其他不被识别的样本杂质则不受阻碍地流出 IAC 柱,经洗涤除去杂质后将抗原—抗体复合物解离,待测物被洗脱,样品得到净化。最显著的优点在于对待测物的高效、高选择性保留能力,特别适用复杂样品痕量组分的净化与富集。最新发展的免疫亲和柱技术是集多种抗体于一体,实现一次性分离获得多种待测物质的净化。Hu 等研究的一种敏感及具有特殊免疫功能柱采用一步分离净化后应用超高压液相色谱-串联质谱技术同步分析了饲料中的多种霉菌毒素,抗黄曲霉毒素 B_1、B_2、G_1、G_2、玉米赤霉烯酮、赭曲霉毒素 A、杂色曲霉毒素和 T_2 毒素的单克隆抗体用微囊包被用来进行毒素的纯化,这些毒素的检出限范围为 $0.006\sim0.12$ ng/mL,定量限为 $0.06\sim0.75$ ng/mL,内标及外标法均得到了很好的重复性及重现性。应用该方法对 80 份样品进行的测定,其中部分样品污染了多种毒素[1]。

1.2 分子印迹技术

分子印迹技术是指在空间结构和结合位点上与模板分子相匹配并对特定目标分子具有分子识别性能的分子印迹聚合物的制备技术[2]。分子印迹聚合物(molecularly imprinted polymer)兼备了生物识别体系和化学识别体系的优点,可选择性识别富集复杂样品中的目标物,用于制备固相萃取、固相微萃取、膜萃取等净化小柱的填料[3]。目前分子印迹净化技术多用于医药分析,在饲料分析中的应用还处于研究的起步阶段。Duy 等合成了以齐多夫定为模板分子的印迹聚合物,可用于不同媒介中萃取齐多夫定,在血清中齐多夫定和司他夫定选择性萃取的回收率分别为 80% 和 85%,定量限为 5×10^{-7} mol/L,检测限为 1×10^{-7} mol/L[4]。史西志等合成了吲哚类生物碱利血平分子印迹聚合物,将其作为固相萃取小柱填料,对饲料中利血平分子进行分离富集,建立了一种饲料中检测利血平的新方法[5]。

1.3 磁性纳米微萃取技术

磁性纳米微萃取(magnetic solid-phase extraction)技术是基于液-固色谱理论,以磁性或可磁化的材料作为吸附剂的一种分散固相萃取技术。磁性吸附剂不直接填充到吸附柱中,而是被添加到样品的溶液或者悬浮液中,将目标分析物吸附到分散的磁性吸附剂表面,在外部磁场的作用下,目标分析物随吸附剂一起迁移,最终通过合适的溶剂洗脱被测物质,从而与样品的基质分离[6]。磁性纳米微萃取技术目前主要用于食品安全检测,其中对污染水体的重金属富集、食品中农药级兽药残留以及化学污染物的分析中有很多应用研究[7],但在饲料分析应用还处于研究的起步阶段。Yu 等自组装 Fe_3O_4/Ag 杂化型纳米粒子结合表面增强拉曼光谱技术对鱼饲料中呋喃唑酮进行分析,灵敏度为 500 ng/g[8]。

1.4 微波消解技术

饲料重金属污染的快速检测技术通常是通过有效缩短样品预处理时间达到快速测定的目的。常见的饲料样品中重金属检测的预处理方法有干灰化法和湿消化法,这两种方法均可将样品完全分解。但是随着各种高效、灵敏、快速的金属污染物分析仪器的不断出现,传统的样品制备技术与之相比已不相适应,成为快速检测技术发展的主要障碍。微波溶样技术的出现和快速发展,与金属污染物的快速检测技术相配合,在一定程度上缩短了检测时间,达到快速检测的目的[9]。葛亚明等研究了干灰化法、硝酸-高氯酸湿消化法和微波消解法对饲料中微量元素含量测定结果的影响,Cu、Zn 和 Mn 的分析结果没有显著差别,微波消解的方法的消化速度快,取样量少,污染机会少,适合大批量的样品分析[10]。

2 饲料安全快速检测技术

饲料样品经预处理后,选择合适的检测方法对提高检测的灵敏度及准确度十分重要。生物技术的快速发展,为饲料安全的快速检测提供了技术支持。目前比较常用的快速检测技术有免疫学技术、生物芯片、PCR 技术、生物传感器技术、快速检验纸片法等。

2.1 免疫学技术

免疫学技术因其具有抗原抗体结合的高度特异性,因此在分析上具有快速、灵敏和特异性优点,并且操作简便、无须昂贵的仪器设备,可以在采样现场分析。免疫学分析方法包括免疫沉淀法、发光免疫分析法、电化学免疫分析法、免疫絮凝法、放射免疫分析方法和酶联免疫分析方法等各种免疫学方法。在饲料中常用的是酶联免疫法(ELISA),其基础是抗原或抗体固相化及抗原或抗体的酶标记,加入酶反应的底物后,底物被酶催化成有色产物,产物的量与样品中受检物质的量直接相关,由此进行定性或定量的分析。ELISA 分析方法常用于检测饲料中的生物毒素,包括黄曲霉毒素、赭曲霉毒素、玉米赤霉烯酮等,以及饲料中的违禁药物等,目前商品化的 ELISA 生物毒素及违禁药物检测的试剂盒已普遍应用。近年来一些酶制剂生产企业针对自身产品特性研究开发了 ELISA 检测方法,如 AB-Vista 公司的研发的植酸酶、木聚糖酶的 ELISA 方法与湿化学法进行比较,得到满意的结果[11]。李军以 5-硝基糠醛为分子模板合成了硝基呋喃类药物的共有半抗原,以重氮法合成的包被原和戊二醛法合成的免疫原所得抗体为基础建立了一种检测 7 种硝基呋喃类药物的广谱特异性间接竞争 ELISA 方法。该法对呋喃西林、硝呋酚酰肼、硝呋索尔、呋喃唑酮、呋喃它酮、呋喃妥因、呋喃苯烯酸钠的检测限分别为 8.3 ng/mL、14.0 ng/mL、15.8 ng/mL、11.0 ng/mL、11.0 ng/mL、13.5 ng/mL、18.2 ng/mL,交叉反应率分别为 95%、79%、76%、68%、61%、59%、42%,添加回收率范围为 78.0%～98.4%,变异系数为 6.2%～13.8%[12]。

2.2 PCR 技术

PCR(polymerase chain reaction)技术即聚合酶链式反应,是指在 DNA 聚合酶催化下,以母链 DNA 为模板,以特定引物为延伸起点,通过变性(denaturation)、退火(annealling)、延伸(extension)等步骤,体外复制出与母链模板 DNA 互补的子链 DNA 过程。在饲料中应用 PCR 技术用来鉴别饲料中的致病菌、动物源性饲料成分、转基因饲料成分等。我国现有的对饲料中动物源性成分及转基因成分鉴定的国家标准或行业标准都是采用 PCR 技术[13-15]。侯东军等采用双重荧光 PCR 方法对反刍饲料中的牛羊源成分同时定性检测,牛成分的灵敏度为 0.01%,羊成分的灵敏度为 0.1%[16]。张秀芹以沙门菌菌属特异性基因 invA 基因为目的基因,利用分子生物学方法,建立了饲料中沙门菌的 PCR 检测技术和实时荧光 PCR 检测技术,将检测时间缩短至 48 h,对饲料中沙门菌的检出限可达 1～3 CFU/25 g,可检测的最低菌液浓度为 $(3.2\sim4.0)\times10^2$ CFU/mL[17]。

2.3 生物芯片技术

生物芯片(biochip)技术是集生物学、物理学、化学和计算机科学于一体的高度交叉的尖端技术,可以同时对多个靶标进行检测,一次提供大量的检测信息,成为当今生命科学领域的热点。该技术主要是指采用光导原位合成法或微量点样等方法,将大分子物质比如核酸片段、多肽分子甚至组织切片、细胞等生物样品有序地固化于支持物的表面,组成密集二维分子排列,然后与已标记的待测生物样品中靶分子杂交,通过特定的仪器对杂交信号的强度进行快速、并行、高效地检测分析,从而判断样品中靶分子的数量。生物芯片技术在食品安全检测中常用于食品中毒事件的调查、生物毒素及病原菌的检测等。王莹建立了粮食中 AFTB$_1$、AFM$_1$、DON、OTA、T-2 和 ZEN6 种真菌毒素的蛋白免疫芯片技术，毒素靶标物的添加回收率在 80%～120%，同时建立了检测玉米和花生中 5 种真菌毒素（AFB$_1$、AFM$_1$、DON、T-2 和 ZEN）的悬浮芯片检测技术，5 种真菌毒素 AFB$_1$、AFM$_1$、DON、T-2、ZEN 最低检出限依次为 0.05 pg/mL、4.94 pg/mL、107.50 pg/mL、11.58 pg/mL、29.78 pg/mL[18]。生物芯片技术在饲料安全方面的应用目前还处于研究阶段。

2.4 快速检验纸片法及试纸法

纸片法主要用于微生物的检测，纸片荧光法是利用细菌产生某些代谢酶活代谢产物的特点而建立的一种酶-底物反应，只需检测饲料中某种微生物的有关酶活性，将荧光产物在 365 nm 紫外光下观察即可。可分别检测菌落总数、大肠菌群、霉菌、沙门氏菌、葡萄球菌等，经验证与传统的微生物检测到的具有良好的相关性。姜旭等采用微生物测试片与国标方法对采集的 18 份生鲜猪肉、牛肉、羊肉进行了检测并进行比对，2 种方法共同检测结果经统计学分析差异不显著（$P>0.05$），说明微生物测试片与传统是微生物检测方法具有良好的相关性，可以用于生鲜肉品菌落总数的快速检测，缩短检测流程[19]。

近年来研发的重金属的快速检测试纸法，将具有特效显色反应的生物染色剂通过浸渍附载到试纸上，获得重金属快速检测试纸，并通过多次研究确定试纸与重金属的最佳反应条件。该试纸适宜现场实时检测，仅需 10 min 即可完成检测，对重金属的检测灵敏度可达 0.01～20.00 mg/kg[20]。

2.5 生物传感器

生物传感器（biosensor）是对生物物质敏感并将其浓度转化为电信号进行检测的仪器，是由固定化的生物敏感材料作为识别元件与适当的理化换能器及信号放大装置构成。生物传感器中有酶传感器、微生物传感器、细胞传感器、组织传感器和免疫传感器，常用于饲料成分分析、微生物、毒素的检验等，具有高度选择性、灵敏性和较好的稳定性，作为便携式仪器分析可以现场检测。郭春晖等研究的 β-兴奋剂沙丁胺醇（SAL）的分子印迹阻抗型电化学传感器，以氨基苯硫酚为功能载体，SAL 为模板分子，以电聚合法制备沙丁胺醇分子印迹聚合物膜，采用电化学阻抗法对 SAL 进行定量测定，检出限为 3.1×10^{-9} mol/L[21]。梁荣宁等开发了一种分子印迹传感器，以盐酸克伦特罗为模板分子，以克伦特罗的分子印迹聚合物为离子载体，制备了分子印迹聚合物膜克伦特罗离子选择电极[22]。万德惠等制备了能特异性识别莱克多巴胺的分子印迹聚合物，并将于微流控化学发光法结合，获得了高选择性的化学发光传感器，用流动注射分析法检测猪肝和牛肉中的莱克多巴胺，其线性范围为 6～690 ng/mL，检出限为 0.83 ng/mL，回收率可达 90.3%～99.8%[23]。王志强结合纳米材料技术和电化学传感器技术，研发了镉离子电化学传感器、汞离子电化学传感器、铅-镉电化学传感器和基于石墨烯/聚对氨基苯磺酸/锡膜复合修饰的镉离子传感器，并应用微电子技术和虚拟仪器技术，研制出便携式检测仪[24]。Almeida 等将不锈钢兽药注射器包被选择性的 PVC 膜作为流动注射分析系统中的电位检测器，自动在线快速测定鱼塘中磺胺嘧啶，其中 PVC 膜是由 33%PCV、66%氧-硝基苯基辛醚、1%的离子交换生树脂和少量的阳离子添加剂组成，检出限是 3.1×10^{-6} mol/L，传感器反应灵敏（低于 15 s），分析结果用液相色谱-串联质谱验证，84 份样品的添加回收率是 95.9%～106.9%[25]。

2.6 荧光检测卡

荧光检测卡是将荧光分析与免疫学技术相结合，将酶标记于抗原或抗体上，载体纤维的毛细管作用将被测物沿着膜表面运送至检测区与标记物结合显色，通过肉眼或仪器进行辨识的一种便携式检测卡，可直接检测尿液、血样、饲料等样品中的抗生素、生物毒素、重金属、农药兽药残留等。胶体金试纸是这类检测方法中应用最广泛的。常见的胶体金试纸结构包括底板、样品垫、吸水纸、硝酸纤维素膜、胶体金垫、检测线和控制线。样品中抗体随着层析方向运动，和特异性抗原结合后，再和带有颜色的特异抗原反应时,就形成了带有颜色的测试线(三明治结构),若没有抗原则没有颜色。黄曲霉毒素 B_1(AFB_1)时间分辨荧光免疫层析定量检测卡应用竞争抑制免疫层析的原理,样本中若含有 AFB_1,则在侧向移动的过程中会与荧光微球标记的特异性单克隆抗体反应,抑制抗体和 NC 膜检测线上 AFB_1-BSA 偶联物的结合。随着样本中 AFB_1 含量的升高,结合于检测线上的抗体量减少,相应的检测线荧光强度也随之变弱。使用专用时间分辨荧光免疫层析检测仪读数,可定量地测出样本中 AFB_1 的含量[26]。

3 小结

饲料安全快速检测技术发展到今天,无论在设备的种类还是方法创新研究上,虽然远远落后于食品安全快速检测技术的发展,随着需求的不断增加,新的快检技术和设备不断发展。从饲料安全快速检测技术发展方向上看,最终将向小型化、集成化、模块化、精确化、信息化方向发展。主要表现为以下几个方面:①样品前处理标准化、自动化;②实用、便携、模块、项目齐全化;③实时在线;④更高的灵敏度、精确度、准确度。

参考文献

[1] Xiaofeng H U. Rui H U, Zhaowei Zhang, et al.. Development of a multiple immunoaffinity column for simultaneous determination of multiple mycotoxins in feeds using UPLC-MS/MS[J]. Anal Bioanal Chem. May 25,2016. DOI 10.1007/s00216-016-9626-5.

[2] Stephen P W, Nguyena T H, PAUL G, et al.. Preparation of novel optical fibre-bassed cocaine sensors using a molecular imprinting polymer approach[J]. Sensor Actuat B- Chem, 2014,193:35-41.

[3] 严炜,林金明. 雌激素类内分泌干扰物的液相色谱-质谱分析样品前处理方法[J]. 分析化学,2010,38(4):598-606.

[4] Duy S V, Lefebvre T, Pivhon V, et al.. Molecularly imprinted polymer for analysis of zidovudine and stavudine in human serum by liquid chromatography-mass spectrometry[J]. Chromatogr B,2009,877(11-12):1101-1108.

[5] 史西志,武爱波,瞿国润,等. 利血平分子印迹聚合物在饲料检测中的应用[J]. 中国科技导报,2008,10(5):75-78.

[6] Giakisikli G, Anthemidis A N. Magnetic materials as sorbents for metal/metalloid preconcentration and/or separation. A review[J]. Anal. Chim Acta,2013,789:1-16.

[7] 潘胜东,叶美君,金米聪. 磁性固相萃取在食品安全检测中的应用进展[J]. 理化检验-化学分册,2015,51(3):416-424.

[8] Yu W S, Huang Y Q, Pei L,et al.. Magnetic Fe_3O_4/Ag hybrid nanoparticles as surface-enhanced Raman scattering substrate for trance analysis of furazolidone in fish feeds[J]. Journal of Nanomaterials, 2014,ID796575.

[9] 彭玉魁. 应用 ICP-AES 法连续测定饲料中砷、汞含量[J]. 中国饲料,1998(14):18-19.

[10] 葛亚明,宁红梅,李敬玺等. 不同预处理方法对饲料中微量元素含量测定的影响. 安徽农业科学,2009,37(26):12563-12565.

[11] Quantumblue, Quantiplate kit for quantum blue. AB-Vista, catalog number AP181.

[12] 李军. 畜禽饲料中硝基呋喃类药物快速检测[D]. 硕士学位论文,保定:河北农业大学,2011.

[13] 袁建琴,赵江河,史宗勇,等. 动物饲料中转基因抗草甘膦大豆 GTS40-3-2 成分的检测[J]. 大豆科学,2016,35(2):295-300.

[14] 管庆丰,王秀敏,杨雅麟,等. 转基因饲料的 PCR 检测策略[J]. 中国饲料,2010(19):40-43.

[15] Nelson Marmiroli, Elena Maestri, Mariolina Gulli, et al.. Method for detection of GMOs in food and feed[J]. Anal Bional Chem,2008,392:369-384.

[16] 侯东军,韩合敬,郝智慧,等. 双重荧光 PCR 法快速检测饲料中牛羊源成分[J]. 黑龙江畜牧兽医,2016(02):247-250.

[17] 张秀芹. 饲料中沙门菌快速检测到的建立及其分离菌株的耐药性与致病性分析[D]. 博士学位论文. 长春:吉林大学,2014.

[18] 王莹. 同时检测多种真菌毒素的生物芯片技术研究. 硕士学位论文. 武汉:武汉大学,2012.

[19] 姜旭,秦华,孙婷婷,等.测试纸片法和GB法检测生鲜肉品中菌落总数的比较.黑龙江信息,2016,(12):121.
[20] 陈冠宇,宋志峰,魏春雁.重金属检测技术研究进展及其在农产品检测中的应用[J].吉林农业科学,2012,37(6):61-64,71.
[21] 郭春晖,杨莹莹,刘蒙,等.分子印迹阻抗型沙丁胺醇电化学传感器的研究[J].湖北大学学报,2013,35(3):327-331.
[22] 梁荣宁,高奇,秦伟.分子印迹电位型传感器快速检测猪尿中的克伦特罗[J].分析化学,2012,40(3):354-358.
[23] 万德慧,王晓朋,吴中波,等.基于分子印迹聚合物的微流控化学发光传感器检测莱克多巴胺[J].食品质量安全检测学报,2014,5(5):1391-1397.
[24] 王志强.农产品及其产地环境中重金属快速检测关键技术研究[D].北京,中国农业大学,2014.
[25] S A A Almeida, L R Amorim, A H Heitor, et al.. Rapid automated method for on-site determination of sulfadiazine in fish farming:a stainless steel veterinary syringe coated with a selective membrane of PVC serving as a potentionametric detectoe in a flow-injection-analysis system. Anal Bional Chem,2011,401:3355-3365.
[26] 饲料中黄曲霉毒素B1的测定 时间分辨荧光免疫层析法.中华人民共和国农业行业标准,NY/T 2548—2014.

饲料理化性质、分子结构与其营养特性关系研究进展

秦贵信[1][**]　孙泽威[1]　龙国徽[2]　张琳[1]　白明昧[1]

(1.吉林农业大学动物科学技术学院,长春　130118；
2.吉林农业大学生命科学学院,长春　130118)

摘　要:饲料的理化特性与分子结构是决定其在动物消化道内可吸收养分释放特征的根本因素,调控饲料可吸收养分的消化动态特征可更大程度上满足不同种属动物消化道各部位对日粮养分消化、吸收的空间需求和时间需求,进而促进日粮养分供给与动物养分需求的动态平衡。本文从饲料理化特性、分子结构分析技术的研究进展,饲料内在理化性质、分子结构与加工处理对可吸收养分消化释放的影响,饲料可吸收养分消化释放动态与饲料养分利用效率的关系等方面进行了总结与阐述。文中综述信息将有助于深入理解饲料理化特性、分子结构与其营养特性间的关系,促进动物营养需求与饲料供给动态平衡理论与技术的发展。

关键词:饲料理化性质；分子结构；养分消化释放特征

在饲料常规养分分析的基础上,深入理解饲料理化特性与其营养物质利用效率间的构效关系；探索加工工艺及过程对饲料理化特性和营养有效性的影响规律；揭示饲料理化特性与其养分在动物消化道内分解、释放模式,对于推动饲料加工技术的进步和动物营养理论体系的发展具有重要意义。近年来,随着饲料理化特性分析技术的发展进步,该领域的研究开始受到国内外学者的关注[1,2]。研究表明,饲料养分的品质、消化降解特性和利用率不仅与传统动物营养学所重点关注的养分化学组成有关,而且在较大程度上受到饲料养分的理化性质、内在结构(如蛋白质二级结构:α-螺旋、β-折叠及二者之比)、饲料本身的组织结构(如蛋白质与淀粉间的结构关系、蛋白质与碳水化合物的结构关系)的影响[3,4,5]。

本文将主要就现代光谱技术在饲料理化性质分析中的应用,加工处理诱发的饲料结构性质变化及饲料养分存在基质的性质结构特征与饲料可吸收养分消化释放动态的关系等问题进行简要综述,以其为丰富动物营养学理论、推动饲料加工技术进步提供参考。

1　现代光谱技术在饲料理化性质分析中的应用

传统的饲料养分分析技术是基于化学试剂,在破坏饲料组织结构前提下的化学成分分析,无法反映饲料的分子结构特征与理化性质,而红外光谱技术作为一种无损伤探测的方法,不需要对样品进行破坏性处理、操作简便、波长精度高、分辨率好、扫描率高、特征性强,为饲料分子结构的研究提供有效的工具[6]。

---

* 基金项目:国家重点基础研究计划(973 计划)(2013CB127306)
** 第一作者及通讯作者简介:秦贵信(1956—),男,博士,教授,博士生导师,E-mail:qgx@jlau.edu.cn

1.1 红外光谱技术的基本原理

红外光谱(infrared spectroscopy,IR)是由分子振荡能级跃迁而产生的光谱,属于分子吸收光谱。样品吸收红外辐射的主要原因是分之中的化学键,IR可用于鉴别化合物中的化学键类型,可对分子结构进行推测,既适用于结晶质物质,也适用于非晶质物质。当分子吸收红外光后,从低能级振动状态向相邻的高能级跃迁时,产生说的纯振动光谱应为线状光谱,但在实际中,线状的纯振荡光谱是得不到的,获得的是较宽的红外光谱带。主要原因是在分子振动能级跃迁的过程中,同时带有着分子转动能级的跃迁。红外光谱根据波长区间可分近红外光谱(12800~4000 cm^{-1})、中红外光谱(4000~400 cm^{-1})和远红外光谱(400~10 cm^{-1})。红外光谱的纵坐标采用透射率(T)表示的光谱称为透射率光谱,纵坐标采用吸光度(A)表示的光谱称为吸收光谱。光谱图的横坐标通常采用波数(cm^{-1})表示,也可以采用波长(μm)或(nm)表示[7]。

1.2 光谱技术在饲料分子结构及理化性质分析中的应用

近红外光谱技术(near infrared spectroscopy,NIS)在饲料及食品领域已有较长的应用历史,它将光谱测量技术、计算机技术、化学计量学方法与基础测试技术有机结合,但该技术的应用需要大量的基础数据库建立校正模型,进而对未知样品的化学组成或性质进行快速测定分析,这一弊端限制了近红外光谱技术的普遍应用[8]。

最近的一些报道利用中红外光谱对DDGS、豌豆、大麦、苜蓿等饲料原料的蛋白质、淀粉结构展开研究,并且探讨了这些饲料原料蛋白质、淀粉的结构特性与其可吸收养分释放及消化利用率间的相关性,为饲料养分的结构生物学特征与动物可消化功能的研究开启一片全新的领域[9,10]。

1.2.1 光谱技术在饲料淀粉物理结构分析中的应用

红外光谱可以反映组成淀粉的葡萄糖单元的分子结构特征,1200~800 cm^{-1}为淀粉特征峰区域,在此区域内包含C—O、C—C、C—H的伸缩振动和C—OH的弯曲振动;860 cm^{-1}附近的吸收峰为C—O—C的对称伸缩振动和C—H的变角振动;928 cm^{-1}处红外吸收峰为葡萄糖环振动产生的吸收峰。于培强等(2012)[11]研究表明在860 cm^{-1}和928 cm^{-1}吸收峰面积与饲料中原料淀粉的含量相关性较高(相关系数分别为0.94和0.95,$P<0.01$),并指出A_860和A_928数值越大,原料中的淀粉含量越高。Capron等(2007)[12]指出,淀粉在波数995 cm^{-1}的吸收峰面积越大,说明淀粉大分子羟基间的氢键作用力越强,淀粉酶的水解过程较为困难;1047 cm^{-1}和1022 cm^{-1}处的吸收峰反应的是淀粉的结晶区域与无定形区域,二者的之比代表淀粉分子在短程范围内的结晶程度。Jane等(1997)[13]提出淀粉中B链所占比例大时,可以形成较长的晶粒,有利于晶体结构的构成。张琳(2016)[14]以畜禽日粮中主要淀粉类能量饲料(大麦、小麦、玉米、高粱、碎米、糙米和木薯粉)为研究对象,采用傅里叶变换红外光谱(fourier tranform infrared,FTIR)技术测定并比较了上述原料中淀粉的傅里叶红外光谱特征(表1),并进一步印证了淀粉红外光谱特征与淀粉化学组成间密切的相关关系。

表1 傅里叶红外光谱分子结构分析

项目	大麦	小麦	玉米	高粱	碎米	糙米	木薯粉
A_860	1.099±0.061^f	1.201±0.036^e	1.416±0.066^c	1.508±0.075^b	1.712±0.066^a	1.720±0.025^a	1.339±0.039^d
A_928	0.722±0.059^e	0.806±0.035^d	1.011±0.021^b	1.053±0.072^b	1.390±0.005^a	1.402±0.039^a	0.920±0.031^c
A_995	1.638±0.078^b	1.507±0.090^c	1.906±0.046^a	1.941±0.042^a	1.361±0.052^d	1.338±0.064^d	1.373±0.068^d
A_1022	1.643±0.052^{bc}	1.579±0.087^c	1.358±0.057^e	1.464±0.070^d	1.884±0.097^a	1.842±0.062^a	1.706±0.096^b
A_1047	1.557±0.087^c	1.551±0.059^c	1.673±0.078^b	1.872±0.069^a	1.434±0.027^d	1.448±0.067^d	1.542±0.061^c
R(1047/1022)	0.969±0.025^c	0.990±0.014^c	1.232±0.039^b	1.280±0.040^a	0.762±0.040^f	0.786±0.025^e	0.905±0.039^d

注:数据以平均值±标准的形式表示($n=8$);A:代表吸收峰面积;同行数据肩标不同字母表示差异显著($P<0.05$),下同。

1.2.2 光谱技术在饲料蛋白质分子结构分析中的应用

在多肽和蛋白质结构分析中,傅里叶变换红外光谱(FTIR)经历了定性阶段、半定量阶段到定量阶段的发展过程。1950年Elliott和Ambrose提出了红外光谱的酰胺Ⅰ带1 660～1 650 cm^{-1}吸收峰对应蛋白质的α-螺旋结构,1 640～1 630 cm^{-1}的吸收峰对应β-折叠构象[15];1986年Susi和Byler将二阶导数理论与去卷积方法应用于二级结构分析,使得用红外光谱法研究蛋白质二级结构进入定量化阶段。应用二阶导数和去卷积方法可把FTIR光谱酰胺Ⅰ带中的子峰进一步分解,并指出各子峰的峰位值[16]。酰胺Ⅰ谱带是一个很宽的吸收峰,它覆盖的光谱区间为1 700～1 600 cm^{-1},这个谱带是由几个子峰组成的,每个子峰都代表一种结构,有α-螺旋、β-折叠、β-转角和无规卷曲[17]。Susi和Byler用二阶导数和去卷积相结合方法对蛋白中的子峰进行了系统分析[17],与X射线衍射法得出的结果作了比较,二者十分吻合。此后众多学者的后续研究对该技术进行了进一步的发展和完善,并对蛋白质的二级结构做了大量测定、分析工作。白明昧(2016)[18]采用FTIR技术,针对畜禽日粮中理化性质及消化性差异较大的几种典型饲料蛋白源进行了分析,并比较了不同蛋白源的红外光谱特征(表2),为进一步揭示蛋白质饲料间消化性的差异机制提供了新的方向与数据支持。

表2 5种典型饲料蛋白源蛋白质FTIR谱带强度

项目	豆粕	鱼粉	DDGS	玉米蛋白粉	羽毛粉	SEM	P值
酰胺Ⅰ带(峰高度)	0.240^a	0.183^b	0.117^c	0.138^d	0.119^e	0.007	<0.001
酰胺Ⅱ带(峰高度)	0.092^a	0.076^b	0.057^c	0.084^d	0.065^e	0.003	<0.001
酰胺Ⅰ带(峰面积)	0.463^a	0.353^b	0.226^c	0.266^d	0.229^e	0.014	<0.001
酰胺Ⅱ带(峰面积)	0.177^a	0.146^b	0.110^c	0.161^d	0.124^e	0.005	<0.001

注:SEM为平均值标准误。

2 饲料分子结构、理化性质与其营养特性的关系

2.1 饲料分子结构、理化性质对其可吸收养分消化释放的影响

在科学研究与生产实践中,经常发现不同品种的大麦或玉米等饲料常规养分基本相同,但其在动物消化道内的降解动态和实际饲用价值却存在较大差异。Yu等(2007)[19]的研究报道中提到,一种近年来新培育的大麦品种"Valier"与其他品种大麦常规养分组成基本相同,但其在反刍动物瘤胃内淀粉降解速度和降解率均显著低于其他多数大麦品种。为揭示Valier大麦与多数大麦品种降解动态的差异机制,Yu等(2004)[20]采用S-FTIRM(synchrotron radiation-based FTIR microspectroscopy)技术比较了传统大麦种Harrington与新培育品种大麦Valier胚乳组织的分子结构差异。结果表明,与Valier相比Harrington大麦的淀粉颗粒较大,在蛋白质基质中排列较稀疏;并且比Valier大麦拥有更宽的淀粉:蛋白质红外吸收强度比(Harrington:1.106:10.119,Valier:1.419:4.274),这说明Harrington胚乳组织的异质性高于Valier。Valier的淀粉:蛋白质红外吸收强度比小于Harrington意味着Valier的淀粉颗粒与蛋白质的结合更加紧密,这一特性将阻止动物消化道内淀粉颗粒从蛋白质基质中快速释放并降解。张琳(2016)[14]在分析常用淀粉类能量饲料FTIR光谱特征的同时,还观察了电镜下各种饲料淀粉组织结构特点,测定了各种淀粉类能量饲料葡萄糖释放动态规律(图1)。研究进一步证实,高粱和玉米葡萄糖释放速度相对较慢,属于低血糖生成指数(pGI)饲料;大麦、小麦和木薯粉为中pGI饲料;碎米和糙米属高pGI饲料,葡萄糖释放速率较快。同时,研究发现:pGI与FTIR光谱A_1022值呈正相关($R^2=0.74$,$P<0.01$),与A_995、A_1047及A_1047:A_1022呈负相关(R^2分别为0.91、0.86和0.89;$P<0.01$)。

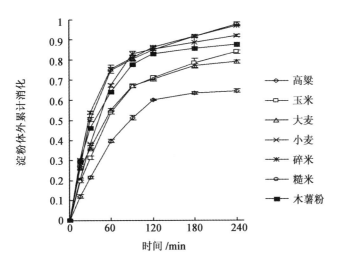

图 1 常用淀粉类能量饲料淀粉体外消化动态

2.2 饲料可吸收养分消化释放动态与饲料养分利用效率的关系

饲料可吸收养分含量是评价其饲用价值的传统指标。畜禽饲养标准中规定的能量,无论是消化能、代谢能、净能等仅仅规定了能量的需求量,并没有明确能源载体物质的构成及其释放动态要求;同样,在饲养标准也仅仅提出了蛋白质的需求量,即使是 NRC2012 版,对氮的需求仅提出了氨基酸总量以及比例的需求,并没有明确蛋白源构成及其氨基酸释放特征要求,从而导致人们片面强调饲料养分含量和动物对营养物质的数量需求,而忽视了饲料养分在畜禽消化道内的释放动态与动物对日粮养分需要的时空特性。近年来,越来越多的研究表明:饲料可吸收养分在畜禽消化道内释放的时空动态及各养分释放动态间的协调性可显著影响日粮养分的吸收、代谢[21-23]。在反刍动物营养领域,提高瘤胃内结构性碳水化合物降解率、优化蛋白质与非结构性碳水化合物的降解已获得广泛共识。蛋白质与非结构性碳水化合物在瘤胃内适当降解可用于维持有益微生物区系的生命活动,但提高其在小肠内消化吸收到的比例可减少蛋白质与能量的损失[24]。对于单胃动物,也有研究表明:当日粮快速消化淀粉水平较高时,淀粉将在小肠前段快速释放葡萄糖,这势必会导致小肠后段葡萄糖供给不足,进而增加氨基酸的氧化供能;而慢速消化淀粉在肠道内逐渐消化,可连续不断地向肠道各组织提供葡萄糖,从而减少氨基酸在肠道组织中的氧化供能,提高门静脉血液中氨基酸 N 的流量,在一定程度上提高饲料转化效率,并具有明显的氨基酸节约效应[21,23]。

为进一步阐明日粮养分释放动态对日粮养分消化利用的影响及机制,王贵富(2016)[25]以玉米、大麦、高粱、木薯为主要淀粉类能量饲料,构建了等能、等氮、等淀粉但葡萄糖释放模式不同的 4 组断奶仔猪日粮。其饲养试验结果表明,日粮葡萄糖释放模式可显著影响断奶仔猪的日增重和氮营养素利用率,B 组日粮(玉米+大麦为主要淀粉类能量饲料)持续、稳定的葡萄糖释放模式优于其他各组日粮,可显著提高仔猪生长性能和氮营养素利用率;早饲后 2 h、4 h 门静脉血液中氨基酸组成也因日粮葡萄糖模式的不同出现了显著变化,B 组日粮的葡萄糖释放模式显著提高了门静脉中总氨基酸以及苏氨酸、谷氨酸、甘氨酸、丙氨酸、异亮氨酸、酪氨酸、苯丙氨酸和脯氨酸的水平;葡萄糖释放速度较快的日粮可显著提高十二指肠内葡萄糖转运载体 SGLT1 的表达水平,而葡萄糖持续、平稳释放的日粮则显著提高了仔猪空肠后段葡萄糖转运载体 SGLT1 和氨基酸转运载体 B⁰AT1、EAAC1 的 mRNA 表达水平。该研究中仔猪消化道主要吸收部位葡萄糖与氨基酸转运载体的高表达,门静脉内氨基酸摄入水平的显著升高进一步证实了日粮可吸收养分在畜禽消化道内适宜的释放动态模式可在养分的吸收、转运层面影响日粮养分的利用效率。

2.3 加工处理对饲料可吸收养分消化释放动态影响

长久以来,大量的研究与实践证实优化日粮结构是提高畜禽日粮养分利用效率和生产性能的一条有效措施。夏继桥(2014)[26]、王贵富(2016)[25]分别以日粮氨基酸释放动态及葡萄糖释放模式为变量,对仔猪日粮的蛋白源与能源结构进行了优化,研究结果表明优化日粮结构的根本在于调节了日粮可消化养分的释放动态。但由于日粮养分浓度与均衡等诸多条件的限制,优化日粮结构对饲料可吸收养分消化释放动态的调节范围受到了一定的限制。因此,研究者们在饲料加工领域进行了大量的探索与尝试,意图通过适当的加工处理改变饲料的理化特性、结构特征,进而调节其可消化养分的消化释放。

2.3.1 热处理对蛋白质消化动态的影响

与植物育种和化学处理相比,热处理无论在环境生态安全、处理成本还是实用性方面均具有较大的优势[27]。20世纪90年代以来,人们在豆科籽实的热处理方面进行了大量的尝试与探索,其目的除了灭活抗营养因子以外,主要是通过调节蛋白质在动物消化道内的消化部位而提高蛋白质的利用效率[28]。

关于热处理影响蛋白质消化动态的内在机制,通常认为便指出:热处理主要是使蛋白质变性,即破坏了蛋白质分子的整体形态[27];解开蛋白质的卷曲与折叠结构,或者是将蛋白质分解为亚基,然后解开折叠或卷曲[29];任何环境温度的改变均能影响蛋白质的非共价互作作用,进而导致四级、三级和二级结构的改变,极端的热处理环境甚至能够破坏蛋白质的初级结构[30];热处理过程中通常伴随着美拉德反应,其中非酶褐化反应过程包括伯氨基与还原糖发生缩合反应以及反应产物的异构化和聚合作用。由于异构化和聚合作用产物的不可消化性,营养学家通常将美拉德反应视为损害蛋白质营养价值的标志,但是有研究表明异构化反应的中间产物可被鼠完全利用[31],恰当控制非酶褐化反应过程,可有效控制蛋白质在反刍动物瘤胃内的降解,提高过瘤胃率。同时,赖氨酸残基与天冬酰胺、谷氨酰胺、蛋氨酸、胱氨酸和色氨酸间的交联反应将会产生一系列异构肽,这些反应及其产物至少对反刍动物是有益的。

热处理可有效控制蛋白质在反刍动物瘤胃内的降解,进而提高其过瘤胃率,促进饲料氮释放与瘤胃微生物蛋白质合成间的平衡,这已取得广泛共识。在单胃动物领域,为进一步揭示加工处理对饲料蛋白质消化利用率的影响机制,白明昧(2016)[18]对全脂大豆分别进行了湿热(120℃,0.1 MPa,7.5 min)和干热处理(120℃,15 min)和膨化处理,并采用FTIR技术定量分析了热处理对蛋白质分子结构特征(酰胺Ⅰ带、酰胺Ⅱ带、α-螺旋、β-折叠及α-螺旋:β-折叠比率)的影响,同时分析了热处理后蛋白质溶解度和体外消化率的变化。研究发现,3种热处理产物的溶解度存在显著差异,膨化处理对全脂大豆的溶解度的降低程度最大;三种热处理产物的FTIR光谱特征也表现出了显著差异(表3),二级结构也发生了显著变化(表4)。蛋白质分子结构特征、溶解度和体外消化率三者之间存在密切的相关性关系,其中蛋白质酰胺Ⅰ带、酰胺Ⅱ带的峰高度和峰面积与其溶解度和体外消化率呈显著的正相关($P<0.05$);α-螺旋和α-螺旋与β-折叠比值与蛋白质溶解度和体外消化率呈极显著的正相关关系($P<0.001$);而β-折叠与蛋白质溶解度和体外消化率呈极显著的负相关关系($P=0.002$);无规则卷曲与蛋白质溶解度和体外消化率呈显著的正相关关系($P<0.05$)。

表3 热处理对3种大豆样品蛋白质谱带强度的影响

处理	峰高度		峰面积	
	酰胺Ⅰ带	酰胺Ⅱ带	酰胺Ⅰ带	酰胺Ⅱ带
膨化大豆	0.12±0.00a	0.04±0.00a	0.24±0.00a	0.07±0.00a
全脂大豆湿热处理	0.31±0.01b	0.13±0.00b	0.60±0.01b	0.26±0.00b
全脂大豆干热处理	0.25±0.01c	0.09±0.00c	0.48±0.02c	0.18±0.01c

表 4　热处理对全脂大豆蛋白质二级结构的影响

处理	α-螺旋/%	β-折叠/%	β-转角/%	无规则卷曲/%	α-螺旋/β-折叠/%
膨化大豆	11.46±0.31[a]	30.99±0.29[a]	34.84±1.11	22.71±0.72[a]	36.97±1.03[a]
全脂大豆湿热处理	12.08±0.14[a]	26.58±0.32[b]	36.39±1.14	24.09±0.50[ab]	45.47±0.83[b]
全脂大豆干热处理	12.81±0.05[b]	26.67±0.91[b]	35.66±1.31	24.86±0.37[b]	48.12±1.52[b]

2.3.2　热处理对饲料淀粉消化动态的影响

热处理调节淀粉消化动态的研究相对较少，但其目的多在于调节淀粉在反刍动物瘤胃内降解与小肠内消化的数量平衡[28]。热处理条件下，淀粉消化释放动态的变化机制主要包括膨胀、凝胶化和回生三个过程[32]。低温条件下(<60~80℃)，淀粉遇水将会发生膨胀，但冷却和干燥后这种膨胀反应是可逆的；超过这个温度区间后发生不可逆的凝胶化反应，淀粉颗粒失去结晶性；淀粉回生是指凝胶化以后淀粉分子的重新组合，在此过程中直链淀粉与支链淀粉间的氢键重新建立。再次加热后回生淀粉可在一定程度上恢复初始特性。

淀粉的结晶度以及淀粉颗粒周围蛋白质的存在情况是影响热处理后淀粉消化动态变化的主要因素，此外直链淀粉与支链淀粉含量、淀粉颗粒大小和淀粉酶抑制剂等也会对此产生影响。因此，不同来源淀粉因其上述理化特性的不同，消化释放特征对热处理的反应也必然存在差异。例如，热处理通常会提高谷物中的淀粉的瘤胃降解率[33]，但会降低豆类籽实中淀粉的瘤胃降解率(制粒除外)[34]。谷物与豆类籽实中淀粉的颗粒尺寸形态、抗膨胀性、黏度、支链淀粉含量、乙酰化直链淀粉分子质量、淀粉颗粒周围纤维与蛋白质结构环境等方面的大量研究清晰地呈现了豆类籽实与谷物淀粉理化特性上的明显差异[28]，从物质存在的内在特征上解释了淀粉结构差异与对热处理响应差异间的关系。在热处理过程中，对豆类籽实和谷物淀粉结构及理化特性的监测结果发现，豆类籽实淀粉的颗粒尺寸与形态无明显变化，而谷物淀粉颗粒的表面紧密性下降；谷物淀粉的X射线衍射图谱无显著变化，但豆类籽实淀粉却趋向于谷物淀粉；热处理升高了谷物淀粉的95℃黏性，却降低豆类籽实淀粉的95℃黏性。另外，监测发现所有淀粉的膨胀系数和直链淀粉的滤出均出现下降；热处理引起了直链淀粉与其存在基质内脂肪间络合物的形成，这也从另一个角度说明谷物与豆类籽实中脂肪含量与组成上的差异也会导致两类淀粉对热处理的响应差异[28]。

张琳(2016)[14]系统观察了电镜下几种主要谷物淀粉类饲料的淀粉颗粒形态特征(图2)，并分析了淀粉颗粒形态特征与淀粉葡萄糖释放动态间的关系。研究发现，即使同是谷物淀粉其淀粉颗粒形态尺寸也存在一定差异，并形成了不同的葡萄糖释放特征。如糙米和碎米淀粉颗粒呈棱角尖锐突出的多面体且颗粒体积较小，葡萄糖释放速度较快，属于高血糖生成指数饲料；大麦、小麦和木薯粉淀粉颗粒均为圆球形，葡萄糖释放速度相对较慢，为中血糖生成指数饲料；高粱和玉米淀粉颗粒棱角光滑且大小均一，葡萄糖释放速率最慢，属于低血糖生成指数饲料。

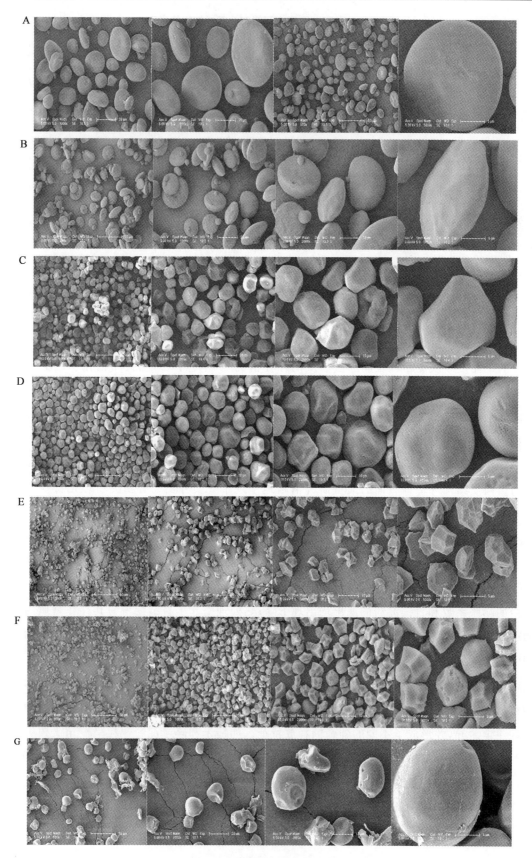

图 2　淀粉颗粒扫描电镜照片

（注：A：大麦；B：小麦；C：玉米；D：高粱；E：碎米；F：糙米；G：木薯粉。从左至右放大倍数依次为 500×、1 000×、2 000× 和 5 000×）

3 小结

动物对营养物质的动态需求与饲料对营养物质的动态供应,以及二者间的动态平衡是动物营养与饲料科学领域新时代的发展主题。饲料的理化特性、分子结构是形成其可吸收养分释放特征的内在因素。采用适当的加工处理工艺,通过修饰其分子结构、改变其理化特性调节饲料可吸收养分的消化释放动态特征;利用不同饲料可吸收养分释放特征的差异性和互补性进行日粮结构的科学优化是促进饲料养分释放与动物需求动态平衡的有效措施。系统、深入地展开该领域的研究工作,将会对动物营养与饲料科学理论的发展与实践具有重要的推动作用。

参考文献

[1] X Huang, C Christensen, P Yu. Effects of Conditioning Temperature and Time during the Pelleting Process on Feed Molecular Structure, Pellet Durability Index, Metabolic Features of Co-Products from Bio-Oil Processing in Dairy Cows[J]. Journal of Dairy Science, 2015, 98:4869-4881.

[2] 秦贵信,孙泽威,龙国徽,等. 饲料蛋白质的理化特性与其营养价值的关系[J]. 动物营养学报,2014,26(10):2942-2948.

[3] K Thedoridou, X Zhang, S Vail, P Yu. Magnitude Differences in Bioactive Compounds, Chemical Functional Groups, Fatty Acid Profiles, Nutrient Degradation and Digestion, Molecular Structure, and Metabolic Characteristics of Protein in Newly Developed Yellow-Seeded and Black-Seeded Canola Lines[J]. Journal of Agricultural and Food Chemistry, 2015, 63:5476-5484.

[4] B Liu, J J McKinnon, P Thacker, et al.. In-depth study of the protein molecular structures of different types of dried distillers grains with solubles and their relationship to digestive characteristics[J]. Sci. Food Agric., 2013, 93(6):1438-1448.

[5] D Damiran, P Yu. Structural makeup, biopolymer conformation, and biodegradation characteristics of a newly developed super genotype of oats (CDC SO-I versus conventional varieties): a novel approach[J]. J. Agric. Food Chem., 2010, 58:2377-2387.

[6] P Yu, J J McKinnon, C R Cristensen, et al.. Using synchrotron-based FTIR microspectroscopy to reveal chemical features of feather protein secondary structure: comparison with other feed protein sources[J]. Journal of Agricultural and Food Chemistry, 2004, 52:7353-7361.

[7] 赫兹堡 G. 分子光谱与分子结构[M]. 北京:科学出版社,1983.

[8] E Teye, X Y Huang, N Afoakwa. Review on the potential use of Near Infrared Spectroscopy(NIRS) for the measurement of Chemical Residues in Food[J]. American Journal of Food Science and Technology, 2013, 1(1):18.

[9] P. Yu, W. G. Nuez-Ortin. Relationship of protein molecular structure to metabolisable proteins in different types of dried distillers grains with solubles: a novel approach [J]. British Journal of Nutrition, 2010, 104:1429-1437.

[10] S Abeysekara, D Damiran, P Yu. Spectroscopic impact on protein and carbohydrate inherent molecular structures of barley, oat and corn combined with wheat DDGS [J]. Spectroscopy, 2012(546):1-12.

[11] P Yu. Board-invited review: Sensitivity and responses of functional groups to feed processing methods on a molecular basis[J]. Journal of Animal Science and Biotechnology, 2012, 3:40.

[12] I Capron, Robert, et al.. Starch in rubbery and glassy states by FTIR spectroscopy[J]. Carbohydrate Polymers, 2007, 68:249-259.

[13] J L Jane, K S Wong, A E McPherson. Branch-structure difference in starches of A- and B-type X-ray patterns revealed by their naegeli dextrins [J]. Carbohydrate Research, 1997, 300:219-227.

[14] 张琳. 淀粉类能量饲料淀粉理化结构与功能特性的研究[D]. 硕士学位论文. 长春:吉林农业大学,2016:14-19.

[15] A Elliot, F I Ambrose. Configuration of silk fabrics and synthetic polypeptides[J], Dis Faraday Soc., 1950, 9:246.

[16] H Susi, D M Byler. Protein structure by fourier transform infrared spectroscopy: second derivative spectra [J]. Bio-

chem. Biophys. Res. Commun. ,1983,115:391-397.

[17] H Susi, D M Byler. Fourier deconvolution of the amide I raman band of proteins as related to conformation[J]. Appl Spectrosc,1988,42:819-826.

[18] 白明昧. 饲料原料蛋白质分子结构特征与其溶解度和体外消化率关系的研究[D]. 硕士学位论文. 长春:吉林农业大学,2016:14-16.

[19] P Yu. Protein Molecular Structures, Protein SubFractions, and Protein Availability Affected by Heat Processing:a review[J]. American Journal of Biochemistry and Biotechnology,2007,3(2):66-86.

[20] P Yu, D A Christensen, C R Christensen et al.. Use of synchrotron FTIR microspectroscopy to identify chemical differences in barley endosperm tissue in relation to rumen degradation characteristics[J]. Can. J. Anim. Sci,2004, 84:523-527.

[21] 戴求仲,王康宁,印遇龙,等. 不同淀粉来源对生长猪回肠食糜中微生物氮和氨基酸含量的影响[J]. 动物营养学报, 2008,04:404-410.

[22] Gerrits W J J, Frijters K, Linden J M. Effects of synchronizing dietary protein and glucose supply on nitrogen retention of growing pigs[J]. Journal of Animal Science,2001,79(Suppl 2):S3-S16.

[23] Li T J, Dai Q Z, Yin Y L, et al.. Dietary starch sources affect net portal appearance of amino acids and glucose in growing Pigs[J]. 2008,2(5):723-729.

[24] S Tamminga, A M van Vuuren, van der Koelen, et al.., Ruminal behaviorof structural carbohydrates, non-structural carbohydrates and crude protein from concentrate ingredients in dairy cows[J]. Neth. J. Agric. Sci,1990,38: 513-526.

[25] 王贵富. 日粮葡萄糖释放模式对仔猪氮营养素利用的影响[D]. 硕士学位论文. 长春:吉林农业大学,2016:9-45.

[26] 夏继桥. 不同蛋白源对断奶仔猪粗蛋白消化吸收的影响研究[D]. 硕士学位论文. 长春:吉林农业大学,2014:10-18.

[27] J O Goelema, A Smits, L M Vaessen, et al.. Effects of pressure toasting, expander treatment and pelleting on in vitro and in situ parameters of protein and starch in a mixture of broken peas, lupins and faba beans, lupins and faba beans[J]. Anim. Feed Sci. Technol,1999,78:109-126.

[28] P Yu, J O Goelemb, B J Leury, et al.. An analysis of the nutritive value of heat processed legume seeds for animal production using the DVE/OEB model:a review[J]. Animal Feed Science and Technology,2002,99:141176.

[29] J R Holum. Fundamentals of General, Organic, and Biological Chemistry. 2nd Edition. Wiley, New York, NY, 1982.

[30] J W Finley. Effects of processing on proteins:an overview. In:Philips, R. D., Finley, J. W., (Eds.), Protein Quality and the Effects of Processing. Marcel Dekker, New York, NY, 1989:1-18.

[31] P A Finot, E Bunard, F Mottu, et al.. Availability of the true Schiff's bases of lysine. Chemical evaluation of the Schiff's base between lysine and lactose in milk[J]. Adv. Exp. Med. Biol,1977,86B:343.

[32] J E Nocek, S Tamminga. Site of digestion of starch in the gastrointestinal tract of dairy cows and its effect on milk yield and composition[J]. J. Dairy Sci,1991,74:3598-3629.

[33] C B ,Theurer, J T Huber, A Delgado-Elorduy et al.. Invited review:summary of steam-flakingcorn or sorghum grain for lactating dairy cows[J]. J. Dairy Sci,1999,82:1950-1959.

[34] P Yu, A R Egan, B J Leury. Protein evaluation of dry roasted whole faba bean and lupin seeds by the new Dutch protein evaluation system:the DVE/OEB system[J]. Asian-Austr. J. Anim. Sci,1999,12:871-880.

玉米的理化特性及影响因素研究进展

袁建敏* 尹达菲 王茂飞 卞晓毅

(中国农业大学动物科技学院,动物营养学国家重点实验室,北京 100193)

摘 要：玉米是我国畜禽的主要能量饲料,虽然玉米的产量在逐年增加,但随着人民生活水平的提高,我国肉类、奶制品和其他肉禽产品消费大幅增长;同时,食品化学工业和生物质新能源的迅速发展,增加了我国对玉米的需求。因而,加强对玉米的认识对于更好地利用玉米具有积极的意义。玉米的营养价值与化学成分有关,本文从概略养分、淀粉、抗营养因子含量综述了玉米化学成分的变化,并从品种、产地、储存和加工角度阐述了影响玉米化学成分和养分利用的因素。

关键词：玉米;化学成分;理化特性;生物学效价;抗营养因子;淀粉

玉米是全球最重要的粮食和饲料的经济能源作物,我国2014年玉米的产量达到2.16亿t,饲用玉米达1.17亿t[1]。可见,饲料消费占到玉米总消费的绝大部分。玉米作为畜禽的主要能量饲料,可为肉仔鸡提供65%的能量[2]。但是,同种动物对不同品种玉米的代谢能差异很大,猪的代谢能最大差值为2.51 MJ/kg[3];家禽代谢能相差0.678 MJ/kg[4],而AMEn差值可达1.673 MJ/kg以上[2]。

造成玉米有效能差异大的原因与品种、产地、干燥方式和存储等因素有关[5,6]。同时,玉米中不同的养分也会影响玉米能量的利用。例如,淀粉含量与结构,淀粉颗粒大小,脂类,蛋白质等;另外,玉米中抗营养因子,如淀粉酶抑制剂和植酸酶复合物的变化均会影响玉米的有效能值[2]。目前,国内外很多学者根据玉米的概略养分分析值推导出玉米有效能预测方程,另外也有企业采用容重建立禽代谢能预测方程。本文通过综述玉米的理化特性及其影响因素,为评价玉米营养价值提供理论依据和实践指导。

1 玉米的理化特性

1.1 玉米的物理特性

1.1.1 容重

容重是指单位体积内物质的重量,体现了谷物籽粒的饱满状态,国家标准中用来衡量玉米的品质。研究认为,玉米的容重与家禽生产性能相关性低,并不适于用来衡量家禽玉米生物学有效性。李全丰分析国内100个玉米,容重为573.6～752.4 g/L,千粒重为220.2～411.1 g,变异系数分别为3.71%,12.6%[3]。

1.1.2 粒度

粒度指饲料的平均几何直径(GMD,单位为mm或μm),玉米根据其GMD值通常分为细粒

---

*第一作者简介:袁建敏,男,博士,主要从事家禽饲料高效利用和胃肠道结构与功能发育研究

(400 μm)、中粒(800 μm)和粗粒(1200 μm)。玉米粒度大小会显著影响家禽的采食量、体增重、饲料转化效率和AMEn。有研究表明，大颗粒玉米有利于提高肉鸡的肌胃、腺胃和肠道比重[7,8]，增加盲肠乳酸菌的数量[7]。通常粉质玉米容易粉碎成细颗粒，硬质玉米颗粒大。

1.2 玉米的化学成分含量

影响玉米有效能的因素包括概略养分分析值、淀粉类型、抗营养因子等。过去仅用概略养分分析值建立生物学有效性的预测模型存在一定局限性，近年来逐渐采用ADF、NDF，将来可能有更多的指标可以用来精确预测玉米的生物学效价。

1.2.1 常规概略养分

赵养涛(2008)分析国内60个玉米，以干物质为基础得出，CP、EE、CF、CA分别为9.23%~9.85%、4.05%~4.72%、1.79%~1.98%、1.29%~1.46%，变异系数分别为3.19%、6.67%、14.04%、0.57%[9]。Li等(2014)分析国内100个玉米，以DM为基础得出总淀粉(TS)、CP、EE、CA含量变化范围分别为53.46%~79.80%、7.78%~11.03%、2.04%~4.81%和0.99%~1.79%，变异系数分别为4.56%、5.16%、14.79%和10.07%[3]。由此看来，近年来随玉米品种不断增多，玉米粗蛋白质含量变化更大，相对EE、粗纤维变异程度较大，TS、CP变异相对小。

1.2.2 淀粉类型

淀粉根据其多糖结构分为直链淀粉与支链淀粉。研究认为，淀粉类型与玉米能量利用效果密切相关。支链淀粉与鸭的AME呈现显著正相关[10]。通常普通玉米支链淀粉含量为55%~65%，直链淀粉为15%左右[11]。糯性玉米淀粉几乎全是支链淀粉，高直链玉米淀粉中直链淀粉含量可达60%。

1.2.3 抗营养因子

玉米中抗营养因子如非淀粉多糖(主要是戊聚糖、纤维素)、植酸、抗性淀粉等会造成玉米营养价值的变异[2]。

1. 非淀粉多糖(NSP)

过去认为，玉米的总戊聚糖和水溶性戊聚糖与其他谷物相比含量较低，因而其抗营养的负面作用常常被忽视。有报道认为，玉米戊聚糖和水溶性戊聚糖分别为3.12%~4.3%、0.05%~0.14%[12]。也有研究认为，玉米总戊聚糖含量为5.35%，纤维素为3.12%，果胶为1.00%[13]。近年来发现，玉米不溶性NSP含量达到10.7%甚至超过小麦9.8%的含量[14]。

2. 中性洗涤纤维(NDF)、酸性洗涤纤维(ADF)

玉米中NDF的含量为5.87%~9.44%，ADF含量为1.41%~2.54%[15]。也有研究认为，NDF、ADF含量范围为9.56%~17.36%、1.86%~2.95%，变异系数分别为8.35%、10.04%，是变化大的指标[3]。

3. 植酸

玉米中约有2.5~3.5 g/kg的总磷，植酸磷有1.6~2.6 g/kg[16]。

4. 抗性淀粉

玉米中抗性淀粉含量为6.42%±0.06%[17]，也有认为新玉米中抗性淀粉为4.5%，两周后抗性淀粉降低到1.0%左右[11]。

5. 蛋白酶抑制剂

近年来，玉米中也发现有淀粉酶抑制剂，抗胰蛋白酶等抗营养因子，而且不同品种胰蛋白酶抑制因子变异较大，平均含量为(1.27±0.33) mg/g (DM)，变化范围0.56~1.87 mg/g DM[18]。

2 影响玉米理化特性的因素

玉米的化学组分和营养价值是由品种、产地、生长环境和储存条件等决定的,玉米中淀粉、蛋白质、脂肪等化学成分存在较大变异,进而引起玉米营养价值的改变[4]。

2.1 品种

玉米的初始品质由玉米的遗传特性和环境因素所决定,不同的遗传特性会导致玉米品质差异[15]。玉米品种会影响其物理性状如容重、千粒重、硬度等,及化学成分如 CP、EE、NDF、ADF、钙、磷及氨基酸含量,以及养分消化率和 ME[19]。通常硬粒型玉米容重高,大于 700 g/L,粉质型玉米容重低,小于 680 g/L。此外,玉米品种影响淀粉结构,硬质玉米支链淀粉含量高。RS 与直链淀粉间关系呈正相关[20],也与直链淀粉的分子量有关[21]。硬粒型玉米还表现为新收获时抗性淀粉含量高,4.5%,粉质型玉米抗性淀粉含量低,只有 1.0%[11]。

2.2 产地

我国玉米种植范围广,由于各地所处纬度和地形地貌不同,自然气候条件不同,进而导致光照、气温、降水量的不同,从而决定了不同地区玉米的产量和品质差异[22]。谷物生长过程中的温度升高会增加籽粒中粗蛋白的含量,降低粗脂肪的含量。然而,也有研究表明低温的高纬度下籽粒中粗蛋白含量增加,但是高温的低纬度地区则总淀粉和粗脂肪的合成增加[23]。因而,即使同一品种,不同种植气候也导致玉米中脂肪、NDF、ADF、粗灰分出现很大变异[24]。

全国各地玉米的养分变异也很大,粗脂肪、粗灰分、酸性洗涤纤维和直链淀粉与支链淀粉比例的变异系数分别为 10.35%、12.32%、11.33% 和 13.51%,这些差异又最终导致玉米代谢能的差异[15]。从地区对比来说,东北和华南地区玉米的 CP 含量分别为 9.23%、9.86%,相差 0.63%;东北、西北地区的 EE 含量分别为 4.72% 和 4.05%;东北的 CF 含量最低,为 1.7%,西北为 1.98%,含量最高;对全国各地的玉米的分析表明,其代谢能变异很大,东北地区玉米的 AME 最高,为 15.70 MJ/kg,华南地区玉米的 AME 最低,为 15.52 MJ/kg,二者相差 0.18 MJ/kg,AME 和 AMEn 变异系数分别为 5.97% 和 5.78%[9]。

李全丰认为,同一品种,不同产地的玉米千粒重粗脂肪、粗蛋白和酸性洗涤纤维变异系数分别为 13.38%、16.63%、11.09% 和 19.03%,但容重,总能变异小,分别为 2.12%、0.77%,但是显著影响猪的养分和能量利用效果[3]。在我国,产自新疆的郑单 958 与产自浙江的相比,肉鸡的代谢能高 0.24 MJ/kg[5]。

2.3 储存

新收获的成熟谷物在储藏初期生理上并未完全成熟,呼吸作用强,生理代谢旺盛,需要经过"后熟期",即经过一段时间的储存,继续合成高分子有机化合物,逐步达到生理上的完全成熟[25,26]。谷物在收获后的储存过程中,其抗营养因子和养分存在着变化,因而影响饲喂效果。在干物质基础上,陈玉米(收获后储存 1 年以上)中 EE、CF、CA 和无氮浸出物含量显著高于新收获玉米(收获后储存 1 个月左右),组氨酸含量显著升高,缬氨酸含量也有升高的趋势,其他氨基酸含量无显著差异[27]。玉米储存还有助于降低淀粉颗粒直径。

玉米储存主要与存储温度,时间,以及储存时水分含量有关。

2.3.1 储存温度

高温和冷冻储存淀粉都会对淀粉产生影响,高温加热和 1℃ 冷冻淀粉均会使淀粉脱支,1℃ 冷藏会导致淀粉发生结晶,并且还会提高慢消化淀粉含量,而145℃高温处理会提高抗性淀粉的含量[28]。

谷物在冷冻储存条件下营养价值会降低,小麦在-20℃条件下冷冻24 h,其AME会下降,但是生产性能没有受到显著影响[29]。但若谷物在-20℃下冻存时含水量低于16%,则其淀粉酶活性、淀粉及麦芽糖含量不会发生变化[30]。

2.3.2 储存时间

谷物的营养价值变化与储存时间有关,适当的储存时间会增加其营养价值。新收获的谷物随着贮藏时间的增长,内部品质发生不同程度的变化。新收获玉米储存4周后可提高其可溶性糖和总淀粉含量[11,31],降低抗性淀粉、水溶性戊聚糖含量[11,32]。玉米储存一段时间后可提高其可溶性糖和总淀粉含量[11,32],降低抗营养因子含量[32]。鲜玉米抗性淀粉含量高,储存一段时间后抗性淀粉含量下降[11]。新收获玉米NDF、ADF随储存时间延长而升高,粗蛋白质和淀粉随储存时间延长而下降,储存时间影响猪消化能,以及DNF/ADF、粗蛋白质、粗脂肪的消化率[24]。

然而,也有研究认为,新收获的整粒玉米若在密闭铁罐中储存得当,110个月AMEn也不会受到影响[33]。

2.4 水分含量

2.4.1 容重

玉米容重与水分含量有关,水分13.0%~14.9%区段,容重随着水分的升高而升高;在水分16.9%~18.9%区段,容重随着水分的升高而降低;在水分14.9%~16.9%和19.0%~21.9%区段,容重处于最高层面,变化较小[9];干燥方式也影响玉米容重,晾晒降水对容重的影响较小,只对临界容重玉米起作用;采用烘干降水对玉米容重影响较大,容重随着水分的下降而降低,基本上呈线性变化规律,而且降幅较大,极易造成玉米的等级下降[9]。

水分对玉米容重的影响还与品种有关,在相同的温度作用下,粉质玉米要比硬质玉米干物质损耗大,容重降低的多一些[15]。由于容重受到烘干方式,水分含量,以及品种的影响,说明采用容重衡量谷物的品质并不是一个好的方法。

2.4.2 化学成分

1. 淀粉

淀粉是谷物中能量的主要来源。谷物淀粉的含量是可溶性糖合成淀粉与淀粉分解成可溶性糖的分解代谢的平衡。谷物成熟过程中,合成代谢占主导地位,可导致淀粉含量增加。新收获玉米抗性淀粉含量较高,随储存时间延长呈现下降[34];水分含量影响抗性淀粉变化过程,水分含量越高,会加速抗性淀粉含量在储存过程中的下降程度[35]。

谷物储存过程中淀粉含量变化与内源淀粉酶活性有关,当谷物含水量较高时,淀粉酶活性较高,会促进淀粉的水解和还原糖的增加,同时也会导致玉米籽粒呼吸代谢加强,还原糖的增加,最终致使淀粉和糖的损失[36]。

2. 非淀粉多糖

非淀粉多糖是谷物中的主要抗营养因子,常常通过提高食糜黏度,降低食糜流通速度,降低营养物质消化和吸收,最终导致肉鸡料重比和体增重降低,产生黏粪现象[37]。新收获谷物,包括玉米也含有较高的总戊聚糖和水溶性戊聚糖,随储存时间延长而下降,从而也降低其黏性[13]。水分含量也影响玉米戊聚糖的变化过程,高水分玉米储存后更有利于降低总戊聚糖和水溶性戊聚糖含量[35]。

谷物储存导致非淀粉多糖下降,黏性降低与内源聚糖酶和糖苷酶活性有关,聚糖酶被认为与降低谷物分子质量和提取液黏度密切相关[36]。谷物在高水分收获时,内源聚糖酶的活性最高[12],说明采用高水分方式储存有利于降低抗营养因子含量,改善谷物的利用效果。

3. 蛋白质、氨基酸

玉米收获时降雨量增加,会造成玉米的水分含量增加,稀释了籽粒的氮含量,从而降低蛋白质含量,而氨基酸含量没有受到很大的影响[16,38]。收获季节时的干旱条件则会使玉米的营养价值增加,干旱胁迫下的玉米籽粒比较小,胚的比重增大,籽粒蛋白含量得到较大提高[17,39],这可能是造成北方降雨量低的地区玉米蛋白质含量高的原因之一。

4. 脂肪

水分含量对脂肪含量没有影响,但是促进脂肪水解酸败。在粮食收购季节,如果高含水量粮食得不到及时干燥,就会致使部分高水量粮食集中发热,在这种高温高湿情况下,粮食籽粒中的脂肪极易发生酸败,游离脂肪酸含量提高,脂肪酸值上升,粮食品质发生劣变[19]。目前,谷物中脂肪氧化是导致畜禽容易发生氧化应激的主要原因之一,应重视脂肪氧化的检测。

5. 矿物质

矿物质含量也受谷物水分的影响。研究认为,25%水分玉米储存6个月导致可溶性磷含量增加[7]。高水分玉米储存也表明,植酸磷含量降低,可利用磷含量增加[35]。

2.5 干燥方式

玉米的容重和千粒重随着烘干温度的增加而降低,但是不同的品种降低的幅度不同,千粒重和容重在晾干处理下显著高于烘干处理,同时随着烘干温度的提高,容重和千粒重均下降,其中容重随着烘干温度的增加出现线性变化,干燥方式对有效能值影响差异不显著,但是在烘干处理后的玉米消化能和代谢能有高于晾干处理的趋势。经过不同干燥温度处理后,玉米的消化代谢能和营养物质消化率都变异不大,但是其中酸性洗涤纤维和中性洗涤纤维的消化率随着烘干温度增加有降低趋势,提高烘干温度明显降低粉碎粒度[3]。

干燥按介质温度和速度可分为低温慢速通风干燥、高温快速干燥等方式。干燥时间的长短和粮食受热后升温的高低决定着粮食干燥后的品质状态。低温慢速干燥是指采用40℃以下的干燥介质来干燥谷物,在较长时间内,使粮食的水分达到安全贮藏标准的干燥方法。高温快速干燥是指采用70℃以上的温度干燥谷物。干燥时间的长短和粮食受热后升温的高低决定着粮食干燥后的品质状态。烘干温度为105℃下,总淀粉、直链淀粉、可利用氨基酸和矿物质含量会随着烘干时间的增加而增加,干燥过度玉米的籽粒品质会下降[40]。

研究表明,玉米加热或烘干温度达到40℃以上,玉米淀粉颗粒的形状和结构将被改变[41]。玉米经105℃烘干30 min后淀粉颗粒胀大,而持续烘干至24 h,淀粉颗粒则发生皱缩;随着烘干时间的延长,抗性淀粉和直链淀粉的含量均有显著增加[42]。而在使用低水分玉米(含水量11%)进行的烘干试验中,随烘干温度的升高,玉米中抗性淀粉和淀粉直支比均降低[43]。

在自然晒干(35℃)的状态下,随储存时间增加,玉米中可溶性糖含量增加;而在人工烘干(80℃)后储存的过程中,可溶性糖含量则无显著变化[44],该试验还发现,随储存时间的延长,晒干玉米和烘干玉米的破损淀粉颗粒数量增多,且晒干玉米的淀粉颗粒破损数量和程度要稍大于烘干玉米。烘干温度为105℃,总淀粉、直链淀粉、可利用氨基酸和矿物质含量会随着烘干时间的增加而增加[40]。

动物试验表明,随玉米(初始水分含量23%)的烘干温度升高,肉鸡采食量增加,但饲料转化率降低[45]。

3 展望

由于玉米的营养价值或化学成分受多种因素影响,因而,评价玉米的营养价值或采用化学成分拟合回归方程时应考虑到玉米品种,产地,加工和储存等因素对化学成分的影响,才有助于更准确进行营养价值评定。

参考文献

[1] 何丽媛.2014 年中国玉米市场回顾及 2015 年展望[J].中国畜牧杂志,2015,51(2):62-66.

[2] Cowieson A J. Factors that affect the nutritional value of maize for broilers[J]. Animal Feed Science and Technology,2005,119:293-305.

[3] Li Q F, Shi F M, Shi C X. Effect of variety and drying method on the nutritive value of corn for growing pigs. J of animal Science and Biotechnology, 2014,5:18.

[4] Song G L, Li D F, Piao X S, et al.. True amino acid availability in chinese high-oil corn varieties determined in two types of chickens[J]. Poultry Science,2004, 83:683-688.

[5] O'Neill M H V, Liu N, Wang J P, et al.. Effect of Xylanase on Performance and Apparent Metabolisable Energy in Starter Broilers Fed Diets Containing One Maize Variety Harvested in Different Regions of China[J]. ASIAN-AUSTRIAN Journal of Animal Science,2012,25:515-523.

[6] Yegani M, D R. Korver. Effects of corn source and exogenous enzymes on growth performance and nutrient digestibility in broiler chickens[J]. Poultry Science,2013,92:1208-1220.

[7] Jacobs C M, Utterback P L, Parsons C M. Effects of corn particle size on growth performance and nutrient utilization in young chicks[J]. Poultry Science, 2010, 89:539-544.

[8] 崔大鹏.不同玉米类型和粒度大小对肉鸡生产性能和胴体组成的影响[D].泰安:山东农业大学,2012.

[9] 赵养涛.不同玉米肉仔鸡表观代谢能的研究[D].杨凌:西北农林科技大学,2008.

[10] 万海峰.常用饲料化学成分对鸭真代谢能和氨基酸真利用率的影响[D].武汉:华中农业大学,2008.

[11] 尹达菲.新玉米储存期间淀粉变化规律及在肉鸡日粮中的利用效果[D].北京:中国农业大学,2014.

[12] 谭权,张克英,丁雪梅,等.木聚糖酶对不同能量饲料的体外酶解效果研究[J].动物营养学报,2007,19(5):593-599.

[13] Malathi V, Devegowda G. In vitro evaluation of nonstarch polysaccharide digestibility of feed ingredients by enzymes[J]. Poultry Science,2001,80:302-305.

[14] Kiarie E,Romero L F, Ravindran V. 2014. Growth performance, nutrient utilization, and digesta characteristics in broiler chickens fed corn or wheat diets without or with supplemental xylanase[J]. Poult. Sci,1993:1186-1196.

[15] 娄瑞颖,刘国华,张玉萍,等.玉米理化品质及其鸡代谢能的变异研究[J].饲料工业,2011,32(16):34-38.

[16] Eeckhout W, De Paepe M. Total phosphorus, phytate-phosphorus and phytase activity in plant feedstuffs[J]. Animal Feed Science and Technology, 1994, 47(1):19-29.

[17] 张平,印遇龙,李铁军,等.几种常见饲料原料中抗性淀粉含量的测定[J].饲料工业,2005,26(7):53-54.

[18] Brugger D, Loibl P, Schedle K, et al.. In-silico and in-vitro evaluation of the potential of maize kernels to inhibit trypsin activity[J]. Animal Feed Science and Technology,2015, 207:289-294

[19] Moore S M, Stalder K J, Beitz D C, et al.. The correlation of chemical and physical corn kernel traits with production performance in broiler chickens and laying hens[J]. Poulry Science,2008,87(4):665-676.

[20] 王琳,王莹,隋昌海,等.春小麦抗性淀粉含量与其他品质相关性状的相关分析[J].分子植物育种,2013,10(6):668-674.

[21] 塞华丽,高群玉,梁世中.链淀粉含量对抗性淀粉形成影响的研究[J].粮食与油脂,2002,(10):5-7.

[22] 陈亮,张宝石,王洪山,等.生态环境与种植密度对玉米产量和品质的影响[J].玉米科学,2007,15(2):88-93.

[23] 刘淑云,董树亭,胡昌浩,等.玉米产量和品质与生态环境的关系[J].作物学报,2005,31(5):571-576.

[24] 张磊.玉米品种、种植年份和存储时间对生长猪营养价值的影响[D].北京:中国农业大学,2016.

[25] 丁卫新.新小麦后熟期前后品质变化规律的研究[J].现代面粉工业,2011,25(4):46-50.

[26] 徐瑞,谭晓荣,王晓曦.小麦后熟期间主要品质相关因素的变化[J].农业机械,2012,5:54-57.

[27] 刘永辉.储存时间和种植区域对玉米营养价值和物理性状影响的研究[D].泰安:山东农业大学,2011.

[28] Dundar A N, Gocmen D. Effects of autoclaving temperature and storing time on resistant starch formation and its

functional and physicochemical properties[J]. Carbohydrate Polymers,2013,97(2):764-771.
[29] Pirgozliev V R, Rose S P, Kettlewell P S. Effect of ambient storage of wheat samples on their nutritive value for chickens[J]. British Poultry Science,2006, 47(3):342-349.
[30] Preston K R, Kilborn R H, Morgan B C, et al.. Effects of frost and immaturity on the quality of a Canadian hard red spring wheat[J]. Cereal Chemistry, 1991, 68(2):133-138.
[31] Rehman Z U, Shah W H. Biochemical changes in wheat during storage at three temperatures[J]. Plant Foods Human Nutrition,1999,54(2):109-117.
[32] 卞晓毅,储存和添加NSP酶降低新玉米抗营养因子对肉鸡负面影响的研究[D]. 北京:中国农业大学,2014.
[33] Bartov I. Effect of storage duration on the nutritional value of corn kernels for broiler chicks[J]. Poultry Science, 1996,75(12):1524-1527.
[34] Blessin C W, Brecher J D, Dimler R J. Carotenoids of corn and sorghum. 5. Distribution of xanthophylls and carotenes in hand-dissected and dry-milled fractions of yellow dent corn[J]. Cereal Chemistry,1963,40(5):582-586.
[35] 娄瑞颖,刘国华,张玉萍,等. 玉米化学成分和代谢能的变异度及其与肉仔鸡生长性能的相关性分析[J]. 甘肃农业大学学报,2011b,46(4):36-42.
[36] 李晓宇,陈耀国,柳志强. 植酸酶生产与应用的研究进展[J]. 中国农学通报,2011, 27(3):257-261.
[37] 叶楠,陈代文,毛湘冰,等. 不同木糖水平饲粮中添加木聚糖酶对断奶仔猪生长性能及肠道微生态环境的影响[J]. 动物营养学报,2011,23(11):1961-1969.
[38] Leeson S, Caston L, Summers J D. Broiler response to diet energy[J]. Poultry Science,1996,75(4):529-535.
[39] Asp N G, Björck I, Nyman M. Physiological effects of cereal dietary fibre[J]. Carbohydrate Polymers,1993,21(2):183-187.
[40] 张玉荣,高艳娜,林家勇,等. 顶空固相微萃取-气质联用分析小麦储藏过程中挥发性成分变化[J]. 分析化学,2010,38(7):953-957.
[41] Peplinski A J, Paulis J W, et al.. Drying of high-moisture maize:Changes in properties and physical quality[J]. Cereal Chemistry,1994,71:129-133.
[42] Mazzuco H, Lorini I, Brum P A R, et al.. Chemical and energy composition of corn harvested with various moisture levels and different drying temperatures to broiler chickens[J]. Revista Brasileira de Zootecnia,2002,31(6):2216-2220.
[43] Iji, P A, et al.. Intestinal function and body growth of broiler chickens on diets based on maize dried at different temperatures and supplemented with a microbial enzyme[J]. Reproductive Nutrition Development,2003,43(1):77-90.
[44] Setiawan S, Widjaja H, Rakphongphairo J V, et al.. Effects of drying conditions of corn kernels and storage at an elevated humidity on starch structures and properties[J]. Journal Agricultural Food Chemistry,2010,58(23):12260-12267.
[45] Bhuiyan M M, Islam A F, Iji P A. Response of broiler chickens to diets containing artificially dried high-moisture maize supplemented with microbial enzymes[J]. South African Journal of Animal Science,2010,40(4):348-362.

微量元素锌的营养免疫作用研究进展*

伍爱民** 张克英***

(四川农业大学动物营养研究所,成都 611130)

摘 要:锌是生命必需的微量元素,参与到DNA的复制、转录、细胞的增殖、分化、凋亡与信号传导等方面的功能调控。不仅动物必需锌,微生物包括有害微生物也必需锌。然而,过量的锌由于破坏正常的生理代谢具有细胞毒性。因此,哺乳动物已经进化出了错综复杂的机制来调控自身的锌稳态,从整体、细胞水平维持锌的适宜浓度,机体锌的稳态调控由锌感应器、金属硫蛋白与锌转运蛋白等介导。微生物感染时,宿主通过调控锌吸收、降低血液锌浓度,提高肝脏等组织锌浓度,降低细胞中游离锌浓度,从而隔离锌,限制病原微生物对锌的利用,发挥"营养免疫"作用。中性粒细胞分泌的钙卫蛋白在锌营养免疫作用中发挥重要作用。用沙门氏菌感染肉鸡证实存在锌营养免疫作用。本文将综述最近几年在病原微生物感染时,宿主限制病原微生物入侵的新策略以及病原微生物抵抗宿主锌营养免疫的新对策,为完善锌抗病营养理论提供依据。

关键词:锌;病原微生物;营养免疫;宿主

锌是人和动物必需的营养素,作为机体300多种酶的辅基或辅因子广泛参与体内的一系列代谢活动,包括基因的转录、翻译,细胞增殖、分化及细胞内信号传导等方面的调节,在机体发育、骨骼生长、免疫机能、内分泌调节、蛋白质和核酸代谢等过程中发挥重要作用[1]。本文就近年来关于锌的营养免疫作用研究进展进行综述,为完善动物抗病营养理论,构建抗病营养技术,确保肉鸡产品的食用安全提供参考。

1 机体锌稳恒及调控

Kirchgessner(1997)研究发现,断乳大鼠饲粮锌含量相差很大(10～100 mg/kg),但机体的锌贮存量保持不变(约30 mg/kg),说明体内存在锌稳恒的调控机制[2]。随后研究表明,在机体的不同组织、细胞或细胞器中,Zn的吸收、分布、排出或特异性的分泌都有其独特的锌稳态调控[3]。

机体锌稳态调控的部位主要是胃肠道尤其是小肠、肝和胰腺,通过调控外源锌在小肠的吸收、内源锌分泌进入肠道经粪排泄、肾对锌的再吸收及锌在各器官细胞内的分布控制机体锌的锌稳态,其中锌吸收和内源分泌排泄是体内锌稳态的主要调节点[4]。

锌的吸收主要发生在小肠,其中十二指肠是锌吸收的主要部位。研究结果表明,锌离子在小肠内的吸收大致经历三个步骤:首先是小肠黏膜上皮细胞顶膜(刷状缘)从肠腔中摄取锌,这个过程是由载体介导的吸收过程;然后锌从小肠黏膜细胞的顶膜到基底膜的细胞内转运过程;最后,细胞内的锌透过小肠

---

* 基金项目:国家自然科学基金面上项目(31472118);国家留学基金委公派项目(201406910047)
** 第一作者简介:伍爱民,博士,E-mail:wuaimin0608@163.com
*** 通讯作者:张克英,教授,E-mail:zkeying@sicau.edu.cn

黏膜基底膜进入血液,通过门脉循环系统,以血清白蛋白作为载体随血液循环转运。锌经顶膜吸收后有2个去处:一是转运至基底膜进入血;二是进入细胞器进行代谢和储存。通过哪条途径由机体对锌的需求决定:需求高时,锌与某些特定的锌转运载体结合后,被转运至基膜,然后转运入门静脉血液,然后循环到达各组织发挥其生理作用;需求低时,锌被滞留在细胞内,一部分随细胞脱落返回肠腔,另一部分与特异的锌转运载体结合后被转运到细胞器进行代谢或储存。August 等研究发现,成年人食用锌为 2.8~5.0 mg/d 时,锌吸收率为 64%±5%;而食用锌提高到 12.8~15.0 mg/d 时,锌吸收率仅为 39%±3%[5]。

参与锌稳态调控的蛋白分子主要包括锌感应器、金属硫蛋白(metallothionein,MT)和锌转运蛋白[6]。金属反应原件结合转录因子-1(metal response element binding Transcription Factor 1,MTF-1)是一个锌离子浓度升高的感应器,具有 6 个锌指,通过与识别相关基因启动子区域的金属响应元件(metal responsive element,MRE)序列来调控锌依赖的基因表达[7]。

MT 含有 60 多个氨基酸,可与 7 个锌离子结合,既可以是锌的受体,也可以作为锌的供体,调控锌离子浓度[8]。当外界环境锌浓度较高时,金属硫蛋白表达增加,可结合并储存锌,或增加锌从小肠向肠腔的分泌,从而使锌吸收降低;缺锌时,金属硫蛋白表达减少,锌吸收增加。人类 MT 至少有 10 种,而 Femando 等(1989)[9]研究表明在鸡组织中仅存在一种 MT,与哺乳动物 MTs 的核苷酸序列有 70% 同源性且与 MT-2 的同源性最高,存在于鸡的肝、胰、肾和小肠黏膜中。黄艳玲等[10]研究表明,肉鸡饲粮(锌 28.37 mg/kg)中分别添加 20 mg/kg、40 mg/kg、60 mg/kg、80 mg/kg、100 mg/kg、120 mg/kg 和 140 mg/kg锌(硫酸锌),饲喂 21 d,添加 20 mg/kg 锌可显著提高肉仔鸡日增重和日采食量($P<0.05$);肾脏金属硫蛋白(MT)含量受锌水平影响极显著($P<0.01$),但肝脏铜锌超氧化物歧化酶(CuZnSOD)活性脏不受饲粮锌水平的显著影响($P>0.1$),表明肾脏 MT 可能是评价肉仔鸡机体锌营养状况的敏感指标。

锌转运蛋白是把锌转入或转出细胞的蛋白质[3,11]。已知哺乳动物的锌转运蛋白包括二大家族蛋白质:SLC30(solute-linked carrier 30)基因编码的阳离子扩散辅助(cation diffusion facilitator,CDF)家族和 SLC39(solute-linked carrier 39)基因编码的 ZRT/IRT 类似蛋白(ZRT,IRT-like protein,ZIP)家族。包含 SLC30(solute-linked carrier 30)ZnT 家族和 SLC39(solute-linked carrier 39)ZIP 家族。迄今为止,已发现 10 个 CDF 家族成员(ZnT1-10)和 14 个 ZIP 家族成员(ZIP1-14)。ZnT 蛋白把锌离子从细胞质内转出细胞外或转运到细胞器内,以降低细胞质锌浓度;ZIP 蛋白促进细胞外或细胞器中的锌进入细胞质,而提高细胞质锌浓度。于昱等[12]研究表明,饲粮锌水平影响肉仔鸡十二指肠、空肠和回肠中 MT、ZnT1 和 ZnT5 mRNA 相对表达量,各肠段几种锌转运蛋白的基因表达存在差异,回肠锌吸收以扩散为主,十二指肠和空肠的锌吸收与多种锌转运蛋白密切相关。

2 锌与免疫

和其他系统一样,免疫系统也需要锌来维持正常的功能[13,14]。锌缺乏和过量都会导致免疫缺陷,免疫应答中也总是伴随着体内锌水平的改变[15]。锌缺乏从多个方面影响免疫细胞的功能,包括增殖、分化与免疫响应等[16]。

2.1 锌对先天免疫细胞功能的影响

由粒细胞、单核细胞/巨噬细胞与树突细胞等免疫细胞组成的先天免疫系统,是机体抵抗病原微生物入侵的第一道防线。锌通过影响这些免疫细胞的功能在机体先天免疫系统中发挥重要的作用。

粒细胞是感染组织中首先募集到的细胞。其中大多数细胞是中性粒细胞,主要功能是吞噬和杀死入侵病原微生物。缺锌会使中性粒细胞功能衰退。主要会减弱中性粒细胞的趋化能力,并且补锌可以逆转这种缺陷,但锌对细胞总量并没有影响[17]。和中性粒细胞一样,单核细胞/巨噬细胞也是吞噬细胞的一种。不过,除了吞噬和杀菌以外,预激活的单核细胞/巨噬细胞还能传递抗原给适应性免疫系统中的 T 细胞,因此也是一种抗原呈递细胞(APCs)。从 MT 敲除小鼠分离的巨噬细胞,其吞噬能力、抗原提成能力和细胞因子产生都有缺陷[18]。这提示巨细胞内的锌水平会影响巨细胞的杀伤功能。巨细胞敲除锌转运蛋白 Zip10 进一步证实了这一推测,Zip10 巨细胞敲除减少巨细胞内锌的含量,不仅影响巨细胞吞噬与消化的能力,同时还导致巨细胞的增殖与分化受阻(未发表的数据)。同时,用 LPS 激活的人单核细胞,2 min 内胞内游离锌水平就会上升,这种锌信号对于 LPS 介导的信号转导是必要的,因为螯合锌会抑制 LPS 介导的原炎症因子的表达与分泌[19,20]。总的来说,锌参与到单核细胞/巨噬细胞的形成过程,尤其是吞噬过程和原炎症细胞因子的产生。树突状细胞(dendritic cell,DC)是一种专业的抗原呈递细胞(antigen-presenting cells,APCs),可以激活适应性免疫的关键成分:抗原特异的 T 细胞。这种特点使 DC 细胞成为先天免疫和适应性免疫的重要链接。锌水平的改变主要影响 DC 细胞的成熟,如 LPS 刺激 DC 细胞导致胞内锌含量减少,同时 DC 细胞成熟加快,表现为 MHC 表达上调,这个过程是有锌转运蛋白 ZIP6 介导的[21]。另外的研究发现,激活的 DC 细胞中,锌指蛋白 A20 被上调,而 A20 mRNA 与蛋白水平依赖于锌[22,23]。高表达的 A20 可能是机体应对 TLR 激活中调节和缓和 DC 细胞免疫反应的手段,从而防止引起自发和过强的免疫响应[23]。

2.2 锌对适应性免疫细胞功能的影响

适应性免疫系统又称获得性免疫系统,主要由 B 细胞和 T 细胞组成。与先天性免疫细胞不同,无论是 B 细胞还是 T 细胞表面均会表达用于特异性受体识别的靶点结构,并可以建立免疫记忆。在病原微生物感染后,一部分识别特异抗原后的淋巴细胞会被激活,并迅速增殖,快速做出适应行免疫应答响应。活化的 B 细胞形成能分泌抗体的浆细胞,在体液免疫中发挥作用[24]。T 细胞活化后或发挥细胞杀伤效应(CD^8+杀伤 T 细胞)或起到辅助功能(CD^4+辅助 T 细胞),在细胞免疫中起作用[25]。多项研究表明锌缺乏对 T 细胞免疫、发育、极化过程和功能产生不利影响。同时缺锌会导致所有 T 细胞亚群的增殖受阻,影响其分化[26,27]。

和其他免疫细胞不同,成熟的 B 细胞对锌依赖程度较低。但在 B 细胞形成过程中前 B 细胞会因为锌剥夺而凋亡,因此导致原始 B 细胞的数目减少[28]。最新的研究发现 Zip10 介导了前 B 细胞的发育[29,30]。这种情况也出现在老年轻度缺锌人群里,随着年龄增长,B 细胞数量下降[31]。成熟的 B 细胞对凋亡的抵抗能力更强,这可能因为抗凋亡分子 Bcl-2 表达量更高所致[28]。锌水平和抗体产量的影响目前还不能确定。但缺锌小鼠在用 T 细胞依赖的抗原免疫后,浆细胞数量下降,而单位浆细胞的抗体产量并未改变[32]。据此可以认为,静息脾脏 B 细胞在缺锌时功能仍然保持正常。不过,缺锌总体上还是会减弱抗体产量,主要因为 B 细胞数量减少。

3 锌的营养免疫作用

锌影响机体免疫系统的发育和功能,锌缺乏从多个方面影响机体的免疫系统,包括造血过程、先天免疫、适应性免疫应答和免疫调控[33]。锌不仅是动物必需的微量元素,同样也是病原微生物必需的营养素,锌参与到病原微生物的代谢与毒力因子的表达[34]。在突变沙门氏菌的锌转入蛋白后,严重影响沙门氏菌的定殖、增殖与感染宿主的能力[35]。病原微生物在特定的环境中定殖的能力与它们获取锌的能力密切相关。

"营养免疫作用"是指宿主通过调控体内金属离子的稳恒,通过隔离金属离子而限制病原微生物对金属离子的利用,以抵抗微生物感染[36,37],该作用最初发现于铁,随后研究发现其他金属元素,特别是过渡区域的金属元素,如锌、铜与锰等均具有营养免疫作用[36,37]。研究发现,鼠在感染葡萄球菌或沙门氏菌或注射 LPS 时,引起体内锌稳衡代谢改变、体内和细胞内锌的重分配,表现出血清和粒细胞质中的 Zn 含量显著下降,而在肝、脾等组织锌富集,这种改变有益于宿主的免疫应激和抗感染。

锌的营养免疫作用从三个层次来发挥作用,并由锌转运蛋白与锌结合蛋白等介导。

3.1 全身性

鼠在感染葡萄球菌或沙门氏菌或注射 LPS 时,通过上调锌转入蛋白 Zip14 的表达,将锌转入肝脏,出现"低锌血症",肝、脾等组织锌富集,一方面,降低锌被运输到感染部位,抑制血液中依赖于锌的细菌的生长;促进肝脏中先天免疫分子或者相关抗菌肽,如合成补体,来抵抗细菌的感染。另一方面,上调金属硫蛋白 MT 表达,绑定被转入的锌,降低由感染带来的氧化应激以及过量锌产生的细胞毒性,从整体上发挥锌的营养免疫作用[38]。

3.2 局部的细胞外环境

当病原微生物进入到巨噬细胞内的吞噬体后,巨噬细胞表达的金属离子转运蛋白 NRAMP1 会将锰与铁转运到细胞外,减少吞噬体内锰与铁的浓度,来限制病原微生物继续增殖。除将金属离子从细胞细菌内转走外,宿主还会表达一系列的金属离子绑定蛋白,螯合金属离子,来限制病原微生物对金属离子的吸收。研究比较多的是钙绑定蛋白 S100 家族,它不仅可以绑定钙,还可以绑定锌与锰。很多关于这个家族在元素隔离与严重响应中的作用报道。由角质细胞分泌的 S100A7 就是其中的一种,它可以螯合锌,从而限制微生物对锌的吸收与利用[39,40]。除此之外,S100A7 通过诱导的促炎症响应与糖基化终产物(advanced glycation end-products,RAGE)相互作用,在自身免疫性失调的银屑病中发挥重要的作用[41]。研究发现另一 S100 家族成员,S100A12 体外研究可以绑定铜与锌,同时具有杀菌的作用[42,43]。但鼠的基因组并不表达这个蛋白,这为在体内研究 S100A12 的功能带来了难度。

由 S100A8 与 S100A9 构成的二聚体钙卫蛋白在锌的营养免疫中发挥更重要的作用。钙卫但主要由中性粒细胞合成,大概占中性粒细胞胞质蛋白总量的 50%。除具有绑定钙的功能,还可以绑定锌[35,44]。在 S100A8 与 S100A9 二聚体的交界处有两个锌的绑定位点,其中一个可以绑定锌,另外一个可绑定毫摩尔浓度以下的锌与锰[45,46]。钙卫蛋白绑定锰的能力主要依赖 6 个组氨酸的协调[47]。主要在中性粒细胞上表达,除此之外还在肠道上皮细胞中表达。由于对金属离子具有强的螯合能力,钙卫蛋白在多种病原微生物感染过程中发挥着重要的抗感染的能力[48,49]。与 S100A7 蛋白一样钙卫蛋白也具有促炎症响应的作用。S100 蛋白是目前仅有的宿主蛋白在细胞外发挥锌营养免疫的蛋白,机体是否存在其他的蛋白也发挥类似的作用,是接下来研究的重要方向[50]。

3.3 细胞内的锌营养免疫

在病原微生物感染时,巨噬细胞中的病原微生物通过二种相反的机制被杀死:Zn 饥饿(如荚膜组织胞浆菌 *H. capsulatum*)或过量中毒(如结核病菌 *M. tuberculosis*)。如在巨噬细胞在吞噬结核杆菌或者大肠杆菌后,释放大量锌结合蛋白上的锌,让这些游离锌进入到包裹病原菌的吞噬溶酶体内,导致结核杆菌或大肠杆菌锌中毒[51];在吞噬荚膜胞浆杆菌(*H. capsulatum*)的巨噬细胞内,GM-CSF 激活巨噬细胞将游离锌转入到高尔基体内与锌结合蛋白中,隔离锌达到抵抗荚膜胞浆杆菌的目的[36]。

由于宿主血液或细胞中的游离锌离子浓度非常低,因此在感染的情况下获得充足的锌对病原微生物是一个相当大的挑战。在与宿主竞争的过程中,病原微生物进化出了大量的复杂而又精细的锌离子转运体与调节系统,来调控自身的锌离子稳态平衡[52]。这包括在宿主锌离子隔离情况下负责摄入的内流系统,以及在锌离子过量时用来减少毒性的外排系统。对于一些变异菌株,则可能表达高亲和力的锌进入蛋白(锌转运蛋白 ZnuABC)来向细菌内转运锌离子,以抵抗宿主锌的营养免疫作用。

ZnuABC 是细菌常见的一种高亲和力的转运蛋白,而 ZupT 则是一种低亲和力的内流系统。在一般情况下主要由 ZupT 负责锌的运输,而在锌缺乏的情况下则由 ZnuABC 负责锌的转运。由 P1B-ATPase 家族的 ZntA 和阳离子扩散通道(CDF)家族 ZitB 和 Yiip 负责解除锌离子过载的毒性[53-55]。对 ZitB 和 Yiip 功能的分析发现,这两种蛋白可以逆质子梯度把细胞质中的锌泵出到细胞外。一些新的锌外流蛋白如:MdtABC,一种 RND-ty 型的外流泵和 MdtD,一种 MFS(major facilitator superfamily)的转运蛋白以及和外周蛋白一样涉及锌离子的解毒 Spy 蛋白。Spy 蛋白可能在减缓锌离子毒性带来的压力,促进折叠和保护外周质跨膜和外周质锌外流蛋白的完整性有关。锌吸收蛋白 ZnuABC 主要被 Fur 家族的 Zur 调控和被 MerR 家族的 SoxR 调控。在锌充足的情况下这个系统会被 Zn-Zur 抑制;而在锌缺乏的时候 Zur 被激活,导致 ZnuABC 活化。Zur 能够感受到体外 10～15 mol/L 浓度的锌。SoxR 是 SoxRS 的一部分可响应氧化压力的变化。SoxS 被 SoxR 活化激活许多调节子的表达,如 ZnuAB。细菌锌外排系统 ZntA 被类 MerR 系统的 ZntR 调控,apo-ZntR 绑定到 ZntA 的启动子区域可微弱抑制转录,而 Zn-ZntR 是一种转录催化剂。

4 机体锌稳恒调控对家禽抗沙门氏菌感染的作用及可能机制

沙门氏菌感染会诱发动物肠道上皮细胞、抗原提呈细胞(APCs),主要是巨噬细胞和树突状细胞产生炎性反应,分泌各种细胞因子,包括 IL-23 和 IL-18,刺激肠黏膜 T 细胞产生 IL-17 与 IL-29[56],进而诱发组织粒细胞(主要是中性粒细胞)大量流入肠道,产生炎症性腹泻;继侵入黏膜后,沙门氏菌可进入血流并感染其他器官系统,导致严重的革兰氏阴性败血症症状,即发烧、白细胞减少、血凝障碍、血浆容积减少、乳酸中毒、全身血压过低、葡萄糖和氨基酸代谢紊乱、内分泌平衡失调,从而导致动物身体状况迅速恶化。沙门氏菌污染是家禽养殖业上需要重视的问题。沙门氏菌感染不仅导致肉鸡肠道炎症、生产性能下降,而且可能污染禽肉产品引起人类发生食源性中毒。据不完全统计全球每年肉鸡养殖业因沙门氏菌污染导致的经济损失就高达上亿美元[57]。预防和控制家禽沙门氏菌感染有多种措施,通过药物和疫苗仍未完全防止沙门氏菌病,因此,寻求新思路、研究和应用新理论新技术新产品十分重要和必要。抗病营养理念和技术则属此范畴。"抗病营养"指通过揭示动物健康的营养调控规律与机制,建立营养抗病原理和技术,进而提高动物对应激和疾病的抵抗力,确保动物健康,减少疾病,降低用药,最终实现畜产品的安全高效生产。

关于锌与家禽抗沙门氏菌感染已有研究报道。邵玉新等[58]报道感染鼠伤寒沙门氏菌降低肉仔鸡盲肠微生物多样性及均匀度,导致生产性能降低;日粮中添加锌一定程度上阻止沙门氏菌在肠道的定殖、有利于稳定肉仔鸡肠道微生物区系,改善肉仔鸡生产性能。张炳坤等[57]报道,日粮中添加锌有利于改善鼠伤寒沙门氏菌感染导致的肉仔鸡肠黏膜屏障功能障碍,并且此作用可能与促进回肠黏膜 claudin-1 和 occludin mRNA 表达相关。成延水等[59]给产蛋鸡注射 LPS 显著降低血清锌的浓度,显著提高肝脏和脾脏的锌和 MT 浓度,且有机氨基酸锌的效果优于无机硫酸锌。Troche(2012)[60]研究表明肉鸡受到球虫攻击时,亦出现血清和粒细胞质 Zn 水平显著下降,添加适宜锌或有机锌可以发挥锌的抗球虫作用。但关于沙门氏菌感染情况下,家禽机体锌的营养免疫作用研究未见报道。

为此,本课题组开展系列研究(伍爱民,2016)[61],我们假设肉鸡在感染沙门氏菌时,适宜水平锌发挥的抗菌作用与机体锌的吸收、重分布以及免疫细胞内锌的状态有关。通过研究证实在沙门氏菌感染会导致肉鸡出现典型的"低锌血症"现象,表现为血清锌显著降低,肝脏锌含量升高,其机理在于降低十二指肠锌的吸收,同时将锌转运到肝脏、法氏囊与盲肠中。整个过程由锌转运蛋白介导:十二指肠中 Zip5、Zip10、Zip11、Zip12、Zip13 与 Zip14 表达下调,降低肠道对锌的吸收;肝脏锌转入蛋白 Zip14 高表达将锌重分布到肝脏中;同时,宿主下调锌的转出蛋白 ZnT1、ZnT4、ZnT5、ZnT6、ZnT8 与 ZnT9 的表达,使锌聚集在肝脏,用于肝脏免疫防御分子的合成。进一步研究发现,肉鸡免疫细胞的锌稳态调控也参与宿主抗沙门氏菌感染过程中。在沙门氏菌感染时,中性粒细胞中的锌转运蛋白 Zip3、Zip8、Zip10

与Zip14的表达上调,增加中性粒细胞中的锌含量,从而极显著增加钙卫蛋白的表达与分泌,分泌到肠腔中的钙卫蛋白螯合食糜中的锌,发挥局部或细胞外锌营养免疫作用,限制沙门氏菌对锌的吸收与利用。通过体外细胞培养试验发现,沙门氏菌感染还会改变巨噬细胞的锌稳态,导致锌在巨噬细胞内聚集;沙门氏菌阳性的巨噬细胞中锌离子浓度较沙门氏菌阴性的细胞高,但ROS与RNS产生的量更少。提高巨噬细胞游离锌浓度,增加沙门氏菌的感染,其机理与沙门氏菌的增值无关,但与降低巨噬细胞对沙门氏菌的清除能力有关,这主要是由于游离锌的改变影响NF-κB的激活与定位,过多的游离锌会抑制NF-κB的激活与入核,从而影响ROS与RNS的产生。

5 结语

锌的营养免疫作用研究研究进展为完善抗病营养理论,构建抗病营养技术提供了新的思路。为此,有必要重新思考和精准研究肉鸡的适宜锌需要,减少肉鸡肠道疾病的发生;锌的营养免疫作用可望为研究有机微量元素和无机微量元素的消化吸收及作用效果的差异提供新的思路;通过基因重组技术,将对锌具有特别亲和力的锌转运蛋白克隆表达到益生菌上,可望开发生产新的益生菌产品。

参考文献

[1] Vallee B L, Falchuk K H. The biochemical basis of zinc physiology [J]. Physiol Rev,1993,73:79-118.

[2] Kirchgessner M, Roth H P, Spoerl R,et al.. A comparative view on trace elements and growth [J]. Nutr Metab, 1977,21:119-143.

[3] Murakami M, Hirano T. Intracellular zinc homeostasis and zinc signaling [J]. Cancer Sci, 2008,99:1515-1522.

[4] Wastney M E, Aamodt R L, Rumble W F, et al.. Kinetic analysis of zinc metabolism and its regulation in normal humans [J]. Am J Physiol, 1986,251:R398-408.

[5] August D, Janghorbani M, Young V R. Determination of zinc and copper absorption at three dietary Zn-Cu ratios by using stable isotope methods in young adult and elderly subjects [J]. Am J Clin Nutr, 1989,50:1457-1463.

[6] Nies D H. Biochemistry. How cells control zinc homeostasis [J]. Science, 2007, 317:1695-1696.

[7] Laity J H, Andrews G K. Understanding the mechanisms of zinc-sensing by metal-response element binding transcription factor-1 (MTF-1) [J]. Arch Biochem Biophys, 2007,463:201-210.

[8] Krezel A, Maret W. Thionein/metallothionein control Zn(II) availability and the activity of enzymes [J]. J Biol Inorg Chem, 2008,13:401-409.

[9] Fernando L P, Wei D Y, Andrews G K. Structure and expression of chicken metallothionein [J]. J Nutr, 1989,119:309-318.

[10] 黄艳玲,罗绪刚,等. 饲粮锌对肉鸡生长性能、组织含锌酶活性以及金属硫蛋白含量的影响[J]. 中国畜牧杂志, 2008,44:22-24.

[11] Costas J. Comment on "current understanding of ZIP and ZnT zinc transporters in human health and diseases"[J]. Cell Mol Life Sci, 2015,72:197-198.

[12] 于昱. 不同形态锌在肉仔鸡小肠中的吸收特点及机理研究[M].博士学位论文.北京:中国农业科学院, 2008.

[13] Shi L, Zhang L, Li C,et al.. Dietary zinc deficiency impairs humoral and cellular immune responses to BCG and ESAT-6/CFP-10 vaccination in offspring and adult rats [J]. Tuberculosis (Edinb), 2016,97:86-96.

[14] Overbeck S, Uciechowski P, Ackland ML,et al.. Intracellular zinc homeostasis in leukocyte subsets is regulated by different expression of zinc exporters ZnT-1 to ZnT-9 [J]. J Leukoc Biol, 2008,83:368-380.

[15] Scott M E, Koski K G. Zinc deficiency impairs immune responses against parasitic nematode infections at intestinal and systemic sites[J]. J Nutr, 2000,130:1412S-1420S.

[16] Prasad A S. Impact of the discovery of human zinc deficiency on health [J]. J Trace Elem Med Biol, 2014,28:357-363.

[17] Shankar A H, Prasad A S. Zinc and immune function:the biological basis of altered resistance to infection [J]. Am J Clin Nutr, 1998,68:447S-463S.

[18] Sugiura T, Kuroda E, Yamashita U. Dysfunction of macrophages in metallothionein-knock out mice [J]. J UOEH, 2004,26:193-205.

[19] Haase H, Rink L. Signal transduction in monocytes:the role of zinc ions [J]. Biometals, 2007,20:579-585.

[20] Haase H, Ober-Blobaum J L, Engelhardt G, et al.. Zinc signals are essential for lipopolysaccharide-induced signal transduction in monocytes [J]. J Immunol, 2008,181:6491-6502.

[21] Kitamura H, Morikawa H, Kamon H, et al.. Toll-like receptor-mediated regulation of zinc homeostasis influences dendritic cell function [J]. Nat Immunol, 2006,7:971-977.

[22] Prasad A S, Bao B, Beck F W, et al.. Zinc-suppressed inflammatory cytokines by induction of A20-mediated inhibition of nuclear factor-kappaB [J]. Nutrition, 2011,27:816-823.

[23] Breckpot K, Aerts-Toegaert C, Heirman C, et al.. Attenuated expression of A20 markedly increases the efficacy of double-stranded RNA-activated dendritic cells as an anti-cancer vaccine [J]. J Immunol, 2009,182:860-870.

[24] Prasad A S. Clinical, immunological, anti-inflammatory and antioxidant roles of zinc [J]. Exp Gerontol, 2008,43: 370-377.

[25] Li F, Cong T, Li Z, Zhao L. Effects of zinc deficiency on the relevant immune function in rats with sepsis induced by endotoxin/lipopolysaccharide [J]. Zhonghua Shao Shang Za Zhi, 2015,31:361-366.

[26] Honscheid A, Rink L, Haase H. T-lymphocytes:a target for stimulatory and inhibitory effects of zinc ions [J]. Endocr Metab Immune Disord Drug Targets, 2009,9:132-144.

[27] Prasad A S. Effects of zinc deficiency on Th1 and Th2 cytokine shifts [J]. J Infect Dis, 2000,182 Suppl 1:S62-68.

[28] Fraker P J, King L E. Reprogramming of the immune system during zinc deficiency [J]. Annu Rev Nutr, 2004,24: 277-298.

[29] Hojyo S, Miyai T, Fujishiro H, et al.. Zinc transporter SLC39A10/ZIP10 controls humoral immunity by modulating B-cell receptor signal strength [J]. Proc Natl Acad Sci USA, 2014,111:11786-11791.

[30] Miyai T, Hojyo S, Ikawa T, et al.. Zinc transporter SLC39A10/ZIP10 facilitates antiapoptotic signaling during early B-cell development [J]. Proc Natl Acad Sci USA, 2014,111:11780-11785.

[31] Paganelli R, Quinti I, Fagiolo U, et al.. Changes in circulating B cells and immunoglobulin classes and subclasses in a healthy aged population [J]. Clin Exp Immunol, 1992,90:351-354.

[32] Cook-Mills J M, Fraker P J. Functional capacity of the residual lymphocytes from zinc-deficient adult mice [J]. Br J Nutr, 1993,69:835-848.

[33] King L E, Frentzel J W, Mann J J, et al.. Chronic zinc deficiency in mice disrupted T cell lymphopoiesis and erythropoiesis while B cell lymphopoiesis and myelopoiesis were maintained [J]. J Am Coll Nutr, 2005,24:494-502.

[34] Waldron K J, Robinson N J. How do bacterial cells ensure that metalloproteins get the correct metal? [J]. Nat Rev Microbiol, 2009,7:25-35.

[35] Liu J Z, Jellbauer S, Poe A J, et al.. Zinc sequestration by the neutrophil protein calprotectin enhances Salmonella growth in the inflamed gut [J]. Cell Host Microbe, 2012,11:227-239.

[36] Subramanian Vignesh K, Landero Figueroa J A, Porollo A, et al.. Granulocyte macrophage-colony stimulating factor induced Zn sequestration enhances macrophage superoxide and limits intracellular pathogen survival [J]. Immunity, 2013,39:697-710.

[37] Porcheron G, Garenaux A, Proulx J, et al.. Iron, copper, zinc, and manganese transport and regulation in pathogenic Enterobacteria:correlations between strains, site of infection and the relative importance of the different metal transport systems for virulence [J]. Front Cell Infect Microbiol, 2013,3:90.

[38] Liuzzi J P, Lichten L A, Rivera S, et al.. Interleukin-6 regulates the zinc transporter Zip14 in liver and contributes to the hypozincemia of the acute-phase response [J]. Proc Natl Acad Sci USA, 2005,102:6843-6848.

[39] Glaser R, Harder J, Lange H, et al.. Antimicrobial psoriasin (S100A7) protects human skin from Escherichia coli infection [J]. Nat Immunol, 2005,6:57-64.

[40] Mildner M, Stichenwirth M, Abtin A, et al.. Psoriasin (S100A7) is a major Escherichia coli-cidal factor of the female genital tract [J]. Mucosal Immunol, 2010, 3:602-609.

[41] Morgan M R, Jazayeri M, Ramsay A G, et al.. Psoriasin (S100A7) associates with integrin beta6 subunit and is required for alphavbeta6-dependent carcinoma cell invasion [J]. Oncogene, 2011, 30:1422-1435.

[42] Moroz O V, Burkitt W, Wittkowski H, et al.. Both Ca^{2+} and Zn^{2+} are essential for S100A12 protein oligomerization and function [J]. BMC Biochem, 2009, 10:11.

[43] Pietzsch J, Hoppmann S. Human S100A12: a novel key player in inflammation? [J]. Amino Acids, 2009, 36:381-389.

[44] Gebhardt C, Nemeth J, Angel P, et al.. S100A8 and S100A9 in inflammation and cancer [J]. Biochem Pharmacol, 2006, 72:1622-1631.

[45] Kehl-Fie T E, Chitayat S, Hood M I, et al.. Nutrient metal sequestration by calprotectin inhibits bacterial superoxide defense, enhancing neutrophil killing of Staphylococcus aureus [J]. Cell Host Microbe, 2011, 10:158-164.

[46] Brophy M B, Hayden J A, Nolan E M. Calcium ion gradients modulate the zinc affinity and antibacterial activity of human calprotectin [J]. J Am Chem Soc, 2012, 134:18089-18100.

[47] Damo S M, Kehl-Fie T E, Sugitani N, et al.. Molecular basis for manganese sequestration by calprotectin and roles in the innate immune response to invading bacterial pathogens [J]. Proc Natl Acad Sci USA, 2013, 110:3841-3846.

[48] Corbin B D, Seeley E H, Raab A, et al.. Metal chelation and inhibition of bacterial growth in tissue abscesses [J]. Science, 2008, 319:962-965.

[49] Amich J, Vicentefranqueira R, Mellado E, et al.. The ZrfC alkaline zinc transporter is required for Aspergillus fumigatus virulence and its growth in the presence of the Zn/Mn-chelating protein calprotectin [J]. Cell Microbiol, 2014, 16:548-564.

[50] Becker K W, Skaar E P. Metal limitation and toxicity at the interface between host and pathogen [J]. FEMS Microbiol Rev, 2014, 38:1235-1249.

[51] Botella H, Peyron P, Levillain F, et al.. Mycobacterial p(1)-type ATPases mediate resistance to zinc poisoning in human macrophages [J]. Cell Host Microbe, 2011, 10:248-259.

[52] Wang D, Hosteen O, Fierke CA. ZntR-mediated transcription of zntA responds to nanomolar intracellular free zinc [J]. J Inorg Biochem, 2012, 111:173-181.

[53] Rensing C, Mitra B, Rosen B P. The zntA gene of Escherichia coli encodes a Zn(II)-translocating P-type ATPase [J]. Proc Natl Acad Sci USA, 1997, 94:14326-14331.

[54] Grass G, Fan B, Rosen B P, et al.. ZitB (YbgR), a member of the cation diffusion facilitator family, is an additional zinc transporter in Escherichia coli [J]. J Bacteriol, 2001, 183:4664-4667.

[55] Klein J S, Lewinson O. Bacterial ATP-driven transporters of transition metals: physiological roles, mechanisms of action, and roles in bacterial virulence. Metallomics, 2011, 3:1098-1108.

[56] Godinez I, Raffatellu M, Chu H, et al.. Interleukin-23 orchestrates mucosal responses to Salmonella enterica serotype Typhimurium in the intestine [J]. Infect Immun, 2009, 77:387-398.

[57] Zhang B, Shao Y, Liu D, et al.. Zinc prevents Salmonella enterica serovar Typhimurium-induced loss of intestinal mucosal barrier function in broiler chickens [J]. Avian Pathol, 2012, 41:361-367.

[58] 邵玉新, 张炳坤. 日粮中添加锌对鼠伤寒沙门氏菌感染肉仔鸡生产性能和肠道微生物区系的影响 [M]. 中国畜牧兽医学会动物营养学分会第十一次全国动物营养学术研讨会论文集, 2012.

[59] 成廷水. 氨基酸锌对蛋鸡免疫和抗氧化功能的调节作用及其应用研究 [M]. 博士学位论文. 北京: 中国农业大学, 2004.

[60] Troche. The impact of zinc on croeth and barrier function during administration a coccidial vaccine [M]. Purdue University, 2012.

[61] 伍爱民. 锌转运蛋白Zip11的功能及沙门氏菌攻击对肉鸡锌稳态的影响及调控机理研究 [M]. 博士学位论文. 成都: 四川农业大学, 2016.

维生素 A 对动物脂类代谢的调节作用与机制*

闫素梅** 王雪

(内蒙古农业大学动物科学学院,呼和浩特 010018)

摘 要:维生素 A 是影响动物组织脂类代谢和脂肪生成的关键因子。本文综述了维生素 A 对动物脂肪生成和脂类代谢的影响,并从脂类代谢相关基因的表达及其信号通路、脂肪细胞的数量与脂肪细胞因子分泌的角度综述了其可能的影响机制,为深入探究维生素 A 调控动物的脂肪代谢提供了理论依据。

关键词:维生素 A;脂肪生成;脂类代谢;调节机制

维生素 A 在动物细胞内的活性形式包括视黄醇、视黄醛和视黄酸。许多研究报道了维生素 A 及其衍生物在调控动物脂肪代谢中的重要作用,视黄酸或视黄醛可以减少动物体脂肪的含量,增加对胰岛素的敏感度[1,2,3],亚临床维生素 A 缺乏症可能是导致动物肥胖的因素之一[4]。因此,关于维生素 A 对动物脂肪代谢的调节作用成为了近年来的研究热点,但关于其机制尚不清楚。本文主要综述了维生素 A 对动物脂肪生成与代谢的影响,并总结了维生素 A 对脂肪代谢的调节机制,为更好地调节动物的脂类代谢、改善动物的健康提供参考。

1 维生素 A 对动物脂肪生成的影响

近年来的许多研究发现,维生素 A 可抑制动物的脂肪生成,脂肪生成过多引起的动物肥胖症从生理角度考虑可能与维生素 A 的营养状况有关。低水平的日粮维生素 A 促进人和动物脂肪组织的生成[4,5],增加牛肌内脂肪的形成[6]。反式视黄酸(ATRA)处理组的鼠导致了体脂肪的减少与循环甘油三酯水平的降低[4,7-10]。Ayuso 等[11]的研究结果得出,与补加维生素 A 的对照组相比,限饲维生素 A 增加了猪背脂、腿脂和肌内脂肪中的单不饱和脂肪酸含量,降低了饱和脂肪酸含量与 n-6/n-3 PUFA;长期限制维生素 A 的猪半膜肌的肌内脂肪含量高于对照组与育肥后期维生素 A 限制组。人的研究结果发现,体重过大或肥胖型的人群其维生素 A 营养状况低下[12,13]或血浆类胡萝卜素浓度降低[14,15],尤其是肥胖型人群伴有非酒精性脂肪肝症状[13],同时在维生素 A 摄入量与肥胖症和胰岛素抵抗之间呈负相关[16]。用不同剂量和不同的处理方式给正常的成年鼠补加 ATRA 会减少体重和脂肪生成,也会增加鼠对葡萄糖的耐受力和胰岛素敏感度[7,17]。ATRA 处理能改善因日粮诱导引起的老鼠脂肪沉积过多、血脂紊乱和胰岛素抵抗[10]。体内试验发现,缺乏视黄醛脱氢酶 1 的鼠可抵抗因日粮诱导的肥胖症,用视黄醛或视黄醛脱氢酶抑制剂处理可以减少 ob/ob 鼠的脂肪,增加胰岛素敏感度,说明视黄酸的前体视黄醛也有抗脂肪生成的作用[3]。研究也发现,尽管鼠的能量摄取不变甚至增加[10],但使用 ATRA 诱

---

* 基金项目:国家自然科学基金项目(31560650)
** 通讯作者:闫素梅,教授,Email:yansmimau@163.com

导后其体重和脂肪的减少仍然发生,并伴随着体温的上升和甘油循环浓度的增加,而机体游离脂肪酸浓度不变[8,10]。这些结果说明,ATRA的抗肥胖作用是因为增加了组织内的脂肪动员和脂类分解产生的脂肪酸的有效氧化,进而增加了能量消耗。Tourniaire等[18]的体外研究指出,ATRA可上调脂肪细胞中与线粒体生物合成、氧化磷酸化有关的基因表达,利用ATRA处理的鼠白色脂肪细胞也得出了相似的结果。这些结果进一步说明ATRA是通过促进脂肪细胞的氧化磷酸化和线粒体生物合成,引起脂肪分解代谢加强和能量消耗,从而降低脂肪的生成。研究也发现,日粮维生素A对动物脂肪形成的影响具有阶段依赖性。幼龄雪貂长期口服β-胡萝卜素可增加体重和皮下脂肪重量[19],而在成年期用反式视黄酸(ATRA)短期处理有降低肥胖发生的倾向[20]。日粮补加维生素A可降低成年鼠的棕色脂肪组织重量[21,22]。

然而,也有相反的研究报道,Yehya[23]等指出,服用过量维生素A的人群引起高甘油三酯血症和血清低密度脂蛋白含量升高,在鼠等动物上的研究得出大剂量的视黄醇或维生素A棕榈酸酯引起肝脏脂肪酸和甘油三酯的聚集,肝脏的脂肪酸氧化增强,而维生素A的缺乏引起鼠血清甘油三酯和高密度脂蛋白的含量与体脂肪的降低[24,25]。

2 维生素A对动物脂类代谢的影响

2.1 维生素A对动物肝脏脂类代谢的影响

肝脏在维持机体脂肪代谢的平衡过程中发挥了重要的作用,是脂肪酸从头合成的重要场所,可将日粮中过量的碳水化合物转化成脂肪酸。研究表明,维生素A或类维生素A能促进肝脏内脂肪酸的分解或抑制脂肪的生成。维生素A的补加可促进人肝脏编码线粒体和过氧化物酶体脂肪酸β-氧化作用有关的酶的基因表达,增加肝脏细胞内的脂肪酸氧化分解[26]。然而,一些相反的报道指出,维生素A缺乏的鼠肝脏内脂肪分解代谢增强[27,28],类维生素A处理导致了高甘油三酯血症。

2.2 维生素A对动物脂肪组织内脂肪代谢的影响

棕色脂肪组织和白色脂肪组织是哺乳动物体内两种不同类型的脂肪组织。白色脂肪组织具有很低的氧化能力,其主要功能是储存能量;棕色脂肪组织具有高的氧化能力,主要通过对储备脂肪酸的非生产性氧化作用产生ATP来提供能量。解偶联蛋白1(UCP1)是棕色脂肪组织生热效应的分子效应器。棕色脂肪细胞的体外培养和以鼠为试验动物的体内研究均表明,维生素A能促进UCP1的表达,导致棕色脂肪细胞内脂肪含量的减少和棕色脂肪细胞重量的减少[1]。β-胡萝卜素和其他的类胡萝卜素在培养的棕色脂肪细胞内都能刺激UCP1的表达,可能与它们能部分转化成维生素A有关[29]。啮齿类动物的饲养试验研究表明,维生素A可以调控棕色脂肪组织的生热作用,饲喂维生素A缺乏的日粮会导致棕色脂肪组织的产热减少,并且随着日粮中维生素A的补加,产生的热量会增加[21,30]。

鼠的体内试验研究表明,ATRA可以通过促进脂肪酸的氧化和能量的消耗及抑制白色脂肪组织内的脂肪生成导致体脂的减少。棕色脂肪细胞具有3个显著的特征,即较高的氧化能力、高效的UCP1表达以及胞内脂质的多泡分布。研究得出,ATRA的处理会引起白色脂肪组织内脂肪细胞形态学上的变化如体积变小和多泡脂肪细胞数量的增加等,这意味着ATRA能促使白色脂肪"棕色化"[8]。ATRA处理的雪貂也得出类似的结果[20]。在体外培养体系中对分化的成熟脂肪细胞(3T3-L1或3T3-F442A)进行ATRA处理,可促进脂肪分解和脂肪酸氧化以及减少甘油三酯含量[10,31]。

2.3 维生素A对动物骨骼肌中脂类代谢的影响

骨骼肌有很高的氧化能力,并且是脂肪酸代谢的主要器官。肌细胞具有储存肌内脂肪、合成甘油三酯和头合成脂肪酸的能力。肌内脂肪的积累,特别是具有活性的脂类中间代谢产物如长链脂酰辅酶 A、甘油二酯和神经酰胺,可减弱骨骼肌的氧化能力,降低了骨骼肌对胰岛素的敏感性,因而是引起人类等哺乳动物Ⅱ型糖尿病的重要因素之一。研究指出,ATRA 处理组的小鼠,骨骼肌中的脂肪酸氧化能力、呼吸作用和生热作用增强,与氧化代谢有关的许多基因被诱导表达,引起胞内脂肪含量降低[10,30]。

3 维生素 A 对动物脂类代谢的调节机制

3.1 维生素 A 调节脂类代谢相关的基因表达

维生素 A 可通过转录因子调节动物的脂类代谢。调节肝脏内脂肪合成的转录因子肝 X 受体(LXRα)对脂肪生成基因如脂肪合成酶(FAS)的转录具有促进效果,还可以诱导固醇调节元件结合蛋白-1c(SREBP-1c)[32]的表达,LXRα 的启动子含有 LXR 和 SREBP-1c 的结合位点[33]。过氧化物酶体增殖物激活受体(PPARs)是一类对脂类代谢具有调节作用的脂类激活转录因子,属于细胞核受体超家族成员,可分为 α、β、γ 3 种亚型[34]。其中,PPARγ 是诱导脂肪细胞分化的特异性转录因子,对脂肪细胞的分化起重要作用[35];PPARα 和 PPARβ/δ 在胞内脂肪酸的氧化过程中起到了重要的作用[34]。PPARα 是调节肝脏内脂肪酸分解代谢的主要转录因子,可调节过氧化物体、线粒体和微粒体中参与脂肪酸氧化过程的蛋白编码基因的转录[36]。PPARα 的激活可以通过抑制 LXR-SREBP-1c 通路来下调脂肪合成基因的表达[37],而 LXR 的激活又会抑制 PPARα 诱导的脂肪酸氧化[38]。

视黄酸受体(RARs)可以在体外结合具有高亲和性的 ATRA 和 9-顺式视黄酸;类维生素 A 的 X 受体(RXRs)则特异性结合 9-顺式视黄酸[39]。RAR:RXR 异质二聚体通过与视黄酸靶基因启动子上的特定的视黄酸反应元件结合,调节视黄酸靶基因的转录作用和基因的表达。RAR 依赖的信号通路可能在转录水平对脂类代谢中一些蛋白编码基因具有调控作用,如磷酸烯醇丙酮酸羧激酶的基因[40]、硬脂酰辅酶 A 脱氢酶(SCD)[41]、UCP1[1]、UCP3[42]和参与线粒体 β-氧化的可能编码中链脂酰基辅酶 A 脱氢酶的基因[43]。体内和细胞内的研究结果得出,类维生素 A 对所有这些基因具有上调作用。ATRA 和 RAR 受体激动剂及 PPARβ/α 特定的激动剂可以诱导脂肪细胞内参与脂肪分解的限速酶激素敏感酯酶(HSL)基因的表达,因此,HSL 基因可能是 RAR 的靶目标。Taniguchi 等[45]的研究指出,维生素 A 通过 RAR 和 RXR 可降低牛前体脂肪细胞中肌内脂肪形成有关的基因转录水平。

ATRA 除了能高效地激活 RARs 外,还与 PPARβ/δ 结合物具有很高的亲和性,进而增强其转录活性[46]。细胞内 ATRA 在 RARs 与 PPARβ/δ 之间的分配可能与胞内脂肪结合蛋白家族胞内视黄酸结合蛋白Ⅱ(CRABP-Ⅱ)和脂肪酸结合蛋白 5(FABP5)的相对表达水平有关,这两种蛋白分别可以将 ATRA 传递给 RARs 和 PPARβ/δ[47]。PPARβ/δ 的激活能促进骨骼肌中脂肪的分解和减缓白色脂肪组织向肥胖症的发展,并且增加有肥胖倾向的鼠对胰岛素的敏感度[48,49]。Ayuso 等[11]研究发现,限饲维生素 A 增加了猪的肌内脂肪含量及背脂、腿脂和肌内脂肪中的单不饱和脂肪酸,与其肝脏组织中的 CCAAT 增强子结合蛋白(C/EBP)与类胰岛素生长因子-1 基因及脂肪组织的 CRABPⅡ 和 SCD 基因表达的上调有关。也有一些资料报道 ATRA 可能通过调节 PPARβ/δ 和 RAR 的活性抑制小鼠的肥胖和胰岛素敏感度[10]。

3.2 维生素 A 影响脂肪细胞的数量

脂肪细胞数量是决定脂肪多少的主要因素,类维生素 A 和维生素 A 通过控制脂肪细胞数量来影响机体脂肪的生成,这主要与其对脂肪生成和前体脂肪细胞增殖的影响有关。脂肪形成过程包括成纤维前体脂肪细胞分化为能调控脂肪生成和分解的具有成熟脂肪细胞代谢能力的脂肪细胞,也涉及一系列决定脂肪细胞形成的转录因子(如 C/EBPs 和 PPARγ)[35]。体外研究表明,高浓度的 ATRA 可以抑制前体脂肪细胞(如 3T3-L1 细胞)的分化,减少脂肪细胞分化过程中脂质的堆积,机制可能与其抑制脂肪细胞分化相关基因 PPARγ 和 C/EBPα 的 mRNA 表达有关[50]。维生素 A 与类维生素 A 影响培养液中前体脂肪细胞(如 3T3-L1 细胞)的脂肪生成。有研究表明,Smad3 是一种蛋白,视黄酸依赖途径诱导 Smad3 的表达和 Smad3 的核内聚集,这种蛋白反过来会生理性地与 C/EBPβ 作用,消除其与下游靶基因启动子结合的能力,抑制脂肪生成[51]。β-胡萝卜素或维生素 A 代谢途径的其他代谢产物,特别是视黄醛和 β-阿朴-14′-胡萝卜醛在体外也都能抑制脂肪的生成,这可能与这些代谢产物与其受体结合后引起的 PPARγ 和 RXR 调节的响应应答被抑制有关[3]。研究得出,ATRA 通过降低 C/EBP 家族的转录因子的活性来抑制脂肪的生成[52];因此干扰 C/EBPs 成为了 ATRA 对脂肪形成具有抑制作用的前提,也成为了 ATRA 对成熟脂肪细胞和其他细胞中具有抑制作用的前提。

3.3 维生素 A 影响脂肪细胞因子的分泌

白色脂肪组织通过分泌信号分子参与机体的能量平衡、胰岛素敏感性以及发挥其他的生理学功能,这些信号蛋白是由脂肪细胞自身或血管基质细胞产生的。研究认为,补加维生素 A 可减少动物的体重和脂肪生成,与其影响了脂肪细胞的分泌功能有关。抵抗素、瘦素和视黄醇结合蛋白(RBP)在白色脂肪组织内具有旁分泌作用,能抵抗胰岛素信号,促进脂肪组织内的脂肪生成[53,54]。动物日粮中补充维生素 A 后,抵抗素和瘦素基因的表达及其在血液中的水平会减少[7,21]。用 ATRA 在体内处理脂肪细胞或作用于脂肪细胞模型时,可抑制瘦素、抵抗素和 RBP 的分泌[55,7,56],尤其对瘦素和抵抗素分泌的抑制作用尤为明显。抵抗素和瘦素基因的表达下调可能是因为视黄酸能抑制 C/EBP 活性并且激活 PPARγ:RXR 异二聚体,而瘦素和抵抗素的基因表达都受到 C/EBPα 的正调控和 PPARγ 的负调控[57]。研究也发现视黄酸抑制瘦素和 RBP 基因的转录作用似乎是脂肪细胞特异性的,因为可以表达这些基因的动物其他组织或细胞内并没有发现这种现象[59,58]。

3.4 维生素 A 通过信号通路影响脂类代谢

维生素 A 也可通过一些信号通路影响脂肪代谢。p38 促分裂原活化蛋白激酶(p38MAPK)是 MAPK 信号通路其中的激酶之一。在很多种不同类型的细胞内,ATRA 可以快速激活 p38MAPK[58]。p38MAPK 通过下调 SREBP1c 和 SREBP1c 的协同激活剂 PGC-1β 的转录作用抑制肝脏脂肪的生成[59];也可以通过催化磷酸化作用来激活 PPARα[60]和 PGC-1a,从而促进脂肪酸的 β 氧化和能量代谢[61]。AMP-激活蛋白酶 K(AMPK)是调控脂肪代谢的能量传感器,ATRA 处理可以引起骨骼肌细胞内乙酰辅酶 A 羧化酶(ACC)磷酸化(AMPK 的靶基因),ACC 的基因表达下调,引起丙二酸单酰辅酶 A 的浓度降低,进而刺激了胞内脂肪酸的分解,抑制了脂肪酸的合成。因此,视黄酸尤其是 ATRA 可能通过激活 AMPK-p38MAPK 通路影响骨骼肌和其他组织包括肝脏组织的脂代谢,然而,关于其调节作用机制仍然不清楚,需要进一步探讨。近期的研究发现,在 3T3-L1 前脂肪细胞的分化过程中,Wnt/β-catenin 信号通路参与其中,ATRA 通过对 β-catenin 的转录激活抑制了 3T3-L1 前脂肪细胞的分化,影响了脂肪的形成[62]。

4 结论与展望

维生素 A 对动物的脂肪生成和脂类代谢有显著的影响。维生素 A 通过转录因子调控脂肪生成基因与脂肪氧化基因、脂肪细胞的数量与脂肪细胞因子的分泌,通过信号通路调节脂肪酸的氧化分解,进而调控脂肪的生成与脂类代谢。然而,关于维生素 A 影响脂肪生成与脂类代谢的机制非常复杂,仍然需要进一步的研究。

参考文献

[1] Puigserver P, Vazquez F, Bonet M L, et al.. In vitro and in vivo induction of brown adipocyte uncoupling protein (thermogenin) by retinoic acid[J]. Biochemical Journal, 1996, 317:827-833.

[2] Strom K, Gundersen T E, Hansson O, et al.. Hormone-sensitive lipase (HSL) is also a retinyl ester hydrolase: evidence from mice lacking HSL[J]. The FASEB Journal. Research Communication, 2009, 23:2307-2316.

[3] Jeyakumar S M, Sheril A, Vajreswari A. Chronic vitamin A-enriched diet feeding induces body weight gain and adiposity in lean and glucose-intolerant obese rats of WNIN/GR-Ob strain[J]. Experimental Physiology. 2015, 100(11):1352-1361.

[4] Ribot J, Felipe F, Bonet M L, et al.. Changes of adiposity in response to vitamin A status correlate with changes of PPAR gamma 2 expression[J]. Obesity Research. 2001, 9(8):500-509.

[5] Goodwin K, Abrahamowicz M, Leonard G, et al.. Dietary Vitamin A and Visceral Adiposity: A Modulating Role of the Retinol-Binding Protein 4 Gene [J]. Journal of Journal of Nutrigenetics and Nutrigenomics. 2015, 8(4-6):164-173.

[6] Krone K G, Ward A K, Madder K M, et al.. Interaction of vitamin A supplementation level with ADH1C genotype on intramuscular fat in beef steers. [J]. Animal, 2016, 10(3):403-409.

[7] Felipe F, Bonet M L, Ribot J, et al.. Modulation of resistin expression by retinoic acid and vitamin A status[J]. Diabetes, 2004, 53(4):882-889.

[8] Mercaer J, Ribot J, Murano I, et al.. Remodeling of white adipose tissue after retinoic acid administration in mice[J]. Endocrinology, 2006, 147(11):5325-5332.

[9] Amengual J, Ribot J, Bonet M L, et al.. Retinoic acid treatment enhances lipid oxidation and inhibits lipid biosynthesis capacities in the liver of mice[J]. Cellular Physiology and Biochemistry, 2010, 25:657-666.

[10] Berry D C, Noy N. All-trans-retinoic acid represses obesity and insulin resistance by activating both peroxisome proliferation-activated receptor beta/delta and retinoic acid receptor[J]. Molecular and Cellular Biology, 2009, 29(12):3286-3296.

[11] Ayuso M, Fernández A, Isabel B, et al.. Long term vitamin A restriction improves meat quality parameters and modifies gene expression in Iberian pigs[J]. Journal of Animal Science, 2015, 93(6):2730-2744.

[12] Silva L D S V D, Veiga G V D, Ramalho R A. Association of serum concentrations of retinol and carotenoids with overweight in children and adolescents[J]. Nutrition, 2007, 23(5):392-397.

[13] Villaca Chaves G, Pereira S E, Saboya C J, et al.. Non-alcoholic fatty liver disease and its relationship with the nutritional status of vitamin A in individuals with class Ⅲ obesity[J]. Obesity Surgery, 2008, 18(4):378-385.

[14] Burrows T L, Warren J M, Colyvas K, et al.. Validation of overweight children's fruit and vegetable intake using plasma carotenoids[J]. Obesity, 2009, 17:162-168.

[15] Strauss R S. Comparison of serum concentrations of alpha-tocopherol and beta-carotene in a cross-sectional sample of obese and nonobese children (NHANES III)[J]. Journal of Pediatrics, 1999, 134(2):160-165.

[16] Facchini F, Coulston A M, Reaven G M. Relation between dietary vitamin intake and resistance to insulin-mediated glucose disposal in healthy volunteers[J]. American Journal of Clinical Nutrition, 1996, 63(6):946-949.

[17] Mercader J, Granados N, Bonet M L, et al.. All-trans retinoic acid decreases murine adipose retinol binding protein 4 production[J]. Cellular Physiology and Biochemistry, 2008, 22(4) 363-372.

[18] Tourniaire F, Musinovic H, Gouranton E, et al.. All-trans retinoic acid induces oxidative phosphorylation and mitochondria biogenesis in adipocytes[J]. Journal of Lipid Research, 2015, 56(6):1100-1109.

[19] Murano I, Morroni M, Zingaretti M C, et al.. Morphology of ferret subcutaneous adipose tissue after 6-monthdaily supplementation with oral beta-carotene[J]. Biochimica Et Biophysica Acta, 2015, 1740(2):305-312.

[20] Sanchez J, Fuster A, Oliver P, et al.. Effects of beta-carotene supplementation on adipose tissue thermogenic capacity

in ferrets (Mustela putorius furo)[J]. British Journal of Nutrition,2009, 102 (11):1686-1694.

[21] Kumar M V, Sunvold G D, Scarpace P J. Dietary vitamin A supplementation in rats: suppression of leptin and induction of UCP1 mRNA[J]. Journal of Lipid Research,1999,40(5) 824-829.

[22] Jeyakumar S M,Vajreswari A,Giridharan N V. Chronic dietary vitamin A supplementation regulates obesity in an obese mutant WNIN/Ob rat model[J]. Obesity,2006,14 (1):52-59.

[23] Yehya A,Baer J T,Smiley W,et al.. Hypervitaminosis A altering the lipid profile in a hypercholesterolemic patient [J]. Journal of Clinical Lipidology,2009,3(3):205-207.

[24] Khanna A,Reddy T S. Effect of undernutrition and vitamin A deficiency on the phospholipid composition of rat tissues at 21 days of age-I. Liver, spleen and kidney[J]. International Journal for Vitamin and Nutrition Research, 1983,53(1):3-8.

[25] Wiss O, Wiss V. Alterations of the lipid metabolism of rat liver as early symptoms of vitamin A deficiency[J]. International Journal for Vitamin and Nutrition Research,1980,50(3):233-237.

[26] Tripathy S, Chapman J D, Han C Y, Hogarth C A, et al.. All-Trans-Retinoic Acid Enhances Mitochondrial Function in Models of Human Liver[J]. Molecular Pharmacology,2016,89(5):560-574.

[27] Mcclinintick J N, Crabb D W, Tian H,et al.. Global effects of vitamin A deficiency on gene expression in rat liver: evidence for hypoandrogenism[J]. Journal of Nutritional Biochemistry,2006,17(5):345-355.

[28] Oliveros L B,Domeniconi M A,Vega V A,et al.. Vitamin A deficiency modifies lipid metabolism in rat liver[J]. British Journal of Nutrition,2007, 97(2):263-272.

[29] Serra F,Bonet M L,Puigserver P,et al.. Stimulation of uncoupling protein 1 expression in brown adipocytes by naturally occurring carotenoids[J]. International Journal of Obesity,1999, 23(6):650-655.

[30] Felipe F, Bonet M L, Ribot J,et al.. Up-regulation of muscle uncoupling protein 3 gene expression in mice following high fat diet, dietary vitamin A supplementation and acute retinoic acid-treatment[J]. International Journal of Obesity,2003, 27(1):60-69.

[31] Mercader J, Madsen L, Felipe F, et al.. All-trans retinoic acid increases oxidative metabolism in mature adipocytes [J]. Cellular Physiology and Biochemistry,2007,20 (6):1061-1072.

[32] Repa J J,Liang G,Ou J,et al.. Regulation of mouse sterol regulatory element-binding protein-1c gene (SREBP-1c) by oxysterol receptors, LXRalpha and LXRbeta[J]. Genes and Development,2000,14 (22):2819-2830.

[33] Joseph S B, Laffitte B A,Patel P H,et al.. Direct and indirect mechanisms for regulation of fatty acid synthase gene expression by liver X receptors[J]. Journal of Biological Chemistry,2002,277(13):11019-11025.

[34] Feige J N,Gelman L,Michalik B,et al.. From molecular action to physiological outputs: peroxisome proliferator-activated receptors are nuclear receptors at the crossroads of key cellular functions[J]. Progress in Lipid Research,2006, 45(2):120-159.

[35] Lefterova M I, Lazar M A. New developments in adipogenesis[J]. Medical Clinics of North America,2009,89(6): 107-114.

[36] Mandard S, Muller M, Kersten S. Peroxisome proliferator-activated receptor alpha target genes[J]. Ppar Research, 2010,4:393-416.

[37] Ide T,Shimano H,Yoshikawa T,et al.. Cross-talk between peroxisome proliferator-activated receptor (PPAR) alpha and liver X receptor (LXR) in nutritional regulation of fatty acid metabolism. II. LXRs suppress lipid degradation gene promoters through inhibition of PPAR signaling[J]. Molecular Endocrinology,2003,17 (7):1255-1267.

[38] Yoshikawa T, Ide T, Shimano H,et al.. Cross-talk between peroxisome proliferator-activated receptor (PPAR) alpha and liver X receptor (LXR) in nutritional regulation of fatty acid metabolism. I. PPARs suppress sterol regulatory element binding protein-1c promoter through inhibition of LXR signaling[J]. Molecular Endocrinology,2003, 17(7):1240-1254.

[39] Blomhoff R,Blomhoff H K. Overview of retinoid metabolism and function[J]. Journal of Neurobiology,2006,66 (7):

606-630.

[40] Cadoudal T, Glorian M, Massias A, et al.. Retinoids upregulate phosphoenolpyruvate carboxykinase and glyceroneogenesis in human and rodent adipocytes[J]. Journal of Nutrition, 2008, 138 (6):1004-1009.

[41] Miller C W, Waters K M, Ntambi J M. Regulation of hepatic stearoyl-CoA desaturase gene 1 by vitamin A[J]. Biochemical and Biophysical Research Communications, 1997, 231 (1):206-210.

[42] Solanes G, Pedraza N, Iglesias R, et al.. The human uncoupling protein-3 gene promoter requires MyoD and is induced by retinoic acid in muscle cells[J]. Faseb Journal Official Publication of the Federation of American Societies for Experimental Biology, 2000, 14 (14):2141-2143.

[43] Raisher B D, Gulick T, Zhang Z, et al.. Identification of a novel retinoid-responsive element in the promoter region of the medium chain acyl-coenzyme A dehydrogenase gene[J]. Journal of Biological Chemistry, 1992, 267(28):20264-20269.

[44] Yoshikawa T, Shimano H, Amemiya-Kudo M, et al.. Identification of liver X receptor-retinoid X receptor as an activator of the sterol regulatory element-binding protein 1c gene promoter[J]. Molecular and Cellular Biology, 2001, 21 (9):2991-3000.

[45] Taniguchi D, Mizzoguchi Y. Retinoic acids change gene expression profiles of bovine intramuscular adipocyte differentiation, based on microarray analysis. Animal Science Journal. 2015, 86(6):579-587.

[46] Shaw N, Elholm M, Noy N, et al.. Retinoic acid is a high affinity selective ligand for the peroxisome proliferator-activated receptor beta/delta[J]. Journal of Biological Chemistry, 2003, 278 (43):41589-41592.

[47] Schug T T, Berry D C, Shaw N S. Opposing effects of retinoic acid on cell growth result from alternate activation of two different nuclear receptors[J]. Cell, 2007, 129(4):723-733.

[48] Luquet S, Gaudel C, Holst D, et al.. Roles of PPAR delta in lipid absorption and metabolism: a new target for the treatment of type 2 diabetes[J]. Biochimica Et Biophysica Acta, 2005, 1740 (2):313-317.

[49] Wang Y X, Zhang C L, Yu R T, et al.. Regulation of muscle fiber type and running endurance by PPARdelta[J]. Plos Biology, 2004, 2(10):1532-1539.

[50] 王大鹏, 金永成, 单安山, 等. 反式视黄酸对3T3-L1前脂肪细胞分化及PPARγ和C/EBPα mRNA 表达的影响[J]. 中国兽医学报, 2015(4):645-648.

[51] Marchildon F, St-Louis C, Akter R, et al.. Transcription factor Smad3 is required for the inhibition of adipogenesis by retinoic acid[J]. Journal of Biological Chemistry, 2010, 285(17):13274-13284.

[52] Schwarz E J, Reginato M J, Shao D, et al.. Retinoic acid blocks adipogenesis by inhibiting C/EBPbeta-mediated transcription[J]. Molecular and Cellular Biology 17, 1997, 17(3):1552-1561.

[53] Steppan C M, Bailey S T, Bhat S, et al.. The hormone resistin links obesity to diabetes[J]. Nature, 2001, 409 (6818):307-312.

[54] Ost A, Danielsson A, Liden M, et al.. Retinolbinding protein-4 attenuates insulin-induced phosphorylation of IRS1 and ERK1/2 in primary human adipocytes[J]. Faseb Journal Official Publication of the Federation of American Societies for Experimental Biology, 2007, 21(13):3696-3704.

[55] Hollung K, Rise C P, Drevon C A, et al.. Tissue-specific regulation of leptin expression and secretion by all-trans retinoic acid[J]. Journal of Cellular Biochemistry, 2004, 92(2):307-315.

[56] Mercader J, Granados N, Bonet M L, et al.. All-trans retinoic acid decreases murine adipose retinol binding protein 4 production[J]. Cellular Physiology and Biochemistry, 2008, 22(4):363-372.

[57] Song H, Shojima N, Sakoda H, et al.. Resistin is regulated by C/EBPs, PPARs, and signal-transducing molecules [J]. Biochemical and Biophysical Research Communications, 2002, 299 (2):291-298.

[58] Mercader J, Palou A, Bonet M L. Induction of uncoupling protein-1 in mouse embryonic fibroblast-derived adipocytes by retinoic acid[J]. Obesity, 2010, 18(4):655-662.

[59] Xiong Y, Collins Q F, An J, et al.. p38 mitogen-activated protein kinase plays an inhibitory role in hepatic lipogenesis

[J]. Journal of Biological Chemistry,2007, 282 (7):4975-4982.
[60] Barger P M,Browning A C,Garner A N,et al.. p38 mitogen-activated protein kinase activates peroxisome proliferator-activated receptor alpha:a potential role in the cardiac metabolic stress response[J]. Journal of Biological Chemistry,2001, 276 (48):44495-44501.
[61] Puigserver P,Rhee J,Lin J,et al.. Cytokine stimulation of energy expenditure through p38 MAP kinase activation of PPARgamma coactivator-1[J]. Molecular Cell,2001,8(5):971-982.
[62] Dong M K, Choi H R, Park A,et al.. Retinoic acid inhibits adipogenesis via activation of Wnt signaling pathway in 3T3-L1 preadipocytes[J]. Biochemical and Biophysical Research Communications,2013,434(3):455-459.

类胡萝卜素的生物学功能研究进展*

高玉云** 张杰 樊倩 黄义强 王长康***

(福建农林大学动物科学学院,福州 350002)

摘 要:近年来,在人和鼠的研究表明,类胡萝卜素在机体抗氧化和免疫、细胞增殖和分化调控、基因表达、信号传导和细胞间隙连接通讯等方面都有重要作用。本文综述了类胡萝卜素在肠道的消化吸收和转运代谢、类胡萝卜素对机体抗氧化功能、免疫功能以及细胞凋亡的影响,最后探讨了类胡萝卜素可能的作用机制,以期为类胡萝卜素生理功能的深入研究、类胡萝卜素在畜牧业中的应用以及功能性食品的生产提供试验和理论依据。

关键词:类胡萝卜素;抗氧化;免疫;凋亡;作用机制

引言

类胡萝卜素可以防止机体白内障、黄斑变性、癌症和心血管疾病的发生,其在健康方面的益处已经广泛引起了人们的注意。近来的研究表明玉米黄素和黄体素(lutein)对人的视觉和认知功能有重要影响[1]。在机体内,类胡萝卜素通过3种方式起主要作用:过滤高能量光线;作为抗氧化剂,从而消除活性氧[2];作为免疫应答的调控剂[3,4]。研究表明类胡萝卜素在机体免疫和抗病方面的作用可能与它们淬灭活性氧的能力有关[5]。在天然的类胡萝卜素当中,玉米黄素和黄体素是养鸡生产中最常用的,通常在饲养的禽类中添加叶黄素(xanthophylls)可以增加肤色和蛋黄颜色,以满足消费者对产品的要求[6]。

1 类胡萝卜素的消化吸收和转运代谢

类胡萝卜素在胃肠道从食物中释放后,和胆盐、胆固醇、脂肪酸、甘油单酯、甘油磷脂等一起形成混合微胶粒,然后靠近小肠上皮细胞[7]。大部分的具有维生素A原活性的类胡萝卜素(比如β-胡萝卜素)通过酶解被肠黏膜上皮细胞转化成视黄醛。β-胡萝卜素15,15′-单氧酶(β-carotene 15,15′-monooxygenase,BCMO1)可以通过中心裂解方式将β-胡萝卜素在15,15′-双键处裂解成两分子的视黄醛[8],而β-胡萝卜素9′,10′-双氧酶(β-carotene 9′,10′-dioxygenase,BCDO2)通过非中心裂解方式在9′,10′双键处裂解类胡萝卜素[9]。视黄醛通过视黄醇脱氢酶生成视黄醇,之后通过卵磷脂视黄醇酰基转移酶(lecithin:retinol acyl transferase,LRAT)和脂肪酸形成视黄酯。一小部分的视黄醛通过视黄醛脱氢酶被氧化成视黄酸,此过程是不可逆的[10]。视黄酯以及未转化的β-胡萝卜素形成乳糜微粒并通过淋巴系统运输到肝脏储存。由于家禽的肠道淋巴系统发育不全,类胡萝卜素主要通过门静脉微粒(portomicrons)运输。门静脉微粒的大小、组成和哺乳动物的乳糜微粒相似[11]。关于类胡萝卜素消化吸收、裂

---

* 基金项目:福建省自然科学基金(2016J01698)、福建省鸡产业体系岗位专家(K83139297,2013—2017)
** 第一作者简介:高玉云(1985—),男,博士,E-mail:gaoyuyun2000@163.com.cn
*** 通讯作者:王长康(1962—),男,教授,E-mail:wangchangkangcn@163.com

解、代谢转运机制的研究,主要集中于β-胡萝卜素,对叶黄素的代谢转运研究很少[12]。研究表明,B类Ⅰ型清道夫受体(scavenger receptor class B type Ⅰ,SR-BⅠ)和分化抗原簇36(cluster of differentiation 36,CD36)是影响β-胡萝卜素和黄体素吸收的两个关键蛋白,但是目前对SR-BⅠ和CD36的研究并不多[13]。此外,谷胱甘肽-S-转移酶Pi1(glutathione S-transferase Pi 1,GSTP1)在视网膜细胞介导类胡萝卜素的转运中可能具有重要作用[14]。

虽然BCMO1对非维生素A原的类胡萝卜素(比如番茄红素)的结合力很低,但是研究表明,BCMO1基因敲除小鼠改变了番茄红素的体内分布[15]。此外,番茄红素的添加还会降低大鼠肾上腺和肾脏BCMO1的表达[16]。这些结果表明非维生素A原的类胡萝卜素和BCMO1可能也存在相互作用。近来的研究显示BCDO2基因的突变会导致叶黄素在绵羊脂肪组织[17]和鸡皮肤的沉积[18]。此外,BCDO2有广泛的底物特异性并能将叶黄素(黄体素、玉米黄素、β-隐黄质)转化成阿朴-类胡萝卜素[19]。我们的研究表明,叶黄素的添加显著提高了母鸡肝脏、十二指肠、空肠BCDO2的表达,而对BCMO1的表达没有影响,这可能是由于酶(BCDO2)和底物(叶黄素)的相互作用引起的[20]。这些结果表明BCDO2在叶黄素的分解和代谢中起着重要作用。

2 类胡萝卜素的抗氧化作用

大量的体内研究表明类胡萝卜素可以调控人和动物的抗氧化酶活性和脂质过氧化水平。日粮叶黄素的添加可以抑制红细胞磷脂氢过氧化的形成[21],增加血液还原型谷胱甘肽(GSH)的含量并防止DNA损伤和染色体紊乱[22],减少活性氧的生成,机体炎症和免疫抑制[23]。我们研究发现日粮中叶黄素的添加可以提高种母鸡及其后代仔鸡机体的谷胱甘肽过氧化物酶(GSH-Px)活性、总抗氧化物能力(T-AOC)和GSH水平,同时降低丙二醛(MDA)含量[24]。Palozza等[25]发现小鼠饲喂15 d的斑蝥黄可以增加过氧化氢酶(CAT)和锰超氧化物歧化酶的活性。此外,在人和鼠的在体试验中,也发现了β-胡萝卜素[26]、番茄红素[27]、叶黄素(黄体素和玉米黄素的混合物)[28]、混合的类胡萝卜素[29]具有类似的抗氧化和保护作用。

体外研究也表明类胡萝卜素具有良好的抗氧化效果。黄体素和玉米黄素的添加可以保护蛋黄卵磷脂脂质体膜免受紫外线辐射和2,2'-偶氮二异丁基脒二盐酸盐的氧化损伤[30]。番茄红素可以防止低密度脂蛋白氧化和硫代巴比妥酸反应物的形成,并且可以和维生素E、甘草黄酮、迷迭香酸、鼠尾草酸、大蒜等协同抑制氧化应激的产生[31]。体外研究也表明虾青素[32]和混合类胡萝卜素[33]可以起重要的抗氧化作用。此外,玉米黄素和β-隐黄质在保护蛋黄卵磷脂脂质体免受抗氧化损伤时比β-胡萝卜素、虾青素、斑蝥黄、番茄红素具有更好的保护效果[34]。

大部分蛋黄中的类胡萝卜素被储存到鸡胚的肝脏中[35],而日粮中添加的类胡萝卜素则广泛地分布于孵化后机体的各个组织中[36]。此外,母体的类胡萝卜素至少在小鸡孵化后1周内起主导作用,而从小鸡孵化第2周以后,日粮中的类胡萝卜素则决定了机体的类胡萝卜素含量[37],因而母体和日粮中类胡萝卜素的添加可能具有不同的作用。我们的研究表明,母源叶黄素主要是在小鸡出生后1周内增强仔鸡机体的抗氧化能力;小鸡出生1~2周期间,母源叶黄素的抗氧化作用逐渐消失,日粮中的叶黄素开始起作用;而日粮中的叶黄素提高仔鸡机体抗氧化能力主要是在小鸡出生2周以后[24]。仔鸡体内抗氧化水平的变化和内类胡萝卜素水平的变化是一致的[24,37]。对于早成性鸟类(如鸡)而言,出生后的代谢率和耗氧量会急速增加[38],从而可能会导致机体的氧化应激,因此,有效的抗氧化防御系统的建立对仔鸡的健康生长至关重要。与7日龄的仔鸡相比,小鸡在刚出生时肝脏的MDA、GSH-Px和GSH水平都要高,说明小鸡刚出生时可能受到严重的氧化应激,从而使机体需要提高抗氧化能力(GSH-Px和GSH)来抵消严重的氧化应激所带来的影响[24]。

我们推测机体在长期类胡萝卜素缺乏的状态下可能通过利用其他抗氧化剂(例如维生素E)来提高

机体的抗氧化酶的活性,从而抵消机体抗氧化能力下降造成的不利影响。例如,叶黄素的添加可以减少氧化应激时维生素 E 的损失[39],此外,斑蝥黄[40]、番茄红素和 β-胡萝卜素[39]的添加也可以减少维生素 E 的损失。

3 类胡萝卜素对免疫功能的影响

大量的研究表明,类胡萝卜素可以调控机体的免疫系统。β-胡萝卜素的添加可以增加人外周血 $CD4^+$、自然杀伤细胞、IL-2 受体细胞[41]和 $CD4^+/CD8^+$ 比值[42],并且抑制小鼠乳腺肿瘤的生长[43],说明 β-胡萝卜素可能在机体的免疫调控方面起作用。叶黄素可以调控鸡的系统炎症应答指标,改善促炎细胞因子和抗炎细胞因子的分泌[44],调控犬和猫的淋巴细胞的亚群及其增殖[45,46],抑制小鼠乳腺肿瘤生长,并增强植物凝血素(PHA)诱导的淋巴细胞的增殖[47]。由各种抗原导致的机体炎症和体液免疫应答等免疫激活会降低血液循环中的类胡萝卜素水平[48,49]。最近的研究表明叶黄素[3,44],β-胡萝卜素[50],β-隐黄质[50],虾青素[51],番茄红素[52,53]可以调控促炎细胞因子和促炎介质的表达和分泌。因此,对促炎和抗炎细胞因子以及其他免疫介质表达的调控可能是类胡萝卜素免疫调控效果的一个重要机制[44]。

我们研究发现叶黄素的添加可以减少母鸡及其后代仔鸡促炎细胞因子 IL-1β、IL-6、IFN-γ、脂多糖(LPS)诱导的 TNFα 因子(lipopolysaccharide-induced TNFα factor, LITAF)的表达,并增加抗炎细胞因子 IL-4 和 IL-10 的表达[44]。一些研究也表明了类似的结果,黄体素的添加可以减少大鼠眼球水状体的 NO、TNF-α、IL-6、前列腺素 E2、巨噬细胞炎性蛋白-2 浓度[3],也可以减少 LPS 应激火鸡肝脏 IL-1β 的表达[54]。此外,其他动物和细胞试验的研究也表明,其他类胡萝卜素的添加也可以抑制促炎细胞因子的分泌,例如,β-胡萝卜素可以抑制大鼠促炎细胞因子的分泌[55];虾青素可以抑制大鼠和小鼠促炎细胞因子的分泌[56,57];β-隐黄质可以抑制啮齿类动物巨噬细胞促炎细胞因子的分泌[50];番茄红素可以抑制人巨噬细胞促炎细胞因子的分泌[52,53]。

4 类胡萝卜素对细胞凋亡的影响

研究表明黄体素和玉米黄素可以诱导肿瘤细胞的凋亡,并减少正常细胞的凋亡[58]。例如,通过测定抗凋亡基因 Bcl-2 和促凋亡基因 Bax 的表达发现,小鼠的日粮中添加黄体素可以增加肿瘤细胞的凋亡,但是却降低了血液中淋巴细胞的凋亡[59]。黄体素可以减少大鼠空肠甲氨蝶呤诱导的细胞凋亡的产生,包括降低 Caspase 3 和 Bad/Bcl-2 比值[58]。视网膜中的玉米黄素可以降低鹌鹑视网膜感光细胞的凋亡[60]。这种对细胞的选择性凋亡在其他类胡萝卜素上也有发现。β-胡萝卜素可以下调人腺癌细胞系 Bcl-2 的表达,从而诱导细胞凋亡[61]。在人的巨噬细胞,番茄红素可以降低 7-酮基胆固醇诱导的氧化应激和细胞凋亡[62]。

我们的研究也表明叶黄素可以降低母鸡及其后代仔鸡 Caspase-3 的表达,增加 Bcl-2 的表达,表明叶黄素的添加可以降低机体正常细胞的凋亡[63]。氧化应激可以诱导线粒体、浆膜和基因组的损伤,从而导致细胞凋亡的发生[64],考虑到叶黄素可以降低机体的氧化应激[24],我们推测叶黄素对正常细胞凋亡的抑制作用可能与其抗氧化性能密切相关。

5 类胡萝卜素生物学功能的作用机制

我们的研究结果表明叶黄素的添加改变了母鸡肝脏和空肠激活蛋白(activator protein 1,AP-1)、肝脏和回肠核因子 κB(nuclear factor kappa B,NF-κB)p65 和 NF-κB 抑制剂激酶(Inhibitor of NF-κB kinase，IKK)β的表达、肝脏细胞外信号调节激酶(extracellular signal-regulated kinase，ERK)1/2的表达，表明叶黄素的添加可以改变转录因子的表达(未发表)。由于ROS可以调控ERK和c-Jun氨基末端激酶(c-Jun N-terminal kinase，JNK)信号通路和细胞凋亡[65]，所以我们推断叶黄素的抗氧化作用可能是其影响丝裂原活化蛋白激酶(mitogen-activated protein kinase，MAPK)及其下游信号NF-κB和AP-1的一个重要原因。此外，叶黄素可以活化过氧化物酶体增殖激活受体(peroxisome proliferator-activated receptor，PPAR)γ，而PPARγ的活化可以抑制AP-1和NF-κB的活性[66,67]，因此叶黄素通过活化PPARγ进而调控转录因子的活性可能是叶黄素起作用的另外一条途径。其他类胡萝卜素的添加也可以调控转录因子，例如，番茄红素可以抑制NF-κB的激活，从而降低促炎细胞因子的表达[68]。进一步的离体研究表明，番茄红素可以抑制人巨噬细胞ERK1/2，JNK，p38的磷酸化，从而抑制IKKβ和NF-κB p65的活性，同时加强了PPARγ的活性[52,53]。在LPS刺激的巨噬细胞(离体试验)和小鼠(在体试验)，虾青素可以抑制IKK的活性，从而阻止IκB和NF-κB p65的降解(即抑制了NF-κB的激活)，进而下调血清NO的水平和iNOS、TNFα、IL1β的基因表达[56]。

6　结语

目前大量的研究结果表明，类胡萝卜素的有益作用可能与调控机体的抗氧化、细胞因子、凋亡以及转录因子有关。但目前关于类胡萝卜素的研究主要集中在β-胡萝卜素，对叶黄素的研究相对较少。虽然近年来关于类胡萝卜素消化吸收、转运、代谢、利用等方面的研究逐渐增多，但还有很多问题值得进一步深入研究和探讨，如叶黄素的代谢产物在机体的生物学活性和功能、类胡萝卜素在机体的信号通路和作用机制、类胡萝卜素在机体不同组织部位的沉积是否与特异性转运载体有关？此外，我们研究表明母源叶黄素对仔鸡的抗氧化、抗炎、抗凋亡效果要好于日粮来源的叶黄素，表明了母源叶黄素的重要性，但母源叶黄素并不影响后代仔鸡的存活率，因此，母源叶黄素对后代仔鸡的有益作用还有待进一步的系统研究。

参考文献

[1] Johnson E J. Role of lutein and zeaxanthin in visual and cognitive function throughout the lifespan[J]. Nutr Rev, 2014,72:605-612.

[2] Alves-Rodrigues A, Shao A. The science behind lutein[J]. Toxicol Lett, 2004,150:57-83.

[3] Jin X H, Ohgami K, Shiratori K, et al.. Inhibitory effects of lutein on endotoxin-induced uveitis in Lewis rats[J]. Invest Ophthalmol Vis Sci, 2006,47:2562-2568.

[4] Rafi M M, Shafaie Y. Dietary lutein modulates inducible nitric oxide synthase(iNOS) gene and protein expression in mouse macrophage cells(RAW 264.7)[J]. Molecular Nutrition & Food Research, 2007,51:333-340.

[5] Chew B P, Park J S. Carotenoid action on the immune response[J]. J Nutr, 2004,134:257S-261S.

[6] Rajput N, Naeem M, Ali S, et al.. The effect of dietary supplementation with the natural carotenoids curcumin and lutein on broiler pigmentation and immunity[J]. Poult Sci, 2013,92:1177-1185.

[7] Kotake-Nara E, Yonekura L, Nagao A. Effect of glycerophospholipid class on the beta-carotene uptake by human intestinal Caco-2 cells[J]. Biosci Biotechnol Biochem, 2010,74:209-211.

[8] Lindqvist A, Andersson S. Biochemical properties of purified recombinant human beta-carotene 15,15'-monooxygenase [J]. J Biol Chem, 2002,277:23942-23948.

[9] Kiefer C, Hessel S, Lampert J M, et al.. Identification and characterization of a mammalian enzyme catalyzing the asymmetric oxidative cleavage of provitamin A[J]. J Biol Chem, 2001,276:14110-14116.

[10] Tourniaire F, Gouranton E, Von Lintig J, et al.. beta-Carotene conversion products and their effects on adipose tissue[J]. Genes and Nutrition, 2009,4:179-187.

[11] Hermier D. Lipoprotein metabolism and fattening in poultry[J]. J Nutr, 1997,127:805S-808S.

[12] Kotake-Nara E, Nagao A. Absorption and metabolism of xanthophylls[J]. Mar Drugs, 2011, 9:1024-1037.

[13] Jlali M, Graulet B, Chauveau-Duriot B, et al.. A mutation in the promoter of the chicken beta, beta-carotene 15,15′-monooxygenase 1 gene alters xanthophyll metabolism through a selective effect on its mRNA abundance in the breast muscle[J]. J Anim Sci, 2012, 90:4280-4288.

[14] Yu H, Wark L, Ji H, et al.. Dietary wolfberry upregulates carotenoid metabolic genes and enhances mitochondrial biogenesis in the retina of db/db diabetic mice[J]. Molecular Nutrition & Food Research, 2013, 57:1158-1169.

[15] Lindshield B L, King J L, Wyss A, et al.. Lycopene biodistribution is altered in 15,15′-carotenoid monooxygenase knockout mice[J]. J Nutr, 2008, 138:2367-2371.

[16] Zaripheh S, Nara T Y, Nakamura M T, et al.. Dietary lycopene downregulates carotenoid 15,15′-monooxygenase and PPAR-gamma in selected rat tissues[J]. J Nutr, 2006, 136:932-938.

[17] Vage D I, Boman I A. A nonsense mutation in the beta-carotene oxygenase 2 (BCO2) gene is tightly associated with accumulation of carotenoids in adipose tissue in sheep(Ovis aries)[J]. BMC Genet, 2010, 11:10.

[18] Eriksson J, Larson G, Gunnarsson U, et al.. Identification of the yellow skin gene reveals a hybrid origin of the domestic chicken[J]. PLoS Genet, 2008, 4:e1000010.

[19] Mein J R, Dolnikowski G G, Ernst H, et al.. Enzymatic formation of apo-carotenoids from the xanthophyll carotenoids lutein, zeaxanthin and beta-cryptoxanthin by ferret carotene-9′,10′-monooxygenase[J]. Archives of Biochemistry and Biophysics, 2011, 506:109-121.

[20] Gao Y Y, Ji J, Jin L, et al.. Xanthophyll supplementation regulates carotenoid and retinoid metabolism in hens and chicks[J]. Poult Sci, 2016, 95:541-549.

[21] Nakagawa K, Kiko T, Hatade K, et al.. Antioxidant effect of lutein towards phospholipid hydroperoxidation in human erythrocytes[J]. Br J Nutr, 2009, 102:1280-1284.

[22] Serpeloni J M, Grotto D, Mercadante A Z, et al.. Lutein improves antioxidant defense in vivo and protects against DNA damage and chromosome instability induced by cisplatin[J]. Arch Toxicol, 2010, 84:811-822.

[23] Lee E H, Faulhaber D, Hanson K M, et al.. Dietary lutein reduces ultraviolet radiation-induced inflammation and immunosuppression[J]. J Invest Dermatol, 2004, 122:510-517.

[24] Gao Y Y, Xie Q M, Ma J Y, et al.. Supplementation of xanthophylls increased antioxidant capacity and decreased lipid peroxidation in hens and chicks[J]. Br J Nutr, 2013, 109:977-983.

[25] Palozza P, Calviello G, Emilia De Leo M, et al.. Canthaxanthin supplementation alters antioxidant enzymes and iron concentration in liver of Balb/c mice[J]. J Nutr, 2000, 130:1303-1308.

[26] Dixon Z R, Burri B J, Clifford A, et al.. Effects of a carotene-deficient diet on measures of oxidative susceptibility and superoxide dismutase activity in adult women[J]. Free Radic Biol Med, 1994, 17:537-544.

[27] Matos H R, Capelozzi V L, Gomes O F, et al.. Lycopene inhibits DNA damage and liver necrosis in rats treated with ferric nitrilotriacetate[J]. Archives of Biochemistry and Biophysics, 2001, 396:171-177.

[28] Palombo P, Fabrizi G, Ruocco V, et al.. Beneficial long-term effects of combined oral/topical antioxidant treatment with the carotenoids lutein and zeaxanthin on human skin: a double-blind, placebo-controlled study[J]. Skin Pharmacol Physiol, 2007, 20:199-210.

[29] Zhao X, Aldini G, Johnson E J, et al.. Modification of lymphocyte DNA damage by carotenoid supplementation in postmenopausal women[J]. Am J Clin Nutr, 2006, 83:163-169.

[30] Sujak A, Gabrielska J, Grudzinski W, et al.. Lutein and zeaxanthin as protectors of lipid membranes against oxidative damage: the structural aspects[J]. Archives of Biochemistry and Biophysics, 1999, 371:301-307.

[31] Fuhrman B, Volkova N, Rosenblat M, et al.. Lycopene synergistically inhibits LDL oxidation in combination with vitamin E, glabridin, rosmarinic acid, carnosic acid, or garlic[J]. Antioxid Redox Signal, 2000, 2:491-506.

[32] Kozuki Y, Miura Y, Yagasaki K. Inhibitory effects of carotenoids on the invasion of rat ascites hepatoma cells in culture[J]. Cancer Lett, 2000, 151:111-115.

[33] Kiokias S, Gordon M H. Dietary supplementation with a natural carotenoid mixture decreases oxidative stress[J]. Eur J Clin Nutr, 2003, 57:1135-1140.

[34] Woodall A A, Britton G, Jackson M J. Carotenoids and protection of phospholipids in solution or in liposomes against oxidation by peroxyl radicals: relationship between carotenoid structure and protective ability[J]. Biochim Biophys Acta, 1997, 1336: 575-586.

[35] Speake B K, Murray A M, Noble R C. Transport and transformations of yolk lipids during development of the avian embryo[J]. Prog Lipid Res, 1998, 37: 1-32.

[36] Ganguly J, Mehl J W, Deuel H J, JR. Studies on carotenoid metabolism. XII. The effect of dietary carotenoids on the carotenoid distribution in the tissues of chickens[J]. J Nutr, 1953, 50: 59-72.

[37] Karadas F, Pappas A C, Surai P F, et al.. Embryonic development within carotenoid-enriched eggs influences the post-hatch carotenoid status of the chicken[J]. Comparative Biochemistry and Physiology B-Biochemistry & Molecular Biology, 2005, 141: 244-251.

[38] Hohtola E, Visser G H. Development of locomotion and endothermy in altricial and precocial birds. In: Starck, J. M., Ricklefs, R. E. (Eds.), Avian Growth and Development: Evolution within the Altricial—Precocial Spectrum. Oxford: Oxford University Press, 1998: 157-173.

[39] Ojima F, Sakamoto H, Ishiguro Y, et al.. Consumption of carotenoids in photosensitized oxidation of human plasma and plasma low-density lipoprotein[J]. Free Radic Biol Med, 1993, 15: 377-384.

[40] Surai A P, Surai P F, Steinberg W, et al.. Effect of canthaxanthin content of the maternal diet on the antioxidant system of the developing chick[J]. Br Poult Sci, 2003, 44: 612-619.

[41] Watson R R, Prabhala R H, Plezia P M, et al.. Effect of beta-carotene on lymphocyte subpopulations in elderly humans: evidence for a dose-response relationship[J]. Am J Clin Nutr, 1991, 53: 90-94.

[42] Murata T, Tamai H, Morinobu T, et al.. Effect of long-term administration of beta-carotene on lymphocyte subsets in humans[J]. Am J Clin Nutr, 1994, 60: 597-602.

[43] Chew B P, Park J S, Wong M W, et al.. A comparison of the anticancer activities of dietary beta-carotene, canthaxanthin and astaxanthin in mice in vivo[J]. Anticancer Res, 1999, 19: 1849-1853.

[44] Gao Y Y, Xie Q M, Jin L, et al.. Supplementation of xanthophylls decreased proinflammatory and increased anti-inflammatory cytokines in hens and chicks[J]. Br J Nutr, 2012, 108: 1746-1755.

[45] Kim H W, Chew B P, Wong T S, et al.. Dietary lutein stimulates immune response in the canine[J]. Vet Immunol Immunopathol, 2000, 74: 315-327.

[46] Kim H W, Chew B P, Wong T S, et al.. Modulation of humoral and cell-mediated immune responses by dietary lutein in cats[J]. Vet Immunol Immunopathol, 2000, 73: 331-341.

[47] Chew B P, Wong M W, Wong T S. Effects of lutein from marigold extract on immunity and growth of mammary tumors in mice[J]. Anticancer Res, 1996, 16: 3689-3694.

[48] Alonso-Alvarez C, Bertrand S, Devevey G, et al.. An experimental test of the dose-dependent effect of carotenoids and immune activation on sexual signals and antioxidant activity[J]. American Naturalist, 2004, 164: 651-659.

[49] Peters A, Delhey K, Denk A G, et al.. Trade-offs between immune investment and sexual signaling in male mallards[J]. American Naturalist, 2004, 164: 51-59.

[50] Katsuura S, Imamura T, Bando N, et al.. beta-Carotene and beta-cryptoxanthin but not lutein evoke redox and immune changes in RAW264 murine macrophages[J]. Molecular Nutrition & Food Research, 2009, 53: 1396-1405.

[51] Yasui Y, Hosokawa M, Mikami N, et al.. Dietary astaxanthin inhibits colitis and colitis-associated colon carcinogenesis in mice via modulation of the inflammatory cytokines[J]. Chem Biol Interact, 2011.

[52] Simone R E, Russo M, Catalano A, et al.. Lycopene inhibits NF-kB-mediated IL-8 expression and changes redox and PPARgamma signalling in cigarette smoke-stimulated macrophages[J]. PLoS One, 2011, 6: e19652.

[53] Palozza P, Simone R, Catalano A, et al.. Lycopene prevention of oxysterol-induced proinflammatory cytokine cascade in human macrophages: inhibition of NF-kappaB nuclear binding and increase in PPARgamma expression[J]. Journal of Nutritional Biochemistry, 2011, 22: 259-268.

[54] Shanmugasundaram R, Selvaraj R K. Lutein supplementation alters inflammatory cytokine production and antioxidant status in F-line turkeys[J]. Poult Sci, 2011, 90: 971-976.

[55] Pang B, Wang C, Weng X, et al.. Beta-carotene protects rats against bronchitis induced by cigarette smoking[J]. Chin Med J(Engl),2003,116:514-516.

[56] Lee S J, Bai S K, Lee K S, et al.. Astaxanthin inhibits nitric oxide production and inflammatory gene expression by suppressing I(kappa)B kinase-dependent NF-kappaB activation[J]. Mol Cells,2003,16:97-105.

[57] Suzuki Y, Ohgami K, Shiratori K, et al.. Suppressive effects of astaxanthin against rat endotoxin-induced uveitis by inhibiting the NF-kappaB signaling pathway[J]. Exp Eye Res,2006,82:275-281.

[58] Chang C J, Lin J F, Chang H H, et al.. Lutein protects against methotrexate-induced and reactive oxygen species-mediated apoptotic cell injury of IEC-6 cells[J]. PLoS One,2013,8:e72553.

[59] Chew B P, Brown C M, Park J S, et al.. Dietary lutein inhibits mouse mammary tumor growth by regulating angiogenesis and apoptosis[J]. Anticancer Res,2003,23:3333-3339.

[60] Thomson L R, Toyoda Y, Langner A, et al.. Elevated retinal zeaxanthin and prevention of light-induced photoreceptor cell death in quail[J]. Invest Ophthalmol Vis Sci,2002,43:3538-3549.

[61] Palozza P, Serini S, Maggiano N, et al.. Induction of cell cycle arrest and apoptosis in human colon adenocarcinoma cell lines by beta-carotene through down-regulation of cyclin A and Bcl-2 family proteins[J]. Carcinogenesis,2002,23:11-18.

[62] Palozza P, Simone R, Catalano A, et al.. Lycopene prevents 7-ketocholesterol-induced oxidative stress, cell cycle arrest and apoptosis in human macrophages[J]. Journal of Nutritional Biochemistry,2010,21:34-46.

[63] Gao Y Y, Jin L, Ji J, et al.. Xanthophyll supplementation reduced inflammatory mediators and apoptosis in hens and chicks[J]. J Anim Sci,2016,94:2014-2023.

[64] Kannan K, Jain S K. Oxidative stress and apoptosis[J]. Pathophysiology,2000,7:153-163.

[65] El-Najjar N, Chatila M, Moukadem H, et al.. Reactive oxygen species mediate thymoquinone-induced apoptosis and activate ERK and JNK signaling[J]. Apoptosis,2010,15:183-195.

[66] Konstantinopoulos P A, Vandoros G P, Sotiropoulou-Bonikou G, et al.. NF-kappaB/PPAR gamma and/or AP-1/PPAR gamma 'on/off' switches and induction of CBP in colon adenocarcinomas:correlation with COX-2 expression[J]. Int J Colorectal Dis,2007,22:57-68.

[67] Vandoros G P, Konstantinopoulos P A, Sotiropoulou-Bonikou G, et al.. PPAR-gamma is expressed and NF-kB pathway is activated and correlates positively with COX-2 expression in stromal myofibroblasts surrounding colon adenocarcinomas[J]. J Cancer Res Clin Oncol,2006,132:76-84.

[68] Gouranton E, Thabuis C, Riollet C, et al.. Lycopene inhibits proinflammatory cytokine and chemokine expression in adipose tissue[J]. Journal of Nutritional Biochemistry,2011,22:642-648.

葡萄糖氧化酶在日粮中替代抗生素的机理和应用价值

冯定远*

(华南农业大学动物科学学院,广州 510642)

摘 要:抗生素在饲料养殖中应用的问题,迫使人们寻找更安全有效的替代产品,葡萄糖氧化酶由于其独特的杀菌抑菌原理以及其他作用,使其在无抗日粮中应用的价值具有比较大的潜力。葡萄糖氧化酶主要是通过营造厌氧环境、产生过氧化氢、产生葡萄糖酸等三个途径对微生物,主要是病原性细菌进行非药物性杀灭或者抑制,从而达到代替抗生素的目的。在养殖环境条件差,病原微生物大量存在的情况下,可以改善动物的生产性能,包括增重、饲料报酬等,但更多的情况下,可能是外观表现、健康状况、整齐度、成活率、同时出栏的比例等"非常规动物生产性能指标"的改进。

关键词:葡萄糖氧化酶;抗生素;无抗日粮

传统上,酶制剂在饲料和养殖中应用主要在两大领域:一是补充体内消化道酶的不足,直接提高日粮营养的消化利用;二是消除饲料中的抗营养因子,间接改善日粮营养的消化利用。这两大领域都是消化性作用,典型例子分别是蛋白酶等外源性消化酶和木聚糖酶等非淀粉多糖酶的应用,过去酶制剂饲料应用取得的成功也是基于这些方面的研究和认识。饲料酶制剂发展到现在,正面临新的突破和拓展。由于酶制剂在畜禽饲料中应用具有功能多元性的特性,使这种突破原有的两大领域的应用具有可能性,即使同样是营养领域,也有非消化的途径,例如,β-甘露聚糖酶也具有营养作用,但并不是以提高营养消化为手段的。而非营养性、非消化性的酶制剂的应用也同样有广阔的应用前景,其中一个是酶制剂在替代抗生素中的应用,特别是代替抗生素直接起杀菌抑菌的作用方面,越来越显示其价值和意义,葡萄糖氧化酶就是这样的一种酶制剂。

1 酶制剂与无抗日粮配制

抗生素是微生物在新陈代谢中产生的、具有抑制它种微生物的生长和活动,甚至杀灭它种微生物性能的化学物质。而饲用抗生素是指那些在健康动物饲料中添加的,以改善动物营养状况和促生长为目的,具有抗菌活性的微生物代谢产物。一般认为,抗生素作用机制有如下几个方面:①对抗生长因子的抑制作用;②对肠壁组织结构的影响;③对肠道营养物质的消化代谢作用;④对肠道微生物的影响;⑤免疫调节作用。抗生素作为饲料添加剂的目的包括促生长作用和提高动物生产性能;以及抑菌抗病作用和提高动物成活率两个方面,两者既有不同又有关联。

无抗日粮配制的关键点是寻找高效的抗生素替代物,替代物一般分为两种:直接性替代物(起抗菌

---

* 作者简介:冯定远,教授,E-mail:fengdy@hotmail.com

抑菌防病的功能)和间接性替代物(起促生长提高饲料效率的功能)。直接性替代产品目前认为有抑菌或杀菌作用酶制剂、微生物制剂(活菌)、抗菌肽、卵黄抗体、酸化剂、特殊碳水化合物(部分寡糖和多糖)、抑菌或杀菌作用植物提取物等七大类。间接性替代产品可以包括促生长作用酶制剂、有机微量元素、促生长作用植物提取物、霉菌毒素脱毒剂和其他促生长性添加剂等。理论上,酶制剂和植物提取物是同时兼有抑菌杀菌和促生长作用的两类添加剂。

对酶制剂而言,这是基于酶制剂在畜禽饲料中功能的多元性,它们包括营养消化利用的功能、肠道健康的功能、生理和免疫调控的功能、抗应激的功能、脱毒解毒的功能、抑菌杀菌的功能、抗氧化等方面的功能。"促生长功能的酶制剂"一般包括:①促进消化作用酶制剂,如蛋白质酶、淀粉酶、脂肪酶等;②去除抗营养因子酶制剂,如木聚糖酶、β-葡聚糖酶、纤维素酶等;③降低免疫反应酶制剂,如β-甘露聚糖酶等。饲料酶制剂最基本的领域是补充消化道类似酶的不足和消除抗营养因子,都是提高营养成分的消化率,改善营养消化利用最终提供更多可利用的营养。近年来出现了在原来两大领域之外应用的酶制剂,也就是不表现帮助消化和去除抗营养因子的酶制剂,其中有"抑菌或杀菌作用的酶制剂",目前已经发现有如下这些酶制剂:葡萄糖氧化酶、溶菌酶、壳聚糖酶、过氧化氢酶等。

酶制剂在改进动物生产性能方面的研究和讨论已经很多,正如 Sheppy[1]指出:欧盟最先颁布了饲料中禁止使用某些抗生素作为促生长剂这个决定迫使饲料生产企业努力寻找替代品,添加酶制剂成为首选的措施。其中的考虑主要也是促生长功能的酶制剂,这也许与欧洲的养殖环境比较好有关,他们主要需要的是抗生素替代物的促生长作用,而不是抗菌抑菌功用。对我国而言,由于养殖环境条件比较差,特别是病原微生物大量存在的现实,其实,酶制剂在无抗日粮中的应用应该更多的是抑菌或杀菌作用的酶制剂。越来越多的研究试验表明,酶制剂在饲料中应用的另一个重要领域是非营养性的,以葡萄糖氧化酶为代表的"第三代分解型酶制剂",通过非药物性机制和途径杀菌抑菌,起到改善动物消化道的微生态及理化环境的作用,从而提高动物的生产性能,这是一种潜力比较大的酶制剂,为饲料酶制剂在替代药物抗生素的健康养殖中开辟了一个新领域。

2 葡萄糖氧化酶的特性

葡萄糖氧化酶(glucose oxidase,GOD)是一种需氧脱氢酶,系统命名为 β-D-葡萄糖氧化还原酶,能专一地氧化分解 β-D-葡萄糖成为葡萄糖酸和过氧化氢,同时消耗大量的氧气。葡萄糖氧化酶通常与过氧化氢酶组成一个氧化还原酶系统,葡萄糖氧化酶反应的最初产物不是葡萄糖酸,而是中间产物 δ-葡萄糖酸内酯,δ-葡萄糖酸内酯以非酶促反应自发水解为葡萄糖酸。

葡萄糖氧化酶广泛存在于动物、植物和微生物中,可以生产 GOD 的微生物主要是细菌和霉菌,细菌主要有弱氧化醋酸菌等,生产上一般采用的霉菌是黑曲霉和青霉属菌株。早在 1904 年人们就发现了葡萄糖氧化酶,直到 1928 年,Muller 首先从黑曲霉的无细胞提取液中发现葡萄糖氧化酶,并研究了其催化机理才正式将其命名为葡萄糖氧化酶,将其归入脱氢酶类[2]。Nakamatsu 等[3]对此做了大量研究工作并投入生产。我国自 1986 年开始研究葡萄糖氧化酶的制备提纯工艺,1998 年正式投入生产,1999 年农业部将其定为可以使用的饲料酶制剂。产自特异青霉和黑曲霉的葡萄糖氧化酶已被列入农业部《饲料添加剂品种目录(2013)》第 4 大类酶制剂。

高纯度葡萄糖氧化酶分子质量为 150~152 ku,为淡黄色粉末,易溶于水,不溶于乙醚、氯仿、丁醇、吡啶、甘油、乙二醇等有机溶剂,50% 丙酮、60% 甲醇能使其沉淀。葡萄糖氧化酶在 pH 为 4.0~8.0 具有很好的稳定性,最适 pH 为 5,如果没有葡萄糖等保护剂的存在,pH 大于 8 或小于 3 葡萄糖氧化酶将迅速失活。葡萄糖氧化酶作用温度为 30~60 ℃,固体葡萄糖氧化酶制剂在 0 ℃下保存至少稳定 2 年,在 -15 ℃下则可稳定 8 年。葡萄糖氧化酶的作用温度为 30~60 ℃。酶的最大光吸收波长为 377~455 nm。在紫外光下无荧光,但在热、酸或碱处理后具有特殊的绿色。该酶不受乙二胺四乙酸、氰化钾及氟化钠抑制,但受氯化汞、氯化银、对氯汞苯甲酸和苯肼抑制。枯草杆菌蛋白酶(pH 6.0)、胰蛋白酶(pH 6.8)和胃蛋白酶(pH 4.5)不能分解它。

葡萄糖氧化酶有如下几个特点:①是动物体内消化道不分泌的酶;②不水解或者分解抗营养因子;③分解消耗营养成分(如葡萄糖);④非药物途径杀菌抑菌;⑤产生有机酸而具有一定的酸化剂作用。葡萄糖氧化酶能够催化葡萄糖氧化分解,氧化分解造成两个结果:一是消耗环境中的氧;二是产生葡萄糖酸。这两个结果都对动物消化道内环境有重要意义。葡萄糖氧化酶能够消耗氧气催化葡萄糖氧化,过氧化氢酶能够将过氧化氢分解生成水和1/2氧,而水又与葡萄糖酸内酯结合产生葡萄糖酸。

葡萄糖氧化酶的催化反应,在没有过氧化氢酶情况下,生成葡萄糖酸和过氧化氢;在过氧化氢酶存在下,生成葡萄糖酸;在乙醇和过氧化氢酶存在下,生成葡萄糖酸、乙醛和水。葡萄糖氧化酶的酶促反应受底物浓度影响不大,葡萄糖浓度在5%～20%,反应速度几乎不变。经旋光测定,GOD反应的最初产物是6-葡萄糖酸内酯,6-葡萄糖酸内酯则以非酶促反应自发水解为葡萄糖酸。

理论上讲,每克分子葡萄糖氧化酶在有过氧化氢酶存在下消耗1 g原子氧;在没有过氧化氢酶存在下消耗1 g分子氧,在有乙醇和过氧化氢酶存在下,也消耗1 g分子氧[4]。葡萄糖氧化酶的催化反应按反应条件有3种形式:①没有过氧化氢酶存在时,每氧化1 g分子葡萄糖消耗1 g原子氧:$C_6H_{12}O_6$(葡萄糖)$+O_2$(氧气)$\rightarrow C_6H_{12}O_7+H_2O_2$,$\beta$-D-葡萄糖$+O_2\rightarrow \delta$-D-葡萄糖内酯$+H_2O_2$;②有过氧化氢存在时,每氧化1 g分子葡萄糖消耗1 g分子氧:$C_6H_{12}O_6$(葡萄糖)$+1/2O_2$(原子氧)$\rightarrow C_6H_{12}O_7$;③有乙醇及过氧化氢酶存在下,过氧化氢也可用于乙醇的氧化,每氧化1 g分子葡萄糖消耗1 g分子氧:$C_6H_{12}O_6$(葡萄糖)$+C_2H_5OH$(乙醇)$+O_2$(氧气)$\rightarrow C_6H_{12}O_7+CH_3CHO+H_2O$。$Na^+$、$Ca^{2+}$、$Mg^{2+}$、$Zn^{2+}$、$Mn^{2+}$对酶具有不同程度的激活作用。葡萄糖氧化酶只对D型的葡萄糖有活性,对L-葡萄糖则完全没有活性。

3 葡萄糖氧化酶在动物日粮中作用

葡萄糖氧化酶既不直接帮助消化,从营养角度葡萄糖氧化酶甚至消耗营养(消耗葡萄糖和能量),葡萄糖氧化酶也不能消除抗营养因子。由于葡萄糖氧化酶是一种需氧脱氢酶,该酶能除去肠道中的氧,能防止需氧菌的生长繁殖,同时,葡萄糖氧化酶对葡萄糖催化反应产生的过氧化氢也可起到杀菌的作用。因此具有消除肠道病原菌生存环境,保持肠道菌群生态平衡、保护肠道上皮细胞完整、改善胃肠道酸性消化环境等多方面的功能。

具体而言,葡萄糖氧化酶主要是通过非营养、非消化方式改善消化道的内环境和微生态,葡萄糖氧化酶对肠道内环境的改善主要通过三个途径:①通过氧化葡萄糖,生成葡萄糖酸,降低胃肠道内酸性;②通过氧化反应消耗胃肠道内氧含量,营造厌氧环境,对需氧菌和兼性菌有抑制甚至杀灭的作用;③反应产生一定量的过氧化氢,并通过过氧化氢的氧化能力进行广谱杀菌。其中因葡萄糖酸的产生,而造成的酸性环境有利于以乳酸菌为代表的益生菌增殖;同时,因反应消耗氧气,使得厌氧环境提前,也利于以双歧杆菌为代表的厌氧益生菌增殖,进而营造出适合益生菌的增殖环境。进而通过过氧化氢的广谱杀菌性,使肠道内微生物数量有所下降,从而使得有益菌形成微生态竞争优势。当过氧化氢积累到一定浓度时,抑制杀灭细菌主要是对大肠杆菌、沙门氏菌、巴氏杆菌、葡萄球菌、弧菌等有害菌进行增殖抑制。可见其作用机理有别于抗生素,不易产生菌体抗药性或药物残留。

葡萄糖氧化酶在作用过程中消耗氧气,由于大部分肠道病原菌都是耗氧菌,大部分有益微生物都是厌氧菌或兼性厌氧菌,因此葡萄糖氧化酶在肠道中消耗氧气有助于增殖有益菌,抑制有害菌,达到维持肠道菌群平衡,保证动物健康。葡萄糖氧化酶形成的这种厌氧环境,在治疗畜禽生理性顽固腹泻时体现得较好。

葡萄糖酸能够到达大肠,刺激乳酸菌的生长,葡萄糖酸具有类似益生元的性质,在小肠中很少被吸收,但当它到达肠道后段时,能够被那里栖息的菌群所利用,生成丁酸。丁酸是一种短链脂肪酸,能快速被大肠黏膜吸收,为大肠上皮细胞提供能量,对刺激肠上皮细胞生长、促进钠和水吸收效率效果最好。

葡萄糖氧化酶具有抗氧化作用,能清除自由基,保护肠道上皮细胞完整。保持肠道上皮细胞的完整,可以阻挡大量病原体的侵入。畜禽处于应激状态时,机体会发生一系列氧化,产生大量的"自由基",当产生的自由基超过机体自身的清除能力时,就会破坏肠道上皮细胞。同时,葡萄糖氧化酶催化葡萄糖生成葡萄糖酸,在肠道内发挥酸化剂的作用,创造酸性环境;降低胃中的pH,激活胃蛋白酶,促进矿物质和维生素A、维生素D的吸收,并且酸性肠道环境可减少有害菌繁殖,预防腹泻。葡萄糖氧化酶进入胃肠道后,葡萄糖酸不断产生,从而使胃肠道pH降低,偏酸的环境有利于各种消化酶保持活性,有助于饲料的消化。

此外,葡萄糖氧化酶直接抑制黄曲霉、黑根霉、青霉等多种霉菌,对黄曲霉毒素B中毒症有很好的预防效果[5]。葡萄糖氧化酶的添加,可于胃肠道内在过氧化氢酶尚不存在的时候与葡萄糖反应,生成一定量的过氧化氢,从而使如黄曲霉毒素这种具备氧杂萘邻酮基团的霉菌毒素被氧化脱氢,或通过氧化作用打开其呋喃环,进而发挥脱毒作用,解除饲料中真菌毒素的危害。

加葡萄糖氧化酶的青贮饲料可以消耗青贮饲料的氧气,提高青贮内的缺氧程度,有利于厌氧性乳酸菌的增殖,加快了乳酸菌的发酵过程,迅速产生大量乳酸,使青贮的pH很快下降,抑制了有害细菌的繁殖,避免了异常发酵,最终保证青贮质量。油脂饲料原料或者含有油脂比较多的饲料产品,添加葡萄糖氧化酶,可消耗其中的氧气,抵制微生物的生长,防止油脂酸败变质。

球虫病是一种普遍多发、严重危害家禽的寄生虫病,使用药物极易产生耐药性。葡萄糖氧化酶因其具有抗氧化作用,能有效清除自由基,保护肠道上皮细胞的完整性,使球虫侵入肠道上皮寄生部位的机会大大降低,从而达到防御球虫的目的。

葡萄糖氧化酶不仅能够与抗生素等抗菌药物配伍,而且还有协同药物提高疗效的作用,能够耐受制粒高温,葡萄糖氧化酶不仅能够部分代替抗菌药物,在没有完全限制抗生素使用的情况下,葡萄糖氧化酶与抗生素及其他药物的配伍使用,可以起到一个渐进过程,为配方技术的探索和累积提供了可能,防止细菌性疾病对养殖的影响。

4 葡萄糖氧化酶在饲料中的应用

葡萄糖氧化酶是一种条件性饲料添加剂,在养殖条件差,特别是病原性微生物细菌大量存在的情况下,更容易体现其使用效果。而且添加葡萄糖氧化酶的作用效果有可能表现在不同的生产性能。有些并不完全是增重和饲料报酬,但是可以控制腹泻,改善外观。祁文有[6]的试验中,在父母代蛋种鸡中使用葡萄糖氧化酶,对大肠杆菌等引起的腹泻有明显的预防作用,葡萄糖氧化酶在开始使用的前一周添加剂量为0.2%,使用一周后添加剂量控制在0.1%。李焰[7]在肉鸡日粮中使用葡萄糖氧化酶以后,试验组的羽毛较对照组整齐有光泽,并且垫料明显干燥些,说明其对改善养殖环境具有积极的作用。张晓云等[8]的试验研究发现在产蛋鸡日粮中添加葡萄糖氧化酶可以促进乳酸杆菌增殖、抑制大肠杆菌增殖。

在家禽日粮中添加葡萄糖氧化酶也有提高生长增重的效果的报道。例如李靖等[9]添加0.2%葡萄糖氧化酶制剂,AA肉鸡成活率要明显高于对照组,成活率提高了3.5个百分点,增重率提高6.23%,料重比低于对照组。庞家满等[10]试验表明,葡萄糖氧化酶对36～70日龄黄羽肉鸡的日增重、料重比和养分代谢率有显著影响,添加380 g/t葡萄糖氧化酶制剂最适宜。

葡萄糖氧化酶同样在猪方面也有正面效果的报道,宋海彬等[11,12]的试验指出:常规断奶仔猪基础饲粮添加0.5%的葡萄糖氧化酶,经过28 d的试验,结果显示试验组的猪平均日增重提高25.0%,料重比下降17.2%,腹泻率降低56.0%,表明仔猪饲粮中添加葡萄糖氧化酶在增加采食量、促进生长、提高饲料转化率、减少腹泻率等方面都有明显效果。殷骥和梅宁安[13]报道,仔猪试验初重17 kg,对照组饲喂基础饲粮,试验组在基础饲粮中添加0.05%的饲用葡萄糖氧化酶(45 U/g),进行为期40 d的试验。结果表明,与对照组相比,饲粮中添加饲用葡萄糖氧化酶的试验组,日增重显著提高7.03%($P<0.05$),料重比显著降低2.75%($P<0.05$)。而田东霞等[14]的试验也显示:添加0.5%的葡萄糖氧化酶日粮,仔猪平均日增重,试验组比对照组提高25.0%,差异极显著($P<0.01$);仔猪料肉比,试验组比对照组下降17.2%,差异极显著($P<0.01$);仔猪腹泻率,试验组比对照组下降56.0%,差异极显著($P<0.01$);仔猪成活率,试验组对照组提高7.4%,差异不显著($P>0.05$)。添加葡萄糖氧化酶可明显提高饲料转化效率和仔猪成活率,明显降低仔猪腹泻率。汤海鸥等[15]研究了日粮中添加不同剂量葡萄糖氧化酶对仔猪生长性能,与对照组相比,100 g/t和200 g/t葡萄糖氧化酶添加组日增重和日采食量显著提高($P<0.05$);400 g/t添加组日增重和日采食量显著降低($P<0.05$);各添加组料肉比均显著降低;400 g/t添加组腹泻率显著降低($P<0.05$),因此,在仔猪饲料中添加适量葡萄糖氧化酶可有效改善日增重、采食量和料肉比。

正如前面提到,国外养殖先进国家地区的饲养环境比较多,相对而言,病菌的影响就少,特别是非传染性疾病,可以推测,葡萄糖氧化酶的使用效果有限。不知道是否这方面的原因,国外有关葡萄糖氧化酶的养殖饲料应用的报道比较少。尽管如此,葡萄糖氧化的产物葡萄糖酸有试验报道,在Biagi等[16]的试验里,通过体外和体内试验报道葡萄糖酸在仔猪上的作用,体外试验显示,经过4 h、8 h、24 h的发酵试验,盲肠液中的氨显著减少;发酵24 h后,总脂肪酸、乙酸、丙酸、n-丁酸、乙酸丙酸比、乙酸+丁酸与丙酸比都极显著增加。饲养试验结果表明,添加3 000 mg/L和6 000 mg/L的葡萄糖酸使仔猪的平均日增重分别提高了13%和14%,并且增加了仔猪空肠的总短链脂肪酸量,改善了仔猪肠道健康状态。

我们必须指出,应用葡萄糖氧化酶如其他酶制剂一样,不要过高期望其促进增重的作用效果,这是一种非常典型的条件性添加剂。但是,由于葡萄糖氧化酶通过防止需氧菌的生长繁殖、保护肠道上皮细胞完整、改善胃肠道酸性消化环境等发挥作用,在畜禽中应用的效果必然是多方面的,评价也应该是多种形式的。提高动物的生产性能和改善饲料利用效率是最被期待的效果,其实,根据原理推导,更应该被重视的是我们在评价饲料酶价值时提出的"非常规动物生产性能指标"。广义的动物生产性能指标还应该包括其他指标,甚至还包括不能量化的指标(我们可把狭义上以外的其他动物生产性能指标称为"非常规动物的生产性能指标"),如外观表现、健康状况、整齐度、成活率、同时出栏的比例等等,葡萄糖氧化酶应用效果更是如此,也许这些容易被忽视的性能指标恰恰是更能反映酶制剂特别是葡萄糖氧化酶这种"第三代分解型酶制剂"的复杂、变异和多功能的添加剂的效果[17]。

5 小结

目前随着葡萄糖氧化酶的应用价值逐渐被挖掘,但研究试验尚未完善。在应用方面,综合目前研究报道,葡萄糖氧化酶在动物体内的作用机制,仍处于推论阶段,尚无直接的作用机理证据,同时其在动物体内发挥作用的位置、和代谢过程都有待进一步细化研究。尽管如此,葡萄糖氧化酶由于其独特的抗菌抑菌杀菌的原理,起到了非药物性抗病抑病效果,使葡萄糖氧化酶在我国养殖环境的国情中,显示出了其重要的应用潜力。

参考文献

[1] Sheppy C. The current feed enzyme market and likely trends[J]. Enzymes in Farm Animal Nutrition. Wallingford, UK:CABI Publishing, 2001:1-10.

[2] 李友荣,张艳玲,纪西冰. 1993. 葡萄糖氧化酶的生物合成产生菌的筛选及产酶条件的研究[J]. 工业微生物,23(3):1-6.

[3] Nakamatsu S, Fujiki S. Comparative studies on the glucose oxidase of Aspergillus niger and Penicillium amagasakiense

[J]. Biochem(Tokyo),1968,63:51-58.
[4] Struth B,Eckle M,Decher G,et al.. Hindered ion diffusion in polyelectrolyte/montmorillonite multilayers:Toward compartmentalized films[J]. The European Physical Journal E,2001,6(1):351-358.
[5] 胡常英,王云鹏,范星,等.葡萄糖氧化酶解除黄曲霉毒素B1应用研究[J].生物学杂志,2014,31(2):55-57.
[6] 祁文有.鲜尔康在父母代蛋种鸡育成中的应用效果[J].中国家禽,2003,17:19-22.
[7] 李焰.葡萄糖氧化酶饲养肉鸡效果试验[J].龙岩师专学报,2004,22(6):77-78.
[8] 张晓云,刘彦慈,陈秀如.新型饲料添加剂葡萄糖氧化酶的研究现状[J].兽药与饲料添加剂,2007,4:11-12.
[9] 李靖,曲素娟,贾路,等.葡萄糖氧化酶制剂对肉鸡生长性能的研究[J].饲料广角,2009,21:28-29.
[10] 庞家满,王江,李杰,等.葡萄糖氧化酶对黄羽肉鸡生产性能和养分代谢的影响[J].兽药与饲料添加剂,2013,40(2):72-74.
[11] 宋海彬.葡萄糖氧化酶对肉鸡生长的营养调控作用及机理研究[D].河北农业大学,2008.
[12] 宋海彬,赵国先,李娜,等.葡萄糖氧化酶及其在畜牧生产中的应用[J].饲料与畜牧,2008.
[13] 殷骥,梅宁安.日粮中添加饲用葡萄糖氧化酶对肉仔猪生长性能的影响[J].当代畜牧,2012,7:35-36.
[14] 田东霞,张玉坤,田泉成.在日粮中添加葡萄糖氧化酶和植物血凝素防治仔猪早期断奶腹泻症的试验[J].饲料与畜牧,2012,33(10):21-24.
[15] 汤海鸥,高秀华,姚斌,等.葡萄糖氧化酶在仔猪上的应用效果研究[J].中国饲料,2013,19:21-23.
[16] Biagi G,Piva A,Moschini M,et al.. Effect of gluconic acid on piglet growth performance, intestinal microflora and intestinal wall morphology[J]. Journal of Animal Science,2006,84(2):370-378.
[17] 冯定远,左建军.饲料酶制剂应用技术体系的构建.北京:中国农业大学出版社,2009.

植物源天然抗氧化剂在畜禽养殖中的研究现状*

董元洋**　张炳坤***

(中国农业大学动物科技学院,动物营养学国家重点实验室,
农业部饲料安全与生物学效价重点实验室,北京 100193)

摘　要:氧化应激通过膜脂质氧化、蛋白和DNA损伤,造成细胞功能紊乱。由于遗传选择、饲料原料、环境等原因,畜禽在养殖过程中极易受到氧化应激,从而影响生长。天然抗氧化剂因具有使用安全和潜在的功效等作用活性特点,符合健康养殖理念,成为市场和研究的热点。植物是各类活性物质组分的重要来源,也是天然抗氧化剂的重要来源。本文从植物源天然抗氧化剂类型、对畜禽健康和机体抗氧化状态的影响及各类抗氧化剂的作用机理几个方面进行了阐述和探讨,以期指导天然抗氧化剂在畜禽生产中的应用。

关键词:天然抗氧化剂;机理;单胃动物

由于遗传选择、饲料原料、环境等原因,畜禽在养殖过程中极易发生氧化应激,影响生长。饲料中所使用的合成抗氧化剂如2,6-二叔丁基-甲基苯酚(BHT)、丁基羟基茴香醚(BHA)被发现具有低致癌性[1],其在畜产品中残留影响人类健康[2]。对天然抗氧化剂替代合成抗氧化剂的研究日益增加,推动了新抗氧化剂领域的发展[3,4]。高等植物是天然抗氧化剂最为丰富的来源[5]。本文将对植物源天然抗氧化剂类型、应用现状、作用机理、前景进行阐述。

1　天然抗氧化剂类型

抗氧化剂主要指干预氧化过程以抑制或减缓生物分子氧化损伤的物质[6]。抗氧化剂的化学结构决定其对自由基的固有反应特性[7],据此将主要的植物源天然抗氧化剂分为多酚类、多糖类、皂苷类、环烯醚萜类和苯乙醇苷类。

1.1　多酚

多酚在植物中分布广泛,有超过8000种结构报道,主要包括黄酮类(flavonoids)和酚酸类(phenolic aids)[6,8],多集中于加工过程中常被去除的植物副产品或其果实外皮中[5],资源充足。

1.1.1　黄酮类

黄酮类是一类重要的植物次生代谢产物,具有C15的基本碳架(C6-C3-C6),以结合态(黄酮苷)或

---

* 基金项目:北京高等学校青年英才计划项目;中央高校基本科研业务费专项资金(2015DK005)
** 第一作者简介:董元洋(1991—),男,硕士,E-mail:yuanyangdongemail@126.com
*** 通讯作者:张炳坤,副研究员,E-mail:bingkunzhang@126.com

自由态(黄酮苷元)形式存在于多种食源性植物中,主要包括黄酮(flavones)、黄烷酮(flavanones)、黄酮醇(flavonols)、黄烷醇(flavanols)、花青素(anthocyanidins)和异黄酮(isoflavones)[6]。

1. 黄酮

黄酮由一分子羟基肉桂酰辅酶A和三分子丙二酰基辅酶A的缩合前体,经查尔酮异构酶作用生成。黄酮作为中间体通过不同途径产生不同黄酮类物质,其本身通过不同亚基模式表现出多种生物活性。随着羟基基团的增加,其清除自由基的活性逐步增强。黄酮如木犀草素、芹菜素的A/B环中包含2~3个游离羟基基团,在低浓度下即表现出抗氧化活性[9]。

2. 黄烷酮

黄烷酮在柑橘类果实中含量丰富,柚素是存在于橙子、葡萄柚中的主要黄烷酮类物质[6]。柚素可通过抑制凋亡蛋白释放和维持细胞抗氧化状态,对高糖应激下的肝细胞表现出保护作用[10]。橙皮苷可改善异丙肾上腺素诱导的大鼠脂质氧化和提高血液、肝脏中抗氧化分子及酶的水平[11]。

3. 黄酮醇

黄酮醇特点是碳环上含有醇羟基,主要包括槲皮素、杨梅素、卢丁[6]。

槲皮素是最为重要的黄酮醇类物质,常以糖苷、糖苷配基形式广泛存在,尤以苹果、洋葱中最丰富,在体外试验中具有降低脂质过氧化物生成、提高抗氧化酶活性的作用[12]。卢丁可通过抑制活性氧(ROS)生成阻止缺氧引起的肺动脉平滑肌细胞增殖,缓解肺动脉高压[13]。

4. 黄烷醇类

即原花青素,易受由热、食物成分、pH、溶解氧和其他活性氧催化加速的多种降解反应影响[6]。

儿茶素在绿茶、红茶等植物中被发现,具有许多与其抗氧化活性相关的生理功能,可在人血浆中抑制脂质氧化,延缓内源脂溶性抗氧化剂的消耗[12]。

5. 花青素类

花青素是自然界中的色素基团,高度不稳定,易受到温度、pH、光等多种作用而降解,当花青素与一个或多个糖基相连时被称为花青苷[6]。

葡萄源花青素为常见的单宁类物质,在葡萄籽中含量约为1%,具有极强的体外抗氧化活性,其抗氧化活性与其聚合度和连接方式、构象相关[14]。

6. 异黄酮类

异黄酮是具有氧杂环的一类植物雌激素物质,大豆异黄酮为大豆中具有多酚结构的混合物统称,其活性成分包括大豆黄酮、大豆黄素和染料木黄酮[6],主要存在于大豆子叶、胚轴中[15]。异黄酮为杂环酚类,具有自由基清除能力,可降低低密度脂蛋白和DNA的氧化并提高抗氧化酶的表达和活性。染料木黄酮通过连接于苯环的羟基基团供氢,直接发挥抗氧化作用,保护机体免受氧化损伤[16]。

1.1.2 酚酸

酚酸根据其结构主要分为苯甲酸衍生物(如没食子酸)和肉桂酸衍生物(如咖啡酸、阿魏酸),即分别在苯环上连接羧基或丙烯酸。肉桂酸以酯类衍生物形式存在并表现出抗氧化潜力[6]。

1.2 多糖

多糖是一类较大的分子,由许多单糖通过糖苷键连接而成,通常以复杂碳水化合物形式出现,在生物体内具有清除自由基、防止氧化损伤的作用,可作为化学合成抗氧化剂的新型替代品[5]。天然多糖根据其来源不同可分为微生物多糖、动物多糖、植物多糖,常见的植物多糖有黄芪多糖、枸杞多糖等。

黄芪多糖主效成分包括多糖、黄酮、皂苷和氨基酸,多糖在黄芪药效中起到重要作用。黄芪多糖可显著增加小鼠血清和肝脏抗氧化酶活性,降低脂质过氧化水平,而在超氧阴离子自由基清除、羟基自由基清除中表现出较好的抗氧化活性[5,17]。

1.3 皂苷

皂苷为天然表面活性糖甙,主要由植物产生,也可由低等海洋生物和某些细菌产生。它由糖基如葡萄糖等连接疏水苷元形成,包括三萜皂苷和甾体皂苷[18,19]。

三萜类皂苷(如皂树皂苷)通常在培育的作物中存在,如豆类作物大豆等,而甾体皂苷(如丝兰皂苷)则普遍存在于如燕麦中,并与其促健康作用相关[19]。

苜蓿和大豆是皂苷含量丰富的畜禽饲料原料[20]。在大豆 B 类皂苷中,连接于 C_{23} 的抗氧化性基团通过形成氢过氧化物中间体清除过氧化物,进而防止自由基损伤[19]。

1.4 环烯醚萜类

环烯醚萜类化合物是以环烯醚萜醇为母核、具有醇羟基的单萜类化合物,常以苷类的形式存在[21]。其中,桃叶珊瑚苷和京尼平甙酸为车前属植物中含量较多的两种环烯醚萜类物质。

桃叶珊瑚苷在车前草、杜仲中含量很高[22],体外试验表明,桃叶珊瑚苷及其苷元对 DPPH 自由基、超氧阴离子自由基及羟基自由基均具有一定的清除活性,并且在不同苷元及其成苷形式间差异显著[23]。

1.5 苯乙醇苷

苯乙醇苷类是苯丙烯酸、苯乙醇与 β-葡萄糖母核酯化和苷化形成的水溶性糖苷,主要以咖啡酰苯乙醇苷形式存在于植物体内[24]。包括麦角甾苷、大车前苷在内的苯乙醇苷类物质是车前地上植株部分的主要生物活性成分[25]。

麦角甾苷可通过抑制胶质纤维酸性蛋白和神经营养素-3 的增加,延缓右旋半乳糖诱导的小鼠衰老[26]。

2 植物源天然抗氧化剂对动物健康的影响

遗传选育使得动物的抗应激能力与生长速度严重脱节,活性氧导致的氧化损伤被认为是畜禽生物性伤害的重要机制,也是影响生长[27]。

2.1 提高机体抗氧化能力

日粮添加槲皮素(黄酮类)提高了肝脏 Cu-Zn-SOD 活性,进而改善了产蛋鸡的抗氧化状态,提高了产蛋高峰期生产性能且不降低鸡蛋品质。它可能通过抑制肠道有害菌、调节肠道环境增强机体抗氧化活性[28]。

葡萄籽原花青素显著改善了敌草快腹腔注射引起的仔猪血清中谷胱甘肽过氧化物酶(GSH-Px)、超氧化物歧化酶(SOD)活性降低,优于维生素 E 对血清和肝脏的抗氧化作用[29]。

黄芪多糖连续饲喂 70 d,可显著增加海兰褐蛋鸡血清 SOD、GSH-Px 活性和总抗氧化能力,降低蛋黄、血清中丙二醛(MDA)浓度和蛋黄中胆固醇含量[5]。

苜蓿皂苷提取物增强断奶仔猪血清、组织中 SOD、GSH-Px、过氧化氢酶(CAT)活性,降低 MDA 的生成[20]。

2.2 改善生产性能

与对照组相比,添加 50~100 mg/kg 姜黄素显著提高了热应激肉鸡的饲料转化效率和体增重[30]。

肉鸡日粮添加百里香酚(200 mg/kg)、单宁酸(5 000 mg/kg)或没食子酸(5 000 mg/kg)均能显著提高饲料利用率,鞣酸还具有提高肉仔鸡出栏重的作用[31]。

葡萄籽及葡萄渣提取物添加可显著降低断奶仔猪料重比,提高空肠绒毛高度与隐窝深度比值,改善回肠菌群[32]。

苜蓿皂苷可能通过提高断奶仔猪的抗氧化酶活性,提高抗氧化应激能力,改善仔猪生长性能,但皂苷添加水平过高可能会作为抗营养因子损伤肠道上皮绒毛结构,引起吸收面积下降,黏膜酶分泌减少,导致吸收能力下降[20]。

2.3 改善产品品质

肉鸡日粮中添加1 500 mg/kg和3 000 mg/kg橙皮素显著减缓了冷藏鸡肉的脂质氧化速率[33]。添加20 mg/kg染料木黄酮、橙皮素混合物(1∶4)显著提高了胸肌亮度和宰后45 min pH。添加染料木黄酮和橙皮素均显著提高了胸肌持水力,显著降低了0 d、15 d胸肌脂质过氧化水平[34]。

对于不同酚类物质,添加5 g/kg没食子酸显著增加了胸肌 n-3 长链不饱和脂肪酸含量,而添加5 g/kg单宁酸和200 mg/kg没食子酸改善了胸肌的抗氧化性,显著降低了硫代巴比妥酸反应物(TBARS),但对腿肌TBARS无影响,这可能与胸肌较腿肌含有更多的长链多不饱和脂肪酸相关[31]。

3 天然抗氧化剂作用机理

3.1 氧化应激

氧化应激由自由基产生增加和/或清除自由基的抗氧化防御系统活性下降所导致[35]。过量未清除的自由基,如羟基自由基可以与几乎所有生物分子如蛋白、脂质、碳水化合物反应,导致损伤[36]。氧化损伤发生的外源条件:其一,慢性疾病导致自由基产生增加;其二,日粮抗氧化剂、辅酶因子水平降低或摄入氧化性组分[27],而内源条件主要为内源抗氧化防御系统的缺乏[37]。

3.2 天然抗氧化剂的作用机制

抗氧化剂要求有效、无毒、微量作用、经济[4],易被机体吸收,在生理相关水平可阻止、消除自由基生成,螯合过渡金属,在水溶性或膜结构域发挥作用,积极影响基因表达[35,46]。

总的来说,植物提取物通常因其具有较强的氢原子提供能力而表现出极为有效的抗氧化活性[38]。

3.2.1 酚类抗氧化剂的作用机制

酚类抗氧化剂可抑制自由基的形成和/或干扰自氧化过程,清除自由基激发物和增殖物[39]。多酚在作用过程中提供电子将ROS还原,自身被氧化失活或转变为低反应活性的部分氧化自由基,且该氧化态可进一步氧化或被协同抗氧化剂还原再循环[40]。

一些植物色素(花青素和花青苷)可螯合金属离子并向氧自由基提供氢原子以减缓氧化[38]。黄酮可在4,5位羰基基团选择性结合金属离子,一些酚类物质可聚合形成可结合矿物质的多酚,原花青素经常以寡聚体或黄酮多聚体的形式存在,其聚合形式较相应单体具有更好的抗氧化活性[38]。

不断有证据表明,许多日粮添加的抗氧化剂可激活氧化敏感基因启动区(antioxidant response element,ARE),诱导一系列包括增加抗氧化酶等保护性适应[41]。Nrf2/ARE通路因为能诱导抗氧化和抗炎症蛋白的表达,故是降低氧化应激的有效途径。植物化学活性物质可能通过包括信号转导激活引起Nrf2氧化磷酸化、瞬时增加ROS生成从而氧化Keap1巯基基团、亲电子试剂共价修饰Keap1巯基基团方式激活Nrf2/ARE系统[40]。

3.2.2 多糖抗氧化机理

多糖抗氧化活性多归结于其自由基清除能力、还原能力、螯合金属离子以及对抗氧化酶基因表达的诱导能力[5]。

多糖的抗氧化效果主要决定于其结构和物理化学特性,包括溶解性、分子质量、主链结构、分支度、功能性基团的取代程度,但关于多糖抗氧化机制在分子或更微观层面的可用信息较少,其体外抗氧化活性存在争议[5]。

3.2.3 皂苷抗氧化机制

在大鼠糖尿病模型中,绞股蓝皂苷通过促进肝脏中 Nrf2 的表达,进一步刺激抗氧化酶基因表达,从而提高 SOD 和 GSH-px 活性,缓解高血糖对抗氧化酶的抑制作用[42]。

需要指出的是,单一抗氧化剂可能通过不止一种作用途径发挥其抗氧化能力[43]。不同类型抗氧化剂的作用效果最终归因于不同的化学基团,天然抗氧化剂通过多种功能性基团如芳香族羟基和 β-二酮,发挥自由基清除能力[44]。

3.2.4 天然抗氧化剂作用部位

不同抗氧化剂发挥抗氧化作用的部位不同,水溶性抗氧化剂出现在细胞液如细胞液或细胞基质中,而脂溶性抗氧化剂主要存在于细胞膜中[45]。

以多酚为例,姜黄素与鸡红细胞共培养后,可观察到绝大多数姜黄素进入细胞内,可能通过将自身整合进膜双分子层疏水区域,有效减少 APPH 诱发的鸡红细胞溶血并显著降低脂质过氧化反应,减少 APPH 诱导的 MDA 生成[44]。

4 研究与应用中存在的问题及对策

4.1 适口性问题有待改善

一些芳香类植物尽管具有较高的抗氧化活性,但由于强烈的气味限制了其应用[4]。在多种含有抗氧化成分的植物中,百里香、姜黄、绿茶提取物活性成分具有较刺激性气味或辛辣口味,限制了其在饲料中的使用[46]。

皂苷类物质被普遍认为具有苦味[20],Wang 等[47]对化合物进行糖基转移,以改善其适口性,通过糖苷转移酶催化罗汉果苷 II$_E$ 转化为具有甜味的主要成分罗汉果苷 V 三萜皂苷类的混合物且该混合物作用与原前体物质相似。因此,化学基团修饰是改善活性物质适口性的有效途径。

4.2 活性评价体系有待完善

在生物系统内评价总抗氧化能力的标准方法并不存在,因为抗氧化物具有多种来源,包括酶(如 SOD)、大分子(如铁蛋白)、小分子(如酚类)和激素(如雌激素)。此外,多种来源抗氧化剂对不同来源的自由基和氧化物以不同方式发生反应[48]。

5 前景

天然抗氧化剂作为一种饲料添加物,尽管有着诸如适口性、评价体系方面的问题,但其在实际应用中已显示出良好的改善作用。同时,随着人们对食品安全的关注不断增加,公众对天然抗氧化剂的需求日益增加,如何挖掘出有效、安全、稳定的天然抗氧化剂将是未来研究工作的重点。

参考文献

[1] Bauer A K, Dwyer-Nield L D, Hankin J A, et al.. The lung tumor promoter, butylated hydroxytoluene (BHT), causes chronic inflammation in promotion-sensitive BALB/cByJ mice but not in promotion-resistant CXB4 mice[J]. Toxicology,2001,169(1):1-15.

[2] 李昊阳,夏继桥,杨连玉,等.植物多酚的抗氧化能力及其在动物生产中的应用[J].动物营养学报,2013,25(11):2529-2534.

[3] Deng J, Cheng W, Yang G. A novel antioxidant activity index (AAU) for natural products using the DPPH assay[J]. Food Chemistry,2011,125(4):1430-1435.

[4] Lante A, Nardi T, Zocca F, et al.. Evaluation of red chicory extract as a natural antioxidant by pure lipid oxidation and yeast oxidative stress response as model systems[J]. Journal of Agricultural and Food Chemistry, 2011, 59(10): 5318-5324.

[5] Wang H, Liu Y M, Qi Z M, et al.. An Overview on Natural Polysaccharides with Antioxidant Properties[Z]. 2013, 20:2899-2913.

[6] Oroian M, Escriche I. Antioxidants:Characterization, natural sources, extraction and analysis[J]. Food Research International,2015, 74:10-36.

[7] Shahidi F, Zhong Y. Measurement of antioxidant activity[J]. Journal of Functional Foods,2015.

[8] Dong S, Li H, Gasco L, et al.. Antioxidative activity of the polyphenols from the involucres of Castanea mollissima Blume and their mitigating effects on heat stress[J]. Poultry Science, 2015, 94(5):1096-1104.

[9] Singh M, Kaur M, Silakari O. Flavones:An important scaffold for medicinal chemistry[J]. European Journal of Medicinal Chemistry,2014, 84:206-239.

[10] Kapoor R, Kakkar P. Naringenin accords hepatoprotection from streptozotocin induced diabetes in vivo by modulating mitochondrial dysfunction and apoptotic signaling cascade[J]. Toxicology Reports. 2014, 1:569-581.

[11] Selvaraj P, Pugalendi K V. Hesperidin, a flavanone glycoside, on lipid peroxidation and antioxidant status in experimental myocardial ischemic rats[J]. Redox Rep,2010, 15(5):217-223.

[12] Yetuk G, Pandir D, Bas H. Protective role of catechin and quercetin in sodium benzoate-induced lipid peroxidation and the antioxidant system in human erythrocytes in vitro[J]. Scientific World Journal, 2014, 2014(874824): 874824.

[13] Li Q, Qiu Y, Mao M, et al.. Antioxidant Mechanism of Rutin on Hypoxia-Induced Pulmonary Arterial Cell Proliferation[J]. Molecules,2014, 19(11):19036-19049.

[14] Yang J,Zhang H,Wu S, et al.. 2014(02):311-321. (In Chinese)
杨金玉,张海军,武书庚,等.葡萄原花青素的生理活性及其在家禽上的应用[J].动物营养学报,2014(02):311-321.

[15] 许啸,齐智利.大豆异黄酮对畜禽生理机能的调控[J].动物营养学报,2012(03):436-438.

[16] Yoon G A, Park S. Antioxidant action of soy isoflavones on oxidative stress and antioxidant enzyme activities in exercised rats.[J]. Nutrition Research and Practice,2014.

[17] Li R, Chen W, Wang W, et al.. Antioxidant activity of Astragalus polysaccharides and antitumour activity of the polysaccharides and siRNA[J]. Carbohydrate Polymers,2010, 82(2):240-244.

[18] 胡伟莲,陈雪君,段智勇,等.皂甙对畜禽的营养作用[J].中国畜牧杂志,2005(03):37-38.

[19] Francis G, Kerem Z, Makkar H P S, et al.. The biological action of saponins in animal systems: a review[J]. British Journal of Nutrition, 2002, 88(06):587.

[20] Shi Y H, Wang J, Guo R, et al.. Effects of alfalfa saponin extract on growth performance and some antioxidant indices of weaned piglets[J]. Livestock Science. 2014, 167:257-262.

[21] 郭建华,田成旺,刘晓,等.中药环烯醚萜类化合物研究进展[J].药物评价研究,2011(04):293-297.

[22] Xue H, Jin L, Jin L, et al.. Aucubin Prevents Loss of Hippocampal Neurons and Regulates Antioxidative Activity in Diabetic Encephalopathy Rats[J]. PHYTOTHERAPY RESEARCH,2009, 23(7):980-986.

[23] Li Y, Chen L, Qiao H Q, et al.. Evaluation of Free Radical Scavenging Activity of Iridoid Aucubigenin and its Glycoside[J]. ASIAN JOURNAL OF CHEMISTRY, 2014, 26(2B):323-325.

[24] 吴爱芝, 林朝展, 祝晨蒨. 苯乙醇苷类成分构效关系研究进展[J]. 天然产物研究与开发, 2013(06):862-865.

[25] Zhi-Qiang L L L C. Isolation and Purification of Plantamajoside and Acteoside from Plant Extract of Plantago asiatica L. by High Performance Centrifugal Partition Chromatography[J]. 高等学校化学研究:英文版, 2009, 25(6):817-821.

[26] Xiong L N, Mao S Q, Lu B Y, et al.. Osmanthus fragrans Flower Extract and Acteoside Protect Against d-Galactose-Induced Aging in an ICR Mouse Model[J]. JOURNAL OF MEDICINAL FOOD, 2016, 19(1):54-61.

[27] Estevez M. Oxidative damage to poultry:from farm to fork[J]. Poult Sci, 2015, 94(6):1368-1378.

[28] Liu H N, Liu Y, Hu L L, et al.. Effects of dietary supplementation of quercetin on performance, egg quality, cecal microflora populations, and antioxidant status in laying hens[J]. POULTRY SCIENCE, 2014, 93(2):347-353.

[29] 赵娇, 周招洪, 梁小芳, 等. 葡萄籽原花青素及维生素E对氧化应激仔猪生长性能、血清氧化还原状态和肝脏氧化损伤的影响[J]. 中国农业科学, 2013(19):4157-4164.

[30] Zhang J F, Hu Z P, Lu C H, et al.. Dietary curcumin supplementation protects against heat-stress-impaired growth performance of broilers possibly through a mitochondrial pathway[J]. JOURNAL OF ANIMAL SCIENCE, 2015, 93(4):1656-1665.

[31] Starcevic K, Krstulovic L, Brozic D, et al.. Production performance, meat composition and oxidative susceptibility in broiler chicken fed with different phenolic compounds[J]. JOURNAL OF THE SCIENCE OF FOOD AND AGRICULTURE, 2015, 95(6):1172-1178.

[32] Gessner D K, Fiesel A, Most E, et al.. Supplementation of a grape seed and grape marc meal extract decreases activities of the oxidative stress-responsive transcription factors NF-kappa B and Nrf2 in the duodenal mucosa of pigs [J]. ACTA VETERINARIA SCANDINAVICA, 2013, 55(18).

[33] Simitzis P E, Symeon G K, Charismiadou M A, et al.. The effects of dietary hesperidin supplementation on broiler performance and chicken meat characteristics[J]. Canadian Journal of Animal Science, 2011, 91(2):275-282.

[34] Kamboh A A, Zhu W Y. Individual and combined effects of genistein and hesperidin supplementation on meat quality in meat-type broiler chickens[J]. JOURNAL OF THE SCIENCE OF FOOD AND AGRICULTURE, 2013, 93(13):3362-3367.

[35] Poljsak B, Suput D, Milisav I. Achieving the balance between ROS and antioxidants:when to use the synthetic antioxidants.[Z]. 2013:2013.

[36] Yin J, Nie S, Zhou C, et al.. Chemical characteristics and antioxidant activities of polysaccharide purified from the seeds of Plantago asiatica L.[J]. JOURNAL OF THE SCIENCE OF FOOD AND AGRICULTURE, 2010, 90(2):210-217.

[37] Smolskaitè L, Venskutonis P R, Talou T. Comprehensive evaluation of antioxidant and antimicrobial properties of different mushroom species[J]. LWT - Food Science and Technology, 2015, 60(1):462-471.

[38] Brewer M S. Natural Antioxidants:Sources, Compounds, Mechanisms of Action, and Potential Applications[J]. Comprehensive Reviews in Food Science and Food Safety, 2011, 10(4):221-247.

[39] Fellenberg M A, Speisky H. Antioxidants:their effects on broiler oxidative stress and its meat oxidative stability [J]. World's Poultry Science Journal, 2006, 62(1):53-70.

[40] Tanaka A, Hamada N, Fujita Y, et al.. A novel kavalactone derivative protects against H2O2-induced PC12 cell death via Nrf2/ARE activation[J]. Bioorganic & Medicinal Chemistry, 2010, 18(9):3133-3139.

[41] Benzie I F F, Wachtel-Galor S. Increasing the antioxidant content of food:a personal view on whether this is possible or desirable[J]. International Journal of Food Sciences and Nutrition, 2012, 63(S1):62-70.

[42] Gao D, Zhao M, Qi X, et al.. Hypoglycemic effect of Gynostemma pentaphyllum saponins by enhancing the Nrf2 signaling pathway in STZ-inducing diabetic rats[J]. Archives of Pharmacal Research, 2016, 39(2):221-230.

[43] Surai P F. Polyphenol compounds in the chicken/animal diet:from the past to the future[J]. Journal of Animal Physiology and Animal Nutrition, 2014, 98(1):19-31.

[44] Zhang J F, Hou X, Ahmad H, et al.. Assessment of free radicals scavenging activity of seven natural pigments and protective effects in AAPH-challenged chicken erythrocytes[J]. FOOD CHEMISTRY, 2014, 145:57-65.

[45] Nimse S B, Pal D. Free radicals, natural antioxidants, and their reaction mechanisms[J]. RSC ADVANCES, 2015, 5(35):27986-28006.

[46] Wallace R J, Oleszek W, Franz C, et al.. Dietary plant bioactives for poultry health and productivity[J]. Br Poult Sci, 2010, 51(4):461-487.

[47] Wang L, Yang Z, Lu F, et al.. Cucurbitane Glycosides Derived from Mogroside IIE: Structure-Taste Relationships, Antioxidant Activity, and Acute Toxicity[J]. Molecules, 2014, 19(8):12676-12689.

[48] Wang H, Liu Y M, Qi Z M, et al.. An Overview on Natural Polysaccharides with Antioxidant Properties[J]. Current Medicinal Chemistry, 2013, 20(23):2899-2913.

植物提取物添加剂抗氧化特性及其在无抗饲料中的应用

金立志[1] 王若瑾[2]

(1. 广州美瑞泰科生物工程技术有限公司,广州 510800;
2. 美瑞泰科-华中农大研发中心,武汉 430070)

摘　要:植物提取物饲料添加剂具有抗氧化和抗菌特性,在改善动物产品质量和替代抗生素上具有广阔的应用前景。本文综述了植物提取物饲料添加剂的抗氧化特性及其在改善动物产品质量上的应用,同时也总结了其在猪禽后抗生素时代的应用。

关键词:植物提取物;抗氧化;抗菌;抗生素

近 20 年来,由于抗生素耐药性和残留问题日益凸显,作为抗生素重要替代物之一的植物提取物饲料添加剂,在动物饲料生产和畜禽养殖中越来越受到重视。尤其 2000 年以来,欧洲、美国、日本等发达国家在科技杂志上发表的有关植物提取物饲料添加剂的论文数量显著增多。在这几百篇科技论文中,不仅在作用机制方面给予了深入的研究,而且对植物提取物如何在动物营养和饲料领域的应用研究也有越来越多的报道。植物提取物添加剂在动物饲料与养殖中的主要作用表现为:改善适口性提高采食量,促进唾液和消化液的分泌,提高动物自身免疫机能,抗菌杀菌,抗氧化活性等作用[1,2]。这其中的部分研究作者已经做了详细的综述[3,4]。本文将集中就近年来研究较多的植物提取物抗氧化功能及其作用机制,和植物提取物在后抗时代动物应用中的应用做一综述。有关植物提取物添加剂的名称和定义非常混乱,本文采用"植物提取物饲料添加剂(phytogenic feed additive or plant extract feed additive)"一词,定义为:从植物中提取(非化工合成),活性成分明确、含量稳定并且可以测定,对动物和人类没有任何毒副作用,并已通过动物试验证明可以提高动物生产性能的饲料添加剂。其他常见的名称还有:草药(herbs),药用植物(phytoceuticles),中草药添加剂(Chinese traditional medicine),阳生素(phytobiotics)等。

1　植物提取物添加剂的抗氧化功能及其作用机制研究

1.1　植物提取物添加剂的抗氧化作用

研究表明,唇形科类植物提取物具有较强的抗氧化活性,如止痢草、牛至草、百里香、迷迭香、丁香和肉桂等。用酸败试验或微粒过氧化作用试验可以检测植物提取物的抗氧化活性,酸败试验中用抗氧化因子(antioxidative factors,AF)值来表示抗氧化能力,值越高表明抗氧化能力越强。Scheeder 等[5]以猪油作为载体,对迷迭香及其提取物、橄榄油及橄榄叶提取物,以及不同质量茶叶样本的抗氧化能力进行了酸败试验。结果显示,迷迭香提取物显示出最强的抗氧化能力。Milos 等[6]系统评估了一系列物质包括止痢草的挥发性糖苷、止痢草精油、纯百里香酚、百里醌和维生素E（α-生育酚）的抗氧化性能。在没有抗氧化剂的情况下（对照组）过氧化氢的生成速度在储藏10 d后即显著飙升；添加止痢草/牛至提取物和糖苷配基组即使是在储藏了80 d以后还可以抑制过氧化氢的形成，而纯化的百里香酚和百里香醌则表现出了很低的抗氧化效果。

Kačániová等[7]通过DPPH法研究了止痢草与百里香提取物对氧自由基清除能力。将不同浓度的止痢草提取物与百里香提取物样品添加到DPPH试液中，然后在30 min和60 min测定DPPH的清除率。结果表明，不同浓度的止痢草提取物具有更强的DPPH清除能力，且对DPPH的清除率随浓度的增加和作用时间的延长而增加。通过相同时间内清除50%的DPPH所需试剂浓度的试验结果显示，止痢草提取物的DPPH清除活性不仅高于维生素C，也高于化工合成抗氧化剂BHT。

1.2 植物提取物添加剂的抗氧化作用机制

总的来看，植物提取物中的组分主要分为以下几大类：萜烯化合物、芳香族化合物、脂肪族化合物、含硫含氮化合物。这些植物提取物中存在的天然抗氧化物质多种多样，但是发挥抗氧化作用主要通过以下几种方式：①抑制氢化氧化物生成，清除活性氧[8]；②中断氧化过程中的链式反应，阻止氧化过程进一步进行[9]；③抑制氧化酶的活性，使其不能催化氧化反应的进行[10]；④螯合起催化作用的金属离子等[11]。

Youdim和Deans[10]发现，麝香草精油及其主要成分百里香酚可有效的清除自由基，从而影响体内的抗氧化防御系统，比如超氧化物歧化酶（SOD）、谷胱甘肽过氧化物酶（GSH-Px）和维生素E。麝香草精油中起抗氧化作用的主要是百里香酚和甲基异丙基苯-2,3-二醇。Farag等[12]比较植物提取精油抗氧化性质与其结构之间的关系发现，百里香酚结构苯环上的羟基为脂肪氧化中第一步产生的自由基提供氢离子，以延缓过氧化过程，这可能是百里香酚具有高抗氧化活性的原因。除了香芹酚和百里香酚之外，其他酚类（咖啡酸、对聚伞花素-2,3-二醇及一些双酚和类黄酮）化合物也有抗氧化活性，其中有些酚类化合物的抗氧化性能比维生素E的抗氧化功能还要高。

1.3 植物提取物添加剂的抗氧化作用在动物中的应用

随着生活水平的提高和保健意识的增加，人们对动物产品的质量要求趋于更高和多样化，各国科技工作者从改善动物产品质量方向也筛选出大量的天然植物提取物添加剂。图1是各种天然抗氧化剂在改善动物产品中使用的比重图，牛至提取物（止痢草）作为天然抗氧化剂在改善动物产品质量中使用最广，其次是迷迭香和百里香[13]。

Dinesh和Cheorun[14]报道天然抗氧化剂应用到肉和肉制品中主要有以下三种途径：①在肉制品加工过程中作为防腐剂使用；②作为动物饲料直接添加在日粮中；③制作可食用的包膜。脂类氧化是贮藏期间肉品质下降的原因之一，MDA含量反映氧自由基介导的脂质过氧化程度。Marinčák等[15]在肉仔鸡饲粮中添加止痢草提取物，研究其对生长性能和鸡肉氧化稳定性的影响，结果发现止痢草提取物能有效地延缓脂质氧化，而不受贮藏时间的影响。Janz等[16]是仅有的一篇比较了止痢草提取物和其他植物提取物（迷迭香、大蒜和生姜）在猪上的应用效果的报道。结果显示在日粮中添加止痢草植物提取物组具有最低的MDA值，可能的原因是止痢草植物提取物中的抗氧化物质吸收进入循环系统，最终到达并保留在了肌肉和其他组织中。大量的研究结果显示牛至属植物提取物发挥最强抗氧化效果的剂量分别为：肉鸡100 mg/kg[17,18]，火鸡200 mg/kg[18]。

Fasseas等[19]将牛至（止痢草）和鼠尾草提取物直接喷涂添加在牛肉和猪肉中，并于4℃条件下冷藏12 d之后检测TBA值和DPPH值，结果显示牛至（止痢草）和鼠尾草提取物都可以减少肉质在冷藏过程中的氧化，但是牛至（止痢草）提取物的效果优于鼠尾草。

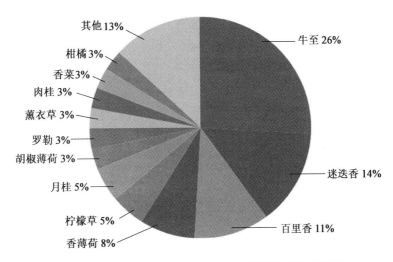

图 1 各种植物提取物在改善动物产品质量的运用比重图[13]

肉制品在存放过程中,容易受微生物的影响会发生一些不良变化,将会严重降低肉制品的食用价值,增加食源性疾病的危害。而大多数天然植物提取物不仅具有抗氧化活性,同时也具有极强的抑菌杀菌活性。研发具有抗菌特性的天然可食用包膜可减缓微生物的腐败从而延长肉产品的保质期[20]。以止痢草提取物为基础制作的可食用包膜可以减少牛肉中总菌和假单胞菌的数量[21],也可以有效杀灭鼠伤寒沙门氏菌和大肠杆菌 O157:H7[22]。如果在包装材料使用 1.5% 止痢草提取物可以使牛肉的货架期至少延长 2 d[22]。

2 植物提取物添加剂在无抗饲料动物营养中的应用

2.1 植物提取物添加剂在肉鸡上的应用综述

在实际养殖过程中,由于细菌产生抗药性,许多营养师或配方师不得不超倍使用和使用多种抗生素。但即使如此,由于 50%～60% 以上的致病菌已经产生抗药性,畜禽下痢和肠道亚健康的情况仍频繁发生,不仅给养殖业带来巨大损失,也使养殖企业面临食品安全及成本的压力。大多数研究表明,植物提取物添加剂对家禽的采食量没有显著影响,而对增重与饲料报酬则有显著改善。金立志[4]综述中指出日粮中添加止痢草或牛至草提取物添加剂的结果比较一致,平均改善饲料报酬 3.1%(幅度从 1% 至 9%),而对日增重和采食量方面的结果并不一致。大多数植物提取物饲料添加剂具有高效的杀菌、抑菌作用,能明显改善动物肠道健康,提高动物的抗病力,进而提高动物生产性能。表1总结了植物提取物替代抗生素的应用效果,总体来说在肉鸡日粮中添加植物提取物饲料添加剂在平均增重和FCR两项指标上与使用抗生素的效果相仿,同时也降低了肉鸡的死亡率。

表 1 植物提取物替代抗生素在肉鸡上的试验结果总结

资料来源	抗生素	完全替代抗生素结果 (抗生素 vs 植物提取物)	试验背景
泰高集团 (Trouw Nutrition/Nutreco)	完全取代 Avilamycin 和 Flavomycin	活重 2100 g; FCR 1.61; 死亡率(%)3.67	共 12 个试验; 3500000 只; 36 d; Cobb/Ross

续表 1

资料来源	抗生素	完全替代抗生素结果（抗生素 vs 植物提取物）	试验背景
土耳其最大肉鸡公司	停药期取代抗生素	增重(g)324 vs 382 死亡率(%)4.2 vs 3.3	142706 只肉鸡； 35~42 日龄
中国家禽,2013	完全取代恩拉霉素+硫酸抗敌素	ADG(g)53.0 vs 54.0 FCR 1.95 vs 1.99 死亡率(%)6.00 vs 6.80	2400 只 1 日龄； AA 肉鸡
菲律宾 Tower Farm	停药期取代抗生素	平均增重(kg)1.63 vs 1.69； FCR 1.94 vs 1.86	15842 只肉鸡； 0~7 日龄； 28~35 日龄
Ilias 博士	完全取代	共 3 个试验 (生产性能相似)	AA/Cobb
总结	完全取代或停药期	平均增重与 FCR 相仿； 死亡率更低	AA/Ross/哈波特/Cobb

植物提取物在肉鸡球虫病的防止上也可以发挥作用。该疾病导致家禽出现临床和亚临床症状,如饲料转化率下降、鸡群均匀度差、生长性能降低[23]。而且,球虫病也是肠炎和腹泻病的诱因,可能会导致鸡群的死亡率显著升高。目前,在饲料中添加抗球虫药是控制球虫病的主要途径。然而,耐药菌株对人类健康存在潜在风险[24]。Lu 等[25]研究抗生素替代性添加剂对高剂量接种艾美尔球虫疫苗肉鸡的肠道炎症和完整性的影响,并确定替代品对肉鸡生长性能和营养利用率的影响。结果显示在 0~21 d,植物提取物(止痢草)组增重最高,和抗生素组(盐霉素)在增重/饲料比方面最好(表 2)。第 21 日龄,植物提取物组和盐霉素组肉鸡的能量和干物质的消化率显著高于商品酵母组,盐霉素组和好力高组比直接饲喂微生物和商品酵母组肉鸡的氮和磷消化率也显著高(表 3)。

表 2 试验第 0~21 天动物生长性能的结果

项目	空白对照	盐霉素	微生物	商品化酵母	植物提取物	天然酵母
BWG/g	731	736	759	716	785	761
FI/g	1024^{ab}	984^{ab}	1051^{a}	970^{b}	1051^{a}	1050^{a}
G:F/(g/kg)	717	748	721	734	748	726

表 3 试验第 21 天表观回肠消化率的结果   %

项目	空白对照	盐霉素	微生物	商品化酵母	植物提取物	天然酵母
DM	58.3^{ab}	65.2^{a}	56.9^{ab}	52.1^{b}	63.7^{a}	66.4^{a}
能量	62.6^{ab}	69.3^{a}	61.6^{ab}	57.5^{b}	68.6^{a}	70.6^{a}
Ca	74.3	81.7	77.9	71.0	79.6	81.8
N	81.7^{ab}	83.8^{a}	73.2^{d}	77.2^{c}	79.3^{bc}	82.5^{a}
P	32.3^{bc}	41.5^{a}	19.3^{d}	27.8^{c}	33.8^{b}	44.5^{a}

2.2 植物提取物添加剂在猪上的应用综述

2.2.1 植物提取物添加剂在仔猪上的应用

腹泻是仔猪断奶后最常见的一种临床症状,往往导致猪的生长抑制甚至死亡,给养猪生产造成严重的经济损失。目前治疗猪腹泻的主要手段是应用抗生素,然而因为细菌不断产生耐药性,使得抗生素疗效甚微。因此,许多研究者将目光转移到天然植物提取物上,而且已经有很多文章报道了植物提取物完全或部分取代抗生素对断奶仔猪生长性能和肠道健康的影响(表4)。塞萨洛尼基的Kyriakis博士比较在日粮中添加止痢草提取物与硫酸黏杆菌素对断奶仔猪生产性能的影响,在饲喂添加250 g/t止痢草提取物日粮的断奶仔猪在日增重、饲料转化率方面和硫酸黏杆菌素组基本相当,腹泻指数和死亡率方面略优于硫酸黏杆菌素组;而饲喂添加500 g/t止痢草提取物日粮的断奶仔猪在上述几个指标方面则优与硫酸粘杆菌素组[26]。史东辉[27]研究也比较了止痢草提取物与复配抗生素对断奶仔猪生产性能的影响,日粮添加止痢草提取物替代50%抗生素(杆菌肽锌40 g/t和金霉素70 g/t)可以提高断奶仔猪的生产性能;替代全部抗生素有提高断奶仔猪生产性能的趋势。

表4 植物提取物替代抗生素在仔猪上的试验结果总结

资料来源	抗生素	完全替代抗生素结果 (抗生素 vs 植物提取物)	试验背景
欧洲 Aristotle University Kyriakis 2006	硫酸抗敌素 1 kg/t	平均增重(kg) 4.01 vs 4.02 饲料利用率 1.71 vs 1.67 腹泻指数 5.38 vs 4.33 死亡率 5.55% vs 2.77%	21日龄断奶仔猪; 试验期为21 d
Rhea Guino-Figarola, 菲律宾大学,2008	黄霉素	平均日增重(g/d)258 vs 306 饲料转化率 1.71 vs 1.68 腹泻指数 27.52 vs 24.82 死亡率 1.25% vs 1.25%	7日龄仔猪; 试验期为63 d
欧洲 Nutreco 集团公司, 2006	阿美拉霉素	平均增重(kg) 30.3 vs 30.8 饲料利用率 1.53 vs 1.54 采食量 46.4 vs 47.7	42日龄仔猪仔猪; 试验期为63 d
中国畜牧杂志,2010	杆菌肽锌+金霉素	平均增重(kg) 172 vs 175 饲料利用率 1.66 vs 1.65 采食量 g 286 vs 289	平均体重8.83 kg; 断奶仔猪60头; 试验期15 d
南方大型企业,2014	所有抗生素	平均增重(g) 230 vs 219;712 vs 701 饲料利用率 1.27 vs 1.27;1.65 vs 1.65 腹泻率(%)1.29 vs 2.86;0 vs 0	完全替代抗生素; 仔猪 25~38日龄和 44~88日龄; 5000头猪试验
总结	与抗生素相比	增重 1.6%~8.6% 饲料转化效率 0.6%~2.3% 死亡率 0%~2.78%	

2.2.2 植物提取物添加剂在育肥猪上的应用

植物提取物饲料添加剂富含多种营养元素和有效活性成分,能够增进猪的食欲,增加采食量;兴奋动物胃肠道,促进消化腺分泌,提高消化吸收功能;稳定消化道内微生态环境的平衡,促进猪生长发育,提高饲料利用率[28]。Zou等[29]的研究结果显示在育肥猪饲粮中添加300 g/t植物提取物(止痢草),改善了肠道的屏障功能,降低了空肠、回肠和结肠中大肠杆菌的数量,改善了生长育肥猪的肠道健康。曾代勤等[30]将3种植物添加剂按一定比例混合给生长猪饲喂,发现与抗生素组相比,猪的日增重、饲料报酬、经济效益都得到提高。刘家国等[31]选择75~80日龄体重相近生长猪,以植物添加剂(1%)和金霉素(25 mg/kg)分别添加饲喂猪群,结果显示,药物添加剂组肉猪在净增重、日增重及料肉比方面都显著优于金霉素组和对照组猪群。

植物提取物饲料添加剂还能够提高育肥猪胴体瘦肉率,降低胴体脂肪,改善胴体品质和肉质特性。Zhang等[32]研究显示在运输应激导致的脂质过氧化加强的情况下,添加植物提取物(止痢草)能有效地提高动物机体抗氧化酶活性,改善机体抗氧化能力,抑制自由基和MDA的过量产生,从而降低猪肉的滴水损失(3.5% vs 1.8%)。薛红枫[33]研究天然植物提取物对育肥猪的屠宰效果,结果表明试验组的屠宰率、后腿比例、瘦肉率、眼肌面积与熟肉率分别比对照组提高了0.94%、4.44%、7.67%、13.81%、0.63%;试验组的平均膘厚、脂肪比例、板油比例、平均皮厚、失水率分别比对照组降低了1.31%、20.20%、11.13%、19.35%、6.55%,且试验组的猪肉大理石花纹明显,肌间脂肪丰富,肉质嫩度良好。

2.2.3 植物提取物添加剂在母猪上的应用

母猪日粮很少添加抗生素药物添加剂,但Amrik和Bilkei[34]对商业猪场的研究发现,一些母猪外阴分泌物内有大肠杆菌、葡萄球菌、梭状芽孢杆菌、链球菌和肺炎克雷伯菌病原菌的存在。在日粮中添加500 g/t止痢草提取物对1800头母猪进行两年的研究显示,在日粮中添加止痢草提取物可以改善母猪繁殖性能(表3)。饲喂添加止痢草提取物日粮的试验组母猪泌尿生殖系统发病率比对照组降低了33%(死淘母猪中对照组为21%,试验组为14%),子宫炎-乳房炎-无乳症(MMA)发病率比对照组降低了36%(死淘母猪中对照组发病率为25%,试验组为16%)[35]。Berchieri-Ronch等[36]的研究显示母猪在妊娠和泌乳期易发生氧化应激,Tan等[37]在母猪整个繁殖周期的日粮中添加植物提取物(止痢草),在一定程度上增强了母猪妊娠后期和泌乳前期的抗氧化能力,缓解了母猪的氧化应激,提高了泌乳母猪第3周采食量(6.46 vs 6.00 kg),也提高了21日龄的断奶重(6.94 vs 6.49 kg)。在日粮中添加500 g/t止痢草提取物对1800头母猪进行两年的跟踪研究显示,在日粮中添加止痢草提取物可以改善母猪繁殖性能(表5)[34]。

表3 日粮添加止痢草提取物对母猪繁殖性能的影响[34]

项目	对照组	止痢草提取物
母猪死亡率/%	6.91	4.11
母猪淘汰率/%	14.4	11.4
母猪产仔率/%	62.21	67.72
产活仔数/头	9.84	10.09
死胎数/头	0.907	0.808

2.3 其他动物

过去大量的研究报道了植物提取物及其主要成分对瘤胃微生物发酵的影响[38]。体外的批次培养试验结果表明,植物提取物可通过抑制超氨生产菌的生长对瘤胃氮代谢产生影响,减少了氨基酸的脱氨基作用,从而抑制氨的产生[38]。利用双外流连续培养发酵罐,以精粗比为60∶40的日粮为底物(粗料为苜蓿干草),研究6种天然植物提取物对瘤胃蛋白质降解和发酵模式的影响。结果显示日粮中添加7.5 mg/kg止痢草提取物,在发酵的第1~6天增加了乙酸的比例,减少了丙酸的比例[39]。

3 总结

21世纪将是一个绿色产品的世纪,随着经济社会的发展和人民生活水平的不断提高及国际环保技术的快速发展,人们对农产品,特别是动物性食品的质量提出了更高要求。绿色、安全、高效的植物饲料添加剂对动物福利、生长性能、营养和能量利用等方面有积极作用,在保护消化道和机体代谢中营养成分的氧化,以及保护最终产品的氧化变质等方面都具有很高的应用潜力。与此同时植物提取物饲料添加剂不仅可以杀灭和抑制那些对抗生素有耐药性的菌株,减少动物下痢,保障肠道健康,提高动物的生产性能,而且无残留,无耐药性问题,可为动物养殖与饲料业的安全与高效生产提供有力保证。

参考文献

[1] Burt S. Essential oils:their antibacterial properties and potential applications in foods—a review. International Journal of Food Microbiology, 2004,94(3):223-253.

[2] Franz C, Baser K, Windisch W. Essential oils and aromatic plants in animal feeding - a European perspective. A review. Flavour Fragr J. Flavour & Fragrance Journal, 2010,25(5):327-340.

[3] 金立志. 植物提取物在动物生产中的应用研究及发展前景. 中国畜牧杂志, 2007,43(20):11-17.

[4] 金立志. 植物提取物添加剂在动物营养中的应用及其机制的研究进展. 动物营养学报, 2010,22(05):1154-1164.

[5] Anshan S, Feng L I. Effect of maternal nutrition on offspring growth, development and meat quality in pigs. Journal of Northeast Agricultural University, 2011,42(6):1-6.

[6] Milos M, Mastelic J, Jerkovic I. Chemical composition and antioxidant effect of glycosidically bound volatile compounds from oregano (Origanum vulgare L. ssp. hirtum). Food Chemistry, 2000,71(1):79-83.

[7] Kacaniova M, Vukovian, Hleba L, Bobkov A. Antimicrobial and antiradical activity of origanum vulgarel and thymus vulgaris essential oils. Journal of Microbiology Biotechnology & Food Sciences, 2012,2(1):263-271.

[8] Zheng W, Wang S Y. Antioxidant activity and phenolic compounds in selected herbs. Journal of Agricultural and Food chemistry, 2001,49(11):5165-5170.

[9] Velioglu Y, Mazza G, Gao L, Oomah B. Antioxidant activity and total phenolics in selected fruits, vegetables, and grain products. Journal of Agricultural and Food Chemistry, 1998,46(10):4113-7.

[10] Youdim K A, Deans S G. Effect of thyme oil and thymol dietary supplementation on the antioxidant status and fatty acid composition of the ageing rat brain. British Journal of Nutrition, 2000,83(1):87-93.

[11] Andjelković M, Van Camp J, De Meulenaer B, et al.. Iron-chelation properties of phenolic acids bearing catechol and galloyl groups. Food Chemistry, 2006,98(1):23-31.

[12] Farag R S, Badei A Z M A, Hewedi F M, et al.. Antioxidant activity of some spice essential oils on linoleic acid oxidation in aqueous media. Journal of the American Oil Chemists Society, 1989,66(6):792-9.

[13] Patel S. A review of plant essential oils and allied volatile fractions as multi-functional additives in meat and fish-based food products. Food Additives & Contaminants:Part A, 2015(just-accepted).

[14] Jayasena D D, Jo C. Potential application of essential oils as natural antioxidants in meat and meat products:a review. Food Reviews International, 2014,30(1):71-90.

[15] Marcinčk S, Cabadaj R, Popelka P, Šolt Sov L. Antioxidative effect of oregano supplemented to broilers on oxidative stability of poultry meat. Slovenian Veterinary Research, 2008,45(2):61-66.

[16] Janz J, Morel P, Wilkinson B, Purchas R. Preliminary investigation of the effects of low-level dietary inclusion of fragrant essential oils and oleoresins on pig performance and pork quality. Meat Science, 2007,75(2):350-355.

[17] Botsoglou N, Christaki E, Fletouris D, et al.. The effect of dietary oregano essential oil on lipid oxidation in raw and cooked chicken during refrigerated storage. Meat science, 2002,62(2):259-65.

[18] Botsoglou N, Fletouris D, Florou-Paneri P, et al.. Inhibition of lipid oxidation in long-term frozen stored chicken meat by dietary oregano essential oil and α-tocopheryl acetate supplementation. Food Research International, 2003, 36(3):207-213.

[19] Fasseas M, Mountzouris K, Tarantilis P, et al.. Antioxidant activity in meat treated with oregano and sage essential oils. Food Chemistry, 2008,106(3):1188-1194.

[20] Karre L, Lopez K, Getty K J K. Natural antioxidants in meat and poultry products. Meat Science, 2013,94(2):220-227.

[21] Zinoviadou K G, Koutsoumanis K P, Biliaderis C G. Physico-chemical properties of whey protein isolate films containing oregano oil and their antimicrobial action against spoilage flora of fresh beef. Meat Science, 2009,82(3):338-345.

[22] Oussalah M, Caillet S, Saucier L, et al.. Antimicrobial effects of alginate-based film containing essential oils for the preservation of whole beef muscle. Journal of Food Protection®, 2006,69(10):2364-2369.

[23] Brake D A, Strang G, Lineberger J E, et al.. Immunogenic characterization of a tissue culture-derived vaccine that affords partial protection against avian coccidiosis. Poultry Science, 1997,76(7):974-983.

[24] Lee E H. Drug resistance in avian coccidia. Canadian Veterinary Journal La Revue Veterinaire Canadienne, 1978,19(6):174-179.

[25] Lu H, A. Adedokun S, Adeola L, et al.. Anti-Inflammatory Effects of Non-Antibiotic Alternatives in Coccidia Challenged Broiler Chickens. The Journal of Poultry Science, 2014,51(1):14-21.

[26] Allen P C, Lydon J, Danforth H D. Effects of components of Artemisia annua on coccidia infections in chickens. Poultry Science, 1997,76(8):119-125.

[27] 史东辉,陈俊锋,任忠奎,等. 唇形科植物提取物对肉鸡生长性能、屠宰性能和肉品质的影响研究. 中国家禽,2013,35(16):33-37.

[28] 鲁岩,张露露. 中草药添加剂在生长育肥猪饲料中的应用. 现代农业科技,2007(24):164-169.

[29] Zou Y, Xiang Q, Wang J, et al.. Oregano Essential Oil Improves Intestinal Morphology and Expression of Tight Junction Proteins Associated with Modulation of Selected Intestinal Bacteria and Immune Status in a Pig Model. Biomed Research International,2016(1):1-11.

[30] 曾代勤,曹国文,戴荣国,等. 中草药饲料添加剂饲喂生长猪的效果研究. 黑龙江畜牧兽医,2003(06):11-12.

[31] 刘家国,赵志辉,张宝康,等. 中草药与金霉素对生长猪的影响及其机理初探. 西南大学学报(自然科学版),2005,27(06):877-880.

[32] Zhang T, Zhou Y F, Zou Y, et al.. Effects of dietary oregano essential oil supplementation on the stress response, antioxidative capacity, and HSPs mRNA expression of transported pigs. Livestock Science, 2015,180:143-149.

[33] 薛红枫,汪鲲,杨昆明. 应用天然植物提取物饲料添加剂生产绿色风味猪肉. 中国动物保健,2004(6):11-13.

[34] Amrik B, Bilkei G. Influence of farm application of oregano on performances of sows. Canadian Veterinary Journal La Revue Veterinaire Canadienne, 2004,45(8):674-677.

[35] Ariza-Nieto C, Bandrick M, Baidoo S K, et al.. Effect of dietary supplementation of oregano essential oils to sows on colostrum and milk composition, growth pattern and immune status of suckling pigs. Journal of Animal Science, 2011,89(4):1079-1089.

[36] Berchierironchi C B, Kim S W, Zhao Y, et al.. Oxidative stress status of highly prolific sows during gestation and lactation. Animal An International Journal of Animal Bioscience, 2011,5(11):1774-1779.

[37] Tan C, Wei H, Sun H, et al.. Effects of Dietary Supplementation of Oregano Essential Oil to Sows on Oxidative Stress Status, Lactation Feed Intake of Sows, and Piglet Performance. Biomed Research International, 2015,2015(2):1-9.

[38] Benchaar C, Calsamiglia S. A review of plant-derived essential oils in ruminant nutrition and production. Animal Feed Science & Technology, 2008,145(1):209-228.

[39] Macintyre A. Effects of natural plant extracts on ruminal protein degradation and fermentation profiles in continuous culture. Journal of Animal Science, 2004,82(11):3230-3236.

降解霉菌毒素的益生菌资源利用及新型微生态制剂开发研究进展[*]

马秋刚[**]

(中国农业大学动物科学技术学院动物营养国家重点实验室,北京 100193)

摘 要:很多微生物具有生物降解霉菌毒素的作用,但是其中大部分为有害菌,不能添加到饲料中,从而限制了这些菌株在实际生产中的应用。传统的微生态制剂通过采用活的益生菌直接添加到饲料中来调节动物肠道微生态平衡,达到预防疾病、促进动物生长和提高饲料利用率作用。近年来,研究发现某些益生菌具有高效降解霉菌毒素的作用。因此,筛选能够降解霉菌毒素的益生菌,开发高效降解霉菌毒素的新型微生态制剂,将是解决霉菌毒素污染问题的有效方法之一。本文对主要霉菌毒素(黄曲霉毒素、玉米赤霉烯酮、呕吐毒素等)的益生菌菌种筛选、降解机理、新型微生态制剂的开发和应用现状进行了综述,以期为霉菌毒素的生物降解产品的研究开发提供理论依据。

关键词:霉菌毒素;生物降解;益生菌[1]

霉菌毒素(mycotoxins)是霉菌在生长过程中产生的有毒的次级代谢产物,对人和动物危害最严重的霉菌毒素主要有黄曲霉毒素(AF)、玉米赤霉烯酮(ZEA)和单端孢霉烯族毒素(包括呕吐毒素和T-2毒素)。在我国,霉菌毒素的污染情况也十分严重,AFB_1、DON、ZEA 和 OTA 在玉米、麸皮、饼粕类和 DDGS 中的检出率分别达到 50%、46%、36% 和 94%;93%、92%、54% 和 100%;100%、100%、54% 和 100%;93%、77%、64% 和 100%[1-3]。一旦动物采食含黄曲霉毒素的日粮,不但会降低动物饲料转化效率,减少产肉量、产蛋量和产奶量,增加动物发病率和死亡率,给畜牧业也造成巨大的经济损失,霉菌毒素还会在动物产品中残留,从而损害人类体。

传统的去毒方法有物理和化学方法,包括氨化法、碱法、高温法、紫外线照射法等,这些方法存在效果不稳定、营养成分损失大、难以规模化生产等缺点[4,5]。霉菌毒素的生物降解是指霉菌毒素的毒性基团被微生物产生的分泌的酶或者次级代谢产物分解破坏,生成无毒的产物的过程。生物降解法具有解毒彻底、专一性强、对饲料无污染、不影响饲料营养价值、避免毒素的重新产生等优点,从而备受研究者的关注[6,7]。近年来,很多真菌、细菌及其代谢产生的酶被证实能够体外降解某种霉菌毒素,为开发霉菌毒素生物降解剂奠定了基础[8,9]。但真菌及大部分细菌不能直接添加到饲料中,而降解霉菌毒素的酶需要经过提取、纯化及包被等工艺才能使用,工艺复杂且成本高。因此,高效降解霉菌毒素益生菌的筛选及开发利用越来越受到人们的关注。

---

[*] 基金项目:公益性行业(农业)科研专项(201403047),教育部"新世纪优秀人才支持计划资助"(NCET-13-0558),国家蛋鸡产业技术体系(CARS-41-K15)

[**] 作者简介:马秋刚,副教授,主要从事动物营养和饲料安全研究,E-mail:maqiugang@cau.edu.cn

1 降解霉菌毒素益生菌及其作用机理

1.1 降解黄曲霉毒素益生菌及其作用机理

黄曲霉毒素是一类主要由曲霉属真菌,如黄曲霉(Aspergillus flavus)、寄生曲霉(A. parasiticus)产生的有毒次级代谢产物,具有强的毒性、致癌性和诱变性[10]。目前,已经发现了20余种黄曲霉毒素,其中黄曲霉毒素B_1(AFB_1)的毒性最高、在饲料原料中发生率最高[11, 12]。研究发现一些真菌及细菌具有降解黄曲霉毒素的作用,如放线菌、荧光假单胞菌、橙色黏球菌、葡萄球菌和恶臭假单胞菌等[13-19],但是这些菌不能直接添加到饲料中,从而限制了其在实际生产中的应用(表1)。

表1 降解的非益生菌及其降解效率[20]

微生物种类	作用时间/d	降解活性/%
寄生曲霉 NRRL 2999	4	2.10～17.1
黑曲霉 I.M.M. 7	12	76.20～86.75
黄曲霉 102566	2	18.85～24.57
黑曲霉	3	93.28
黑曲霉 ND-1	1	58.2
绿色木霉	20	89.9
树状指孢霉 NRRL 2575	3	50～60
不明毛霉	20	82.9
隔孢伏革菌	3	40.45
茎点菌	5	90
糙皮侧耳	10	77.74
糙皮侧耳 St2-3	3	35.9
绿脓假单胞菌 N17-1	3	72.50
分支杆菌 DSM 44556	1.5～3	70～100
红色棒状杆菌	4	99.00
甲基营养型芽孢杆菌	3	75.25
红平红球菌 4.1491	3.4	95.80
红串红球菌 DSM 14303	2～3	83.00～97.00
诺卡氏菌	1	74.50
施氏假单胞菌	3	82.19

近年来,研究发现益生菌如芽孢杆菌、屎肠球菌及乳酸杆菌等可高效地降解黄曲霉毒素[21]。Farzaneh 等[22]从开心果中分离出一株枯草芽孢杆菌,其发酵上清液对AFB_1的降解率达到78.39%,该菌与含有AFB_1的开心果一起培养1 d、3 d 和 5 d 后,可分别减少其中4.1%、46.3%和95%的AFB_1。Adebo 等[23]从金矿含水层中分离得到了一株梭形芽孢杆菌,在液体培养基中与AFB_1孵育 48 h,可降解61.3%的AFB_1,将该菌离心裂解后,其裂解产物与AFB_1作用12 h,降解率高达100%。Rao 等[24]从56株中细菌中筛选出了7株高效降解AFB_1的细菌,其中一株细菌对AFB_1的降解率高达94.7%,经过生物活性及16S鉴定,确定其为地衣芽孢杆菌。Topcu 等[25]研究发现,与AFB_1一起培养24 h,屎肠球菌 M74 及屎肠球菌 MF031 对 AFB_1的降解率分别为30.5%和35.1%。Elsanhoty 等[26]研究发现,嗜酸乳杆

菌 ATCC20552、鼠李糖乳杆菌 TIRTR 541、双歧杆菌 DSMZ20098 及保加利亚乳杆菌在含有 50 μg/L 的 AFM_1 的培养基中培养 24 h,可使 AFM_1 的浓度分别降低到 15.9、16.7、16.6 和 15.4 μg/L。

我们的研究团队也做了很多关于益生菌生物降解黄曲霉毒素的工作,关舒[27]以香豆素为唯一碳源,从自然界样品种筛选得到 26 株能够降解黄曲霉毒素的菌株,对其中降解活性较高的 9 株菌进行形态学观察和 16S rDNA 鉴定,发现其中一株益生枯草芽孢杆菌,对 AFB_1 的降解率高达 80.93%[28]。高欣[29]从鱼肠道分离出一株枯草芽孢杆菌 ANSB060,其发酵液在 72 h 内对 AFB_1、AFG_1 和 AFM_1 的降解率分别达到 81.5%、80.7% 和 60.0%(专利公开号:CN101705203A);该菌株降解黄曲霉毒素的活性物质是一种分泌于发酵上清液中的胞外酶,并且该菌株具有良好的抗菌性和抗逆性[30,31]。筛选得到了一株高效降解黄曲霉毒素的枯草芽孢杆菌 ANSB324,其与黄曲霉毒素 B1、G1 和 M1 反应 48 h 时,降解率分别为 85%、66% 和 68%(专利公开号:CN201010539983.8)。贾如[20]对枯草芽孢杆菌分泌的黄曲霉毒素降解酶进行胶内酶解和 LC-MS 检测,得到其 21 段特征氨基酸。高效液相色谱-二级质谱联用(HPLC-MS)和红外光谱分析确定其降解机理为:同时断裂黄曲霉毒素分子氧杂萘邻酮环上的芳香内酯键和碳 8 位的甲氧基团。具体生物降解黄曲霉毒素的途径见图 1。

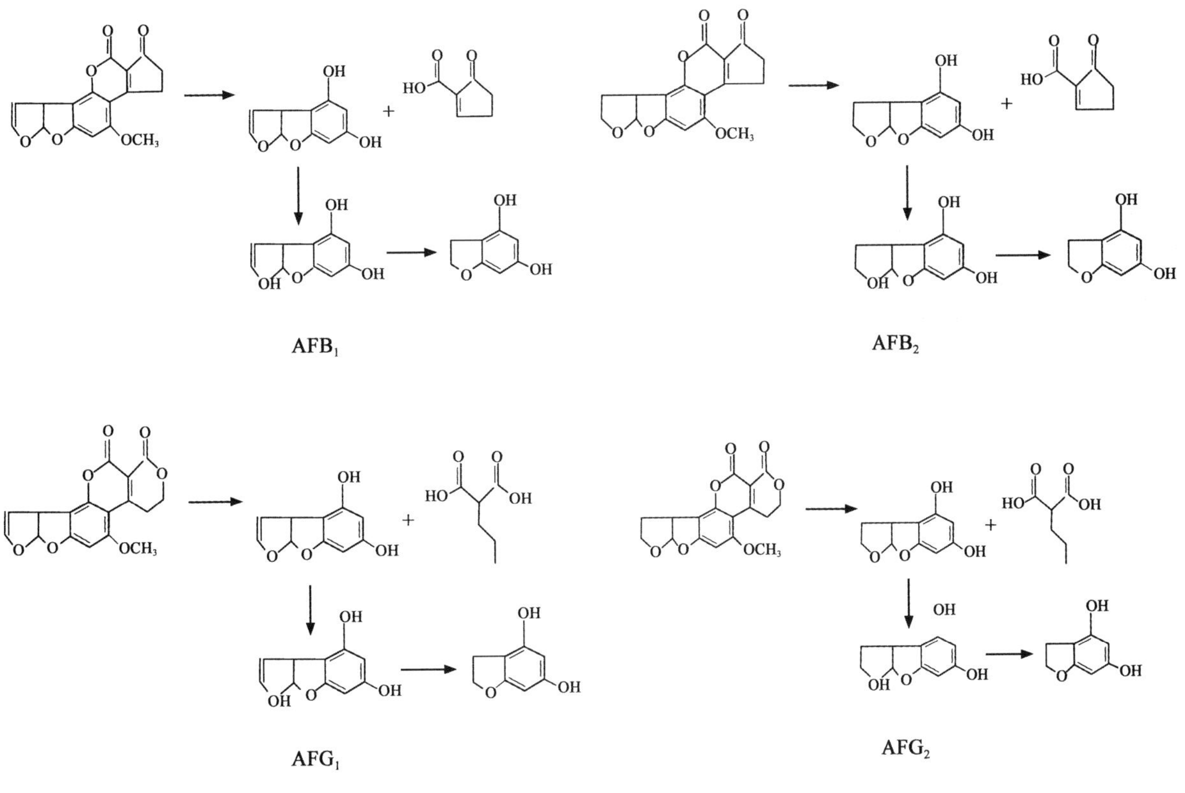

图 1 $AFB_1\backslash B_2\backslash G_1\backslash G_2$ 降解途径及最终产物分析

1.2 降解玉米赤霉烯酮益生菌及其作用机理

玉米赤霉烯酮(ZEA)被认为是真菌污染物中最常见的一种毒素,对人和动物的毒性主要表现为:生殖毒性、遗传毒性、细胞毒性、免疫毒性和致肿瘤毒性等,其代谢产物作为雌激素类似物,能够引起很多种类雌性动物的雌激素过多症和生殖障碍。其中,猪是对最敏感的动物,特别是青春期前的母猪。一些其他真菌和细菌如黑曲霉菌株[32]、恶臭假单胞菌[33]、红球菌属菌株[34]等对 ZEA 具有较强的降解作用(表 2),但是它们不能直接应用于饲料或者食品,从而限制了这些菌的应用。

表2 降解ZEA的非益生菌及其降解率[32, 35-38]

微生物种类	作用时间/h	降解活性/%
黑曲霉 FS10	48	89.56
假单胞菌 TH-N1	72	59
不动杆菌属 SM04	3	93.28
动球菌属 S118	24	47.82
红城红球菌 NI1	20	60.55
嗜吡啶红球菌 K402	72	79.4
嗜吡啶红球菌 K404	72	80.48
嗜吡啶红球菌 K408	72	85.6
赤红球菌 AK37	72	90
赤红球菌 N361	72	77.74
球状红球菌 N58	72	36.21
嗜粪红球菌 N774	72	33.75
玫瑰红红球菌 ATTC12674	72	32.55

近年来,研究发现一些有益菌具有降解ZEA的作用,Cho等[39]从农场附近土壤以样品中筛选出了一株枯草芽孢杆菌,将该菌在含1 mg/kg的ZEA培养夜中培养24 h,可降解99%的ZEA;在ZEA污染的DDGS中(ZEA含量为0.25 mg/kg)接种该菌,37℃固态发酵48 h,可降解95%的ZEA。Yi等[40]从168株来自土壤的细菌中筛选得到了一株能够降解ZEA的地衣芽孢杆菌,在含量为2 mg/kg的10 mL的培养基中接种1%的该菌,培养36 h时,ZEA的降解率高达95.8%。Xu等[41]从1000多株细菌中刷选出了一株降解ZEA的菌,经过形态学及16S rRNA鉴定,其为解淀粉芽孢杆菌,在30℃、pH 6.0~7.0、菌浓度$5×10^8$ CFU/mL的条件下,可将ZEA的浓度快速从3.0 mg/L降解到0.13 mg/L,降解率高达95.7%。Zhang等[42]从葡萄当中分离出了一株能够降解ZEA的酿酒酵母,在ZEA含量为5 μg/mL的培养基中接种此菌,培养48 h后,可将ZEA全部降解。戊糖乳杆菌也具有降解ZEA的作用,Sangsila[43]研究了8种戊糖乳杆菌对ZEA的吸附及降解能力,发现其中两株对ZEA的吸附率达80%以上,降解率为38%~46%。Zhao等[44]报道,一些植物乳杆菌也具有降解ZEA的能力,其降解率与ZEA的浓度、菌的密度及培养温度密切相关,并且降解过程是一个慢速、连续的过程,在培养48 h时,大约45%的ZEA被降解。尽管上述菌株实验室条件下具有高效降解ZEA的能力,但是却极少有在动物应用的报道,可能由于这些菌在应用到饲料中后,菌的生长条件发生变化,从而使其降解ZEA的能力受到限制。

雷元培[45]从79个各种动物肠道食糜或粪便、发霉饲料及食品、不同环境和地区的土壤中筛选到了36株微生物菌株,发现其中5株对ZEA的降解活性在50%以上;其中从肉鸡食糜中分离得到的一株菌降解活性最高,经鉴定其为枯草芽孢杆菌(命名为ANSB01G),其对液体培养基中ZEA的降解率为88.65%,对玉米、DDGS及猪全价饲料中ZEA的降解率分别为84.58%、66.344%和83.04%;经LC-MS检测分析,推测菌株ANSB01G降解ZEA的作用机制为:首先ZEA分子中酚羟基与谷氨酸的γ-羧基结合,然后分子结构中内酯环水解、脱羧、还原羰基、最后脱水,该解毒机制是一种新的ZEA代谢途径(图2);枯草芽孢杆菌ANSB01G的发酵液具有同时降解玉米赤霉烯酮和纤维素的作用,枯草芽孢杆菌与玉米赤霉烯酮反应72 h对其降解率可达到83%;枯草芽孢杆菌的发酵液的纤维素酶活为198.9 U/g,该菌株降解玉米赤霉烯酮的活性高、特异性强、作用效果温和,不会破坏饲料中的营养成分,而且同时还能降解纤维素,提高饲料转化率(专利公开号:CN102181376A)。筛选得到了一株高效降解玉米赤霉烯酮的枯草芽孢杆菌 ANSB0E1，将其发酵液与玉米赤霉烯酮反应 72 h，降解率可达 88%以上；将发酵液与 α-玉米赤霉烯醇反应 72 h，降解率可达 83%以上；将发酵液与 β-玉米赤霉烯醇反应 72 h，降解率可达 80%以上（专利公开号：CN103695340A）。

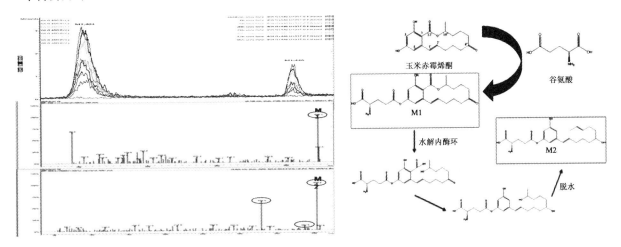

图 2 玉米赤霉烯酮的降解途径

1.3 降解单端孢霉烯族毒素益生菌及其作用机理

单端孢霉烯族毒素是镰孢霉毒素中最重要、数量最多的一族毒素，可分为 4 个亚类，其中 A 类和 B 类最为重要。单端孢霉烯族毒素的基本化学结构是倍半萜烯，因其在 C-12、C-13 位上形成环氧基，故又称 12、13-环氧单端孢霉烯族化合物[46,47]。其中呕吐毒素（DON）在饲料污染中较为常见。Volkl 等[48]从自然界样品中分离出一株细菌，其可将 DON 降解为 3-酮基-DON，该菌在 20℃条件下保存 6 个月仍能保持对 DON 的降解能力。Ikunaga 等[49]从小麦地里分离到一株诺卡氏细菌 WSN05-2，其可将 DON 转化为 3-epi-DON 和另一种结构还未阐明的产物。Shima 等[50]从土壤中筛选得到一株土壤杆菌属的细菌 E3-39，在 30℃厌氧条件下，其细胞外提取液可将培养基中 200 μg/mL 的 DON 完全降解。余祖华等[51]在以 DON 为唯一碳源的基础培养基上，从霉变的禾谷秸秆中分离得到了一株可高效降解 DON 的蜡样芽孢杆菌，其对含 DON 的饲料降解率高达 82.68%。动物肠道中的一些微生物也具有降解 DON 的作用，Yoshizawa 等[52,53]研究发现，奶牛肠道中的细菌能够将 DON 中的 C12 和 C13 环氧结构降解为 C9 和 C12 形成双键的物质；牛瘤胃和肠道中的混合微生物可将单端孢霉烯族毒素的环氧结构破坏，但瘤胃和肠道中微生物单独培养物对 DON 的环氧结构没有降解作用，可能是这些细菌严格厌氧且具有复杂的营养需求，不利于在实际生产中推广应用。Binder 等[54]从牛瘤胃的富集培养物中分离到一株能够降解 DON 的厌氧优杆菌属细菌；随后试验证实，该菌株可将 DON 的代谢降解为 DOM-1[55]。He 等[56]从鸡肠道中分离筛选出微生物复合物，其可将 98%以上的 DON 在 96 h 内转化为 DOM-1。Yu 等[57]采用 PCR-DGGE 方法从鸡肠道中分离了 10 株具有将 DON 转化为 DOM-1 的菌株。虽然动物肠道中的一些微生物具有降解 DON 的作用，但是当动物采食含 DON 的日粮时仍旧会发生 DON 中毒，这可能是因为这些降解 DON 的细菌不是优势菌群，数量极少，降解 DON 的作用可以忽略不计。

关舒[27]从褐色大头鲶肠道中分离得到微生物混合物 C133，该混合物在 15℃与 DON 混合培养 96 h，可完全将 DON 转变为 DOM-1。李笑樱[58]从土壤样品中筛选出一株能够高效降解饲料或饲料原料中 DON 的微生物菌株；该菌株对自然霉变的小麦和 DDGS 中的 DON 降解率分别高达到 95.31%和 87.12%；通过生理生化和 16S rRNA 基因序列分析方法鉴定出该菌株为德沃斯氏菌，并命名为德沃斯氏菌 ANSB714，其降解途径如图 3。筛选得到了一株的德沃斯氏菌 ANSB714，其与霉变饲料反应 24 h 后，对饲料中单端孢霉烯族毒素的降解率可达 98%，降解单端孢霉烯族毒素的活性高、特异性强、作用效果温和,不会破坏饲料中的营养成分,同时提高饲料利用率,确保了畜牧业的安全生产并提高了经济效益(专利公开号:CN104232517A)。

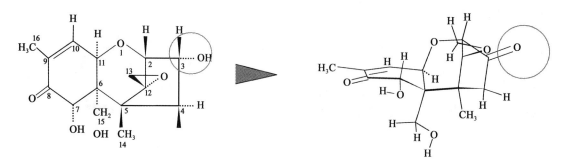

图 3　DON 代谢途径

上面介绍的降解 DON 的微生物均没有证实其是否为有益菌,不能在饲料中直接添加。我们筛选得到了一株高效降解 DON 的枯草芽孢杆菌 ANSB471,与 DON 反应 72 h,其对饲料中呕吐毒素的降解率可达到 95%;且经传代培养后,对呕吐毒素的降解率仍保持在 90% 左右。该菌株还能够分泌淀粉酶,且酶活力较高,可提高动物对饲料中淀粉的利用率(专利公开号:CN103243047A)。

1.4　降解其他霉菌毒素益生菌及其作用机理

除上述霉菌毒素外,赭曲霉毒素 A(OTA)和烟曲霉毒素(fumonisins)也是饲料中常见的毒素。赭曲霉素的基本化学结构是由异香豆素连接到 β-苯基丙氨酸上的衍生物,有 A、B、C、D 4 种化合物,研究发现很多微生物具有降解 OTA 的作用(表 3),但是其不能直接添加到饲料中。Péteri 等[59]研究发现,法夫酵母具有降解 OTA 的作用,在含 7.5 μg/mL 的 PM 培养基中培养 7 d 后,可使 90% 的 OTA 降解。Fuchs 等[60]分离得到了一株嗜酸乳酸杆菌和动物双歧杆菌,其对 OTA 的降解率高达 97% 和 22%,对棒曲霉毒素的降解率分别为 21% 和 82%。Belkacem 等[61]从小麦样品中筛选出了 54 株乳酸菌,它们对曲霉属真菌具有较强抑制作用,进一步研究发现,其可使 OTA 的产生量减少 80% 以上。人小肠微生物也具有降解 OTA 的功能,主要通过水解、脱氨及开环 3 种方式,将 OTA 降解成 OTα、OTB、OP-OTA(图 4)[62]。

表 3　降解 OTA 的非益生菌及其降解率[38, 63-65]

微生物种类	作用时间	降解活性/%
小片球菌 UTAD 473	48~72 h	100
匍枝根霉菌 TJM 8A8	12 d	>95
小孢根霉菌 NRRL 2710	12 d	>95
同合根霉菌 CBS CBS	12 d	>95
米根霉菌	12 d	>95
嗜吡啶红球菌 GD 2B	72 h	33.76
红串红球菌 CECT 3008	—	28.47
恶臭假单胞菌 KT2442		25.7

目前,关于降解烟曲霉毒素益生菌的报道极少,Heinl 等[66]从大肠杆菌分离得到了一种羧酸酯酶,从鞘氨醇盒菌中分离纯化得到了一种转氨酶的酶,这两种酶可以将降解烟曲霉毒素 B1 降解(图 5);通过基因克隆与重组技术,将这两种酶在毕赤酵母中成功外源表达。

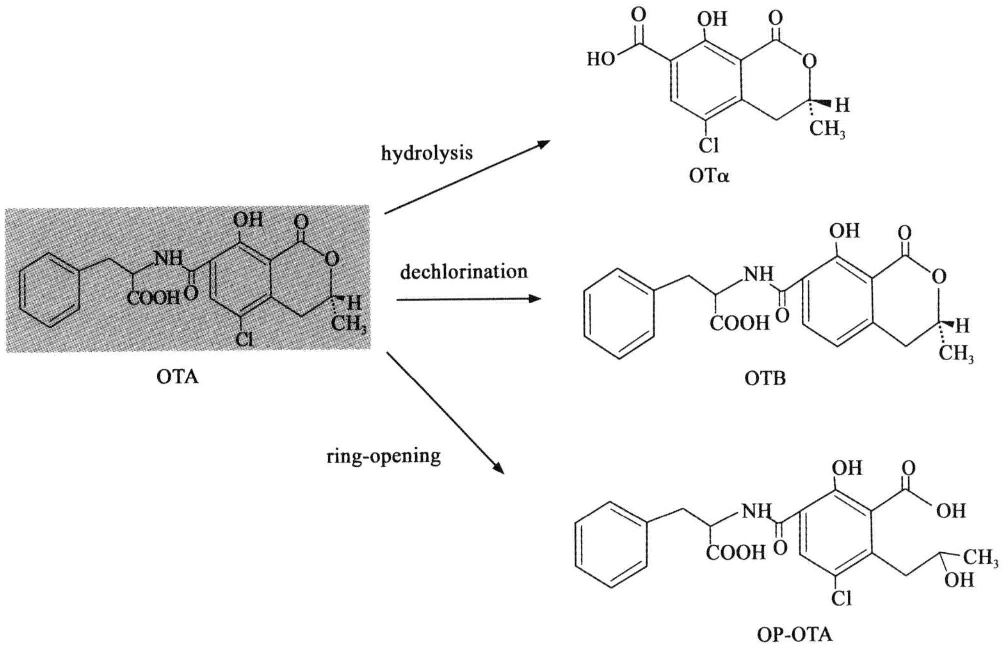

图 4 OTA 代谢途径

hydrolysis:水解作用；dechlorination:脱氯作用；ring-opening:开环反应

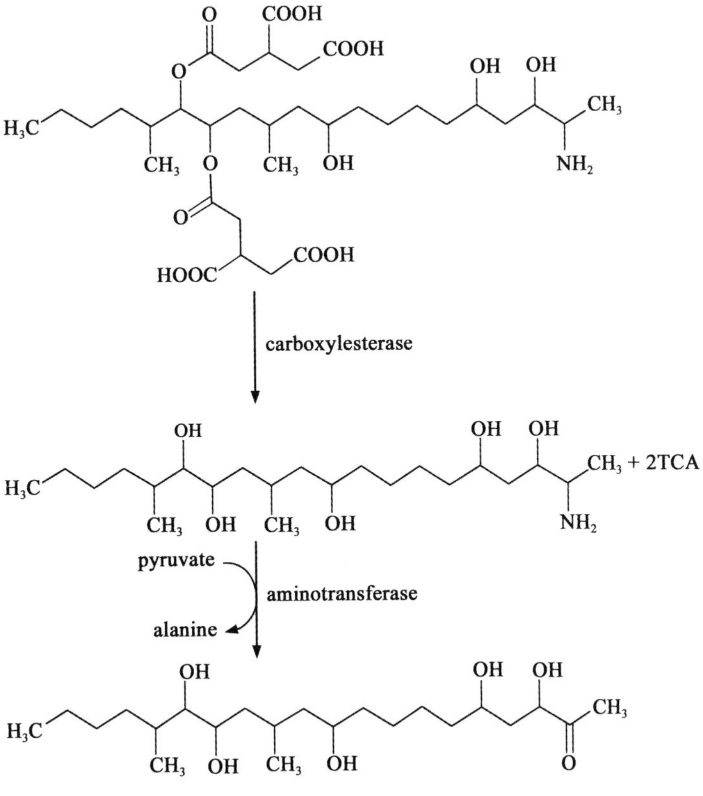

图 5 降解烟曲霉毒素 B_1 的途径

carboxylesterase:羧酸酯酶；aminotransferase:转氨酶；pyruvate:丙酮酸脂；alanine:丙氨酸

2 降解霉菌毒素的新型微生态制剂开发与应用

尽管文献报道了很多益生菌株都具有高效降解霉菌毒素的作用,但是将其成功开发成为新型微生态制剂并用于动物生产的报道却很少。这是因为:①实验室获得的菌株很容易退化,从降解菌变为非降解菌;②某些菌株的生存条件和产降解酶条件与畜禽胃肠道环境参数不相容;③降解活性不高,单位数量霉菌毒素需要的降解酶添加量太大,或者降解反应的速度太慢;④实验室小规模发酵的最优化参数很难在规模化生产中完全实现;⑤某些菌株在实验室条件下具有降解活性但是规模化生产后降解效果不稳定;⑥降解菌对饲料中某些微量元素、加工过程中热处理(制粒或膨化)、贮存条件、胃肠道环境(胃酸、胆盐等)的抗逆性差。这些因素大大增加了降解霉菌毒素新型微生态制剂的开发与应用的难度。

2.1 降解黄曲霉毒素新型微生态制剂开发与应用

黄曲霉毒素的主要作用器官为肝脏和肾脏。一些研究发现,黄曲霉毒素的毒性与其促进机体氧化密切相关。乳酸菌是一种益生菌,具有降解霉菌毒素的作用,在含有 3 mg/kg 黄曲霉毒素的老鼠日粮中加入干酪乳杆菌和罗氏乳杆菌(饲料中菌的含量为 1×10^{12} 个/kg),饲喂 4 周时,与黄曲霉毒素组相比,可显著提高($P<0.05$)老鼠的日采食量和末期体重,显著降低($P<0.05$)血清丙氨酸转氨酶(ALT)、天冬氨酸转氨酶(AST)、碱性磷酸酶(ALP)、胆固醇(CH)、总蛋白(TP)、肌酸酐、尿酸和 NO,降低肝脏和肾脏丙二醛(MDA)水平,缓解了霉菌毒素引起的氧化应激和肝脏损伤[67]。Slizewska 报道,在含有 1 mg/kg AFB_1 的肉鸡日粮中添加 2 g/kg 的复合微生态制剂(由乳酸杆菌、芽孢杆菌及酿酒酵母组成),可缓解($P<0.05$)AFB_1 对肉鸡的 DNA 损伤。Zuo 等研究发现[68],在肉鸡日粮中添加 0.15% 的降解 AFB_1 复合微生态制剂(由干酪乳酸菌、枯草芽孢杆菌、毕赤酵母以及由米曲霉分泌的降解 AFB_1 的酶组成),与对照组相比可显著降低($P<0.05$)血清、肝脏及肌胸 AFB_1 的含量,显著缓解了($P<0.05$)AFB_1 对肉鸡生长性能以及营养物质消化率的不利影响;另外,该微生态制剂还提高了肉鸡血清和肝脏 SOD、GSH-Px、T-AOC 的活性以及与免疫、肝脏细胞结构及酶活相关基因的表达。Kasmani 报道[69],在含有 2.5 mg/kg AFB_1 的日本鹌鹑饲料中添加 150 mg/kg 的复合微生态制剂(由植物乳酸菌、德氏乳杆菌、鼠李糖乳杆菌、双歧杆菌和屎肠球菌等组成),可显著提高($P<0.05$)日本鹌鹑 35 d 的体增重、饲料采食量,降低了($P<0.05$)料重比,显著降低了($P<0.05$)血清 AST、ALT 和 ALP 的活性,减缓了 AFB_1 引起的肝脏和脾脏肥大及体液和细胞免疫。

我们在降解黄曲霉毒素新型微生态开发与应用方面做了很多工作。MA 等[70]用含 70 μg/kg AFB_1 的霉变玉米替代基础日粮中 20%、40% 和 60% 的普通玉米,可显著降低($P<0.05$)蛋鸡血清总蛋白、白蛋白、肝脏 SOD 和 GSH-Px 及蛋壳强度,显著提高($P<0.05$)MDA 水平,造成了肝脏损伤;在含有 70 μg/kg AFB_1 的蛋鸡日粮中添加枯草芽孢杆菌 ANSB060 发酵液(发酵液:霉变玉米=0.4 L:1 kg),可显著提高($P<0.05$)蛋壳强度、增强肉鸡肝脏抗氧化酶活、缓解肝脏及肾脏的损伤,使之达到对照组的水平,缓解了蛋鸡黄曲霉毒素中毒。枯草芽孢杆菌 ANSB060 在肉鸡中也具有缓解霉菌毒素中毒的作用,含有黄曲霉毒素日粮[黄曲霉毒素 B_1、B_2、G_1 和 G_2 的含量分别为(70.7±1.3)、(11.0±1.5)、(6.5±0.8)和(2.0±0.31) g/kg],可显著降低肉鸡 42 d 平均日增重、提高饲料消耗量及料重比,同时还会降低肉品质,造成肉鸡肝脏中毒素残留;另外,添加由枯草芽孢杆菌 ANSB060 可显著缓解黄曲霉都造成的上述负面影响[71]。将枯草芽孢杆菌 ANSB060 工业发酵干燥后制成微生态制剂,添加到肉公鸡饲料中发现,饲喂发霉花生粕的负对照组(AFB_1 含量为 69.30~72.12 μg/kg)的肉鸡体重、平均日增重以及饲料转化效率,显著低于($P<0.05$)正对照组;在霉变花生粕日粮中添加 1000 及 2000 g/t 微生态制剂可显著提高($P<0.05$)肉鸡的体重、平均日增重及饲料转化效率,并且与正对照组相比,差异不显著($P>0.05$);研究还发现,负对照组腿肌的 45 min pH 显著低于对照组,添加了微生态制剂后,其值显著提高（$P<0.05$），且与正对照组差异不显著（$P>0.05$），负对照的谷草转氨酶活性显著高于正对照（$P<0.05$），在发霉日粮中添加该微生态制剂后，有降低谷草转氨酶的趋势，尤其在添加量为1000 g/t及2000 g/t时，其酶活与正对照相比差异不显著（$P>0.05$），且当添加2000 g/t时，其谷草转氨酶的活性显著低于负对照组（$P<0.05$）[29]。另外，枯草芽孢杆菌ANSB060制成的微生态制剂还可缓解黄曲霉毒素引起的肉鸡血清ALT、AST、肝脏及血清MDA的升高，减少黄曲霉毒素引起的脏肿大苍白，出现胆管增生、肝细胞空泡变性以及肝细胞和汇管区淋巴细胞浸润现象[72]。马珊珊等报道[73]，在樱桃谷肉鸭日粮中添加1000 g/t的微生态制剂可以降解饲料中的黄曲霉毒素，提高饲料转化效率，缓解黄曲霉毒素造成的氧化功能损伤。枯草芽孢杆菌ANSB060是通过反复分离、纯化、复壮等工艺得到，具有生物活性强、益生性显著并且抗逆性能好等优点；将经过液体深层发酵等生产工艺得到的枯草芽孢杆菌ANSB060的发酵液添加到动物饮水和饲料中，进入动物肠道后该菌株能迅速活化、繁殖并且能够形成优势的有益菌群，具有减少肠道中的有害菌群、调节肠道微生态平衡、替代抗生素等药物、提高动物增重以及饲料利用率等功效（专利公开号：CN101822321A）。

2.2 降解玉米赤霉烯酮新型微生态制剂开发与应用

胃肠道是动物抵抗外源性有害物质的第一道屏障，Wan等[74]研究发现，在含有0.5 μg/g ZEA和12 μg/g的老鼠日粮中添加1×10^8 CFU/g的鼠李糖乳杆菌，可以通过调节肠道杯状细胞黏液的分泌、提高血清D-乳酸及血清免疫球，从而在一定的程度上缓解DON/ZEA；但与毒素组相比，添加鼠李糖乳杆菌对老鼠的增重、采食量及料重比没有缓解作用。

马珊珊等[75]选取18头杜×长×大三元杂交青年母猪，将之分为3组，对照组（不含ZEN），霉变日粮组（含238 μg/kg ZEN），微生态制剂组（霉变日粮+2 kg/t 微生态制剂，筛选得到的枯草芽孢杆菌01G制成）组。试验时间为24 d，试验结果表明，该微生态制剂降解ZEN的活性组分是存在于发酵上清液中的一种胞外酶；日粮污染240 μg/kg ZEN即可导致青年母猪的外阴红肿，而在霉变日粮中添加霉立解能缓解（$P<0.05$）外阴红肿症状；霉变日粮组母猪子宫体细胞出现明显的细胞肿大和脂肪变性，肝脏出现细胞肿胀、炎症反应和淋巴细胞浸润现象，卵巢出现卵泡萎缩退化和内部空化，而在霉变日粮中添加霉立解（组）使这些症状明显减轻[76,77]。贾如发现，含有260.2 μg/kg的ZEA及123.0 黄曲霉毒素的霉变日粮与对照组相比（不含任何毒素），显著降低了（$P<0.05$）蛋鸡的产蛋率、采食量和蛋壳强度，鸡蛋中AFB_1、AFB_2和AFM_1残留量显著增加（$P<0.05$），并且黄曲霉毒素与ZEA对对恢复期蛋鸡（饲喂不含毒素的日粮）的产蛋量具有协同效应；在霉变日粮中添加1000 g/t的复合微生态制剂（由40%枯草芽孢杆菌ANSB060+40%ANSB01G+载体组成）显著缓解了（$P<0.05$）霉菌毒素引起的上述负面影响。

2.3 降解单端孢霉烯族毒素新型微生态制剂开发与应用

Dänick将能够降解DON的一株枯草芽孢杆菌和地衣芽孢杆菌按照1∶1的比例制成复合微生态制剂，添加到被DON污染的仔猪日粮中，结果发现，与毒素污染组相比，添加微生态制剂对于仔猪的采食量、日增重、料重比以及血清中DON残留没有影响，不能缓解DON中毒。这说明从成功筛选到降解DON的菌株到成功应用的过程中存在很多未知的影响因素。

李笑樱报道，小鼠采食呕吐毒素日粮显著降低了（$P<0.05$）平均日增重和日采食量，显著升高了（$P<0.05$）血清BUN、CRE、IgA、IL-2、IL-6和TNF-α含量；在饲喂DON日粮基础上添加德沃斯氏菌ANSB714显著缓解了（$P<0.05$）DON引起的小鼠生产性能的降低，改善了DON引起的器官肿大症状，缓解了DON引起的对免疫性能和抗氧化性能的负面影响，明显减少了DON在肾脏中的残留[78]；呕吐毒素日粮组的小鼠出现了组织病变，在饲喂DON日粮基础上添加ANSB714，出现的病变明显减少；在饲喂DON日粮的基础上添加ANSB714缓解了DON对生长育肥猪生产性能、血清生化和免疫指

标、抗氧化指标、器官指数方面的负面效应并显著减少了 DON 在血清、肝脏和肾脏中的残留量。呕吐毒素日粮组出现了明显组织病变，在饲喂 DON 日粮的基础上添加 ANSB714，出现的组织病变明显减少。

2.4 降解其他霉菌毒素新型微生态制剂开发与应用

目前，关于降解其他霉菌毒素新型微生态制剂开发与应用的研究较少。

烟曲霉毒素能够加剧动物的氧化应激，引起肝脏损伤。Abdellatef 等报道[79]，烟曲霉毒素 B1 与对照组相比，可以显著提高老鼠肝脏和肾脏当中 MDA，显著降低 GSH 和 NO 含量及 SOD 活性，造成肝脏 DNA 损伤；而日粮中添加由德氏乳杆菌乳酸 DSM20076 和乳酸片球菌 b-5627 制剂，可显著缓解由烟曲霉毒素 B1 引起的氧化应激、减轻肝脏氧化损伤。

3 小结

利用有益菌降解霉菌毒素是解决霉菌毒素污染问题的有效手段，其可直接添加到饲料中，即可调节动物肠道微生态平衡，又可高效降解霉菌毒素。然而，在将降解霉菌毒益生菌应用到实际生产中时，存在很多问题如菌种退化，抗逆性差，效果不稳定等，从而使降解霉菌毒益生菌的应用受到严重限制。因此，开发稳定、高效降解霉菌毒益生菌并将其成功应用到动物生产中将是生物降解霉菌毒素未来发展的方向。

参考文献

[1] Li X, Zhao L, Fan Y, et al.. Occurrence of mycotoxins in feed ingredients and complete feeds obtained from the Beijing region of China[J]. J Anim Sci Biotechnol, 2014, 5(1):37.

[2] 雷元培,马秋刚,谢实勇,等. 抽样调查北京地区猪场饲料及饲料原料玉米赤霉烯酮污染状况[J]. 动物营养学报, 2012(05):905-910.

[3] 赵丽红,马秋刚,李笑樱,等. 抽样调查北京地区猪场饲料及饲料原料赭曲霉毒素 A 污染状况[J]. 动物营养学报, 2012(10):1999-2005.

[4] 关舒,胡新旭,马秋刚,等. 黄曲霉毒素的传统去毒方法和生物降解研究进展[J]. 饲料工业,2008(24):57-59.

[5] 王宁,马秋刚,张建云,等. 黄曲霉毒素的传统去毒方法和生物降解研究进展[J]. 饲料与畜牧,2008(07):17-19.

[6] Ji C, Fan Y, Zhao L H. Review on biological degradation of aflatoxin, zearalenone and deoxynivalenol[J]. Animal Nutrition Journal, 2016.

[7] 计成,赵丽红,马秋刚. 黄曲霉毒素生物降解的研究进展[Z]. 2010,7.

[8] 计成,赵丽红. 黄曲霉毒素生物降解的研究及前景展望[J]. 动物营养学报, 2010(02):241-245.

[9] 计成,赵丽红,马秋刚,等. 黄曲霉毒素生物降解的研究及前景展望[J]. 中国家禽,2009,21:6-9.

[10] Abdel-Aziem S H, Hassan A M, Abdel-Wahhab M A. Dietary supplementation with whey protein and ginseng extract counteracts oxidative stress and DNA damage in rats fed an aflatoxin-contaminated diet[J]. Mutation Research-Genetic Toxicology And Environmental Mutagenesis, 2011, 723(1):65-71.

[11] Bintvihok A, Kositcharoenkul S. Effect of dietary calcium propionate on performance, hepatic enzyme activities and aflatoxin residues in broilers fed a diet containing low levels of aflatoxin B1[J]. TOXICON, 2006, 47(1):41-46.

[12] Zhao L H, Guan S, Gao X, et al.. Preparation, purification and characteristics of an aflatoxin degradation enzyme from Myxococcus fulvus ANSM068[J]. J Appl Microbiol, 2011, 110(1):147-155.

[13] Adebo O A, Njobeh P B, Sidu S, et al.. Aflatoxin B1 degradation by liquid cultures and lysates of three bacterial strains[J]. International Journal of Food Microbiology, 2016, 233:11-19.

[14] Samuel M S, Sivaramakrishna A, Mehta A. Degradation and detoxification of aflatoxin B1 by Pseudomonas putida[J]. International Biodeterioration & Biodegradation, 2014, 86:202-209.

[15] 范彧.黄曲霉毒素降解酶基因克隆表达和降解剂在肉鸡中的应用研究[D].博士学位论文,北京:中国农业大学,2015.

[16] 赵丽红.黏细菌黄曲霉毒素降解酶的分离纯化及枯草芽孢杆菌对饲喂含 AFB_1 霉变玉米蛋鸡应用效果的研究[D].博士学位论文,北京:中国农业大学,2011.

[17] 王宁,马秋刚,计成,等.黏细菌降解黄曲霉毒素 B_1 的产酶条件优化[J].中国农业大学学报,2009,02:27-31.

[18] Liang Zhi-Hong L J H Y. AFB_1 Bio-Degradation by a New Strain-Stenotrophomonas. sp[J]. Agricultural Sciences in Chin,2008,7(12):1433-1437.

[19] Guan S, Zhao L, Ma Q, et al.. In Vitro Efficacy of Myxococcus fulvus ANSM068 to Biotransform Aflatoxin B1[J]. International Journal of Molecular Sciences,2010,11(10):4063-4079.

[20] 贾如.枯草芽孢杆菌黄曲霉毒素降解酶的分析纯化、基因克隆及表达[D].博士学位论文.北京:中国农业大学,2016.

[21] Gao X, Ma Q, Zhao L, et al.. Isolation of Bacillus subtilis: screening for aflatoxins B1, M1, and G1 detoxification [J]. European Food Research and Technology,2011,232(6):957-962.

[22] Petchkongkaew A, Taillandier P, Gasaluck P, et al.. Isolation of Bacillus spp. from Thai fermented soybean (Thua-nao): screening for aflatoxin B-1 and ochratoxin A detoxification[J]. Journal of Applied Microbiology,2008,104(5):1495-1502.

[23] Adebo O A, Njobeh P B, Mavumengwana V. Degradation and detoxification of AFB_1 by Staphylococcus warneri, Sporosarcina sp. and Lysinibacillus fusiformis[J]. Food Control,2016,68:92-96.

[24] Raksha Rao K, Vipin A V, Hariprasad P, et al.. Biological detoxification of Aflatoxin B1 by Bacillus licheniformis CFR1[J]. Food Control,2017,71:234-241.

[25] Topcu A, Bulat T, Wishah R, et al.. Detoxification of aflatoxin B1 and patulin by Enterococcus faecium strains[J]. International Journal of Food Microbiology,2010,139(3):202-205.

[26] Elsanhoty R M, Salam S A, Ramadan M F, et al.. Detoxification of aflatoxin M_1 in yoghurt using probiotics and lactic acid bacteria[J]. Food Control,2014,43:129-134.

[27] 关舒.降解黄曲霉毒素B1、单端孢霉烯族毒素菌株的筛选、鉴定和毒素降解机理的研究[D].博士学位论文,北京:中国农业大学,2009.

[28] Shu Guan C J T Z. Aflatoxin B 1 Degradation by Stenotrophomonas Maltophilia and Other Microbes Selected Using Coumarin Medium[J]. International Journal of Molecular Sciences,2008(9):1489-1503.

[29] 高欣.黄曲霉毒素降解菌的筛选及其在肉鸡霉变饲料中的应用[D].博士学位论文.北京:中国农业大学,2012.

[30] 雷元培,赵丽红,马秋刚,等.降解黄曲霉毒素枯草芽孢杆菌的解毒性、抗菌性及抗逆性研究[J].饲料工业,2011(24):23-27.

[31] 赵丽红,马秋刚,雷元培,等.降解黄曲霉毒素枯草芽孢杆菌的解毒性、抗菌性及抗逆性研究[Z].中国北京,2012.

[32] Sun X, He X, Xue K S, et al.. Biological detoxification of zearalenone by Aspergillus niger strain FS10[J]. Food and Chemical Toxicology,2014,72:76-82.

[33] Altalhi A D, El-Deeb B. Localization of zearalenone detoxification gene(s) in pZEA-1 plasmid of Pseudomonas putida ZEA-1 and expressed in Escherichia coli[J]. Journal of Hazardous Materials,2009,161(2-3):1166-1172.

[34] Cserháti M, Kriszt B, Krifaton C, et al.. Mycotoxin-degradation profile of Rhodococcus strains[J]. International Journal of Food Microbiology,2013,166(1):176-185.

[35] Hui T, Zhimin Z, Yanchun H, et al.. Isolation and characterization of Pseudomonas otitidis TH-N1 capable of degrading Zearalenone[J]. Food Control,2015,47:285-290.

[36] Yu Y, Wu H, Tang Y, et al.. Cloning, expression of a peroxiredoxin gene from Acinetobacter sp SM04 and characterization of its recombinant protein for zearalenone detoxification[J]. Microbiological Research,2012,167(3):121-126.

[37] Lu Q, Bang X, Chen F. Detoxification of Zearalenone by viable and inactivated cells of Planococcus sp[J]. FOOD CONTROL,2011,22(2):191-195.

[38] Cserháti M, A B K A C. Mycotoxin-degradation profile of Rhodococcus strains[J]. International Journal of Food

Microbiology,2013(166):176-185.

[39] Cho K J, Kang J S, Cho W T, et al.. In vitro degradation of zearalenone by Bacillus subtilis[J]. Biotechnology Letters,2010, 32(12):1921-1924.

[40] Yi P, Pai C, Liu J. Isolation and characterization of a Bacillus licheniformis strain capable of degrading zearalenone [J]. World Journal of Microbiology & Biotechnology,2011, 27(5):1035-1043.

[41] Xu J, Wang H, Zhu Z, et al.. Isolation and characterization of Bacillus amyloliquefaciens ZDS-1:Exploring the degradation of Zearalenone by Bacillus spp.[J]. Food Control,2016, 68:244-250.

[42] Zhang H, Dong M, Yang Q, et al.. Biodegradation of zearalenone by Saccharomyces cerevisiae:Possible involvement of ZEN responsive proteins of the yeast[J]. Journal of Proteomics,2016, 143:416-423.

[43] Sangsila A, Faucet-Marquis V, Pfohl-Leszkowicz A, et al.. Detoxification of zearalenone by Lactobacillus pentosus strains[J]. Food Control,2016, 62:187-192.

[44] Zhao L, Jin H, Lan J, et al.. Detoxification of zearalenone by three strains of lactobacillus plantarum from fermented food in vitro[J]. Food Control,2015, 54:158-164.

[45] 雷元培. ANSB01G 菌对玉米赤霉烯酮的降解机制及其动物试验效果研究[D]. 博士学位论文,北京:中国农业大学, 2014.

[46] Desjardins A E. Fusarium mycotoxins:chemistry, genetics, and biology.[M]. 2006, 260.

[47] Frisvad J C, Thrane U, Samson R A, et al.. Important mycotoxins and the fungi which produce them[M]. Advances in Experimental Medicine and Biology,2006:571, 3-31.

[48] Volkl A, Vogler B, Schollenberger M, et al.. Microbial detoxification of mycotoxin deoxynivalenol[J]. Journal Of Basic Microbiology,2004, 44(2):147-156.

[49] Ikunaga Y, Sato I, Grond S, et al.. Nocardioides sp. strain WSN05-2, isolated from a wheat field, degrades deoxynivalenol, producing the novel intermediate 3-epi-deoxynivalenol[J]. Applied Microbiology And Biotechnology, 2011, 89(2):419-427.

[50] Shima J, Takase S, Takahashi Y, et al.. Novel detoxification of the trichothecene mycotoxin deoxynivalenol by a soil bacterium isolated by enrichment culture[J]. Applied And Environmental Microbiology,1997, 63(10):3825-3830.

[51] 余祖华,丁轲,刘赛宝,等. 一株降解呕吐毒素蜡样芽孢杆菌的筛选与鉴定[J]. 食品科学,2016,37(5):121-125.

[52] Yoshizawa T, Cote L M, Swanson S P, et al.. Confirmation of dom-1, a deepoxidation metabolite of deoxynivalenol, in biological-fluids of lactating cows[J]. Agricultural And Biological Chemistry,1986, 50(1):227-229.

[53] Yoshizaw. T, Morooka N. Deoxynivalenol and its monoacetate - new mycotoxins from fusarium-roseum and moldy barley[J]. Agricultural And Biological Chemistry,1973, 37(12):2933-2934.

[54] Binder J, Horvath E M, Schatzmayr G, et al.. Screening for deoxynivalenol-detoxifying anaerobic rumen microorganisms[J]. Cereal Research Communications,1997, 25(31):343-346.

[55] Fuchs E, Binder E M, Heidler D, et al.. Structural characterization of metabolites after the microbial degradation of type A trichothecenes by the bacterial strain BBSH 797[J]. Food Additives And Contaminants,2002, 19(4):379-386.

[56] He P, Young L G, Forsberg C. Microbial transformation of deoxynivalenol (vomitoxin)[J]. Applied and environmental microbiology,1992, 58(12):3857-3863.

[57] Yu H, Zhou T, Gong J, et al.. Isolation of deoxynivalenol-transforming bacteria from the chicken intestines using the approach of PCR-DGGE guided microbial selection.[J]. BMC Microbiology,2010, 10(182):24-2010.

[58] 李笑樱. 德沃斯氏菌降解呕吐毒素的饲用安全性和有效性评价[D]. 博士学位论文,北京:中国农业大学,2015.

[59] Péteri Z, Téren J, Vágvölgyi C, et al.. Ochratoxin degradation and adsorption caused by astaxanthin-producing yeasts[J]. Food Microbiology,2007, 24(3):205-210.

[60] Fuchs S, Sontag G, Stidl R, et al.. Detoxification of patulin and ochratoxin A, two abundant mycotoxins, by lactic acid bacteria[J]. Food and Chemical Toxicology,2008, 46(4):1398-1407.

[61] Belkacem-Hanfi N, Fhoula I, Semmar N, et al.. Lactic acid bacteria against post-harvest moulds and ochratoxin A

isolated from stored wheat[J]. Biological Control,2014，76：52-59.

[62] Camel V, Ouethrani M, Coudray C, et al.. Semi-automated solid-phase extraction method for studying the biodegradation of ochratoxin A by human intestinal microbiota[J]. Journal of Chromatography B,2012，893-894：63-68.

[63] Varga J, Péteri Z, Tábori K, et al.. Degradation of ochratoxin A and other mycotoxins by Rhizopus isolates[J]. International Journal of Food Microbiology,2005，99(3)：321-328.

[64] Varga J, Rigó K, Téren J. Degradation of ochratoxin A by Aspergillus species[J]. International Journal of Food Microbiology,2000，59(1-2)：1-7.

[65] Abrunhosa L, Inês A, Rodrigues A I, et al.. Biodegradation of ochratoxin A by Pediococcus parvulus isolated from Douro wines[J]. International Journal of Food Microbiology,2014，188：45-52.

[66] Heinl S, Hartinger D, Thamhesl M, et al.. Degradation of fumonisin B1 by the consecutive action of two bacterial enzymes[J]. Journal of Biotechnology,2010，145(2)：120-129.

[67] Hathout A S, Mohamed S R, El-Nekeety A A, et al.. Ability of Lactobacillus casei and Lactobacillus reuteri to protect against oxidative stress in rats fed aflatoxins-contaminated diet[J]. Toxicon,2011，58(2)：179-186.

[68] Zuo R, Chang J, Yin Q, et al.. Effect of the combined probiotics with aflatoxin B1-degrading enzyme on aflatoxin detoxification, broiler production performance and hepatic enzyme gene expression[J]. Food and Chemical Toxicology,2013，59：470-475.

[69] Bagherzadeh Kasmani F, Mehri M. Effects of a multi-strain probiotics against aflatoxicosis in growing Japanese quails[J]. Livestock Science,2015，177：110-116.

[70] Ma Q G, Gao X, Zhou T, et al.. Protective effect of Bacillus subtilis ANSB060 on egg quality, biochemical and histopathological changes in layers exposed to aflatoxin B1[J]. Poult Sci,2012，91(11)：2852-2857.

[71] Fan Y, Zhao L, Ma Q, et al.. Effects of Bacillus subtilis ANSB060 on growth performance, meat quality and aflatoxin residues in broilers fed moldy peanut meal naturally contaminated with aflatoxins[J]. Food and Chemical Toxicology,2013，59：748-753.

[72] Yu Fan L Z C J, Qiugang Ma. Protective Effects of Bacillus subtilis ANSB060 on Serum Biochemistry, Histopathological Changes and Antioxidant Enzyme Activities of Broilers Fed Moldy Peanut Meal Naturally Contaminated with Aflatoxin[J]. Toxins,2015(7)：3330-3343.

[73] 马珊珊. 霉立解对采食 AFB_1 霉变日粮肉鸭生产性能及抗氧化指标的影响[D]. 硕士学位论文. 北京：中国农业大学，2014.

[74] Yu Fan L Z C J, Ma Q. Protective Effects of Bacillus subtilis ANSB060 on Serum Biochemistry, Histopathological Changes and Antioxidant Enzyme Activities of Broilers Fed Moldy Peanut Meal Naturally Contaminated with Aflatoxins[J]. Toxins,2015(7)：3330-3343.

[75] 马珊珊,石慧芹,马秋刚,等. 枯草芽孢杆菌对青年母猪玉米赤霉烯酮中毒症的缓解作用[J]. 饲料工业,2013(14)：32-36.

[76] Lei Y P, Zhao L H, Ma Q G, et al.. Degradation of zearalenone in swine feed and feed ingredients by Bacillus subtilis ANSB01G[J]. World Mycotoxin Journal,2014，7(2)：143-151.

[77] Zhao L, Lei Y, Bao Y, et al.. Ameliorative effects of Bacillus subtilis ANSB01G on zearalenone toxicosis in pre-pubertal female gilts[J]. Food Addit Contam Part A Chem Anal Control Expo Risk Assess,2015，32(4)：617-625.

[78] Zhao L, Li X, Ji C, et al.. Protective effect of Devosia sp. ANSB714 on growth performance, serum chemistry, immunity function and residues in kidneys of mice exposed to deoxynivalenol[J]. Food and Chemical Toxicology,2016，92：143-149.

[79] Abdellatef A A, Khalil A A. Ameliorated effects of Lactobacillus delbrueckii subsp. lactis DSM 20076 and Pediococcus acidilactici NNRL B-5627 on Fumonisin B1-induced Hepatotoxicity and Nephrotoxicity in rats[J]. Asian Journal of Pharmaceutical Sciences,2016，11(2)：326-336.